48,-/83
7

MATRIZEN

UND IHRE TECHNISCHEN ANWENDUNGEN

VON

DR.-ING. RUDOLF ZURMÜHL

O. PROFESSOR AN DER TECHNISCHEN UNIVERSITÄT
BERLIN

VIERTE NEUBEARBEITETE AUFLAGE

MIT 68 ABBILDUNGEN

SPRINGER-VERLAG
BERLIN / GÖTTINGEN / HEIDELBERG
1964

LIBRARY OF CONGRESS CATALOG CARD NUMBER 64-19867
PRINTED IN GERMANY

TITEL-NR. 1153

Professor Dr. A. Walther, Darmstadt

gewidmet

Vorwort zur vierten Auflage

Gegenüber der letzten Auflage sind außer zahlreichen kleinen Verbesserungen und Zusätzen auch wieder einige größere Änderungen vorgenommen worden. So wurde ein längst fälliger Abschnitt über Normen eingefügt und davon bei Fehlerabschätzungen im numerischen Teil Gebrauch gemacht. Bei Auswahl und Darstellung der numerischen Methoden wurde die Automatenrechnung nochmals in den Vordergrund gerückt bis zur Aufnahme mehrerer ALGOL-Programme. Für die Berechnung höherer Eigenwerte trat das Verfahren von KOCH an die Stelle der HOTELLING-Deflation, mit der es — bei geeigneter Führung der Deflation — identisch ist. Ausführlich dargestellt wird jetzt auch das klassische JACOBI-Verfahren, an das sich die von FALK und LANGEMEYER gegebene Abwandlung auf die allgemeine symmetrische Eigenwertaufgabe anschließt. Neu aufgenommen wurden entsprechend ihrer Bedeutung für automatisches Rechnen RUTISHAUSERS LR-Transformation und das Verfahren von GIVENS. Auch das von HESSENBERG wird außer in seiner alten Form in einer für Automatenrechnung geeigneteren Variante beschrieben. — Im Anwendungsteil ist der Abschnitt über Matrizen in der Elektrotechnik neu abgefaßt unter Betonung der topologischen Seite der Aufgabe, die im neueren Schrifttum hervortritt. Für die Behandlung von Biegeschwingungen — außer der mit Übertragungsmatrizen — wird in § 27.3 bis 7 ein Verfahren gebracht, das ein älteres der früheren Abschnitte § 26.7 und 8 ersetzt. Überhaupt konnte durch Zusammenziehen und Streichen der alte Umfang des Buches beibehalten werden.

Die augenfälligste, wenn auch rein äußerliche Neuerung gegenüber den früheren Auflagen, die Umstellung von Frakturbuchstaben auf Fettdruck für Matrizen und Vektoren, schien im Hinblick auf das sonstige Schrifttum angebracht. Für den nicht leichten Entschluß zu dieser einschneidenden Satzumstellung sage ich dem Springer-Verlag meinen besonderen Dank, der aber auch wieder alles das einschließt, was der Verlag sonst an Mühe und Sorgfalt dem Buche hat angedeihen lassen. Mein Dank gilt zahlreichen Anregungen von Kollegen, die mir halfen, das Buch auf modernem Stand zu halten. Schließlich danke ich Herrn Dipl. Math. D. STEPHAN für sachkundige und wertvolle Hilfe beim Aufstellen der Programme sowie beim Lesen der Korrektur.

Berlin 41, im April 1964
Steglitzer Damm 14

Rudolf Zurmühl

Übersichtstafel

	Kap.	Kalkül					Lineare Gleichungen					Quadr. Form		Eigenwerte					Struktur			Numerische Verfahren			Anwendungen				
	§	1	2	3	4	5	6	7	8	9	10	11	12	13	14	15	16	17	18	19	20	21	22	23	24	25	26	27	28
Grundbegriffe	1	●																											
Matrizenprodukt	2	●	●																										
Kehrmatrix	3	●	●	●																									
Komplexe Matrizen	4	●	●		●																								
Lineare Abbildungen	5	●	●	●		★																							
GAUSSscher Algorithmus	6	●	●	●			●																						
Lin. Abhängigkeit, Rang	7	●	●	●			●	●																					
Lineare Gleichungen	8	●	●	●			●	●	●																				
Orthogonalsystem	9	●	●	●			●	●	●	★																			
Polynommatrizen	10	●	●	●				●			★																		
Quadratische Formen	11	●	●	●	○	●	●	●				●																	
Anwendungen	12	●	●	●				●				●	●																
Eigenwerte, Eigenvektoren	13	●	●	●	●	●	●	●	●		○		●	●															
Diagonalähnliche Matrizen	14	●	●	●		●	●	●	●	●				●	●														
Symmetrische Matrizen	15	●	●	●	●	●	●	●	●	●		●		●	●	●													
Normale Matrizen, **Normen**	16	●	●	●	●	●		●				●		●	●	●	●												
Spezielle Matrizen	17	●	●	●	○									●	●	●	●	★											
Minimumgl. Klassifikation	18	●	●	●		●					●			●	●	●	●		●										
Normalform, Hauptvektoren	19	●	●	●		●					●			●	●	●	●		●	●									
Funktionen, Gleichungen	20	●	●	●		●								●	●	●	●		●	●	★								
Eigenwerte: Iterativ	21	●	●	●			●	●				●		●	●	●			○	○		●							
Eigenwerte: Direkt	22	●	●	●	○	●	○	○						●	●	●			●	○		●	●						
Iteration linearer Gleichungen	23	●	●	●			○					●		○										●					
Elektrotechnik	24	●	●	●		○	●																		●				
Statik	25	●	●	●			●																			●			
Übertragungsmatrizen	26	●	●	●			●							●	●												●		
Schwingungstechnik	27	●	●	●			●					●		●	●	●			●			●						●	
Lineare Differentialgleichungen	28	●	●	●			●							●	●				●	●	●	●						●	●

Gegenseitige Verknüpfung der Abschnitte.

Zeile: Zum letzten § der Zeile wird ● durchweg, ○ stellenweise gebraucht.

Spalte: Vom ersten § der Spalte wird in ● durchweg, in ○ stellenweise Gebrauch gemacht.

★ **kann zunächst überschlagen werden.**

Inhaltsverzeichnis[1]

I. Kapitel. Der Matrizenkalkül

II. Kapitel. Lineare Gleichungen

[1] Die durch einen * gekennzeichneten Paragraphen können beim ersten Lesen überschlagen, sollten jedoch nachgeholt werden, sobald an späterer Stelle auf ihren Inhalt verwiesen wird.

III. Kapitel. Quadratische Formen nebst Anwendungen

IV. Kapitel. Die Eigenwertaufgabe

VI. Kapitel. Numerische Verfahren

VII. Kapitel. Anwendungen

Bezeichnungen

Zeichen	Bedeutung	Erklärt auf Seite
$\boldsymbol{A}$	Matrix	1
$\boldsymbol{A}'$	transponierte Matrix	9
$\boldsymbol{A}^*$	konjugiert transponierte Matrix	42
$\boldsymbol{x}$	Spaltenvektor	10
$\boldsymbol{x}'$	Zeilenvektor	10
$\boldsymbol{x}^*$	konjugierte Zeile	42
$\boldsymbol{a}^i$	i-te Zeile von $\boldsymbol{A}$	6
$\boldsymbol{a}_k$	k-te Spalte von $\boldsymbol{A}$	6
det $\boldsymbol{A}$	Determinante von $\boldsymbol{A}$	14
sp $\boldsymbol{A}$	Spur von $\boldsymbol{A}$	15
$\lVert\boldsymbol{A}\rVert$	Norm von $\boldsymbol{A}$	202

Aus dem Schrifttum

Aus dem Schrifttum	Ausführlich oder vorwiegend behandelt:				
	Determinanten	Matrizen	Lineare Gleichungen	Numerische Verfahren	Technische Anwendungen
[1] BÔCHER, M.: Einführung in die höhere Algebra. 2. Aufl. Leipzig u. Berlin 1925	×	×	×		
[2] BODEWIG, E.: Matrix Calculus. 2. Aufl. Amsterdam 1959		×	×	×	
[3] COLLATZ, L.: Eigenwertaufgaben mit technischen Anwendungen. Leipzig 1963		×		×	×
[4] DENIS-PAPIN, M., u. A. KAUFMANN, Cours de Calcul matriciel applique. Paris 1951		×			×
[5] DURAND, E.: Solutions numériques des équations algébriques. Bd. 2. Paris 1961		×	×	×	
[6] FRAZER, R. A., W. J. DUNCAN u. A. R. COLLAR: Elementary matrices and some applications to dynamics and differential equations. Cambridge 1938		×	×	×	×
[7] GANTMACHER, F. R.: Matrizenrechnung I, II. Berlin 1958/59	×	×	×		×
[8] GRÖBNER, W.: Matrizenrechnung. München 1956	×	×	×		
[9] HOUSEHOLDER, A. S.: Principles of numerical analysis. New York/Toronto/London 1953		×	×	×	
[10] MAC DUFFEE, C. C.: The theory of matrices. Ergebn. Math. Grenzgeb. Bd. 2, H. 5, Berlin 1933		×			
[11] NEISS, F.: Determinanten und Matrizen. 6. Aufl. Berlin/Göttingen/Heidelberg: Springer 1962	×	×	×		
[12] SCHMEIDLER, W.: Vorträge über Determinanten und Matrizen mit Anwendungen in Physik und Technik. Berlin 1949	×	×	×	×	×
[13] SPERNER, E.: Einführung in die analytische Geometrie und Algebra. Bd. 1, 2. Göttingen 1948, 1951	×	×	×		
[14] STOLL, R. R.: Linear algebra and matrix theory. New York, Toronto, London 1952	×	×	×		
[15] ZURMÜHL, R.: Praktische Mathematik für Ingenieure und Physiker. 4. Aufl. Berlin/Göttingen/Heidelberg: Springer 1963		×	×	×	×

I. Kapitel

Der Matrizenkalkül

§ 1. Grundbegriffe und einfache Rechenregeln

1.1. Lineare Transformation, Matrix und Vektor

Gegenstand der Matrizenrechnung sind lineare Beziehungen zwischen Größensystemen. Eine solche Beziehung homogener Art zwischen einem ersten System von n Größen $x_1, x_2, \ldots, x_n$ und einem zweiten von m Größen $y_1, y_2, \ldots, y_m$ der Form

$$\left.\begin{array}{l} a_{11} x_1 + a_{12} x_2 + \cdots + a_{1n} x_n = y_1 \\ a_{21} x_1 + a_{22} x_2 + \cdots + a_{2n} x_n = y_2 \\ \cdot \quad \cdot \quad \cdot \quad \cdot \quad \cdot \quad \cdot \quad \cdot \quad \cdot \quad \cdot \quad \cdot \quad \cdot \quad \cdot \quad \cdot \quad \cdot \\ a_{m1} x_1 + a_{m2} x_2 + \cdots + a_{mn} x_n = y_m \end{array}\right\} \tag{1}$$

ist festgelegt durch das Schema ihrer $m \times n$ Koeffizienten a_{ik}, die als gegebene — reelle oder auch komplexe — Zahlen anzusehen sind. Dieses — nach Zeilen i und Spalten k — *geordnete Schema* der Koeffizienten a_{ik} wird eine *Matrix*, die Matrix der linearen Beziehung (1) genannt, was soviel wie *Ordnung, Anordnung* bedeutet und woran etwa das Wort Matrikel erinnert. In dieser Bedeutung eines rechteckig angeordneten Koeffizientenschemas wurde das Wort Matrix zuerst von dem englischen Mathematiker SYLVESTER[1] benutzt.

Es erweist sich nun als sinnvoll und zweckmäßig, das Koeffizientenschema, die Matrix als eine selbständige mathematische Größe zusammengesetzter Art aufzufassen und durch ein einziges Symbol, einen Buchstaben zu bezeichnen. Um sie gegenüber einfachen Zahlengrößen — Skalaren — hervorzuheben, verwendet man wohl große Frakturbuchstaben[2] oder Fettdruck. Wir schließen uns hier dem zweiten Brauch an und schreiben

$$\begin{pmatrix} a_{11} & a_{12} & \ldots & a_{1n} \\ a_{21} & a_{22} & \ldots & a_{2n} \\ \cdot & \cdot & \cdot & \cdot \\ a_{m1} & a_{m2} & \ldots & a_{mn} \end{pmatrix} = \boldsymbol{A} = (a_{ik}) \, . \tag{2}$$

Auch andere Schreibweisen sind gebräuchlich, z. B.

$$\begin{bmatrix} a_{11} & \ldots & a_{1n} \\ \cdot & \cdot & \cdot \\ a_{m1} & \ldots & a_{mn} \end{bmatrix} = [a_{ik}] \, . \tag{2a}$$

---

[1] SYLVESTER, J. J.: Philos. Mag. Bd. 37 (1850), S. 363.

[2] Wie in den früheren Auflagen dieses Buches; für das Schreiben von Hand ist das bequemer.

Außer dem Zahlenwert des Koeffizienten a_{ik} ist seine durch den Doppelindex i, k festgelegte *Stellung* im Schema wesentlich, wobei der erste Index stets die Zeile, der zweite die Spalte kennzeichnet. Die Größen a_{ik} heißen die *Elemente* der Matrix. Ist die Anzahl m ihrer Zeilen gleich der Zahl n ihrer Spalten, so heißt die Matrix *quadratisch*, und zwar von der *Ordnung* n. Eine — im allgemeinen nichtquadratische — Matrix von m Zeilen und n Spalten wird auch *mn-Matrix* genannt.

Auch die der linearen Verknüpfung (1) unterworfenen Größen x_i, y_i faßt man zu je einem Größensystem, einem sogenannten *Vektor* $\boldsymbol{x}$ bzw. $\boldsymbol{y}$ zusammen, die sich als einreihige Matrizen auffassen lassen. Dabei hat es sich als zweckmäßig erwiesen, die *Komponenten* x_i, y_i dieser Vektoren in Form von *Spalten* anzuordnen:

$$\boldsymbol{x} = \begin{pmatrix} x_1 \\ x_2 \\ \vdots \\ x_n \end{pmatrix}, \qquad \boldsymbol{y} = \begin{pmatrix} y_1 \\ y_2 \\ \vdots \\ y_m \end{pmatrix}. \tag{3}$$

Man spricht dann bei (1) von einer *linearen Transformation des* Vektors $\boldsymbol{x}$ in den Vektor $\boldsymbol{y}$ und schreibt das ganze kurz und sinnfällig

$$\boxed{\boldsymbol{A}\,\boldsymbol{x} = \boldsymbol{y}}\ . \tag{4}$$

Gleichungen (1) und (4) bedeuten genau das gleiche. Um nun dabei das Zeichen $\boldsymbol{A}\,\boldsymbol{x}$ wie üblich als ein Produkt verstehen zu können, definiert man

Definition 1: *Unter dem* **Produkt** $\boldsymbol{A}\,\boldsymbol{x}$ *einer* $m\,n$*-Matrix* $\boldsymbol{A} = (a_{ik})$ *mit einer* n*-reihigen Spalte* $\boldsymbol{x} = (x_k)$ *(einem Vektor mit* n *Komponenten) versteht man den* m*-reihigen Spaltenvektor* $\boldsymbol{y} = (y_i)$, *wobei die* i*-te Komponente* y_i *als das* **skalare Produkt**

$$a_{i1}\,x_1 + a_{i2}\,x_2 + \cdots + a_{in}\,x_n = y_i \tag{5}$$

der i*-ten Zeile von* $\boldsymbol{A}$ *mit der Spalte* $\boldsymbol{x}$ *entsteht.*

In diesem Sinne übersetzt sich die „Matrizengleichung" (4) in das System (1). Sie ist Abkürzung und Rechenvorschrift zugleich.

Das hier definierte Produkt aus Matrix und Vektor ist wesentlicher Bestandteil eines allgemeinen, von CAYLEY eingeführten[1] *Matrizenkalküls*, also einer rechnerischen Verknüpfung von Matrizen. Hier wird das Rechnen mit linearen Transformationen auf einige wenige Grundoperationen mit den Koeffizientenschemata, den Matrizen der Transformationen zurückgeführt, die sich in naheliegender Weise als Addition, Multiplikation und Division von Matrizen definieren lassen, indem sie

[1] CAYLEY, A.: Trans. London philos. Soc. Bd. 148 (1858), S. 17—37

mit den entsprechenden Zahlenoperationen bestimmte Grundregeln gemeinsam haben. Hierdurch aber erfährt das Operieren mit den auch für Anwendungen der verschiedensten Art so überaus bedeutsamen linearen Beziehungen eine solche Erleichterung, daß die Matrizenrechnung heute zu einem festen Bestandteil der Mathematik geworden ist. Erst in der Sprache des Matrizenkalküls lassen sich sonst verwickelte und langwierige Operationen einfach und übersichtlich wiedergeben und herleiten. Auch die Ingenieurmathematik, soweit sie mit linearen Beziehungen zu tun hat, bedient sich daher in zunehmendem Maße dieses modernen und der Sache angemessenen Hilfsmittels, das wie kaum ein anderes geeignet ist, umfangreiche Rechnungen zu schematisieren und oft weit auseinander liegende Sachgebiete auf den gemeinsamen formalen Kern zurückzuführen.

Zur mathematischen Kurzform des Matrizenkalküls tritt eine willkommene *anschauliche Interpretierbarkeit* der Operationen. Diese ergibt sich unmittelbar aus der dreidimensionalen Geometrie und Vektorrechnung, wo einem Vektor $\boldsymbol{x}$ bzw. seinen drei Komponenten x_1, x_2, x_3 die anschauliche Bedeutung von Punktkoordinaten oder Vektorkomponenten zukommt. Fast alle mit geometrischen Vorgängen verknüpften algebraischen Operationen — Vektoraddition, Vektorvervielfachung, Koordinatentransformation und dergleichen — aber sind nicht an die Dimensionszahl 3 des anschaulichen Raumes gebunden, sondern von dieser Dimensionszahl unabhängig, die man daher zur beliebigen Zahl n verallgemeinern kann. Dies führt dann auch für beliebiges n zu einer geometrischen Sprechweise, die sich in mancher Hinsicht als nützlich und förderlich erweist, indem sie auf entsprechende anschaulich verfolgbare Vorgänge des dreidimensionalen Raumes hindeutet. Man *definiert* in diesem Sinne ein *System geordneter Zahlen*, ein *Zahlen-n-Tupel* $\{x_1, x_2, \ldots, x_n\} = \boldsymbol{x}$ als einen *Punkt* oder *Vektor* in einem *n-dimensionalen Raume* R_n, und man *definiert* dabei diesen Raum R_n als die Gesamtheit der n-dimensionalen Zahlensysteme $\boldsymbol{x}$, wenn jede der *Komponenten* x_i des Systems $\boldsymbol{x}$ die Gesamtheit aller reellen — oder auch der komplexen — Zahlen durchläuft. Nur im Falle $n = 3$ oder 2 oder 1 und reellen x_i entspricht dem so algebraisch definierten „Raume" R_n auch ein geometrischer, also anschaulich faßbarer Raum von n Dimensionen: im Falle $n = 3$ der Gesamtraum, im Falle $n = 2$ eine Ebene, für $n = 1$ eine Gerade. In diesem Sinne sprechen wir dann bei der linearen Transformation (1) bzw. (4) von einer *linearen Abbildung*[1], einer Abbildung eines Vektors $\boldsymbol{x}$ in einen Vektor $\boldsymbol{y}$. Diese Abbildung, obgleich bei beliebig angenommenen Koeffizienten a_{ik} sehr allgemein, hat doch im dreidimensionalen Falle die charakteristische Eigenschaft, lineare Gebilde wiederum in eben-

[1] Dabei denken wir vorwiegend an den Fall $m = n$

solche zu überführen, d. h. Geraden in Geraden, Ebenen in Ebenen, weshalb die Abbildung *linear* genannt wird.

Ungeachtet einer solchen geometrischen Interpretierbarkeit eines Vektors, also eines Systems geordneter Zahlen x_i, stellt der Vektor selbst meistens kein geometrisches Gebilde dar. Die reale Bedeutung der „Vektorkomponenten" x_i kann in den Anwendungen von der verschiedensten Art sein, wie z. B.

die Stabkräfte S_i in einem Fachwerk von n Stäben

die Ströme J_i in einem elektrischen Netzwerk von n Stromzweigen

die Auslenkungen x_i oder Geschwindigkeiten $\dot{x}_i$ eines Schwingungssystems von n Freiheitsgraden

die Raumteile r_i oder Gewichtsteile g_i eines Gasgemisches

die Kostenanteile K_i an den Gesamtkosten eines Erzeugnisses oder Betriebszweiges

die drei Schnittgrößen N, Q, M (Längskraft, Querkraft, Biegemoment) in einem Balkenquerschnitt.

Das letzte Beispiel zeigt, daß die Komponenten x_i eines Vektors nicht einmal von gleicher Dimension zu sein brauchen. Die Zusammenfassung von n Größen x_i zu einem Vektor $\boldsymbol{x}$ bietet sich in jedem Falle an, wenn zwischen ihnen und einem anderen System $\boldsymbol{y} = (y_i)$ ein linearer Zusammenhang der Form $\boldsymbol{A}\,\boldsymbol{x} = \boldsymbol{y}$ gesetzt werden kann. Hierzu das folgende

Beispiel: Zwischen den m Stabkräften S_i eines Fachwerkes von m Stäben und den n — etwa vertikalen — Knotenlasten P_k des Fachwerkes besteht ein linearer Zusammenhang der Form

$$\left.\begin{aligned} S_1 &= a_{11} P_1 + a_{12} P_2 + \cdots + a_{1n} P_n \\ S_2 &= a_{21} P_1 + a_{22} P_2 + \cdots + a_{2n} P_n \\ &\cdots\cdots\cdots\cdots\cdots\cdots \\ S_m &= a_{m1} P_1 + a_{m2} P_2 + \cdots + a_{mn} P_n \end{aligned}\right\} \tag{A}$$

oder kurz

$$\boxed{\boldsymbol{s} = \boldsymbol{A}\,\boldsymbol{p}}\,, \tag{B}$$

wo wir die Stabkräfte S_i bzw. die Knotenlasten P_k zum m- bzw. n-dimensionalen Vektor

$$\boldsymbol{s} = \begin{pmatrix} S_1 \\ S_2 \\ \vdots \\ S_m \end{pmatrix}, \qquad \boldsymbol{p} = \begin{pmatrix} P_1 \\ P_2 \\ \vdots \\ P_n \end{pmatrix}$$

zusammengefaßt haben. Die Koeffizienten a_{ik} der Verknüpfungsmatrix $\boldsymbol{A}$, die sogenannten *Einflußzahlen* ergeben sich, wie man aus (A) erkennt, als Stabkräfte S_i, wenn alle Lasten $P_j = 0$ gesetzt werden bis auf eine einzige $P_k = 1$ (genauer: die a_{ik} sind die dimensionslosen Verhältniszahlen S_i/P_k bei $P_j = 0$ für $j \neq k$), sie lassen sich also als Stabkräfte nach einem der üblichen Verfahren (CREMONAplan, RITTERscher Schnitt) bestimmen. Für das Beispiel der Abb. 1.1 erhält man auf diese Weise die Matrix

$$A = \frac{1}{2\sqrt{3}} \begin{pmatrix} -3 & -2 & -1 \\ 3/2 & 1 & 1/2 \\ -1 & 2 & 1 \\ -1 & -2 & -1 \\ 1 & 2 & -1 \\ 1/2 & 1 & 3/2 \\ -1 & -2 & -3 \end{pmatrix},$$

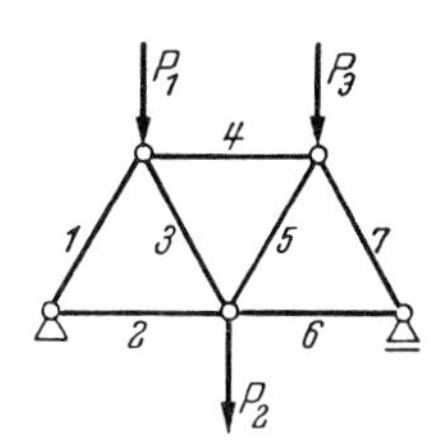

Abb. 1.1. Beispiel eines Fachwerks

wenn wir, wie üblich, Zugkraft positiv und Druckkraft negativ zählen und den allen Elementen gemeinsamen Faktor $1/2\sqrt{3}$ vor die Matrix ziehen. Es ist also beispielsweise

$$S_3 = \frac{1}{2\sqrt{3}} (-P_1 + 2P_2 + P_3).$$

Der Symmetrie der Fachwerkanordnung entspricht eine Symmetrie im Aufbau der Matrix. — Allgemein ist so jedem Fachwerk — auch einem statisch unbestimmten — eine Matrix $\boldsymbol{A} = (a_{ik})$ zugeordnet, die im statisch bestimmten Falle nur von der geometrischen Anordnung des Fachwerkes abhängt und die die Stabkräfte S_i linear mit den vertikalen Knotenlasten P_k verknüpft. — Wir werden auf die Behandlung von Fachwerken mittels Matrizen später ausführlich zurückkommen, wenn wir die erforderlichen Hilfsmittel bereitgestellt haben (vgl. § 12.2).

1.2. Zeilen- und Spaltenvektoren

Ein System von n geordneten Zahlen $x_1, x_2, \ldots, x_n$ (ein Zahlen-n-Tupel) haben wir einen (n-dimensionalen) Vektor genannt und dies oben durch eine Reihe von Beispielen erläutert. Für die Darstellung eines solchen Vektors als *Matrix* ist es nun an sich belanglos, ob wir die n Komponenten x_i in Form einer Zeile oder einer Spalte anordnen. Beide Formen sind gleichwertige Darstellungen des Vektors, d. h. des geordneten Zahlensystems der x_i, wenn wir auch bisher ausschließlich die Darstellungsform der Spaltenmatrix verwendet haben. Auch die Form der Zeilenmatrix wird bei Gelegenheit angewandt werden. Wollen wir die Darstellungsform des Vektors — ob Zeile oder Spalte — offenlassen, so werden wir das Zahlensystem auch wohl durch $\boldsymbol{x} = \{x_1, x_2, \ldots, x_n\}$, also in geschweiften Klammern, bezeichnen.

Sowohl die Zeilen als auch die Spalten einer mn-Matrix $\boldsymbol{A} = (a_{ik})$ können wir gleichfalls als Vektoren auffassen (d. h. wieder als geordnete

Zahlensysteme), und wir wollen sie durch hoch- bzw. tiefgestellte Indizes bezeichnen:

Zeilenvektoren $\boldsymbol{a}^i = (a_{i1}, a_{i2}, \ldots, a_{in})$, $\quad i = 1, 2, \ldots, m$, (6a)

Spaltenvektoren $\boldsymbol{a}_k = \begin{pmatrix} a_{1k} \\ a_{2k} \\ \vdots \\ a_{mk} \end{pmatrix}$, $\quad k = 1, 2, \ldots, n$. (6b)

Damit läßt sich die Matrix $\boldsymbol{A}$ in einer der beiden folgenden Formen schreiben:

$$\boxed{\boldsymbol{A} = (\boldsymbol{a}_1, \boldsymbol{a}_2, \ldots, \boldsymbol{a}_n) = \begin{pmatrix} \boldsymbol{a}^1 \\ \boldsymbol{a}^2 \\ \vdots \\ \boldsymbol{a}^m \end{pmatrix}}, \tag{7}$$

also als eine Zeilen- oder Spaltenmatrix, deren Elemente selbst wieder Spalten bzw. Zeilen sind. Beide Darstellungen werden sich als nützlich erweisen.

Den Spaltenvektoren $\boldsymbol{a}_k$ der Matrix kommt nun eine unmittelbar auf die Abbildung bezogene Bedeutung zu. Setzen wir nämlich in Gl. (1) alle $x_i = 0$ bis auf eine einzige Komponente $x_k = 1$, d. h. wählen wir $\boldsymbol{x}$ als den sogenannten *k-ten Einheitsvektor*

$$\boldsymbol{e}_k = \begin{pmatrix} 0 \\ \vdots \\ 1 \\ \vdots \\ 0 \end{pmatrix} \tag{8}$$

(k-te Komponente = 1, alle übrigen = 0), so erhalten wir für die Abbildung

$$\boldsymbol{y} = \boldsymbol{A}\,\boldsymbol{e}_k = \boldsymbol{a}_k\,. \tag{9}$$

Der k-te Spaltenvektor $\boldsymbol{a}_k$ einer Matrix $\boldsymbol{A}$ ist somit das Bild, in das der k-te Einheitsvektor $\boldsymbol{e}_k$ bei der linearen Abbildung $\boldsymbol{A}\,\boldsymbol{x} = \boldsymbol{y}$ übergeht.

Ist die Abbildung anschaulich interpretierbar, so läßt sich die zugehörige Matrix — bei vorgegebenem Koordinatensystem — sogleich angeben. Stellt beispielsweise unsere Abbildung eine *ebene Drehung* um einen Winkel φ dar, Abb. 1.2, so gehen die beiden Einheitsvektoren $\boldsymbol{e}_1 = \begin{pmatrix} 1 \\ 0 \end{pmatrix}$, $\boldsymbol{e}_2 = \begin{pmatrix} 0 \\ 1 \end{pmatrix}$ über in die beiden um den Winkel φ gedrehten Einheitsvektoren

$$\boldsymbol{a}_1 = \begin{pmatrix} \cos\varphi \\ \sin\varphi \end{pmatrix}, \quad \boldsymbol{a}_2 = \begin{pmatrix} -\sin\varphi \\ \cos\varphi \end{pmatrix}.$$

Die die Drehung vermittelnde Matrix lautet somit

$$A = \begin{pmatrix} \cos\varphi & -\sin\varphi \\ \sin\varphi & \cos\varphi \end{pmatrix}.$$

Die Komponenten y_i des durch Drehung eines beliebigen Vektors $\boldsymbol{x}$ hervorgegangenen Bildvektors $\boldsymbol{y}$ sind

$$y_1 = x_1 \cos\varphi - x_2 \sin\varphi ,$$
$$y_2 = x_1 \sin\varphi + x_2 \cos\varphi ,$$

wie aus Abb. 1.3 auch unmittelbar zu ersehen.

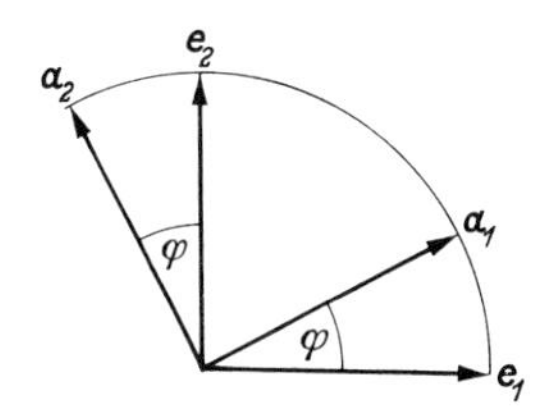

Abb. 1.2. Ebene Drehung: Abbildung der Einheitsvektoren

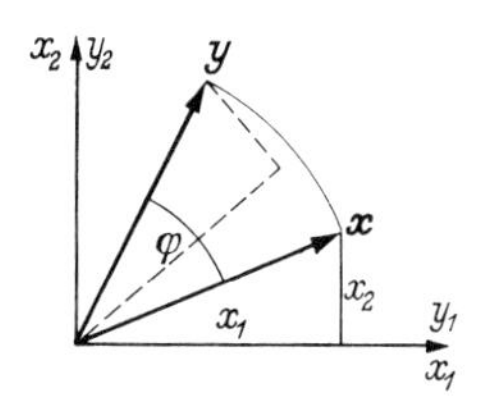

Abb. 1.3. Originalvektor $\boldsymbol{x}$ und Bildvektor $\boldsymbol{y}$ bei ebener Drehung

Allgemein läßt sich die Abbildung $A\boldsymbol{x} = \boldsymbol{y}$ mit Hilfe der Spaltenvektoren folgendermaßen schreiben:

$$\boxed{A\boldsymbol{x} = \boldsymbol{a}_1 x_1 + \boldsymbol{a}_2 x_2 + \cdots + \boldsymbol{a}_n x_n = \boldsymbol{y}}\,, \tag{10}$$

was als Zusammenfassung der Gl. (5) aufzufassen ist und mit Hilfe der Produktdefinition 1 formal aus

$$A\boldsymbol{x} = (\boldsymbol{a}_1, \boldsymbol{a}_2, \ldots, \boldsymbol{a}_n) \begin{pmatrix} x_1 \\ x_2 \\ \vdots \\ x_n \end{pmatrix}$$

folgt, wenn wir A als einzeilige Matrix mit den Elementen $\boldsymbol{a}_k$ auffassen. Wir können somit sagen:

Der Bildvektor $\boldsymbol{y}$ der linearen Abbildung $A\boldsymbol{x} = \boldsymbol{y}$ ist eine Linearkombination der Spaltenvektoren $\boldsymbol{a}_k$ der Abbildungsmatrix A.

Die Vektoren $\boldsymbol{a}_k x_k$ sind dabei die Vektoren der Komponenten $a_{ik} x_k$, gehen also aus $\boldsymbol{a}_k$ hervor durch Multiplikation ihrer Komponenten a_{ik} mit den Zahlen x_k.

1.3. Einfache Rechenregeln

Für das allgemeine Rechnen mit Matrizen werden zunächst die folgenden einfachen und einleuchtenden Regeln festgesetzt:

Definition 2: *Sind* $\boldsymbol{A} = (a_{ik})$ *und* $\boldsymbol{B} = (b_{ik})$ *zwei Matrizen von je m Zeilen und n Spalten (zwei mn-Matrizen), so wird als* **Summe** *(Differenz) von* $\boldsymbol{A}$, $\boldsymbol{B}$ *die mn-Matrix*

$$\boldsymbol{C} = \boldsymbol{A} \pm \boldsymbol{B} = (c_{ik}) \quad \text{mit} \quad c_{ik} = a_{ik} \pm b_{ik} \tag{11}$$

erklärt.

Matrizen gleicher Reihenzahl m, n werden auch *vom gleichen Typ* genannt. Nur Matrizen vom gleichen Typ können addiert oder subtrahiert werden.

Beispiel:

$$\boldsymbol{A} = \begin{pmatrix} 3 & -2 & 5 \\ 1 & 0 & -3 \end{pmatrix}, \quad \boldsymbol{B} = \begin{pmatrix} -1 & 5 & 0 \\ 2 & -3 & 7 \end{pmatrix}, \quad \boldsymbol{A} + \boldsymbol{B} = \begin{pmatrix} 2 & 3 & 5 \\ 3 & -3 & 4 \end{pmatrix},$$

$$\boldsymbol{A} - \boldsymbol{B} = \begin{pmatrix} 4 & -7 & 5 \\ -1 & 3 & -10 \end{pmatrix}.$$

Offenbar gilt $\boldsymbol{A} + \boldsymbol{B} = \boldsymbol{B} + \boldsymbol{A}$; die Addition ist wie bei gewöhnlichen Zahlen kommutativ. Ferner gilt $\boldsymbol{A} + (\boldsymbol{B} + \boldsymbol{C}) = (\boldsymbol{A} + \boldsymbol{B}) + \boldsymbol{C}$; die Addition ist auch assoziativ.

Definition 3: *Zwei mn-Matrizen* $\boldsymbol{A} = (a_{ik})$ *und* $\boldsymbol{B} = (b_{ik})$ *werden dann und nur dann* **einander gleich** *genannt,* $\boldsymbol{A} = \boldsymbol{B}$, *wenn*

$$a_{ik} = b_{ik} \quad \text{für alle } i, k . \tag{12}$$

Definition 4: *Eine Matrix* $\boldsymbol{A}$ *wird dann und nur dann* **Null** *genannt, wenn alle ihre Elemente verschwinden:*

$$\boldsymbol{A} = \boldsymbol{O}, \quad \text{wenn } a_{ik} = 0 \text{ für alle } i \text{ und } k . \tag{13}$$

Man spricht dann von der **Nullmatrix** *im Falle einreihiger Matrix auch vom* **Nullvektor.**

So ist beispielsweise die aus 3 Zeilen und 2 Spalten bestehende Nullmatrix

$$\boldsymbol{A} = \begin{pmatrix} 0 & 0 \\ 0 & 0 \\ 0 & 0 \end{pmatrix} = \boldsymbol{O} ;$$

ferner ist

$$\boldsymbol{B} = \begin{pmatrix} 0 & 0 \\ 0 & 0 \end{pmatrix} = \boldsymbol{O}$$

die zweireihige quadratische Nullmatrix.

Setzt man in der Summendefinition $\boldsymbol{B} = \boldsymbol{A}$ und schreibt, wie naheliegend $\boldsymbol{A} + \boldsymbol{A} = 2\,\boldsymbol{A}$, so kommt man verallgemeinernd zur

Definition 5: *Das Produkt $k\,\boldsymbol{A}$ oder $\boldsymbol{A}\,k$ einer mn-Matrix $\boldsymbol{A}$ mit einer* **Zahl** *k (einem Skalar)* ist die *mn-Matrix, bei der jedes Element das k-fache des entsprechenden von $\boldsymbol{A}$ ist:*

$$k\,\boldsymbol{A} = \boldsymbol{A}\,k = \begin{pmatrix} k\,a_{11} & \dots & k\,a_{1n} \\ \cdot & \cdot & \cdot \\ k\,a_{m1} & \dots & k\,a_{mn} \end{pmatrix}. \tag{14}$$

Ein *allen* Elementen einer Matrix gemeinsamer Faktor k läßt sich also vor die Matrix ziehen, beispielsweise:

$$\begin{pmatrix} 2{,}7 & -0{,}9 \\ 1{,}8 & 5{,}4 \end{pmatrix} = 0{,}9 \begin{pmatrix} 3 & -1 \\ 2 & 6 \end{pmatrix}.$$

Man beachte hier den Unterschied gegenüber einer entsprechenden, dem Leser wohl erinnerlichen Regel bei Determinanten, wo bekanntlich ein gemeinsamer Faktor einer einzigen Zeile oder Spalte vorgezogen werden darf. — Offenbar gilt für das Zahlenprodukt einer Matrix

$$k\,\boldsymbol{A} + k\,\boldsymbol{B} = k\,(\boldsymbol{A} + \boldsymbol{B})$$
$$k\,\boldsymbol{A} + l\,\boldsymbol{A} = (k + l)\,\boldsymbol{A}\,.$$

Zu diesen fast selbstverständlichen Rechenregeln mit Matrizen tritt als Hauptbestandteil des Matrizenkalküls die Festsetzung einer *Multiplikation von Matrizen* untereinander, des eigentlichen *Matrizenproduktes*, das wir bis zum nächsten Paragraphen zurückstellen. Die Umkehrung der Multiplikation führt schließlich zur *Kehrmatrix*, worauf wir im darauf folgenden § 3 zurückkommen werden.

1.4. Transponierte Matrix, symmetrische und schiefsymmetrische Matrix

Eine besonders häufig angewandte Matrizenoperation ist der Übergang zur sogenannten *transponierten* oder *gespiegelten Matrix $\boldsymbol{A}'$*, auch wohl mit $\boldsymbol{A}^T$ bezeichnet, die aus der gegebenen Matrix $\boldsymbol{A} = (a_{ik})$ durch *Vertauschen von Zeilen und Spalten* hervorgeht, z. B.

$$\boldsymbol{A} = \begin{pmatrix} a_1 & b_1 & c_1 \\ a_2 & b_2 & c_2 \end{pmatrix}, \quad \boldsymbol{A}' = \begin{pmatrix} a_1 & a_2 \\ b_1 & b_2 \\ c_1 & c_2 \end{pmatrix}.$$

Bei *quadratischer* Matrix entspricht dies einem *Spiegeln an der Hauptdiagonalen*, wobei man unter „Hauptdiagonale" stets die von links oben nach rechts unten verlaufende Diagonale der Matrix mit den Elementen gleicher Indizes $a_{11}, a_{22}, \dots, a_{nn}$ versteht, die hierbei unverändert bleiben:

$$\boldsymbol{A} = \begin{pmatrix} 5 & -3 & 1 \\ 2 & 0 & -1 \\ -2 & 3 & -4 \end{pmatrix}, \quad \boldsymbol{A}' = \begin{pmatrix} 5 & 2 & -2 \\ -3 & 0 & 3 \\ 1 & -1 & -4 \end{pmatrix}.$$

Bezeichnen wir die Elemente der transponierten Matrix $\boldsymbol{A}'$ mit a'_{ik}, so gilt

$$\boldsymbol{A}' = (a'_{ik}) = (a_{ki}) \,. \tag{15}$$

Offenbar ist

$$(\boldsymbol{A}')' = \boldsymbol{A} \,. \tag{16}$$

Aus einem Spaltenvektor $\boldsymbol{a}$ wird durch Transponieren ein Zeilenvektor $\boldsymbol{a}'$ und umgekehrt:

$$\boldsymbol{a} = \begin{pmatrix} a_1 \\ a_2 \\ \vdots \\ a_n \end{pmatrix}, \quad \boldsymbol{a}' = (a_1, a_2, \ldots, a_n) \,.$$

Kleine Fettbuchstaben $\boldsymbol{a}, \boldsymbol{b}, \boldsymbol{x}, \boldsymbol{y}, \ldots$ ohne Kennzeichen sollen stets Spaltenmatrizen (Vektoren in Form einer Spaltenmatrix) bezeichnen. Zeilenmatrizen (Vektoren in Form einer Zeilenmatrix) kennzeichnen wir durch Transponieren: $\boldsymbol{a}', \boldsymbol{b}', \boldsymbol{x}', \boldsymbol{y}', \ldots$ mit Ausnahme der Zeilenvektoren $\boldsymbol{a}^i, \boldsymbol{b}^i, \ldots$ von Matrizen $\boldsymbol{A}, \boldsymbol{B}, \ldots$, bei denen hochgestellte Indizes den Zeilencharakter anzeigen. Aus Platzgründen schreiben wir Spalten auch in der Form

$$\boldsymbol{a} = (a_1, a_2, \ldots, a_n)' \,.$$

Eine quadratische Matrix heißt *symmetrisch*, wenn sie ihrer Transponierten gleich ist:

$$\boldsymbol{A} = \boldsymbol{A}' \quad \text{oder} \quad a_{ik} = a_{ki} \,. \tag{17}$$

Die zur Hauptdiagonale spiegelbildlich liegenden Elemente sind einander gleich, während die Diagonalelemente a_{ii} selbst beliebig sind. Beispiel:

$$\boldsymbol{A} = \begin{pmatrix} -2 & 3 & -1 \\ 3 & 4 & 5 \\ -1 & 5 & 0 \end{pmatrix} = \boldsymbol{A}' \,.$$

Symmetrische Matrizen, und zwar insbesondere reelle symmetrische spielen in den Anwendungen eine hervorragende Rolle. Viele technisch-physikalischen Probleme zeichnen sich durch gewisse Symmetrieeigenschaften aus, die in symmetrischen Koeffizientenschemata zum Ausdruck kommen. Andrerseits besitzen reelle symmetrische Matrizen eine Reihe bemerkenswerter mathematischer Eigenschaften, insbesondere hinsichtlich des im IV. Kap. zu behandelnden Eigenwertproblems, wo wir darauf eingehend zurückkommen werden.

Eine quadratische Matrix heißt *schiefsymmetrisch* oder *antimetrisch*, wenn sie ihrer Transponierten entgegengesetzt gleich ist:

$$\boldsymbol{A} = -\boldsymbol{A}' \quad \text{oder} \quad a_{ik} = -a_{ki}, \quad a_{ii} = 0 \,. \tag{18}$$

Zur Hauptdiagonale gespiegelte Elemente sind entgegengesetzt gleich, die Diagonalelemente selbst aber sind Null. Beispiel:

$$\boldsymbol{A} = \begin{pmatrix} 0 & 2 & 4 \\ -2 & 0 & -1 \\ -4 & 1 & 0 \end{pmatrix}, \quad \boldsymbol{A}' = \begin{pmatrix} 0 & -2 & -4 \\ 2 & 0 & 1 \\ 4 & -1 & 0 \end{pmatrix} = -\boldsymbol{A}.$$

Jede quadratische Matrix $\boldsymbol{A}$ ist zerlegbar in die Summe eines symmetrischen und eines antimetrischen Anteiles:

$$\boxed{\boldsymbol{A} = \boldsymbol{A}_S + \boldsymbol{A}_A} \tag{19}$$

mit

$$\left.\begin{aligned} \boldsymbol{A}_S &= \frac{1}{2}(\boldsymbol{A} + \boldsymbol{A}') \\ \boldsymbol{A}_A &= \frac{1}{2}(\boldsymbol{A} - \boldsymbol{A}') \end{aligned}\right\}. \tag{20}$$

Beispiel:

$$\boldsymbol{A} = \begin{pmatrix} 5 & 1 & -4 \\ 3 & 7 & 8 \\ -2 & 0 & 3 \end{pmatrix} = \begin{pmatrix} 5 & 2 & -3 \\ 2 & 7 & 4 \\ -3 & 4 & 3 \end{pmatrix} + \begin{pmatrix} 0 & -1 & -1 \\ 1 & 0 & 4 \\ 1 & -4 & 0 \end{pmatrix}.$$

1.5. Diagonalmatrix, Skalarmatrix und Einheitsmatrix

Eine quadratische Matrix, deren sämtliche Elemente außerhalb der Hauptdiagonalen Null sind bei beliebigen Diagonalelementen d_i, wird *Diagonalmatrix* genannt:

$$\boldsymbol{D} = \begin{pmatrix} d_1 & 0 & \dots & 0 \\ 0 & d_2 & \dots & 0 \\ . & . & . & . \\ 0 & 0 & \dots & d_n \end{pmatrix} = \operatorname{Diag}(d_i). \tag{21}$$

Auch hier handelt es sich offenbar um ein System geordneter Zahlen d_i, die auch als die Komponenten eines Vektors aufgefaßt werden könnten. Daß man dies indessen hier nicht tut, hat seinen Grund darin, daß das System der d_i nicht einer linearen Transformation unterworfen wird, sondern in anderer Weise in die Betrachtung eingeht; vgl. § 2.3.

Eine lineare Transformation mit einer Diagonalmatrix ist von besonders einfacher Form, nämlich

$$\left.\begin{aligned} d_1 x_1 &= y_1 \\ d_2 x_2 &= y_2 \\ . \; . \; &. \; . \; . \\ d_n x_n &= y_n \end{aligned}\right\}. \tag{22}$$

Die Multiplikation $\boldsymbol{D}\,\boldsymbol{x}$ der Diagonalmatrix $\boldsymbol{D}$ mit einem Vektor $\boldsymbol{x}$ bewirkt also komponentenweise Multiplikation mit den d_i. Dies kennzeichnet im wesentlichen die Rolle, die die Diagonalmatrix im Rahmen des Matrizenkalküls spielt. — Eine Diagonalmatrix ist offenbar immer symmetrisch, $\boldsymbol{D} = \boldsymbol{D}'$.

Hat die Diagonalmatrix lauter gleiche Elemente $d_i = k$, so spricht man von einer *Skalarmatrix*, da sie sich, wie wir noch sehen werden, hinsichtlich der Multiplikation mit einer anderen Matrix wie ein skalarer Faktor k verhält. Für die Multiplikation mit einem Vektor $\boldsymbol{x}$ nach Gl. (22) trifft das ja offenbar zu. — Sind schließlich alle Diagonalelemente gleich 1, so hat man die sogenannte *Einheitsmatrix* $\boldsymbol{I}$, genauer die n-reihige Einheitsmatrix:

$$\boldsymbol{I} = \begin{pmatrix} 1 & 0 & \dots & 0 \\ 0 & 1 & \dots & 0 \\ . & . & . & . \\ 0 & 0 & \dots & 1 \end{pmatrix}. \tag{23}$$

Die Transformation mit der Einheitsmatrix läßt den Vektor $\boldsymbol{x}$ offenbar unverändert:

$$\boxed{\boldsymbol{I}\boldsymbol{x} = \boldsymbol{x}}\ ; \tag{24}$$

man spricht daher von der *identischen Transformation*. Auch sonst spielt die Einheitsmatrix, wie sich zeigen wird, hinsichtlich der Matrizenmultiplikation die Rolle der Eins. Die Skalarmatrix aber schreibt sich mit $\boldsymbol{I}$ zufolge Gl. (14) als $k\boldsymbol{I} = \boldsymbol{I}k$.

1.6. Lineare Abhängigkeit, Rang, singuläre Matrix, Determinante

Gegeben sei ein System von p Vektoren $\boldsymbol{a}_k$ zu je n Komponenten a_i^k. Diese Vektoren werden nun *linear abhängig* genannt, wenn es p Konstanten c_k gibt, die nicht sämtlich verschwinden sollen, derart daß eine lineare Beziehung der Form

$$\boxed{c_1\boldsymbol{a}_1 + c_2\boldsymbol{a}_2 + \cdots + c_p\boldsymbol{a}_p = \boldsymbol{o}} \tag{25}$$

besteht. Folgt aber aus Gl. (25) notwendig $c_1 = c_2 = \cdots = c_p = 0$, so heißen die Vektoren *linear unabhängig*. Hier bedeutet in Gl. (25) die rechts stehende $\boldsymbol{o}$ den *Nullvektor*. Lineare Abhängigkeit von Vektoren besagt also, daß sich aus ihnen durch eine geeignete Linearkombination der Nullvektor erzeugen läßt. — Beispiel:

$$\boldsymbol{a}_1 = \begin{pmatrix} 2 \\ 1 \\ -2 \end{pmatrix}, \quad \boldsymbol{a}_2 = \begin{pmatrix} -1 \\ 0 \\ 2 \end{pmatrix}, \quad \boldsymbol{a}_3 = \begin{pmatrix} 0 \\ 1 \\ 2 \end{pmatrix}.$$

Es ist $\boldsymbol{a}_1 + 2\boldsymbol{a}_2 - \boldsymbol{a}_3 = \boldsymbol{o}$, wie leicht nachzuprüfen. Die Vektoren sind also linear abhängig.

Im Falle linearer Abhängigkeit ist wenigstens eine der Konstanten c_k von Null verschieden, sagen wir $c_q \neq 0$. Dann läßt sich offenbar der zugehörige Vektor $\boldsymbol{a}_q$ linear durch die übrigen ausdrücken, indem wir Gl. (25) nach $\boldsymbol{a}_q$ auflösen. In unserm Beispiel ist etwa $\boldsymbol{a}_3 = \boldsymbol{a}_1 + 2\,\boldsymbol{a}_2$ oder $\boldsymbol{a}_1 = -2\,\boldsymbol{a}_2 + \boldsymbol{a}_3$ oder $\boldsymbol{a}_2 = -\frac{1}{2}\boldsymbol{a}_1 + \frac{1}{2}\boldsymbol{a}_3$, wie jedesmal leicht nachprüfbar. — Ein Vektorsystem wird auch dann linear abhängig genannt, wenn unter ihnen der Nullvektor vorkommt, da in dem Falle die zugehörige Konstante $\neq 0$ gesetzt werden kann und die übrigen $= 0$, um Gl. (25) zu erfüllen.

Im allgemeinen wird man einem Vektorsystem nicht ohne weiteres ansehen können, ob es linear abhängig ist oder nicht. In gewissen Sonderfällen aber ist das leicht möglich. So sind insbesondere die drei Einheitsvektoren

$$\boldsymbol{e}_1 = \begin{pmatrix} 1 \\ 0 \\ 0 \end{pmatrix}, \quad \boldsymbol{e}_2 = \begin{pmatrix} 0 \\ 1 \\ 0 \end{pmatrix}, \quad \boldsymbol{e}_3 = \begin{pmatrix} 0 \\ 0 \\ 1 \end{pmatrix}$$

(allgemein die n Spaltenvektoren der Einheitsmatrix) sicher linear unabhängig. Denn aus

$$c_1\,\boldsymbol{e}_1 + c_2\,\boldsymbol{e}_2 + c_3\,\boldsymbol{e}_3 = \begin{pmatrix} c_1 \\ 0 \\ 0 \end{pmatrix} + \begin{pmatrix} 0 \\ c_2 \\ 0 \end{pmatrix} + \begin{pmatrix} 0 \\ 0 \\ c_3 \end{pmatrix} = \begin{pmatrix} c_1 \\ c_2 \\ c_3 \end{pmatrix} = \begin{pmatrix} 0 \\ 0 \\ 0 \end{pmatrix}$$

folgt notwendig $c_1 = c_2 = c_3 = 0$. Aus den Einheitsvektoren läßt sich unmöglich durch Linearkombination der Nullvektor erzeugen.

In einem Vektorsystem von p Vektoren $\boldsymbol{a}_k$ gibt es nun eine ganz bestimmte *maximale Anzahl* linear unabhängiger Vektoren, und diese Anzahl wird der *Rang r des Vektorsystems* genannt, wobei offenbar gilt

$$\boxed{0 \leqq r \leqq p}\,. \tag{26}$$

Dabei ist $r = 0$ genau dann, wenn *alle* Vektoren Null sind. Im zuerst angeführten Beispiel ist offenbar $r = 2$, da je zwei der Vektoren linear unabhängig, alle drei aber linear abhängig sind. Das System

$$\boldsymbol{a}_1 = \begin{pmatrix} 1 \\ 2 \\ -3 \end{pmatrix}, \quad \boldsymbol{a}_2 = \begin{pmatrix} -1 \\ -2 \\ 3 \end{pmatrix}, \quad \boldsymbol{a}_3 = \begin{pmatrix} 1 \\ 0 \\ 2 \end{pmatrix}$$

hat gleichfalls den Rang 2. Hier sind zwar schon die Vektoren $\boldsymbol{a}_1$, $\boldsymbol{a}_2$ linear abhängig: es ist $\boldsymbol{a}_1 + \boldsymbol{a}_2 = \boldsymbol{o}$. Aber die Vektoren $\boldsymbol{a}_1$, $\boldsymbol{a}_3$ und $\boldsymbol{a}_2$, $\boldsymbol{a}_3$ sind unabhängig, während alle drei wieder abhängig sind:

$$\boldsymbol{a}_1 + \boldsymbol{a}_2 + 0 \cdot \boldsymbol{a}_3 = \boldsymbol{o}\,.$$

Für das System

$$\boldsymbol{a}_1 = \begin{pmatrix} 1 \\ 2 \\ -3 \end{pmatrix}, \quad \boldsymbol{a}_2 = \begin{pmatrix} -1 \\ -2 \\ 3 \end{pmatrix}, \quad \boldsymbol{a}_3 = \begin{pmatrix} 2 \\ 4 \\ -6 \end{pmatrix}$$

aber ist $r = 1$, da hier je zwei der Vektoren stets abhängig sind. — Der Rang eines Vektorsystems gibt also die Anzahl der *wesentlich verschiedenen Vektoren* des Systems an.

Eine mn-Matrix $\boldsymbol{A} = (a_{ik})$ läßt sich nun, wie nach dem früheren klar ist, auffassen als das System ihrer n Spaltenvektoren oder auch als das ihrer m Zeilenvektoren. Beiden Systemen kommt somit ein bestimmter Rang zu, den man Spaltenrang bzw. Zeilenrang der Matrix nennen könnte. Wir werden aber im II. Kap. zeigen können, daß beide Rangzahlen übereinstimmen, so daß die Matrix einen Rang r schlechthin besitzt. Offenbar ist dann dieser Rang höchstens gleich der kleineren der beiden Zahlen m oder n:

$$\boxed{r \leq m, n}\,, \tag{27}$$

und er ist Null nur für den Fall der Nullmatrix. Auf die praktische Bestimmung des Ranges r einer gegebenen Matrix werden wir ausführlich im II. Kapitel zurückkommen.

Eine *quadratische* Matrix wird *singulär* genannt, wenn ihre Spalten (und Zeilen) linear abhängig sind; andernfalls heißt sie *nichtsingulär* oder auch *regulär*. Der Unterschied

$$\boxed{d = n - r} \tag{28}$$

wird *Defekt* oder *Rangabfall* oder auch *Nullität* der n-reihigen Matrix genannt und sich als ein höchst wichtiger Begriff erweisen.

Einer quadratischen Matrix $\boldsymbol{A}$ ist, wie man weiß, ihre *Determinante* als eine nach bestimmter Vorschrift aus den Elementen a_{ik} berechenbare *Zahl* zugeordnet, für die wir eines der folgenden Zeichen verwenden:

$$\det \boldsymbol{A} = \det (a_{ik}) = A\,.$$

Für die zweireihige Matrix ist bekanntlich

$$\det \boldsymbol{A} = \begin{vmatrix} a_{11} & a_{12} \\ a_{21} & a_{22} \end{vmatrix} = a_{11}\,a_{22} - a_{12}\,a_{21} = A\,,$$

eine Vorschrift, die, wie man weiß, sich leider nicht für Determinanten höherer Ordnung fortsetzen läßt (abgesehen von der Regel von SARRUS für $n = 3$). Auch auf die allgemeine Determinantenberechnung werden wir erst im II. Kap. zurückkommen. Indessen wird dem Leser erinnerlich sein, daß eine Determinante genau dann Null wird, wenn die Zeilen oder Spalten des Koeffizientenschemas (der Matrix) linear abhängig sind, d. h. also wenn die Matrix *singulär* ist. Eine singuläre Matrix ist somit gekennzeichnet durch

$$\boxed{\det \boldsymbol{A} = 0}\,, \tag{29}$$

während für nichtsinguläres $\boldsymbol{A}$ stets $\det \boldsymbol{A} \neq 0$ gilt.

Nichtquadratische mn-Matrizen sind weder regulär noch singulär. Wohl aber ist hier der Fall ausgezeichnet, daß entweder ihre Zeilen (für $m < n$) oder ihre Spalten (für $m > n$) linear unabhängig sind, daß also für den Rang $r = m < n$ bzw. $r = n < m$ gilt. Derartige Matrizen nennen wir *zeilenregulär* bzw. *spaltenregulär*. Sie verhalten sich in mancher Hinsicht wie nichtsinguläre quadratische Matrizen; vgl. § 2.2, Satz 5 und 6. Eine zeilenreguläre *quadratische* Matrix, $r = m = n$, aber ist zugleich spaltenregulär, also regulär = nichtsingulär schlechthin.

Eine gewisse Rolle spielt schließlich noch die sogenannte *Spur* der quadratischen Matrix, worunter man die Summe der Hauptdiagonalelemente a_{ii} versteht:

$$\boxed{\operatorname{sp} \boldsymbol{A} = s = a_{11} + a_{22} + \cdots + a_{nn}} \,. \tag{30}$$

Sie erweist sich, wie wir später sehen werden, ebenso wie die Determinante der Matrix gegenüber gewissen Umformungen, sogenannten Koordinatentransformationen, denen die Matrix unterworfen werden kann, als *invariant*. Während sich bei diesen Transformationen die Elemente der Matrix sämtlich ändern, bleiben die beiden der Matrix zugeordneten Zahlenwerte det $\boldsymbol{A}$ und sp $\boldsymbol{A}$ unverändert. Sie haben diese Eigenschaft gemeinsam mit anderen der quadratischen Matrix zugeordneten Zahlenwerten, den im IV. Kap. ausführlich zu behandelten *Eigenwerten*, mit denen sie auch in einfacher Weise zusammenhängen: Summe und Produkt der Eigenwerte ergeben Spur und Determinante.

§ 2. Das Matrizenprodukt

2.1. Einführung des Matrizenproduktes

Den Hauptinhalt des Matrizenkalküls bildet die von CAYLEY eingeführte Matrizenmultiplikation. Zu dieser Operation kommt man durch Hintereinanderschalten linearer Transformationen, wobei ihre Koeffizientenschemata, die Matrizen eine bestimmte Verknüpfung erfahren, die man in naheliegender Weise als Multiplikation der Matrizen definiert.

Zwei Vektoren $\boldsymbol{x} = \{x_1, x_2, \ldots, x_m\}$ und $\boldsymbol{y} = \{y_1, y_2, \ldots, y_n\}$ seien durch eine lineare Transformation verknüpft in der Form

$$\left.\begin{array}{l} x_1 = a_{11} y_1 + \cdots + a_{1n} y_n \\ \cdots\cdots\cdots\cdots \\ x_m = a_{m1} y_1 + \cdots + a_{mn} y_n \end{array}\right\} \text{oder}\, \boldsymbol{x} = \boldsymbol{A}\boldsymbol{y} \tag{1}$$

mit der mn-Matrix $\boldsymbol{A} = (a_{ik})$. Die Komponenten y_k sollen wiederum linear verknüpft sein mit einem dritten Vektor $\boldsymbol{z} = \{z_1, z_2, \ldots, z_p\}$ in der Form

$$\left.\begin{array}{l} y_1 = b_{11} z_1 + \cdots + b_{1p} z_p \\ \cdots\cdots\cdots\cdots \\ y_n = b_{n1} z_1 + \cdots + b_{np} z_p \end{array}\right\} \text{oder} \quad \boldsymbol{y} = \boldsymbol{B}\boldsymbol{z} \tag{2}$$

mit der np-Matrix $\boldsymbol{B} = (b_{ik})$. Gesucht ist der unmittelbare Zusammenhang zwischen $\boldsymbol{x}$ und $\boldsymbol{z}$. Auch er wird homogen linear sein, also von der Form

$$\left.\begin{array}{l} x_1 = c_{11} z_1 + \cdots + c_{1p} z_p \\ \dots\dots\dots\dots \\ x_m = c_{m1} z_1 + \cdots + c_{mp} z_p \end{array}\right\} \text{ oder } \boldsymbol{x} = \boldsymbol{C}\boldsymbol{z} \tag{3}$$

mit einer mp-Matrix $\boldsymbol{C} = (c_{ik})$, und es handelt sich darum, die Elemente c_{ik} dieser Matrix aus den gegebenen Koeffizienten a_{ik} und b_{ik} zu bestimmen, was ja nicht schwer sein kann.

Der Koeffizient c_{ik}, das ist der Faktor der Komponente z_k im Ausdruck für x_i, also in der i-ten Gleichung von (3) folgt aus der entsprechenden von (1):

$$x_i = a_{i1} y_1 + \cdots + a_{in} y_n ,$$

worin laut Gl. (2) jedes der y_r die interessierende Komponente z_k mit dem Faktor b_{rk} enthält. Insgesamt enthält also x_i in Gl. (3) die Größe z_k mit dem Faktor

$$\boxed{c_{ik} = a_{i1} b_{1k} + a_{i2} b_{2k} + \cdots + a_{in} b_{nk} = \sum_{r=1}^{n} a_{ir} b_{rk}} \,. \tag{4}$$

Damit haben wir als Bildungsgesetz für den gesuchten Koeffizienten c_{ik} das skalare Produkt der Elemente a_{ir} der i-ten Zeile von $\boldsymbol{A}$ mit den Elementen b_{rk} der k-ten Spalte von $\boldsymbol{B}$. Man nennt nun die Matrix $\boldsymbol{C} = (c_{ik})$ das *Produkt* der beiden Matrizen $\boldsymbol{A}$ und $\boldsymbol{B}$ in der Reihenfolge $\boldsymbol{A}\,\boldsymbol{B}$, eine Bezeichnung, die sich auch formal anbietet. Eine Zusammenfassung der beiden Matrizengleichungen (1) und (2) ergibt nämlich

$$\boxed{\boldsymbol{x} = \boldsymbol{A}\boldsymbol{y} = \boldsymbol{A}(\boldsymbol{B}\boldsymbol{z}) = \boldsymbol{A}\boldsymbol{B}\boldsymbol{z} = \boldsymbol{C}\boldsymbol{z}} \,. \tag{5}$$

Wir fassen zusammen:

Definition 1: *Unter dem* **Produkt** $\boldsymbol{A}\boldsymbol{B}$ *einer mn-Matrix $\boldsymbol{A}$ mit einer np-Matrix $\boldsymbol{B}$ in der angegebenen Reihenfolge versteht man die mp-Matrix $\boldsymbol{C} = \boldsymbol{A}\boldsymbol{B}$, deren Element c_{ik} als skalares Produkt der i-ten Zeile von $\boldsymbol{A}$ (des Zeilenvektors $\boldsymbol{a}^i$) mit der k-ten Spalte von $\boldsymbol{B}$ (dem Spaltenvektor $\boldsymbol{b}_k$) gemäß* (4) *gebildet wird, kurz:*

$$\boxed{c_{ik} = \sum_{r=1}^{n} a_{ir} b_{rk} = \boldsymbol{a}^i \boldsymbol{b}_k} \quad \begin{array}{l} i = 1, 2, \ldots, m, \\ k = 1, 2, \ldots, p. \end{array} \tag{4a}$$

Dabei stellt auch der Ausdruck $\boldsymbol{a}^i \boldsymbol{b}_k$ schon ein Matrizenprodukt dar, nämlich das der Zeile $\boldsymbol{a}^i$ mit der Spalte $\boldsymbol{b}_k$, dessen Ergebnis die $1 \cdot 1$-Matrix c_{ik}, also eine Zahl ist. Indem man jede der m Zeilen von $\boldsymbol{A}$ mit jeder der p Spalten von $\boldsymbol{B}$ auf die angegebene Weise kombiniert, baut sich die Produktmatrix $\boldsymbol{C}$ Element für Element auf. Zur Berechnung der $m \cdot p$ Elemente c_{ik} sind somit insgesamt $m \cdot p \cdot n$ Einzelprodukte zu bilden, ein nicht ganz müheloser Prozeß, der freilich recht schematisch abläuft. Insbesondere lassen sich die skalaren Produkte mit Hilfe der Rechenmaschine automatisch durch Auflaufenlassen der Teilprodukte — unter Berücksichtigung der gegebenen Vorzeichen — ohne ein Niederschreiben der Teilprodukte bilden, und die Rechnung läßt sich auch, wie wir noch zeigen, weitgehend durch sogenannte Summenproben kontrollieren.

Für das praktische Rechnen ist eine von FALK vorgeschlagene[1] Anordnung nützlich, Abb. 2.1, bei der jedes Produktelement c_{ik} genau im Kreuzungspunkt der i-ten Zeile von $\boldsymbol{A}$ mit der k-ten Spalte von $\boldsymbol{B}$ erscheint. Offensichtlich ist zur Ausführbarkeit des Produktes $\boldsymbol{A}\,\boldsymbol{B}$ Übereinstimmung der Spaltenzahl von $\boldsymbol{A}$ mit der Zeilenzahl von $\boldsymbol{B}$ erforderlich. Wir sagen, $\boldsymbol{A}$ sei mit $\boldsymbol{B}$ in der Reihenfolge $\boldsymbol{A}\,\boldsymbol{B}$ *verkettbar*, was gleichbedeutend mit der Multiplizierbarkeit der beiden Matrizen in der angegebenen Reihenfolge ist. Aber auch dann, wenn hinsichtlich der Verkettbarkeit einer Vertauschung der Reihenfolge der beiden Faktoren nichts im Wege steht, d. h. wenn $m = p$ oder sogar $m = p = n$ ist, so darf diese Reihenfolge nicht ohne weiteres vertauscht werden: die beiden Produktmatrizen $\boldsymbol{A}\,\boldsymbol{B}$ und $\boldsymbol{B}\,\boldsymbol{A}$ sind im allgemeinen verschieden, von bestimmten Ausnahmen sogenannten *vertauschbaren* Matrizen $\boldsymbol{A}, \boldsymbol{B}$ abgesehen. Die beiden Faktoren des Matrizenproduktes $\boldsymbol{A}\,\boldsymbol{B}$ gehen ja in die Produktbildung verschieden ein, der erste Faktor zeilenweise, der zweite spaltenweise. — Einige Beispiele mögen den Sachverhalt erläutern.

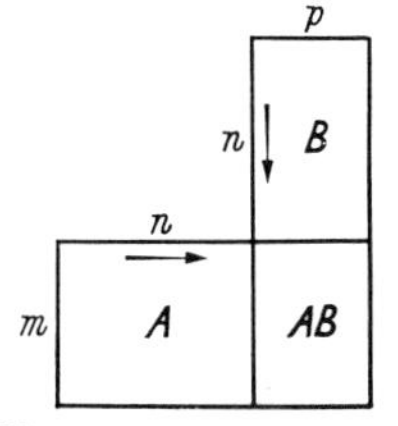

Abb. 2.1. Anordnungsschema einer Matrizenmultiplikation

1. Beispiel:

$$\boldsymbol{A} = \begin{pmatrix} 1 & -2 \\ 3 & 4 \end{pmatrix}, \quad \boldsymbol{B} = \begin{pmatrix} 2 & 0 \\ -1 & 3 \end{pmatrix}.$$

Als quadratische Matrizen sind die beiden Faktoren in beiden Reihenfolgen verkettbar, ergeben jedoch verschiedene Produktmatrizen:

$$\begin{array}{rr|rr} & & 2 & 0 \\ & & -1 & 3 \\ \hline 1 & -2 & 4 & -6 \\ 3 & 4 & 2 & 12 \end{array} = \boldsymbol{A}\,\boldsymbol{B} \qquad \begin{array}{rr|rr} & & 1 & -2 \\ & & 3 & 4 \\ \hline 2 & 0 & 2 & -4 \\ -1 & 3 & 8 & 14 \end{array} = \boldsymbol{B}\,\boldsymbol{A}$$

2. Beispiel:

$$\boldsymbol{A} = \begin{pmatrix} 2 & 1 & -3 \\ -1 & 0 & 2 \end{pmatrix}, \quad \boldsymbol{B} = \begin{pmatrix} 1 & 4 \\ 2 & 3 \\ -1 & 2 \end{pmatrix}.$$

[1] FALK, S.: Z. angew. Math. Mech. Bd. 31 (1951), S. 152

Auch hier sind die Faktoren in beiden Reihenfolgen verkettbar, jedoch ist $\boldsymbol{A}\,\boldsymbol{B}$ eine zweireihige, $\boldsymbol{B}\,\boldsymbol{A}$ dagegen eine dreireihige Produktmatrix:

			1	4	
			2	3	
			—1	2	
2	1	—3	7	5	$= \boldsymbol{A}\,\boldsymbol{B}$
—1	0	2	—3	0	

		2	1	—3	
		—1	0	2	
1	4	—2	1	5	
2	3	1	2	0	$= \boldsymbol{B}\,\boldsymbol{A}$
—1	2	—4	—1	7	

3. Beispiel:

$$\boldsymbol{A} = (2 \quad -1 \quad 3)\,, \qquad \boldsymbol{B} = \begin{pmatrix} -2 & 1 \\ 0 & -3 \\ 4 & 2 \end{pmatrix}.$$

Hier ist $\boldsymbol{A}$ mit $\boldsymbol{B}$ nur als $\boldsymbol{A}\,\boldsymbol{B}$, nicht aber als $\boldsymbol{B}\,\boldsymbol{A}$ verkettbar; das Produkt $\boldsymbol{B}\,\boldsymbol{A}$ existiert nicht:

			—2	1
			0	—3
			4	2
2	—1	3	8	11

$$\boldsymbol{A}\,\boldsymbol{B} = (8 \quad 11)\,.$$

Für umfangreichere Zahlenrechnungen sind Rechenkontrollen unerläßlich, wozu als einfaches und wirksames Hilfsmittel die auf GAUSS zurückgehende *Summenprobe* dient, und zwar entweder als Spalten- oder als Zeilensummenprobe. Entweder faßt man in $\boldsymbol{A}\boldsymbol{B} = \boldsymbol{C}$ die Gesamtheit der Zeilen von $\boldsymbol{A}$ in einer zusätzlichen *Summenzeile* (Zeile der Spaltensummen) zusammen, die wie die übrigen Zeilen von $\boldsymbol{A}$ mit $\boldsymbol{B}$ kombiniert wird und dabei eine zusätzliche Zeile von $\boldsymbol{C}$ liefert, deren Elemente dann gleich den Spaltensummen von $\boldsymbol{C}$ sein müssen, worin die Kontrolle besteht. Oder aber man faßt die Gesamtheit der Spalten des zweiten Faktors $\boldsymbol{B}$ zu einer zusätzlichen *Summenspalte* (Spalte der Zeilensummen) zusammen, die wie die übrigen Spalten von $\boldsymbol{B}$ mit den Zeilen von $\boldsymbol{A}$ kombiniert wird und dabei eine zusätzliche Spalte von $\boldsymbol{C}$ liefert, deren Elemente dann gleich den Zeilensummen von $\boldsymbol{C}$ wird. Denn jede Zeile von $\boldsymbol{A}$ liefert unabhängig von den übrigen Zeilen die entsprechende Zeile von $\boldsymbol{C}$, so daß man die Zeilen addieren darf. Jede Spalte von $\boldsymbol{B}$ liefert unabhängig von den übrigen Spalten die entsprechende Spalte von $\boldsymbol{C}$, so daß auch die Spalten summierbar sind. — Beispiel:

			4	1	5
			2	—2	0
			—3	—1	—4
3	2	1	13	—2	11
5	—1	2	12	5	17
0	2	3	—5	—7	—12

Zeilensummenprobe

			4	1
			2	—2
			—3	—1
3	2	1	13	—2
5	—1	2	12	5
0	2	3	—5	—7
8	3	6	20	—4

Spaltensummenprobe

Die FALKsche Anordnung empfiehlt sich besonders bei Produkten aus mehr als zwei Faktoren, etwa $\boldsymbol{P} = \boldsymbol{A}\,\boldsymbol{B}\,\boldsymbol{C}\,\boldsymbol{D}$, wo man dann jede Matrix und jedes der Teilprodukte nur ein einziges Mal anzuschreiben braucht. Fängt man mit dem letzten Faktor $\boldsymbol{D}$ an, so erhält man das Schema der Abb. 2.2, wieder ergänzt durch eine Summenspalte zur Probe. Man erkennt, daß die Zeilenzahl der Produktmatrix gleich der des ersten Faktors $\boldsymbol{A}$, ihre Spaltenzahl gleich der des letzten $\boldsymbol{D}$ ist, und weiterhin, daß jede Spalte des letzten Faktors (und ebenso auch jede Zeile des ersten) für sich allein an der Produktbildung beteiligt ist. —

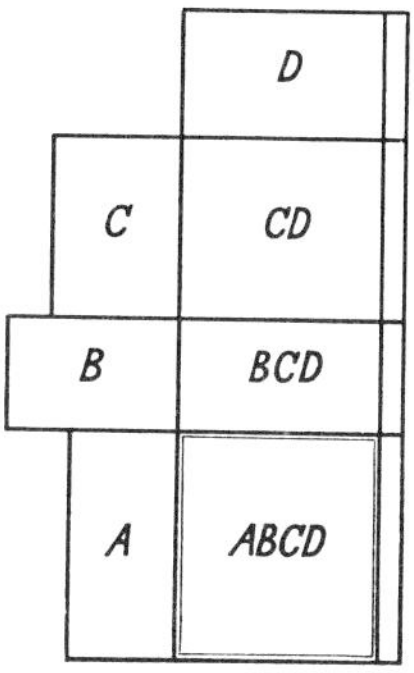

Abb. 2.2. Anordnungsschema bei mehrfachem Matrizenprodukt, untereinander

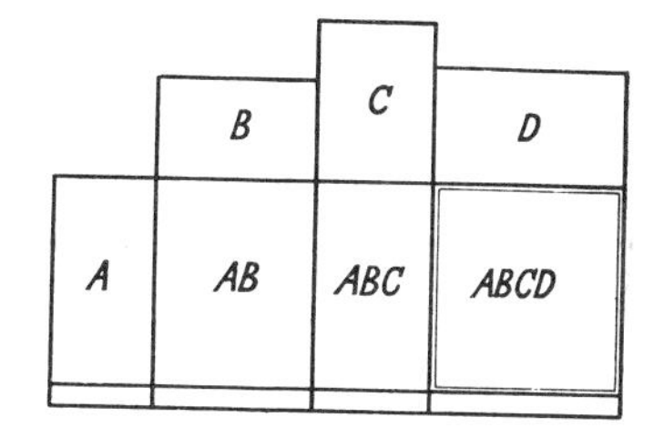

Abb. 2.3. Anordnungsschema bei mehrfachem Matrizenprodukt, nebeneinander

Fängt man die Rechnung mit dem ersten Faktor $\boldsymbol{A}$ an, so baut sich das Schema nach rechts anstatt nach unten und wird durch eine Summenzeile kontrolliert, Abb. 2.3.

Es sei auf einen Umstand ausdrücklich hingewiesen: Liegt in $\boldsymbol{x} = \boldsymbol{A}\,\boldsymbol{B}\,\boldsymbol{z}$ der zu transformierende Vektor $\boldsymbol{z}$ zahlenmäßig vor, so ist es durchaus unvorteilhaft, die Produktmatrix $\boldsymbol{C} = \boldsymbol{A}\,\boldsymbol{B}$ explizit zu berechnen. Vielmehr wird man dann zuerst den transformierten Vektor $\boldsymbol{y} = \boldsymbol{B}\,\boldsymbol{z}$ durch Multiplikation der Matrix $\boldsymbol{B}$ mit dem Vektor $\boldsymbol{z}$ und aus ihm den Vektor $\boldsymbol{x} = \boldsymbol{A}\,\boldsymbol{y}$ durch Multiplikation der Matrix $\boldsymbol{A}$ mit dem Vektor $\boldsymbol{y}$ bilden. Man arbeitet also mit der jeweiligen Matrix nur an einem Vektor und spart so erheblich an Operationen. Gegenüber $m \cdot n \cdot p$ Multiplikationen bei Bildung von $\boldsymbol{C} = \boldsymbol{A}\,\boldsymbol{B}$ zuzüglich den $m \cdot p$ Multiplikationen zur Bildung von $\boldsymbol{C}\,\boldsymbol{z}$ ist hier die Gesamtzahl der Multiplikationen nur $M = n \cdot p + m \cdot n = n\,(m + p)$. Im Falle $m = n = p$ stehen sich also $n^3 + n^2$ Multiplikationen einerseits und $2\,n^2$ Multiplikationen andrerseits gegenüber. — Das gilt erst recht bei längeren Produktketten. Stets ist ein unmittelbares Arbeiten der einzelnen Matrizenfaktoren am jeweiligen Vektor einem Bilden der Produktmatrix vorzuziehen. Eine Transformation

$$\boldsymbol{z} = \boldsymbol{A}\,\boldsymbol{B}\,\boldsymbol{C}\,\boldsymbol{D}\,\boldsymbol{x} = \boldsymbol{P}\,\boldsymbol{x}$$

ist also in der Regel stets in diesem Sinne durch Bilden der Zwischenvektoren zu realisieren, nicht aber durch explizites Ausrechnen der Produktmatrix $\boldsymbol{A\,B\,C\,D} = \boldsymbol{P}$; vergl. Abb. 2.4.

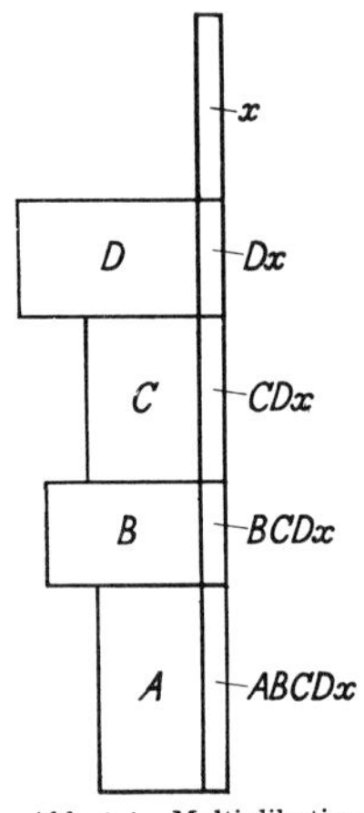

Abb. 2.4. Multiplikation am Vektor bei mehrfacher Transformation $\boldsymbol{z} = \boldsymbol{A\,B\,C\,D\,x}$

2.2. Sätze über Matrizenmultiplikation

Die Matrizenmultiplikation verhält sich in mancher Hinsicht formal wie die Multiplikation gewöhnlicher Zahlen, in mancher Hinsicht dagegen wesentlich anders. Der auffälligste und schon mehrfach hervorgehobene Unterschied besteht in

Satz 1: *Das Matrizenprodukt ist nicht kommutativ, d. h. im allgemeinen sind* $\boldsymbol{A\,B}$ *und* $\boldsymbol{B\,A}$ *verschiedene Matrizen, sofern die Faktoren überhaupt in beiden Reihenfolgen verkettbar sind:*

$$\boxed{\text{Im allgemeinen: } \boldsymbol{A\,B} \neq \boldsymbol{B\,A}}\,. \tag{6}$$

Es kommt also auf die *Reihenfolge der Faktoren* an, bei Multplikation von Matrizen hat man darauf zu achten, ob eine Matrix *von rechts her* oder *von links her* mit einer zweiten Matrix multipliziert werden soll. Insbesondere hat man beispielsweise in einer *Gleichung* stets *beide Seiten in gleicher Weise* mit einer Matrix zu multiplizieren, entweder beide Seiten von rechts her oder beide von links her. In einer *Kette* von Matrizenfaktoren etwa $\boldsymbol{A\,B\,C \ldots N}$, sind nur ihre beiden äußersten Enden, $\boldsymbol{A}$ und $\boldsymbol{N}$, einer Multiplikation mit einer weiteren Matrix $\boldsymbol{P}$ zugänglich, also nur $\boldsymbol{A}$ von links her oder $\boldsymbol{N}$ von rechts her. Eine Umstellung der Faktoren ist wegen Gl. (6) im allgemeinen nicht erlaubt.

Bei *quadratischen* Matrizen kann *in Sonderfällen* auch $\boldsymbol{A\,B} = \boldsymbol{B\,A}$ sein; man spricht dann von *vertauschbaren* = *kommutativen Matrizen* $\boldsymbol{A}, \boldsymbol{B}$. Beispiel:

$$\boldsymbol{A} = \begin{pmatrix} 2 & -1 \\ 3 & 4 \end{pmatrix}, \quad \boldsymbol{B} = \begin{pmatrix} -1 & -2 \\ 6 & 3 \end{pmatrix}, \quad \boldsymbol{A\,B} = \boldsymbol{B\,A} = \begin{pmatrix} -8 & -7 \\ 21 & 6 \end{pmatrix}.$$

Diagonalmatrizen gleicher Ordnung aber sind stets miteinander vertauschbar, und es ist mit $\boldsymbol{A} = \text{Diag}\,(a_i)$, $\boldsymbol{B} = \text{Diag}\,(b_i)$

$$\boldsymbol{C} = \boldsymbol{A\,B} = \boldsymbol{B\,A} = \text{Diag}\,(a_i\,b_i).$$

Wie bei gewöhnlichen Zahlen gilt

Satz 2: *Die Matrizenmultiplikation ist assoziativ und distributiv, d. h. es gilt*

$$(\boldsymbol{A\,B})\,\boldsymbol{C} = \boldsymbol{A}(\boldsymbol{B\,C}) = \boldsymbol{A\,B\,C}\,, \tag{7}$$

$$(\boldsymbol{A} + \boldsymbol{B})\,\boldsymbol{C} = \boldsymbol{A\,C} + \boldsymbol{B\,C}\,, \tag{8a}$$

$$\boldsymbol{C}\,(\boldsymbol{A} + \boldsymbol{B}) = \boldsymbol{C\,A} + \boldsymbol{C\,B}\,. \tag{8b}$$

Man darf wie bei gewöhnlichen Zahlen in Produkten aus mehreren Faktoren die Aufeinanderfolge der Produktbildung ändern, d. h. man darf gemäß Gl. (7) Klammern weglassen, und man darf gemäß Gl. (8) Klammern auflösen und Klammern setzen wie in der Zahlenalgebra. Beide Eigenschaften folgen aus der Definition (4) der Produktmatrix, z. B.

$$(\boldsymbol{A}\,\boldsymbol{B})\,\boldsymbol{C} = \Big(\sum_s \Big(\sum_r a_{ir}\,b_{rs}\Big)\,c_{sk}\Big) = \Big(\sum_r \sum_s a_{ir}\,b_{rs}\,c_{sk}\Big) = \Big(\sum_r a_{ir} \sum_s b_{rs}\,c_{sk}\Big) = \boldsymbol{A}\,(\boldsymbol{B}\,\boldsymbol{C})\,.$$

Von großer praktischer Bedeutung für das Operieren mit Matrizen ist die folgende Regel über das *Transponieren von Produkten.* Dafür gilt

$$\boxed{(\boldsymbol{A}\,\boldsymbol{B})' = \boldsymbol{B}'\,\boldsymbol{A}'} \tag{9}$$

und allgemeiner:

$$(\boldsymbol{A}\,\boldsymbol{B}\,\boldsymbol{C}\,\ldots\,\boldsymbol{N})' = \boldsymbol{N}'\,\ldots\,\boldsymbol{C}'\,\boldsymbol{B}'\,\boldsymbol{A}'\,. \tag{9a}$$

Die Regel folgt wieder aus der Produktdefinition:

$$\begin{aligned} \boldsymbol{C} &= \boldsymbol{A}\,\boldsymbol{B} = (c_{ik}) = \Big(\sum_r a_{ir}\,b_{rk}\Big) \\ \boldsymbol{C}' &= (\boldsymbol{A}\,\boldsymbol{B})' = (c_{ki}) = \Big(\sum_r a_{kr}\,b_{ri}\Big) = \Big(\sum_r b'_{ir}\,a'_{rk}\Big) = \boldsymbol{B}'\,\boldsymbol{A}'. \end{aligned}$$

Anschaulich aber ergibt sie sich sehr einfach aus unserem Multiplikationsschema, Abb. 2.5 durch Umlegen dieses Bildes.

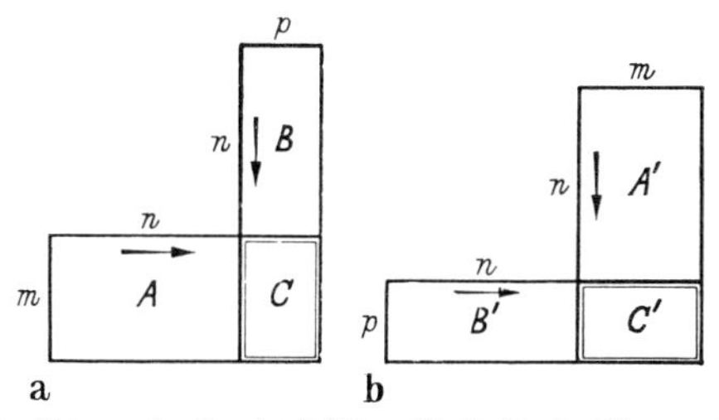

Abb. 2.5 a u. b. Veranschaulichung der Regel $(\boldsymbol{A}\,\boldsymbol{B})' = \boldsymbol{B}'\,\boldsymbol{A}'$ für das Transponieren eines Produktes

Einen in der Determinantenlehre bewiesenen Satz[1], auf den wir uns öfter beziehen werden, führen wir hier ohne Beweis an:

Satz 3: *Die Determinante* det $(\boldsymbol{A}\,\boldsymbol{B})$ *eines Matrizenproduktes* $\boldsymbol{A}\,\boldsymbol{B}$ *zweier quadratischer Matrizen ist gleich dem Produkt der Determinanten der beiden Faktoren*:

$$\boxed{\det\,(\boldsymbol{A}\,\boldsymbol{B}) = \det\boldsymbol{A}\cdot\det\boldsymbol{B} = A\cdot B} \tag{10a}$$

[1] Vgl. z. B. Schmeidler, W.: Determinanten und Matrizen [*12*], S. 22—23.

und es gilt daher auch

$$\boxed{\det(\boldsymbol{A}\boldsymbol{B}) = \det(\boldsymbol{B}\boldsymbol{A}) = A \cdot B}\,. \tag{10a}$$

Ähnlich gilt für die *Spur* des Produktes zweier jetzt nicht notwendig quadratischer Matrizen, einer $m\,n$-Matrix $\boldsymbol{A}$ und einer $n\,m$-Matrix $\boldsymbol{B}$:

$$\boxed{\mathrm{sp}\,(\boldsymbol{A}\boldsymbol{B}) = \mathrm{sp}\,(\boldsymbol{B}\boldsymbol{A})}\,. \tag{11}$$

$$\mathrm{sp}\,(\boldsymbol{A}\boldsymbol{B}) = \sum_{i=1}^{m} \boldsymbol{a}^i\,\boldsymbol{b}_i = \sum_{i=1}^{m}\sum_{k=1}^{n} a_{ik}\,b_{ki} = \sum_{k=1}^{n}\sum_{i=1}^{m} b_{ki}\,a_{ik} = \sum_{k=1}^{n} \boldsymbol{b}^k\,\boldsymbol{a}_k = \mathrm{sp}\,(\boldsymbol{B}\boldsymbol{A})\,.$$

Beispiel:

$$\boldsymbol{A} = \begin{pmatrix} 2 & 1 & -3 \\ -1 & 4 & 2 \end{pmatrix}, \qquad \boldsymbol{B} = \begin{pmatrix} 1 & 2 \\ -1 & 5 \\ 3 & -2 \end{pmatrix},$$

$$\boldsymbol{A}\boldsymbol{B} = \begin{pmatrix} -8 & 15 \\ 1 & 14 \end{pmatrix}, \qquad \boldsymbol{B}\boldsymbol{A} = \begin{pmatrix} 0 & 9 & 1 \\ -7 & 19 & 13 \\ 8 & -5 & -13 \end{pmatrix}, \qquad \mathrm{sp}\,(\boldsymbol{A}\boldsymbol{B}) = \mathrm{sp}\,(\boldsymbol{B}\boldsymbol{A}) = 6\,.$$

Mit besonderem Nachdruck sei nun noch auf einen Unterschied gegenüber dem Rechnen mit gewöhnlichen Zahlen hingewiesen, nämlich

Ein Matrizenprodukt kann Null sein, ohne daß einer der beiden Faktoren selbst Null ist:

$$\boxed{\boldsymbol{A}\boldsymbol{B} = \boldsymbol{O}} \quad \text{mit} \quad \boldsymbol{A} \neq \boldsymbol{O}, \quad \boldsymbol{B} \neq \boldsymbol{O}\,. \tag{12}$$

Beispiel:

$$\boldsymbol{A} \equiv \begin{pmatrix} 1 & -2 & 4 \\ -2 & 3 & -5 \end{pmatrix}, \qquad \boldsymbol{B} = \begin{pmatrix} 2 & 4 \\ 3 & 6 \\ 1 & 2 \end{pmatrix}$$

$$\begin{array}{rrr|rr} & & & 2 & 4 \\ & & & 3 & 6 \\ & & & 1 & 2 \\ \hline 1 & -2 & 4 & 0 & 0 \\ -2 & 3 & -5 & 0 & 0 \end{array} = \boldsymbol{A}\boldsymbol{B}\,.$$

Es sei $\boldsymbol{A}$ eine $m\,n$-Matrix, $\boldsymbol{B}$ eine $n\,p$-Matrix. Aus

$$\boldsymbol{A}\boldsymbol{B} = \boldsymbol{A}\,(\boldsymbol{b}_1, \boldsymbol{b}_2, \ldots, \boldsymbol{b}_p) = (\boldsymbol{A}\boldsymbol{b}_1, \boldsymbol{A}\boldsymbol{b}_2, \ldots, \boldsymbol{A}\boldsymbol{b}_p) = (\boldsymbol{o}\;\;\boldsymbol{o}\ldots\boldsymbol{o}) = \boldsymbol{O}$$

folgt dann

$$\boxed{\boldsymbol{A}\boldsymbol{b}_k = \boldsymbol{o}} \qquad k = 1, 2, \ldots, p. \tag{13}$$

Dieses homogene lineare Gleichungssystem hat nun genau dann nichttriviale Lösungen $\boldsymbol{b}_k \neq \boldsymbol{o}$, wenn die Spalten $\boldsymbol{a}_j$ von $\boldsymbol{A}$ linear abhängig sind; denn mit den Spalten $\boldsymbol{a}_j$ und den Komponenten b_{ik} von $\boldsymbol{b}_k$ schreibt sich Gl. (13) in der Form

$$\boldsymbol{a}_1\,b_{1k} + \boldsymbol{a}_2\,b_{2k} + \cdots + \boldsymbol{a}_n\,b_{nk} = \boldsymbol{o}\,, \tag{13a}$$

was die Bedingung linearer Abhängigkeit darstellt. Durch Übergang auf das transponierte System $\boldsymbol{B}'\boldsymbol{A}' = \boldsymbol{O}$ schließt man in gleicher Weise auf lineare Abhängigkeit der Zeilen von $\boldsymbol{B}$.

Satz 4: *Zu einer $m\,n$-Matrix $\boldsymbol{A} \neq \boldsymbol{O}$ gibt es genau dann $n\,p$-Matrizen $\boldsymbol{B} \neq \boldsymbol{O}$ derart, daß $\boldsymbol{A}\boldsymbol{B} = \boldsymbol{O}$ ist, wenn die Spalten von $\boldsymbol{A}$ linear abhängig* *sind. — Zu einer np-Matrix $\boldsymbol{B} \neq \boldsymbol{O}$ gibt es genau dann mn-Matrizen $\boldsymbol{A} \neq \boldsymbol{O}$ derart, daß $\boldsymbol{A}\boldsymbol{B} = \boldsymbol{O}$, wenn die Zeilen von $\boldsymbol{B}$ linear abhängig sind.*

Wir werden später (in § 8) sehen, daß zum homogenen Gleichungssystem (13) genau $d_A = n - r_A$ linear unabhängige Lösungen $\boldsymbol{b}_k$ existieren, so daß der Rang von $\boldsymbol{B}$ höchstens gleich dem Rangabfall $n - r_A$ von $\boldsymbol{A}$ ist[1], $r_B \leqq n - r_A$ oder

$$\boxed{r_A + r_B \leqq n} \,. \tag{14}$$

Ergänzend zu Satz 4 formulieren wir

Satz 5: *Aus $\boldsymbol{A}\boldsymbol{B} = \boldsymbol{O}$ mit $\boldsymbol{A} \neq \boldsymbol{O}$ folgt dann und nur dann $\boldsymbol{B} = \boldsymbol{O}$, wenn $\boldsymbol{A}$ spaltenregulär (insbesondere quadratisch nichtsingulär). Aus $\boldsymbol{A}\boldsymbol{B} = \boldsymbol{O}$ mit $\boldsymbol{B} \neq \boldsymbol{O}$ folgt dann und nur dann $\boldsymbol{A} = \boldsymbol{O}$, wenn $\boldsymbol{B}$ zeilenregulär (insbesondere quadratisch nichtsingulär).*

Daraus aber folgt der überaus wichtige und bemerkenswerte

Satz 6: *Aus $\boldsymbol{A}\boldsymbol{B} = \boldsymbol{A}\boldsymbol{C}$ folgt dann und nur dann $\boldsymbol{B} = \boldsymbol{C}$, wenn $\boldsymbol{A}$ spaltenregulär (insbesondere quadratisch nichtsingulär).*

Denn genau dann folgt aus $\boldsymbol{A}\boldsymbol{B} - \boldsymbol{A}\boldsymbol{C} = \boldsymbol{A}(\boldsymbol{B} - \boldsymbol{C}) = \boldsymbol{O}$ auch $\boldsymbol{B} - \boldsymbol{C} = \boldsymbol{O}$ also $\boldsymbol{B} = \boldsymbol{C}$. Hierauf ist beim Rechnen mit Matrizen wohl zu achten. Nichtreguläre Matrizen verhalten sich in mehrfacher Hinsicht ähnlich wie die Null bei gewöhnlichen Zahlen, man darf sie insbesondere nicht „kürzen"! — Beispiel:

$$\boldsymbol{A} = \begin{pmatrix} 1 & -2 & 2 \\ 3 & 1 & -2 \\ 5 & -3 & 2 \end{pmatrix}, \quad \boldsymbol{B} = \begin{pmatrix} 1 & 4 & 2 \\ -6 & 5 & -9 \\ -3 & 6 & -5 \end{pmatrix}, \quad \boldsymbol{C} = \begin{pmatrix} 3 & 2 & 6 \\ 2 & -3 & 7 \\ 4 & -1 & 9 \end{pmatrix}.$$

Hier ist in der Tat

$$\boldsymbol{A}\boldsymbol{B} = \boldsymbol{A}\boldsymbol{C} = \begin{pmatrix} 7 & 6 & 10 \\ 3 & 5 & 7 \\ 17 & 17 & 27 \end{pmatrix} \qquad \text{bei } \boldsymbol{B} \neq \boldsymbol{C}.$$

2.3. Diagonal- und verwandte Matrizen

Besonders einfach übersieht man die Auswirkung der Multiplikation einer Matrix $\boldsymbol{A}$ mit einer *Diagonalmatrix* $\boldsymbol{D} = \operatorname{Diag}(d_i)$. Bei quadratischem $\boldsymbol{A}$ wird

$$\boldsymbol{D}\boldsymbol{A} = \begin{pmatrix} d_1 & & 0 \\ & \ddots & \\ 0 & & d_n \end{pmatrix} \begin{pmatrix} a_{11} & \cdots & a_{1n} \\ \cdots & \cdots & \cdots \\ a_{n1} & \cdots & a_{nn} \end{pmatrix} = \begin{pmatrix} d_1 a_{11} & \cdots & d_1 a_{1n} \\ \cdots & \cdots & \cdots \\ d_n a_{n1} & \cdots & d_n a_{nn} \end{pmatrix}, \tag{15a}$$

$$\boldsymbol{A}\boldsymbol{D} = \begin{pmatrix} a_{11} & \cdots & a_{1n} \\ \cdots & \cdots & \cdots \\ a_{n1} & \cdots & a_{nn} \end{pmatrix} \begin{pmatrix} d_1 & & 0 \\ & \ddots & \\ 0 & & d_n \end{pmatrix} = \begin{pmatrix} d_1 a_{11} & \cdot & d_n a_{1n} \\ \vdots & \vdots & \vdots \\ d_1 a_{n1} & \cdot & d_n a_{nn} \end{pmatrix}. \tag{15b}$$

[1] Als Rangabfall d bezeichnen wir bei Gleichungssystemen mit nicht quadratischer Matrix den Unterschied Zahl der Unbekannten weniger Rang der Matrix.

$\boldsymbol{D}\,\boldsymbol{A}$ bewirkt *zeilenweise* Multiplikation der a_{ik} mit den Faktoren d_i, $\boldsymbol{A}\boldsymbol{D}$ bewirkt *spaltenweise* Multiplikation der a_{ik} mit den Faktoren d_k. Bei nichtquadratischem $\boldsymbol{A}$ muß Verkettbarkeit bestehen, d. h. bei mn-Matrix $\boldsymbol{A}$ ist $\boldsymbol{D}$ im Falle $\boldsymbol{D}\,\boldsymbol{A}$ eine m-reihige, im Falle $\boldsymbol{A}\boldsymbol{D}$ eine n-reihige Diagonalmatrix.

Multiplikation einer n-reihigen quadratischen Matrix $\boldsymbol{A}$ mit der n-reihigen *Einheitsmatrix* $\boldsymbol{I}$ läßt, wie man als Sonderfall von Gl. (15) unmittelbar sieht, die Matrix $\boldsymbol{A}$ unabhängig von der Reihenfolge der Multiplikation unverändert:

$$\boxed{\boldsymbol{I}\boldsymbol{A} = \boldsymbol{A}\boldsymbol{I} = \boldsymbol{A}}\,. \tag{16}$$

$\boldsymbol{I}$ spielt bei der Matrizenmultiplikation die Rolle der Eins. — Bei nichtquadratischem $\boldsymbol{A}$ von m Zeilen und n Spalten bedeutet $\boldsymbol{I}$ in $\boldsymbol{I}\boldsymbol{A}$ die m-reihige, in $\boldsymbol{A}\boldsymbol{I}$ aber die n-reihige Einheitsmatrix, ohne daß man dies näher zu bezeichnen pflegt.

Die quadratische nichtsinguläre Matrix $\boldsymbol{J}_{ik}$, die aus $\boldsymbol{I}$ durch Vertauschen der i-ten mit der k-ten Zeile (oder Spalte) hervorgeht, bewirkt bei Multiplikation mit quadratischer Matrix $\boldsymbol{A}$

im Falle $\boldsymbol{J}_{ik}\boldsymbol{A}$ ein Vertauschen der i-ten mit der k-ten *Zeile*,
im Falle $\boldsymbol{A}\,\boldsymbol{J}_{ik}$ ein Vertauschen der i-ten mit der k-ten *Spalte*.

Beispiel:

$$\boldsymbol{J}_{25}\,\boldsymbol{A} = \begin{pmatrix} 1 & 0 & 0 & 0 & 0 \\ 0 & 0 & 0 & 0 & 1 \\ 0 & 0 & 1 & 0 & 0 \\ 0 & 0 & 0 & 1 & 0 \\ 0 & 1 & 0 & 0 & 0 \end{pmatrix} \begin{pmatrix} \boldsymbol{a}^1 \text{———} \\ \boldsymbol{a}^2 \text{———} \\ \boldsymbol{a}^3 \text{———} \\ \boldsymbol{a}^4 \text{———} \\ \boldsymbol{a}^5 \text{———} \end{pmatrix} = \begin{pmatrix} \boldsymbol{a}^1 \text{———} \\ \boldsymbol{a}^5 \text{———} \\ \boldsymbol{a}^3 \text{———} \\ \boldsymbol{a}^4 \text{———} \\ \boldsymbol{a}^2 \text{———} \end{pmatrix}.$$

Auch dies läßt sich auf mn-Matrix $\boldsymbol{A}$ ausdehnen, wobei $\boldsymbol{J}_{ik}$ im ersten Falle m-reihig, im zweiten n-reihig quadratisch ist.

Die gleichfalls nichtsinguläre quadratische Matrix $\boldsymbol{K}_{ik}$ schließlich, die aus $\boldsymbol{I}$ dadurch hervorgeht, daß die 0 des Platzes i, k bei $i \neq k$ ersetzt wird durch eine beliebige Zahl c, bewirkt

im Falle $\boldsymbol{K}_{ik}\boldsymbol{A}$ ein Addieren der c-fachen k-ten *Zeile* zur i-ten,
im Falle $\boldsymbol{A}\,\boldsymbol{K}_{ik}$ ein Addieren der c-fachen i-ten *Spalte* zur k-ten.

Beispiel:

$$\boldsymbol{K}_{24}\,\boldsymbol{A} = \begin{pmatrix} 1 & 0 & 0 & 0 & 0 \\ 0 & 1 & 0 & c & 0 \\ 0 & 0 & 1 & 0 & 0 \\ 0 & 0 & 0 & 1 & 0 \\ 0 & 0 & 0 & 0 & 1 \end{pmatrix} \begin{pmatrix} \boldsymbol{a}^1 \text{———} \\ \boldsymbol{a}^2 \text{———} \\ \boldsymbol{a}^3 \text{———} \\ \boldsymbol{a}^4 \text{———} \\ \boldsymbol{a}^5 \text{———} \end{pmatrix} = \begin{pmatrix} \boldsymbol{a}^1 \text{———} \\ \boldsymbol{a}^2 + c\,\boldsymbol{a}^4 \\ \boldsymbol{a}^3 \text{———} \\ \boldsymbol{a}^4 \text{———} \\ \boldsymbol{a}_5 \text{———} \end{pmatrix}.$$

Die beiden Matrizen $\boldsymbol{J}_{ik}$, $\boldsymbol{K}_{ik}$ bewirken sogenannte *elementare Umformungen* der Matrix, wie man sie insbesondere beim Auflösen linearer Gleichungssysteme benutzt. Bekanntlich wird durch die letzte Umformung der Wert der Determinante $\det \boldsymbol{A}$ nicht verändert, und dies folgt wegen $\det \boldsymbol{K}_{ik} = 1$ auch aus dem Determinantensatz 3 des vorigen Abschnittes.

2.4. Skalares Produkt, Betrag und Winkel reeller Vektoren

Unter dem skalaren Produkt zweier reeller Vektoren $\boldsymbol{a}, \boldsymbol{b}$ von je n Komponenten a_i bzw. b_i versteht man bekanntlich die Zahl

$$a_1 b_1 + a_2 b_2 + \cdots + a_n b_n \,. \tag{17}$$

Liegen nun die beiden Vektoren, wie es die Regel sein wird, in Form zweier Spaltenmatrizen vor, so erfordert die Bildung des skalaren Produktes im Rahmen des Matrizenkalküls eine Umwandlung einer der beiden Spalten, $\boldsymbol{a}$ oder $\boldsymbol{b}$, in eine *Zeile*, was durch Transponieren geschieht. Das Produkt schreibt sich also in einer der beiden Formen

$$\boldsymbol{a}' \boldsymbol{b} = (a_1, \ldots, a_n) \begin{pmatrix} b_1 \\ \vdots \\ b_n \end{pmatrix} = a_1 b_1 + a_2 b_2 + \cdots + a_n b_n, \tag{18a}$$

$$\boldsymbol{b}' \boldsymbol{a} = (b_1, \ldots, b_n) \begin{pmatrix} a_1 \\ \vdots \\ a_n \end{pmatrix} = a_1 b_1 + a_2 b_2 + \cdots + a_n b_n. \tag{18b}$$

Offenbar ist also

$$\boxed{\boldsymbol{a}' \boldsymbol{b} = \boldsymbol{b}' \boldsymbol{a}}\,, \tag{19}$$

was übrigens auch aus der allgemeinen Regel (9) über das Transponieren eines Produktes folgt unter Berücksichtigung, daß die Transponierte einer Zahl die Zahl selbst ergibt: $(\boldsymbol{a}' \boldsymbol{b})' = \boldsymbol{b}' \boldsymbol{a}$.

Das skalare Produkt eines reellen Vektors $\boldsymbol{a}$ mit sich selbst

$$\boldsymbol{a}' \boldsymbol{a} = a_1^2 + a_2^2 + \cdots + a_n^2 \tag{20}$$

ist als Summe von Quadraten reeller Zahlen positiv und Null nur dann, wenn $\boldsymbol{a} = \boldsymbol{o}$, also gleich dem Nullvektor. Die positiv genommene Quadratwurzel aus $\boldsymbol{a}' \boldsymbol{a}$ heißt (*Euklidische*) *Norm*, *Betrag* oder *Länge* des Vektors in Verallgemeinerung der Bedeutung dieser Größe im dreidimensionalen geometrischen Raum:

$$|\boldsymbol{a}| = \sqrt{\boldsymbol{a}' \boldsymbol{a}} = \sqrt{a_1^2 + a_2^2 + \cdots a_n^2}\,. \tag{21}$$

Vektoren der Länge 1 heißen *Einheitsvektoren*. Ein Vektor $\boldsymbol{a}$ beliebiger Länge läßt sich durch Division durch seine Norm auf die Länge 1 *normieren*.

Eine in vieler Hinsicht bedeutsame Beziehung ist die sogenannte *Cauchy-Schwarzsche Ungleichung*

$$\boxed{(\boldsymbol{a}'\,\boldsymbol{b})^2 \leqq (\boldsymbol{a}'\,\boldsymbol{a})\,(\boldsymbol{b}'\,\boldsymbol{b})}\,, \tag{22}$$

ausführlich:

$$(\sum a_i\, b_i)^2 \leqq (\sum a_i^2)\,(\sum b_i^2)\,. \tag{22'}$$

Unter Verwendung des Betragszeichens (22) nimmt sie die Form an

$$\boxed{|\boldsymbol{a}'\,\boldsymbol{b}| \leqq |\boldsymbol{a}|\,|\boldsymbol{b}|}\,. \tag{22a}$$

Zum Beweis bildet man mit zunächst beliebigem reellem Faktor λ

$$|\boldsymbol{a} - \lambda\,\boldsymbol{b}|^2 = (\boldsymbol{a} - \lambda\,\boldsymbol{b})'\,(\boldsymbol{a} - \lambda\,\boldsymbol{b}) = \boldsymbol{a}'\,\boldsymbol{a} - 2\,\lambda\,\boldsymbol{a}'\,\boldsymbol{b} + \lambda^2\,\boldsymbol{b}'\,\boldsymbol{b} \geqq 0\,.$$

Setzt man hier speziell

$$\lambda = \boldsymbol{a}'\,\boldsymbol{b}/\boldsymbol{b}'\,\boldsymbol{b}\,,$$

so folgt Ungleichung (22). In ihr steht das Gleichheitszeichen genau für $\boldsymbol{a} = \lambda\,\boldsymbol{b}$, also für den Fall, daß die beiden Vektoren einander proportional sind, woraus übrigens mit $\boldsymbol{a}' = \lambda\,\boldsymbol{b}'$ und Rechtsmultiplikation mit $\boldsymbol{b}$ der oben benutzte spezielle λ-Wert folgt.

Wegen (22a) läßt sich nun analog der dreidimensionalen Vektorrechnung auch für n-dimensionale reelle Vektoren $\boldsymbol{a}, \boldsymbol{b}$ ein *Winkel* φ zwischen $\boldsymbol{a}, \boldsymbol{b}$ definieren nach

$$\cos\varphi = \frac{\boldsymbol{a}'\,\boldsymbol{b}}{|\boldsymbol{a}|\,|\boldsymbol{b}|} \qquad (0 \leqq \varphi \leqq \pi)\,. \tag{23}$$

Insbesondere heißen die Vektoren $\boldsymbol{a}, \boldsymbol{b}$ zueinander *orthogonal*, wenn

$$\boxed{\boldsymbol{a}'\,\boldsymbol{b} = 0}\,. \tag{24}$$

Sie heißen einander *parallel* für $\boldsymbol{a} = \lambda\,\boldsymbol{b}$.

Beispiel: $\boldsymbol{a}' = (\ \ 3,\ 0,\ 4,\ -5)\,,\qquad |\boldsymbol{a}| = \sqrt{50}$

$\boldsymbol{b}' = (-3,\ 2,\ 1,\ \ \ 2)\,,\qquad |\boldsymbol{b}| = \sqrt{18}$

$\boldsymbol{a}'\,\boldsymbol{b} = -15\,,\quad |\boldsymbol{a}|\,|\boldsymbol{b}| = 30\,,\quad \cos\varphi = -0{,}5\,,\quad \varphi = 2\,\pi/3 = 120^\circ\,.$

Auch die in der dreidimensionalen Vektorrechnung anschaulich faßbare sogenannte *Dreiecks-Ungleichung*

$$\boxed{|\boldsymbol{a} + \boldsymbol{b}| \leqq |\boldsymbol{a}| + |\boldsymbol{b}|} \tag{25}$$

gilt im n-dimensionalen Vektorraum. Beweis:

$$|\boldsymbol{a} + \boldsymbol{b}|^2 = (\boldsymbol{a} + \boldsymbol{b})'\,(\boldsymbol{a} + \boldsymbol{b}) = \boldsymbol{a}'\,\boldsymbol{a} + 2\,\boldsymbol{a}'\,\boldsymbol{b} + \boldsymbol{b}'\,\boldsymbol{b} \leqq$$
$$|\boldsymbol{a}|^2 + 2\,|\boldsymbol{a}'\,\boldsymbol{b}| + |\boldsymbol{b}|^2 \leqq |\boldsymbol{a}|^2 + 2\,|\boldsymbol{a}|\,|\boldsymbol{b}| + |\boldsymbol{b}|^2 = (|\boldsymbol{a}| + |\boldsymbol{b}|)^2\,,$$

wo in der zweiten Zeile die Schwarzsche Ungleichung (22a) benutzt worden ist.

2.5. Dyadisches Produkt

Außer dem skalaren Produkt zweier Vektoren (Spalten) $\boldsymbol{a}, \boldsymbol{b}$ in der Form $\boldsymbol{a}'\boldsymbol{b}$, Zeile mal Spalte, gibt es als zweite Möglichkeit multiplikativer Verknüpfung die der Form Spalte mal Zeile, das sogenannte *dyadische Produkt* $\boldsymbol{a}\boldsymbol{b}'$, wo die beiden Vektoren jetzt auch von verschiedener Dimension sein dürfen. Sind $\boldsymbol{a} = (a_1, \ldots, a_m)'$ und $\boldsymbol{b} = (b_1, \ldots, b_n)'$ zwei Vektoren (Spalten) der Dimension m bzw. n, so ist

$$\boldsymbol{a}\boldsymbol{b}' = \begin{pmatrix} a_1 \\ \vdots \\ a_m \end{pmatrix} (b_1, \ldots, b_n) = \begin{pmatrix} a_1 b_1 \ldots a_1 b_n \\ \ldots\ldots\ldots\ldots \\ a_m b_1 \ldots a_m b_n \end{pmatrix} = \boldsymbol{C} = (c_{ik}) \tag{26}$$

eine $m\,n$-Matrix mit den Elementen

$$\boxed{c_{ik} = a_i b_k}\,, \tag{27}$$

also $m \cdot n$ Zahlenprodukten, eine Matrix freilich von besonders einfacher Bauart: Jede Spalte $\boldsymbol{c}_k$ von $\boldsymbol{C}$ ist Vielfaches ein und derselben Spalte $\boldsymbol{a}$, jede Zeile $\boldsymbol{c}^i$ Vielfaches ein und derselben Zeile $\boldsymbol{b}'$:

$$\boxed{\begin{aligned} \boldsymbol{c}_k &= b_k \boldsymbol{a} \\ \boldsymbol{c}^i &= a_i \boldsymbol{b}' \end{aligned}} \quad \text{bei} \quad \boxed{\boldsymbol{C} = \boldsymbol{a}\boldsymbol{b}'}\,, \tag{28}$$

wie formal aus

$$\begin{aligned} \boldsymbol{a}\boldsymbol{b}' &= \boldsymbol{a}(b_1, \ldots, b_n) = (b_1\boldsymbol{a}, \ldots, b_n\boldsymbol{a}) \\ &= \begin{pmatrix} a_1 \\ \vdots \\ a_m \end{pmatrix} \boldsymbol{b}' = \begin{pmatrix} a_1\boldsymbol{b}' \\ \vdots \\ a_m\boldsymbol{b}' \end{pmatrix} \end{aligned}$$

folgt. Die Matrix $\boldsymbol{C} = \boldsymbol{a}\boldsymbol{b}'$ ist somit vom kleinsten überhaupt nur möglichen Range

$$\boxed{r_C = 1}\,, \tag{29}$$

wenn wir vom nur der Nullmatrix zukommenden Range 0 absehen. — Ist $m = n$, so ist $\boldsymbol{C} = \boldsymbol{a}\boldsymbol{b}'$ quadratisch *singulär*, und zwar vom höchstmöglichen Rangabfall $d = n - 1$. Nicht allein die Determinante verschwindet, $\det \boldsymbol{C} = 0$, sondern bereits alle in der Matrix überhaupt enthaltenen zweireihigen Unterdeterminanten:

$$\begin{vmatrix} a_i b_k & a_i b_l \\ a_j b_k & a_j b_l \end{vmatrix} = 0\,.$$

Nur die Determinanten erster Ordnung, d. s. die Elemente $a_i b_k$ selbst sind nicht durchweg Null (abgesehen vom trivialen Fall $\boldsymbol{a} = \boldsymbol{o}$ oder $\boldsymbol{b} = \boldsymbol{o}$).

Während beim skalaren Produkt $\boldsymbol{a}'\boldsymbol{b} = \boldsymbol{b}'\boldsymbol{a}$ war, führt hier Vertauschen der Reihenfolge zur transponierten Matrix:

$$\boxed{\boldsymbol{b}\,\boldsymbol{a}' = (\boldsymbol{a}\,\boldsymbol{b}')' = \boldsymbol{C}'} \,. \tag{30}$$

Beispiel: $\boldsymbol{a} = (1 \quad -2 \quad 3)'$, $\boldsymbol{b} = (2 \quad 1 \quad -1)'$

$$\boldsymbol{a}\boldsymbol{b}' = \begin{pmatrix} 1 \\ -2 \\ 3 \end{pmatrix} (2 \quad 1 \quad -1) = \begin{pmatrix} 2 & 1 & -1 \\ -4 & -2 & 2 \\ 6 & 3 & -3 \end{pmatrix},$$

$$\boldsymbol{b}\boldsymbol{a}' = \begin{pmatrix} 2 \\ 1 \\ -1 \end{pmatrix} (1 \quad -2 \quad 3) = \begin{pmatrix} 2 & -4 & 6 \\ 1 & -2 & 3 \\ -1 & 2 & -3 \end{pmatrix}.$$

Skalares und dyadisches Produkt können auch zur Darstellung eines Matrizenproduktes $\boldsymbol{C} = \boldsymbol{A}\,\boldsymbol{B}$ herangezogen werden, indem man die Faktoren entweder als Zeilen der Spaltenvektoren oder als Spalten der Zeilenvektoren schreibt. Entweder wir schreiben

$$\boldsymbol{C} = \boldsymbol{A}\boldsymbol{B} = \begin{pmatrix} \boldsymbol{a}^1 \\ \vdots \\ \boldsymbol{a}^m \end{pmatrix} (\boldsymbol{b}_1, \ldots, \boldsymbol{b}_p) = \begin{pmatrix} \boldsymbol{a}^1\boldsymbol{b}_1 \ldots \boldsymbol{a}^1\boldsymbol{b}_p \\ \cdots\cdots\cdots\cdots \\ \boldsymbol{a}^m\boldsymbol{b}_1 \ldots \boldsymbol{a}^m\boldsymbol{b}_p \end{pmatrix}. \tag{31}$$

Das Produkt erscheint hier formal als dyadisches Produkt, also als $m\,p$-Matrix, deren Elemente jedoch nicht, wie beim echten dyadischen Produkt Zahlenprodukte, sondern *skalare Produkte* sind:

$$\boxed{c_{ik} = \boldsymbol{a}^i\,\boldsymbol{b}_k} \,, \tag{32}$$

eine Schreibweise, deren wir uns schon bei Definition der Produktmatrix, Gl. (4a) bedient haben. — Oder wir schreiben

$$\boldsymbol{C} = \boldsymbol{A}\,\boldsymbol{B} = (\boldsymbol{a}_1, \ldots, \boldsymbol{a}_n) \begin{pmatrix} \boldsymbol{b}^1 \\ \vdots \\ \boldsymbol{b}^n \end{pmatrix} = \boldsymbol{a}_1\boldsymbol{b}^1 + \boldsymbol{a}_2\boldsymbol{b}^2 + \cdots + \boldsymbol{a}_n\boldsymbol{b}^n$$

$$\boxed{\boldsymbol{A}\,\boldsymbol{B} = \boldsymbol{a}_1\boldsymbol{b}^1 + \boldsymbol{a}_2\boldsymbol{b}^2 + \cdots + \boldsymbol{a}_n\boldsymbol{b}^n} \,. \tag{33}$$

Das Produkt erscheint formal als skalares Produkt, dessen Summanden jedoch nicht Zahlenprodukte, sondern *dyadische Produkte*, also $m\,p$-Matrizen vom Range 1 sind. Ein Matrizenprodukt ist also darstellbar als Summe dyadischer Produkte. — Daß auch eine beliebige *einzelne* Matrix in dieser Form darstellbar ist und auch praktisch in eine Summe dyadischer Produkte zerlegt werden kann, werden wir im II. Kap. anläßlich der Behandlung linearer Gleichungssysteme zeigen können.

2.6. Potenzen und Polynome

Durch p-malige Multiplikation einer quadratischen Matrix $\boldsymbol{A}$ mit sich selbst entsteht die p-te Potenz $\boldsymbol{A}^p$ mit positiv ganzem p. Hierfür gilt bei positiv ganzen Exponenten p, q:

$$\boxed{\boldsymbol{A}^p \boldsymbol{A}^q = \boldsymbol{A}^q \boldsymbol{A}^p = \boldsymbol{A}^{p+q}} \,. \tag{34}$$

Wie wir im nächsten Paragraphen sehen werden, gilt dies Gesetz auch für negativ ganze Exponenten, sofern $\boldsymbol{A}$ nichtsingulär (vgl. § 3.1).

Besonders einfach gestaltet sich das Potenzieren von *Diagonalmatrizen* $\boldsymbol{D} = \mathrm{Diag}(d_i)$. Denn hier ist, wie leicht zu übersehen, $\boldsymbol{D}^2$ wieder diagonal mit den Elementen d_i^2, allgemein bei positiv ganzem p:

$$\boxed{\boldsymbol{D}^p = \mathrm{Diag}(d_i^p)} \,. \tag{35}$$

Ja, das gilt hier auch noch für nicht ganze Exponenten, beispielsweise

$$\boxed{\boldsymbol{D}^{1/2} = \mathrm{Diag}\left(\sqrt{d_i}\right)} \,, \tag{36}$$

wo wir unter $\sqrt{d_i}$ die positiv genommenen Quadratwurzeln aus den d_i verstehen, die freilich nur im Falle nichtnegativer $d_i \geqq 0$ noch reell sind. Das Radizieren einer allgemeinen Matrix $\boldsymbol{A}$ erfordert indessen wesentlich umfangreichere Hilfsmittel der Herleitung und kann erst viel später in Angriff genommen werden (vgl. § 16.4 und 20.4).

Mit den positiv ganzen Matrizenpotenzen lassen sich nun auch ganze rationale Funktionen einer Matrix, *Matrizenpolynome* einführen. Ist $\boldsymbol{A}$ n-reihig quadratisch und

$$p(x) = a_0 + a_1 x + a_2 x^2 + \cdots + a_m x^m$$

ein Polynom m-ten Grades in der skalaren Variablen x mit Zahlenkoeffizienten a_i, so ist diesem Polynom das Matrizenpolynom

$$\boxed{\boldsymbol{B} = p(\boldsymbol{A}) = a_0 \boldsymbol{I} + a_1 \boldsymbol{A} + a_2 \boldsymbol{A}^2 + \cdots + a_m \boldsymbol{A}^m} \tag{37}$$

als neue n-reihige Matrix $\boldsymbol{B} = p(\boldsymbol{A})$ zugeordnet. Offenbar gilt

Satz 7: *Polynome $\boldsymbol{B}_1$, $\boldsymbol{B}_2$ derselben Matrix $\boldsymbol{A}$ sind vertauschbar*:

$$\boxed{\boldsymbol{B}_1 \boldsymbol{B}_2 = \boldsymbol{B}_2 \boldsymbol{B}_1} \,. \tag{38}$$

Wie wir später sehen werden (§ 20), lassen sich, ausgehend von Polynomen, allgemeine Matrizenfunktionen, wie $e^{\boldsymbol{A}}$, $\sin \boldsymbol{A}$, $\cos \boldsymbol{A}$ einführen. Alle diese Funktionen aber lassen sich auf Polynome zurückführen, eine Eigenschaft der Matrizen, für die es beim Rechnen mit gewöhnlichen Zahlen keine Parallele gibt.

Beispiel:

$$p(x) = x^2 + 2x + 5\,, \qquad \boldsymbol{A} = \begin{pmatrix} 1 & -2 \\ 3 & 2 \end{pmatrix}.$$

$$\boldsymbol{B} = p(\boldsymbol{A}) = \boldsymbol{A}^2 + 2\boldsymbol{A} + 5\boldsymbol{I} = \begin{pmatrix} -5 & -6 \\ 9 & -2 \end{pmatrix} + \begin{pmatrix} 2 & -4 \\ 6 & 4 \end{pmatrix} + \begin{pmatrix} 5 & 0 \\ 0 & 5 \end{pmatrix}$$

$$= \begin{pmatrix} 2 & -10 \\ 15 & 7 \end{pmatrix}.$$

2.7. Die Gaußsche Transformation

Als eine Verallgemeinerung des Normquadrates $\boldsymbol{a}'\boldsymbol{a}$ eines reellen Vektors $\boldsymbol{a}$ läßt sich die sogenannte *Gaußsche Transformation*

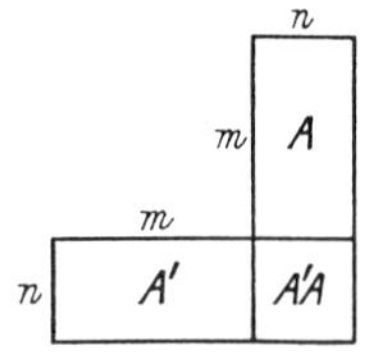

Abb. 2.6. Die Matrix $\boldsymbol{A}'\boldsymbol{A}$

$$\boxed{\boldsymbol{B} = \boldsymbol{A}'\boldsymbol{A}} \tag{39}$$

einer reellen $m\,n$-Matrix $\boldsymbol{A}$ auffassen. Das Ergebnis ist eine n-reihige quadratische Matrix $\boldsymbol{B}$, Abb. 2.6, und zwar eine *symmetrische* Matrix:

$$\boldsymbol{B}' = (\boldsymbol{A}'\boldsymbol{A})' = \boldsymbol{A}'\boldsymbol{A} = \boldsymbol{B}\,.$$

Die Produktbildung wurde von GAUSS in der Ausgleichsrechnung bei Aufstellung der sogenannten Normalgleichungen eingeführt, wie wir später kurz zeigen werden (vgl. § 12.1).

Den Aufbau der Matrix erkennt man folgendermaßen:

$$\boldsymbol{B} = \boldsymbol{A}'\boldsymbol{A} = \begin{pmatrix} \boldsymbol{a}_1' \\ \cdots\cdots \\ \boldsymbol{a}_n' \end{pmatrix} \begin{pmatrix} \boldsymbol{a}_1 & \ldots & \boldsymbol{a}_n \end{pmatrix} = \begin{pmatrix} \boldsymbol{a}_1'\boldsymbol{a}_1 & \ldots & \boldsymbol{a}_1'\boldsymbol{a}_n \\ \cdots & \cdots & \cdots \\ \boldsymbol{a}_n'\boldsymbol{a}_1 & \ldots & \boldsymbol{a}_n'\boldsymbol{a}_n \end{pmatrix}.$$

Das Element b_{ik} der Produktmatrix ist also das skalare Produkt des i-ten mit dem k-ten Spaltenvektor von $\boldsymbol{A}$:

$$\boxed{b_{ik} = \boldsymbol{a}_i'\boldsymbol{a}_k}\,. \tag{40}$$

Diagonalelemente sind die *Normquadrate* der Spaltenvektoren und als solche stets positiv (von $\boldsymbol{a}_i = 0$ abgesehen). Deren Summe, also die Spur von $\boldsymbol{A}'\,\boldsymbol{A}$ oder die Summe aller a_{ik}^2, dient als Quadrat einer Matrixnorm, *Euklidische Matrixnorm* $N(\boldsymbol{A})$ genannt:

$$\boxed{N(\boldsymbol{A}) = \sqrt{\operatorname{sp}\boldsymbol{A}'\boldsymbol{A}} = \sqrt{\sum_{i,k} a_{ik}^2}}\,, \tag{41}$$

worauf wir später in allgemeinerem Zusammenhang zurückkommen werden (§ 16.5), ebenso wie auch auf die wichtige Eigenschaft *positiver Definitheit* der Matrix $\boldsymbol{A}'\,\boldsymbol{A}$ (§ 11.2). — Beispiel:

$$\boldsymbol{A} = \begin{pmatrix} 2 & 1 \\ 0 & 3 \\ -3 & 2 \end{pmatrix}, \quad \boldsymbol{A}'\boldsymbol{A} = \begin{pmatrix} 13 & -4 \\ -4 & 14 \end{pmatrix}, \quad \boldsymbol{A}\boldsymbol{A}' = \begin{pmatrix} 5 & 3 & -4 \\ 3 & 9 & 6 \\ -4 & 6 & 13 \end{pmatrix},$$

$N(\boldsymbol{A}) = \sqrt{27} = 3\sqrt{3} = 5{,}196\,.$

Im allgemeinen ist (auch bei quadratischem $\boldsymbol{A}$)

$$\boldsymbol{A}'\boldsymbol{A} \neq \boldsymbol{A}\boldsymbol{A}' .$$

Reelle quadratische Matrizen mit der Besonderheit

$$\boxed{\boldsymbol{A}'\boldsymbol{A} = \boldsymbol{A}\boldsymbol{A}'} \tag{42}$$

aber heißen *normale Matrizen*. Sie zeichnen sich durch bestimmte Eigenschaften, namentlich hinsichtlich der im IV. Kap. behandelten Eigenwertaufgabe aus und spielen daher eine wichtige Rolle. Symmetrische und schiefsymmetrische Matrizen sind offenbar von dieser Art, ebenso die anschließend eingeführten orthogonalen. Über die komplexe Verallgemeinerung vgl. § 4.2.

2.8. Orthogonale Matrizen

Eine bedeutsame Klasse reeller quadratischer Matrizen bilden die *orthogonalen*, gekennzeichnet dadurch, daß ihre Spaltenvektoren ein System *orthogonaler Einheitsvektoren* bilden:

$$\boxed{\boldsymbol{a}_i'\boldsymbol{a}_k = \delta_{ik}} \tag{43a}$$

mit dem sogenannten KRONECKER-Symbol δ_{ik}, das die Zahl 0 für $i \neq k$ und 1 für $i = k$ bedeutet, also gleich den Elementen der Einheitsmatrix $\boldsymbol{I}$ ist. Da nun das skalare Produkt der Spaltenvektoren, wie oben gezeigt, gleich dem Element der Matrix $\boldsymbol{A}'\boldsymbol{A}$ ist, Gl. (40), so besagt Gl. (43a)

$$\boxed{\boldsymbol{A}'\boldsymbol{A} = \boldsymbol{I}} \tag{44a}$$

als charakteristische Eigenschaft orthogonaler Matrix $\boldsymbol{A}$.

Eine Orthogonalmatrix ist stets *nichtsingulär*. Dies folgt aus dem Ansatz linearer Abhängigkeit

$$c_1\boldsymbol{a}_1 + \cdots + c_k\boldsymbol{a}_k + \cdots + c_n\boldsymbol{a}_n = 0$$

durch Multiplikation mit $\boldsymbol{a}_k'$ von links her, wobei wegen (43a) dann $c_k \cdot 1 = 0$ übrig bleibt, so daß sich alle $c_i = 0$ ergeben, was Unabhängigkeit der Spaltenvektoren $\boldsymbol{a}_k$ bedeutet. Es folgt übrigens auch aus dem oben angeführten Determinantensatz 3, Gl. (10), angewandt auf Gl. (44a)

$$\det \boldsymbol{A}' \cdot \det \boldsymbol{A} = \det \boldsymbol{I}$$

oder, da bei einer Determinante bekanntlich Zeilen und Spalten vertauscht werden dürfen, $\det \boldsymbol{A}' = \det \boldsymbol{A}$, und die Determinante der Einheitsmatrix ersichtlich gleich 1 ist:

$$(\det \boldsymbol{A})^2 = 1$$

oder

$$\boxed{\det \boldsymbol{A} = \pm 1} \tag{45}$$

als weitere Eigenschaft orthogonaler Matrizen. — Multipliziert man nun Gl. (44a) von rechts her mit $\boldsymbol{A}'$, so erhält man unter Benutzen des assoziativen Gesetzes

$$(\boldsymbol{A}'\boldsymbol{A})\boldsymbol{A}' = \boldsymbol{A}'(\boldsymbol{A}\boldsymbol{A}') = \boldsymbol{A}',$$

und da $\boldsymbol{A}'$ nichtsingulär, so folgt als Ergänzung zu Gl. (44a):

$$\boxed{\boldsymbol{A}\boldsymbol{A}' = \boldsymbol{I}} \tag{44b}$$

oder auch

$$\boxed{\boldsymbol{a}^i \boldsymbol{a}^{k'} = \delta_{ik}}\ . \tag{43b}$$

Außer den Spaltenvektoren einer Orthogonalmatrix bilden also auch ihre Zeilenvektoren ein System orthogonaler Einheitsvektoren. Auch die orthogonalen Matrizen fallen zufolge $\boldsymbol{A}'\boldsymbol{A} = \boldsymbol{A}\boldsymbol{A}'$ in die oben angeführte Klasse der (reell) *normalen Matrizen*. Die Gln. (44) bedeuten zugleich, wie sich im nächsten Abschnitt zeigen wird, daß die Transponierte $\boldsymbol{A}'$ einer Orthogonalmatrix $\boldsymbol{A}$ ihre *Kehrmatrix* bildet.

Sind $\boldsymbol{A}$ und $\boldsymbol{B}$ zwei orthogonale Matrizen gleicher Reihenzahl n, so sind auch ihre Produkte $\boldsymbol{A}\boldsymbol{B}$ und $\boldsymbol{B}\boldsymbol{A}$ orthogonal:

$$(\boldsymbol{A}\boldsymbol{B})'(\boldsymbol{A}\boldsymbol{B}) = \boldsymbol{B}'\boldsymbol{A}'\boldsymbol{A}\boldsymbol{B} = \boldsymbol{B}'\boldsymbol{I}\boldsymbol{B} = \boldsymbol{B}'\boldsymbol{B} = \boldsymbol{I}\,,$$
$$(\boldsymbol{B}\boldsymbol{A})'(\boldsymbol{B}\boldsymbol{A}) = \boldsymbol{A}'\boldsymbol{B}'\boldsymbol{B}\boldsymbol{A} = \boldsymbol{A}'\boldsymbol{I}\boldsymbol{A} = \boldsymbol{A}'\boldsymbol{A} = \boldsymbol{I}\,.$$

Diese wichtige Eigenschaft, daß nämlich die Hintereinanderschaltung orthogonaler Transformationen einer einzigen Orthogonaltransformation gleichkommt, verleiht diesen Operationen (im Verein mit dem assoziativen Gesetz und dem Vorhandensein von Einselement $\boldsymbol{I}$ und inversem Element $\boldsymbol{A}'$ = Kehrmatrix) den allgemeinen algebraischen Charakter der sogenannten *Gruppe*[1], worauf hier wenigstens andeutend hingewiesen sei. Bezüglich der Orthogonaltransformation vgl. § 5.6.

Eine Orthogonalmatrix $\boldsymbol{A}$, welche überdies *symmetrisch* ist, $\boldsymbol{A}' = \boldsymbol{A}$, gehorcht zufolge Gl. (44) der Beziehung

$$\boxed{\boldsymbol{A}^2 = \boldsymbol{I}}\ . \tag{46}$$

Die zweimalige Ausübung einer Lineartransformation mit einer solchen Matrix kommt der identischen Transformation gleich, führt also zum Ausgangssystem zurück. Derartige Matrizen werden *involutorisch* genannt. Natürlich ist auch die Einheitsmatrix sowohl orthogonal als auch symmetrisch, also involutorisch.

Beispiel:

1. Matrix der ebenen Drehung:

$$\boldsymbol{A} = \begin{pmatrix} \cos\varphi & -\sin\varphi \\ \sin\varphi & \cos\varphi \end{pmatrix}, \quad \det \boldsymbol{A} = 1\,.$$

[1] Vgl. dazu etwa Feigl, G., u. H. Rohrbach: Einführung in die höhere Mathematik, S. 181. Berlin/Göttingen/Heidelberg: Springer 1953

2. Matrix von Drehung und Spiegelung; involutorisch:

$$\boldsymbol{A} = \begin{pmatrix} \cos\varphi & \sin\varphi \\ \sin\varphi & -\cos\varphi \end{pmatrix}, \quad \det \boldsymbol{A} = -1, \quad \boldsymbol{A}^2 = \boldsymbol{I}.$$

§ 3. Die Kehrmatrix

3.1. Begriff und Herleitung der Kehrmatrix

Gegeben sei eine lineare Transformation zweier Größensysteme $\boldsymbol{x}$ und $\boldsymbol{y}$ zu je n Komponenten x_i, y_i (zweier n-dimensionaler Vektoren) in der Form

$$\boxed{\boldsymbol{A}\boldsymbol{x} = \boldsymbol{y}} \tag{1}$$

mit gegebener n-reihig quadratischer Koeffizientenmatrix $\boldsymbol{A} = (a_{ik})$, ausführlich also das System der Gleichungen

$$\left.\begin{array}{l} a_{11}x_1 + \cdots + a_{1n}x_n = y_1 \\ \dots\dots\dots\dots\dots\dots \\ a_{n1}x_1 + \cdots + a_{nn}x_n = y_n \end{array}\right\}, \tag{1'}$$

welches zu einem gegebenen Vektor $\boldsymbol{x} = (x_1, \ldots, x_n)'$ den transformierten Vektor $\boldsymbol{y} = (y_1, \ldots, y_n)'$ zu berechnen erlaubt. Gesucht ist nun die Umkehrung der Aufgabe, nämlich ein *nach den x_i aufgelöster formelmäßiger Zusammenhang* zwischen den x_i und y_k. Auch er wird wieder homogen linear sein, d. h. von der Form

$$\left.\begin{array}{l} x_1 = \alpha_{11}y_1 + \cdots + \alpha_{1n}y_n \\ \dots\dots\dots\dots\dots\dots\dots \\ x_n = \alpha_{n1}y_1 + \cdots + \alpha_{nn}y_n \end{array}\right\} \tag{2'}$$

mit einer wiederum n-reihigen Koeffizientenmatrix von Elementen α_{ik}, die es zu bestimmen gilt. Diese Matrix der α_{ik}, für die man in sinnfälliger Weise das Zeichen $\boldsymbol{A}^{-1}$ benutzt, also $\boldsymbol{A}^{-1} = (\alpha_{ik})$, wird *inverse Matrix* oder auch *Kehrmatrix* zur gegebenen $\boldsymbol{A}$ genannt, und man schreibt für den Zusammenhang (2') kurz

$$\boxed{\boldsymbol{x} = \boldsymbol{A}^{-1}\boldsymbol{y}}\,. \tag{2}$$

Der ganze Vorgang, also der Übergang vom System Gl. (1) zum System Gl. (2) wird *Umkehrung* des Gleichungssystems, der Lineartransformation genannt, auch Auflösung *in unbestimmter Form*, d. h. bei „unbestimmten", nicht zahlenmäßig, sondern buchstabenmäßig vorliegenden „rechten Seiten" y_i. Die Elemente α_{ik} heißen wohl auch *Einflußzahlen*, weil sie den Einfluß der Größe y_k auf die Unbekannte x_i wiedergeben.

Zur Ermittlung der Kehrmatrix $\boldsymbol{A}^{-1}$ denken wir sie uns gegeben. Dann folgt die Umkehrung (2) formal aus (1) nach Linksmultiplikation mit $\boldsymbol{A}^{-1}$, $\boldsymbol{A}^{-1}\boldsymbol{A}\boldsymbol{x} = \boldsymbol{A}^{-1}\boldsymbol{y}$, wenn wir für $\boldsymbol{A}^{-1}$ die Beziehung

$$\boxed{\boldsymbol{A}^{-1}\boldsymbol{A} = \boldsymbol{I}} \tag{3}$$

fordern. Gesucht ist also eine Matrix $\boldsymbol{A}^{-1}$ derart, daß (3) gilt. Das aber setzt zugleich spaltenreguläre, also nichtsinguläre Matrix $\boldsymbol{A}$ voraus. Denn aus

$$c_1 \boldsymbol{a}_1 + \cdots + c_i \boldsymbol{a}_i + \cdots + c_n \boldsymbol{a}_n = \boldsymbol{o}$$

folgt nach Multiplikation mit dem i-ten Zeilenvektor $\boldsymbol{\alpha}^i$ von $\boldsymbol{A}^{-1}$ unter Berücksichtigen von (3)

$$c_i \cdot 1 = 0 ,$$

also Verschwinden sämtlicher c_i, was Unabhängigkeit der Spalten $\boldsymbol{a}_k$ bedeutet. Notwendige Bedingung für Lösbarkeit unserer Aufgabe ist somit

$$\boxed{\det \boldsymbol{A} \neq 0} \,. \tag{4}$$

Sie erweist sich zugleich als hinreichend. Denn zur Bestimmung von $\boldsymbol{A}^{-1}$ gehen wir von n speziellen Gleichungssystemen (1) aus, nämlich

$$\boxed{\boldsymbol{A}\boldsymbol{x}_k = \boldsymbol{e}_k} \,, \quad k = 1, 2, \ldots, n \tag{5}$$

mit dem k-ten Einheitsvektor $\boldsymbol{e}_k$ als rechter Seite. Diese Systeme aber sind bekanntlich genau dann eindeutig lösbar, wenn $\boldsymbol{A}$ nichtsingulär ist. Multiplikation von (5) mit $\boldsymbol{A}^{-1}$ ergibt nun mit (3):

$$\boldsymbol{A}^{-1} \boldsymbol{A} \boldsymbol{x}_k = \boldsymbol{x}_k = \boldsymbol{A}^{-1} \boldsymbol{e}_k ,$$

wo rechts die k-te Spalte $\boldsymbol{\alpha}_k$ von $\boldsymbol{A}^{-1}$ erscheint. Damit haben wir

$$\boxed{\boldsymbol{x}_k = \boldsymbol{\alpha}_k} \,, \quad k = 1, 2, \ldots, n \,, \tag{6}$$

also

Satz 1: *Die k-te Spalte $\boldsymbol{\alpha}_k$ der Kehrmatrix $\boldsymbol{A}^{-1}$ ergibt sich als Lösung des Gleichungssystems* (5) *mit der nichtsingulären Koeffizientenmatrix $\boldsymbol{A}$ und dem k-ten Einheitsvektor $\boldsymbol{e}_k$ als rechter Seite.*

Damit ist unsere Aufgabe praktisch gelöst. Auf ihre numerische Durchführung kommen wir in § 6 zurück.

Indem wir die n Spalten $\boldsymbol{x}_k = \boldsymbol{\alpha}_k$ zur n-reihigen Matrix $\boldsymbol{X}$, die rechten Seiten $\boldsymbol{e}_k$ zur Einheitsmatrix $\boldsymbol{I}$ zusammenfassen, schreiben sich die Gleichungen (5) und (6) als Matrizengleichungen

$$\boldsymbol{A}\boldsymbol{X} = \boldsymbol{I} \,, \tag{5a}$$

$$\boldsymbol{X} = \boldsymbol{A}^{-1} \,, \tag{6a}$$

in Worten:

Satz 1a: *Die Kehrmatrix $\boldsymbol{A}^{-1}$ zur nichtsingulären Matrix $\boldsymbol{A}$ ergibt sich als Lösungssystem $\boldsymbol{X}$ des Gleichungssystems* (5a) *mit $\boldsymbol{A}$ als Koeffizientenmatrix und der Einheitsmatrix $\boldsymbol{I}$ als n-facher rechter Seite.*

Die Gleichungen (5a), (6a) und (3) fassen wir zusammen in

$$\boxed{\boldsymbol{A}^{-1}\,\boldsymbol{A} = \boldsymbol{A}\,\boldsymbol{A}^{-1} = \boldsymbol{I}} \tag{7}$$

als charakteristischer Eigenschaft der inversen Matrix. Beim Übergang von (1) auf (2):

$$\boldsymbol{A}\,\boldsymbol{x} = \boldsymbol{y} \tag{1}$$

$$\boldsymbol{x} = \boldsymbol{A}^{-1}\,\boldsymbol{y} \tag{2}$$

folgt jetzt (2) aus (1) formal durch Linksmultiplikation mit $\boldsymbol{A}^{-1}$ unter Beachtung von (7). Die tatsächliche Berechnung des Vektors $\boldsymbol{x}$ der Unbekannten x_i bei zahlenmäßig gegebenem Vektor $\boldsymbol{y}$ geschieht indessen durch Auflösen des linearen Gleichungssystems, etwa nach dem GAUSSschen Algorithmus, auf den wir in § 6 ausführlich zurückkommen. Demgegenüber würde die explizite Berechnung von $\boldsymbol{A}^{-1}$ mit anschließender Multiplikation $\boldsymbol{A}^{-1}\boldsymbol{y}$ eine erhebliche Mehrarbeit erfordern. Überhaupt wird die Kehrmatrix explizit nur relativ selten benötigt. Ihre Bedeutung liegt in der Möglichkeit formalen Rechnens zur Durchführung theoretischer Überlegungen.

Auch die Kehrmatrix ist nichtsingulär, was in ähnlicher Weise wie oben für $\boldsymbol{A}$ jetzt aus $\boldsymbol{A}\,\boldsymbol{A}^{-1} = \boldsymbol{I}$ gefolgert wird. Aus dem in § 2.2, Gl. (10) zitierten Determinantensatz 3 folgt übrigens für ihre Determinante

$$\boxed{\det \boldsymbol{A}^{-1} = 1/A} \tag{8}$$

mit $A = \det \boldsymbol{A}$.

Es folgen einige einfache Rechenregeln. Durch Transponieren, von $\boldsymbol{A}\,\boldsymbol{A}^{-1} = \boldsymbol{I}$ erhält man $(\boldsymbol{A}^{-1})'\,\boldsymbol{A}' = \boldsymbol{I}$, und da mit $\boldsymbol{A}$ auch $\boldsymbol{A}'$ eine eindeutige Kehrmatrix besitzt, so ist sie

$$\boxed{(\boldsymbol{A}')^{-1} = (\boldsymbol{A}^{-1})'}\,. \tag{9}$$

Die Kehrmatrix der Transponierten ist einfach gleich der Transponierten der Kehrmatrix. Bei symmetrischer Matrix $\boldsymbol{A}$ ist daher auch $\boldsymbol{A}^{-1}$ wieder symmetrisch.

Weiter gilt als eine der Formel (9) aus § 2.2 analoge Beziehung

$$\boxed{(\boldsymbol{A}\boldsymbol{B})^{-1} = \boldsymbol{B}^{-1}\boldsymbol{A}^{-1}}\,, \tag{10}$$

deren Richtigkeit aus

$$(\boldsymbol{A}\boldsymbol{B})^{-1}\boldsymbol{A}\boldsymbol{B} = \boldsymbol{B}^{-1}\boldsymbol{A}^{-1}\boldsymbol{A}\boldsymbol{B} = \boldsymbol{B}^{-1}\boldsymbol{I}\boldsymbol{B} = \boldsymbol{B}^{-1}\boldsymbol{B} = \boldsymbol{I}$$

zu bestätigen ist. Allgemein gilt wieder

$$(\boldsymbol{A}\boldsymbol{B}\boldsymbol{C}\ldots\boldsymbol{N})^{-1} = \boldsymbol{N}^{-1}\ldots\boldsymbol{C}^{-1}\boldsymbol{B}^{-1}\boldsymbol{A}^{-1}. \qquad (10a)$$

Für nichtsinguläre Matrizen lassen sich die Potenzgesetze auch auf negative Exponenten ausdehnen. Man definiert für positives ganzzahliges p

$$\boldsymbol{A}^{-p} = (\boldsymbol{A}^{-1})^p \text{ sowie } \boldsymbol{A}^0 = \boldsymbol{I}. \qquad (11)$$

Dann gilt mit beliebigen (positiven und negativen) ganzen Exponenten p, q

$$\boxed{\boldsymbol{A}^p\boldsymbol{A}^q = \boldsymbol{A}^q\boldsymbol{A}^p = \boldsymbol{A}^{p+q}}. \qquad (12)$$

Für Diagonalmatrizen $\boldsymbol{D} = \text{Diag}\,(d_i)$ mit $d_i \neq 0$ ist wieder besonders einfach $\boldsymbol{D}^{-1} = \text{Diag}\,(1/d_i)$.

3.2. Adjungierte Matrix. Formelmäßiger Ausdruck der α_{ik}

Im folgenden brauchen wir einige einfache Tatsachen und Sätze aus der Determinantenlehre, die dem Leser noch hinreichend bekannt sein werden; andernfalls verweisen wir auf die im Schrifttum aufgeführten Darstellungen sowie die üblichen Lehrbücher für Mathematik.

Die zu einem Element a_{ik} einer n-reihigen Determinante $A = |a_{ik}|$ gehörige *Unterdeterminante* ist bekanntlich jene $(n-1)$-reihige Determinante, die man aus dem Koeffizientenschema nach Streichen der i-ten Zeile und k-ten Spalte (der Zeile und Spalte des Elementes) gewinnt.

Versieht man diese Unterdeterminante noch mit dem Vorzeichenfaktor $(-1)^{i+k}$, also mit $+$ oder $-$ je nach der Stellung des Elementes im Schachbrettmuster

$$\begin{vmatrix} + & - & + & - & \cdots \\ - & + & - & + & \cdots \\ + & - & + & - & \cdots \\ - & + & - & + & \cdots \\ \cdot & \cdot & \cdot & \cdot & \cdot\;\cdot\;\cdot \end{vmatrix},$$

so wird das Ganze das *algebraische Komplement* A_{ik} zum Element a_{ik} genannt. Jedem Element a_{ik} einer quadratischen (regulären oder auch singulären) Matrix $\boldsymbol{A}$ ist damit sein algebraisches Komplement A_{ik} zugeordnet.

Die aus diesen Komplementen A_{ik}, jedoch in transponierter Anordnung gebildete neue Matrix wird nun die zu $\boldsymbol{A}$ *adjungierte Matrix* genannt und hier mit $\boldsymbol{A}_{adj}$ bezeichnet:

$$\boldsymbol{A}_{adj} = (A_{ki}) = \begin{pmatrix} A_{11} & A_{21} \ldots & A_{n1} \\ A_{12} & A_{22} \ldots & A_{n2} \\ \cdot & \cdot \quad \cdot & \cdot \\ A_{1n} & A_{2n} \ldots & A_{nn} \end{pmatrix}. \tag{13}$$

Beispiel: In der Matrix

$$\boldsymbol{A} = \begin{pmatrix} 3 & 1 & -2 \\ 2 & 4 & 3 \\ 1 & -3 & 0 \end{pmatrix}$$

sind folgende Komplemente enthalten:

$$A_{11} = \begin{vmatrix} 4 & 3 \\ -3 & 0 \end{vmatrix} = 9, \quad A_{12} = -\begin{vmatrix} 2 & 3 \\ 1 & 0 \end{vmatrix} = 3, \quad A_{13} = \begin{vmatrix} 2 & 4 \\ 1 & -3 \end{vmatrix} = -10$$

$$A_{21} = -\begin{vmatrix} 1 & -2 \\ -3 & 0 \end{vmatrix} = 6, \; A_{22} = \begin{vmatrix} 3 & -2 \\ 1 & 0 \end{vmatrix} = 2, \quad A_{23} = -\begin{vmatrix} 3 & 1 \\ 1 & -3 \end{vmatrix} = 10$$

$$A_{31} = \begin{vmatrix} 1 & -2 \\ 4 & 3 \end{vmatrix} = 11, \quad A_{32} = -\begin{vmatrix} 3 & -2 \\ 2 & 3 \end{vmatrix} = -13, \; A_{33} = \begin{vmatrix} 3 & 1 \\ 2 & 4 \end{vmatrix} = 10$$

Die adjungierte Matrix ist also

$$\boldsymbol{A}_{adj} = \begin{pmatrix} 9 & 6 & 11 \\ 3 & 2 & -13 \\ -10 & 10 & 10 \end{pmatrix}.$$

Mit den Komplementen lautet nun der sogenannte *Entwicklungssatz* der Determinantenlehre, nach dem der Determinantenwert A darstellbar ist als Summe der Produkte aus den Elementen einer Zeile oder einer Spalte mit ihren „vorzeichenversehenen" Unterdeterminanten, d. h. mit ihren Komplementen:

$$A = a_{i1} A_{i1} + a_{i2} A_{i2} + \cdots + a_{in} A_{in} \quad \text{Entwicklung nach der } i\text{-ten } \textit{Zeile}, \tag{14a}$$

$$A = a_{1k} A_{1k} + a_{2k} A_{2k} + \cdots + a_{nk} A_{nk} \quad \text{Entwicklung nach der } k\text{-ten } \textit{Spalte}. \tag{14b}$$

So ist die Determinante A unseres Beispiels, entwickelt etwa nach der ersten Zeile oder der zweiten Spalte:

$$\begin{aligned} A &= 3 \cdot 9 + 1 \cdot 3 + 2 \cdot 10 = 50 \\ &= 1 \cdot 3 + 4 \cdot 2 + 3 \cdot 13 = 50 . \end{aligned}$$

Ersetzt man in der Entwicklung Gl. (14a) die Elemente a_{ir} der i-ten Zeile durch Elemente a_{jr} einer Parallelzeile ($j \neq i$), während man die Komplemente A_{ir} zur i-ten Zeile beibehält, so ist das Ergebnis gleichbedeutend mit einer Determinante, deren i-te Zeile mit der j-ten Zeile übereinstimmt. Dies aber ist nach einem bekannten Determinantensatz gleich Null. Die entsprechende Überlegung gilt für die Spalten in Gl. (14b). Man erhält so als *Ergänzung* zum obigen Entwicklungssatz die Formeln

$$a_{j1} A_{i1} + a_{j2} A_{i2} + \cdots + a_{jn} A_{in} = 0 \quad \text{für } i \neq j\,, \tag{15a}$$

$$a_{1l} A_{1k} + a_{2l} A_{2k} + \cdots + a_{nl} A_{nk} = 0 \quad \text{für } k \neq l\,. \tag{15b}$$

Die linken Seiten von Gln. (14a), (15a) aber stellen ersichtlich das skalare Produkt einer Zeile von $\boldsymbol{A}$ mit einer Spalte von $\boldsymbol{A}_{adj}$ dar, und bei Gln. (14b), (15b) ist es das Produkt einer Spalte von $\boldsymbol{A}$ mit einer Zeile von $\boldsymbol{A}_{adj}$, m. a. W. es handelt sich um Elemente der Matrizenprodukte $\boldsymbol{A}\,\boldsymbol{A}_{adj}$ und $\boldsymbol{A}_{adj}\,\boldsymbol{A}$. Beide Gleichungspaare lassen sich somit zusammenfassen zur Matrizengleichung

$$\boldsymbol{A}\,\boldsymbol{A}_{adj} = \boldsymbol{A}_{adj}\,\boldsymbol{A} = A\,\boldsymbol{I} = \begin{pmatrix} A & 0 \ldots 0 \\ 0 & A \ldots 0 \\ \cdot & \cdot \;\cdot\;\cdot\;\cdot \\ 0 & 0 \ldots A \end{pmatrix} \tag{16}$$

Im Falle einer *singulären* Matrix $\boldsymbol{A}$ ergibt dies Null:

$$\boldsymbol{A}\,\boldsymbol{A}_{adj} = \boldsymbol{A}_{adj}\,\boldsymbol{A} = 0 \quad \text{für} \quad \det \boldsymbol{A} = A = 0\,. \tag{16a}$$

Ist aber $\boldsymbol{A}$ *nichtsingulär*, so läßt sich (16) durch A dividieren, und das besagt dann, daß die durch A dividierte Adjungierte $\boldsymbol{A}_{adj}$ gleich der *Kehrmatrix* ist:

$$\boldsymbol{A}^{-1} = \frac{1}{A}\,\boldsymbol{A}_{adj} = \frac{1}{A}\,(A_{ki})\,, \tag{17}$$

womit wir einen formelmäßigen Ausdruck für die Elemente α_{ik} der Kehrmatrix gewonnen haben:

$$\alpha_{ik} = \frac{1}{A}\,A_{ki}\,. \tag{18}$$

Für unser Beispiel ist also:

$$\boldsymbol{A}^{-1} = \frac{1}{50}\begin{pmatrix} 9 & 6 & 11 \\ 3 & 2 & -13 \\ -10 & 10 & 10 \end{pmatrix} = \begin{pmatrix} 0{,}18 & 0{,}12 & 0{,}22 \\ 0{,}06 & 0{,}04 & -0{,}26 \\ -0{,}20 & 0{,}20 & 0{,}20 \end{pmatrix}.$$

Für zweireihige Matrizen schließlich merkt man sich leicht das Ergebnis:

$$\boldsymbol{A} = \begin{pmatrix} a_{11} & a_{12} \\ a_{21} & a_{22} \end{pmatrix}, \quad \boldsymbol{A}^{-1} = \frac{1}{A}\begin{pmatrix} a_{22} & -a_{12} \\ -a_{21} & a_{11} \end{pmatrix} \text{ mit } A = a_{11}\,a_{22} - a_{12}\,a_{21}\,. \tag{19}$$

Mit Hilfe der adjungierten Matrix läßt sich sehr einfach jene Formel herleiten, die bei der theoretischen Behandlung linearer Gleichungssysteme im Vordergrund steht, die sogenannte CRAMERsche Regel, von der wir annehmen dürfen, daß sie dem Leser in großen Zügen bekannt ist. Sie stellt die Lösungen x_i formelmäßig als Quotienten zweier Determinanten dar:

$$\boxed{x_i = A_i : A}\,, \tag{20}$$

wo A die als von 0 verschieden vorausgesetzte Koeffizientendeterminante bedeutet, während die „Zählerdeterminanten" A_i aus A dadurch hervorgehen, daß die i-te Spalte von A ersetzt wird durch die Spalte der rechten Seiten y_j. Diese Vorschrift ergibt sich aus

$$\boldsymbol{A}\,\boldsymbol{x} = \boldsymbol{y} \tag{21}$$

durch Linksmultiplikation mit der Adjungierten Matrix $\boldsymbol{A}_{adj}$ unter Beachten von Gl. (16):

$$A\,\boldsymbol{x} = \boldsymbol{A}_{adj}\,\boldsymbol{y}\,, \tag{22}$$

was sich aufspaltet in die Gleichungen

$$A\,x_i = y_1\,A_{1i} + y_2\,A_{2i} + \cdots + y_n\,A_{ni} = A_i\,. \tag{23}$$

Hier aber ist der Summenausdruck rechts gerade die oben gekennzeichnete Determinante A_i, aus der er durch Entwickeln nach der i-ten Spalte mit den Elementen y_j hervorgeht. Gl. (23) besagt: Eliminiert man im Gleichungssystem Gl. (21) alle Unbekannten bis auf x_i, so erhält die übrigbleibende Unbekannte den Faktor $A = \det \boldsymbol{A}$, während als rechte Seite die Determinante A_i auftritt. Genau dann, wenn nun unsere Koeffizientenmatrix nichtsingulär ist, $A \neq 0$, läßt sich Gl. (23) für beliebige rechte Seiten y_j, die ja in die rechten Seiten A_i von Gl. (23) eingehen, auflösen in der Form (20) der CRAMERschen Regel. — So wertvoll nun diese Regel als formelmäßiger Ausdruck der Lösungen x_i für theoretische Einsichten ist, so ist sie als Lösungsvorschrift — explizite Berechnung von $n+1$ Determinanten $A, A_1, \ldots, A_n$ — für umfangreichere Gleichungssysteme doch durchaus ungeeignet. Die praktische Lösung eines Gleichungssystems erfolgt vielmehr stets, wie schon oben angedeutet, durch einen schrittweise und *zahlenmäßig* durchgeführten Eliminationsprozeß in Gestalt des sogenannten GAUSSschen Algorithmus, auf den wir im II. Kap. ausführlich zurückkommen werden.

3.3. Matrizendivision

Entsprechend dem nichtkommutativen Charakter der Matrizenmultiplikation hat man auch für die inverse Operation, die man als Division bezeichnen kann, zwei Arten zu unterscheiden, nämlich bei den gegebenen

Matrizen $\boldsymbol{A}$ und $\boldsymbol{B}$ und gesuchter Matrix $\boldsymbol{X}$ die beiden Aufgaben

$$\boxed{\boldsymbol{A}\,\boldsymbol{X} = \boldsymbol{B}}\,, \tag{24a}$$

$$\boxed{\boldsymbol{X}\,\boldsymbol{A} = \boldsymbol{B}}\,. \tag{24b}$$

Beide Aufgaben sind genau dann allgemein und eindeutig lösbar, wenn $\boldsymbol{A}$ *nichtsingulär*, und man findet dann die Lösung $\boldsymbol{X}$ formal durch Multiplizieren der Gleichung mit der Kehrmatrix $\boldsymbol{A}^{-1}$, im ersten Falle von links her, im zweiten von rechts her:

$$\boxed{\boldsymbol{X} = \boldsymbol{A}^{-1}\,\boldsymbol{B}}\,, \tag{25a}$$

$$\boxed{\boldsymbol{X} = \boldsymbol{B}\boldsymbol{A}^{-1}}\,. \tag{25b}$$

Die beiden Ergebnisse sind im allgemeinen verschieden, es sei denn, daß $\boldsymbol{A}$ und $\boldsymbol{B}$ *vertauschbar* sind, $\boldsymbol{A}\,\boldsymbol{B} = \boldsymbol{B}\,\boldsymbol{A}$. Die Matrix $\boldsymbol{A}$ ist als nichtsinguläre Matrix quadratisch, die Matrizen $\boldsymbol{B}$ und $\boldsymbol{X}$ brauchen es nicht zu sein; es muß nur Verkettbarkeit herrschen. Ist $\boldsymbol{A}$ n-reihig, so kann im ersten Fall $\boldsymbol{B}$ vom Typ $n\,p$ sein bei beliebigem p, und dann ist es auch $\boldsymbol{X}$, im zweiten Falle beide vom Typ $p\,n$.

Die tatsächliche Ausführung der „Division", also die Berechnung der Matrizen $\boldsymbol{A}^{-1}\,\boldsymbol{B}$ und $\boldsymbol{B}\,\boldsymbol{A}^{-1}$ braucht keineswegs durch eine Multiplikation mit $\boldsymbol{A}^{-1}$ zu erfolgen und wird es in der Regel auch nicht, wenn nicht die Kehrmatrix ohnehin bekannt ist. Vielmehr wird man die Aufgabe (24a) als ein lineares Gleichungssystem mit der Koeffizientenmatrix $\boldsymbol{A}$ und einer p-fachen rechten Seite $\boldsymbol{B} = (\boldsymbol{b}_1, \boldsymbol{b}_2, \ldots, \boldsymbol{b}_p)$ auffassen. Die Ergebnisse der Auflösung, die p Lösungsvektoren $\boldsymbol{x}_k$, sind dann die Spalten der gesuchten Matrix $\boldsymbol{X} = (\boldsymbol{x}_1, \boldsymbol{x}_2, \ldots, \boldsymbol{x}_p)$. — Im Falle der Aufgabe Gl. (24b) stellt man durch Transponieren um:

$$\boldsymbol{A}'\,\boldsymbol{X}' = \boldsymbol{B}'\,, \tag{24b'}$$

löst also ein Gleichungssystem mit der Koeffizientenmatrix $\boldsymbol{A}'$ und den p Spalten von $\boldsymbol{B}'$, das sind die p Zeilen $\boldsymbol{b}^i$ von $\boldsymbol{B}$, als rechten Seiten, denen dann p Spalten von $\boldsymbol{X}'$, das sind die p Zeilen $\boldsymbol{x}^i$ von $\boldsymbol{X}$, als Lösungsvektoren entsprechen. Beide Aufgaben lassen sich rechnerisch auch vereinigen. Zur praktischen Durchführung vgl. § 6.6.

§ 4. Komplexe Matrizen

4.1. Komplexe Matrizen und Vektoren

Bisher haben wir die Elemente einer Matrix meist stillschweigend mehrfach aber auch ausdrücklich als reelle Zahlen angesehen. Nun erfährt bekanntlich in der Mathematik der Zahlbegriff erst durch Einführen der komplexen Zahlen seine notwendige Abrundung. Erst mit ihrer Hilfe werden grundlegende mathematische Aufgaben, wie etwa die Auflösung algebraischer Gleichungen, ausnahmslos lösbar. Dementsprechend spielen auch *komplexe Matrizen*, das sind solche mit komplexen Zahlen als Elementen, in Theorie und Anwendung eine wichtige Rolle.

Beim Arbeiten mit komplexen Matrizen ergeben sich nun gewisse Besonderheiten, ähnlich wie man dies auch vom Rechnen mit komplexen Zahlen her kennt. Charakteristisch ist dort die Bildung des Betragquadrates einer komplexen Zahl $x = u + i\,v$, das hier nicht wie bei den reellen Zahlen durch Quadrieren von x erhalten wird, sondern als Produkt mit der *konjugiert komplexen Zahl* $\bar{x} = u - i\,v$ gemäß

$$|x|^2 = \bar{x}\,x = u^2 + v^2 = r^2\,. \tag{1}$$

Denn nur diese Bildung ergibt in jedem Falle eine reelle, und zwar eine positive (oder verschwindende) reelle Zahl, wie es vom Betragquadrat zu fordern ist. Diese Operation, das Produkt mit konjugiert komplexen Gebilden, ist nun auch für das Arbeiten mit komplexen Matrizen und Vektoren kennzeichnend.

Betrachten wir zunächst einen komplexen Vektor $\boldsymbol{x}$ mit den Komponenten $x_j = u_j + i\,v_j$ sowie den konjugiert komplexen Vektor $\bar{\boldsymbol{x}}$ mit den Komponenten $\bar{x}_j = u_j - i\,v_j$. Beide Vektoren lassen sich wie die Komponenten in Real- und Imaginärteil aufspalten:

$$\boldsymbol{x} = \boldsymbol{u} + i\,\boldsymbol{v}\,,$$
$$\bar{\boldsymbol{x}} = \boldsymbol{u} - i\,\boldsymbol{v}$$

mit den reellen Vektoren $\boldsymbol{u}, \boldsymbol{v}$ der reellen Komponenten u_j und v_j. Das Betragquadrat des komplexen Vektors, das Quadrat seiner *Norm* gewinnt man analog zu Gl. (1) als das skalare Produkt des Vektors $\boldsymbol{x}$ mit seinem konjugierten Vektor $\bar{\boldsymbol{x}}$ nach

$$|\boldsymbol{x}|^2 = \bar{\boldsymbol{x}}'\,\boldsymbol{x} = (\boldsymbol{u}' - i\,\boldsymbol{v}')\,(\boldsymbol{u} + i\,\boldsymbol{v}) = \boldsymbol{u}'\,\boldsymbol{u} + \boldsymbol{v}'\,\boldsymbol{v}\,, \tag{2}$$

ausführlich:

$$\bar{\boldsymbol{x}}'\,\boldsymbol{x} = (u_1^2 + v_1^2) + (u_2^2 + v_2^2) + \cdots + (u_n^2 + v_n^2) = |x_1|^2 + \cdots + |x_n|^2\,. \tag{2'}$$

Nur so wird die Norm, wie es sein soll, abgesehen vom Nullvektor eine *reelle (positive) Zahl*, so daß insbesondere auch eine *Normierung auf 1* stets möglich ist, indem ein beliebiger Vektor durch seinen Betrag dividiert wird. Für den hier und auch sonst auftretenden konjugiert transponierten Vektor $\bar{\boldsymbol{x}}'$ hat sich die Schreibweise $\boldsymbol{x}^*$ eingebürgert:

$$\boxed{\bar{\boldsymbol{x}}' \equiv \boldsymbol{x}^*}\,. \tag{3}$$

Damit schreibt sich das Normquadrat zu $|\boldsymbol{x}|^2 = \boldsymbol{x}^*\,\boldsymbol{x}$.

Es ist naheliegend, als *skalares Produkt* zweier n-dimensionaler *komplexer* Vektoren $\boldsymbol{x}$ und $\boldsymbol{y}$ nicht, wie im Reellen, den Ausdruck $\boldsymbol{x}'\,\boldsymbol{y}$, sondern einen der Ausdrücke $\boldsymbol{x}^* \boldsymbol{y}$ oder $\boldsymbol{y}^* \boldsymbol{x}$ zu definieren. Zwei komplexe Vektoren, deren skalares Produkt verschwindet,

$$\boxed{\boldsymbol{x}^* \boldsymbol{y} = 0}\,, \tag{4}$$

werden zueinander *unitär* genannt; das ist die komplexe Verallgemeinerung der Orthogonalität, es ist eine *konjugierte* Orthogonalität. Im Reellen, aber auch nur dort, fallen die beiden Begriffe unitär und orthogonal zusammen.

Die komplexe Verallgemeinerung orthogonaler Einheitsvektoren, das ist ein System komplexer, auf 1 normierter, unitärer Vektoren $\boldsymbol{x}_j$, für die also die Beziehung

$$\boxed{\boldsymbol{x}_j^* \boldsymbol{x}_k = \delta_{jk}} \tag{5}$$

mit dem KRONECKER-Symbol δ_{jk} besteht, heißt ein *unitäres Vektorsystem.*

So wie ein Vektor läßt sich auch eine komplexe Matrix $\boldsymbol{A}$ mit den Elementen $a_{jk} = b_{jk} + i\, c_{jk}$ nebst ihrer konjugierten Matrix $\bar{\boldsymbol{A}}$ mit den Elementen $\bar{a}_{jk} = b_{jk} - i\, c_{jk}$ in Real- und Imaginärteil aufteilen gemäß

$$\boldsymbol{A} = \boldsymbol{B} + i\,\boldsymbol{C}\,,$$
$$\bar{\boldsymbol{A}} = \boldsymbol{B} - i\,\boldsymbol{C}$$

mit den reellen Matrizen $\boldsymbol{B} = (b_{jk})$ und $\boldsymbol{C} = (c_{jk})$. Auch hier erweist sich das Operieren mit der konjugiert transponierten Matrix

$$\boxed{\bar{\boldsymbol{A}}' \equiv \boldsymbol{A}^*} \tag{6}$$

in vieler Hinsicht als sachgemäß. Dies gilt insbesondere für die im folgenden aufgeführten

4.2. Sonderformen komplexer Matrizen

Sollen nämlich die charakteristischen Eigenschaften der wichtigsten Sonderformen reeller Matrizen, so vor allem der symmetrischen, der schiefsymmetrischen und der orthogonalen, im Komplexen erhalten bleiben, so darf man die im Reellen gültigen Definitionen nicht wörtlich übertragen, sondern muß sie sinngemäß abwandeln, und zwar, ähnlich wie bei den Vektoren, im wesentlichen derart, daß an die Stelle der transponierten Matrix die konjugiert transponierte tritt. An die Stelle der gewöhnlichen Orthogonalität tritt dann die konjugierte, d. h. also die *Unitarität,* an die Stelle der Symmetrie bzw. Schiefsymmetrie eine konjugierte, für die man gleichfalls besondere Bezeichnungen eingeführt hat: man spricht hier von *hermiteschen bzw. schiefhermiteschen Matrizen* (nach CHARLES HERMITE 1822—1901).

Eine *hermitesche Matrix* als komplexe Verallgemeinerung der reell symmetrischen ist definiert durch die Eigenschaft

$$\boxed{\boldsymbol{A}^* = \boldsymbol{A}}\,, \tag{7}$$

was mit $\boldsymbol{A} = \boldsymbol{B} + i\,\boldsymbol{C}$ zerfällt in

$$\boxed{\boldsymbol{B}' = \boldsymbol{B}} \quad \textit{symmetrischer Realteil,} \tag{8a}$$

$$\boxed{\boldsymbol{C}' = -\boldsymbol{C}} \quad \textit{schiefsymmetrischer Imaginärteil.} \tag{8b}$$

Die Diagonalelemente sind somit reell, $a_{ii} = b_{ii}$. Im Reellen fällt hermitisch mit Symmetrie zusammen, im rein Imaginären aber mit Schiefsymmetrie. Eine komplexe (weder reelle noch rein imaginäre) symmetrische Matrix ist durch keine besonderen Eigenschaften ausgezeichnet und daher meist ohne Interesse.

Eine *schiefhermitesche Matrix* als komplexe Verallgemeinerung der reell schiefsymmetrischen ist definiert durch

$$\boxed{\boldsymbol{A}^* = -\boldsymbol{A}}\,, \tag{9}$$

was wieder zerfällt in

$$\boxed{\boldsymbol{B}' = -\boldsymbol{B}} \quad \textit{schiefsymmetrischer Realteil,} \tag{10a}$$

$$\boxed{\boldsymbol{C}' = \boldsymbol{C}} \quad \textit{symmetrischer Imaginärteil.} \tag{10b}$$

Die Diagonalelemente sind hier rein imaginär, $a_{jj} = i\,c_{jj}$. Im Reellen fällt schiefhermitisch mit Schiefsymmetrie zusammen, im rein Imaginären aber mit Symmetrie. Eine komplexe (weder reelle noch rein imaginäre) schiefsymmetrische Matrix ist wieder durch keine besonderen Eigenschaften ausgezeichnet und daher meist ohne Interesse.

Eine *unitäre Matrix* ist als komplexe Verallgemeinerung der reell orthogonalen dadurch ausgezeichnet, daß ihre Spaltenvektoren ein *unitäres Vektorensystem* bilden:

$$\boxed{\bar{\boldsymbol{a}}_j' \boldsymbol{a}_k \equiv \boldsymbol{a}_j^* \boldsymbol{a}_k = \delta_{jk}}\,, \tag{11}$$

was zusammen mit der daraus folgenden entsprechenden Eigenschaft der Zeilenvektoren die Definitionsgleichung ergibt

$$\boxed{\boldsymbol{A}^* \boldsymbol{A} = \boldsymbol{A} \boldsymbol{A}^* = \boldsymbol{I}} \tag{12}$$

oder auch

$$\boxed{\boldsymbol{A}^* = \boldsymbol{A}^{-1}}\,. \tag{13}$$

Aus Gl. (12) folgt die Determinatenbeziehung

$$\det \bar{\boldsymbol{A}}' \cdot \det \boldsymbol{A} = (\overline{\det \boldsymbol{A}}) \cdot \det \boldsymbol{A} = |\det \boldsymbol{A}|^2 = 1\,,$$

$$\boxed{|\det \boldsymbol{A}| = 1}\,. \tag{14}$$

Im Reellen fällt unitär mit orthogonal zusammen.

Alle drei Sonderformen sind Sonderfälle einer allgemeineren Klasse, der sogenannten *normalen Matrizen*, definiert durch die Eigenschaft

$$\boxed{\boldsymbol{A}^*\boldsymbol{A} = \boldsymbol{A}\boldsymbol{A}^*}\,. \tag{15}$$

Eine Matrix, die sowohl hermitesch als auch unitär (oder sowohl symmetrisch als auch orthogonal) ist, $\boldsymbol{A}^* = \boldsymbol{A}$ und $\boldsymbol{A}^*\boldsymbol{A} = \boldsymbol{I}$, hat die Eigenschaft

$$\boxed{\boldsymbol{A}^2 = \boldsymbol{I}} \tag{16a}$$

und wird *involutorisch* genannt (in der Geometrie heißt eine Abbildung, deren zweimalige Anwendung in das Ausgangsbild, also die „identische" Abbildung zurückführt, involutorisch oder eine Involution). — Eine Matrix, die sowohl schiefhermitesch als auch unitär (oder sowohl schiefsymmetrisch als auch orthogonal) ist, hat die Eigenschaft

$$\boxed{\boldsymbol{A}^2 = -\boldsymbol{I}} \tag{16b}$$

und wird *halbinvolutorisch* genannt.

	S	H	S'	H'	O	U
S	•	Re		Im	Iv	—
H	Re	•	Im		—	Iv
S'		Im	•	Re	Iv'	—
H'	Im		Re	•	—	Iv'
O	Iv	—	Iv'	—	•	Re
U	—	Iv	—	Iv'	Re	•

Abb. 4.1. Eigenschaftsmatrix spezieller Matrizen

Die eigentümliche Zusammengehörigkeit je dreier Eigenschaften der hier betrachteten Matrizen lassen sich an einer *Eigenschaftmatrix* nach Art der Abb. 4.1 ablesen: Je drei links vor einer Zeile, am Kopf einer Spalte und im Schnitt von Zeile und Spalte aufgeführte Eigenschaften gehören zusammen, wobei wir uns folgender Abkürzungen bedient haben:

S	= symmetrisch	S'	= schiefsymmetrisch
H	= hermitisch	H'	= schiefhermitisch
Iv	= involutorisch	Iv'	= halbinvolutorisch
O	= orthogonal	U	= unitär
Re	= reell	Im	= rein imaginär.

Z. B. besagt das Schema:

Eine Matrix, die symmetrisch und reell ist, ist auch hermitisch. Eine Matrix, die symmetrisch und orthogonal ist, ist involutorisch. Eine unitäre symmetrische Matrix hat keine besonderen Eigenschaften. Eine zugleich symmetrisch und schiefsymmetrische Matrix gibt es nicht, von der Nullmatrix abgesehen.

Jede quadratische Matrix $\boldsymbol{A}$ läßt sich wie unter § 1.4, Gln. (19), (20) aufspalten in einen hermiteschen und einen schiefhermiteschen Anteil $\boldsymbol{H}$ und $\boldsymbol{K}$:

$$\boldsymbol{A} = \boldsymbol{H} + \boldsymbol{K} \tag{17}$$

mit

$$\left.\begin{aligned} \boldsymbol{H} &= \frac{1}{2}(\boldsymbol{A} + \boldsymbol{A}^*) \text{ hermitisch,} \\ \boldsymbol{K} &= \frac{1}{2}(\boldsymbol{A} - \boldsymbol{A}^*) \text{ schiefhermitisch.} \end{aligned}\right\} \tag{18}$$

Beispiele:

a) Hermitesche Matrix

$$\boldsymbol{H} = \begin{pmatrix} b_{11} & b_{12} + i\,c_{12} \\ b_{12} - i\,c_{12} & b_{22} \end{pmatrix}.$$

b) Schiefhermitesche Matrix

$$\boldsymbol{K} = \begin{pmatrix} i\,c_{11} & b_{12} + i\,c_{12} \\ -b_{12} + i\,c_{12} & i\,c_{22} \end{pmatrix}.$$

d) Unitäre Matrix

$$\boldsymbol{A} = \begin{pmatrix} \cos\varphi & i\sin\varphi \\ i\sin\varphi & \cos\varphi \end{pmatrix}.$$

c) Involutorische Matrizen

$$\boldsymbol{A} = \begin{pmatrix} \cos\varphi & \sin\varphi \\ \sin\varphi & -\cos\varphi \end{pmatrix}, \quad \boldsymbol{B} = \begin{pmatrix} -\cos\varphi & i\sin\varphi \\ -i\sin\varphi & \cos\varphi \end{pmatrix}.$$

$\boldsymbol{A}$ ist symmetrisch orthogonal, $\boldsymbol{B}$ hermitisch unitär.

4.3. Reelle Form komplexer Matrizen

Komplexe Zahlen, also Paare reeller Zahlen, lassen sich, was nicht zu überraschen braucht, durch Matrizen darstellen, und zwar durch zweireihige quadratische Matrizen, deren reelle Elemente aus Real- und Imaginärteil der Zahl aufgebaut sind. Der reellen und imaginären Einheit 1 und i im Bereich der komplexen Zahlen entsprechen nämlich die Matrizen

$$\boxed{\boldsymbol{e} = \begin{pmatrix} 1 & 0 \\ 0 & 1 \end{pmatrix} \quad \text{und} \quad \boldsymbol{i} = \begin{pmatrix} 0 & -1 \\ 1 & 0 \end{pmatrix}}\,. \tag{19}$$

Für $\boldsymbol{e}$ ist das unmittelbar verständlich. Die Matrix $\boldsymbol{i}$ aber besitzt ersichtlich die charakteristische Eigenschaft der Zahl i, mit sich multipliziert die negative Einheit zu ergeben:

$$\boldsymbol{i}^2 = \begin{pmatrix} 0 & -1 \\ 1 & 0 \end{pmatrix}\begin{pmatrix} 0 & -1 \\ 1 & 0 \end{pmatrix} = \begin{pmatrix} -1 & 0 \\ 0 & -1 \end{pmatrix} = -\boldsymbol{e}\,. \tag{20}$$

Es handelt sich also bei $\boldsymbol{i}$ um eine halbinvolutorische Matrix.

So wie man nun eine reelle Zahl x in Form einer Skalarmatrix $x\,\boldsymbol{e}$ darstellen kann, so läßt sich eine rein imaginäre Zahl $i\,y$ durch die Matrix

$y\boldsymbol{i}$ wiedergeben. Damit entspricht der komplexen Zahl $z = x + i\,y$ die reelle Matrix[1]

$$\boldsymbol{z} = \boldsymbol{e}\,x + \boldsymbol{i}\,y = \begin{pmatrix} x & -y \\ y & x \end{pmatrix} \tag{21}$$

und der konjugiert komplexen Zahl $\bar{z} = x - i\,y$ die Matrix

$$\hat{\boldsymbol{z}} = \boldsymbol{e}\,x - \boldsymbol{i}\,y = \begin{pmatrix} x & y \\ -y & x \end{pmatrix}, \tag{22}$$

die wir *Konjugiertmatrix* nennen wollen. Sie entsteht aus $\boldsymbol{z}$ durch eine Rechts- und eine Linksmultiplikation mit der involutorischen Matrix

$$\boldsymbol{k} = \begin{pmatrix} 1 & 0 \\ 0 & -1 \end{pmatrix} \tag{23}$$

in der Form

$$\hat{\boldsymbol{z}} = \boldsymbol{k}\,\boldsymbol{z}\,\boldsymbol{k}. \tag{24}$$

Dem *Drehfaktor* $e^{i\varphi} = \cos\varphi + i\sin\varphi$ entspricht die *Drehmatrix*

$$\boldsymbol{c} = \begin{pmatrix} \cos\varphi & -\sin\varphi \\ \sin\varphi & \cos\varphi \end{pmatrix}, \tag{25}$$

eine Orthogonalmatrix mit

$$\boldsymbol{c}'\,\boldsymbol{c} = \begin{pmatrix} \cos\varphi & \sin\varphi \\ -\sin\varphi & \cos\varphi \end{pmatrix}\begin{pmatrix} \cos\varphi & -\sin\varphi \\ \sin\varphi & \cos\varphi \end{pmatrix} = \begin{pmatrix} 1 & 0 \\ 0 & 1 \end{pmatrix} = \boldsymbol{e}.$$

Mit ihr schreibt sich $\boldsymbol{z}$ dann als

$$\boldsymbol{z} = r\,\boldsymbol{c}, \tag{26}$$

was der Produktform $z = r\,e^{i\varphi}$ entspricht.

So wie der einzelnen komplexen Zahl z eine reelle zweireihige Matrix $\boldsymbol{z}$ entspricht, so läßt sich auch einer n-reihigen *komplexen Matrix* $\boldsymbol{A} = \boldsymbol{B} + i\,\boldsymbol{C}$ eine $2\,n$-reihige reelle Matrix $\mathfrak{A}$ zuordnen, entweder indem jedes komplexe Element $a_{ik} = b_{ik} + i\,c_{ik}$ durch die Teilmatrix

$$\boldsymbol{a}_{ik} = \begin{pmatrix} b_{ik} & -c_{ik} \\ c_{ik} & b_{ik} \end{pmatrix} \tag{27}$$

[1] Komplexe Zahl z und Matrix $\boldsymbol{z}$ sind nicht einander *gleich*. Es handelt sich hier um zwei verschiedene mathematische Dinge, die aber einander *entsprechen*, und zwar derart, daß auch die *rechnerischen Verknüpfungen* in beiden Bereichen, dem der komplexen Zahlen und dem der zugeordneten Matrizen, einander entsprechen. Eine solche *Abbildung* mathematischer Bereiche aufeinander unter Wahrung der Verknüpfungsvorschriften wird ein *Isomorphismus* genannt.

ersetzt wird, oder aber indem man Real- und Imaginärteil überhaupt trennt nach

$$\boxed{\mathfrak{A} = \begin{pmatrix} \boldsymbol{B} & -\boldsymbol{C} \\ \boldsymbol{C} & \boldsymbol{B} \end{pmatrix}}\,. \tag{28}$$

Mit Hilfe der $2n$-reihigen involutorischen Matrix

$$\mathfrak{K} = \begin{pmatrix} \boldsymbol{I} & 0 \\ 0 & -\boldsymbol{I} \end{pmatrix} \tag{29}$$

erhält man aus $\mathfrak{A}$ die Konjugiertmatrix $\hat{\mathfrak{A}}$

$$\hat{\mathfrak{A}} = \mathfrak{K}\mathfrak{A}\mathfrak{K} = \begin{pmatrix} \boldsymbol{B} & \boldsymbol{C} \\ -\boldsymbol{C} & \boldsymbol{B} \end{pmatrix}. \tag{30}$$

Hierbei entspricht, wie es sinnvoll ist,

einer komplexen hermitesche Matrix $\boldsymbol{A}$ eine reelle symmetrische $\mathfrak{A}$
einer komplexen schiefhermiteschen eine reelle schiefsymmetrische $\mathfrak{A}$
einer komplexen unitären $\boldsymbol{A}$ eine reelle orthogonale Matrix $\mathfrak{A}$.

Den Beispielen komplexer Matrizen von 4.2 entsprechen die folgenden reellen Darstellungen:

a) Hermitesche Matrix in reeller Form: Symmetrisch

$$\mathfrak{H} = \begin{pmatrix} b_{11} & b_{12} & 0 & -c_{12} \\ b_{12} & b_{22} & c_{12} & 0 \\ 0 & c_{12} & b_{11} & b_{12} \\ -c_{12} & 0 & b_{12} & b_{22} \end{pmatrix}.$$

b) Schiefhermitesche Matrix in reeller Form: Schiefsymmetrisch

$$\mathfrak{K} = \begin{pmatrix} 0 & b_{12} & -c_{11} & -c_{12} \\ -b_{12} & 0 & -c_{12} & -c_{22} \\ c_{11} & c_{12} & 0 & b_{12} \\ c_{12} & c_{22} & -b_{12} & 0 \end{pmatrix}.$$

c) Unitäre Matrix in reeller Form: Orthogonal

$$\mathfrak{A} = \begin{pmatrix} \cos\varphi & 0 & 0 & -\sin\varphi \\ 0 & \cos\varphi & -\sin\varphi & 0 \\ 0 & \sin\varphi & \cos\varphi & 0 \\ \sin\varphi & 0 & 0 & \cos\varphi \end{pmatrix}.$$

d) Hermitisch-unitär in reeller Form: Symmetrisch orthogonal

$$\mathfrak{B} = \begin{pmatrix} -\cos\varphi & 0 & 0 & -\sin\varphi \\ 0 & \cos\varphi & +\sin\varphi & 0 \\ 0 & \sin\varphi & -\cos\varphi & 0 \\ -\sin\varphi & 0 & 0 & \cos\varphi \end{pmatrix}.$$

Eine auch praktisch wichtige Anwendung reeller Darstellung komplexer Matrizen findet sich bei Behandlung linearer Gleichungssysteme mit komplexen Koeffizienten. Aus

$$\boxed{\boldsymbol{A}\boldsymbol{x} = \boldsymbol{a}} \tag{31}$$

wird mit

$$\begin{aligned} \boldsymbol{A} &= \boldsymbol{B} + i\,\boldsymbol{C} \\ \boldsymbol{a} &= \boldsymbol{b} + i\,\boldsymbol{c} \\ \boldsymbol{x} &= \boldsymbol{u} + i\,\boldsymbol{v} \end{aligned}$$

durch Ausmultiplizieren:

$$(\boldsymbol{B}\,\boldsymbol{u} - \boldsymbol{C}\,\boldsymbol{v}) + i\,(\boldsymbol{C}\,\boldsymbol{u} + \boldsymbol{B}\,\boldsymbol{v}) = \boldsymbol{b} + i\,\boldsymbol{c}$$

und daraus durch Trennen von Real- und Imaginärteil die beiden reellen Gleichungssysteme

$$\boxed{\begin{aligned} \boldsymbol{B}\,\boldsymbol{u} - \boldsymbol{C}\,\boldsymbol{v} &= \boldsymbol{b} \\ \boldsymbol{C}\,\boldsymbol{u} + \boldsymbol{B}\,\boldsymbol{v} &= \boldsymbol{c} \end{aligned}}\,, \tag{32}$$

die wir zusammenfassen können zu

$$\boxed{\begin{pmatrix} \boldsymbol{B} & -\boldsymbol{C} \\ \boldsymbol{C} & \boldsymbol{B} \end{pmatrix} \begin{pmatrix} \boldsymbol{u} \\ \boldsymbol{v} \end{pmatrix} = \begin{pmatrix} \boldsymbol{b} \\ \boldsymbol{c} \end{pmatrix}}\,. \tag{32a}$$

Das komplexe System in n Unbekannten $x_j = u_j + i\,v_j$ ist in ein reelles in $2\,n$ Unbekannten u_j, v_j überführt.

* § 5. Lineare Abbildungen und Koordinatentransformationen

5.1. Lineare Abbildungen

Die folgenden Abschnitte, die an das Abstraktionsvermögen des Lesers etwas höhere Anforderungen stellen, können beim ersten Lesen auch überschlagen, sollten jedoch vor Lektüre des IV. Kap. nachgeholt werden, da wir uns bei Behandlung des Eigenwertproblems auf sie beziehen werden.

Die durch eine quadratische Matrix $\boldsymbol{A}$ vermittelte lineare Transformation $\boldsymbol{A}\,\boldsymbol{x} = \boldsymbol{y}$ erlaubt, wie wir wissen, die bedeutsame geometrische Interpretation einer *Abbildung*. Wir nannten ein System geordneter Zahlen $a_1, a_2, \ldots, a_n$, ein Zahlen-n-Tupel $\boldsymbol{a} = \{a_1, a_2, \ldots, a_n\}$ einen *Punkt* oder *Vektor* im n-dimensionalen Raum R_n, den wir auch Vektorraum nennen, wobei wir als Vektorkomponenten a_i reelle oder auch komplexe Zahlen zulassen. Um dies nicht immer ausdrücklich festlegen zu müssen, sagen wir allgemeiner, die a_i entstammen einem Zahlenbereich, in dem — wie bei reellen oder komplexen Zahlen — die Operationen der Addition, Subtraktion, Multiplikation und Division ausnahmslos durchführbar sind (bis auf Division durch Null). Einen solchen Bereich nennt man in der Algebra allgemein einen *Körper* oder auch *Zahlkörper* (der Bereich der *ganzen* Zahlen ist z. B. keiner, da hier die Division aus ihm herausführt). Wir sagen also, die Elemente a_i, die Vektorkomponenten seien Elemente eines ein für alle Mal zugrunde gelegten Körpers, wobei wir in der Regel an den reellen Zahlkörper denken werden. — Unter dem Raume R_n verstehen wir dann die Gesamtheit der n-dimensionalen

Vektoren $\boldsymbol{a}$ (der Zahlen-n-Tupel), wenn jede Komponente a_i den ganzen Zahlkörper (etwa den Bereich der reellen Zahlen) durchläuft.

Es werde nun ein System von n linear unabhängigen fest gewählten Vektoren $\hat{\boldsymbol{e}}_1, \hat{\boldsymbol{e}}_2, \ldots, \hat{\boldsymbol{e}}_n$ im R_n gegeben, eine sogenannte *Basis*, die wir *Koordinatensystem* nennen. Im R_3 entspricht dem ein im allgemeinen schiefwinkliges räumliches Koordinatensystem mit drei beliebigen linear unabhängigen (d. h. hier nicht in einer Ebene gelegenen) geometrischen Basisvektoren $\hat{\boldsymbol{e}}_1, \hat{\boldsymbol{e}}_2, \hat{\boldsymbol{e}}_3$ (die also nicht etwa Einheitsvektoren zu sein brauchen; die Bezeichnung $\hat{\boldsymbol{e}}_i$ erklärt sich aus dem folgenden). Ein beliebiger Vektor $\hat{\boldsymbol{x}}$ (ein System n geordneter Zahlen) läßt sich dann mit Hilfe der Basisvektoren $\hat{\boldsymbol{e}}_i$ eindeutig darstellen in der Form

$$\hat{\boldsymbol{x}} = x_1 \hat{\boldsymbol{e}}_1 + x_2 \hat{\boldsymbol{e}}_2 + \cdots + x_n \hat{\boldsymbol{e}}_n \tag{1}$$

mit n Faktoren x_i aus unserem Grundkörper, wie wir später, § 7.2, Satz 4 ausführlich begründen werden. Diese Größen x_i heißen dann die *Komponenten* des Vektors $\hat{\boldsymbol{x}}$ *in bezug auf das Koordinatensystem der* $\hat{\boldsymbol{e}}_i$, und diese auf das System der $\hat{\boldsymbol{e}}_i$ bezogenen Komponenten x_i sollen nun der *Matrixdarstellung* des Vektors $\hat{\boldsymbol{x}}$ zugrunde gelegt werden, für die wir dann einfach $\boldsymbol{x}$ schreiben:

$$\boldsymbol{x} = \begin{pmatrix} x_1 \\ x_2 \\ \vdots \\ x_n \end{pmatrix}. \tag{2}$$

Die Basisvektoren $\hat{\boldsymbol{e}}_i$ des Koordinatensystems aber erscheinen bezüglich sich selbst als die Spalten der Einheitsmatrix:

$$\boldsymbol{e}_1 = \begin{pmatrix} 1 \\ 0 \\ \vdots \\ 0 \end{pmatrix}, \quad \boldsymbol{e}_2 = \begin{pmatrix} 0 \\ 1 \\ \vdots \\ 0 \end{pmatrix}, \quad \ldots, \quad \boldsymbol{e}_n = \begin{pmatrix} 0 \\ 0 \\ \vdots \\ 1 \end{pmatrix}, \tag{3}$$

ungeachtet dessen, daß diese Vektoren ursprünglich als allgemeine, linear unabhängige Zahlen-n-Tupel gegeben waren, daß es sich, anschaulich gesprochen, um ein schiefwinkliges Koordinatensystem mit Nichteinheitsvektoren als Basis handelt.

Beispiel:

$$\hat{\boldsymbol{e}}_1 = \begin{pmatrix} 2 \\ 1 \end{pmatrix}, \quad \hat{\boldsymbol{e}}_2 = \begin{pmatrix} 1 \\ 3 \end{pmatrix}, \quad \hat{\boldsymbol{x}} = \begin{pmatrix} -1 \\ 2 \end{pmatrix}.$$

In den Koordinaten $\hat{\boldsymbol{e}}_i$ wird dann $\boldsymbol{x} = \begin{pmatrix} -1 \\ 1 \end{pmatrix}$. Denn offenbar ist

$$-1 \cdot \begin{pmatrix} 2 \\ 1 \end{pmatrix} + 1 \cdot \begin{pmatrix} 1 \\ 3 \end{pmatrix} = \begin{pmatrix} -1 \\ 2 \end{pmatrix}.$$

Das läßt sich natürlich auch anschaulich verfolgen, indem wir die Vektoren $\hat{\boldsymbol{e}}_1, \hat{\boldsymbol{e}}_2, \hat{\boldsymbol{x}}$ in kartesischen Koordinaten darstellen und $\hat{\boldsymbol{x}}$ in der angegebenen Weise mit den Komponenten -1, 1 aus den Basisvektoren zusammensetzen, was wir dem Leser überlassen dürfen.

Es werde nun einem Vektor $\mathfrak{x}$ des R_n nach einer bestimmten rechnerischen Vorschrift ein Vektor $\mathfrak{y}$ des gleichen Raumes als sogenanntes *Bild* zugeordnet, der Vektor $\mathfrak{x}$ wird in den *Bildvektor* $\mathfrak{y}$ abgebildet, was wir symbolisch in der Form

$$\boxed{\sigma(\mathfrak{x}) = \mathfrak{y}} \tag{4}$$

mit einem Abbildungsoperator σ schreiben wollen. Die Abbildung σ wird nun *linear* genannt und die Beziehung (4) eine *lineare Transformation,* wenn die beiden folgenden für die Linearität charakteristischen Eigenschaften erfüllt sind. Bei beliebiger Zahl λ aus dem Grundkörper (d. h. also dem Zahlenbereich, dem auch die Komponenten der Vektoren entstammen) und für zwei beliebige Vektoren $\mathfrak{x}_1, \mathfrak{x}_2$ aus R_n soll gelten

$$\sigma(\lambda\,\mathfrak{x}) = \lambda\,\sigma(\mathfrak{x}) \,, \tag{5}$$

$$\sigma\,(\mathfrak{x}_1 + \mathfrak{x}_2) = \sigma(\mathfrak{x}_1) + \sigma(\mathfrak{x}_2) \,. \tag{6}$$

Die Proportionalität der Vektoren $\mathfrak{x}$ und $\lambda\,\mathfrak{x}$ soll auch in ihren Bildern gewahrt bleiben, und das Bild einer Vektorsumme soll stets gleich der Summe der Bilder sein. Dann nämlich gehen bei der Abbildung gerade Linien wieder in Gerade, Ebenen in Ebenen, allgemein lineare Gebilde wieder in lineare Gebilde über.

Eine besonders einfache Abbildung dieser Art ist die lineare Verstreckung von $\mathfrak{x}$ in $c\,\mathfrak{x}$ mit beliebigem c aus dem Grundkörper:

$$\sigma(\mathfrak{x}) = c\,\mathfrak{x}\,. \tag{7}$$

Insbesondere liefert $c = 1$ die *identische Abbildung,* für die man $\sigma = 1$ schreibt, und $c = 0$ die Abbildung $\sigma = 0$ aller Vektoren $\mathfrak{x}$ in den Nullvektor.

Für die Verknüpfung zweier oder mehrerer linearer Abbildungen lassen sich nun gewisse Gesetze angeben. Die bedeutsamste Verknüpfung besteht in der Hintereinanderschaltung zweier linearer Abbildungen, etwa einer ersten τ und einer zweiten σ. Das Ergebnis ist eine neue Abbildung, die man sinnfällig als *Produkt* der beiden Einzelabbildungen

$$\varphi = \sigma\,\tau \tag{8}$$

unter Beachtung der Reihenfolge bezeichnet, was durch

$$\varphi(\mathfrak{x}) = \sigma(\tau\,(\mathfrak{x})) = \sigma\,\tau(\mathfrak{x})$$

nahegelegt wird. Das Produkt ist, von Ausnahmefällen abgesehen, nicht kommutativ: $\varphi = \sigma\,\tau$ bedeutet: Zuerst Anwenden der Abbildung τ, dann das der Abbildung σ. Bei $\psi = \tau\,\sigma$ ist die Reihenfolge umgekehrt, und die Abbildungen φ und ψ sind im allgemeinen verschieden. Beide aber sind, wie leicht nachprüfbar, wieder linear, indem sie den Bedingungen Gl. (5) und Gl. (6) genügen. Die Abbildung $\sigma(\mathfrak{x}) = c\,\mathfrak{x}$ dagegen ist mit jeder anderen τ vertauschbar, was aus Gl. (5) mit $\lambda = c$ folgt.

Unter bestimmten Bedingungen ist nun eine lineare Abbildung σ *umkehrbar*, d. h. es gibt dann eine Abbildung ξ derart, daß die beiden Produkte

$$\xi\,\sigma = 1\,, \quad \sigma\,\xi = 1 \tag{9}$$

die identische Abbildung liefern. Die Abbildung ξ macht σ und diese wieder die Abbildung ξ rückgängig. Die Bedingung für die Existenz dieser sogenannten *inversen Abbildung* $\xi = \sigma^{-1}$ aber gibt

Satz 1: *Zu einer linearen Abbildung σ gibt es dann und nur dann eine inverse Abbildung $\xi = \sigma^{-1}$ mit*

$$\boxed{\sigma^{-1}\,\sigma = \sigma\,\sigma^{-1} = 1}\,, \tag{10}$$

wenn die Bildvektoren $\sigma(\hat{e}_1)$, $\sigma(\hat{e}_2), \ldots, \sigma(\hat{e}_n)$ einer Basis $\hat{e}_1, \hat{e}_2, \ldots, \hat{e}_n$ des Raumes R_n linear unabhängig sind.

Schreiben wir nämlich einen beliebigen Vektor $\hat{x}$ aus R_n in der Form Gl. (1), so geht er bei der Abbildung σ über in

$$\sigma(\boldsymbol{x}) = x_1\,\sigma(\hat{e}_1) + x_2\,\sigma(\hat{e}_2) + \cdots + x_n\,\sigma(\hat{e}_n)\,.$$

Sind nun die Bilder $\sigma(\hat{e}_i)$ linear abhängig, so gibt es Komponenten x derart, daß $\sigma(\hat{x}) = 0$ bei $\hat{x} \neq 0$. Dann aber kann es keine Abbildung ξ geben mit $\xi\sigma(\hat{x}) = \hat{x} \neq 0$. Sind aber die $\sigma(\hat{e}_i)$ linear unabhängig, so spannt die Gesamtheit der Bilder $\sigma(\hat{x})$ auch wieder den ganzen Vektorraum R_n aus, wenn die x_i alle Zahlen des Grundkörpers durchlaufen, $\hat{x}$ also den ganzen Raum R_n überstreicht. ξ ist dann jene eindeutige Abbildung, welche jedes der n Bilder $\sigma(\hat{e}_i)$ in das zugehörige $\boldsymbol{e}_i$ zurückverwandelt: $\xi\,\sigma = 1$. Dann gilt aber auch $\sigma\,\xi = 1$; denn aus

$$\sigma(\hat{x}) = \sigma\,(\xi\,\sigma(\hat{x})) = \sigma\,\xi\,\sigma(\boldsymbol{x}) = (\sigma\,\xi)\,\sigma(\hat{x}) = \sigma(\hat{x})$$

folgt $\sigma\,\xi = 1$.

Eine Abbildung σ, deren Bilder $\sigma(\hat{e}_i)$ einer Basis linear abhängig sind, heißt *ausgeartet* oder *singulär*. Der lineare Raum der Bilder $\hat{y} = \sigma(\hat{x})$ des R_n ist von geringerer Dimension als $\hat{x}$, der Raum R_n wird auf einen in R_n eingebetteten *Unterraum* geringerer Dimension abgebildet, die Abbildung kann daher nicht mehr eindeutig und somit auch nicht umkehrbar sein, da zu einem Bild $\hat{y}$ mehrere Originale $\hat{x}$ gehören. Z. B. ist die Projektion des anschaulichen Raumes R_3 auf eine Ebene eine solche ausgeartete, nicht umkehrbare Abbildung. Im andern Falle heißt die Abbildung *nicht ausgeartet, nichtsingulär* oder *regulär*. Nur eine solche ist nach Satz 1 umkehrbar.

5.2. Darstellung durch Matrizen

So wie die zahlenmäßige Darstellung eines Vektors $\hat{x}$ des R_n nach Wahl eines festen Koordinatensystems, einer Basis $\hat{e}_i$ durch die Spaltenmatrix seiner Komponenten x_i erfolgt, gemessen im Koordinatensystem der $\hat{\boldsymbol{e}}_i$, so auch die zahlenmäßige Darstellung einer linearen Abbildung, einer linearen Transformation $\hat{\boldsymbol{y}} = \sigma(\hat{\boldsymbol{x}})$ durch eine Matrizengleichung $\boldsymbol{y} = \boldsymbol{A}\,\boldsymbol{x}$ mit einer Transformationsmatrix $\boldsymbol{A} = (a_{ik})$, deren Elemente a_{ik} sich auf eben dieses Koordinatensystem beziehen und dem Grundkörper angehören. Die Abbildung σ liegt fest, wenn die Bilder $\sigma(\hat{\boldsymbol{e}}_i)$ der Basisvektoren gegeben sind. Denn damit folgt bei beliebigem Vektor $\hat{\boldsymbol{x}}$ aus Gl. (1) unter Anwendung von Gl. (5) und Gl. (6) für den Bildvektor

$$\hat{\boldsymbol{y}} = \sigma(\hat{\boldsymbol{x}}) = x_1\,\sigma(\hat{\boldsymbol{e}}_1) + x_2\,\sigma(\hat{\boldsymbol{e}}_2) + \cdots + x_n\,\sigma(\hat{\boldsymbol{e}}_n)\,. \tag{11}$$

Anderseits ist

$$\hat{\boldsymbol{y}} = y_1\,\hat{\boldsymbol{e}}_1 + y_2\,\hat{\boldsymbol{e}}_2 + \cdots + y_n\,\hat{\boldsymbol{e}}_n\,, \tag{12}$$

worin nun die auf das System der $\hat{\boldsymbol{e}}_i$ bezogenen Komponenten y_i des Bildvektors in Abhängigkeit von den Komponenten x_i zu bestimmen sind. Die gegebenen Abbildungen $\sigma(\hat{\boldsymbol{e}}_i)$ der Basisvektoren aber seien

$$\sigma(\hat{\boldsymbol{e}}_k) = \hat{\boldsymbol{a}}_k = a_{1k}\,\hat{\boldsymbol{e}}_1 + a_{2k}\,\hat{\boldsymbol{e}}_2 + \cdots + a_{nk}\,\hat{\boldsymbol{e}}_n\,, \tag{13}$$

wofür wir auch in Matrixform schreiben können

$$\sigma(\boldsymbol{e}_k) = \begin{pmatrix} a_{1k} \\ a_{2k} \\ \vdots \\ a_{nk} \end{pmatrix} = \boldsymbol{a}_k\,, \qquad k = 1, 2, \ldots, n\,. \tag{14}$$

Einsetzen von Gl. (13) in Gl. (11) ergibt

$$\hat{\boldsymbol{y}} = \sum_i \hat{\boldsymbol{e}}_i y_i = \sum_k x_k\,\sigma(\hat{\boldsymbol{e}}_k) = \sum_k x_k \Big(\sum_i a_{ik}\,\hat{\boldsymbol{e}}_i\Big) = \sum_i \hat{\boldsymbol{e}}_i \Big(\sum_k a_{ik}\,x_k\Big)\,,$$

woraus durch Vergleich mit (12) für die Komponenten y_i folgt:

$$\boxed{y_i = \sum_k a_{ik}\,x_k} \qquad i = 1, 2, \ldots, n \tag{15}$$

oder schließlich in Matrizenform

$$\boxed{\boldsymbol{y} = \boldsymbol{A}\,\boldsymbol{x}} \tag{15'}$$

mit der $n\,n$-Matrix $\boldsymbol{A} = (a_{ik}) = (\boldsymbol{a}_1, \boldsymbol{a}_2, \ldots, \boldsymbol{a}_n)$. Dies ist somit die auf das Koordinatensystem der $\hat{\boldsymbol{e}}_i$ bezogene zahlenmäßige Darstellung der linearen Transformation $\hat{\boldsymbol{y}} = \sigma(\hat{\boldsymbol{x}})$. Die *Spaltenvektoren* $\boldsymbol{a}_k$ der Transformationsmatrix $\boldsymbol{A}$ aber haben hiernach die unmittelbar anschauliche Bedeutung der *Bilder der Basisvektoren*, Gl. (14). Die Elemente a_{ik} der k-ten Spalte sind die Komponenten von $\hat{\boldsymbol{a}}_k = \sigma(\hat{\boldsymbol{e}}_k)$, gemessen im Koordinatensystem der $\hat{\boldsymbol{e}}_i$. Der Gl. (14) entspricht übrigens die Matrizengleichung

$$\boldsymbol{A}\,\boldsymbol{e}_k = \boldsymbol{a}_k\,, \tag{16}$$

was mit der Darstellung $\boldsymbol{A} = (\boldsymbol{a}_1, \boldsymbol{a}_2, \ldots, \boldsymbol{a}_n)$ der Matrix $\boldsymbol{A}$ und mit der Matrixform Gl. (3) von $\boldsymbol{e}_k$ unmittelbar ersichtlich wird.

Bei Übergang auf ein neues Koordinatensystem transformieren sich sowohl die Komponenten x_i, y_i der Vektoren, als auch die Elemente a_{ik} der Transformationsmatrix der Abbildung $\hat{\boldsymbol{y}} = \sigma(\hat{\boldsymbol{x}})$. In welcher Weise dies geschieht, sei im folgenden hergeleitet.

5.3. Koordinatentransformation

Wir fragen also, was mit den auf ein System $\hat{\boldsymbol{e}}_i$ bezogenen Vektorkomponenten x_i, y_i und den Matrixelementen a_{ik} einer zwischen $\boldsymbol{x}$ und $\boldsymbol{y}$ bestehenden Lineartransformation $\boldsymbol{y} = \boldsymbol{A}\,\boldsymbol{x}$ beim Übergang auf ein neues Koordinatensystem geschieht. Dieses *neue System* sei durch seine Basisvektoren $\hat{\boldsymbol{t}}_k$ festgelegt, die, indem man sie als Bilder der alten Basisvektoren $\hat{\boldsymbol{e}}_k$ ansieht, mit diesen durch eine Abbildung $\hat{\boldsymbol{t}}_k = \tau(\hat{\boldsymbol{e}}_k)$ bzw. die ihr entsprechende Transformationsgleichung

$$\boldsymbol{t}_k = \boldsymbol{T}\,\boldsymbol{e}_k \tag{17}$$

verbunden sind mit der hier stets nichtsingulären Transformationsmatrix

$$\boldsymbol{T} = (t_{ik}) = (\boldsymbol{t}_1, \boldsymbol{t}_2, \ldots, \boldsymbol{t}_n)\,, \tag{18}$$

deren Spalten eben die Komponenten der neuen Basisvektoren $\hat{\boldsymbol{t}}_k$, gemessen im alten System der $\hat{\boldsymbol{e}}_i$ enthalten. Ausgedrückt im System der $\hat{\boldsymbol{e}}_i$ ist also wieder

$$\hat{\boldsymbol{t}}_k = t_{1k}\,\hat{\boldsymbol{e}}_1 + t_{2k}\,\hat{\boldsymbol{e}}_2 + \cdots + t_{nk}\,\boldsymbol{e}_n \mathrel{\hat{=}} \begin{pmatrix} t_{1k} \\ t_{2k} \\ \vdots \\ t_{nk} \end{pmatrix}. \tag{19}$$

Ein beliebiger fester Vektor $\hat{\boldsymbol{x}}$ mit den Komponenten x_i im alten System, also

$$\hat{\boldsymbol{x}} = x_1\,\boldsymbol{e}_1 + x_2\,\hat{\boldsymbol{e}}_2 + \cdots + x_n\,\hat{\boldsymbol{e}}_n \mathrel{\hat{=}} \begin{pmatrix} x_1 \\ x_2 \\ \vdots \\ x_n \end{pmatrix} \tag{20}$$

habe im neuen die — gesuchten — Komponenten $\bar{x}_i$, also

$$\hat{\boldsymbol{x}} = \bar{x}_1\,\hat{\boldsymbol{t}}_1 + \bar{x}_2\,\hat{\boldsymbol{t}}_2 + \cdots + \bar{x}_n\,\hat{\boldsymbol{t}}_n \mathrel{\hat{=}} \begin{pmatrix} \bar{x}_1 \\ \bar{x}_2 \\ \vdots \\ \bar{x}_n \end{pmatrix} = \bar{\boldsymbol{x}}\,, \tag{21}$$

wobei sich die Spaltenmatrix — jetzt mit $\bar{\boldsymbol{x}}$ bezeichnet — nun natürlich auf das neue System bezieht. Einsetzen des Ausdruckes Gl. (19) für $\hat{\boldsymbol{t}}_k$ in diese letzte Gleichung und Vergleich mit Gl. (20) ergibt dann zufolge

$$\hat{\boldsymbol{x}} = \sum_k \bar{x}_k\,\hat{\boldsymbol{t}}_k = \sum_k \bar{x}_k \sum_i t_{ik}\,\boldsymbol{e}_i = \sum_i \hat{\boldsymbol{e}}_i \sum_k t_{ik}\,\bar{x}_k \equiv \sum_i \boldsymbol{e}_i\,x_i$$

zwischen alten und neuen Komponenten die Beziehung

$$\boxed{x_i = \sum_k t_{ik} \bar{x}_k} \qquad i = 1, 2, \ldots, n \tag{22}$$

oder in Matrixform:

$$\boxed{\boldsymbol{x} = \boldsymbol{T}\,\bar{\boldsymbol{x}}} \tag{22'}$$

als gesuchte Transformationsgleichung für die Vektorkomponenten. Bemerkenswert daran ist, daß hier die Transformationsmatrix als Faktor zur Matrix $\bar{\boldsymbol{x}}$ der *neuen* Komponenten $\bar{x}_i$ tritt, während bei der linearen Abbildung $\boldsymbol{y} = \boldsymbol{A}\,\boldsymbol{x}$ die Matrix beim *alten* Vektor steht, also auch bei der Transformationsgleichung (17) der Basisvektoren, die ja eine Abbildung dieser Vektoren darstellt. Man sagt dann auch, Komponenten und Basisvektoren transformieren sich *kontragredient*[1].

Kehren wir nun zurück zur linearen Transformation (linearen Abbildung) von Vektoren $\boldsymbol{x}$ des Vektorraumes in Bildvektoren $\boldsymbol{y}$ des gleichen Raumes,

$$\boldsymbol{y} = \boldsymbol{A}\,\boldsymbol{x} \tag{23}$$

mit regulärer oder auch singulärer Transformationsmatrix $\boldsymbol{A}$ und fragen, in welche neue Matrix $\bar{\boldsymbol{A}} = (\bar{a}_{ik})$ sich bei einer Koordinatentransformation $\boldsymbol{T}$ die Abbildungsmatrix $\boldsymbol{A} = (a_{ik})$ transformiert. Das ist leicht zu beantworten. Einsetzen der Transformationsformeln

$$\left.\begin{aligned} \boldsymbol{x} &= \boldsymbol{T}\,\bar{\boldsymbol{x}} \\ \boldsymbol{y} &= \boldsymbol{T}\,\bar{\boldsymbol{y}} \end{aligned}\right\} \tag{24}$$

von Original- und Bildvektor in (23) ergibt nämlich $\boldsymbol{T}\,\bar{\boldsymbol{y}} = \boldsymbol{A}\,\boldsymbol{T}\,\bar{\boldsymbol{x}}$ und damit wegen nichtsingulärem $\boldsymbol{T}$:

$$\boxed{\bar{\boldsymbol{y}} = \boldsymbol{T}^{-1}\boldsymbol{A}\,\boldsymbol{T}\,\bar{\boldsymbol{x}} = \bar{\boldsymbol{A}}\,\bar{\boldsymbol{x}}} \tag{25}$$

und wir haben

Satz 2: *Die Transformationsmatrix* $\boldsymbol{A}$ *einer linearen Abbildung* $\boldsymbol{y} = \boldsymbol{A}\,\boldsymbol{x}$ *transformiert sich bei Übergang auf ein neues Koordinatensystem mit der nichtsingulären Matrix* $\boldsymbol{T}$ *der Koordinatentransformation auf die Matrix*

$$\boxed{\bar{\boldsymbol{A}} = \boldsymbol{T}^{-1}\boldsymbol{A}\,\boldsymbol{T}}\,. \tag{26}$$

Matrizen, welche wie $\boldsymbol{A}$ und $\bar{\boldsymbol{A}}$ nach Gl. (26) zusammenhängen, werden *einander ähnlich* genannt, die Beziehung (26) selbst heißt *Ähnlichkeitstransformation.* Bei der Ähnlichkeit handelt es sich ersichtlich um eine sehr enge Verwandtschaft zweier Matrizen als den zahlenmäßigen Dar-

[1] Die dabei sonst übliche zusätzliche Transponierung der Matrix entfällt hier infolge Behandlung der Basisvektoren als Spalten

stellungen ein und derselben Lineartransformation, ausgedrückt in zwei verschiedenen Koordinatensystemen. Es ist daher auch zu erwarten, daß ähnliche Matrizen in gewissen wesentlichen Eigenschaften übereinstimmen werden, wovon noch die Rede sein wird. Hier sei lediglich schon vermerkt, daß ähnliche Matrizen den gleichen Determinantenwert haben:

$$\boxed{\det \bar{\boldsymbol{A}} = \det \boldsymbol{A}}\,, \tag{27}$$

was aus dem bekannten Determinantensatz 3, Gl. (10) in § 2.2 in Verbindung mit Gl. (9) aus § 3.1 über die Determinante der Kehrmatrix folgt.

5.4. Orthogonale Transformationen

In § 2.8 wurde die Klasse der *orthogonalen Matrizen* eingeführt mit der charakteristischen Eigenschaft

$$\boxed{\boldsymbol{A}'\boldsymbol{A} = \boldsymbol{A}\boldsymbol{A}' = \boldsymbol{I}}\,, \tag{28}$$

woraus einerseits

$$\boxed{\boldsymbol{A}^{-1} = \boldsymbol{A}'}\,, \tag{29}$$

also die besonders einfache Darstellung der Kehrmatrix folgt, und was zum andern sowohl die Spalten- als auch die Zeilenvektoren als paarweise orthogonale Einheitsvektoren kennzeichnet. Eine Orthogonalmatrix ist zufolge der Orthogonalität ihrer Spalten stets nichtsingulär, und für ihre Determinante folgt aus dem Determinantensatz 3, Gl. (10) aus § 2.2

$$\boxed{\begin{aligned}(\det \boldsymbol{A})^2 &= 1\\ \det \boldsymbol{A} &= \pm 1\end{aligned}}\,. \tag{30}$$

Die durch Orthogonalmatrizen vermittelten *orthogonalen Transformationen* zerfallen entsprechend diesen beiden Determinantenwerten in die sogenannten *eigentlichen* mit $\det \boldsymbol{A} = +1$ und die *uneigentlichen* mit $\det \boldsymbol{A} = -1$. Das Produkt zweier Orthogonaltransformationen ist wieder eine solche, wie in § 2.8 gezeigt wurde. Die Orthogonaltransformationen bilden damit — und mit dem Vorhandensein von inversem und Einselement — eine *Gruppe*. Das Produkt zweier gleichartiger, d. h. zweier eigentlicher oder zweier uneigentlicher Orthogonaltransformationen ist eine eigentliche, das zweier ungleichartiger aber eine uneigentliche Orthogonaltransformation, wie wiederum aus dem Determinantensatz folgt. Die eigentlichen Orthogonaltransformationen bilden damit wieder eine Gruppe als Untergruppe aller Orthogonaltransformationen, die uneigentlichen aber nicht, da ihr Produkt aus dem Bereich der uneigentlichen herausführt.

Entsprechend der geometrischen Bedeutung der Transformation als Abbildung gilt

Satz 3: *Durch eine Orthogonaltransformation $\boldsymbol{y} = \boldsymbol{A}\boldsymbol{x}$ mit der Orthogonalmatrix $\boldsymbol{A}$ wird ein System orthogonaler Einheitsvektoren wieder in ein solches überführt.*

Für die orthogonalen Einheitsvektoren $\boldsymbol{e}_i$ folgt dies aus der Bedeutung der Spalten $\boldsymbol{a}_k$ als Bilder der $\boldsymbol{e}_k$. Für ein beliebiges System orthogonaler Einheitsvektoren $\boldsymbol{c}_k$ als den Spalten einer Orthogonalmatrix $\boldsymbol{C}$ aber ergeben sich mit $\boldsymbol{B} = \boldsymbol{A}\boldsymbol{C}$ wieder orthogonale Einheitsspalten $\boldsymbol{b}_k$ der ja wieder orthogonalen Produktmatrix $\boldsymbol{B}$. Die hier gekennzeichnete Abbildung stellt im dreidimensionalen geometrischen Raum eine Drehung oder eine Drehung nebst Spiegelung dar, wenn sich die Orientierung einer der drei Achsen bei der Abbildung umkehrt. Im ersten Falle ist dabei $\det \boldsymbol{A} = +1$, im zweiten $= -1$. In Verallgemeinerung dieser Verhältnisse kann die durch eine *eigentliche* Orthogonaltransformation vermittelte Abbildung als reine *Drehung* im R_n, eine *uneigentliche* aber als *Drehung mit Spiegelung* bezeichnet werden.

5.5. Kontragrediente Transformation und Kongruenz

Neben der Ähnlichkeitsbeziehung (26) zweier Matrizen spielt eine andere Matrizenumformung eine Rolle, die sogenannte *Kongruenz*. Zu ihr gelangt man, wenn in einer linearen Abbildung

$$\boldsymbol{A}\boldsymbol{x} = \boldsymbol{y} \tag{31}$$

die beiden Vektoren $\boldsymbol{x}, \boldsymbol{y}$ nicht in gleicher Weise nach Gl. (24), oder wie man auch sagt, *kogredient* transformiert werden, sondern *kontragredient*, d. h. in der Form

$$\boxed{\begin{aligned} \boldsymbol{x} &= \boldsymbol{T}\bar{\boldsymbol{x}} \\ \bar{\boldsymbol{y}} &= \boldsymbol{T}'\boldsymbol{y} \end{aligned}}\,. \tag{32}$$

Die wiederum nichtsinguläre Transformationsmatrix $\boldsymbol{T}$ tritt hier bei $\boldsymbol{x}$, wie üblich, zum neuen Vektor $\bar{\boldsymbol{x}}$ (d. h. zu den neuen Komponenten), hingegen bei $\boldsymbol{y}$ in transponierter Form zum alten (zu den alten Komponenten). Dann erhält man aus Gl. (31) durch Linksmultiplikation mit $\boldsymbol{T}'$

$$\boldsymbol{T}'\boldsymbol{A}\boldsymbol{T}\bar{\boldsymbol{x}} = \boldsymbol{T}'\boldsymbol{y} = \bar{\boldsymbol{y}}$$

oder

$$\boldsymbol{B}\bar{\boldsymbol{x}} = \bar{\boldsymbol{y}}\,, \tag{33}$$

$$\boldsymbol{B} = \boldsymbol{T}'\boldsymbol{A}\boldsymbol{T}\,. \tag{34}$$

Matrizen, die wie $\boldsymbol{A}$ und $\boldsymbol{B}$ nach Gl. (34) mit nichtsingulärem $\boldsymbol{T}$ zusammenhängen, werden *kongruent* und Gl. (34) eine *Kongruenztransformation* der Matrizen genannt. Ihre Hauptanwendung findet sie bei Transformation quadratischer Formen, worauf wir in § 11.3 zurückkommen werden. Die kontragrediente Transformation Gl. (32) zeichnet sich dadurch aus, daß sie das *skalare Produkt* $\boldsymbol{x}'\,\boldsymbol{y}$ *invariant* läßt:

$$\boxed{P = \boldsymbol{x}'\,\boldsymbol{y} = \bar{\boldsymbol{x}}'\,\boldsymbol{T}'\,\boldsymbol{y} = \bar{\boldsymbol{x}}'\,\bar{\boldsymbol{y}}}\,. \tag{35}$$

Der Unterschied zwischen kogredienter und kontragredienter Transformation entfällt im Falle *orthogonaler Transformation* $\boldsymbol{T}$ mit $\boldsymbol{T}' = \boldsymbol{T}^{-1}$. Hier fallen dann auch Ähnlichkeit und Kongruenz zweier Matrizen zusammen. Die Invarianz skalarer Produkte $\boldsymbol{x}'\,\boldsymbol{x}$ und $\boldsymbol{x}'\,\boldsymbol{y}$ gegenüber einer orthogonalen Koordinatentransformation, die dann ja auch kontragredient ist, bedeutet geometrisch Invarianz von Längen und Winkeln gegenüber einer Drehung.

II. Kapitel

Lineare Gleichungen

Lineare Gleichungssysteme spielen in den Anwendungen und insbesondere auch in technischen Anwendungen eine hervorragende Rolle. Sie treten auf in der Statik bei der Behandlung statisch unbestimmter Systeme, in der Elektrotechnik bei der Berechnung von Netzen, in der Ausgleichsrechnung zum systematischen Ausgleich von Meßfehlern, in der Schwingungstechnik zur Berechnung von Eigenfrequenzen und Schwingungsformen. Sie treten weiterhin auf im Zusammenhang mit zahlreichen modernen Näherungsverfahren zur numerischen Behandlung von Rand- und Eigenwertaufgaben bei Schwingungsaufgaben, Stabilitätsproblemen und auf ungezählten anderen Gebieten von Physik und Technik. Sowohl ihre numerische Behandlung als auch ihre Theorie sind daher von gleich großer Bedeutung. Theorie und Praxis der linearen Gleichungssysteme sind auch grundlegend für den weiteren Aufbau der Matrizentheorie, welche ihrerseits die numerischen Methoden zur Behandlung umfangreicher Gleichungssysteme wesentlich beeinflußt und gefördert hat. Wir beginnen die folgende Darstellung mit dem einfachsten Fall nichtsingulärer Koeffizientenmatrix, um in den folgenden Abschnitten auch auf allgemeinere Systeme ausführlich einzugehen. Wesentliches Hilfsmittel aller Betrachtungen wird dabei das nach Gauss benannte Eliminationsverfahren, der Gausssche Algorithmus sein, dem wir uns zunächst zuwenden.

§ 6. Der Gaußsche Algorithmus

6.1. Prinzip des Algorithmus

Gegeben sei das lineare Gleichungssystem

$$\left.\begin{array}{l} a_{11}x_1 + a_{12}x_2 + \cdots + a_{1n}x_n = a_1 \\ a_{21}x_1 + a_{22}x_2 + \cdots + a_{2n}x_n = a_2 \\ \dots\dots\dots\dots\dots\dots\dots \\ a_{n1}x_1 + a_{n2}x_2 + \cdots + a_{nn}x_n = a_n \end{array}\right\} \tag{1}$$

mit zahlenmäßig vorliegenden Koeffizienten a_{ik} und „rechten Seiten" a_i in den n Unbekannten x_k, in Matrizenschreibweise

$$\boxed{\boldsymbol{A}\boldsymbol{x} = \boldsymbol{a}} \tag{1'}$$

mit n-reihiger Koeffizientenmatrix $\boldsymbol{A} = (a_{ik})$, von der wir einstweilen ausdrücklich voraussetzen, daß sie *nichtsingulär* sei,

$$\boxed{\det \boldsymbol{A} \neq 0} \,. \tag{2}$$

Dieses System soll nun durch fortgesetzte Elimination der Unbekannten in ein sogenanntes *gestaffeltes System*

$$\left.\begin{array}{r} b_{11} x_1 + b_{12} x_2 + \cdots + b_{1n} x_n = b_1 \\ b_{22} x_2 + \cdots + b_{2n} x_n = b_2 \\ \cdots\cdots\cdots\cdots\cdots \\ b_{nn} x_n = b_n \end{array}\right\} \tag{3}$$

umgewandelt werden, aus dem sich die Unbekannten der Reihe nach ermitteln lassen, beginnend mit x_n aus der letzten, sodann x_{n-1} aus der vorletzten usf. bis zu x_1 aus der ersten Gleichung. Diese Umwandlung geschieht stufenweise im sogenannten GAUSSschen Algorithmus, einem fortgesetzten Eliminationsprozeß, der — an sich nicht neu — durch GAUSS jene klassische Form erhalten hat, die seitdem unter diesem Namen bekannt ist. Zur Durchführung des Algorithmus schreibt man lediglich Koeffizienten a_{ik} und rechte Seiten a_i in einem Schema an:

$$\begin{array}{cc|c|l}
 & \rightarrow a_{11} \; a_{12} \; a_{13} \; \ldots \; a_{1n} & a_1 & \\
 & a_{21} \; a_{22} \; a_{23} \; \ldots \; a_{2n} & a_2 & \leftarrow c_{21} \\
\boldsymbol{A} & a_{31} \; a_{32} \; a_{33} \; \ldots \; a_{3n} & a_3 & \leftarrow c_{31} \ldots \\
 & \cdots\cdots\cdots & \cdot\;\cdot & \\
 & a_{n1} \; a_{n2} \; a_{n3} \; \ldots \; a_{nn} & a_n & \leftarrow c_{n1} \\
\hline
 & 0 \;\; 0 \;\; 0 \; \ldots \; 0 & 0 & \\
 & \rightarrow 0 \;\; a'_{22} \; a'_{23} \; \ldots \; a'_{2n} & a'_2 & \\
\boldsymbol{A}_1 & 0 \;\; a'_{32} \; a'_{33} \; \ldots \; a'_{3n} & a'_3 & \\
 & \cdots\cdots\cdots & \cdot\;\cdot & \\
 & 0 \;\; a'_{n2} \; a'_{n3} \; \ldots \; a'_{nn} & a'_n & \\
\hline
 & \cdots\cdots\cdots & \cdot\;\cdot &
\end{array}$$

Zur Elimination der ersten Unbekannten x_1 wird nun die erste (durch $\rightarrow$ gekennzeichnete) Gleichung, die *Eliminationsgleichung*, deren Spitzenkoeffizienten a_{11} wir $\neq 0$ voraussetzen — was wir nötigenfalls durch Gleichungsumstellung stets herbeiführen können —, der Reihe nach, mit geeigneten Faktoren c_{i1} versehen, von der 2., der 3., . . . , der n-ten Gleichung abgezogen, wobei die c_{i1} derart gewählt werden, daß die Koeffizienten a'_{i1} der ersten Spalte des neuen Systems verschwinden:

$$c_{i1} = \frac{a_{i1}}{a_{11}} \,.$$

Denken wir uns auch noch die erste Gleichung von sich selbst abgezogen, so geht die Koeffizientenmatrix $\boldsymbol{A} = (a_{ik})$ über in die neue Matrix $\boldsymbol{A}_1 = (a'_{ik})$, deren erste Spalte und Zeile aus Nullen bestehen.

Das System (1) in n Unbekannten $x_1, \ldots, x_n$ ist überführt in ein System von nur $n-1$ Gleichungen in den $n-1$ Unbekannten $x_2, \ldots, x_n$. Die durch $\to$ gekennzeichnete Eliminationszeile wird zugleich zur ersten Zeile des gestaffelten Systems (3) erklärt, $a_{1k} = b_{1k}$. Die Spalte der rechten Seiten a_i wird wie die übrigen Spalten der Matrix $\boldsymbol{A}$ behandelt und geht dabei über in die Spalte der a_i' des neuen Systems.

Die gleiche Operation wird nun auf die Matrix $\boldsymbol{A}_1$ nebst neuen rechten Seiten a_i' ausgeübt, indem die zweite Zeile mit dem Spitzenkoeffizienten $a_{22}' \neq 0$ (nötigenfalls wieder durch Zeilenumstellung zu erreichen) als Eliminationszeile benutzt und hernach zur zweiten Zeile des gestaffelten Systems gemacht wird, $a_{2k}' = b_{2k}$. Sie ist mit den Faktoren

$$c_{i2} = \frac{a_{i2}'}{a_{22}'} = \frac{a_{i2}'}{b_{22}}$$

von sich selbst und allen übrigen Zeilen abzuziehen. Ergebnis: eine Matrix $\boldsymbol{A}_2 = (a_{ik}'')$, deren beide erste Zeilen und Spalten Null geworden sind. Auf diese Weise fortfahrend erhält man schließlich die Nullmatrix $\boldsymbol{A}_n = \boldsymbol{O}$.

6.2. Verketteter Algorithmus als Matrizenoperation

Die hier zunächst Schritt für Schritt auszuführenden Operationen lassen sich nun hintereinanderschalten, womit man zu einem *verketteten Alogrithmus* gelangt[1]. Das läßt sich so zeigen:

1. Schritt: $\boldsymbol{A} \to \boldsymbol{A}_1$ durch Abzug Vielfacher der ersten Zeile $\boldsymbol{b}^1$ von $\boldsymbol{A}$, d. h. aber Abzug des dyadischen Produktes $\boldsymbol{c}_1 \boldsymbol{b}^1$:

$$\boldsymbol{A}_1 = \boldsymbol{A} - \boldsymbol{c}_1 \boldsymbol{b}^1 \tag{4.1}$$

[1] Im Schrifttum auch als „abgekürzter GAUSSscher Algorithmus" bezeichnet, was indessen leicht dahingehend mißverstanden wird, als sei hier die Anzahl der benötigten Operationen gegenüber dem Algorithmus in seiner gewöhnlichen Form vermindert. Das aber trifft keineswegs zu. Die Operationszahl ist genau die gleiche geblieben. Erreicht wird lediglich ein für die Rechenpraxis freilich überaus einschneidende Hintereinanderschaltung = Verkettung aller der Operationen, die sich in einem Zuge ausführen lassen. Dies in Verbindung mit der Eigenschaft der Rechenmaschine, Produktsummen ohne Niederschreiben der Teilprodukte automatisch zusammenlaufen zu lassen, führt zu ganz erheblicher Einsparung an Schreibarbeit und damit sowie durch zügigere Arbeitsweise zu außerordentlicher Beschleunigung des Eliminationsprozesses. — Auch der gleichfalls gebräuchliche Name „modernisierter Algorithmus" scheint mir das Wesen der Sache nicht ganz zu treffen, zumal angenommen werden darf, daß GAUSS selbst die Möglichkeit der Verkettung sicherlich gekannt, ihr aber wegen Fehlens der Rechenmaschine damals keine praktische Bedeutung beigemessen hat. — Das Vorgehen selbst ist von verschiedenen Seiten angegeben worden. Es findet sich für symmetrische Systeme zuerst bei M. H. DOOLITTLE (U.S. Coast and geodetic report, 1878, S. 115—120), später in etwas abgewandelter Form bei CHOLESKY (BENOIT, Bull. géodésique 2, 1924), sodann erstmals unter ausdrücklichem Hinweis auf die Maschinentechnik und für allgemeine Systeme bei T. BANACHIEWICZ (Bull. internat. acad. polon. sci., Sér. A, 1938, S. 393—404). Der enge Zusammenhang mit dem GAUSSschen Algorithmus ist erst in neuerer Zeit aufgedeckt worden.

mit

$$\boldsymbol{c}_1 = \begin{pmatrix} 1 \\ c_{21} \\ \vdots \\ c_{n1} \end{pmatrix}, \quad \boldsymbol{b}^1 = (b_{11}, b_{12}, \ldots, b_{1n}) .$$

Darin $\boldsymbol{c}_1$ aus der Forderung $\boldsymbol{a}_1 - \overset{\downarrow}{\boldsymbol{c}_1} b_{11} = \boldsymbol{o}$.

2. Schritt: $\boldsymbol{A}_1 \to \boldsymbol{A}_2$ durch Abzug Vielfacher der 2. Zeile $\boldsymbol{b}^2$ von $\boldsymbol{A}_1$, also des dyadischen Produktes $\boldsymbol{c}_2 \boldsymbol{b}^2$:

$$\boldsymbol{A}_2 = \boldsymbol{A}_1 - \boldsymbol{c}_2 \boldsymbol{b}^2 = \boldsymbol{A} - \boldsymbol{c}_1 \boldsymbol{b}^1 - \boldsymbol{c}_2 \boldsymbol{b}^2 \tag{4.2}$$

mit

$$\boldsymbol{c}_2 = \begin{pmatrix} 0 \\ 1 \\ c_{32} \\ \vdots \\ c_{n2} \end{pmatrix}, \quad \boldsymbol{b}^2 = (0, \; b_{22}, \ldots, b_{2n}) .$$

Darin $\boldsymbol{c}_2$ aus der Forderung $\boldsymbol{a}_2 - \boldsymbol{c}_1 b_{12} - \overset{\downarrow}{\boldsymbol{c}_2} b_{22} = \boldsymbol{o}$.
So gelangt man schließlich zur Nullmatrix $\boldsymbol{A}_n = \boldsymbol{O}$:

$$\boldsymbol{O} = \boldsymbol{A} - \boldsymbol{c}_1 \boldsymbol{b}^1 - \boldsymbol{c}_2 \boldsymbol{b}^2 - \cdots - \boldsymbol{c}_n \boldsymbol{b}^n = \boldsymbol{A} - \boldsymbol{C}\,\boldsymbol{B} . \tag{4}$$

Hier aber ist die Summe der Abzugsglieder (der dyadischen Produkte) $\boldsymbol{c}_i \boldsymbol{b}^i$ nichts anderes als das Matrizenprodukt $\boldsymbol{C}\,\boldsymbol{B}$:

$$\boldsymbol{C}\,\boldsymbol{B} = (\boldsymbol{c}_1, \boldsymbol{c}_2, \ldots, \boldsymbol{c}_n) \begin{pmatrix} \boldsymbol{b}^1 \\ \boldsymbol{b}^2 \\ \vdots \\ \boldsymbol{b}^n \end{pmatrix} = \boldsymbol{c}_1 \boldsymbol{b}^1 + \boldsymbol{c}_2 \boldsymbol{b}^2 + \cdots + \boldsymbol{c}_n \boldsymbol{b}^n .$$

Gl. (4) erweist sich somit als eine *Zerlegung* der Ausgangsmatrix $\boldsymbol{A}$ gemäß

$$\boxed{\boldsymbol{A} = \boldsymbol{C}\,\boldsymbol{B}} \tag{5}$$

in das Produkt zweier *Dreiecksmatrizen*

$$\boldsymbol{C} = \begin{pmatrix} 1 & 0 & 0 & \ldots & 0 \\ c_{21} & 1 & 0 & \ldots & 0 \\ c_{31} & c_{32} & 1 & \ldots & 0 \\ \cdot & \cdot & \cdot & \cdot & \cdot \\ c_{n1} & c_{n2} & c_{n3} & \ldots & 1 \end{pmatrix}, \quad \boldsymbol{B} = \begin{pmatrix} b_{11} & b_{12} & b_{13} & \ldots & b_{1n} \\ 0 & b_{22} & b_{23} & \ldots & b_{2n} \\ 0 & 0 & b_{33} & \ldots & b_{3n} \\ \cdot & \cdot & \cdot & \cdot & \cdot \\ 0 & 0 & 0 & \ldots & b_{nn} \end{pmatrix}. \tag{6}$$

Diese *Dreieckszerlegung* der Matrix $\boldsymbol{A}$ geht in der Weise vor sich, daß man der Reihe nach 1. Zeile von $\boldsymbol{B}$ und 1. Spalte von $\boldsymbol{C}$, danach 2. Zeile von $\boldsymbol{B}$ und 2. Spalte von $\boldsymbol{C}$ usw. bestimmt, wobei jeweils gerade *ein* unbekanntes Element der beiden Dreiecksmatrizen auftritt, wie weiter unten näher erläutert. Man kann die beiden Dreiecksmatrizen ineinandergeschoben anordnen, wobei man die 1-Diagonalen von $\boldsymbol{C}$ nicht anzuschreiben braucht. Niedergeschrieben werden also lediglich die fertigen Koeffizienten b_{ik} des gestaffelten Systems (3) sowie die Eliminationskoeffizienten c_{ik}. Von den Zwischensystemen $\boldsymbol{A}_1, \boldsymbol{A}_2, \ldots$ des gewöhnlichen Algorithmus bleiben nur die Eliminationszeilen stehen. — Der ganze Vorgang wird auch noch auf die Zusatzspalte der rechten Seiten a_i bzw. b_i ausgedehnt sowie schließlich noch auf je eine Summenzeile σ_k bzw. τ_k und Summenspalte s_i bzw. t_i, durch welche die Rechnung fortlaufend durch *Summenproben* kontrolliert wird, was bei umfangreichen Rechnungen ganz unerläßlich ist. — Das Bilden der bei der Matrizenmultiplikation $\boldsymbol{A} = \boldsymbol{C}\,\boldsymbol{B}$ auszuführenden skalaren Produkte Zeile mal Spalte aber erfolgt auf der *Rechenmaschine* durch automatisches Zusammenlaufenlassen der Teilprodukte ohne deren Niederschrift, und in dieser ganz erheblichen Ersparnis von Schreibarbeit liegt der große Vorteil des verketteten gegenüber dem gewöhnlichen Algorithmus, obgleich die Anzahl der auszuführenden Multiplikationen hier wie dort die gleiche ist. Der Rechenablauf ist weitgehend automatisiert worden. Zudem verringert sich, was u. U. sehr wesentlich ist, der Einfluß von Rundungsfehlern.

Die explizite Rechenvorschrift zur Ermittlung der Elemente b_{ik}, c_{ik} ergibt sich aus der allgemeinen Produktformel Zeile mal Spalte unter Beachten der Dreiecksform von $\boldsymbol{B}$ und $\boldsymbol{C}$ zu

$$b_{ik} = a_{ik} - c_{i1}\, b_{1k} - c_{i2}\, b_{2k} - \cdots - c_{i,i-1}\, b_{i-1,k}\,, \tag{7a}$$

$$c_{ik} = (a_{ik} - c_{i1}\, b_{1k} - c_{i2}\, b_{2k} - \cdots - c_{i,k-1}\, b_{k-1,k}) : b_{kk}\,. \tag{7b}$$

Die Formeln gelten sinngemäß auch für die beiden Zusatzspalten der rechten Seiten und Zeilensummen und für die Zusatzzeile der Spaltensummen. Zur praktischen Rechnung schreibt man vorteilhafter $-c_{ik}$ anstatt c_{ik} nieder. Dann treten in den Gln. (7) nur Summen auf. In dem unten aufgeführten Rechenschema lautet die Rechenvorschrift damit:

$$b_{ik} = a_{ik} + \text{skalares Produkt } i\text{-te Zeile } -c_{i\varrho} \text{ mal } k\text{-te Spalte } b_{\varrho k}\,, \tag{7aa}$$

$$c_{ik} = (a_{ik} + \text{skalares Produkt } i\text{-te Zeile } -c_{i\varrho} \text{ mal } k\text{-te Spalte } b_{\varrho k}) : b_{kk}\,. \tag{7bb}$$

Dabei macht das Produkt von selbst über bzw. vor dem zu berechnenden Element b_{ik} bzw. c_{ik} halt. Das ist alles, was man sich zu merken hat. Die erste Zeile $b_{1k} = a_{1k}$ entsteht durch bloßes Abschreiben der Werte a_{1k} einschließlich $b_1 = a_1$ und $t_1 = s_1 = a_{11} + \cdots + a_{1n} + a_1$. Die erste Spalte $-c_{i1} = -a_{i1} : a_{11}$ entsteht durch einfache Division einschließlich der Spaltensummenprobe $-\tau_1 = -\sigma_1 : a_{11}$ mit $\sigma_k = \sum a_{ik}$. Es folgt die Berechnung der zweiten Zeile b_{2k} unter Kontrolle durch t_2 und anschließend die der zweiten Spalte $-c_{i2}$ unter Kontrolle durch $-\tau_2$ usf., wobei in den Spaltensummen $-\tau_k$ das nicht angeschriebene Diagonalelement $-c_{kk} = -1$ zu berücksichtigen ist. Bei dieser Reihenfolge Zeile-Spalte wird jeder Zahlenwert kontrolliert, bevor er zu weiteren Rechnungen benutzt wird.

Vollständiges Rechenschema einschließlich Summenproben und Ergebniszeile für $n = 4$:

σ_1	σ_2	σ_3	σ_4	σ	S
a_{11}	a_{12}	a_{13}	a_{14}	a_1	s_1
a_{21}	a_{22}	a_{23}	a_{24}	a_2	s_2
a_{31}	a_{32}	a_{33}	a_{34}	a_3	s_3
a_{41}	a_{42}	a_{43}	a_{44}	a_4	s_4
b_{11}	b_{12}	b_{13}	b_{14}	b_1	t_1
$-c_{21}$	b_{22}	b_{23}	b_{24}	b_2	t_2
$-c_{31}$	$-c_{32}$	b_{33}	b_{34}	b_3	t_3
$-c_{41}$	$-c_{42}$	$-c_{43}$	b_{44}	b_4	t_4
$-\tau_1$	$-\tau_2$	$-\tau_3$	-1	0	0
x_1	x_2	x_3	x_4	-1	0

Sind die Koeffizienten b_{ik}, b_i des gestaffelten Systems sämtlich ermittelt, so folgt die *Aufrechnung der Unbekannten* x_i, beginnend mit der letzten x_n und aufsteigend bis zu x_1. Für $n = 4$ rechnet man also

$$\left.\begin{aligned} x_4 &= b_4 : b_{44}\,, \\ x_3 &= -(-b_3 + b_{34}\,x_4) : b_{33}\,, \\ x_2 &= -(-b_2 + b_{24}\,x_4 + b_{23}\,x_3) : b_{22}\,, \\ x_1 &= -(-b_1 + b_{14}\,x_4 + b_{13}\,x_3 + b_{12}\,x_2) : b_{11}\,. \end{aligned}\right\} \tag{8}$$

Wieder bildet man, und natürlich gleichfalls durch automatisches Auflaufenlassen in der Rechenmaschine, skalare Produkte, wobei die rechten Seiten b_i durch den Faktor -1 einbezogen werden. — Schließlich macht man die *Schlußkontrolle* durch Einsetzen der Ergebnisse x_i in das Ausgangssystem nach

$$\boxed{a_{i1}\,x_1 + a_{i2}\,x_2 + \cdots + a_{in}\,x_n + a_n \cdot -1 = 0} \quad i = 1, 2, \ldots, n\,, \tag{9}$$

also wieder in der Form skalarer Produkte. Kürzer, wenn auch nicht völlig sicher, ist die Kontrolle mit den Spaltensummen

$$\boxed{\sigma_1\,x_1 + \sigma_2\,x_2 + \cdots + \sigma_n\,x_n + \sigma \cdot -1 = 0}\,. \tag{9a}$$

Deutet sich bei der Einsetzungsprobe (9) mangelhafte Genauigkeit der Ergebnisse an, hervorgerufen durch Rundungsfehler infolge begrenzter Stellenzahl, so sind die Ergebnisse einer *nachträglichen Korrektur* zu unterziehen, wie in § 23.5 näher ausgeführt.

Bezüglich der Rechentechnik beachte man, daß die Größen b_{ik} von der (in sich meist gleichen) Größenordnung der a_{ik}, die Quotienten c_{ik} aber von der Größenordnung der 1 sind. Man hat demgemäß die b_{ik} und c_{ik} nicht mit gleicher Stellenzahl nach dem Komma, sondern mit gleicher Gesamtstellenzahl zu rechnen (gleiche Anzahl *geltender* Stellen; vgl. Beispiel auf S. 70). Man arbeitet zweckmäßig so, daß die Faktoren $b_{\varrho k}$ ebenso wie die a_{ik} durchweg in das Einstellwerk, die Faktoren $c_{i\varrho}$ hingegen in das Umdrehungswerk der Maschine gegeben werden, wobei sich die in Gl. (7b) benötigte Division durch b_{kk} glatt in den gesamten Rechenablauf einfügt. Ist der Klammerausdruck (der Dividend) dabei negativ, so erfolgt die Division durch Auffüllen bis zur Null mit positiv geschaltetem Umdrehungszählwerk. — Sind die rechten Seiten a_i von anderer Größenordnung als die Koeffizienten a_{ik}, so bringt man sie zweckmäßig mit Rücksicht auf einwandfreie Zeilensummenprobe durch Multiplikation mit einer geeigneten Zehnerpotenz 10^m auf gleiche Größenordnung wie die a_{ik}, was gleichbedeutend mit Übergang auf die neuen Unbekannten $x_i' = 10^m x_i$ ist, die von der Größenordnung der 1 sind.

Beispiel:

$$\begin{aligned}
2x_1 - x_2 - x_3 + 3x_4 + 2x_5 &= 6\\
6x_1 - 2x_2 + 3x_3 \qquad\quad - x_5 &= -3\\
-4x_1 + 2x_2 + 3x_3 - 3x_4 - 2x_5 &= -5\\
2x_1 \qquad\quad + 4x_3 - 7x_4 - 3x_5 &= -8\\
x_2 + 8x_3 - 5x_4 - x_5 &= -3
\end{aligned}$$

Ergebnis: $x_1 = 8,\ x_2 = 21,\ x_3 = -2,\ x_4 = 1,\ x_5 = 3$.

	6	0	17	−12	−5	−13	−7
	2	−1	−1	3	2	6	11
	6	−2	3	0	−1	−3	3
	−4	2	3	−3	−2	−5	−9
	2	0	4	−7	−3	−8	−12
	0	1	8	−5	−1	−3	0
	2	−1	−1	3	2	6	11
	−3	1	6	−9	−7	−21	−30
	2	0	1	3	2	7	13
	−1	−1	1	2	4	14	20
	0	−1	−2	1	6	18	24
	−3	−3	−2	0	−1	0	0
$x_i =$	8	21	−2	1	3	−1	0

Wir erläutern den Gang des verketteten Algorithmus an einem Beispiel (s. S. 64) ganzzahliger Koeffizienten, wo auch die Rechnung ganzzahlig verläuft, damit die Rechnung bequem im Kopf auszuführen ist. Der eigentliche Sinn des Algorithmus, das Arbeiten mit der Rechenmaschine, kommt dabei natürlich nicht zum Ausdruck. Dazu verweisen wir auf das Beispiel in 6.4, S. 70.

Bei den im Laufe des Algorithmus vorgenommenen Umformungen des Gleichungssystems — Addition eines Vielfachen einer Zeile zu anderen Zeilen — ändert sich der Wert der Determinante bekanntlich nicht. Die Koeffizientendeterminante des Ausgangssystems, dct $\boldsymbol{A}$, muß also, wenn keine Zeilenumstellungen vorgenommen werden, die das Vorzeichen der Determinante umkehren, gleich der des gestaffelten Systems sein,

$$\det \boldsymbol{A} = \det \boldsymbol{B} .$$

Diese aber läßt sich nach dem Entwicklungssatz für Determinanten sofort angeben, nämlich als Produkt der Diagonalelemente b_{ii}. Damit liefert also die Elimination, der Algorithmus auch zugleich den Wert der Koeffizientendeterminante zu

$$\boxed{\det \boldsymbol{A} = b_{11}\, b_{22} \ldots b_{nn}} \,. \tag{10}$$

Wir fassen noch einmal zusammen: Der Eliminationsprozeß nach dem verketteten Algorithmus läßt sich als Zerlegung der — einstweilen als nichtsingulär angenommenen — Koeffizientenmatrix $\boldsymbol{A}$ in das Produkt einer unteren Dreiecksmatrix $\boldsymbol{C}$ und einer oberen $\boldsymbol{B}$ auffassen (Dreieckszerlegung). Elimination sowie Aufrechnung der Unbekannten wird auf Matrizenmultiplikationen zurückgeführt, freilich auf solche, in deren Verlauf sich die Faktoren selbst erst elementweise aufbauen entsprechend dem inversen Charakter des Auflösungsvorganges des Gleichungssystems, wobei die Dreiecksform der Faktoren wesentlich ist. Im einzelnen sind folgende Arbeitsgänge unterscheidbar:

1. a) Elimination von $\boldsymbol{A}$, d. h. Aufbau der beiden Dreiecksmatrizen $\boldsymbol{C}$ und $\boldsymbol{B}$ nach

$$\boldsymbol{C}\,\boldsymbol{B} = \boldsymbol{A} \to \boxed{\boldsymbol{C}, \boldsymbol{B}} \,,$$

b) Ausdehnen der Elimination auf die rechten Seiten:

$$\boldsymbol{C}\,\boldsymbol{b} = \boldsymbol{a} \to \boxed{\boldsymbol{b}} \,,$$

2. Aufrechnung der Unbekannten:

$$\boldsymbol{B}\,\boldsymbol{x} = \boldsymbol{b} \to \boxed{\boldsymbol{x}} \,.$$

Der Arbeitsbedarf, ausgedrückt durch die Anzahl M der Multiplikationen (solche mit 1 ausgenommen) einschließlich aller Proben und der

Aufrechnung der Unbekannten beträgt für allgemeine n-reihige Matrix sowie für die anschließend zu behandelnde symmetrische Koeffizientenmatrix

Allgemeine Matrix: $$M = \frac{1}{3}(n^3 + 6n^2 + 8n - 9) \approx \frac{n^3}{3}. \qquad (11\,\mathrm{a})$$

Symmetrische Matrix: $$M' = \frac{1}{6}(n^3 + 12n^2 + 11n - 12) \approx \frac{n^3}{6}. \qquad (11\,\mathrm{b})$$

Abgerundete Werte:

n	M	M'
10	560	380
20	3 520	2 170
40	24 640	13 940
100	353 600	186 850

6.3. Symmetrische Koeffizientenmatrix. Verfahren von Cholesky

Für den in den Anwendungen oft auftretenden Fall symmetrischer Koeffizientenmatrix $\boldsymbol{A} = \boldsymbol{A}'$, $a_{ik} = a_{ki}$ erfährt die Rechnung eine wesentliche Vereinfachung, wobei die Anzahl der benötigten Operationen auf rund die Hälfte zurückgeht. Auch die reduzierten Systeme $\boldsymbol{A}_1$, $\boldsymbol{A}_2, \ldots$ sind nämlich wieder symmetrisch:

$$a'_{ik} = a_{ik} - c_{i1}\, a_{1k} = a_{ik} - a_{i1}\, a_{1k} : a_{11}$$
$$a'_{ki} = a_{ki} - c_{k1}\, a_{1i} = a_{ik} - a_{1k}\, a_{i1} : a_{11} = a'_{ik}\,.$$

Ferner sind die Eliminationskoeffizienten der ersten Stufe:

$$c_{i1} = a_{i1} : a_{11} = a_{1i} : a_{11} = b_{1i} : b_{11}\,,$$

und entsprechendes gilt auch für die folgenden Stufen, insgesamt also

$$\boxed{c_{ik} = b_{ki} : b_{kk}}\,. \qquad (12)$$

Die Eliminationskoeffizienten c_{ik} brauchen somit nicht mehr nach Gl. (7b) gesondert berechnet zu werden, sondern sie ergeben sich in der k-ten Spalte aus den Werten b_{ki} der k-ten Zeile von $\boldsymbol{B}$ einfach durch Division mit dem Diagonalelement b_{kk}, womit der Arbeitsbedarf auf angenähert die Hälfte zurückgeht.

Sind die Diagonalelemente b_{ii} sämtlich positiv, d. h. ist die symmetrische Matrix $\boldsymbol{A}$ auch noch *positiv definit* (vgl. § 11.2), was in vielen Anwendungen zutrifft, so kann die Dreieckszerlegung voll symmetrisch durchgeführt werden, indem anstelle der b_{ik} die Werte $r_{ik} = b_{ik} : \sqrt{b_{ii}}$, anstelle der c_{ki} aber die Werte $c_{ki} \cdot \sqrt{b_{ii}} = b_{ik} : \sqrt{b_{ii}} = r_{ik}$ benutzt werden. Anstelle der Zerlegung $\boldsymbol{A} = \boldsymbol{C}\,\boldsymbol{B}$ tritt

$$\boxed{\boldsymbol{A} = \boldsymbol{R}'\,\boldsymbol{R}} \qquad (13)$$

mit der einen oberen Dreiecksmatrix $\boldsymbol{R} = (r_{ik})$. Dieses Vorgehen ist erstmals von CHOLESKY angegeben worden[1] und sei nach ihm benannt. Schreiben wir nämlich Gl. (12) in Matrizenform

$$\boldsymbol{C}' = \boldsymbol{D}^{-1} \boldsymbol{B}$$

mit $\boldsymbol{D} = \text{Diag}\,(b_{ii})$ und spalten diese Diagonalmatrix noch auf in $\boldsymbol{D}^{1/2} = \text{Diag}\,(\sqrt{b_{ii}})$, so wird aus der ursprünglichen Dreieckszerlegung

$$\boldsymbol{A} = \boldsymbol{C}\,\boldsymbol{B} = \boldsymbol{B}'\,\boldsymbol{D}^{-1}\,\boldsymbol{B} = \boldsymbol{B}'\,\boldsymbol{D}^{-1/2}\,\boldsymbol{D}^{-1/2}\,\boldsymbol{B} = \boldsymbol{R}'\,\boldsymbol{R}$$

mit $\boldsymbol{R} = \boldsymbol{D}^{-1/2}\,\boldsymbol{B}$, was der oben angegebenen Beziehung $r_{ik} = b_{ik} : \sqrt{b_{ii}}$ entspricht. Explizit rechnet man nach den Formeln

$$r_{ik} = (a_{ik} - r_{1i}\,r_{1k} - r_{2i}\,r_{2k} - \cdots - r_{i-1,i}\,r_{i-1,k}) : r_{ii}\,, \quad (14a)$$

$$r_{ii}^2 = a_{ii} - r_{1i}^2 - r_{2i}^2 - \cdots - r_{i-1,i}^2\,. \quad (14b)$$

Die Berechnung der Diagonalelemente r_{ii} erfordert also das Ziehen einer Quadratwurzel, was praktisch indessen kaum eine Erschwerung bedeutet und auf der Rechenmaschine folgendermaßen verläuft. Man bildet, etwa mit dem Rechenschieber, einen Näherungswert r_0 und mit ihm $r_0' = r_{ii}^2 : r_0$ (Division des Radikanden durch die Näherung). Dann ist das arithmetische Mittel r_1 aus r_0 und r_0' eine bessere Näherung, mit der man genau so verfährt: Division $r_1' = r_{ii}^2 : r_1$ und Mittelbildung r_2. Das Vorgehen führt nach zwei bis drei Schritten zum Ziele. Da die Mittelbildung sich nur auf die letzten noch abweichenden Stellen bezieht, ist sie bequem im Kopf ausführbar und das Ganze kaum mühsamer als eine gewöhnliche Division.

Die Matrix $\boldsymbol{R}$ wird zeilenweise aufgebaut, beginnend mit

$$r_{11} = \sqrt{a_{11}}\,, \quad r_{1k} = a_{1k} : r_{11}\,.$$

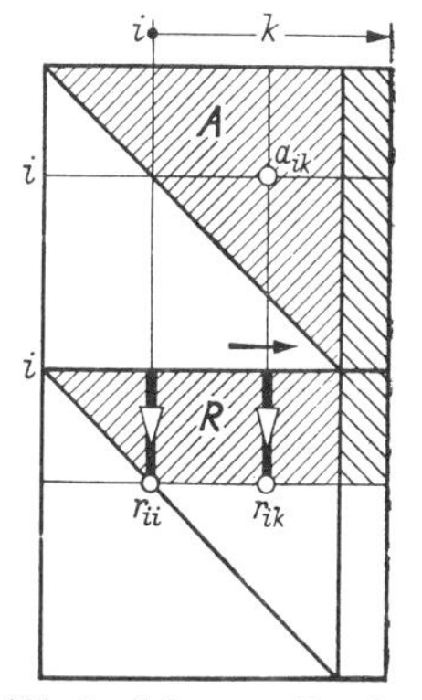

Abb. 6.1. Schema zur Berechnung der Elemente r_{ik} der i-ten Zeile der Dreiecksmatrix $\boldsymbol{R}$ im Verfahren von CHOLESKY

Den im Rechenschema zurückgelegten Weg zur Berechnung des Elementes r_{ik} der neuen i-ten Zeile zeigt schematisch Abb. 6.1. Auch von der symmetrischen Matrix $\boldsymbol{A}$ braucht nur der obere Dreiecksteil angeschrieben zu werden. Als Probe genügt die durch die Spaltensummen, die für die Schlußprobe ohnehin nützlich sind. Für die Koeffizientendeterminante folgt aus Gl. (13)

$$\det \boldsymbol{A} = (\det \boldsymbol{R})^2 = (r_{11}\,r_{22} \ldots r_{nn})^2\,. \quad (15)$$

Ist die Matrix zwar symmetrisch, aber nicht mehr positiv definit, so treten negative Diagonalelemente b_{jj} und damit imaginäre r_{jj} auf.

[1] BENOIT: Sur une méthode de résolution des équations normales etc. (procédé du commandant CHOLESKY). Bull. géodésique, Vol. 2 (1924).

Doch bedeutet dies keine nennenswerte Erschwerung. Mit r_{jj} werden nach Gl. (14a) auch alle übrigen Elemente r_{jk} dieser Zeile rein imaginär, und da bei den skalaren Produkten immer nur zwei Elemente der gleichen Zeile miteinander multipliziert werden, so werden diese Produkte wieder reell.

Das Verfahren hat sich namentlich dann als vorteilhaft erwiesen, wenn die Koeffizientenmatrix fast singulär, ihre Determinante also ungewöhnlich klein ist. Es treten dann sehr kleine Diagonalelemente b_{ii} auf, was zu beträchtlichem Stellenverlust führen und die praktische Durchführbarkeit der Rechnung ganz in Frage stellen kann. Durch das Arbeiten mit den Quadratwurzeln $r_{ii} = \sqrt{b_{ii}}$ wird dieser Stellenverlust u. U. wesentlich gemildert, indem die geltenden Stellen näher an das Komma herangezogen werden (z. B. $\sqrt{0{,}0001} = 0{,}01$). Hierdurch erweist sich das CHOLESKY-Verfahren auch noch bei ausgesprochen „bösartigen" (ill conditioned) Systemen als brauchbar, ja oft als einzig gangbarer Weg.

6.4. Reihenvertauschung bei $b_{ii} = 0$

Einwandfreier Ablauf des verketteten Algorithmus in der bisher beschriebenen Form setzt nichtverschwindende Diagonalelemente $b_{ii} \neq 0$ voraus. Wird nun im Rechnungsverlauf doch ein $b_{ii} = 0$ (wenn nämlich die i-te Hauptabschnittsdeterminante, d. i. die aus den i ersten Zeilen und Spalten der Matrix gebildete Unterdeterminante verschwindet), so muß sich dies wegen vorausgesetztem det $\boldsymbol{A}$ = det $\boldsymbol{B} \neq 0$ durch Zeilenvertauschung, also ein Umstellen der Gleichungen stets beheben lassen. Diese Umstellung braucht indessen nicht wirklich vorgenommen zu werden, sondern läßt sich auf folgende Weise ohne Störung des Rechnungsablaufes durch leichte Modifikation der bisherigen Rechenvorschrift berücksichtigen.

Wir eliminieren die Unbekannten in der bisherigen Reihenfolge $x_1, x_2, x_3, \ldots$. Ist nun etwa $a_{11} = b_{11} = 0$, so ist die erste Gleichung zur Elimination ungeeignet. Wir steigen dann in der ersten Spalte abwärts, bis wir — in der Zeile z_1 — auf das erste von Null verschiedene Element $a_{z_1 1}$ stoßen, das wir zum neuen „Diagonalelement" $b_{z_1 1}$ erklären und durch Umrahmen hervorheben. Damit wird der 1. Spalte die Zeile z_1 zugeordnet, kenntlich an dem umrahmten „Diagonalelement". Die Elemente $b_{z_1 k} = a_{z_1 k}$ dieser Zeile ergeben sich einfach durch Abschreiben der Zeile z_1 der Ausgangsmatrix $\boldsymbol{A}$. Die Elemente c_{i1} der ersten Spalte aber sind $c_{i1} = a_{i1} : b_{z_1 1}$, und sie sind oberhalb vom neuen Diagonalelement Null, was indessen nicht wesentlich ist.

Nun geht man zur zweiten Spalte und sucht in ihr, von oben beginnend — unter Überspringen der schon fertigen Zeile z_1 — das erste von Null verschiedene Element $b_{z_2 2} \neq 0$ auf, das wieder durch Umrahmen als „Diagonalelement" gekennzeichnet wird, womit sich der Spalte 2 eine Zeile z_2 zuordnet. Es folgt Berechnung der Elemente $b_{z_2 k}$ dieser Zeile nebst Zeilensummenprobe, sodann die der noch ausstehenden Elemente c_{i2} der zweiten Spalte, kontrolliert durch Spaltensummenprobe.

Auf diese Weise wird jeder Spalte k eine Zeile z_k zugeordnet, der natürlichen Reihenfolge der Spalten also eine permutierte Folge von Zeilen:

Spalte	1	2	3	4 ...
Zeile	z_1	z_2	z_3	z_4 ....

Diese Zuordnung hat man beim Bilden der skalaren Produkte nach Gl. (7) zu beachten: Indem man die Faktoren $c_{i\varrho}$ einer Zeile i in der natürlichen Reihenfolge durchläuft, findet man den zugehörigen Faktor $b_{z_\varrho k}$ der k-ten Spalte in der Höhe des jeweils über (oder auch unter) c_{i_ϱ} stehenden umrahmten „Diagonalelementes". In diesem Sinne sind die Gln. (7) abzuwandeln.

Beispiel:

	5	2	3	4	4	−9	9
	1	−2	4	−3	2	4	6
	−2	4	−8	8	−5	−5	−8
	3	−4	9	−5	4	7	14
	1	2	−2	1	2	−10	−6
	2	2	0	3	1	−5	3
	[1]	−2	4	−3	2	4	6
	2	0	0	[2]	−1	3	4
	−3	[2]	−3	4	−2	−5	−4
	−1	*−2*	0	*2*	[2]	2	4
	−2	*−3*	[1]	−3	3	2	3
	−5	*−6*	*−1*	*1*	*−1*	0	0
$x_i =$	−8	2	5	2	1	−1	0

Die Koeffizienten b_{ik} des gestaffelten Systems sind unterstrichelt, die c_{ik} kursiv gesetzt. Die Zuordnung Spalte-Zeile ist hier:

Spalte:	1	2	3	4	5
Zeile:	1	3	5	2	4

Diese Permutation enthält 3 „Inversionen", d. h. drei mal steht eine größere vor einer kleineren Zahl (3 vor 2, 5 vor 2, 5 vor 4). Jeder solchen

Beispiele:

	x_1	x_2	x_3	x_4	x_5	a_i	s_i
	—10	46	11	—37	—3	50	57
	21	—31	11	—15	43	17	46
	—39	58	—21	—18	—29	18	—31
	18	10	—17	—35	28	37	41
	7	—12	26	16	—24	—33	—20
	—17	21	12	15	—21	11	21
	[21]	—31	11	—15	43	17	46
	1.857 143	*—0.011 719*	*0.012 386*	[—45.35005]	50.48115	48.84233	53.97341
	—0.857 143	[36.57143]	—26.42857	—22.14286	—8.85715	22.42857	1.57142
	—0.333 333	*0.045 573*	[21.12890]	19.99088	—38.73698	—37.64453	—35.26172
	0.809 524	*0.111 979*	*—0.849 326*	*—0.366 067*	[27.23856]	41.36635	68.60488
	0.476 191	*—0.854 166*	*—1.836 938*	*—1.366 067*	*—1.000 00*	—	—
$x_i =$	0,363 897	1,667 615	0,422 166	0,613 491	1,518 669	—1	—0,000 03

Die letzte Zahl rechts unten ist das Ergebnis der Schlußkontrolle.

Inversion entspricht ein Vorzeichenwechsel der Determinante. Diese hat also den Wert

$$\det \boldsymbol{A} = (-1)^3 \cdot 1 \cdot 2 \cdot 1 \cdot 2 \cdot 2 = -8 .$$

Auf gleiche Weise wird man vorgehen, wenn ein Diagonalelement zwar nicht Null, aber doch untunlich klein wird derart, daß die Genauigkeit der folgenden Rechnung durch Stellenverlust beeinträchtigt wird, vgl. das nebenstehende Beispiel, wo die c_{ik} kursiv gesetzt sind. Wieder wird man dann in der betreffenden Spalte ein anderes Element annehmbarer Größe als Diagonalelement auswählen, vorausgesetzt, daß es ein solches gibt. Andernfalls ist eben $\det \boldsymbol{A}$ von sehr kleinem Betrag, die Matrix ist fastsingulär, und die numerische Rechnung in jedem Falle unsicher. — Man kann auch, insbesondere auf dem Rechenautomaten, in jeder Spalte systematisch das betragsgrößte Element aufsuchen und es zum Diagonalelement machen und erreicht dadurch, daß die Eliminationskoeffizienten c_{ik} dem Betrage nach sämtlich $\leqq 1$ werden. Hierdurch lassen sich die Rundungsfehler auf ein Minimum herabdrücken, was bei umfangreichen Systemen unerläßlich ist.

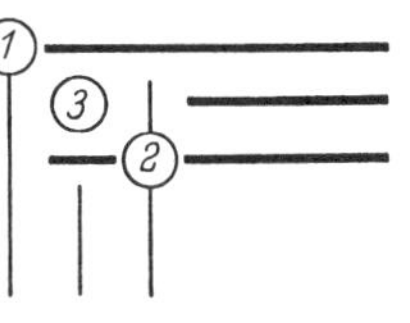

Abb. 6.2.

Bei *symmetrischer Matrix* würde durch das geschilderte Vorgehen die Symmetrie und die damit verbundene beträchtliche Arbeitsersparnis verloren gehen. Um sie zu erhalten, ist jede Zeilenvertauschung mit gleichnamiger Spaltenvertauschung zu verbinden, was wieder durch bloßes Umnumerieren, durch Abändern der im Rechenschema einzuhaltenden Reihenfolge bewerkstelligt wird. Wir erläutern den Vorgang an Hand von Abb. 6.2, wo angenommen ist, daß b_{22} zunächst Null wird. Man geht dann unter Überspringen der zweiten Zeile und Spalte zum dritten, in der Abbildung mit 2 gekennzeichneten Diagonalelement b_{33} über und berechnet zu ihm, falls es $\neq 0$ ist, die zugehörige Zeile der b_{3k} (dicke wagerechte Linie) sowie die zugehörige Spalte der $-c_{k3}$ nach $c_{k3} = b_{3k} : b_{33}$ (dünne senkrechte Linie). Die Indizes beziehen sich hier auf die wirklichen Zeilen- und Spaltennummern, nicht etwa auf die Diagonalzahlen der Abb. 6.2. Dabei ragt jetzt die dritte Zeile in die zweite Spalte, die dritte Spalte in die zweite Zeile hinein. Es empfiehlt sich daher, die b_{ik} gegenüber den c_{ik} in geeigneter Weise (z. B. farbiges Unterstreichen) zu kennzeichnen. Anschließend läßt sich nun das zweite Diagonalelement b_{22} — in der Abbildung mit 3 gekennzeichnet —, sofern es jetzt von Null verschieden ausfällt, nebst zugehöriger Zeile und Spalte berechnen, nämlich nach

$$b_{2k} = a_{2k} - c_{21}\, b_{1k} - c_{23}\, b_{3k}\,, \quad c_{k2} = b_{2k} : b_{22}\,.$$

Die Rechnung verlangt also im Schema ein Überkreuzen der zunächst übergangenen zweiten Zeile und Spalte.

Es kann eintreten, daß man mehr als eine Reihe überschlagen muß, ehe man ein von Null verschiedenes — oder auch ein betragsmäßig nicht zu kleines — Diagonalelement antrifft, vgl. das Beispiel der Abb. 6.3a mit der Reihenfolge 1 4 2 3 5 . . . Es kann auch sein, daß das zunächst übersprungene sich auch nach Berechnung des Nachfolgenden noch der Behandlung entzieht, Abb. 6.3b mit der Reihenfolge 1 3 4 2 5 . . . Oder die Schwierigkeiten können gemischt auftreten wie in Abb. 6.3c, wo die Reihenfolge 1 4 2 5 3 . . . erforderlich ist. Die beiden nachfolgen-

1. Beispiel:	7	16	—5	18	11	—22
	1	2	—1	3	2	—3
	2	4	—4	6	8	—8
	—1	—4	3	1	—4	11
	3	6	1	8	0	—3
	2	8	—4	0	5	—19
	1	2	—1	3	2	—3
	(—*2*)	—2	(—*1*)	4	2	6
	(*1*)	—2	2	4	—2	8
	(—*3*)	(*2*)	(—*2*)	—1	2	2
	(—*2*)	(*1*)	(*1*)	(*2*)	5	5
	(—*7*)	(*2*)	(—*1*)	(*1*)	(—*1*)	0
$x_i =$	2	—2	3	0	1	—1

2. Beispiel:	3	12	5	9	—2	20
	1	2	—1	3	—2	—6
	2	4	2	4	0	10
	—1	2	1	—1	4	12
	3	4	—1	7	—4	—8
	—2	0	4	—4	0	12
	1	2	—1	3	—2	—6
	(—*2*)	2	2	(—*1*)	2	12
	(*1*)	(—*1*)	1	(*1*)	(*1/2*)	3
	(—*3*)	—2	2	—2	2	10
	(*2*)	(—*1*)	2	(*1*)	—4	—2
	(—*3*)	(—*3*)	(—*1*)	(*0*)	(—*1/2*)	0
$x_i =$	2	1	3	—1	2	—1

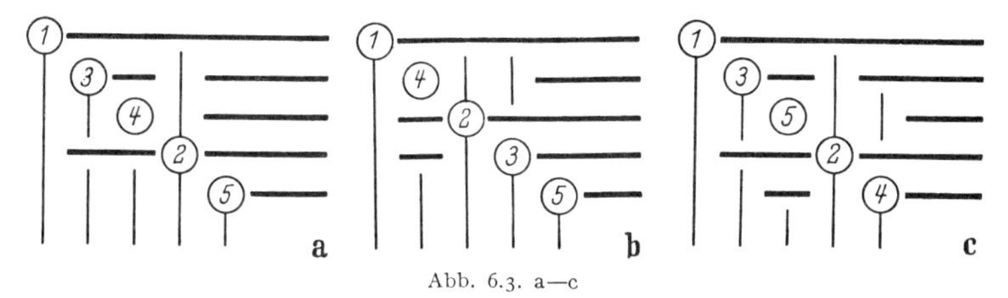

Abb. 6.3. a—c

den Zahlenbeispiele erläutern das Vorgehen, das erste den einfachen Fall der Abb. 6.2, das zweite den der Abb. 6.3c. Die Quotienten $-c_{ik}$ sind zur Unterscheidung von den b_{ik} kursiv und in Klammern gesetzt, die b_{ik} sind unterschlängelt. — Beim CHOLESKY-Verfahren sind die b_{ik} durch die r_{ik} zu ersetzen, während die c_{ik} entfallen.

6.5. Divisionsfreier Algorithmus

Bei ganzzahligen Koeffzienten kleiner Stellenzahl ist es oft störend, daß die Ganzzahligkeit im Verlaufe des Algorithmus der bisherigen Form infolge der Divisionen verlorengeht. Dies läßt sich durch einen abgewandelten, divisionsfreien Algorithmus vermeiden. Man eliminiert die erste Spalte, indem man die mit a_{i1} multiplizierte erste Zeile von den mit $a_{11} = b_{11}$ multiplizierten übrigen Zeilen abzieht, also die reduzierte Matrix A_1 nach der Vorschrift bildet:

$$\boldsymbol{A}_1 = b_{11}\,\boldsymbol{A} - \boldsymbol{c}_1\,\boldsymbol{b}^1\,, \tag{16.1}$$

worin $\boldsymbol{c}_1$ gleich der ersten Spalte und $\boldsymbol{b}^1$ gleich der ersten Zeile von $\boldsymbol{A}$ gemacht wird. Verfährt man bei der zweiten Stufe entsprechend, so zeigt sich, daß alle Elemente der zweifach reduzierten Matrix durch das Diagonalelement b_{11} teilbar sind. Um zu Zahlen möglichst kleiner Stellenzahl aufzusteigen, wird man daher die Division durch b_{11} ausführen, also nach der Vorschrift

$$\boldsymbol{A}_2 = (b_{22}\,\boldsymbol{A}_1 - \boldsymbol{c}_2\,\boldsymbol{b}^2) : b_{11} \tag{16.2}$$

rechnen, wo $\boldsymbol{c}_2$ gleich der zweiten Spalte und $\boldsymbol{b}^2$ gleich der zweiten Zeile von $\boldsymbol{A}_1$ ist. Mit Gl. (16.1) wird nämlich

$$b_{11}\,\boldsymbol{A}_2 = b_{11}\,b_{22}\,\boldsymbol{A} - b_{22}\,\boldsymbol{c}_1\,\boldsymbol{b}^1 - \boldsymbol{c}_2\,\boldsymbol{b}^2\,.$$

Hier ist nun

$$\begin{aligned} b_{22} &= b_{11}\,a_{22} - c_{21}\,b_{12} \\ \boldsymbol{c}_2 &= b_{11}\,\boldsymbol{a}_2 - \boldsymbol{c}_1\,b_{12} \\ \boldsymbol{b}^2 &= b_{11}\,\boldsymbol{a}^2 - c_{21}\,\boldsymbol{b}^1\,. \end{aligned}$$

Damit erhalten wir für den Klammerausdruck in Gl. (16.2)

$$b_{11}\,\boldsymbol{A}_2 = b_{11}\,b_{22}\,\boldsymbol{A} - (b_{11}\,a_{22} - c_{21}\,b_{12})\,\boldsymbol{c}_1\,\boldsymbol{b}^1 - b_{11}\,\boldsymbol{a}_2\,\boldsymbol{b}^2 + b_{11}\,b_{12}\,\boldsymbol{c}_1\,\boldsymbol{a}^2 - c_{21}\,b_{12}\,\boldsymbol{c}_1\,\boldsymbol{b}^1\,,$$

wo alle Glieder den Faktor b_{11} enthalten bis auf die beiden sich tilgenden $c_{21}\,b_{12}\,\boldsymbol{c}_1\,\boldsymbol{b}^1$. Entsprechendes läßt sich auch für die folgenden Stufen zeigen, und man führt daher die Reduktion fort nach

$$\boldsymbol{A}_3 = (b_{33}\,\boldsymbol{A}_2 - \boldsymbol{c}_3\,\boldsymbol{b}^3) : b_{22} \tag{16.3}$$

$$\boldsymbol{A}_4 = (b_{44}\,\boldsymbol{A}_3 - \boldsymbol{c}_4\,\boldsymbol{b}^4) : b_{33} \tag{16.4}$$

$$\cdots\cdots\cdots\cdots$$

Übersetzt in die Rechenvorschrift der b_{ik}, c_{ik} ergibt dies:

1. Zeile und Spalte $\quad b_{1k} = a_{1k}\,,\quad c_{i1} = a_{i1}$

2. Zeile und Spalte:

$$\begin{aligned} b_{2k} &= a_{2k}\,b_{11} - c_{21}\,b_{1k} \\ c_{i2} &= a_{i2}\,b_{11} - c_{i1}\,b_{12} \end{aligned}$$

3. Reihe:

$$\begin{aligned} b_{3k} &= [(a_{3k}\,b_{11} - c_{31}\,b_{1k})\,b_{22} - c_{32}\,b_{2k}] : b_{11} \\ c_{i3} &= [(a_{i3}\,b_{11} - c_{i1}\,b_{13})\,b_{22} - c_{i2}\,b_{23}] : b_{11} \end{aligned}$$

4. Reihe: $$b_{4k} = \left\{[(a_{4k}\, b_{11} - c_{41}\, b_{1k})\, b_{22} - c_{42}\, b_{2k}]\, \frac{b_{33}}{b_{11}} - c_{43}\, b_{3k}\right\} : b_{22}$$

$$c_{i4} = \left\{[(a_{i4}\, b_{11} - c_{i1}\, b_{14})\, b_{22} - c_{i2}\, b_{24}]\, \frac{b_{33}}{b_{11}} - c_{i3}\, b_{34}\right\} : b_{22}$$

. . . .

Allgemein läßt sich die Rechenvorschrift in folgender Form darstellen: Man bildet der Reihe nach die Ausdrücke

$$a_{ik}\, b_{11} - c_{i1}\, b_{1k} = d_{ik\cdot 2} \qquad (17.1)$$

$$(d_{ik\cdot 2}\, b_{22} - c_{i2}\, b_{2k}) : b_{11} = d_{ik\cdot 3} \qquad (17.2)$$

$$(d_{ik\cdot 3}\, b_{33} - c_{i3}\, b_{3k}) : b_{22} = d_{ik\cdot 4} \qquad (17.3)$$

. . . .

Diese Rechnung endet bei den Elementen

$$d_{ik\cdot i} = b_{ik} \quad \text{für } k \geqq i \qquad (18\text{ a})$$

$$d_{ik\cdot k} = c_{ik} \quad \text{für } k \leqq i \qquad (18\text{ b})$$

und es ist

$$d_{ii\cdot i} = b_{ii} = c_{ii} \qquad (18\text{ c})$$

gleich der i-ten Hauptabschnittsdeterminante. Das letzte Diagonalelement b_{nn} ist also hier gleich der Koeffizientendeterminante det $\boldsymbol{A}$. Allgemein stellen die $d_{ik\cdot j}$ j-reihige Unterdeterminanten der Matrix dar. Die Teilbarkeit der Klammerausdrücke in Gl. (17) durch das vorhergehende Diagonalelement ist als Rechenprobe zu werten. Außerdem sind natürlich auch wieder Summenproben angebracht. — Auch dieser divisionsfreie Algorithmus ist mit Zeilenvertauschung durchführbar, wenn nämlich eine Hauptabschnittsdeterminante $d_{ii\cdot i} = b_{ii}$ verschwindet.

Beispiel:

$$\begin{aligned} 3x_1 - x_2 + 2x_3 + 4x_4 \phantom{{}+x_5} &= 11 \\ 2x_1 + 3x_2 + x_3 - 2x_4 + x_5 &= -6 \\ x_1 - 2x_2 + 2x_3 - x_4 \phantom{{}+x_5} &= 1 \\ 4x_1 + 3x_2 - 2x_3 + x_4 - x_5 &= -1 \\ -x_1 + 3x_2 + 2x_3 - x_4 + x_5 &= -8 \end{aligned}$$

	9	6	5	1	1	−3	19
	3	−1	2	4	0	11	19
	2	3	1	−2	1	−6	−1
	1	−2	2	−1	0	1	1
	4	3	−2	1	−1	−1	4
	−1	3	2	−1	1	−8	−4
	3	−1	2	4	0	11	19
	2	11	−1	−14	3	−40	−41
	1	−5	13	−49	5	−96	−127
	4	13	−47	−194	−7	−409	−610
	−1	8	32	191	267	801	1068
	9	27	−2	−3	267	0	0
$x_i =$	1	−2	−1	2	3	−1	0

det $\boldsymbol{A}$ = 267.

6.6. Berechnung der Kehrmatrix. Matrizendivision

Die Berechnung der Kehrmatrix $\boldsymbol{X} = \boldsymbol{A}^{-1}$ einer nichtsingulären Matrix $\boldsymbol{A}$ verläuft, wie schon in § 3.1 angegeben, als Auflösung des Gleichungssystems

$$\boxed{\boldsymbol{A}\,\boldsymbol{X} = \boldsymbol{I}} \tag{19}$$

mit den n Spalten $\boldsymbol{e}_k$ der Einheitsmatrix als n-facher rechter Seite, wie im Schema der Abb. 6.4 angedeutet. Die rechte Seite $\boldsymbol{I}$ verwandelt sich im Zuge der Elimination in eine untere Dreiecksmatrix $\boldsymbol{\Gamma} = (\gamma_{ik})$, die zufolge der Rechenvorschrift $\boldsymbol{C}\,\boldsymbol{\Gamma} = \boldsymbol{I}$ die Kehrmatrix von $\boldsymbol{C}$ ist. Zu ihrer k-ten Spalte γ_{ik} als rechter Seite ergibt sich aus dem gestaffelten System $\boldsymbol{B}\,\boldsymbol{X} = \boldsymbol{\Gamma}$ die k-te Spalte $\boldsymbol{x}_k$ der gesuchten Kehrmatrix $\boldsymbol{X}$ als Lösung. Ordnen wir diese Lösungsspalten im Rechenschema wieder zeilenweise an, was namentlich bei etwa erforderlicher Zeilenvertauschung bequemer ist, so erscheint $\boldsymbol{X}$ in transponierter Form $\boldsymbol{X}'$, wobei die Zuordnung zur k-ten Spalte von $\boldsymbol{\Gamma}$ als rechter Seite durch das Element -1 der rechts angeordneten negativen Einheitsmatrix erfolgt, vgl. Abb. 6.4 sowie das folgende Rechenschema S. 76. — Die insgesamt durchzuführenden Matrizenoperationen sind:

1. Aufbau von $\boldsymbol{C}$ und $\boldsymbol{B}$ nach

$$\boldsymbol{C}\,\boldsymbol{B} = \boldsymbol{A} \rightarrow \boxed{\boldsymbol{C}, \boldsymbol{B}}$$

2. Aufbau der neuen rechten Seiten $\boldsymbol{\Gamma}$ nach

$$\boldsymbol{C}\,\boldsymbol{\Gamma} = \boldsymbol{I} \rightarrow \boxed{\boldsymbol{\Gamma}}$$

3. Aufrechnung der Unbekannten $\boldsymbol{X}$ nach

$$\boldsymbol{B}\,\boldsymbol{X} - \boldsymbol{\Gamma}\,\boldsymbol{I} = \boldsymbol{O} \rightarrow \boxed{\boldsymbol{X}}$$

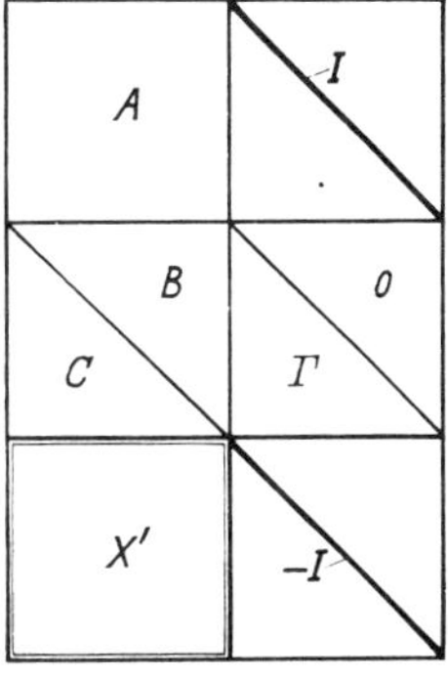

Abb. 6.4. Schema zur Berechnung der Kehrmatrix $\boldsymbol{X} = \boldsymbol{A}^{-1}$

Die Zeilensummenprobe erstreckt sich natürlich außer über $\boldsymbol{A}$ bzw. $\boldsymbol{B}$ über alle n Spalten der rechten Seiten $\boldsymbol{I}$ bzw. $\boldsymbol{\Gamma}$. Die Schlußkontrolle, die an sich durch Einsetzen von $\boldsymbol{\Gamma}$ in Gl. (19) zu erfolgen hat, kann in abgekürzter Form mit den Spaltensummen σ_k von $\boldsymbol{A}$ vorgenommen werden, und zwar für jede Zeile $\boldsymbol{x}'_k$ von $\boldsymbol{X}'$ nach

$$\sigma_1 \alpha_{1k} + \sigma_2 \alpha_{2k} + \cdots + \sigma_n \alpha_{nk} - 1 = 0 \ (k = 1, 2, \ldots, n)\,. \tag{20}$$

Für $n = 4$ zeigt S. 76 das vollständige Rechenschema sowie ein Zahlenbeispiel. Bezüglich Stellenzahlen vgl. Beispiel S. 79.

In ganz entsprechender Weise verläuft auch die in § 3.3 eingeführte *Matrizendivision*

$$\boxed{\boldsymbol{A}\,\boldsymbol{X} = \boldsymbol{P}} \quad \text{oder} \quad \boxed{\boldsymbol{X} = \boldsymbol{A}^{-1}\,\boldsymbol{P}} \tag{21}$$

	σ_1	σ_2	σ_3	σ_4	1	1	1	1	S
A	a_{11}	a_{12}	a_{13}	a_{14}	1	0	0	0	s_1
	a_{21}	a_{22}	a_{23}	a_{24}	0	1	0	0	s_2
	a_{31}	a_{32}	a_{33}	a_{34}	0	0	1	0	s_3
	a_{41}	a_{42}	a_{43}	a_{44}	0	0	0	1	s_4
	b_{11}	b_{12}	b_{13}	b_{14}	1	0	0	0	t_1
	$-c_{21}$	b_{22}	b_{23}	b_{24}	γ_{21}	1	0	0	t_2
	$-c_{31}$	$-c_{32}$	b_{33}	b_{34}	γ_{31}	γ_{32}	1	0	t_3
	$-c_{41}$	$-c_{42}$	$-c_{43}$	b_{44}	γ_{41}	γ_{42}	γ_{43}	1	t_4
	$-\tau_1$	$-\tau_2$	$-\tau_3$	-1	0	0	0	0	Probe
X'	x_{11}	x_{21}	x_{31}	x_{41}	-1	0	0	0	0
	x_{12}	x_{22}	x_{32}	x_{42}	0	-1	0	0	0
	x_{13}	x_{23}	x_{33}	x_{43}	0	0	-1	0	0
	x_{14}	x_{24}	x_{34}	x_{44}	0	0	0	-1	0

Beispiel:

	2	2	1	—4	1	1	1	1	5
A	1	0	—1	2	1				3
	2	—1	—2	3		1			3
	—1	2	2	—4			1		0
	0	1	2	—5				1	—1
	1	0	—1	2	1				3
	—2	—1	0	—1	—2	1			—3
	1	2	1	—4	—3	2	1		—3
	0	1	—2	2	4	—3	—2	1	2
	—2	2	—3	—1					
$(A^{-1})'$	2	0	5	2	—1				0
	—1	1/2	—4	—3/2		—1			0
	—1	1	—3	— 1			—1		0
	1	—1/2	2	1/2				—1	0

mit $n\,p$-Matrizen $\boldsymbol{P}$, $\boldsymbol{X}$ durch Auflösen des Gleichungssystems mit p-facher rechter Seite $\boldsymbol{P}$, bestehend aus den p Spalten $\boldsymbol{p}_k$ von $\boldsymbol{P}$, denen die p Spalten $\boldsymbol{x}_k$ von $\boldsymbol{X}$ als Lösungen entsprechen. Das Rechenschema Abb. 6.5 ist damit wohl ohne weitere Erläuterung verständlich. Die Arbeitsgänge sind:

1. Aufbau von $\boldsymbol{C}$ und $\boldsymbol{B}$ nach

$$\boldsymbol{C}\,\boldsymbol{B} = \boldsymbol{A} \to \boxed{\boldsymbol{C}, \boldsymbol{B}}$$

2. Aufbau der neuen rechten Seiten $\boldsymbol{Q}$ nach

$$\boldsymbol{C}\,\boldsymbol{Q} = \boldsymbol{P} \to \boxed{\boldsymbol{Q}}$$

3. Aufrechnung der Unbekannten $\boldsymbol{X} = (\boldsymbol{x}_k)$ nach

$$\boldsymbol{B}\,\boldsymbol{X} - \boldsymbol{Q}\,\boldsymbol{I} = \boldsymbol{O} \to \boxed{\boldsymbol{X}}$$

Die Lösung der Divisionsaufgabe $\boldsymbol{X} = \boldsymbol{A}^{-1}\boldsymbol{P}$ durch gesondertes Berechnen der Kehrmatrix $\boldsymbol{A}^{-1}$ und anschließendes Multiplizieren von $\boldsymbol{P}$ mit $\boldsymbol{A}^{-1}$ wäre demgegenüber ein nicht unbeträchtlicher Umweg. Denn zur Produktbildung $\boldsymbol{A}^{-1}\boldsymbol{P}$ benötigt man bei vollbesetzten Matrizen n^2p Multiplikationen. Das sind genau so viel, wie die Operationen 2 und 3 erfordern. Die Operation 1 ist in beiden Fällen zu leisten. Zur Berechnung von $\boldsymbol{A}^{-1}$ aber ist zusätzlich der Aufbau von $\boldsymbol{\Gamma}$ und Berechnung von $\boldsymbol{X} = \boldsymbol{A}^{-1}$ durchzuführen. Diese Mehrarbeit ist ganz unabhängig von der Anzahl p der rechten Seiten, für die das Gleichungssystem gelöst werden soll; ja, solche rechten Seiten können auch nachträglich noch in beliebiger Zahl hinzugefügt werden. Ein Aufstellen der Kehrmatrix ist also nur dann sinnvoll, wenn ihre Elemente α_{ik} zu irgend welchen Zwecken ausdrücklich benötigt werden.

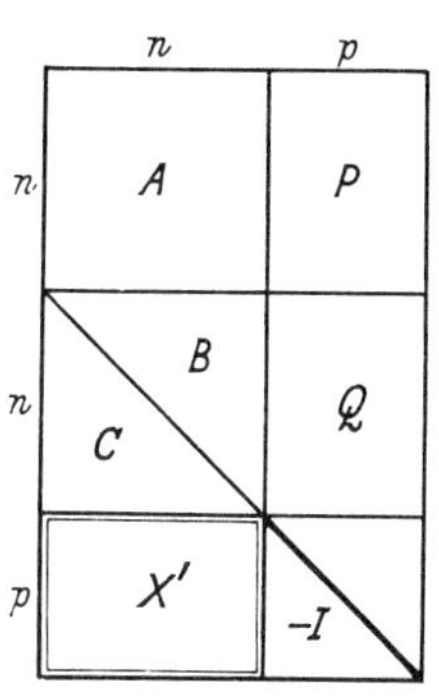

Abb. 6.5. Schema zur Durchführung der Matrizendivision $\boldsymbol{X} = \boldsymbol{A}^{-1}\boldsymbol{P}$

6.7. Kehrmatrix bei symmetrischer Matrix

In dem wichtigen Sonderfall symmetrischer Matrix $\boldsymbol{A} = \boldsymbol{A}'$ vereinfacht sich die Berechnung von $\boldsymbol{A}^{-1} = (\alpha_{ik})$ beträchtlich[1]. Zunächst ist mit $\boldsymbol{A}$ auch $\boldsymbol{A}^{-1}$ symmetrisch, wie aus $(\boldsymbol{A}^{-1}\boldsymbol{A})' = \boldsymbol{A}'\,\boldsymbol{A}^{-1'} = \boldsymbol{A}\,\boldsymbol{A}^{-1'} = \boldsymbol{I}$ $= \boldsymbol{A}\,\boldsymbol{A}^{-1}$ folgt, $\boldsymbol{A}^{-1'} = \boldsymbol{A}^{-1}$. Der erste Teil der Rechnung, nämlich Aufbau der Dreiecksmatrizen $\boldsymbol{C}$, $\boldsymbol{B}$ verläuft wie unter 6.6, jedoch mit der Vereinfachung, die im symmetrischen Falle für die Berechnung der

[1] Nach einer Methode, die in der CHOLESKYschen Form von T. BANACHIEWICZ angegeben wurde: On the computation of inverse arrays. Acta Astron. c. Bd. 4 (1939), S. 26—30.

c_{ik} eintritt, die nach Gl. (12) praktisch mit den b_{ki} mitgeliefert werden. Dann aber erübrigt sich hier die Berechnung der Kehrmatrix $\boldsymbol{\Gamma}$ von $\boldsymbol{C}$, aus der sich unter 6.6 die gesuchte Kehrmatrix $\boldsymbol{X} = \boldsymbol{A}^{-1}$ durch Aufrechnung ergibt nach

$$\boxed{\boldsymbol{B}\,\boldsymbol{A}^{-1} = \boldsymbol{\Gamma}}\ . \tag{22}$$

Denn wegen der Symmetrie von $\boldsymbol{A}^{-1}$ kann man es hier so einrichten, daß man in Gl. (22) von der unteren Dreiecksmatrix $\boldsymbol{\Gamma}$ außer den Diagonalgliedern 1 nur die oberhalb der Diagonale auftretenden Nullelemente verwendet, so daß man die Matrix $\boldsymbol{\Gamma}$ im übrigen gar nicht zu kennen braucht. Beginnt man nämlich bei der Matrizenmultiplikation Gl. (22) zur spaltenweisen Aufrechnung von $\boldsymbol{A}^{-1}$ mit der letzten Spalte von $\boldsymbol{A}^{-1}$ und multipliziert der Reihe nach mit der letzten, der vorletzten, ... Zeile von $\boldsymbol{B}$, so erhält man der Reihe nach unter Benutzung der letzten aus $n-1$ Nullen und einer 1 bestehenden Spalte von $\boldsymbol{\Gamma}$ die Elemente $\alpha_{nn}, \alpha_{n-1,n}, \ldots, \alpha_{1n}$ aus

$$\left.\begin{aligned}
\alpha_{nn} &= 1/b_{nn}\\
\alpha_{n-1,n} &= -\,b_{n-1,n}\,\alpha_{nn} : b_{n-1,n-1}\\
\alpha_{n-2,n} &= -\,(b_{n-2,n}\,\alpha_{nn} + b_{n-2,n-1}\,\alpha_{n-1,n}) : b_{n-2,n-2}\\
&\ldots\ldots\ldots\ldots\ldots\ldots\ldots\ldots\ldots\ldots
\end{aligned}\right\} \tag{23}$$

Dann macht man das gleiche mit der zweitletzten Spalte von $\boldsymbol{A}^{-1}$, deren letztes Element $\alpha_{n,n-1}$ aber wegen der Symmetrie gleich dem schon bekannten Element $\alpha_{n-1,n}$ ist, so daß hier die Berechnung erst von der Hauptdiagonale an aufwärts zu erfolgen braucht, wo wieder alle Elemente von $\boldsymbol{\Gamma}$ als Null und 1 bekannt sind, usf. Allgemein berechnen sich die Elemente der k-ten Spalte von $\boldsymbol{A}^{-1}$ von der Hauptdiagonale an aufwärts nach der Vorschrift:

$$\boxed{\begin{aligned}
\alpha_{kk} &= (1 - b_{kn}\,\alpha_{nk} - b_{k,n-1}\,\alpha_{n-1,k} - \cdots - b_{k,k+1}\,\alpha_{k+1,k}) : b_{kk}\\
\alpha_{ik} &= -\,(b_{in}\,\alpha_{nk} + b_{i,n-1}\,\alpha_{n-1,k} + \cdots + b_{i,i+1}\,\alpha_{i+1,k}) : b_{ii}
\end{aligned}}\quad \begin{aligned}&(24\text{a})\\&(24\text{b})\end{aligned}$$

$$i = k-1,\ k-2,\ \ldots,\ 2,\ 1,$$

wobei man stets von der Symmetrie von $\boldsymbol{A}^{-1}$ Gebrauch macht. Dabei wird man von $\boldsymbol{A}^{-1}$ ebenso wie von $\boldsymbol{A}$ nur die Elemente oberhalb und auf der Diagonale anschreiben und das unterhalb liegende Spaltenstück von $\boldsymbol{A}^{-1}$ durch das zur Diagonale gespiegelte Zeilenstück ersetzen.

Man beschreibt damit bei der Produktbildung Gl. (24) den in Abb. 6.6 bezeichneten Weg, indem man sich in $\boldsymbol{B}$ unter festgehaltenem k mit i Zeile für Zeile aufwärts bewegt von $i = k$ bis $i = 1$, und erhält so der Reihe nach die Elemente α_{ik} der k-ten Spalte. So verfährt man für

$k = n, n-1, \ldots, 2, 1$, womit die Kehrmatrix fertig ist. Nach jeder fertigen A^{-1}-Spalte kontrolliert man durch Einsetzen in die Spaltensummen σ_k von A nach Gl. (20).

Wie aus Gl. (24) zu entnehmen, sind die Elemente α_{ik} von der Größenordnung $1/b_{ik}$ oder auch $1/a_{ik}$, falls nicht det A betragsmäßig ungewöhnlich klein. Man arbeitet wie üblich mit etwa gleicher Anzahl *geltender* Stellen für alle auftretenden Werte, vgl. das Zahlenbeispiel.

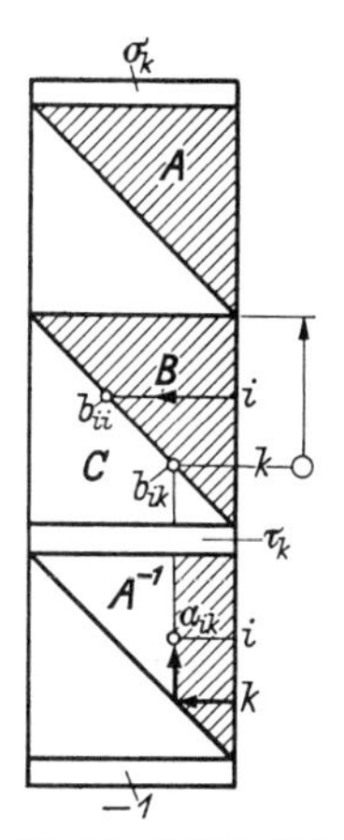

Abb. 6.6. Schema zur Berechnung der Kehrmatrix A^{-1} zu symmetrischer Matrix A

Beispiel: Gesucht die Kehrmatrix zu

$$A = \begin{pmatrix} 38 & -14 & 17 & 0 \\ -14 & 25 & 21 & 10 \\ 17 & 21 & -18 & 3 \\ 0 & 10 & 3 & 15 \end{pmatrix}.$$

41	42	23	28	134	Probe
38	—14	17	0	41	0
	25	21	10	42	0
		—18	3	23	0
			15	28	0
38	—14	17	0	41	0
0,368 421	19,84206	27,263 16	10	57,10526	$-4 \cdot 10^{-5}$
—0,447 368	—1,374 008	—63,065 06	—10,740 08	—73,80517	$3 \cdot 10^{-5}$
0	—0,503 980	—0,140 302	11,789 26	11,78926	0
0,01878375	-0,00167502	0,01545690	-0,00197470	A^{-1}	
	0,02664512	0,02568721	-0,02290085		
		-0,01339655	-0,01444549		
			0,0848 2297		
1,000 000	1,000 001	1,000 001	0,999 998	Probe	

Das Ergebnis ist stark umrandet.

§ 7. Lineare Abhängigkeit und Rang

7.1. Lineare Abhängigkeit eines Vektorsystems

Wir haben schon in § 1.6 den Begriff der linearen Abhängigkeit eingeführt und wiederholen zunächst das dort gesagte, um es in wesentlichen Punkten zu ergänzen. Wir betrachten ein System von p Vektoren $\boldsymbol{a}_k$ zu je n Komponenten a_i^k, also p Zahlen-n-tupel

$$\left.\begin{aligned} \boldsymbol{a}_1 &= \{a_1^1, a_2^1, \ldots, a_n^1\} \\ \boldsymbol{a}_2 &= \{a_1^2, a_2^2, \ldots, a_n^2\} \\ &\ldots\ldots\ldots\ldots \\ \boldsymbol{a}_p &= \{a_1^p, a_2^p, \ldots, a_n^p\} \end{aligned}\right\} \tag{1}$$

Als Komponenten a_i^k kommen in der Regel reelle, unter Umständen aber auch komplexe Zahlen in Betracht, was sich jeweils aus dem Zusammenhang ergeben wird. Läßt sich nun aus diesen Vektoren durch eine Linearkombination mit Konstanten c_k, die dem gleichen Zahlenbereich (nämlich dem der reellen bzw. komplexen Zahlen) entstammen, der *Nullvektor* erzeugen, so nennt man die Vektoren linear abhängig.

Definition 1: *p Vektoren $\boldsymbol{a}_1, \boldsymbol{a}_2, \ldots, \boldsymbol{a}_p$ mit Komponenten a_i^k aus dem Bereich der reellen oder komplexen Zahlen heißen* ***linear abhängig,*** *wenn sich p nicht durchweg verschwindende Konstanten $c_1, c_2, \ldots, c_p$ aus dem gleichen Zahlenbereich angeben lassen derart, daß*

$$\boxed{c_1 \boldsymbol{a}_1 + c_2 \boldsymbol{a}_2 + \cdots + c_p \boldsymbol{a}_p = \boldsymbol{o}} \tag{2}$$

wird. Folgt dagegen aus Gl. (2) notwendig $c_1 = c_2 = \cdots = c_p = 0$, so heißen die Vektoren ***linear unabhängig.***

Die Vektorgleichung (2) ist offenbar gleichbedeutend mit den n Komponentengleichungen

$$\left.\begin{aligned} a_1^1 c_1 + a_1^2 c_2 + \cdots + a_1^p c_p &= 0 \\ a_2^1 c_1 + a_2^2 c_2 + \cdots + a_2^p c_p &= 0 \\ \ldots\ldots\ldots\ldots\ldots\ldots \\ a_n^1 c_1 + a_n^2 c_2 + \cdots + a_n^p c_p &= 0, \end{aligned}\right\} \tag{3}$$

also einem System n homogen linearer Gleichungen in den c_k. Genau dann, wenn dieses System nichttriviale, d. h. nicht durchweg verschwindende Lösungen c_k besitzt, die nicht eindeutig zu sein brauchen — und es auch nicht sind —, ist das Vektorsystem Gl. (1) linear abhängig.

Nur in gewissen Sonderfällen wird lineare Abhängigkeit oder Unabhängigkeit eines Vektorsystems unmittelbar ersichtlich sein, während es im allgemeinen besonderer Umformungen bedarf, um die Frage nach Abhängigkeit oder Unabhängigkeit eines Vektorsystems zu beantworten. Ist aber einer der Vektoren gleich dem Nullvektor, etwa $\boldsymbol{a}_q = \boldsymbol{o}$, so besteht laut Definition lineare Abhängigkeit, da sich hier mit $c_q \neq 0$, $c_k = 0$ für $k \neq q$ die Bedingung (2) erfüllen läßt. Das Gleichungssystem (3) hat eine aus Nullen bestehende Koeffizientenspalte, so daß es mit $c_q \neq 0$ lösbar ist. — Abhängigkeit liegt weiterhin vor, wenn unter den Vektoren $\boldsymbol{a}_k$ zwei gleiche vorkommen oder wenn ein Vektor einem anderen proportional ist. Ist etwa $\boldsymbol{a}_i = c\,\boldsymbol{a}_k$, so hat man nur $c_i = c$ und $c_k = -1$, alle übrigen Konstanten aber gleich Null zu setzen, um Gl. (2) zu erfüllen. — Auf die lineare Unabhängigkeit der n Einheitsvektoren

$$\left.\begin{array}{l} \boldsymbol{e}_1 = \{1 \quad 0 \quad 0 \ldots 0\} \\ \boldsymbol{e}_2 = \{0 \quad 1 \quad 0 \ldots 0\} \\ \ldots\ldots\ldots\ldots \\ \boldsymbol{e}_n = \{0 \quad 0 \quad 0 \ldots 1\} \end{array}\right\} \tag{4}$$

wurde schon früher hingewiesen. Hier ist ja

$$c_1\,\boldsymbol{e}_1 + c_2\,\boldsymbol{e}_2 + \cdots + c_n\,\boldsymbol{e}_n = \{c_1, c_2, \ldots, c_n\} = \boldsymbol{c}\,,$$

also gleich einem Vektor $\boldsymbol{c}$ mit den Komponenten c_i, und dieser ist dann und nur dann Null, wenn alle Komponenten $c_i = 0$ sind. — Aber auch das System von n Vektoren der Bauart

$$\left.\begin{array}{l} \boldsymbol{a}_1 = \{a_1^1, a_2^1, a_3^1, \ldots, a_n^1\} \\ \boldsymbol{a}_2 = \{0, \ a_2^2, a_3^2, \ldots, a_n^2\} \\ \boldsymbol{a}_3 = \{0, \ 0, \ a_3^3, \ldots, a_n^3\} \\ \ldots\ldots\ldots\ldots \\ \boldsymbol{a}_n = \{0, \ 0, \ 0, \ldots, a_n^n\} \end{array}\right\}, \tag{5}$$

in welchem überdies die „Diagonalkomponenten" $a_1^1, a_2^2, \ldots, a_n^n$ sämtlich von Null verschieden sind, $a_i^i \neq 0$ für alle i, ist linear unabhängig. Denn für die einzelnen Komponenten lauten die Bedingungen für lineare Abhängigkeit, also das Gleichungssystem (3):

$$\begin{array}{ll} c_1\,a_1^1 & = 0 \to c_1 = 0 \\ c_1\,a_2^1 + c_2\,a_2^2 & = 0 \to c_2 = 0 \\ c_1\,a_3^1 + c_2\,a_3^2 + c_3\,a_3^3 & = 0 \to c_3 = 0 \\ \ldots\ldots\ldots\ldots\ldots & \end{array}$$

woraus der Reihe nach $c_1 = c_2 = \ldots = c_n = 0$ folgt.

In einem System linear abhängiger Vektoren ist wenigstens ein Vektor eine Linearkombination der übrigen. Da nämlich wenigstens eine der p Konstanten c_k von Null verschieden sein soll, etwa $c_q \neq 0$, so läßt sich Gl. (2) nach Division durch c_q nach $\boldsymbol{a}_q$ auflösen:

$$\boldsymbol{a}_q = k_1\,\boldsymbol{a}_1 + \cdots + k_{q-1}\,\boldsymbol{a}_{q-1} + k_{q+1}\,\boldsymbol{a}_{q+1} + \cdots + k_p\,\boldsymbol{a}_p\,.$$

Dabei können einige (im Falle des Nullvektors $\boldsymbol{a}_q$ sogar alle) Faktoren k_j auch Null sein.

Ist ein System von $p-1$ linear unabhängigen Vektoren $\boldsymbol{a}_1, \boldsymbol{a}_2, \ldots, \boldsymbol{a}_{p-1}$ gegeben und tritt hier ein solcher Vektor $\boldsymbol{a}_p$ hinzu, daß das *Gesamtsystem* $\boldsymbol{a}_1, \boldsymbol{a}_2, \ldots, \boldsymbol{a}_p$ *linear abhängig* ist, so weiß man, daß der *hinzutretende Vektor* $\boldsymbol{a}_p$ von den übrigen abhängt. Wäre nämlich in Gl. (2) $c_p = 0$, so würde $c_1\,\boldsymbol{a}_1 + \cdots + c_{p-1}\,\boldsymbol{a}_{p-1} = \boldsymbol{o}$ übrig bleiben, woraus wegen der

Unabhängigkeit der $p-1$ ersten Vektoren $c_1 = c_2 = \cdots = c_{p-1} = 0$ folgen würde, d. h. aber lineare Unabhängigkeit des Gesamtsystems entgegen der Voraussetzung. Also muß $c_p \neq 0$ sein, und man kann nach $\boldsymbol{a}_p$ auflösen.

Satz 1: *Sind die $p-1$ Vektoren $\boldsymbol{a}_1, \boldsymbol{a}_2, \ldots, \boldsymbol{a}_{p-1}$ linear unabhängig, dagegen die p Vektoren $\boldsymbol{a}_1, \boldsymbol{a}_2, \ldots, \boldsymbol{a}_p$ linear abhängig, so ist*

$$\boldsymbol{a}_p = c_1 \boldsymbol{a}_1 + c_2 \boldsymbol{a}_2 + \cdots + c_{p-1} \boldsymbol{a}_{p-1} \tag{6}$$

mit nicht sämtlich verschwindenden Konstanten c_k, falls nur $\boldsymbol{a}_p \neq \boldsymbol{o}$.

Ein Vektorsystem $\boldsymbol{a}_1, \boldsymbol{a}_2, \ldots, \boldsymbol{a}_p$ wird nun *vom Range* r genannt, wenn es genau r linear unabhängige Vektoren enthält, $r+1$ der Vektoren aber stets linear abhängig sind. Offenbar ist $r \leqq p$, und für $r = p$ sind die Vektoren linear unabhängig.

7.2. Der Rang einer Matrix

Eine $m\,n$-Matrix $\boldsymbol{A} = (a_{ik})$ läßt sich auffassen als das System ihrer n Spaltenvektoren $\boldsymbol{a}_k$ von je m Komponenten oder als das System ihrer m Zeilenvektoren $\boldsymbol{a}^i$ von je n Komponenten. Jedem von ihnen ist eine Rangzahl als die Maximalzahl linear unabhängiger Spalten bzw. Zeilen zugeordnet. Es wird sich zeigen, daß diese beiden Rangzahlen miteinander übereinstimmen, so daß der Matrix ein Rang r schlechthin zukommt. Offenbar kann r dann nicht größer als die kleinere der beiden Zahlen m oder n sein. Nur im Falle der Nullmatrix ist $r = 0$.

Zum Nachweis unserer Behauptung und zugleich zur praktischen Rangbestimmung einer Matrix — und damit eines beliebigen Vektorsystems — unterwirft man die Matrix einer Reihe von Umformungen, welche weder den Zeilen- noch den Spaltenrang ändern. Es sind dies die drei folgenden sogenannten *elementaren Umformungen*:

I. Vertauschen zweier Zeilen oder Spalten;

II. Multiplizieren einer Zeile oder Spalte mit einem von Null verschiedenen Faktor $c \neq 0$;

III. Addieren einer mit einer beliebigen Zahl c multiplizierten Zeile oder Spalte zu einer andern Zeile bzw. Spalte.

Wir haben zunächst zu zeigen, daß sich bei diesen Umformungen der Rang r der Spaltenvektoren $\boldsymbol{a}_k$, also der Spaltenrang der Matrix $\boldsymbol{A}$ nicht ändert. Es seien irgendwelche $r+1$ Spalten der Matrix ausgewählt, etwa

$$\boldsymbol{a}_{i_1}, \boldsymbol{a}_{i_2}, \ldots, \boldsymbol{a}_{i_{r+1}}. \tag{7}$$

Diese sind nach Voraussetzung über den Rang r linear abhängig, d. h. es besteht eine Gleichung

$$c_1 \boldsymbol{a}_{i_1} + c_2 \boldsymbol{a}_{i_2} + \cdots + c_{r+1} \boldsymbol{a}_{i_{r+1}} = \boldsymbol{o} \tag{8}$$

mit nicht sämtlich verschwindenden Konstanten c_j. Der Vektorgleichung entsprechen die m Komponentengleichungen

$$\left.\begin{array}{l} c_1 a_{1 i_1} + c_2 a_{1 i_2} + \cdots + c_{r+1} a_{1 i_{r+1}} = 0 \\ c_1 a_{2 i_1} + c_2 a_{2 i_2} + \cdots + c_{r+1} a_{2 i_{r+1}} = 0 \\ \cdots\cdots\cdots\cdots\cdots\cdots \\ c_1 a_{m i_1} + c_2 a_{m i_2} + \cdots + c_{r+1} a_{m i_{r+1}} = 0 \end{array}\right\} . \tag{8'}$$

Betrachten wir nun die drei elementaren Umformungen der Reihe nach.

I. Vertauschen zweier Zeilen oder Spalten:

a) Zeilen: Vertauschen zweier der Gleichungen in (8'); ohne Einfluß auf die Lösungen c_k; der Rang ändert sich nicht.

b) Spalten: Ein Vertauschen der Spaltenvektoren hat auf die Maximalzahl r linear unabhängiger unter ihnen offenbar keinen Einfluß; der Rang bleibt ungeändert.

II. Multiplizieren einer Zeile oder Spalte mit $c \neq 0$:

a) Zeilen: Multiplizieren einer der Gleichungen (8') mit $c \neq 0$; ohne Einfluß auf die Lösungen c_k; der Rang ändert sich nicht.

b) Spalten: Falls die mit c multiplizierte Spalte unter den Spalten (7) überhaupt vorkommt, etwa $\boldsymbol{a}_{i_1}$, so ist c_1 durch c_1/c zu ersetzen und die Gln. (8) bleiben bestehen. Eine Rangerhöhung tritt also nicht ein. Aber auch keine Rangerniedrigung, da die Umformung II ja durch eine entsprechende wieder rückgängig gemacht werden könnte, wobei sich dann der Rang wieder erhöhen müßte, was nicht sein kann.

III. Addition einer mit c multiplizierten Zeile (Spalte) zu einer andern:

a) Zeilen: Addition einer mit c multiplizierten Gleichung in (8') zu einer andern; ohne Einfluß auf die Lösungen c_k; der Rang ändert sich nicht.

b) Spalten: Es werde $\boldsymbol{a}_1$ ersetzt durch $\boldsymbol{a}_1 + c\,\boldsymbol{a}_2$, wodurch sich nur $\boldsymbol{a}_1$ ändert. Entweder kommt $\boldsymbol{a}_1$ unter den Spalten (7) gar nicht vor, dann ändert sich an (8) nichts. Oder aber es kommt vor und es sei etwa $\boldsymbol{a}_1 = \boldsymbol{a}_{i_{r+1}}$. Dann wird (7) ersetzt durch

$$\boldsymbol{a}_{i_1}, \boldsymbol{a}_{i_2}, \ldots, \boldsymbol{a}_1 + c\,\boldsymbol{a}_2 . \tag{7a}$$

Sind nun die r ersten Vektoren linear abhängig, so sind es auch die Vektoren (7a) und Gl. (8) bleibt bestehen. Sind aber die r ersten linear unabhängig, so gilt, da der Rang r ist, also je $r + 1$ Vektoren linear abhängig sind:

$$\begin{aligned} \boldsymbol{a}_1 &= \alpha_1 \boldsymbol{a}_{i_1} + \alpha_2 \boldsymbol{a}_{i_2} + \cdots + \alpha_r \boldsymbol{a}_{i_r} \\ \boldsymbol{a}_2 &= \beta_1 \boldsymbol{a}_{i_1} + \beta_2 \boldsymbol{a}_{i_2} + \cdots + \beta_r \boldsymbol{a}_{i_r} \end{aligned}$$

und damit auch

$$\boldsymbol{a}_1 + c\,\boldsymbol{a}_2 = \gamma_1 \boldsymbol{a}_{i_1} + \gamma_2 \boldsymbol{a}_{i_2} + \cdots + \gamma_r \boldsymbol{a}_{i_r}$$

mit $\gamma_k = \alpha_k + c\,\beta_k$. Es besteht also auch mit dem neuen Vektor wieder lineare Abhängigkeit, der Rang hat sich nicht erhöht. Wieder aber kann er sich auch nicht erniedrigen, da die Umformung durch eine entsprechende wieder rückgängig gemacht werden kann, bei der sich dann der Rang erhöhen müßte, was nach dem vorhergehenden nicht sein kann.

Damit haben wir gezeigt, daß sich durch elementare Umformungen der Spaltenrang einer Matrix nicht ändert. Aber auch der Zeilenrang kann es nicht, da sich alle Überlegungen auf die transponierte Matrix $\boldsymbol{A}'$ anwenden lassen, deren Spalten gleich den Zeilen von $\boldsymbol{A}$ sind.

Wir führen nun unsere Matrix durch die beim GAUSSschen Algorithmus angewandten Zeilenumformungen über auf eine obere Dreiecksform, die allgemein folgende Gestalt annehmen wird:

$$\boldsymbol{B} = \left(\begin{array}{cccc|ccc} b_{11} & b_{12} & \cdots & b_{1r} & b_{1,r+1} & \cdots & b_{1n} \\ 0 & b_{22} & \cdots & b_{2r} & b_{2,r+1} & \cdots & b_{2n} \\ \cdot & \cdot & \cdot & \cdot & \cdot & \cdot & \cdot \\ 0 & 0 & \cdots & b_{rr} & b_{r,r+1} & \cdots & b_{rn} \\ \hline 0 & 0 & \cdots & 0 & 0 & \cdots & 0 \\ \cdot & \cdot & \cdot & \cdot & \cdot & \cdot & \cdot \\ 0 & 0 & \cdots & 0 & 0 & \cdots & 0 \end{array}\right) \begin{array}{l} \left.\vphantom{\begin{array}{c}a\\a\\a\\a\end{array}}\right\} r \\ \left.\vphantom{\begin{array}{c}a\\a\\a\end{array}}\right\} m-r \end{array} \qquad (9)$$

(die ersten r Spalten, die übrigen $n-r$ Spalten)

Zu der in § 6.4 beschriebenen Zeilenvertauschung kann hier noch eine Spaltenvertauschung notwendig werden, nämlich dann, wenn sich in einer Spalte in keiner der noch zu berechnenden Zeilen ein von Null verschiedenes Element mehr findet, das zum Diagonalelement werden könnte. Dann hat man lediglich zur nächst folgenden Spalte überzugehen und hier in den noch freien Zeilen nach einem von Null verschiedenen Element zu suchen, das dann die Rolle des Diagonalelementes spielt. — Es mögen auf diese Weise — gegebenenfalls nach Zeilen- und Spaltenvertauschung — genau r nichtverschwindende Diagonalelemente $b_{ii} \neq 0$ gefunden sein. Dann sind offenbar genau r unabhängige Zeilen vorhanden, der Zeilenrang ist r. Der Spaltenrang aber ist genau so groß. Die ersten r Spalten sind wegen der Dreiecksform linear unabhängig. Jede weitere Spalte s aber ist abhängig; denn

$$c_1\,\boldsymbol{b}_1 + \cdots + c_r\,\boldsymbol{b}_r + c_s\,\boldsymbol{b}_s = \boldsymbol{o}$$

ist ein Gleichungssystem der Form

$$\left.\begin{array}{r} b_{11}\,c_1 + b_{12}\,c_2 + \cdots + b_{1r}\,c_r + b_{1s}\,c_s = 0 \\ b_{22}\,c_2 + \cdots + b_{2r}\,c_r + b_{2s}\,c_s = 0 \\ \cdot\quad\cdot\quad\cdot\quad\cdot\quad\cdot\quad\cdot\quad\cdot\quad\cdot \\ b_{rr}\,c_r + b_{rs}\,c_s = 0 \end{array}\right\},$$

das wegen $b_{ii} \neq 0$ eindeutig lösbar ist. Für $c_s = 0$ liefert es die Werte $c_1 = \cdots = c_r = 0$, dagegen für $c_s \neq 0$ im allgemeinen von Null verschiedene Konstante c_i, so daß auch der Spaltenrang genau gleich r ist. Die Matrix als solche besitzt somit den Rang r.

Definition 2: *Eine m n-Matrix heißt* ***vom Range r****, wenn sie genau r linear unabhängige Zeilen oder Spalten besitzt, während $r + 1$ und mehr Zeilen und Spalten linear abhängig sind.*

Wie dem Leser bekannt sein dürfte, wendet man die Umformung III, die Linearkombination von Zeilen und Spalten beim Rechnen mit Determinanten an, um sie auf eine einfacher auswertbare Form zu bringen. Dabei ändert sich der Wert der Determinante bekanntlich nicht. Bei Umformung I, Vertauschen zweier Reihen, ändert sich das Vorzeichen der Determinante und bei II multipliziert sie sich mit $c \neq 0$. Das Verschwinden oder Nichtverschwinden der Determinante aber wird von keiner der drei Umformungen berührt. Hieraus und aus der Dreiecksform der Matrix $\boldsymbol{B}$, in die $\boldsymbol{A}$ durch elementare Umformungen überführt wird, folgt, daß mit $\boldsymbol{B}$ auch $\boldsymbol{A}$ wenigstens eine von Null verschiedene r-reihige Determinante enthält, während alle in ihr etwa enthaltenen Determinanten höherer Reihenzahl verschwinden. Man erhält so als zweite Definition des Ranges einer Matrix

Definition 3: *Eine m n-Matrix heißt* ***vom Range r****, wenn sie wenigstens eine nicht verschwindende r-reihige Determinante enthält, während alle in ihr etwa enthaltenen Determinanten höherer Reihenzahl verschwinden.*

Beispiel: Gesucht sei der Rang der (quadratischen) Matrix

$$\boldsymbol{A} = \begin{pmatrix} 1 & -3 & 2 & 4 & -2 \\ -2 & 6 & -4 & -3 & 2 \\ 3 & -7 & 5 & 8 & -3 \\ -2 & 8 & -5 & -2 & 3 \\ 1 & -5 & 3 & 3 & -3 \end{pmatrix}.$$

Umformung nach dem verketteten Algorithmus, ergänzt durch Summenproben nach folgendem Schema:

1	−1	1	10	−3	8
1	−3	2	4	−2	2
−2	6	−4	−3	2	−1
3	−7	5	8	−3	6
−2	8	−5	−2	3	2
1	−5	3	3	−3	−1
[1]	−3	2	4	−2	2
2	0	0	[5]	−2	3
−*3*	[2]	−1	−4	3	0
2	−*1*	0	−*2*	0	0
−*1*	*1*	0	*1*	0	0
−*1*	−*1*	0	−*2*	0	0

In der 3. Spalte gibt es kein von Null verschiedenes Element mehr; man geht auf die 4. Spalte über, wo sich in der 2. Zeile die 5 als Diagonalelement anbietet. Nach Zeilenvertauschung erhält man so

$$\boldsymbol{B}^* = \begin{pmatrix} 1 & -3 & 2 & 4 & -2 \\ 0 & 2 & -1 & -4 & 3 \\ 0 & 0 & 0 & 5 & -2 \\ 0 & 0 & 0 & 0 & 0 \\ 0 & 0 & 0 & 0 & 0 \end{pmatrix}.$$

Entsprechend den drei von Null verschiedenen Zeilen hat $\boldsymbol{B}^*$ und damit auch $\boldsymbol{A}$ den Rang $r = 3$. Vertauschen der 3. und 4. Spalte ergibt die endgültige Dreiecksmatrix

$$\boldsymbol{B} = \begin{pmatrix} 1 & -3 & 4 & 2 & -2 \\ 0 & 2 & -4 & -1 & 3 \\ 0 & 0 & 5 & 0 & -2 \\ 0 & 0 & 0 & 0 & 0 \\ 0 & 0 & 0 & 0 & 0 \end{pmatrix}.$$

Aus der Dreiecksform erkennt man

Satz 2: *Der Rang einer $m\,n$-Matrix ist höchstens gleich der kleineren der beiden Zahlen m oder n.*

Daraus folgt dann auch der bedeutsame

Satz 3: *Mehr als n Vektoren $\boldsymbol{a}_k$ zu je n Komponenten a_i^k sind stets linear abhängig. Mit anderen Worten: Im n-dimensionalen Raum R_n gibt es höchstens n linear unabhängige Vektoren.*

Denn die Komponenten a_i^k der Vektoren — es seien etwa p mit $p > n$ — lassen sich spaltenweise als Elemente einer $n\,p$-Matrix anordnen, deren Rang dann höchstens gleich n ist, womit die p Spaltenvektoren $\boldsymbol{a}_k$ wegen $p > n$ linear abhängig sind. Es folgt weiter — zusammen mit Satz 1 — der

Satz 4: *Sind n linear unabhängige n-dimensionale Vektoren $\boldsymbol{a}_k$ gegeben, so läßt sich ein beliebiger n-dimensionaler Vektor $\boldsymbol{a}$ darstellen als Linearkombination der $\boldsymbol{a}_k$:*

$$\boxed{\boldsymbol{a} = c_1\boldsymbol{a}_1 + c_2\boldsymbol{a}_2 + \cdots + c_n\boldsymbol{a}_n} \; . \tag{10}$$

*Die Vektoren $\boldsymbol{a}_k$ bilden, wie man sagt, eine **Basis** im R_n.*

Gl. (10) stellt ein inhomogenes Gleichungssystem mit nichtsingulärer Koeffizientenmatrix $\boldsymbol{A} = (\boldsymbol{a}_1, \boldsymbol{a}_2, \ldots, \boldsymbol{a}_n)$ und rechter Seite $\boldsymbol{a}$ dar, aus dem sich die Koeffizienten c_k zu beliebigem $\boldsymbol{a}$ eindeutig errechnen lassen.

7.3. Rang von Matrizenprodukten

Über den Rang eines Matrizenproduktes $\boldsymbol{A}\boldsymbol{B}$ lassen sich, wenn die Rangzahlen r_A und r_B der beiden Faktoren $\boldsymbol{A}$ und $\boldsymbol{B}$ bekannt sind, verschiedene mehr oder weniger bestimmte Aussagen machen. Am einfachsten wird sie für den Fall, daß eine der beiden Matrizen $\boldsymbol{A}$ oder $\boldsymbol{B}$ quadratisch und nichtsingulär ist. Es sei etwa $\boldsymbol{A}$ eine $m\,n$-Matrix vom Range r und $\boldsymbol{B}$ eine nichtsinguläre m-reihige quadratische Matrix, und wir fragen nach dem Rang der Produktmatrix $\boldsymbol{B}\,\boldsymbol{A} = \boldsymbol{C}$. Mit den n Spalten $\boldsymbol{a}_k$ von $\boldsymbol{A}$ schreibt sich das Produkt in der Form

$$\boldsymbol{B}\,\boldsymbol{A} = \boldsymbol{B}\,(\boldsymbol{a}_1, \ldots, \boldsymbol{a}_n) = (\boldsymbol{B}\,\boldsymbol{a}_1, \ldots, \boldsymbol{B}\,\boldsymbol{a}_n) = (\boldsymbol{c}_1, \ldots, \boldsymbol{c}_n) = \boldsymbol{C}\,.$$

Die Spalten $\boldsymbol{c}_k$ von $\boldsymbol{C}$ ergeben sich als Transformierte der Spalten $\boldsymbol{a}_k$:

$$\boldsymbol{c}_k = \boldsymbol{B}\,\boldsymbol{a}_k\,.$$

Es gibt nun r linear unabhängige Spalten $\boldsymbol{a}_k$, und wir dürfen unbeschadet der Allgemeinheit annehmen, es seien dies die r ersten. Für jede weitere Spalte $\boldsymbol{a}_s$ mit $s > r$ gilt dann nach Satz 1:

$$k_1\,\boldsymbol{a}_1 + \cdots + k_r\,\boldsymbol{a}_r + \boldsymbol{a}_s = \boldsymbol{o}\,, \tag{11}$$

oder kürzer

$$\boldsymbol{A}_s\,\boldsymbol{k} = \boldsymbol{o} \tag{11'}$$

mit der Teilmatrix

$$\boldsymbol{A}_s = (\boldsymbol{a}_1, \ldots, \boldsymbol{a}_r, \boldsymbol{a}_s)$$

und dem Vektor

$$\boldsymbol{k} = (k_1, \ldots, k_r, 1)' \neq \boldsymbol{o}\,.$$

Damit aber folgt dann

$$\boldsymbol{B}\,\boldsymbol{A}_s\,\boldsymbol{k} = \boldsymbol{C}_s\,\boldsymbol{k} = \boldsymbol{o}\,, \tag{12}$$

ausführlicher

$$k_1\,\boldsymbol{c}_1 + \cdots + k_r\,\boldsymbol{c}_r + \boldsymbol{c}_s = \boldsymbol{o}\,. \tag{12'}$$

Die $r + 1$ Vektoren $\boldsymbol{c}_k$ sind also linear abhängig, und der Rang von $\boldsymbol{C}$ kann nicht größer als r sein. Da aber die Beziehung $\boldsymbol{B}\,\boldsymbol{A} = \boldsymbol{C}$ wegen Nichtsingularität von $\boldsymbol{B}$ umkehrbar ist, so kann man auf gleiche Weise folgern, daß der Rang von $\boldsymbol{A}$ auch nicht größer als der von $\boldsymbol{C}$ sein kann. Also hat $\boldsymbol{C}$ den gleichen Rang wie $\boldsymbol{A}$. — Will man das Produkt $\boldsymbol{A}\,\boldsymbol{B}$ mit nichtsingulärer $n\,n$-Matrix $\boldsymbol{B}$ untersuchen, so geht man auf $\boldsymbol{B}'\,\boldsymbol{A}'$ über und erhält das gleiche Ergebnis.

Satz 5: *Ist $\boldsymbol{A}$ eine $m\,n$-Matrix vom Range r und $\boldsymbol{B}$ quadratisch nichtsingulär und verkettbar mit $\boldsymbol{A}$, so hat auch die Produktmatrix $\boldsymbol{A}\,\boldsymbol{B}$ oder $\boldsymbol{B}\,\boldsymbol{A}$ den gleichen Rang r.*

Für quadratisch nichtsinguläres $\boldsymbol{A}$ erhält man daraus als Sonderfall

Satz 6: *Das Produkt $\boldsymbol{A}\,\boldsymbol{B}$ zweier nichtsingulärer quadratischer Matrizen $\boldsymbol{A}, \boldsymbol{B}$ ist wiederum nichtsingulär.*

Dies folgt übrigens auch aus dem in § 2.2 angeführten Determinantensatz 3. — Wir können beide Sätze auch noch etwas anderes formulieren zu

Satz 7: *Unterwirft man ein Vektorsystem $\boldsymbol{a}_1, \ldots, \boldsymbol{a}_p$ vom Range r einer nichtsingulären Transformation $\boldsymbol{B}\,\boldsymbol{a}_k = \boldsymbol{c}_k$, so hat das neue System*

$\boldsymbol{c}_1, \ldots, \boldsymbol{c}_p$ *den gleichen Rang* r *wie das alte. Sind insbesondere die Vektoren* $\boldsymbol{a}_k$ *linear unabhängig* $(r = p)$, *so sind es auch die transformierten Vektoren* $\boldsymbol{c}_p$.

Sind nun *beide* Faktoren eines Matrizenproduktes singulär, so erhält man gleich einfache und eindeutige Aussagen nur noch in Sonderfällen. So gilt (vgl. Abb. 7,1) der folgende

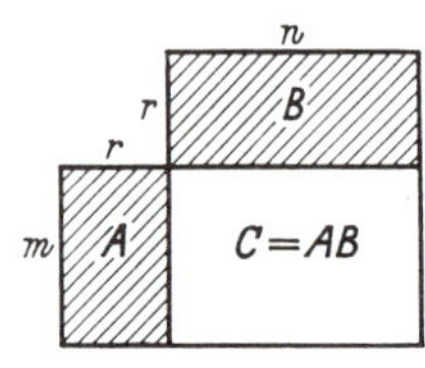

Abb. 7.1. Zu Satz 8

Satz 8: *Das Produkt einer spaltenregulären* mr-*Matrix* $\boldsymbol{A}$ *mit einer zeilenregulären* rn-*Matrix* $\boldsymbol{B}$, *die* mn-*Matrix* $\boldsymbol{C} = \boldsymbol{A}\boldsymbol{B}$, *hat den Rang* r. *Die Spalten von* $\boldsymbol{C}$ *sind Linearkombinationen der* r *unabhängigen Spalten* $\boldsymbol{a}_k$, *ihre Zeilen solche der* r *unabhängigen Zeilen* $\boldsymbol{b}^i$.

Die beiden letzten Aussagen ergeben sich leicht wie folgt:

$$\boldsymbol{C} = \boldsymbol{A}\boldsymbol{B} = (\boldsymbol{a}_1, \ldots, \boldsymbol{a}_r)\begin{pmatrix} b_{11} \ldots b_{1n} \\ \ldots\ldots\ldots \\ b_{r1} \ldots b_{rn} \end{pmatrix} = (\boldsymbol{c}_1, \ldots, \boldsymbol{c}_n) \text{ mit}$$

$$\boldsymbol{c}_k = b_{1k}\boldsymbol{a}_1 + b_{2k}\boldsymbol{a}_2 + \cdots + b_{rk}\boldsymbol{a}_r \qquad (k = 1, 2, \ldots, n) \tag{13a}$$

$$\boldsymbol{C} = \boldsymbol{A}\boldsymbol{B} = \begin{pmatrix} a_{11} \ldots a_{1r} \\ \ldots\ldots\ldots \\ a_{m1} \ldots a_{mr} \end{pmatrix}\begin{pmatrix} \boldsymbol{b}^1 \\ \vdots \\ \boldsymbol{b}^r \end{pmatrix} = \begin{pmatrix} \boldsymbol{c}^1 \\ \vdots \\ \boldsymbol{c}^m \end{pmatrix} \text{ mit}$$

$$\boldsymbol{c}^i = a_{i1}\boldsymbol{b}^1 + a_{i2}\boldsymbol{b}^2 + \cdots + a_{ir}\boldsymbol{b}^r \quad (i = 1, 2, \ldots, m) \tag{13b}$$

Die Matrix $\boldsymbol{B}$ enthält nun wenigstens eine nicht verschwindende r-reihige Determinante, und wir nehmen einmal an, es sei die der r ersten Spalten. Soll nun $\boldsymbol{C}$ vom Range r sein, so muß eine Gleichung

$$c_1\boldsymbol{c}_1 + \cdots + c_r\boldsymbol{c}_r + c_{r+1}\boldsymbol{c}_s = \boldsymbol{o} \tag{14}$$

für beliebiges $s > r$ mit nicht sämtlich verschwindenden Konstanten c_k erfüllt sein. Mit Gl. (13a) wird hieraus:

$$\begin{aligned}(b_{11}c_1 + \cdots + b_{1s}c_{r+1})\boldsymbol{a}_1 + (b_{21}c_1 + \cdots + b_{2s}c_{r+1})\boldsymbol{a}_2 \\ + \cdots + (b_{r1}c_1 + \cdots + b_{rs}c_{r+1})\boldsymbol{a}_r = \boldsymbol{o}\,,\end{aligned}$$

und da die Vektoren $\boldsymbol{a}_k$ linear unabhängig sind, so folgt hieraus das Gleichungssystem

$$\left.\begin{array}{l} b_{11}c_1 + \cdots + b_{1r}c_r + b_{1s}c_{r+1} = 0 \\ \ldots\ldots\ldots\ldots\ldots\ldots\ldots \\ b_{r1}c_1 + \cdots + b_{rr}c_r + b_{rs}c_{r+1} = 0 \end{array}\right\} \tag{15}$$

Hier können wir nun $c_{r+1} \neq 0$ beliebig wählen. Da wir die Spalten von $\boldsymbol{B}$ so angeordnet gedacht hatten, daß die Determinante der r ersten Spalten nicht verschwindet, so läßt sich das System nach den restlichen

Unbekannten $c_1, \ldots, c_r$ auflösen. Es gibt also nicht durchweg verschwindende Konstanten c_k derart, daß Gl. (14) erfüllt ist, d. h. $r+1$ der Vektoren $\boldsymbol{c}_k$ sind stets linear abhängig. Setzen wir aber in Gl. (14) die letzte Konstante $c_{r+1} = 0$, so wird aus Gl. (15) ein homogenes System mit nicht verschwindender Determinante, das nur die triviale Lösung $c_1 = c_2 = \cdots = c_r = 0$ besitzt. Die r ersten Vektoren $\boldsymbol{c}_1, \ldots, \boldsymbol{c}_r$ sind also linear unabhängig, womit die Matrix $\boldsymbol{C}$ gerade den Rang r besitzt.

Umgekehrt läßt sich jede mn-Matrix $\boldsymbol{C}$ vom Range r als Produkt $\boldsymbol{A}\,\boldsymbol{B}$ einer spaltenregulären mr-Matrix $\boldsymbol{A}$ mit einer zeilenregulären rn-Matrix $\boldsymbol{B}$ darstellen, und zwar noch auf verschiedene Weise. Z. B. kann man r unabhängige Spalten von $\boldsymbol{C}$ als die Spalten $\boldsymbol{a}_k$ wählen, oder r unabhängige Zeilen von $\boldsymbol{C}$ als die Zeilen $\boldsymbol{b}^i$. — Im Falle $r = 1$ wird das Produkt zum dyadischen Produkt

$$\boldsymbol{C} = \boldsymbol{a}\,\boldsymbol{b}'\,,$$

wo die Matrix $\boldsymbol{A} = \boldsymbol{a}$ aus einer Spalte, die Matrix $\boldsymbol{B} = \boldsymbol{b}'$ aus einer Zeile besteht, vgl. § 2,5. S. 27.

Im allgemeinen Falle beliebigen Ranges r_A von $\boldsymbol{A}$ und r_B von $\boldsymbol{B}$ läßt sich der Rang r_C des Matrizenproduktes $\boldsymbol{C} = \boldsymbol{A}\,\boldsymbol{B}$ nur noch in Schranken einschließen. Der Einfachheit halber beschränken wir uns im folgenden auf n-reihige quadratische Matrizen. Im Falle rechteckiger Matrizen denken wir uns diese durch Anfügen von Nullreihen auf quadratische n-reihige ergänzt.

Wir benutzen außer dem Rang r noch sein Komplement, den schon § 1.6 eingeführten *Defekt*

$$\boxed{d = n - r}\,, \tag{16}$$

mit dem sich die folgenden Aussagen bequemer formulieren lassen. Ferner nehmen wir

$$r_A \leqq r_B$$

an, andernfalls wir das Produkt $\boldsymbol{C}' = \boldsymbol{B}'\,\boldsymbol{A}'$ behandeln können. Wir denken uns nun $\boldsymbol{A}$ zunächst auf Dreiecksform, danach durch Spaltenumformungen III und II auf die sogenannte *Normalform* (vgl. auch 7.4)

$$\boldsymbol{N}_A = \begin{pmatrix} 1 & 0 & \ldots & 0 & 0 & \ldots & 0 \\ 0 & 1 & \ldots & 0 & 0 & \ldots & 0 \\ . & . & . & . & . & . & . \\ 0 & 0 & \ldots & 1 & 0 & \ldots & 0 \\ 0 & 0 & \ldots & 0 & 0 & \ldots & 0 \\ . & . & . & . & . & . & . \\ 0 & 0 & \ldots & 0 & 0 & \ldots & 0 \end{pmatrix} = \begin{pmatrix} \boldsymbol{I} & \boldsymbol{O} \\ \boldsymbol{O} & \boldsymbol{O} \end{pmatrix}$$

gebracht mit der r_A-reihigen Einheitsmatrix $\boldsymbol{I}$. Die zum Ganzen erforderlichen Zeilenumformungen lassen sich durch Linksmultiplikation mit einer nichtsingulären Matrix $\boldsymbol{P}$, die Spaltenumformungen durch Rechtsmultiplikation mit einer nichtsingulären Matrix $\boldsymbol{Q}$ herbeiführen:

$$\boldsymbol{P\,A\,Q} = \boldsymbol{N}_A\,.$$

Betrachtet man die Matrix

$$\bar{\boldsymbol{C}} = \boldsymbol{P\,C} = \boldsymbol{P\,A\,Q} \cdot \boldsymbol{Q}^{-1}\boldsymbol{B} = \boldsymbol{N}_A\,\bar{\boldsymbol{B}}\,,$$

so besitzt $\bar{\boldsymbol{C}} = \boldsymbol{P\,C}$ den gleichen Rang wie $\boldsymbol{C}$ und $\bar{\boldsymbol{B}} = \boldsymbol{Q}^{-1}\boldsymbol{B}$ den gleichen wie $\boldsymbol{B}$. Indem man nun $\bar{\boldsymbol{B}}$ aufteilt in den oberen aus r_A Zeilen bestehenden Teil $\bar{\boldsymbol{B}}_1$ und den restlichen unteren Teil $\bar{\boldsymbol{B}}_2$, so erhält man

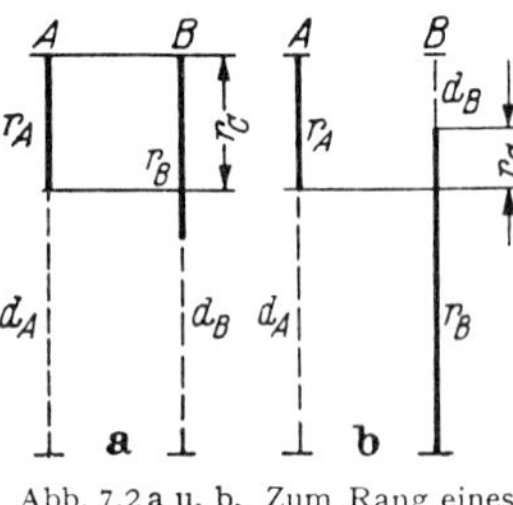

Abb. 7.2a u. b. Zum Rang eines Matrizenproduktes

$$\bar{\boldsymbol{C}} = \boldsymbol{N}_A\,\bar{\boldsymbol{B}} = \begin{pmatrix} \boldsymbol{I} & \boldsymbol{O} \\ \boldsymbol{O} & \boldsymbol{O} \end{pmatrix} \begin{pmatrix} \bar{\boldsymbol{B}}_1 \\ \bar{\boldsymbol{B}}_2 \end{pmatrix} = \begin{pmatrix} \bar{\boldsymbol{B}}_1 \\ \boldsymbol{O} \end{pmatrix}.$$

Die Matrix $\bar{\boldsymbol{C}}$ besteht also aus den r_A oberen Zeilen von $\bar{\boldsymbol{B}}$ und $n - r_A = d_A$ unteren Nullzeilen. Da nun $\bar{\boldsymbol{B}}$ den Rang r_B hat, so enthält es r_B linear unabhängige Zeilen. Ihr oberer Teil kann somit maximal r_A unabhängige Zeilen enthalten, Abb. 7.2a. In dem Falle ist der gesuchte Rang $r_C = r_A$. Die linear unabhängigen Zeilen von $\bar{\boldsymbol{B}}$ können aber auch die r_B unteren und jede der oberen kann von ihnen abhängig sein, Abb. 7.2b. In dem Falle ist der Rang r_C mindestens gleich dem überdeckenden Teil der beiden Rangzahlen, nämlich $r_A + r_B - n = r_A - d_B$, falls diese Größe nicht negativ ist; andernfalls ist er Null. Zwischen diesen beiden Grenzen kann r_C liegen, also, da wir $r_A \leqq r_B$ annahmen:

$$\boxed{r_{min} - d_{min} \leqq r_C \leqq r_{min}}\,. \tag{17}$$

Dies ist der Inhalt des unter dem Namen *Sylvesters Law of Nullity* bekannten

Satz 9: *Haben die beiden n-reihig quadratischen Matrizen* $\boldsymbol{A}$ *und* $\boldsymbol{B}$ *den Rang* r_A *und* r_B *bzw. den Defekt* $d_A = n - r_A$ *und* $d_B = n - r_B$, *so ist der Rang* r_C *der Produktmatrix* $\boldsymbol{C} = \boldsymbol{A\,B}$ *oder* $\boldsymbol{C} = \boldsymbol{B\,A}$ *höchstens gleich der kleinsten der beiden Rangzahlen und mindestens gleich dem kleinsten Rang, vermindert um den kleinsten Defekt.*

Der Rang der Produktmatrix ist damit in Schranken eingeschlossen, deren Weite gleich dem kleinsten Defekt der Faktoren $\boldsymbol{A}$ oder $\boldsymbol{B}$ ist. Im Sonderfall eines nichtsingulären Faktors fallen die Schranken zusammen, und es ist $r_C = r_A$, Satz 5.

Mehr als in Satz 9 kann im allgemeinen Falle nicht ausgesagt werden, wohl aber in Sonderfällen, so insbesondere für die in § 2.7 eingeführte Matrix $\boldsymbol{A}'\,\boldsymbol{A}$ der GAUSSschen Transformation. Für sie werden wir in § 11.2 im Zusammenhang mit quadratischen Formen zeigen, daß sie vom Range r der $m\,n$-Matrix $\boldsymbol{A}$ ist.

7.4. Äquivalenz

Eine $m\,n$-Matrix vom Range r läßt sich, wie wir sahen, durch Zeilenkombination, gegebenenfalls noch ergänzt durch Zeilen- und Spaltenvertauschung auf die Dreiecksform mit r von Null verschiedenen Diagonalelementen $b_{ii} \neq 0$ bringen, aus der man den Rang r unmittelbar abliest. Durch anschließende Spaltenkombination läßt sich diese Dreiecksmatrix auf Diagonalform überführen: Subtraktion der mit $b_{1k} : b_{11}$ multiplizierten ersten Spalte von der k-ten Spalte für $k = 2, 3, \ldots, n$ macht sämtliche Elemente b_{1k} der ersten Zeile mit Ausnahme von b_{11} zu Null, Subtraktion der mit $b_{2k} : b_{22}$ multiplizierten zweiten Spalte von den folgenden Spalten $k = 3, 4, \ldots, n$ sodann die Elemente der zweiten Zeile, usf. Schließlich lassen sich dann noch alle diese Diagonalelemente $b_{ii} \neq 0$ durch Division mit dem betreffenden b_{ii} (Umformung II) zu 1 machen, womit die Matrix in ihre sogenannte *Normalform* verwandelt worden ist:

$$\boldsymbol{N} = \left(\begin{array}{c|c} \begin{matrix} 1 & 0 & \dots & 0 \\ 0 & 1 & \dots & 0 \\ \cdot & \cdot & \cdot & \cdot \\ 0 & 0 & \dots & 1 \end{matrix} & \begin{matrix} 0 & \dots & 0 \\ 0 & \dots & 0 \\ \cdot & \cdot & \cdot \\ 0 & \dots & 0 \end{matrix} \\ \hline \underbrace{\begin{matrix} 0 & 0 & \dots & 0 \\ \cdot & \cdot & \cdot & \cdot \\ 0 & 0 & \dots & 0 \end{matrix}}_{r} & \underbrace{\begin{matrix} 0 & \dots & 0 \\ \cdot & \cdot & \cdot \\ 0 & \dots & 0 \end{matrix}}_{n-r} \end{array}\right) \begin{array}{l} \left.\vphantom{\begin{matrix} 1 \\ 1 \\ 1 \\ 1 \end{matrix}}\right\} r \\ \left.\vphantom{\begin{matrix} 1 \\ 1 \\ 1 \end{matrix}}\right\} m-r \\ \end{array} = \begin{pmatrix} \boldsymbol{I} & \boldsymbol{O} \\ \boldsymbol{O} & \boldsymbol{O} \end{pmatrix} \tag{18}$$

Auf diese Normalform von m Zeilen und n Spalten mit der r-reihigen Einheitsmatrix $\boldsymbol{I}$ in der linken oberen Ecke läßt sich offenbar jede $m\,n$-Matrix vom Range r durch eine endliche Anzahl elementarer Umformungen überführen. Man definiert nun

Definition 4: *Zwei $m\,n$-Matrizen $\boldsymbol{A}$ und $\boldsymbol{B}$ werden einander* ***äquivalent*** *genannt, in Zeichen*

$$\boxed{\boldsymbol{A} \sim \boldsymbol{B}}\,, \tag{19}$$

wenn die eine in die andere durch endlich viele elementare Umformungen überführbar ist.

Dies ist offenbar genau dann der Fall, wenn beide auf gleiche Normalform (18) gebracht werden können, und es gilt daher

Satz 10: *Äquivalente Matrizen haben den gleichen Rang. Matrizen vom gleichen Typ $m\,n$ und gleichen Rang sind äquivalent.*

Es handelt sich hier um eine gewisse — allerdings ziemlich lose — innere Verwandtschaft der beiden Matrizen. Bedeutsamer als die allgemeine Äquivalenz sind engere Bindungen, so die schon früher angeführte *Ähnlichkeit* (§ 5.3) und *Kongruenz* (§ 5.7) quadratischer Matrizen, die sich beide als Sonderfälle der Äquivalenz erweisen werden.

Die Äquivalenz kann durch eine Matrizengleichung ausgedrückt werden. Jede der elementaren Umformungen an einer Matrix $\boldsymbol{A}$ läßt sich nämlich durch Multiplikation von $\boldsymbol{A}$ mit einer quadratischen nichtsingulären Matrix einfacher Bauart herbeiführen, nämlich durch die in § 2.3 eingeführte Matrix $\boldsymbol{J}_{ik}$ (Umformung I), eine Matrix $\boldsymbol{C}_i$, entstanden aus $\boldsymbol{I}$ durch Ersatz des i-ten Diagonalelementes 1 durch $c \neq 0$ (Umformung II) und schließlich die gleichfalls in § 2.3 gebrachte Matrix $\boldsymbol{K}_{ik}$ (Umformung III). Multiplikation der Matrix $\boldsymbol{A}$ von links her bewirkt Umformung bezüglich der Zeilen, eine solche von rechts her Umformung bezüglich der Spalten. Faßt man nun bei Hintereinanderschaltung der Umformungen alle Linksfaktoren zur wiederum nichtsingulären $m\,m$-Matrix $\boldsymbol{P}$, alle Rechtsfaktoren zur nichtsingulären $n\,n$-Matrix $\boldsymbol{Q}$ zuzusammen, so erhält man zwischen Ausgangsmatrix $\boldsymbol{A}$ und einer aus ihr durch elementare Umformungen hervorgegangenen, also mit ihr äquivalenten Matrix $\boldsymbol{B}$ den Zusammenhang

$$\boxed{\boldsymbol{B} = \boldsymbol{P}\,\boldsymbol{A}\,\boldsymbol{Q}}\,, \tag{20}$$

der wegen nichtsingulärem $\boldsymbol{P}$ und $\boldsymbol{Q}$ umkehrbar ist zu

$$\boldsymbol{A} = \boldsymbol{P}^{-1}\,\boldsymbol{B}\,\boldsymbol{Q}^{-1}\,. \tag{20a}$$

Besteht umgekehrt zwischen zwei Matrizen $\boldsymbol{A}$, $\boldsymbol{B}$ eine Beziehung (20) mit nichtsingulärem $\boldsymbol{P}$ und $\boldsymbol{Q}$, so sind $\boldsymbol{A}$ und $\boldsymbol{B}$ äquivalente Matrizen. Denn bei Multiplikation von $\boldsymbol{A}$ mit einer nichtsingulären Matrix ändert sich laut Satz 5 der Rang von $\boldsymbol{A}$ nicht. Es gilt somit

Satz 11: *Zwei $m\,n$-Matrizen $\boldsymbol{A}$ und $\boldsymbol{B}$ sind dann und nur dann äquivalent, wenn es zwei nichtsinguläre Matrizen $\boldsymbol{P}$ und $\boldsymbol{Q}$ gibt (von denen eine auch die Einheitsmatrix sein kann) derart, daß Gl.* (20) *und damit auch* (20a) *gilt. Insbesondere kann auf diese Weise jede $m\,n$-Matrix $\boldsymbol{A}$ von Range r auf ihre Normalform* (18) *gebracht werden.*

Die schon erwähnte *Ähnlichkeit* zweier quadratischer Matrizen ordnet sich hier als Sonderfall mit der Zusatzforderung $\boldsymbol{P} = \boldsymbol{Q}^{-1}$, die *Kongruenz* durch die Zusatzforderung $\boldsymbol{P} = \boldsymbol{Q}'$ ein. Beidemale erfolgt die Bindung also durch eine einzige nichtsinguläre Transformationsmatrix $\boldsymbol{Q}$.

§ 8. Allgemeine lineare Gleichungssysteme

8.1. Allgemeine homogene Gleichungssysteme

Während wir bisher, in § 6, bei der Auflösung eines linearen Gleichungssystems die Koeffizientenmatrix als quadratisch und nichtsingulär voraussetzten, holen wir nun die Lösung allgemeiner Gleichungssysteme mit auch nichtquadratischer Matrix nach und beginnen hier mit der Behandlung homogener Systeme

$$\boxed{\boldsymbol{A}\,\boldsymbol{x} = \boldsymbol{o}} \tag{1}$$

mit der mn-Matrix $\boldsymbol{A}$ und durchweg verschwindenden rechten Seiten. Derartige Systeme bilden einerseits die Grundlage auch der allgemeinen inhomogenen Gleichungen, andrerseits treten sie als solche mit quadratischer Matrix im Zusammenhang mit der im IV. Kap. zu behandelnden Eigenwertaufgabe auf. Zunächst hat das homogene System unter allen Umständen die sogenannte *triviale Lösung*

$$x_1 = x_2 = \cdots = x_n = 0\,, \quad \text{kurz} \quad \boldsymbol{x} = \boldsymbol{o}\,, \tag{2}$$

die freilich in der Regel ohne Interesse ist, da sie unterschiedslos bei beliebiger Matrix $\boldsymbol{A}$ gilt. Bedeutsam sind allein nichttriviale Lösungen $\boldsymbol{x} \neq \boldsymbol{o}$, also solche, bei denen wenigstens eine der n Unbekannten x_i einen von Null verschiedenen Wert annimmt. Hat das System aber eine derartige Lösung, so hat es auch unendlich viele, die Lösung ist nicht eindeutig. Das besagt

Satz 1: *Ist $\boldsymbol{x}_1$ eine Lösung von* (1), *so ist auch $\boldsymbol{x} = c\,\boldsymbol{x}_1$ eine Lösung mit beliebigem Zahlenfaktor c. — Sind $\boldsymbol{x}_1$ und $\boldsymbol{x}_2$ zwei Lösungen von* (1), *so ist auch $\boldsymbol{x} = \boldsymbol{x}_1 + \boldsymbol{x}_2$ eine Lösung.*

Diese charakteristische Eigenschaft homogen linearer Gleichungssysteme ergibt sich sofort durch Einsetzen:

$$\boldsymbol{A}\,(c\,\boldsymbol{x}_1) = c\,\boldsymbol{A}\,\boldsymbol{x}_1 = \boldsymbol{o}\,,$$
$$\boldsymbol{A}\,(\boldsymbol{x}_1 + \boldsymbol{x}_2) = \boldsymbol{A}\,\boldsymbol{x}_1 + \boldsymbol{A}\,\boldsymbol{x}_2 = \boldsymbol{o}\,.$$

Was nun die Existenz nichttrivialer Lösungen angeht, so wird aus Gl. (1) in der Form

$$\boxed{\boldsymbol{a}_1 x_1 + \boldsymbol{a}_2 x_2 + \cdots + \boldsymbol{a}_n x_n = \boldsymbol{o}} \tag{1a}$$

mit den Spalten $\boldsymbol{a}_k$ der Matrix $\boldsymbol{A}$ zufolge § 7.1, Definition 1 ersichtlich:

Satz 2: *Ein homogenes Gleichungssystem in n Unbekannten x_k hat genau dann nichttriviale Lösungen, wenn die Spalten $\boldsymbol{a}_k$ der Matrix linear abhängig sind, der Rang r also kleiner als n ist, wenn also das System einen positiven Defekt $d = n - r > 0$ hat. Ist $\boldsymbol{A}$ spaltenregulär, so hat* (1) *nur die triviale Lösung.*

Daraus folgt dann

Satz 3: *Ein homogenes Gleichungssystem mit weniger Gleichungen als Unbekannten ($m < n$) hat immer nichttriviale Lösungen.*

Denn dann ist der Rang $r \leqq m < n$, die Bedingung von Satz 2 ist also erfüllt. Es folgt weiter

Satz 4: *Ein homogenes System von n Gleichungen in n Unbekannten hat dann und nur dann nichttriviale Lösungen, wenn seine $n\,n$-Matrix singulär ist,* $\det \boldsymbol{A} = 0$.

Die praktische Lösungsermittlung erfolgt wieder so, daß man die Matrix $\boldsymbol{A}$ über den Gaussschen Algorithmus in eine obere Dreiecksmatrix $\boldsymbol{B}$, das gegebene System also in ein gestaffeltes verwandelt, wobei — nötigenfalls nach Zeilenumstellung — die r ersten Zeilen von Null verschieden sind, während etwa vorhandene weitere Zeilen (bei $m > r$) Null werden. Das System reduziert sich von selbst auf r linear unabhängige Gleichungen, während die restlichen Gleichungen entfallen. Nötigenfalls nach Spaltenvertauschung (also nach einer Umnumerierung der Unbekannten) erhält man genau r Diagonalelemente $b_{ii} \neq 0$, und das gestaffelte System erscheint in der folgenden Form:

	x_1	x_2	$\ldots$	x_r	x_{r+1}	x_{r+2}	$\ldots$	x_n	
	b_{11}	b_{12}	$\ldots$	b_{1r}	$b_{1,r+1}$	$b_{1,r+2}$	$\ldots$	b_{1n}	r
	0	b_{22}	$\ldots$	b_{2r}	$b_{2,r+1}$	$b_{2,r+2}$	$\ldots$	b_{2n}	
	.	.	.	.	.	.	.	.	
	0	0	$\ldots$	b_{rr}	$b_{r,r+1}$	$b_{r,r+2}$	$\ldots$	b_{rn}	
$\boldsymbol{x}_1$:	x_{11}	x_{21}	$\ldots$	x_{r1}	1	0	$\ldots$	0	$\cdot c_1$
$\boldsymbol{x}_2$:	x_{12}	x_{22}	$\ldots$	x_{r2}	0	1	$\ldots$	0	$\cdot c_2$
$\ldots$	.	.	.	.	.	.	.	.	
$\boldsymbol{x}_d$:	x_{1d}	x_{2d}	$\ldots$	x_{rd}	0	0	$\ldots$	1	$\cdot c_d$
	r gebundene Unbek.				d freie Unbekannte				

Die Unbekannten aber ordnen sich hier von selbst (wenn auch nicht immer in eindeutiger Weise) in r zu Diagonalelementen $b_{ii} \neq 0$ gehörige und $n - r = d$ restliche. Setzt man nun für diese letzten, die sogenannten *freien Unbekannten* beliebige Zahlenwerte ein, so lassen sich die r ersten, die *gebundenen Unbekannten* der Reihe nach aus dem gestaffelten System errechnen. Setzen wir insbesondere für die freien Unbekannten der Reihe nach, wie oben angedeutet, die Komponenten der d-reihigen Einheitsvektoren $\boldsymbol{e}_k$, so erhalten wir genau *d linear unabhängige Lösungen* $\boldsymbol{x}_1, \boldsymbol{x}_2, \ldots, \boldsymbol{x}_d$. Aus ihnen aber ergibt sich die *allgemeine Lösung*, d.h. die zu beliebigen Werten c_i der freien Unbekannten gehörige in der Form

$$\boxed{\boldsymbol{x} = c_1\,\boldsymbol{x}_1 + c_2\,\boldsymbol{x}_2 + \cdots + c_d\,\boldsymbol{x}_d} \,. \tag{3}$$

Für die oben getroffene Wahl sind die c_i mit den freien Unbekannten $x_{r+1}, \ldots, x_n$ identisch, so daß wir sie auch durch diese ersetzen können. Bei allgemeinerer Wahl der freien Unbekannten kommt den c_i diese spezielle Bedeutung nicht mehr zu. Doch gibt Gl. (3) auch dann noch die allgemeine Lösung, sofern nur die Werte der freien Unbekannten so gewählt werden, daß die d Lösungen $\boldsymbol{x}_1, \boldsymbol{x}_2, \ldots, \boldsymbol{x}_d$ linear unabhängig werden, was z. B. sicher zutrifft, wenn man alle freien Unbekannten bis auf jeweils die erste, zweite, ..., d-te Null setzt. Damit gilt

Satz 5: *Ein homogenes lineares Gleichungssystem in n Unbekannten mit einer Matrix vom Range r hat genau $d = n - r$ linear unabhängige Lösungen $\boldsymbol{x}_1, \boldsymbol{x}_2, \ldots, \boldsymbol{x}_d$, ein sogenanntes* ***Fundamentalsystem****, aus dem sich die* ***allgemeine Lösung*** *in der Form Gl.* (3) *mit d freien Parametern c_k aufbaut.*

Indem nun die d Parameter c_k in Gl. (3) unabhängig voneinander den gesamten Zahlenbereich durchlaufen, dem die Koeffizienten a_{ik} der Matrix und damit auch die Komponenten x_{ik} der fest gewählten Lösungen $\boldsymbol{x}_k$ entstammen (also etwa den reellen Zahlenbereich bei reeller Matrix $\boldsymbol{A}$), überstreicht der Vektor $\boldsymbol{x}$ *einen d-dimensionalen Unterraum des R_n*, im Falle $d = 1$ also eine Gerade, im Falle $d = 2$ eine Ebene usf., wobei diese Begriffe für $n > 3$ natürlich wieder im übertragenen, rein algebraischen Sinne zu verstehen sind. Man spricht dann bei $\boldsymbol{x}$ auch von einem sogenannten *linearen Vektorgebilde*, gekennzeichnet durch die Forderungen des Satzes 1, und zwar von einem Vektorgebilde der Dimension d. Ein solches stellt also geometrisch einen durch den Nullpunkt führenden d-dimensionalen linearen Unterraum dar. Wir formulieren damit

Satz 6: *Die allgemeine Lösung eines homogenen Gleichungssystems vom Defekt $d = n - r$ ist ein d-dimensionales lineares Vektorgebilde, sie spannt einen d-dimensionalen linearen Unterraum des Raumes R_n aus.*

Im Falle $d = 1$ stellt die allgemeine Lösung also eine räumliche Richtung dar, die der Matrix des Gleichungssystems eigentümlich ist, im Falle $d = 2$ eine räumliche Ebene usf. Jede spezielle Lösung ist in diesem Unterraum gelegen. Die allgemeine Lösung ist die Gesamtheit *aller* speziellen Lösungen.

Wir erläutern das vorstehende an zwei Beispielen, die zugleich die Rechentechnik des Algorithmus zeigen mögen.

1. Beispiel:

$$\begin{aligned} x_1 + 3x_2 - 5x_3 + 4x_4 &= 0 \\ 2x_1 + 3x_2 - 4x_3 + 2x_4 &= 0 \\ 3x_1 + 2x_2 - x_3 - 2x_4 &= 0 \\ x_1 + 4x_2 - 7x_3 + 6x_4 &= 0 \end{aligned}$$

	1	3	—5	4	3
	2	3	—4	2	3
	3	2	—1	—2	2
	1	4	—7	6	4
	1	3	—5	4	3
	—2	—3	6	—6	—3
	—3	—7/3	0	0	0
	—1	1/3	0	0	0
$\boldsymbol{x}_1$:	—1	2	1	0	$\cdot c_1 = x_3$
$\boldsymbol{x}_2$:	2	—2	0	1	$\cdot c_2 = x_4$
	x_1	x_2	x_3	x_4	

Ergebnis:

$$\begin{aligned} x_1 &= -c_1 + 2c_2 \\ x_2 &= 2c_1 - 2c_2 \\ x_3 &= c_1 \\ x_4 &= c_2 \end{aligned} \qquad \text{oder} \qquad \boldsymbol{x} = c_1 \begin{pmatrix} -1 \\ 2 \\ 1 \\ 0 \end{pmatrix} + c_2 \begin{pmatrix} 2 \\ -2 \\ 0 \\ 1 \end{pmatrix}$$

oder

$$\begin{aligned} x_1 &= -x_3 + 2x_4 \\ x_2 &= 2x_3 - 2x_4 . \end{aligned}$$

Hier sind x_3, x_4 als freie Unbekannte gewählt und die Gleichungen nach den gebundenen x_1, x_2 aufgelöst worden, was hier noch frei steht. Wollen wir z. B. x_1, x_2 als freie Unbekannte ansehen und nach den gebundenen x_3, x_4 auflösen, so führen wir den verketteten Algorithmus unter Reihenvertauschung durch und beginnen z. B. in der 3. Spalte mit dem 3. Element —1. Zur besseren Unterscheidung von Gleichungskoeffizienten und Eliminationsfaktoren setzen wir letztere in Klammern:

	1	3	—5	4	3
	2	3	—4	2	3
	3	2	—1	—2	2
	1	4	—7	6	4
	0	0	(—5)	(—1,4)	0
	—10	—5	(—4)	10	—5
	3	2	—1	—2	2
	0	0	(—7)	(—2)	0
$\boldsymbol{x}_1$:	1	0	1	1	$\cdot c_1 = x_1$
$\boldsymbol{x}_2$:	0	1	1	1/2	$\cdot c_2 = x_2$
	x_1	x_2	x_3	x_4	

Ergebnis:

$$\begin{aligned} x_1 &= c_1 \\ x_2 &= \phantom{c_1 +{}} c_2 \\ x_3 &= c_1 + c_2 \\ x_4 &= c_1 + \frac{1}{2} c_2 . \end{aligned} \qquad \text{oder} \qquad \boldsymbol{x} = c_1 \begin{pmatrix} 1 \\ 0 \\ 1 \\ 1 \end{pmatrix} + c_2 \begin{pmatrix} 0 \\ 1 \\ 1 \\ 1/2 \end{pmatrix}$$

oder

$$\begin{aligned} x_3 &= x_1 + x_2 \\ x_4 &= x_1 + \frac{1}{2} x_2 \end{aligned}$$

2. Beispiel: Gleichungssystem mit der Matrix $\boldsymbol{A}$ aus § 7.2, S. 85:

$$\begin{aligned} x_1 - 3\,x_2 + 2\,x_3 + 4\,x_4 - 2\,x_5 &= 0 \\ -2\,x_1 + 6\,x_2 - 4\,x_3 - 3\,x_4 + 2\,x_5 &= 0 \\ 3\,x_1 - 7\,x_2 + 5\,x_3 + 8\,x_4 - 3\,x_5 &= 0 \\ -2\,x_1 + 8\,x_2 - 5\,x_3 - 2\,x_4 + 3\,x_5 &= 0 \\ x_1 - 5\,x_2 + 3\,x_3 + 3\,x_4 - 3\,x_5 &= 0 . \end{aligned}$$

Der Algorithmus ergibt: Rang $r = 3$, Defekt $d = n - r = 2$. Es gibt also 2 linear unabhängige Lösungen. Den Diagonalelementen des Algorithmus sind die gebundenen Unbekannten zuzuordnen, in unserer Rechnung also x_1, x_2, x_4. Die beiden andern x_3, x_5 sind freie Unbekannte, denen wir z. B. die Wertesätze (1,0), (0,1) oder aber auch beliebige andere linear unabhängige Wertesätze zuordnen können, z. B. (2,0) und (0,10), die sich mit Rücksicht auf ganzzahlige Lösungen hier empfehlen. Die gewählten Sätze sind durch Fettdruck hervorgehoben.

	1	—3	2	4	—2	2
	—2	6	—4	—3	2	—1
	3	—7	5	8	—3	6
	—2	8	—5	—2	3	2
	1	—5	3	3	—3	—1
	[1]	—3	2	4	—2	2
	(2)	0	0	[5]	—2	3
	(—3)	[2]	—1	—4	3	0
	(2)	(—1)	0	(—2)	0	0
	(—1)	(1)	0	(1)	0	0
$\boldsymbol{x}_1$:	—0,5	0,5	**1**	0	**0**	$\cdot\, x_3$
$\boldsymbol{x}_2$:	—1,7	—0,7	**0**	0,4	**1**	$\cdot\, x_5$
$\boldsymbol{x}_1$:	—1	1	**2**	0	**0**	$\cdot\, c_1$
$\boldsymbol{x}_2$:	—17	—7	**0**	4	**10**	$\cdot\, c_2$
	x_1	x_2	x_3	x_4	x_5	

Ergebnis:

$$\begin{aligned} x_1 &= -c_1 - 17\,c_2 \\ x_2 &= c_1 - 7\,c_2 \\ x_3 &= 2\,c_1 \\ x_4 &= 4\,c_2 \\ x_5 &= 10\,c_2 \end{aligned} \qquad \text{oder} \qquad \boldsymbol{x} = c_1 \begin{pmatrix} -1 \\ 1 \\ 2 \\ 0 \\ 0 \end{pmatrix} + c_2 \begin{pmatrix} -17 \\ -7 \\ 0 \\ 4 \\ 10 \end{pmatrix};$$

oder

$$\begin{aligned} x_1 &= -0{,}5\,x_3 - 1{,}7\,x_5 \\ x_2 &= 0{,}5\,x_3 - 0{,}7\,x_5 \\ x_4 &= \phantom{-0{,}5\,x_3 -{}} 0{,}4\,x_5\,. \end{aligned}$$

8.2. Allgemeine inhomogene Gleichungssysteme

Während das homogene Gleichungssystem (1) in jedem Falle eine Lösung besitzt, und sei es nur die triviale $\boldsymbol{x} = \boldsymbol{o}$, trifft dies für das allgemeine inhomogene System

$$\boxed{\boldsymbol{A}\,\boldsymbol{x} = \boldsymbol{a}} \tag{4}$$

mit beliebiger $m\,n$-Matrix $\boldsymbol{A}$ und rechter Seite $\boldsymbol{a} \neq \boldsymbol{o}$ nicht mehr zu. Hier wird sich zeigen:

1. Das System ist im allgemeinen nur noch für besondere rechte Seiten $\boldsymbol{a}$ lösbar; eine Lösung $\boldsymbol{x}$ braucht nicht mehr zu existieren.

2. Gibt es aber eine Lösung, so braucht sie nicht mehr eindeutig zu sein. Das besagt

Satz 7: *Ist $\boldsymbol{x}_0$ eine Lösung des inhomogenen Systems* (4) *und $\boldsymbol{z}$ die* ***allgemeine Lösung*** *des zugehörigen homogenen Systems $\boldsymbol{A}\,\boldsymbol{z} = \boldsymbol{o}$, also von der Form*

$$\boxed{\boldsymbol{z} = c_1\,\boldsymbol{z}_1 + c_2\,\boldsymbol{z}_2 + \cdots + c_d\,\boldsymbol{z}_d} \tag{5}$$

mit $d = n - r$ linear unabhängigen Lösungen $\boldsymbol{z}_k$ und d freien Parametern c_k, so ist

$$\boxed{\boldsymbol{x} = \boldsymbol{x}_0 + \boldsymbol{z}} \tag{6}$$

die allgemeine Lösung des inhomogenen Systems.

Daß $\boldsymbol{x}$ eine Lösung ist, folgt aus

$$\boldsymbol{A}\,\boldsymbol{x} = \boldsymbol{A}\,\boldsymbol{x}_0 + \boldsymbol{A}\,\boldsymbol{z} = \boldsymbol{a} + \boldsymbol{o} = \boldsymbol{a}\,.$$

Es ist aber auch die allgemeine Lösung, d. h. jede beliebige Lösung $\boldsymbol{x}$ ist in der Form Gl. (5), (6) darstellbar. Ist nämlich $\boldsymbol{x}_0$ eine bestimmte, eine sogenannte Sonderlösung von (4) und $\boldsymbol{x}$ eine ganz beliebige andere, so erhält man aus $\boldsymbol{A}\,\boldsymbol{x}_0 = \boldsymbol{a}$, $\boldsymbol{A}\,\boldsymbol{x} = \boldsymbol{a}$ durch Subtraktion: $\boldsymbol{A}\,(\boldsymbol{x} - \boldsymbol{x}_0) = \boldsymbol{o}$, d. h. $\boldsymbol{x} - \boldsymbol{x}_0 = \boldsymbol{z}$ ist eine Lösung des homogenen Systems, womit Gl. (6) für *jede* Lösung $\boldsymbol{x}$ gilt. Die Lösung ist somit, falls überhaupt vorhanden, im allgemeinen nicht mehr eindeutig, sie enthält d willkürliche Konstanten. Eindeutig ist sie nur für den Fall $d = 0$, also $n = r$, wenn also die Matrix $\boldsymbol{A}$ ***spaltenregulär*** ist. Ist überdies noch $m = n = r$, also $\boldsymbol{A}$ *quadratisch nichtsingulär*, so ist laut § 7.2, Satz 4, Gl. (10) auch noch die Existenz der Lösung gesichert.

Daß nun eine Lösung gar nicht zu existieren braucht, zeigt das einfache Beispiel

$$\begin{aligned} 2x - y &= 3\,, \\ 4x - 2y &= 7\,. \end{aligned}$$

Ziehen wir nämlich hier die erste Gleichung zweimal von der zweiten ab, so erhalten wir

$$0 \cdot x + 0 \cdot y = 1\,,$$

und dies ist offenbar durch kein Wertesystem x, y mehr erfüllbar. Hier sind die linken Seiten der Gleichungen linear abhängig, die gesamten Gleichungen mit Einschluß der rechten Seiten aber nicht. Das System wäre nur dann lösbar, wenn die rechten Seiten die gleiche Abhängigkeit aufweisen würden wie die linken, also z. B. für die rechten Seiten 3 und 6. Sind allgemein die linken Seiten von Gl. (4) linear abhängig, d. h. existiert zwischen den Zeilen $\boldsymbol{a}^i$ der Matrix $\boldsymbol{A}$ eine lineare Beziehung der Form

$$y_1\,\boldsymbol{a}^1 + y_2\,\boldsymbol{a}^2 + \cdots + y_m\,\boldsymbol{a}^m = \boldsymbol{o} \tag{7}$$

mit gewissen Konstanten y_i, so ist das System dann und nur dann lösbar, die Gleichungen sind dann und nur dann *miteinander verträglich*, wenn die gleiche Beziehung auch für die rechten Seiten a_i gilt:

$$y_1\,a_1 + y_2\,a_2 + \cdots y_m\,a_m = \boldsymbol{o}\,. \tag{8}$$

Nun bedeutet Gl. (7) das homogene System

$$\boldsymbol{A}'\,\boldsymbol{y} = \boldsymbol{o}\,, \tag{7'}$$

Gl. (8) aber Orthogonalität dieses Lösungsvektors $\boldsymbol{y}$ mit $\boldsymbol{a}$, so daß gilt:

Satz 8: *Das inhomogene Gleichungssystem* (4) *ist dann und nur dann lösbar, seine Gleichungen sind dann und nur dann* **miteinander verträglich,** *wenn die rechten Seiten* $\boldsymbol{a}$ *orthogonal sind zu allen Lösungen* $\boldsymbol{y}$ *des transponierten homogenen Systems* (7').

Die Lösbarkeitsbedingung läßt sich auch noch anders formulieren. Bezeichnen wir die Zeilen der sogenannten *erweiterten Matrix* $\overline{\boldsymbol{A}} = (\boldsymbol{A}, \boldsymbol{a})$ mit $\overline{\boldsymbol{a}}^i$, so muß mit Gl. (7) auch

$$y_1\,\overline{\boldsymbol{a}}^1 + y_2\,\overline{\boldsymbol{a}}^2 + \cdots + y_m\,\overline{\boldsymbol{a}}^m = \boldsymbol{o} \tag{9}$$

gelten. Ist nun $\boldsymbol{A}$ vom Range r, gibt es also für irgendwelche $r + 1$ Zeilen $\boldsymbol{a}^i$ von $\boldsymbol{A}$ eine Beziehung der Art von Gl. (7), so muß die gleiche

Beziehung auch für die $\bar{\boldsymbol{a}}^i$ bestehen. Die erweiterte Matrix $\bar{\boldsymbol{A}}$ darf also keinen größeren Rang besitzen als die Matrix $\boldsymbol{A}$ selbst.

Satz 9: *Das inhomogene Gleichungssystem* (4) *mit allgemeiner mn-Matrix $\boldsymbol{A}$ vom Range r ist dann und nur dann* **verträglich**, *wenn der Rang der erweiterten Matrix $\bar{\boldsymbol{A}} = (\boldsymbol{A}, \boldsymbol{a})$ nicht größer ist als der von $\boldsymbol{A}$.*

Praktisch ist dies sehr einfach festzustellen: Man unterwirft die Gesamtmatrix $(\boldsymbol{A}, \boldsymbol{a})$ wie gewöhnlich dem GAUSSschen Algorithmus. Das System ist genau dann lösbar, wenn zu keiner der ganz verschwindenden Zeilen $\boldsymbol{b}^s = \boldsymbol{o}$ eine von Null verschiedene rechte Seite $b_s \neq 0$ auftritt. Denn andernfalls hätte man

$$0 \cdot x_1 + 0 \cdot x_2 + \cdots + 0 \cdot x_n = b_s \neq 0,$$

was durch kein Wertesystem x_k erfüllbar wäre. Das System ist somit *immer* lösbar für den Fall *zeilenregulärer* Matrix $\boldsymbol{A}$, also $r = m$ mit $m \leqq n$, wo keine der $\boldsymbol{B}$-Zeilen verschwindet. Nur für diesen Fall $r = m$ besitzt das transponierte homogene System (7') allein die triviale Lösung $\boldsymbol{y} = \boldsymbol{o}$, und nur in diesem Falle sind die rechten Seiten $\boldsymbol{a}$ *keinen Bedingungen* unterworfen; das zeilenreguläre System ist für beliebige rechte Seiten lösbar.

Setzen wir nun Lösbarkeit voraus, so ergibt sich das folgende Lösungsschema, etwa für $r = 4$, $d = n - r = 3$:

	gebunden				frei			b_i		
	⊙	·	·	·	·	·	·	·		
		⊙	·	·	·	·	·	·		
			⊙	·	·	·	·	·		
				⊙	·	·	·	·		
$\boldsymbol{z}_1$:	·	·	·	·	1	0	0	0	$\cdot c_1$	Fundamentalsystem des homogenen Systems
$\boldsymbol{z}_2$:	·	·	·	·	0	1	0	0	$\cdot c_2$	
$\boldsymbol{z}_3$:	·	·	·	·	0	0	1	0	$\cdot c_3$	
$\boldsymbol{x}_0$:	·	·	·	·	0	0	0	-1	$\cdot 1$	Sonderlösung
$\boldsymbol{x}$:	·	·	·	·	c_1	c_2	c_3			Allgemeine Lösung

Den von Null verschiedenen Diagonalelementen $b_{ii} \neq 0$ ordnen sich von selbst die gebundenen Unbekannten zu, nach denen aufgelöst wird. Das Fundamentalsystem $\boldsymbol{z}_1, \ldots, \boldsymbol{z}_d$ erhält man genau so wie unter 8.1, indem man für die rechten Seiten b_i Null setzt und für die freien Unbekannten der Reihe nach die Wertesätze 1 0 0 ..., 0 1 0 ... usf., wie angedeutet. Eine Sonderlösung $\boldsymbol{x}_0$ aber erhält man am einfachsten, indem man alle freien Unbekannten gleich Null setzt. — Im allgemeinen wird wieder außer Zeilenvertauschung auch Spaltenvertauschung erforderlich sein, d. h. man wird nicht gerade nach den r ersten Unbekannten als gebundenen auflösen können, sondern eben nach denen, zu denen ein Diagonalelement $b_{ii} \neq 0$ existiert. Vgl. das folgende

Beispiel:

$$\begin{aligned}
x_1 - 3x_2 + 2x_3 - x_4 &= 2\\
-2x_1 + 6x_2 - 4x_3 + 3x_4 + 2x_5 &= -1\\
3x_1 - 7x_2 + 8x_3 - 3x_4 + x_5 &= 4\\
x_1 - x_2 + 4x_3 - x_4 + x_5 &= 0\\
2x_1 + 10x_3 + 7x_5 &= 4
\end{aligned}$$

	5	−5	20	−2	11	9	38
	1	−3	2	−1	0	2	1
	−2	6	−4	3	2	−1	4
	3	−7	8	−3	1	4	6
	1	−1	4	−1	1	0	4
	2	0	10	0	7	4	23
	[1]	−3	2	−1	0	2	1
	2	0	0	**[1]**	2	3	6
	−3	**[2]**	2	0	1	−2	3
	−1	−1	0	0	0	0	0
	−2	−3	0	−2	0	0	0
	−5	−5	0	−3	0	0	0
z_1	−5	−1	**1**	0	**0**	0	$\cdot c_1$
z_2	−7	−1	**0**	−4	**2**	0	$\cdot c_2$
x_0	2	−1	**0**	3	**0**	−1	$\cdot 1$
	x_1	x_2	x_3	x_4	x_5		

Lösung:

$$\begin{aligned}
x_1 &= 2 - 5c_1 - 7c_2\\
x_2 &= -1 - c_1 - c_2\\
x_3 &= c_1\\
x_4 &= 3 - 4c_2\\
x_5 &= 2c_2
\end{aligned}
\qquad \text{oder} \qquad
\boldsymbol{x} = \begin{pmatrix} 2\\ -1\\ 0\\ 3\\ 0 \end{pmatrix} + c_1 \begin{pmatrix} -5\\ -1\\ 1\\ 0\\ 0 \end{pmatrix} + c_2 \begin{pmatrix} -7\\ -1\\ 0\\ -4\\ 2 \end{pmatrix}.$$

* § 9. Orthogonalsysteme

9.1. Orthogonalisierung eines Vektorsystems

Gegeben sei ein System von r reellen unabhängigen n-dimensionalen Vektoren $\boldsymbol{a}_1, \boldsymbol{a}_2, \ldots, \boldsymbol{a}_r$ mit $r \leq n$, die wir zur spaltenregulären $n\,r$-Matrix

$$\boldsymbol{A} = (\boldsymbol{a}_1, \boldsymbol{a}_2, \ldots, \boldsymbol{a}_r) \tag{1}$$

vom Range r zusammenfassen. Für manche Zwecke ist es nun nützlich, aus diesem System durch Linearkombination ein anderes gleichen Ranges

$$\boldsymbol{X} = (\boldsymbol{x}_1, \boldsymbol{x}_2, \ldots, \boldsymbol{x}_r) \tag{2}$$

herzustellen, dessen Vektoren paarweise zueinander *orthogonal* sind:

$$x_i' x_k = 0 \quad \text{für} \quad i \neq k \,,$$

wobei man in der Regel noch zusätzlich fordert, daß die x_k Einheitsvektoren sind, ihre Norm also gleich 1 ist. Sie erfüllen dann die sogenannten *Orthonormalbeziehungen*

$$\boxed{x_i' x_k = \delta_{ik}} \qquad i, k = 1, 2, \ldots, r \,, \tag{3'}$$

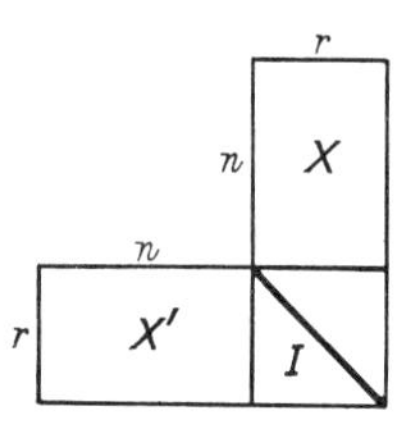

Abb. 9.1. Orthonormalsystem X mit $X'X = I$

die wir zur Matrizengleichung

$$\boxed{X' X = I} \tag{3}$$

mit der r-reihigen Einheitsmatrix I zusammenfassen können, Abb. 9.1. Die Vektoren x_k bilden ein *normiertes Orthogonalsystem*, ein *Orthonormalsystem.*

Der Prozeß der *Orthogonalisierung* des Ausgangssystems A zum Orthonormalsystem X läßt sich nach einem Vorschlag von UNGER sehr einfach mit Hilfe des Matrizenkalküls durchführen[1], und zwar mit Hilfe der symmetrischen (positiv definiten) rr-Matrix

$$\boxed{N = A' A} \,. \tag{4}$$

Diese Matrix ist wegen linearer Unabhängigkeit der r Spalten a_k nichtsingulär. Denn wäre sie singulär, so hätte das Gleichungssystem $A' A x = o$ nichttriviale Lösungen $x \neq o$. Für diese würde dann auch die sogenannte quadratische Form $Q = x' A' A x = y' y$ mit $y = A x$ verschwinden (vgl. § 11.1). Das aber ist nur möglich für $y = A x = o$, was wegen linearer Unabhängigkeit der Spalten a_k von A sogleich $x = o$ nach sich zieht im Widerspruch zur Annahme nichttrivialer Lösungen x.

Zur Gewinnung des Orthonormalsystems X machen wir nun den Ansatz

$$\boxed{A = X C} \tag{5}$$

mit einer noch zu bestimmenden nichtsingulären Matrix C. Damit wird

$$N = A' A = C' X' X C \,,$$

woraus wegen der Orthogonalitätsforderung (3) folgt

$$\boxed{N = C' C} \,. \tag{6}$$

Eine solche Zerlegung der (symmetrischen und positiv definiten) Matrix N aber ist, wie wir in § 6.3 sahen, stets durchführbar, und zwar mit einer *oberen Dreiecksmatrix* C, in § 6.3 mit R bezeichnet (Verfahren von CHO-

[1] UNGER, H.: Z. angew. Math. Mech. Bd. 31 (1951), S. 53—54; Bd. 33 (1953), S. 319—331.

LESKY). Gl. (5) gibt zugleich die Vorschrift der Orthogonalisierung, die wir lieber in der Form

$$C' X' = A' \tag{5a}$$

schreiben wollen. Sie besagt: Man dehne die CHOLESKY-Zerlegung von $\boldsymbol{N} = \boldsymbol{A}'\boldsymbol{A}$ auf die — ohnehin zur Bildung von $\boldsymbol{N}$ benötigte — Matrix $\boldsymbol{A}'$ als rechte Seite aus und erhält das gesuchte Orthonormalsystem $\boldsymbol{X}'$ als neue rechte Seite, vgl. das Rechenschema der Abb. 9.2, in dem die Matrix $\boldsymbol{A}$ fortgelassen ist, da $\boldsymbol{N}$ allein aus $\boldsymbol{A}'$ berechnet werden kann.

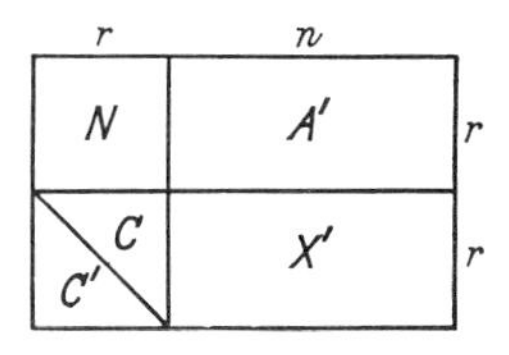

Abb. 9.2. Rechenschema zur Orthogonalisierung einer Matrix $\boldsymbol{A}$ vom Range r

Beispiel: Orthonormierung der Vektorsystems

$$\boldsymbol{A} = \begin{pmatrix} 3 & 1 \\ -1 & 2 \\ 3 & -1 \\ 1 & 0 \\ -4 & -2 \end{pmatrix}.$$

Rechnung:

36	6	3	—1	3	1	—4
6	10	1	2	—1	0	—2
6	1	3/6	—1/6	3/6	1/6	—4/6
1	3	3/18	13/18	—9/18	—1/18	—8/18

Ergebnis:

$$\boldsymbol{X} = \frac{1}{18}\begin{pmatrix} 9 & 3 \\ -3 & 13 \\ 9 & -9 \\ 3 & -1 \\ -12 & -8 \end{pmatrix}.$$

9.2. Vollständiges Orthogonalsystem

Ein System r linear unabhängiger n-dimensionaler Vektoren $\boldsymbol{a}_k$, die reell seien und deren spaltenreguläre Matrix jetzt mit $\boldsymbol{A}_1$ bezeichnet sei,

$$\boldsymbol{A}_1 = (\boldsymbol{a}_1, \boldsymbol{a}_2, \ldots, \boldsymbol{a}_r)\,, \tag{7}$$

läßt sich im Falle $r < n$ zu einem vollständigen System n linear unabhängiger Vektoren, der nichtsingulären Matrix

$$\boldsymbol{A} = (\boldsymbol{A}_1, \boldsymbol{A}_2) \tag{8}$$

mit

$$A_2 = (a_{r+1}, \ldots, a_n) \tag{9}$$

ergänzen. Hieraus läßt sich dann ein vollständiges Orthogonalsystem X von n orthogonalen Einheitsvektoren x_k herstellen, also eine Orthogonalmatrix mit der Eigenschaft

$$\boxed{X' X = I} \,. \tag{10}$$

Hierzu bestimmen wir zunächst die $n - r = d$ neuen Vektoren a_j von A_2 derart, daß sie zu den r gegebenen Vektoren a_k des Systems A_1 orthogonal sind, also der Forderung

$$\boxed{A_1' a_j = o} \quad j = r + 1, \ldots, n \tag{11}$$

genügen. Als homogenes Gleichungssystem von r unabhängigen Gleichungen besitzt (11), wie wir wissen (vgl. § 8.1), genau $d = n - r$ linear unabhängige Lösungen a_j. Diese sind dann auch zugleich unabhängig von den r gegebenen Vektoren a_k von A_1. Denn wäre a_j von ihnen abhängig, so bestände eine Beziehung der Form

$$a_j = c_1 a_1 + c_2 a_2 + \cdots + c_r a_r = A_1 c$$

mit einem nicht identisch verschwindenden Konstantenvektor $c = (c_k)$. Multiplikation dieser Gleichung mit A_1' aber ergibt

$$A_1' a_j = o = A_1' A_1 c \,,$$

und hieraus folgt wegen nichtsingulärem $A_1' A_1 = N_1$ sogleich $c = o$ entgegen der Annahme.

Zum Aufbau des Zusatzsystems A_2 geht man nun zweckmäßig so vor, daß man jeweils nur *einen* Vektor $a_j = a_{r+1}$ als Lösung von Gl. (11) ermittelt. Diese Gleichung ist also so zu verstehen, daß die Matrix A_1 aus allen überhaupt bis dahin schon bekannten Zeilen a_k besteht. Das hat zur Folge, daß der neu bestimmte Vektor a_j nicht allein zu den ursprünglich gegebenen r Vektoren a_k, sondern auch zu allen vor ihm bestimmten neuen Vektoren orthogonal ist, so daß sich eine nachträgliche Orthogonalisierung der zweiten Matrix A_2 erübrigt. Ihre Vektoren müssen lediglich noch mittels Division durch die Länge $a_j = \sqrt{a_j' a_j}$ auf den Betrag 1 normiert werden. Die zur Orthogonalisierung erforderliche CHOLESKY-Zerlegung ist also praktisch nur für den ersten Teil

$$N_1 = A_1' A_1 = C_1' C_1 \tag{12}$$

durchzuführen. Für den zweiten Teil ist

$$N_2 = A_2' A_2 = D_2^2 \tag{13}$$

gleich einer Diagonalmatrix aus den Betragquadraten $a_j^2 = \boldsymbol{a}_j' \boldsymbol{a}_j$, durch deren Quadratwurzeln die Komponenten der neu gebildeten Vektoren $\boldsymbol{a}_j$ dividiert werden.

Das Rechenschema zur Bestimmung der neuen zu $\boldsymbol{A}_1$ orthogonalen Matrix $\boldsymbol{A}_2$ enthält in seinem oberen Teil von der Gesamtmatrix $\boldsymbol{A}'$ zunächst nur die gegebene Matrix $\boldsymbol{A}_1'$, Abb. 9.3. Für sie wird im unteren Teil des Schemas die Dreieckszerlegung zur Gleichungsauflösung (11) nach dem verketteten Algorithmus vorgenommen mit dem Ergebnis $\bar{\boldsymbol{A}}_1'$. Nun kann der erste neue Vektor $\boldsymbol{a}_j = \boldsymbol{a}_{r+1}$ berechnet werden, indem man

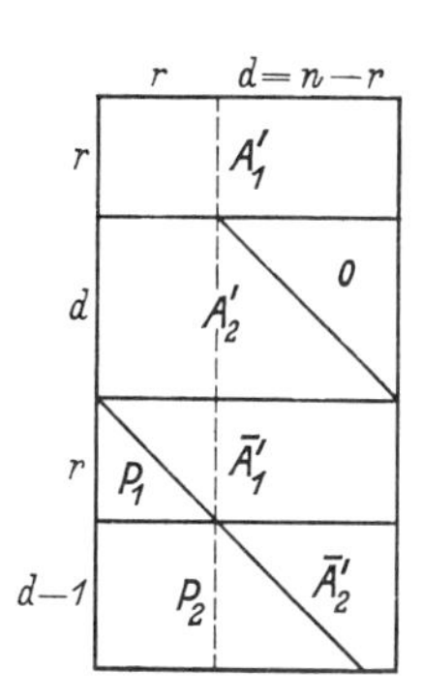

Abb. 9.3. Rechenschema 1 zur Ermittlung eines vollständigen Orthogonalsystems

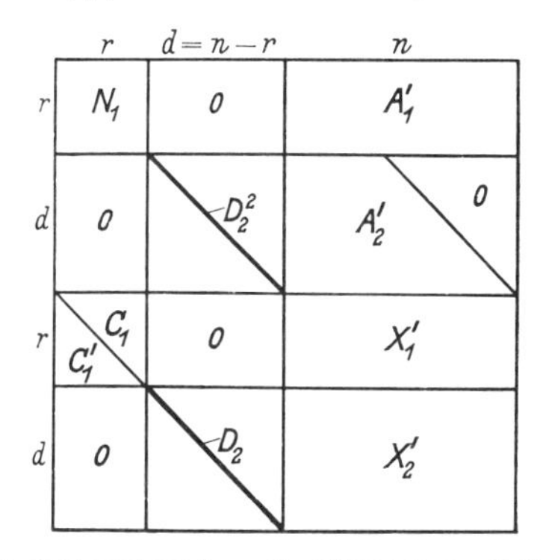

Abb. 9.4. Rechenschema 2 zur Ermittlung eines vollständigen Orthogonalsystems

seine $(r+1)$-te Komponente z. B. gleich 1, die folgenden Null setzt und die r ersten Komponenten aus dem gestaffelten System (unten) aufrechnet. Das Ergebnis wird unmittelbar als $(r+1)$-te Zeile $\boldsymbol{a}_{r+1}'$ in den oberen Schemateil als erste Zeile von $\boldsymbol{A}_2'$ eingetragen und daran anschließend wieder der Elimination unterworfen: $(r+1)$-te Zeile des unteren Schemateiles, der Dreieckzerlegung. Aus ihm wird dann der neue Vektor $\boldsymbol{a}_{r+2}'$ als Lösung von Gl. (11) bestimmt und in die obere Schemahälfte eingetragen, um anschließend wieder unten der Elimination unterworfen zu werden, usf.

Abb. 9.4 zeigt dann das Schema der endgültigen Orthonormierung der Gesamtmatrix $\boldsymbol{A}$ zur Matrix $\boldsymbol{X}$ durch CHOLESKY-Zerlegung von $\boldsymbol{N} = \boldsymbol{A}' \boldsymbol{A}$, die sich praktisch auf den oberen Teil $\boldsymbol{N}_1 = \boldsymbol{A}_1' \boldsymbol{A}_1$ beschränkt, während der untere Teil $\boldsymbol{N}_2$ zur Diagonalmatrix $\boldsymbol{D}_2^2$ der a_k^2 entartet, durch deren Quadratwurzeln a_k die Komponenten der Vektoren $\boldsymbol{a}_k$ und $\boldsymbol{A}_2$ zu dividieren sind.

Wir erläutern die Rechnung an einem Beispiel. Gegeben sei das Ausgangssystem

$$\boldsymbol{A}_1' = \begin{pmatrix} 3 & -1 & 3 & 1 & -4 \\ 1 & 2 & -1 & 0 & -2 \end{pmatrix},$$

das zu orthonormieren und zum vollständigen Orthonormalsystem $\boldsymbol{X}$ zu ergänzen ist. Die beiden Schemata der Abb. 9.3 und 9.4 werden zu einem Rechenschema zusammengelegt, dessen rechter Teil die Ergänzung durch Auflösung der Gl. (11), also den Eliminationsgang enthält, durchgeführt nach dem ganzzahligen (divisionsfreien) verketteten Algorithmus (vgl. § 6.5), während der linke Teil die CHOLESKY-Zerlegung zeigt.

$\boldsymbol{N}$					$\boldsymbol{A}'$					
36	6	0	0	0	3	—1	3	1	—4	
6	10	0	0	0	1	2	—1	0	—2	
0	0	110	0	0	—5	6	7	0	0	
0	0	0	3190	0	—10	1	—8	55	0	
0	0	0	0	2349	33	17	9	7	29	
					3	—1	3	1	—4	
					—1	7	—6	—1	—2	
					5	—13	110	16	—38	
					10	7	0	58	—14	
6	1	0	0	0	3	—1	3	1	—4	: 6
—1	3	0	0	0	3	13	—9	—1	—8	: 18
0	0	$\sqrt{110}$	0	0	—5	6	7	0	0	: $\sqrt{110}$
0	0	0	$\sqrt{3190}$	0	—10	1	—8	55	0	: $\sqrt{3190}$
0	0	0	0	$\sqrt{2349}$	33	17	9	7	29	: $\sqrt{2349}$

Ergebnis:

$$\boldsymbol{X} = \begin{pmatrix} 0{,}5 & 0{,}166\,6667 & -0{,}476\,7313 & -0{,}177\,0536 & 0{,}680\,8830 \\ -0{,}166\,6667 & 0{,}722\,2222 & 0{,}572\,0776 & 0{,}017\,7054 & 0{,}350\,7579 \\ 0{,}5 & -0{,}5 & 0{,}667\,4238 & -0{,}141\,6428 & 0{,}185\,6953 \\ 0{,}166\,6667 & -0{,}055\,5556 & 0 & 0{,}973\,7946 & 0{,}144\,4297 \\ -0{,}666\,6667 & -0{,}444\,4444 & 0 & 0 & 0{,}598\,3517 \end{pmatrix}.$$

9.3. Biorthogonalsysteme

Der Begriff des Orthogonalsystems erfährt eine Verallgemeinerung im sogenannten *Biorthogonalsystem*. Es handelt sich um ein *Systempaar* von je r Vektoren zu n Komponenten mit $r \leqq n$

$$\left.\begin{aligned} \boldsymbol{X} &= (\boldsymbol{x}_1, \ldots, \boldsymbol{x}_r) \\ \boldsymbol{Y} &= (\boldsymbol{y}_1, \ldots, \boldsymbol{y}_r) \end{aligned}\right\}, \tag{14}$$

zwei Vektorsysteme, die auf irgend eine Weise einander zugeordnet sind und die nun den Bedingungen

$$\boxed{\boldsymbol{X}' \boldsymbol{Y} = \boldsymbol{I}} \tag{15}$$

bzw.

$$\boldsymbol{x}_i' \boldsymbol{y}_k = \delta_{ik} \qquad (i, k = 1, 2, \ldots, r) \tag{15'}$$

genügen, Abb. 9.5. Aus dieser Forderung folgt zunächst, daß jedes der Vektorsysteme in sich linear unabhängig ist, die Matrizen $\boldsymbol{X}$, $\boldsymbol{Y}$ also *spaltenregulär* sind. Denn aus

$$c_1 \boldsymbol{x}_1' + \cdots + c_r \boldsymbol{x}_r' = \boldsymbol{o}$$

folgt durch Rechtsmultiplikation mit $\boldsymbol{y}_k$ wegen Gl. (15')

$$c_k \boldsymbol{x}_k' \boldsymbol{y}_k = c_k = 0 \qquad (k = 1, 2, \ldots, r)\,.$$

Ebenso folgt aus

$$c_1 \boldsymbol{y}_1 + \cdots + c_r \boldsymbol{y}_r = \boldsymbol{o}$$

durch Linksmultiplikation mit $\boldsymbol{x}_i'$ wegen Gl. (15')

$$c_i \boldsymbol{x}_i' \boldsymbol{y}_i = c_i = 0 \qquad (i = 1, 2, \ldots, r).$$

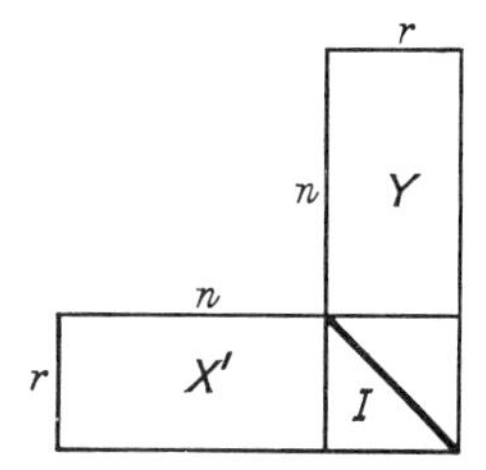

Abb. 9.5. Zum Biorthogonalsystem $\boldsymbol{X}, \boldsymbol{Y}$ mit $\boldsymbol{X}'\boldsymbol{Y} = \boldsymbol{I}$

Ist insbesondere $r = n$, so heißt das Biorthogonalsystem wieder *vollständig*. In dem Falle ist $\boldsymbol{X}'$ die Kehrmatrix $\boldsymbol{Y}^{-1}$ von $\boldsymbol{Y}$ und $\boldsymbol{Y}'$ die Kehrmatrix $\boldsymbol{X}^{-1}$ von $\boldsymbol{X}$.

Es gilt nun

Satz 1: *Zwei spaltenreguläre Systeme $\boldsymbol{A}$, $\boldsymbol{B}$ von je r linear unabhängigen n-dimensionalen Vektoren $\boldsymbol{a}_k$, $\boldsymbol{b}_k$*

$$\left.\begin{aligned} \boldsymbol{A} &= (\boldsymbol{a}_1, \ldots, \boldsymbol{a}_r) \\ \boldsymbol{B} &= (\boldsymbol{b}_1, \ldots, \boldsymbol{b}_r) \end{aligned}\right\} \tag{16}$$

mit $r \leqq n$ lassen sich dann und nur dann in ein (normiertes) Biorthogonalsystem $\boldsymbol{X}$, $\boldsymbol{Y}$ der Bedingung (15) *überführen, wenn die $r\,r$-Matrix*

$$\boxed{\boldsymbol{N} = \boldsymbol{A}'\boldsymbol{B}} \tag{17}$$

nichtsingulär, also vom Range r ist.

Im Gegensatz zu den $n\,n$-Matrizen $\boldsymbol{A}\boldsymbol{B}'$ und $\boldsymbol{B}\boldsymbol{A}'$, die nach § 7.3, Satz 8 den Rang r haben, kann nämlich die $r\,r$-Matrix $\boldsymbol{N}$ auch von niedrigerem Rang sein, wie das Beispiel zweier orthogonaler Vektoren $\boldsymbol{a}$, $\boldsymbol{b}$, beide $\neq \boldsymbol{o}$, zeigt: hier ist $\boldsymbol{a}'\boldsymbol{b} = 0$, also gleich einer 1,1-Matrix vom Range 0, während $\boldsymbol{a}$ und $\boldsymbol{b}$ selbst den Rang 1 haben.

Die Richtigkeit des Satzes und zugleich die Durchführung der Biorthonormierung eines gegebenen Matrizenpaares $\boldsymbol{A}$, $\boldsymbol{B}$ in ein Systempaar $\boldsymbol{X}$, $\boldsymbol{Y}$ der Eigenschaft Gl. (15) ergibt sich folgendermaßen[1]. Zur Gewinnung von $\boldsymbol{X}$, $\boldsymbol{Y}$ setzen wir

$$\left.\begin{aligned} \boldsymbol{A} &= \boldsymbol{X}\boldsymbol{P} \\ \boldsymbol{B} &= \boldsymbol{Y}\boldsymbol{Q} \end{aligned}\right\} \tag{18}$$

[1] Wieder nach H. UNGER; vgl. Fußnote auf S. 102.

mit noch zu bestimmenden nichtsingulären r-reihigen Transformationsmatrizen $\boldsymbol{P}$, $\boldsymbol{Q}$, die insbesondere wieder obere Dreiecksform haben können. Dann ergibt sich für $\boldsymbol{N} = \boldsymbol{A}'\boldsymbol{B} = \boldsymbol{P}'\boldsymbol{X}'\boldsymbol{Y}\boldsymbol{Q}$ wegen Gl. (15) die Darstellung

$$\boxed{\boldsymbol{N} = \boldsymbol{P}'\boldsymbol{Q}}\,, \tag{19}$$

die bei nichtsingulärem $\boldsymbol{P}$, $\boldsymbol{Q}$ nichtsinguläres $\boldsymbol{N}$ nach sich zieht. Anderseits aber ist eine solche Produktzerlegung bei nichtsingulärem $\boldsymbol{N}$ auch tatsächlich durchführbar, nämlich eben mit zwei Dreiecksmatrizen $\boldsymbol{P}$, $\boldsymbol{Q}$, wie sie ja im verketteten Algorithmus vorgenommen wird. Dabei sind die Diagonalelemente einer der Dreiecksmatrizen noch frei wählbar, insbesondere etwa, wie in der von uns gewählten Form des Algorithmus, $p_{ii} = 1$. Die Gln. (18), etwas deutlicher in der Form

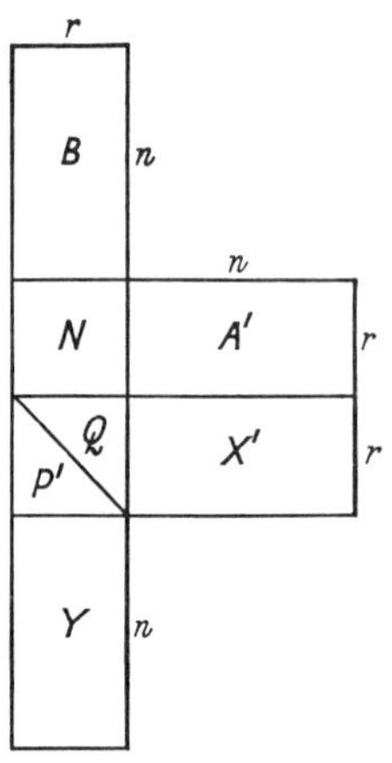

Abb. 9.6. Schema zur Biorthonormierung zweier Vektorsysteme $\boldsymbol{A}$, $\boldsymbol{B}$ vom Range r

$$\boxed{\begin{aligned} \boldsymbol{P}'\boldsymbol{X}' &= \boldsymbol{A}' \\ \boldsymbol{Y}\boldsymbol{Q} &= \boldsymbol{B} \end{aligned}} \quad \begin{aligned} &\to \boldsymbol{X}' \\ &\to \boldsymbol{Y} \end{aligned} \tag{18a}$$

zeigen dann die Bildung der gesuchten Matrizen $\boldsymbol{X}$, $\boldsymbol{Y}$: $\boldsymbol{X}'$ entsteht als rechte Fortsetzung der Matrix $\boldsymbol{Q}$ aus der rechts von $\boldsymbol{N}$ geschriebenen Matrix $\boldsymbol{A}'$; $\boldsymbol{Y}$ als untere Fortsetzung der Matrix $\boldsymbol{P}'$ aus der unter (oder über) $\boldsymbol{N}$ geschriebenen Matrix $\boldsymbol{B}$, vgl. das Schema der Abb. 9.6. Die Matrizen $\boldsymbol{X}$, $\boldsymbol{Y}$ hängen dabei noch von der Wahl der Diagonalelemente p_{ii} ab.

Statt der Transformation *beider* Systeme $\boldsymbol{A}$, $\boldsymbol{B}$ nach Gl. (18) kann man auch eines von ihnen, z. B. $\boldsymbol{B}$ unverändert lassen, also $\boldsymbol{B} = \boldsymbol{Y}$. Dann wird die nunmehr vollquadratische Transformationsmatrix $\boldsymbol{P}$ gleich $\boldsymbol{N}'$, wie man sich leicht durch ähnliche Rechnung wie oben klar macht. In dem Falle ist das Gleichungssystem $\boldsymbol{N}\boldsymbol{X}' = \boldsymbol{A}'$ zu lösen. Der Arbeitsaufwand ist der gleiche.

Beispiel: Gegeben ist das Systempaar

$$\boldsymbol{A} = \begin{pmatrix} 1 & 3 & 2 \\ -2 & 1 & -2 \\ -2 & -4 & -3 \\ 0 & 3 & 2 \\ 2 & -1 & 1 \end{pmatrix}, \qquad \boldsymbol{B} = \begin{pmatrix} 3 & 1 & -2 \\ -1 & 3 & 0 \\ 2 & -2 & -1 \\ 1 & -3 & 2 \\ 0 & 1 & 1 \end{pmatrix},$$

das biorthonormiert werden soll zu $\boldsymbol{X}, \boldsymbol{Y}$. Die Rechnung verläuft nach Schema der Abb. 9.6.

	3	1	—2						
	—1	3	0						
$B =$	2	—2	—1						
	1	—3	2						
	0	1	1						
	1	1	2	1	—2	—2	0	2	
$N =$	3	4	3	3	1	—4	3	—1	$= A'$
	4	—3	4	2	—2	—3	2	1	
	1	1	2	1	—2	—2	0	2	
	3	1	— 3	0	7	2	3	—7	$= X'$
	4	—7	—25	—2	55	19	23	—56	
	3	—2	14/25						
	—1	4	—14/25						
$Y =$	2	—4	17/25						
	1	—4	12/25						
	0	1	—4/25						

Damit die beiden Systeme $\boldsymbol{X}, \boldsymbol{Y}$ Elemente annähernd gleicher Größenordnung erhalten, kann man die bei $\boldsymbol{Y}$ auftretende Division durch die Diagonalelemente q_{kk} nachträglich auf beide Vektoren $\boldsymbol{x}_k, \boldsymbol{y}_k$ aufteilen. Indem wir im Beispiel den Nenner 25 aufteilen in $5 \cdot 5$, erhalten wir als Ergebnis:

$$\boldsymbol{X} = \begin{pmatrix} 1 & 0 & -0{,}4 \\ -2 & 7 & 11{,}0 \\ -2 & 2 & 3{,}8 \\ 0 & 3 & 4{,}6 \\ 2 & -7 & -11{,}2 \end{pmatrix}, \qquad \boldsymbol{Y} = \begin{pmatrix} 3 & -2 & 2{,}8 \\ -1 & 4 & -2{,}8 \\ 2 & -4 & 3{,}4 \\ 1 & -4 & 2{,}4 \\ 0 & 1 & -0{,}8 \end{pmatrix}.$$

Man überzeuge sich vom Erfülltsein der Forderung $\boldsymbol{X}'\boldsymbol{Y} = \boldsymbol{I}$.

9.4. Vollständiges Biorthogonalsystem

Wieder läßt sich ein nicht vollständiges Biorthogonalsystem von je $r < n$ unabhängigen Vektoren zu einem vollständigen von je n Vektoren ergänzen. Es sei

$$\left.\begin{aligned} \boldsymbol{A}_1 &= (\boldsymbol{a}_1, \ldots, \boldsymbol{a}_r) \\ \boldsymbol{B}_1 &= (\boldsymbol{b}_1, \ldots, \boldsymbol{b}_r) \end{aligned}\right\} \tag{20}$$

das gegebene noch zu biorthonormierende Systempaar mit nichtsingulärem $\boldsymbol{N}_1 = \boldsymbol{A}_1' \boldsymbol{B}_1$. Es läßt sich zunächst ergänzen durch je $d = n - r$ linear unabhängige Vektoren $\boldsymbol{a}_k, \boldsymbol{b}_k$ als Lösungen der Gleichungssysteme

$$\boxed{\begin{aligned} \boldsymbol{A}_1' \boldsymbol{b}_k &= \boldsymbol{o} \\ \boldsymbol{B}_1' \boldsymbol{a}_k &= \boldsymbol{o} \end{aligned}} \qquad k = r+1,\ r+2, \ldots, n\,, \tag{21}$$

zusammengefaßt zu

$$\left.\begin{array}{l} \boldsymbol{A}_2 = (\boldsymbol{a}_{r+1}, \ldots, \boldsymbol{a}_n) \\ \boldsymbol{B}_2 = (\boldsymbol{b}_{r+1}, \ldots, \boldsymbol{b}_n) \end{array}\right\}, \tag{22}$$

womit sich Gl. (21) schreibt:

$$\left.\begin{array}{l} \boldsymbol{A}_1' \boldsymbol{B}_2 = \boldsymbol{O} \\ \boldsymbol{B}_1' \boldsymbol{A}_2 = \boldsymbol{O} \end{array}\right\}. \tag{21'}$$

Dann läßt sich zunächst zeigen, daß die Gesamtsysteme

$$\left.\begin{array}{l} \boldsymbol{A} = (\boldsymbol{A}_1, \boldsymbol{A}_2) \\ \boldsymbol{B} = (\boldsymbol{B}_1, \boldsymbol{B}_2) \end{array}\right\} \tag{23}$$

aus je n linear unabhängigen Vektoren bestehen, also nichtsingulär sind. Aus

$$c_1 \boldsymbol{a}_1 + \cdots + c_r \boldsymbol{a}_r + c_{r+1} \boldsymbol{a}_{r+1} + \cdots + c_n \boldsymbol{a}_n = \boldsymbol{o}$$

oder kürzer

$$\boldsymbol{A}_1 \boldsymbol{c}_1 + \boldsymbol{A}_2 \boldsymbol{c}_2 = \boldsymbol{o}$$

entsteht nämlich durch Vormultiplikation mit $\boldsymbol{B}_1'$

$$\boldsymbol{B}_1' \boldsymbol{A}_1 \boldsymbol{c}_1 + \boldsymbol{B}_1' \boldsymbol{A}_2 \boldsymbol{c}_2 = \boldsymbol{N}_1' \boldsymbol{c}_1 + \boldsymbol{o} = \boldsymbol{o},$$

woraus wegen nichtsingulärem $\boldsymbol{N}_1$ folgt

$$\boldsymbol{c}_1 = \{c_1, \ldots, c_r\} = \boldsymbol{o}$$

und damit wegen der linearen Unabhängigkeit der Vektoren in $\boldsymbol{A}_2$ auch

$$\boldsymbol{c}_2 = \{c_{r+1}, \ldots, c_n\} = \boldsymbol{o}.$$

Das gleiche beweist sich für $\boldsymbol{B}$.

Damit ist auch $\boldsymbol{N} = \boldsymbol{A}' \boldsymbol{B}$ nichtsingulär, und es hat mit Rücksicht auf Gl. (21') folgenden Bau:

$$\boldsymbol{N} = \boldsymbol{A}' \boldsymbol{B} = \begin{pmatrix} \boldsymbol{A}_1' \\ \boldsymbol{A}_2' \end{pmatrix} (\boldsymbol{B}_1, \boldsymbol{B}_2) = \begin{pmatrix} \boldsymbol{A}_1' \boldsymbol{B}_1 & \boldsymbol{A}_1' \boldsymbol{B}_2 \\ \boldsymbol{A}_2' \boldsymbol{B}_1 & \boldsymbol{A}_2' \boldsymbol{B}_2 \end{pmatrix} = \begin{pmatrix} \boldsymbol{N}_1 & \boldsymbol{O} \\ \boldsymbol{O} & \boldsymbol{N}_2 \end{pmatrix}, \tag{24}$$

so daß auch $\boldsymbol{N}_2 = \boldsymbol{A}_2' \boldsymbol{B}_2$ nichtsingulär ist, also auch das System $\boldsymbol{A}_2, \boldsymbol{B}_2$ für sich biorthonormiert werden kann.

Für die praktische Durchführung der Ergänzung und Biorthonormierung gehen wir nun wieder zweckmäßig so vor, daß wir jeweils nur *ein* Vektorpaar $\boldsymbol{a}_k, \boldsymbol{b}_k$ aus Gl. (21) bestimmen und die so gewonnenen Vektoren sogleich den Systemen $\boldsymbol{A}_1, \boldsymbol{B}_1$ hinzuschlagen und der zur Gleichungsauflösung erforderlichen Elimination unterwerfen. In Gl. (21) sind dann die Matrizen $\boldsymbol{A}_1', \boldsymbol{B}_1'$ in diesem Sinne zu verstehen. Die Matrix $\boldsymbol{N}_2$ reduziert sich hierdurch auf Diagonalform mit den Elementen $\boldsymbol{a}_k' \boldsymbol{b}_k$. Nun kann es bei unserem Vorgehen zunächst eintreten, daß dieses Skalarprodukt verschwindet. Da aber die Gesamtmatrix $\boldsymbol{N}_2$ nichtsingulär ist, im Falle der Diagonalgestalt also keines der Diagonalelemente Null sein kann, so muß sich zu einem durch Auflösen der ersten Gl. (24) errechneten $\boldsymbol{b}_k$ eine Lösung $\boldsymbol{a}_k$ der zweiten Gl. (24) immer so finden lassen, daß $\boldsymbol{a}_k' \boldsymbol{b}_k \neq 0$, der Prozeß also durchführbar ist.

Wir erläutern das Vorgehen wieder an einem Beispiel. Gegeben ist das Ausgangssystempaar

$$A = \begin{pmatrix} 1 & 3 \\ -3 & -2 \\ 2 & -1 \\ 0 & 2 \\ -1 & 2 \end{pmatrix}, \qquad B = \begin{pmatrix} 2 & 1 \\ -1 & -2 \\ 4 & -1 \\ 1 & 3 \\ -3 & -2 \end{pmatrix},$$

das zunächst durch Lösungen der Systeme Gl. (21) ergänzt wird. Die Elimination ist im folgenden Schema nach dem ganzzahligen (divisionsfreien) Algorithmus durchgeführt.

A'					B'				
1	−3	2	0	−1	2	−1	4	1	−3
3	−2	−1	2	2	1	−2	−1	3	−2
−3	−2	1	0	0	1	1	1	0	0
−7	4	3	6	0	−1	7	11	14	0
63	−112	49	22	152	2	5	16	−9	19
1	−3	2	0	−1	2	−1	4	1	−3
3	7	−7	2	5	1	−3	−6	5	−1
−3	−11	−28	22	34	1	3	12	−6	−3
−7	−17	0	76	36	−1	−13	0	−76	11

Die Biorthonormierung ist hier besonders einfach, indem $\boldsymbol{N}$ bereits obere Dreiecksform hat. Damit bleibt das System $\boldsymbol{A}$ unverändert. Im Endergebnis teilen wir wieder die bei $\boldsymbol{Y}$ auftretenden Nenner auf $\boldsymbol{X}$ und $\boldsymbol{Y}$ auf.

						A'						
B	2	1	1	−1	2							
	−1	−2	1	7	5							
	4	−1	1	11	16							
	1	3	0	14	−9							
	−3	−2	0	0	1							
N	16	7	0	0	0	1	−3	2	0	−1	:	4
	0	10	0	0	0	3	−2	−1	2	2	:	5
	0	0	−4	0	0	−3	−2	1	0	0	:	4
	0	0	0	152	0	−7	4	3	6	0	:	8
	0	0	0	0	3040	63	−112	49	22	152	:	152
Y	2	2	−1	−1	2							
	−1	−25	−1	7	5							
	4	−44	−1	11	16							
	1	41	0	14	−9							
	−3	−11	0	0	19							
	:16	:160	:4	:152	:3040							
	: 4	: 32	:1	: 19	: 20							

$$X = \begin{pmatrix} 0{,}25 & 0{,}6 & -0{,}75 & -0{,}875 & 0{,}414\,4737 \\ -0{,}75 & -0{,}4 & -0{,}50 & 0{,}500 & -0{,}736\,8421 \\ 0{,}50 & -0{,}2 & 0{,}25 & 0{,}375 & 0{,}322\,3684 \\ 0 & 0{,}4 & 0 & 0{,}750 & 0{,}144\,7368 \\ -0{,}25 & 0{,}4 & 0 & 0 & 1{,}0 \end{pmatrix}$$

$$Y = \begin{pmatrix} 0{,}50 & 0{,}06250 & -1 & -0{,}052\,6316 & 0{,}10 \\ -0{,}25 & -0{,}78125 & -1 & 0{,}368\,4211 & 0{,}25 \\ 1{,}00 & 1{,}37500 & -1 & 0{,}578\,9474 & 0{,}80 \\ 0{,}25 & 1{,}28125 & 0 & 0{,}736\,8421 & -0{,}45 \\ -0{,}75 & -0{,}34375 & 0 & 0 & 0{,}95 \end{pmatrix}.$$

9.5. Halbinverse einer Rechteckmatrix

Die für ein (nichtvollständiges) Biorthonormalsystem $\boldsymbol{X}$, $\boldsymbol{Y}$ kennzeichnende Gl. (15), $\boldsymbol{X}'\boldsymbol{Y} = \boldsymbol{I}$, hat offensichtliche Ähnlichkeit mit der Beziehung zwischen Matrix und Kehrmatrix, in die sie im Falle des vollständigen Systems ja auch übergeht. Dies legt den Gedanken einer „Inversen" auch für eine nichtquadratische Matrix nahe, sofern nur ihre Spalten oder Zeilen — je nach der kleineren Anzahl — linear unabhängig sind, die Matrix also *spaltenregulär* bzw. *zeilenregulär* ist. Denn diese Bedingung erwies sich für das Bestehen eines Biorthonormalsystems als notwendig (wenn auch noch nicht als hinreichend). Es sei etwa $\boldsymbol{A}$ eine spaltenreguläre nr-Matrix mit $r < n$. Wir suchen nach einer zweiten nr-Matrix $\boldsymbol{X}$ der Eigenschaft

$$\boldsymbol{X}'\boldsymbol{A} = \boldsymbol{I}\,, \tag{25}$$

also nach einer Matrix, deren Transponierte $\boldsymbol{X}'$ eine „Linksinverse" von $\boldsymbol{A}$ ist. Eine „Rechtsinverse" $\boldsymbol{Y}$ mit

$$\boldsymbol{A}\boldsymbol{Y}' = \boldsymbol{I}$$

kann es bei $r < n$ nicht geben, da $\boldsymbol{Y}$ gleichfalls r Spalten haben muß, also höchstens vom Range r sein kann, womit das links stehende Produkt nach § 7.3, Satz 8 den Rang r hätte, während die rechts stehende n-reihige Einheitsmatrix vom Range n wäre. Für nichtquadratische Matrizen kann es also nur eine *Halbinverse*, nämlich entweder Rechts- oder Linksinverse geben, je nach dem die Matrix zeilen- oder spaltenregulär ist. — Aus Gl. (25) wird durch Transponieren $\boldsymbol{A}'\boldsymbol{X} = \boldsymbol{I}$, also aus der Linksinversen $\boldsymbol{X}'$ zur nr-Matrix $\boldsymbol{A}$ die Rechtsinverse $\boldsymbol{X}$ zur rn-Matrix $\boldsymbol{A}'$. Wir können uns somit auf die Betrachtung von nr-Matrizen mit $r < n$ und deren Linksinversen beschränken, da man andernfalls durch Transponieren leicht auf diesen Fall zurückführen kann.

Nun kann man schon aus den Erörterungen über Biorthogonalsysteme vermuten, daß eine Linksinverse $\boldsymbol{X}'$ aus Gl. (25) allein noch nicht eindeutig festgelegt ist. Dem ist in der Tat so. Nehmen wir eine zweite Lösung $\boldsymbol{Y}'$ von Gl. (25) an

$$\boldsymbol{Y}' \boldsymbol{A} = \boldsymbol{I}, \tag{25a}$$

so folgt durch Subtraktion der Gln. (25) und (25a) für die Differenz $\boldsymbol{Z} = \boldsymbol{Y} - \boldsymbol{X}$

$$(\boldsymbol{Y}' - \boldsymbol{X}') \boldsymbol{A} = \boldsymbol{Z}' \boldsymbol{A} = \boldsymbol{O}, \qquad \boldsymbol{A}' \boldsymbol{Z} = \boldsymbol{O}. \tag{26}$$

Für den Unterschied $\boldsymbol{Z}$ zweier Lösungen von Gl. (25) gilt also das homogene Gleichungssystem (26), das bei $r < n$ stets nichttriviale Lösungen besitzt.

Will man nun die der Gl. (25) innewohnende Vieldeutigkeit beheben und zu einer ganz bestimmten, wohldefinierten Linksinversen $\hat{\mathsf{A}}'$ einer spaltenregulären nr-Matrix $\boldsymbol{A}$ gelangen mit

$$\hat{\mathsf{A}} = (\alpha_{ik}) = \begin{pmatrix} \alpha_{11} & \dots & \alpha_{1r} \\ \alpha_{21} & \dots & \alpha_{2r} \\ \cdot & \cdot\ \cdot\ \cdot & \cdot \\ \alpha_{n1} & \dots & \alpha_{nr} \end{pmatrix}, \tag{27}$$

so bietet sich dazu die nichtsinguläre Matrix $\boldsymbol{N} = \boldsymbol{A}' \boldsymbol{A}$ an gemäß der folgenden

Definition: *Zur spaltenregulären nr-Matrix $\boldsymbol{A}$ vom Range $r \leqq n$ definieren wir als* **Halbinverse** *(Linksinverse) die zeilenreguläre rn-Matrix*

$$\boxed{\hat{\mathsf{A}}' = \boldsymbol{N}^{-1} \boldsymbol{A}'} \tag{28}$$

mit der nichtsingulären rr-Matrix

$$\boxed{\boldsymbol{N} = \boldsymbol{A}' \boldsymbol{A}}\,. \tag{29}$$

Es gilt dann ersichtlich die für die Inverse charakteristische Beziehung

$$\boxed{\hat{\mathsf{A}}' \boldsymbol{A} = \boldsymbol{A}' \hat{\mathsf{A}} = \boldsymbol{I}}\,, \tag{30}$$

Für den Fall $r = n$ der nichtsingulären quadratischen Matrix $\boldsymbol{A}$ geht die Halbinverse $\hat{\mathsf{A}}'$ über in die Inverse $\boldsymbol{A}^{-1}$.

Die praktische Ermittlung von $\hat{\mathsf{A}}'$ erfolgt laut Gl. (28) durch Auflösen des Gleichungssystems

$$\boxed{\boldsymbol{N} \hat{\mathsf{A}}' = \boldsymbol{A}'}\,, \tag{31}$$

insbesondere nach dem verketteten Algorithmus, vgl. Abb. 9.8. Nach Aufspalten der Matrix $\boldsymbol{N}$ in untere und obere Dreiecksmatrix $\boldsymbol{P}$ und $\boldsymbol{Q}$ nach $\boldsymbol{N} = \boldsymbol{P}\,\boldsymbol{Q}$ rechnet man wie üblich

$$\boldsymbol{P}\,\bar{A}' = A', \rightarrow \bar{A}',$$
$$\boldsymbol{Q}\,\hat{A}' = \bar{A}', \rightarrow \hat{A}'.$$

Denn dann ist

$$\boldsymbol{N}\,\hat{A}' = \boldsymbol{P}\,\boldsymbol{Q}\,\hat{A}' = \boldsymbol{P}\,\bar{A}' = A'.$$

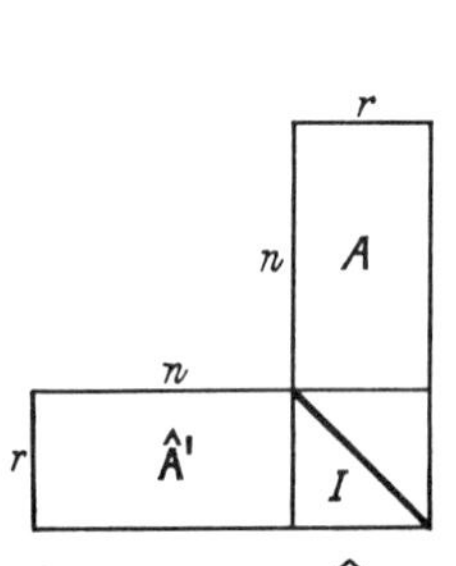

Abb. 9.7. Linksinverse $\hat{A}'$ einer spaltenregulären $n\,r$-Matrix $\boldsymbol{A}$ mit $\hat{A}'\boldsymbol{A} = \boldsymbol{I}$

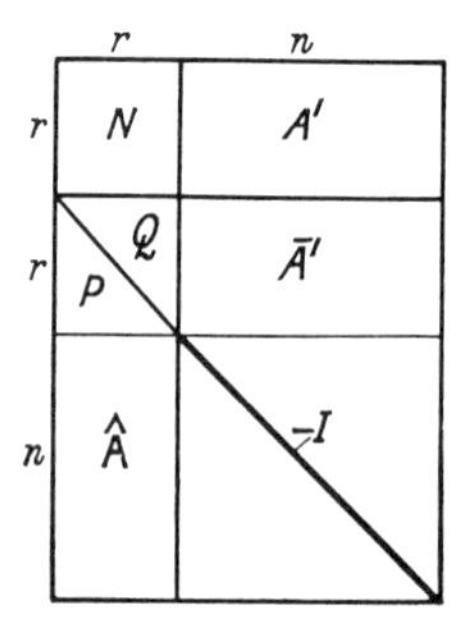

Abb. 9.8. Schema zur Bestimmung der Linksinversen $\hat{A}$ zur Matrix $\boldsymbol{A}$

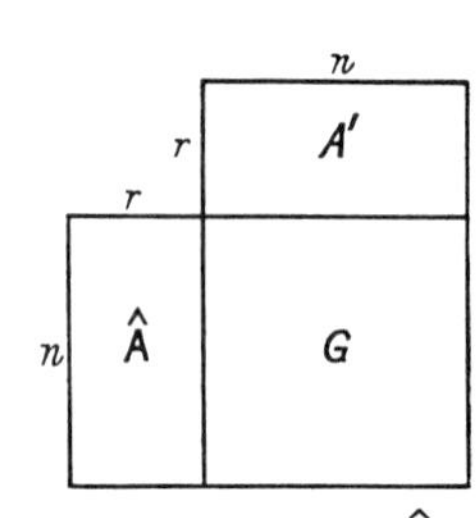

Abb. 9.9. Matrix $\boldsymbol{G} = \hat{A}\,\boldsymbol{A}'$

Für die Matrix $\hat{A}$ gelten außer der Haupteigenschaft Gl. (30) folgende Beziehungen:

$$\boxed{\hat{A}'\,\hat{A} = \boldsymbol{N}^{-1}} \tag{32}$$

$$\boxed{\begin{aligned} \boldsymbol{A}\,\boldsymbol{A}' &= \hat{A}\,\boldsymbol{N}^2\,\hat{A}' \\ \hat{A}\,\hat{A}' &= \boldsymbol{A}\,\boldsymbol{N}^{-2}\boldsymbol{A}' \end{aligned}}\,. \tag{33}$$

Während $\hat{A}'\,\boldsymbol{A} = \boldsymbol{A}'\,\hat{A} = \boldsymbol{I}$ die r-reihige Einheitsmatrix ergibt, ist

$$\boxed{\boldsymbol{G} = \hat{A}\,\boldsymbol{A}' = \boldsymbol{A}\,\hat{A}' = \hat{A}\,\boldsymbol{N}\,\hat{A}' = \boldsymbol{A}\,\boldsymbol{N}^{-1}\,\boldsymbol{A}'} \tag{34}$$

eine n-reihige symmetrische Matrix (Abb. 9.9.) vom Range r der bemerkenswerten Eigenschaft

$$\boxed{\boldsymbol{G}^2 = \boldsymbol{G}}\,, \tag{35}$$

also auch $\boldsymbol{G}^n = \boldsymbol{G}$. Dies folgt unmittelbar nach

$$\boldsymbol{G}^2 = \hat{A}\,\boldsymbol{A}'\,\hat{A}\,\boldsymbol{A}' = \hat{A}\,\boldsymbol{I}\,\boldsymbol{A}' = \hat{A}\,\boldsymbol{A}' = \boldsymbol{G}.$$

Matrizen dieser Eigenschaft (35) werden *idempotent* genannt.

Beispiel: Gesucht die Halbinverse $\hat{A}'$ zur Matrix

$$A = \begin{pmatrix} 1 & 2 \\ -3 & 1 \\ 2 & -3 \\ -2 & 1 \end{pmatrix}.$$

$$\begin{array}{cc|cccc}
18 & -9 & 1 & -3 & 2 & -2 \\
-9 & 15 & 2 & 1 & -3 & 1 \\
\hline
18 & -9 & 1 & -3 & 2 & -2 \\
\frac{1}{2} & \frac{21}{2} & \frac{5}{2} & -\frac{1}{2} & -2 & 0 \\
\hline
 & & \frac{11}{63} & -\frac{12}{63} & \frac{1}{63} & -\frac{7}{63} \\
 & & \frac{5}{21} & -\frac{1}{21} & -\frac{4}{21} & 0 \\
\hline
\end{array}$$

$$\hat{A}' = \frac{1}{63}\begin{pmatrix} 11 & -12 & 1 & -7 \\ 15 & -3 & -12 & 0 \end{pmatrix}.$$

* § 10. Polynommatrizen und ganzzahlige Matrizen

10.1. Parametermatrizen. Charakteristische Determinante und Rangabfall

In zahlreichen Anwendungen, etwa bei Schwingungsaufgaben, linearen Differentialgleichungssystemen und vor allem bei dem in Kap. IV und V noch ausführlich zu erörternden *Eigenwertproblem* treten Matrizen auf, deren Elemente von einem skalaren Parameter λ abhängen:

$$\boldsymbol{F} = \boldsymbol{F}(\lambda) = (f_{ik}(\lambda))\,, \tag{1}$$

und die wir daher *Parametermatrizen* nennen wollen. Die Matrix $\boldsymbol{F}$ sei n-reihig quadratisch. Die Funktionen $f_{ik}(\lambda)$ können dabei noch beliebig sein, wenn wir für die Anwendungen auch fast immer mit Polynomen zu tun haben und dann von *Polynommatrizen* sprechen werden. In der Regel treten Parametermatrizen und speziell Polynommatrizen als Koeffizientenmatrizen homogener linearer Gleichungssysteme auf,

$$\boldsymbol{F}(\lambda)\,\boldsymbol{x} = \boldsymbol{o}\,, \tag{2}$$

womit sich als Bedingung für das Vorhandensein nichttrivialer Lösungen $\boldsymbol{x} \neq \boldsymbol{o}$ die Gleichung

$$\boxed{\det \boldsymbol{F} = F(\lambda) = 0} \tag{3}$$

ergibt, die sogenannte *charakteristische Gleichung* des Systems Gl. (2). $F(\lambda)$ ist die charakteristische Determinante. Sind $f_{ik}(\lambda)$ allgemeine, z. B. transzendente Funktionen von λ, so ist auch $F(\lambda) = 0$ eine solche Gleichung. Im Falle von Polynommatrizen aber ist auch $F(\lambda)$ ein Polynom in λ von noch zu bestimmendem Grade. Im allgemeinen, nämlich wenn Gl. (3) nicht gerade identisch für *jeden* λ-Wert erfüllt ist, was auch eintreten kann (sogenannter singulärer Fall), ergeben sich als Lösungen von Gl. (3) ganz bestimmte Wurzeln $\lambda_1, \lambda_2, \ldots$, die *charakteristischen Wurzeln* oder *Eigenwerte* des Problems (2), das dann ein *Eigenwertproblem* darstellt, freilich eines von allgemeinerer Art als das in den Kap. IV und V zu behandelnde. Für diese Werte λ_i und nur für sie hat dann das System (2) nichttriviale Lösungen $\boldsymbol{x}_i$, die wegen des homogenen Charakters höchstens ihrem Verhältnis nach bestimmbar sind und dann noch in passender Weise normiert werden können, z. B. zu $\boldsymbol{x}'\boldsymbol{x} = 1$ für reelle oder $\boldsymbol{x}^*\boldsymbol{x} = 1$ für komplexe Lösungen $\boldsymbol{x}$, wo wir wie üblich mit $\boldsymbol{x}^*$ den zu $\boldsymbol{x}$ konjugiert transponierten Vektor bezeichnen, der im reellen Falle mit $\boldsymbol{x}'$ übereinstimmt.

Es sei nun $\lambda = \lambda_\sigma$ eine solche Wurzel. Für die Bestimmung zugehöriger Lösungsvektoren $\boldsymbol{x}_\sigma$ ist dann der Rangabfall, der Defekt $d_\sigma = n - r_\sigma$ der Matrix $\boldsymbol{F}(\lambda_\sigma)$ maßgebend. Denn die Anzahl linear unabhängiger Lösungssysteme von (2) ist ja gerade gleich diesem Defekt, wobei mit r_σ der Rang der Matrix $\boldsymbol{F}(\lambda_\sigma)$ bezeichnet wird. Nun ist die Determinante $F(\lambda)$ eine (homogene) Funktion ihrer Elemente $f_{ik}(\lambda)$:

$$F(\lambda) = F(f_{11}, f_{12}, \ldots, f_{nn}) = F(f_{ik}) \,. \tag{4}$$

Die partielle Ableitung dieser Funktion nach dem Element f_{ik} aber ist, wie man aus dem Entwicklungssatz für Determinanten, z. B. in der Form einer Zeilenentwicklung

$$F(\lambda) = f_{i1} F_{i1} + f_{i2} F_{i2} + \cdots + f_{in} F_{in}$$

unmittelbar ersieht, gleich dem algebraischen Komplement F_{ik} dieses Elementes:

$$\frac{\partial F}{\partial f_{ik}} = F_{ik}(\lambda) \,.$$

Damit aber erhält man aus Gl. (4) als vollständiges Differential dF der Funktion $F(\lambda)$:

$$dF(\lambda) = F_{11}(\lambda)\, df_{11}(\lambda) + F_{12}(\lambda)\, df_{12}(\lambda) + \cdots + F_{nn}(\lambda)\, df_{nn}(\lambda)$$

oder schließlich für die Ableitung nach dem Parameter λ:

$$F'(\lambda) = F_{11}(\lambda)\, f'_{11}(\lambda) + F_{12}(\lambda)\, f'_{12}(\lambda) + \cdots + F_{nn}(\lambda)\, f'_{nn}(\lambda) = \sum_{i,k} F_{ik} f'_{ik} \,.$$

Die erste Ableitung $F'(\lambda)$ der Determinante $F(\lambda)$ nach λ ist also eine Linearkombination, eine homogen lineare Funktion der algebraischen Komplemente oder, wie man auch sagt, der *ersten Minoren* (= Unterdeterminanten) der Determinante $F(\lambda)$. — Für die zweite Ableitung erhält man durch Weiterdifferenzieren

$$F''(\lambda) = \sum_{i,k} F'_{ik}(\lambda)\, f'_{ik}(\lambda) + \sum_{i,k} F_{ik}(\lambda)\, f''_{ik}(\lambda) \,.$$

Für die Komplemente F_{ik} (die ersten Minoren) gilt nun bezüglich ihrer Ableitungen das gleiche wie für F: es sind homogen lineare Funktionen der ersten Minoren der F_{ik}, also der zweiten Minoren (der $(n-2)$-reihigen Unterdeterminanten) von F. Die F_{ik} selbst aber sind nach dem Entwicklungssatz gleichfalls homogen lineare Funktionen der zweiten Minoren von F. Insgesamt ist somit auch $F''(\lambda)$ eine solche Funktion dieser zweiten Minoren. Indem wir diese Überlegungen fortsetzen, erhalten wir als

Satz 1: *Die p-te Ableitung $F^{(p)}(\lambda)$ der Determinante $F(\lambda)$ einer Parametermatrix $\boldsymbol{F}(\lambda)$ nach dem Parameter ist darstellbar als homogen lineare Funktion der p-ten Minoren (der $(n-p)$-reihigen Unterdeterminanten) von $F(\lambda)$.*

Ist nun λ_σ eine p_σ-fache Wurzel der charakteristischen Gleichung $F(\lambda) = 0$, d. h. aber verschwinden außer $F(\lambda)$ auch noch die $p_\sigma - 1$ ersten Ableitungen, während $F^{(p_\sigma)}(\lambda) \neq 0$ ist für $\lambda = \lambda_\sigma$, so können wegen Satz 1 nicht alle p_σ-ten Minoren von $F(\lambda_\sigma)$ verschwinden, d. h. aber der Rangabfall d_σ von $\boldsymbol{F}(\lambda_\sigma)$ kann höchstens gleich p_σ sein:

$$\boxed{d_\sigma = n - r_\sigma \leqq p_\sigma} \,. \tag{5}$$

Im Falle einer *einfachen* Wurzel λ_σ $(p_\sigma = 1)$ folgt damit wegen $F(\lambda) = 0$ der Rangabfall genau zu $d_\sigma = p_\sigma = 1$. Im Falle *mehrfacher* Wurzeln $p > 1$ aber läßt sich über d in dieser Allgemeinheit nicht mehr als die Schranke (5) angeben, noch ergänzt durch $d \leqq n$.

10.2. Polynommatrizen und ganzzahlige Matrizen. Äquivalenz

Für alles Folgende betrachten wir den weitaus wichtigsten Fall, daß die Elemente $f_{ik}(\lambda)$ der Parametermatrix Polynome in λ sind, wir es also mit einer Polynommatrix $\boldsymbol{F}(\lambda)$ zu tun haben. Wir lassen dabei zunächst auch wieder nichtquadratische Matrizen zu, es sei $\boldsymbol{F}$ etwa eine mn-Matrix. Ist q der höchste vorkommende Grad in λ unter den $m \cdot n$ Elementen $f_{ik}(\lambda)$, so heißt die Matrix $\boldsymbol{F}$ vom Grade q. Sie läßt sich dann in der Form schreiben

$$\boxed{\boldsymbol{F}(\lambda) = \boldsymbol{A}_0 + \boldsymbol{A}_1\lambda + \boldsymbol{A}_2\lambda^2 + \cdots + \boldsymbol{A}_q\lambda^q} \tag{6}$$

mit mn-Matrizen $\boldsymbol{A}_\nu$, deren Elemente $a_{ik}^{(\nu)}$ nicht mehr vom Parameter λ abhängen, also konstant sind.

Nun lassen sich Polynommatrizen auf ganz ähnliche Weise, wie wir es in § 7.2 und 7.4 für gewöhnliche Matrizen durchgeführt haben, durch eine Reihe *elementarer Umformungen* auf eine Diagonalform, die *Normalform* bringen, jedoch mit wesentlichem Unterschied gegenüber früher. Die in der Normalform auftretende r-reihige Diagonalmatrix nicht verschwindender Elemente beim Range r der Ausgangsmatrix $\boldsymbol{F}$ kann nämlich nicht mehr wie dort zur Einheitsmatrix gemacht werden, womit nun außer dem Rang r, der dort einzige Invariante äquivalenter Matrizen war, weitere charakteristische Daten als äquivalenzinvariant in die Normalform eingehen. Das hat seinen Grund darin, daß bei Polynomen die Division als allgemein zulässige Rechenoperation ausscheidet, da ja Division zweier Polynome im allgemeinen, d. h. wenn nicht die beiden gerade durcheinander ohne Rest teilbar sind, nicht wieder auf ein Polynom, sondern eine gebrochen rationale Funktion führt. Man hat hier genau die gleichen Verhältnisse wie auch bei den ganzen Zahlen: auch dort führt ja die Division im allgemeinen aus dem Bereiche der ganzen Zahlen hinaus, es sei denn, die Zahlen sind ohne Rest teilbar. Bei Bereichen dieser Art, bei denen innerhalb des Bereiches nur die drei ersten Grundrechnungsarten — Addition, Subtraktion und Multiplikation — nicht aber Division ausnahmslos durchführbar sind, spricht man in der Algebra allgemein von einem *Ring*. Polynome mit reellen oder komplexen Koeffizienten und die (positiven und negativen) ganzen Zahlen einschließlich der Null stellen also je einen Ring dar. Beide verhalten sich daher auch in wesentlichen Zügen gleich, und es ist darum zweckmäßig, die weiteren Betrachtungen für Polynome und ganze Zahlen gleichzeitig durchzuführen, außer Polynommatrizen also auch *ganzzahlige Matrizen*, d. h. solche, deren Elemente aus ganzen Zahlen bestehen, mit zu behandeln. Wenn sich auch von den Anwendungen her das Hauptinteresse auf die Polynommatrizen richten wird, so sind doch auch Fälle denkbar, in denen ganzzahlige Matrizen für Anwendungen bedeutsam werden können.

Für das Rechnen mit Ringen, also etwa Polynomen und ganzen Zahlen, ist der Begriff der *Einheiten* wichtig. Das sind solche Elemente ε, für die das reziproke Element $1/\varepsilon$ wieder zum Ring gehört. Für die ganzen Zahlen sind es die beiden Zahlen ± 1, für die Polynome aber *jede beliebige Konstante* $c \neq 0$.

Unter einer *elementaren Umformung* einer Polynommatrix bzw. einer ganzzahligen Matrix verstehen wir analog wie früher eine der drei folgenden Operationen:

I. Vertauschen zweier Zeilen oder Spalten.

II. Multiplizieren eines jeden Elementes einer Zeile oder Spalte mit einer Einheit; im Falle einer Polynommatrix also mit einer Konstanten $c \neq 0$, im Falle ganzzahliger Matrix mit ± 1, wobei praktisch nur Multiplikation mit -1 als eigentliche Umformung in Betracht kommt.

III. Addieren einer mit einem beliebigen Ringelement (einem Polynom $p(\lambda)$ bzw. einer ganzen Zahl p) multiplizierten Zeile (Spalte) zu einer anderen Zeile (Spalte).

Polynommatrizen bzw. ganzzahlige Matrizen $\boldsymbol{A}$, $\boldsymbol{B}$, welche durch eine endliche Anzahl elementarer Umformungen ineinander überführbar sind, werden wieder *äquivalent* genannt, $\boldsymbol{A} \sim \boldsymbol{B}$. Die Äquivalenzbeziehung ist wie früher reflexiv ($\boldsymbol{A} \sim \boldsymbol{A}$), symmetrisch (mit $\boldsymbol{A} \sim \boldsymbol{B}$ ist auch $\boldsymbol{B} \sim \boldsymbol{A}$) und transitiv (aus $\boldsymbol{A} \sim \boldsymbol{B}$, $\boldsymbol{B} \sim \boldsymbol{C}$ folgt $\boldsymbol{A} \sim \boldsymbol{C}$).

Auch hier können, ähnlich wie in § 7.4, die drei Umformungen durch Multiplikation mit entsprechenden nichtsingulären Matrizen herbeigeführt werden. Es entsprechen einander:

Umformung I: Die Matrix $\boldsymbol{J}_{ik}$, entstanden aus der Einheitsmatrix $\boldsymbol{I}$ durch Vertauschen der beiden Zeilen i und k.

Umformung II: Die Matrix $\boldsymbol{C}_i$, entstanden aus $\boldsymbol{I}$ durch Ersatz des i-ten Diagonalelementes 1 durch eine Einheit, bei Polynommatrizen also durch $c \neq 0$, bei ganzzahligen Matrizen durch -1.

Umformung III: Die Matrix $\boldsymbol{K}_{ik}$, entstanden aus $\boldsymbol{I}$ durch Ersatz des Elementes 0 auf dem Platz i, k ($i \neq k$) durch ein Polynom $p(\lambda)$ bzw. durch eine ganze Zahl p.

Alle drei Matrizen sind wieder nichtsingulär. Wichtiger aber ist hier eine zusätzliche Eigenschaft, nämlich daß ihre Determinante gleich einer Einheit ist, d. h. im Falle der Polynommatrizen eine Konstante, im Falle ganzzahliger Matrizen gleich ± 1. Die Matrizen sind, wie man sagt, *unimodular* (ihr „Modul" = Determinante ist eine Einheit). Dann und nur dann existiert nämlich eine *im Ringbereich liegende Kehrmatrix*, also eine solche, die wiederum Polynommatrix bzw. ganzzahlige Matrix ist. Man spricht daher hier auch von *unimodularer Äquivalenz*, eine offenbar ganz wesentliche Einschränkung gegenüber der früher betrachteten allgemeinen Äquivalenz. Insgesamt folgt so ähnlich wie früher unter § 7.4

Satz 2: *Zwei Polynommatrizen bzw. ganzzahlige Matrizen* $\boldsymbol{A}$ *und* $\boldsymbol{B}$ *sind dann und nur dann (unimodular) äquivalent, d. h. durch eine endliche Anzahl elementarer Umformungen ineinander überführbar, wenn es zwei nichtsinguläre unimodulare Matrizen* $\boldsymbol{P}$ *und* $\boldsymbol{Q}$ *gibt derart, daß*

$$\boxed{\boldsymbol{B} = \boldsymbol{P}\boldsymbol{A}\boldsymbol{Q}} \quad \text{und} \quad \boxed{\boldsymbol{A} = \boldsymbol{P}^{-1}\boldsymbol{B}\boldsymbol{Q}^{-1}}\,. \tag{7}$$

Für den wichtigen Sonderfall *linearer* Polynommatrizen aber gilt der zuerst von WEIERSTRASS bewiesene[1]

Satz 3: *Zwei quadratische Polynommatrizen ersten Grades in* λ

$$\boldsymbol{A}(\lambda) = \boldsymbol{A}_0 + \boldsymbol{A}_1\lambda$$
$$\boldsymbol{B}(\lambda) = \boldsymbol{B}_0 + \boldsymbol{B}_1\lambda$$

mit nichtsingulärem $\boldsymbol{A}_1$, $\boldsymbol{B}_1$ *sind dann und nur dann äquivalent, wenn es zwei nichtsinguläre* **konstante**, *d. h. von* λ *unabhängige Matrizen* $\boldsymbol{P}$, $\boldsymbol{Q}$ *gibt derart, daß Gl.* (7) *gilt.*

[1] WEIERSTRASS, K.: M. Ber. preuß. Akad. Wiss. 1868, S. 310—338.

10.3. Die Smithsche Normalform. Elementarpolynome und Elementarteiler

Wenden wir uns nun der angekündigten Aufgabe zu, eine Polynommatrix (bzw. eine ganzzahlige Matrix, auf die sich im folgenden stets die in Klammern hinzugesetzten Aussagen beziehen) auf eine äquivalente Diagonalform zu überführen. Dazu verfahren wir folgendermaßen. Sind in unserer Matrix, sagen wir $\boldsymbol{A}$, die Elemente a_{ik} nicht alle von gleichem Grade in λ (von gleichem Betrage), so gibt es ein Element kleinsten Grades (Betrages). Gibt es mehrere solche, so wählen wir ein beliebiges davon aus. Einem Element 0 wird hierbei überhaupt kein Grad (kein Betrag) zugeordnet, es zählt beim Gradvergleich (Betragsvergleich) nicht mit.

Ist der kleinste vorkommende Grad Null (der kleinste Betrag 1), so kann man sofort mit der gleich zu besprechenden Elimination beginnen. Ist er aber höher als Null (größer als 1), so versucht man zunächst durch Reihenkombination, also Umformung III ein Element kleineren Grades (kleineren Betrages) als vorhanden herbeizuführen. Man führt dies so lange fort, bis man ein Element kleinsten auf diese Weise überhaupt möglichen Grades (Betrages) erzeugt hat und bringt dies Element dann durch Reihenvertauschung in die linke obere Ecke. Die so umgebaute Matrix sei $\boldsymbol{B}$, das Element kleinsten Grades (Betrages) also $b_{11}(\lambda)$ bzw. b_{11}.

Dann ist b_{11} in allen Elementen der ersten Zeile wie auch der ersten Spalte als Faktor enthalten[1]. Wäre dies nämlich nicht so, gäbe es also etwa ein Element b_{1k} der ersten Zeile, von dem b_{11} nicht Teiler wäre, so könnte man schreiben

$$b_{1k} = q\, b_{11} + h$$

mit einem Divisionsrest h von notwendig kleinerem Grade (Betrage) als b_{11}. Dann aber könnte man eben durch Addition der mit $-q$ multiplizierten ersten Spalte zur k-ten Spalten deren erstes Element zu h machen, also entgegen unserer Voraussetzung ein Element kleineren Grades (Betrages) als b_{11} herbeiführen. Das gleiche gilt für die erste Spalte.

Damit aber lassen sich nun durch Umformungen III alle Elemente der ersten Zeile wie Spalte zu Null machen bis auf $b_{11} \neq 0$, womit $\boldsymbol{A} = (a_{ik})$ insgesamt übergegangen ist auf

$$\begin{pmatrix} b_{11} & 0 & \dots & 0 \\ 0 & c_{22} & \dots & c_{2n} \\ \dots & \dots & \dots & \dots \\ 0 & c_{m2} & \dots & c_{mn} \end{pmatrix}.$$

[1] Bei ganzzahligen Matrizen ist klar, was mit Faktor oder Teiler gemeint ist. Bei Polynommatrizen versteht sich ein Teiler stets bis auf Einheiten, also konstante Faktoren. So ist z. B. 3λ ein Teiler von 2λ oder von $\lambda^2 + 2\lambda$.

Hierin ist aber b_{11} als Polynom kleinsten Grades (als ganze Zahl kleinsten Betrages) zugleich auch Teiler aller noch übrigen Elemente c_{ik}. Denn andernfalls könnte man durch Reihenkombination Reste von noch kleinerem Grade (Betrage) als b_{11} gegen die Voraussetzung erzeugen.

Es kann sein, daß sämtliche Elemente c_{ik} gleich Null sind (wenn nämlich unsere Ausgangsmatrix A den Rang 1 gehabt hat); dann hört unser Vorgehen hiermit auf. Sind aber nicht alle c_{ik} Null, so wiederholen wir das beschriebene Verfahren an der restlichen $(m-1, n-1)$-Matrix der c_{ik}, und da die Gesamtmatrix jetzt in der ersten Zeile und Spalte für $i, k \geqq 2$ lauter Nullen enthält, so sind alle Umformungen an der Restmatrix auch solche an der Gesamtmatrix. Man erhält so, wenn wir für c_{22} gleich das Element kleinstmöglichen Grades (Betrages) annehmen, die Matrix

$$\begin{pmatrix} b_{11} & 0 & 0 \dots 0 \\ 0 & c_{22} & 0 \dots 0 \\ 0 & 0 & d_{33} \dots d_{3n} \\ \dots & \dots & \dots \\ 0 & 0 & d_{m3} \dots d_{mn} \end{pmatrix},$$

worin c_{22} wiederum alle Elemente d_{ik} der Restmatrix teilt.

In dieser Weise gelangt man zu einer Matrix, welche links oben als Untermatrix eine Diagonalmatrix mit r von Null verschiedenen Elementen und im übrigen Nullen enthält, wenn die Ausgangsmatrix vom Range r ist, d. h. wenn nicht alle r-reihigen Unterdeterminanten von A *identisch* in λ verschwinden. Machen wir noch durch Umformungen II die Koeffizienten der höchsten λ-Potenz in jedem Diagonalglied zu 1 (bzw. bei ganzzahliger Matrix das Vorzeichen aller Diagonalelemente positiv), so erhalten wir aus der Polynommatrix (der ganzzahligen Matrix) A in ganz eindeutiger Weise eine Matrix der Form

$$\mathsf{N} = \left(\begin{array}{ccc|c} E_1 & & & \\ & \ddots & & 0 \\ & & E_r & \\ \hline & 0 & & 0 \end{array}\right), \tag{8}$$

die sogenannte *Smithsche Normalform.* Für den besonders wichtigen Fall einer quadratischen *nichtsingulären* Matrix A, was im Falle der Polynommatrix nicht *identisches* Verschwinden von $\det A$ für *jeden* λ-Wert bedeutet, wird $r = n$ und die Normalform wird zur Diagonalmatrix

$$\boxed{\mathsf{N} = \begin{pmatrix} E_1 & & 0 \\ & \ddots & \\ 0 & & E_n \end{pmatrix} = \operatorname{Diag}(E_\nu)}\,. \tag{9}$$

Eine Polynommatrix ist sicher dann nichtsingulär, wenn die Koeffizientenmatrix der höchsten λ-Potenz nichtsingulär ist, in der Bezeichnung von Gl. (6) also $\det \boldsymbol{A}_q \neq 0$. Die Polynommatrix wird dann *eigentlich* vom Grade q genannt. — Es kann sein, daß das erste Element b_{11} kleinsten Grades (kleinsten Betrages) eine Einheit ist, im Falle der Polynommatrix also eine Konstante, im Falle ganzzahliger Matrix ± 1. Dann wird $E_1 = 1$. Dies kann sich einige Male wiederholen, bis das erste von 1 verschiedene Element E_ν erscheint.

Da bei den elementaren Umformungen sich die Determinante $\det \boldsymbol{A}$ höchstens um Einheiten ändert, so ist sie, wie aus der Normalform (9) unmittelbar abzulesen, bis auf Einheiten (d. h. also bis auf konstanten Faktor bzw. bis auf das Vorzeichen) gleich dem Produkt der E_ν:

$$\boxed{\det \boldsymbol{A} \cong E_1 E_2 \ldots E_n} \,. \tag{10}$$

Die für die Matrix charakteristischen Polynome bzw. Zahlen E_ν, die gegenüber unimodularer Äquivalenz invariant sind, werden daher die *invarianten Faktoren* der Polynommatrix bzw. ganzzahligen Matrix genannt. Auch die Bezeichnung *zusammengesetzte Elementarteiler* ist gebräuchlich, die wir hier jedoch, da sie zu Verwechslungen mit den sogleich anzugebenden eigentlichen WEIERSTRASSschen Elementarteilern führen kann, lieber nicht verwenden wollen. Dagegen wollen wir die E_ν im Falle der Polynommatrix die *Elementarpolynome* der Matrix nennen. Es folgt für sie aus der Herleitung der Normalform, daß E_1 ein Teiler von E_2, E_2 wieder ein Teiler von E_3 ist usf. Allgemein schreibt man für eine ganze Zahl b, die Teiler einer zweiten Zahl a ist, $b|a$ (in Worten: b ist Teiler von a oder b teilt a). So können wir schreiben:

$$\boxed{E_1 \mid E_2 \mid \ldots \mid E_n} \,, \tag{11}$$

wobei einige der E_ν auch untereinander gleich und die ersten insbesondere auch gleich 1 sein können. Wir können zusammenfassen zu

Satz 4: *Zwei Polynommatrizen bzw. zwei ganzzahlige Matrizen* $\boldsymbol{A}$ *und* $\boldsymbol{B}$ *sind dann und nur dann unimodular äquivalent, wenn sie in ihren Elementarpolynomen (ihren invarianten Faktoren)* E_ν *übereinstimmen.*

Im Falle einer nichtsingulären Polynommatrix $\boldsymbol{A}(\lambda)$ ergibt die charakteristische Gleichung

$$\det \boldsymbol{A}(\lambda) = 0 \tag{12}$$

die (s verschiedenen) charakteristischen Wurzeln λ_σ. Sind diese von der jeweiligen Vielfachheit p_σ, so ist die charakteristische Determinante zerlegbar in der Form

$$\boxed{\det \boldsymbol{A}(\lambda) = (\lambda - \lambda_1)^{p_1} (\lambda - \lambda_2)^{p_2} \ldots (\lambda - \lambda_s)^{p_s}} \,. \tag{13}$$

Da nun die E_ν Faktoren von det $\boldsymbol{A}$ sind, so sind auch sie zerlegbar in der Form

$$\boxed{E_\nu(\lambda) = (\lambda - \lambda_1)^{e_{\nu 1}} (\lambda - \lambda_2)^{e_{\nu 2}} \dots (\lambda - \lambda_s)^{e_{\nu s}}} \tag{14}$$

mit Exponenten $e_{\nu\sigma}$, von denen einige auch Null werden können, wenn nämlich das Elementarpolynom den Faktor $(\lambda - \lambda_\sigma)$ nicht enthält. Die Bestandteile

$$\boxed{(\lambda - \lambda_\sigma)^{e_{\nu\sigma}}} \tag{15}$$

aber werden nach WEIERSTRASS die *Elementarteiler* der Matrix genannt[1]. Wegen der Teilbarkeitseigenschaft Gl. (11) ergibt sich für die *Elementarteilerexponenten*

$$\boxed{e_{1\sigma} \leqq e_{2\sigma} \leqq \cdots \leqq e_{n\sigma}}\,. \tag{16}$$

Diese Exponenten bilden also, beginnend mit dem höchsten Exponenten $e_{n\sigma} \neq 0$, eine absteigende oder doch wenigstens nicht aufsteigende Folge, die u. U. mit 0 abbrechen kann. Wegen Gln. (10), (13) und (14) ist ihre Summe gerade gleich der zu λ_σ gehörigen Vielfachheit p_σ:

$$\boxed{e_{1\sigma} + e_{2\sigma} + \cdots + e_{n\sigma} = p_\sigma}\,, \tag{17}$$

woraus eben auch $e_{n\sigma} \neq 0$ folgt.

Im Falle ganzzahliger Matrix $\boldsymbol{A}$ treten an die Stelle der Elementarteiler (15) *Primzahlpotenzen*

$$\pi_\sigma^{e_{\nu\sigma}}\,, \tag{15a}$$

die natürlich auch wieder Elementarteiler heißen. Die invarianten Faktoren E_ν lauten dann

$$E_\nu = \pi_1^{e_{\nu 1}} \cdot \pi_2^{e_{\nu 2}} \dots \pi_s^{e_{\nu s}}\,, \tag{14a}$$

und die Gesamtdeterminante erscheint aufgespalten in Potenzen von Primzahlfaktoren π_σ

$$\det \boldsymbol{A} \cong \pi_1^{p_1} \cdot \pi_2^{p_2} \dots \pi_s^{p_s}\,, \tag{13a}$$

wo Gleichheit wieder nur bis auf Einheiten, d. h. hier bis auf das Vorzeichen gilt ($\cong$). Abgesehen hiervon und von der Reihenfolge der Faktoren ist die Aufspaltung eindeutig.

Wir kommen auf die die Polynommatrix betreffenden Aussagen später im V. Kap., § 18, ausführlich zurück, wo sie dazu verhelfen werden, die Frage nach der Struktur und Klassifikation einer Matrix entscheidend

[1] WEIERSTRASS, K.: M. Ber. preuß. Akad. Wiss. 1868, S. 310—338.

zu klären. — Hier erläutern wir das bisherige an zwei Beispielen einer Polynom- und einer ganzzahligen Matrix.

1. Beispiel: Polynommatrix.

$$\boldsymbol{A} = \begin{pmatrix} \lambda^2 - \lambda & \lambda & 0 \\ \lambda - 2 & \lambda^2 & \lambda + 4 \\ \lambda & 0 & 3\lambda \end{pmatrix}$$

— 1 · zweite + dritte Zeile. 2 · zweite Spalte + λ^2 · erste Spalte
dritte Spalte — $(\lambda - 2)$ · erste Spalte

$$\sim \begin{pmatrix} \lambda^2 - \lambda & \lambda & 0 \\ \boxed{2} & -\lambda^2 & 2\lambda - 4 \\ \lambda & 0 & 3\lambda \end{pmatrix} \sim \begin{pmatrix} \lambda^2 - \lambda & \lambda^4 - \lambda^3 + 2\lambda & -\lambda^3 + 3\lambda^2 - 2\lambda \\ \boxed{2} & 0 & 0 \\ \lambda & \lambda^3 & -\lambda^2 + 5\lambda \end{pmatrix}$$

$$\sim \begin{pmatrix} 0 & \lambda^4 - \lambda^3 + 2\lambda & -\lambda^3 + 3\lambda^2 - 2\lambda \\ \boxed{2} & 0 & 0 \\ 0 & \lambda^3 & -\lambda^2 + 5\lambda \end{pmatrix}$$

erste Zeile — $(\lambda - 1)$ · zweite Zeile

$$\begin{pmatrix} \lambda^4 - \lambda^3 + 2\lambda & -\lambda^3 + 3\lambda^2 - 2\lambda \\ \lambda^3 & -\lambda^2 + 5\lambda \end{pmatrix} \sim \begin{pmatrix} \boxed{2\lambda} & \lambda(3\lambda - 3) \\ \lambda^3 & \lambda(\lambda - 5) \end{pmatrix} \sim$$

— 2 · zweite Zeile + λ^2 · erste Zeile

$$\sim \begin{pmatrix} \boxed{2\lambda} & \lambda(3\lambda - 3) \\ 0 & \lambda(3\lambda^3 - 3\lambda^2 - 2\lambda + 10) \end{pmatrix} \sim \begin{pmatrix} \boxed{2\lambda} & 0 \\ 0 & \lambda(3\lambda^3 - 3\lambda^2 - 2\lambda + 10) \end{pmatrix}.$$

Damit lautet die Normalform nach Normierung:

$$\mathsf{N} = \begin{pmatrix} 1 & 0 & 0 \\ 0 & \lambda & 0 \\ 0 & 0 & \lambda(3\lambda^3 - 3\lambda^2 - 2\lambda + 10) \end{pmatrix}.$$

Die Elementarpolynome sind

$$E_1 = 1, \quad E_2 = \lambda, \quad E_3 = \lambda(3\lambda^3 - 3\lambda^2 - 2\lambda + 10).$$

2. Beispiel: Ganzzahlige Matrix.

$$\boldsymbol{A} = \begin{pmatrix} 10 & -12 & -4 \\ 80 & 50 & -40 \\ 40 & -4 & -18 \end{pmatrix} \sim \begin{pmatrix} 10 & 2 & 4 \\ 80 & -130 & 40 \\ 40 & -36 & 18 \end{pmatrix} \sim \begin{pmatrix} 0 & \boxed{2} & 0 \\ 730 & -130 & 300 \\ 220 & -36 & 90 \end{pmatrix}$$

$$\begin{pmatrix} 730 & 300 \\ 220 & 90 \end{pmatrix} \sim \begin{pmatrix} 70 & 30 \\ 220 & 90 \end{pmatrix} \sim \begin{pmatrix} 10 & 30 \\ 40 & 90 \end{pmatrix} \sim \begin{pmatrix} \boxed{10} & 0 \\ 40 & 30 \end{pmatrix}$$

Also Normalform:

$$\mathsf{N} = \begin{pmatrix} 2 & 0 & 0 \\ 0 & 10 & 0 \\ 0 & 0 & 30 \end{pmatrix}.$$

Invariante Faktoren: $E_1 = 2$, $E_2 = 10 = 2 \cdot 5$, $E_3 = 30 = 2 \cdot 5 \cdot 3$

Gesamtdeterminante bis auf das Vorzeichen:

$$\det \boldsymbol{A} = 2 \cdot 10 \cdot 30 = 600 = 2^3 \cdot 5^2 \cdot 3.$$

III. Kapitel

Quadratische Formen nebst Anwendungen

§ 11. Quadratische Formen

11.1. Darstellung quadratischer und bilinearer Formen

Unter einer reellen quadratischen Form in n reellen Veränderlichen $x_1, x_2, \ldots, x_n$ versteht man einen in den x_i homogenen Ausdruck zweiten Grades mit reellen Koeffizienten a_{ik}:

$$\left.\begin{aligned} Q = a_{11} x_1^2 + 2 a_{12} x_1 x_2 + \cdots + 2 a_{1n} x_1 x_n \\ + \quad a_{22} x_2^2 \quad + \cdots + 2 a_{2n} x_2 x_n \\ + \cdots\cdots\cdots\cdots \\ + \quad a_{nn} x_n^2 . \end{aligned}\right\} \qquad (1')$$

Setzen wir überdies $a_{ik} = a_{ki}$, so läßt sich dies so schreiben:

$$\left.\begin{aligned} Q = x_1 (a_{11} x_1 + a_{12} x_2 + \cdots + a_{1n} x_n) \\ + x_2 (a_{21} x_1 + a_{22} x_2 + \cdots + a_{2n} x_n) \\ + \cdots\cdots\cdots\cdots\cdots\cdots \\ + x_n (a_{n1} x_1 + a_{n2} x_2 + \cdots + a_{nn} x_n) \end{aligned}\right\} \text{ mit } a_{ik} = a_{ki} . \qquad (1'')$$

Hier aber steht rechts das skalare Produkt des Vektors $\boldsymbol{x}' = (x_1, x_2, \ldots, x_n)$ mit dem transformierten Vektor $\boldsymbol{y} = \boldsymbol{A}\boldsymbol{x}$ der Komponenten

$$y_i = a_{i1} x_1 + a_{i2} x_2 + \cdots + a_{in} x_n ,$$

womit wir für Q endgültig kurz schreiben können

$$\boxed{Q = \boldsymbol{x}' \boldsymbol{A} \boldsymbol{x}} \quad \text{mit } \boldsymbol{A}' = \boldsymbol{A} . \qquad (1)$$

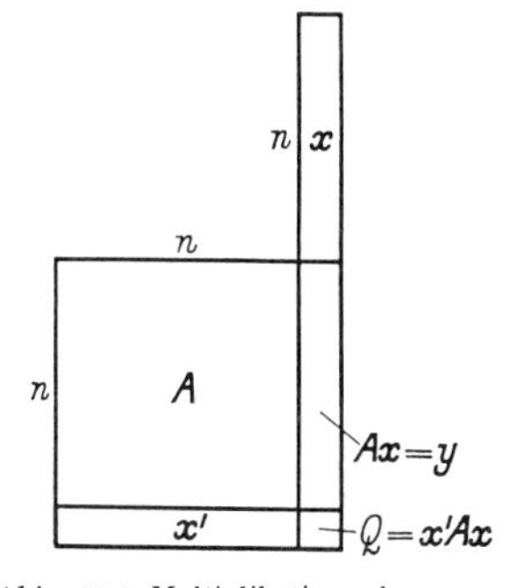

Abb. 11.1. Multiplikationsschema zur quadratischen Form $Q = \boldsymbol{x}' \boldsymbol{A} \boldsymbol{x}$

Die symmetrische Matrix $\boldsymbol{A} = (a_{ik})$ wird *Matrix der Form* genannt, sie legt die Form, d. i. die quadratische Funktion der n Variablen x_i eindeutig fest. Denken wir uns für die x_i Zahlenwerte gesetzt, so ergibt Q eine Zahl. Die Form Q ist also eine skalare Größe, was wir übrigens auch dem der Gl. (1) zugeordneten Multiplikationsschema der Abb. 11.1 entnehmen können.

Quadratische Formen treten in den Anwendungen vielfach als *Energieausdrücke* auf, z. B. als kinetische und potentielle Energie mechanischer elastischer Systeme, als Formänderungsarbeit in der Baustatik, als magnetische oder elektrische Energie in der Elektrotechnik. In der Mathematik begegnen uns Ausdrücke $Q =$ konst. als Mittelpunktsgleichung von Kegelschnitten und Flächen zweiten Grades ($n = 2$ und 3), und auch im Falle allgemeiner Dimension n deuten wir daher $Q =$ konst. als Gleichung einer Fläche 2. Grades im R_n.

Neben quadratischen treten sogenannte *bilineare Formen* auf, d. s. gekoppelt lineare Ausdrücke in zwei Variablensystemen

$\boldsymbol{x} = \{x_1, x_2, \ldots, x_n\}$ und $\boldsymbol{y} = \{y_1, y_2, \ldots, y_m\}$, Ausdrücke der Form

$$\left.\begin{aligned} P = a_{11}\, y_1\, x_1 + a_{12}\, y_1\, x_2 + \cdots + a_{1n}\, y_1\, x_n \\ + a_{21}\, y_2\, x_1 + a_{22}\, y_2\, x_2 + \cdots + a_{2n}\, y_2\, x_n \\ + \cdots\cdots\cdots\cdots\cdots\cdots\cdots\cdots \\ + a_{m1}\, y_m\, x_1 + a_{m2}\, y_m\, x_2 + \cdots + a_{mn}\, y_m\, x_n\,, \end{aligned}\right\} \tag{2'}$$

wofür wir wie oben kurz schreiben können

$$\boxed{P = \boldsymbol{y}'\,\boldsymbol{A}\,\boldsymbol{x}} \tag{2}$$

mit einer jetzt weder notwendig symmetrischen noch auch nur quadratischen mn-Matrix $\boldsymbol{A} = (a_{ik})$, deren Elemente wir nur wieder als reell annehmen wollen. Auch P ist ein Skalar, was man sich auch wieder anschaulich ähnlich wie in Abb. 11.1 klar machen kann, und es ist daher gleich dem transponierten Ausdruck:

$$\boxed{P = \boldsymbol{y}'\,\boldsymbol{A}\,\boldsymbol{x} = \boldsymbol{x}'\,\boldsymbol{A}'\,\boldsymbol{y}}\,. \tag{2a}$$

Auch bei quadratischem $\boldsymbol{A}$ sind $P = \boldsymbol{y}'\,\boldsymbol{A}\,\boldsymbol{x}$ und $P^* = \boldsymbol{x}'\,\boldsymbol{A}\,\boldsymbol{y} = \boldsymbol{y}'\,\boldsymbol{A}'\,\boldsymbol{x}$ im allgemeinen verschieden, nämlich abgesehen von symmetrischem $\boldsymbol{A}$.

Beispiel:

$$\boldsymbol{A} = \begin{pmatrix} 2 & 1 \\ -3 & 4 \end{pmatrix}, \quad \begin{aligned} P &= \boldsymbol{y}'\,\boldsymbol{A}\,\boldsymbol{x} = 2\,y_1\,x_1 + y_1\,x_2 - 3\,y_2\,x_1 + 4\,y_2\,x_2\,, \\ P^* &= \boldsymbol{x}'\,\boldsymbol{A}\,\boldsymbol{y} = 2\,y_1\,x_1 - 3\,y_1\,x_2 + y_2\,x_1 + 4\,y_2\,x_2\,. \end{aligned}$$

Von der quadratischen Form Q als Funktion in n Variablen x_i oder der bilinearen P als Funktion der $n + m$ Variablen x_i, y_i hat man vielfach die partiellen Ableitungen nach den Variablen zu bilden. Dies gelingt mit Hilfe des Matrizenkalküls leicht unter Beachten von

$$\frac{\partial \boldsymbol{x}}{\partial x_i} = \boldsymbol{e}_i = \begin{pmatrix} 0 \\ \vdots \\ 1 \\ \vdots \\ 0 \end{pmatrix}, \quad \frac{\partial \boldsymbol{y}}{\partial y_i} = \boldsymbol{e}_i = \begin{pmatrix} 0 \\ \vdots \\ 1 \\ \vdots \\ 0 \end{pmatrix} \quad (i\text{-ter Einheitsvektor})\,.$$

Differenzieren wir in $Q = \boldsymbol{x}' \boldsymbol{A} \boldsymbol{x}$ zuerst nach dem linken Faktor $\boldsymbol{x}'$, sodann nach dem rechten $\boldsymbol{x}$, so erhalten wir

$$\frac{\partial Q}{\partial x_i} = \boldsymbol{e}_i' \boldsymbol{A} \boldsymbol{x} + \boldsymbol{x}' \boldsymbol{A} \boldsymbol{e}_i = 2\, \boldsymbol{e}_i' \boldsymbol{A} \boldsymbol{x} ,$$

wo der letzte Ausdruck durch Transponieren der Bilinearform $\boldsymbol{x}' \boldsymbol{A} \boldsymbol{e}_i = \boldsymbol{e}_i' \boldsymbol{A}' \boldsymbol{x} = \boldsymbol{e}_i' \boldsymbol{A} \boldsymbol{x}$ wegen $\boldsymbol{A}' = \boldsymbol{A}$ folgt. Das Produkt $\boldsymbol{e}_i' \boldsymbol{A} \boldsymbol{x}$ aber ist offenbar die i-te Komponente des Vektors $\boldsymbol{A} \boldsymbol{x}$. Fassen wir nun die n Ableitungen $\partial Q / \partial x_i$ zu einem Vektor zusammen, für den wir sinnfällig $\partial Q / \partial \boldsymbol{x}$ schreiben wollen, so erhalten wir als *Differenzierregel* der quadratischen Form $Q = \boldsymbol{x}' \boldsymbol{A} \boldsymbol{x}$

$$\boxed{\frac{\partial Q}{\partial \boldsymbol{x}} = 2 \boldsymbol{A} \boldsymbol{x}} \,. \tag{3}$$

Auf die gleiche Weise erhalten wir für die beiden Vektoren der Ableitungen einer Bilinearform $P = \boldsymbol{y}' \boldsymbol{A} \boldsymbol{x} = \boldsymbol{x}' \boldsymbol{A}' \boldsymbol{y}$ nach x_i bzw. y_i die Ausdrücke

$$\frac{\partial P}{\partial \boldsymbol{x}} = \boldsymbol{A}' \boldsymbol{y} \,, \tag{4a}$$

$$\frac{\partial P}{\partial \boldsymbol{y}} = \boldsymbol{A} \boldsymbol{x} \,. \tag{4b}$$

11.2. Positiv definite quadratische Formen

In den Anwendungen spielen eine wichtige Rolle solche quadratische Formen, die ihrer physikalischen Natur nach nur positiv oder allenfalls Null sein können, welche — reellen — Werte die Variablen x_i auch immer annehmen:

$$\boxed{Q = \boldsymbol{x}' \boldsymbol{A} \boldsymbol{x} \geqq 0} \quad \text{für jedes } \boldsymbol{x} \,. \tag{5}$$

Derartige Formen heißen *positiv definit*, und zwar *eigentlich definit*, falls $Q = 0$ für nur $\boldsymbol{x} = \boldsymbol{o}$, also $x_1 = x_2 = \cdots = x_n = 0$ möglich ist, hingegen positiv *semidefinit*, wenn es Werte $\boldsymbol{x} \neq \boldsymbol{o}$ gibt, für die $Q = 0$ wird. Z. B. ist der Ausdruck der kinetischen Energie eines Massensystems stets eigentlich positiv definit mit Geschwindigkeitskomponenten $\dot{x}_i$ als Variablen. Die potentielle Energie eines federgefesselten mechanischen Systems kann auch semidefinit sein, sofern gewisse Fesselungen fehlen, also auch Auslenkungen x_i mit potentieller Energie Null vorkommen können. — Mit der Form wird auch ihre Matrix $\boldsymbol{A}$ definit genannt. Sie hat dazu ganz bestimmte Bedingungen zu erfüllen, mit denen wir uns noch beschäftigen werden. Zunächst aber gilt

Satz 1: *Ist die Matrix $\boldsymbol{A}$ einer positiv definiten Form $Q \geqq 0$ singulär, so ist die Form semidefinit. Mit anderen Worten: Ist Q eigentlich definit, so ist ihre Matrix $\boldsymbol{A}$ nichtsingulär.*

Bei singulärem $\boldsymbol{A}$ hat nämlich das homogene Gleichungssystem

$$\boldsymbol{A}\,\boldsymbol{x} = \boldsymbol{a}_1\,x_1 + \boldsymbol{a}_2\,x_2 + \cdots + \boldsymbol{a}_n\,x_n = \boldsymbol{o}$$

nichttriviale Lösungen x_i entsprechend der linearen Abhängigkeit der Spalten $\boldsymbol{a}_k$ von $\boldsymbol{A}$. Es gibt also Wertesätze $\boldsymbol{x} \neq \boldsymbol{o}$ mit $Q = \boldsymbol{x}'\,\boldsymbol{A}\,\boldsymbol{x} = 0$. — Wie wir erst etwas später zeigen, S. 130, gilt auch die Umkehrung:

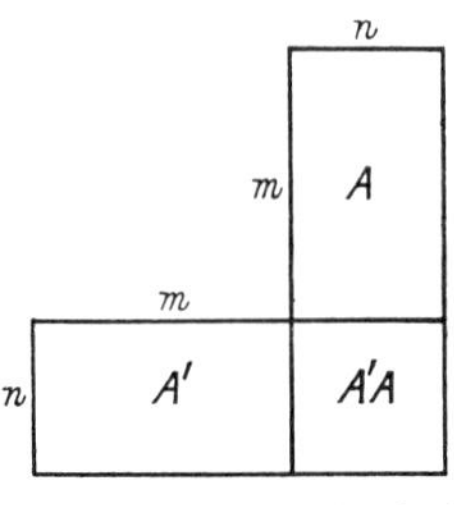

Abb. 11.2. Die Matrix $\boldsymbol{A}'\,\boldsymbol{A}$

Satz 2: *Ist die Matrix $\boldsymbol{A}$ einer positiv definiten Form nichtsingulär, so ist die Form eigentlich definit, $Q > 0$ für $\boldsymbol{x} \neq \boldsymbol{o}$.*

Die beiden Vektoren $\boldsymbol{x}$ und $\boldsymbol{y} = \boldsymbol{A}\,\boldsymbol{x}$ können also *bei positiv definiter Matrix $\boldsymbol{A}$* nie orthogonal sein.

Eine besondere Rolle spielen nun Formen mit einer Matrix

$$\boxed{\boldsymbol{B} = \boldsymbol{A}'\,\boldsymbol{A}} \tag{6}$$

bei beliebiger reeller mn-Matrix $\boldsymbol{A}$. Die Matrix $\boldsymbol{B}$ ist zunächst n-reihig quadratisch, vgl. Abb. 11.2. Sie ist ferner symmetrisch:

$$\boldsymbol{B}' = (\boldsymbol{A}'\,\boldsymbol{A})' = \boldsymbol{A}'\,\boldsymbol{A} = \boldsymbol{B}\,.$$

Schließlich aber ist sie auch positiv (semi-)definit. Denn mit $\boldsymbol{A}\,\boldsymbol{x} = \boldsymbol{y}$ erhalten wir

$$Q = \boldsymbol{x}'\,\boldsymbol{B}\,\boldsymbol{x} = \boldsymbol{x}'\,\boldsymbol{A}'\,\boldsymbol{A}\,\boldsymbol{x} = \boldsymbol{y}'\,\boldsymbol{y} = y_1^2 + y_2^2 + \cdots + y_m^2\,,$$

und das ist offenbar stets $\geqq 0$. Das Gleichheitszeichen aber steht hier nur für den Fall

$$\boldsymbol{y} = \boldsymbol{A}\,\boldsymbol{x} = \boldsymbol{a}_1\,x_1 + \boldsymbol{a}_2\,x_2 + \cdots + \boldsymbol{a}_n\,x_n = \boldsymbol{o}\,,$$

und das ist mit $\boldsymbol{x} \neq \boldsymbol{o}$ nur möglich, wenn die Spalten $\boldsymbol{a}_k$ von $\boldsymbol{A}$ linear abhängig sind:

Satz 3: *Die symmetrische Matrix $\boldsymbol{B} = \boldsymbol{A}'\,\boldsymbol{A}$ mit reeller mn-Matrix $\boldsymbol{A}$ ist positiv semidefinit oder eigentlich definit, je nachdem die Spalten $\boldsymbol{a}_k$ von $\boldsymbol{A}$ linear abhängig sind oder nicht. $\boldsymbol{B}$ ist regulär, falls $\boldsymbol{A}$ spaltenregulär.*

Weiter aber gilt dann

Satz 4: *Die symmetrisch definiten Matrizen $\boldsymbol{A}'\,\boldsymbol{A}$ und $\boldsymbol{A}\,\boldsymbol{A}'$ haben den gleichen Rang wie die mn-Matrix $\boldsymbol{A}$.*

Dieser Rang kann also nie größer sein als die kleinere der beiden Zahlen m oder n. — Hat nämlich $\boldsymbol{A}$ den Rang r, so gibt es genau r linear unabhängige Spalten $\boldsymbol{a}_k$, während $r + 1$ Spalten stets abhängig sind. Denkt man sich die r unabhängigen Spalten zur Untermatrix $\boldsymbol{A}_1$ zusammengefaßt, während die übrigen Spalten $\boldsymbol{A}_2$ bilden, $\boldsymbol{A} = (\boldsymbol{A}_1, \boldsymbol{A}_2)$, so enthält $\boldsymbol{A}'\,\boldsymbol{A}$ die nichtsinguläre Untermatrix $\boldsymbol{A}_1'\,\boldsymbol{A}_1$, womit der Rang von $\boldsymbol{A}'\,\boldsymbol{A}$ nicht kleiner als r sein kann. Er kann aber auch nicht größer sein, da das Produkt $\boldsymbol{A}'\boldsymbol{A}$ eine Linearkombination der Zeilen $\boldsymbol{a}^i$ von $\boldsymbol{A}$ darstellt, unter denen sich gleichfalls gerade r linear unabhängige befinden, und da eine solche Linearkombination die Zahl der linear unabhängigen Zeilen nicht erhöhen kann.

Entsprechendes gilt für $\boldsymbol{A}\boldsymbol{A}'$. — Eine Verallgemeinerung gibt

Satz 5: *Ist $\boldsymbol{A}$ eine np-Matrix vom Range r und $\boldsymbol{B}$ eine symmetrisch positiv definite (nichtsinguläre) nn-Matrix, so ist auch die pp-Matrix $\boldsymbol{A}'\boldsymbol{B}\boldsymbol{A}$ positiv (semi)-definit vom Range r.*

Denken wir uns nämlich das positiv definite $\boldsymbol{B}$ nach dem CHOLESKY-Verfahren zerlegt in $\boldsymbol{B} = \boldsymbol{R}'\boldsymbol{R}$ mit nichtsingulärem $\boldsymbol{R}$, so wird $\boldsymbol{A}'\boldsymbol{B}\boldsymbol{A} = \boldsymbol{A}'\boldsymbol{R}'\boldsymbol{R}\boldsymbol{A} = \boldsymbol{C}'\boldsymbol{C}$ mit $\boldsymbol{R}\boldsymbol{A} = \boldsymbol{C}$, was wegen nichtsingulärem $\boldsymbol{R}$ den gleichen Rang wie $\boldsymbol{A}$ hat, womit die Aussage aus Satz 4 folgt.

Wir bezeichnen nun wieder mit $\boldsymbol{A}$ die symmetrische Formmatrix und fragen nach den Bedingungen dafür, daß $\boldsymbol{A}$ positiv (semi-)definit sei. Notwendig, jedoch nicht hinreichend für eigentliche Definitheit sind durchweg positive Diagonalelemente

$$\boxed{a_{ii} > 0} \qquad \text{für alle } i. \tag{7}$$

Denn setzt man alle Variablen $x_k = 0$ bis auf eine einzige $x_i \neq 0$, so wird $Q = a_{ii}\,x_i^2$, und das kann für reelles x_i nur dann positiv sein, wenn $a_{ii} > 0$. Doch reicht das natürlich nicht aus, wie das Gegenbeispiel

$$\boldsymbol{A} = \begin{pmatrix} 1 & 2 \\ 2 & 3 \end{pmatrix}, \quad \text{also} \quad Q = x_1^2 + 4\,x_1 x_2 + 3\,x_2^2$$

zeigt, wo Q für $x_1 = 2$, $x_2 = -1$ den negativen Wert $Q = 4 - 8 + 3 = -1$ annimmt. Ein sowohl notwendiges als auch hinreichendes Kriterium für positive Definitheit aber läßt sich aus der Dreieckszerlegung $\boldsymbol{A} = \boldsymbol{C}\boldsymbol{B}$ der Formmatrix $\boldsymbol{A}$ gewinnen, die sich, wie wir schon in § 6.3 zeigten, auf die symmetrische Form

$$\boldsymbol{A} = \boldsymbol{R}'\boldsymbol{R} \quad \text{mit} \quad \boldsymbol{R} = \boldsymbol{D}^{-1/2}\boldsymbol{B}\,, \quad \boldsymbol{D} = \operatorname{Diag}(b_{ii})\,,$$

das ist die Form der CHOLESKY-Zerlegung, bringen läßt. Damit wird

$$Q = \boldsymbol{x}'\boldsymbol{A}\boldsymbol{x} = \boldsymbol{x}'\boldsymbol{R}'\boldsymbol{R}\boldsymbol{x} = \boldsymbol{z}'\boldsymbol{z} = z_1^2 + z_2^2 + \cdots + z_n^2$$

mit $\boldsymbol{z} = \boldsymbol{R}\boldsymbol{x}$, und dies ist genau dann > 0 für $\boldsymbol{x} \neq \boldsymbol{o}$, wenn $\boldsymbol{z} \neq \boldsymbol{o}$ und *reell* ist. Das aber ist wiederum genau dann der Fall, wenn die Dreiecksmatrix $\boldsymbol{R}$ nichtsingulär und reell ist, was zutrifft, wenn

$$\boxed{b_{ii} > 0} \qquad \text{für alle } i\,. \tag{8}$$

Es gilt also

Satz 6: *Eine reell symmetrische Matrix $\boldsymbol{A}$ ist dann und nur dann eigentlich positiv definit, wenn ihre Dreieckszerlegung $\boldsymbol{A} = \boldsymbol{C}\boldsymbol{B}$ mit $c_{ii} = 1$*

auf lauter positive Diagonalelemente $b_{ii} > 0$ führt. Sie ist semidefinit vom Range r, wenn — gegebenenfalls nach Reihenvertauschung — die r ersten der b_{ii} positiv, die $n - r = d$ restlichen aber Null werden. — Die Zahl d heißt Defekt der quadratischen Form.

Aus der Dreieckszerlegung folgt dann übrigens auch Satz 2, da bei nichtsingulärem $\boldsymbol{A}$ auch $\boldsymbol{B}$ und damit $\boldsymbol{R}$ nichtsingulär wird, so daß

$$\boldsymbol{z} = \boldsymbol{R}\,\boldsymbol{x} \neq \boldsymbol{o} \quad \text{für} \quad \boldsymbol{x} \neq \boldsymbol{o}\,, \quad \text{also} \quad Q > 0\,.$$

Die Produkte der b_{ii} ergeben die sogenannten Hauptabschnittsdeterminanten von $\boldsymbol{B}$, und da sich diese bei den Umformungen des Eliminationsvorganges nicht ändern, so sind es auch die von $\boldsymbol{A}$:

$$b_{11} = a_{11}, \; b_{11}\,b_{22} = \begin{vmatrix} a_{11} & a_{12} \\ a_{21} & a_{22} \end{vmatrix}, \qquad b_{11}\,b_{22}\,b_{33} = \begin{vmatrix} a_{11} & a_{12} & a_{13} \\ a_{21} & a_{22} & a_{23} \\ a_{31} & a_{32} & a_{33} \end{vmatrix}, \; \ldots\,.$$

Die Bedingung (8) für positive Definitheit läßt sich daher auch dahingehend formulieren, daß durchweg positive Hauptabschnittsdeterminanten von $\boldsymbol{A}$ notwendig und hinreichend für eigentliche Definitheit sind, während bei Semidefinitheit — gegebenenfalls nach Umordnung — die r ersten positiv und die restlichen Null sind. Das praktische Kriterium dafür ist freilich stets $b_{ii} > 0$.

11.3. Transformation quadratischer Formen. Kongruenz

Unterwirft man die Variablen x_i der quadratischen Form $Q = \boldsymbol{x}'\,\boldsymbol{A}\,\boldsymbol{x}$ einer nichtsingulären Transformation

$$\boldsymbol{x} = \boldsymbol{C}\,\boldsymbol{y}\,, \tag{9}$$

so geht Q über in

$$Q = \boldsymbol{y}'\,\boldsymbol{C}'\,\boldsymbol{A}\,\boldsymbol{C}\,\boldsymbol{y} = \boldsymbol{y}'\,\boldsymbol{B}\,\boldsymbol{y}\,, \tag{10}$$

die Formmatrix $\boldsymbol{A}$ transformiert sich also in

$$\boxed{\boldsymbol{B} = \boldsymbol{C}'\,\boldsymbol{A}\,\boldsymbol{C}}\,. \tag{11}$$

Zwei quadratische Matrizen $\boldsymbol{A}$, $\boldsymbol{B}$, die in dieser Weise mit reellem nichtsingulärem $\boldsymbol{C}$ zusammenhängen, werden, wie wir schon in § 5.6 angeführt haben, *kongruent* genannt, und man schreibt auch

$$\boxed{\boldsymbol{A} \overset{c}{\sim} \boldsymbol{B}}\,. \tag{12}$$

Die Kongruenz ist offenbar ein Sonderfall der Äquivalenz $\boldsymbol{B} = \boldsymbol{P}\,\boldsymbol{A}\,\boldsymbol{Q}$ mit nichtsingulärem $\boldsymbol{P}$, $\boldsymbol{Q}$, und zwar in der Weise, daß alle Umformungen, welche die Rechtsmultiplikation von $\boldsymbol{A}$ mit $\boldsymbol{C}$ in bezug auf die *Spalten* von $\boldsymbol{A}$ bewirkt, durch anschließende Linksmultiplikation mit $\boldsymbol{C}'$ auch auf die *Zeilen* ausgedehnt werden, ein Prozeß, bei dem die *Symmetrie* einer Matrix gewahrt bleibt, wie formal auch aus Gl. (11) folgt: mit $\boldsymbol{A} = \boldsymbol{A}'$ ist auch $\boldsymbol{B} = \boldsymbol{B}'$. Kongruenz wird daher in der Regel auch nur für (reelle) *symmetrische* Matrizen in Betracht gezogen. Zwei Matrizen $\boldsymbol{A}$, $\boldsymbol{B}$ sind kongruent, wenn die eine in die andere durch eine endliche Anzahl elementarer Umformungen überführbar ist mit der besonderen Maßgabe, daß jede Umformung in gleicher Weise auf Zeilen und Spalten vorgenommen wird.

Wir können weiter, ähnlich wie in § 7, eine symmetrische Matrix $\boldsymbol{A}$ durch Anwendung solcher Umformungen auf eine *Normalform* bringen, wobei sich nun jedoch außer dem *Rang* noch eine weitere Zahl, der *Index* oder die *Signatur* der reell symmetrischen Matrix als wesentlich erweisen wird. Zunächst können wir die Matrix vom Range r durch elementare Umformungen in Zeilen und Spalten auf eine *Diagonalform* mit r von Null verschiedenen Diagonalelementen bringen, von denen im allgemeinen einige positiv, andere negativ sein werden. Es seien etwa p positive und $q = r - p$ negative Elemente, die wir durch Reihenvertauschung jeweils zusammenfassen können, während $d = n - r$ der Elemente Null werden. Damit läßt sich die Diagonalform folgendermaßen schreiben:

$$\boldsymbol{D} = \begin{pmatrix} d_1^2 & & & & & & & & 0 \\ & \ddots & & & & & & & \\ & & d_p^2 & & & & & & \\ & & & -d_{p+1}^2 & & & & & \\ & & & & \ddots & & & & \\ & & & & & -d_r^2 & & & \\ & & & & & & 0 & & \\ & & & & & & & \ddots & \\ 0 & & & & & & & & 0 \end{pmatrix}$$

mit reellen und z. B. positiven Größen $d_i > 0$. Durch anschließende Kongruenztransformation mit der Diagonalmatrix

$$\boldsymbol{C}_0 = \boldsymbol{C}_0' = \begin{pmatrix} 1/d_1 & & & & & 0 \\ & \ddots & & & & \\ & & 1/d_r & & & \\ & & & 1 & & \\ & & & & \ddots & \\ 0 & & & & & 1 \end{pmatrix}$$

lassen sich nun noch die Beträge der von Null verschiedenen Elemente von $\boldsymbol{D}$ zu 1 machen. Nicht aber lassen sich auf diese Weise mit *reeller* Transformation $\boldsymbol{C}$ die *Vorzeichen* der Diagonalelemente beeinflussen. Diese erweisen sich also gegenüber einer reellen Kongruenztransformation als *invariant*. Wir erhalten somit als endgültige *Normalform* der quadratischen Form

$$\boxed{Q = y_1^2 + \cdots + y_p^2 - y_{p+1}^2 - \cdots - y_r^2} \,. \tag{13}$$

Außer dem Rang r ist damit die Anzahl p der positiven Elemente in der Diagonalform, der sogenannte *Index* oder *Trägheitsindex* der Form eine für die quadratische Form kennzeichnende, gegenüber reellen Variablentransformationen invariante Größe. Dies ist der Inhalt des sogenannten *Trägheitsgesetzes* von SYLVESTER:

Satz 7: *Trägheitsgesetz. Auf welche Weise auch immer eine reelle quadratische Form vom Range r durch eine reelle nichtsinguläre Transformation in die Normalform Gl.* (13) *überführt wird, stets ist neben der Rangzahl r die Anzahl p der positiven Glieder (der Trägheitsindex der Form) und damit auch die Anzahl $q = r - p$ der negativen unveränderlich.* Anschaulich bedeutet dies z.B. für $n = 2$, daß ein Kegelschnitt $Q =$ konst. durch reelle Koordinatentransformation stets in einen solchen der gleichen Art, eine Ellipse in eine Ellipse, eine Hyperbel in eine Hyperbel, eine Parabel in eine Parabel überführt wird.

Zum Beweis des Satzes haben wir zu zeigen, daß bei Transformation der Matrix $\boldsymbol{A}$ auf zwei verschiedene Diagonalformen mit Diagonalelementen b_i bzw. c_i die Anzahl der positiven Diagonalelemente beide Male die gleiche ist. Die erste Transformation

$$\boldsymbol{x} = \boldsymbol{B}\,\boldsymbol{y} \quad \text{bzw.} \quad \boldsymbol{y} = \mathsf{B}\,\boldsymbol{x} \quad \text{mit} \quad \mathsf{B} = (\beta_{ik}) = \boldsymbol{B}^{-1}$$

führe auf

$$Q = \sum_{i=1}^{r} b_i\, y_i^2 = \sum_{i=1}^{r} b_i\,(\beta_{i1} x_1 + \cdots + \beta_{in} x_n)^2$$

mit p_1 positiven und $q_1 = r - p_1$ negativen Werten b_i. Eine zweite

$$\boldsymbol{x} = \boldsymbol{C}\,\boldsymbol{z} \quad \text{bzw.} \quad \boldsymbol{z} = \boldsymbol{\Gamma}\,\boldsymbol{x} \quad \text{mit} \quad \Gamma = (\gamma_{ik}) = \boldsymbol{C}^{-1}$$

führe auf

$$Q = \sum_{i=1}^{r} c_i\, z_i^2 = \sum_{i=1}^{r} c_i\,(\gamma_{i1} x_1 + \cdots + \gamma_{in} x_n)^2$$

mit p_2 positiven und $q_2 = r - p_2$ negativen Werten c_i, womit

$$\sum_{i=1}^{r} b_i\,(\beta_{i1} x_1 + \cdots + \beta_{in} x_n)^2 = \sum_{i=1}^{r} c_i\,(\gamma_{i1} x_1 + \cdots + \gamma_{in} x_n)^2 \,. \tag{14}$$

Es sei nun $p_1 > p_2$, also $r - p_1 + p_2 < r$. Nun setzen wir in Gl. (14) für die Variablen $x_1, \ldots, x_n$ reelle Zahlenwerte ein, die nicht sämtlich verschwinden, aber so beschaffen sind, daß die $r - p_1$ Klammergrößen links, die zu negativen b_i gehören, und ebenso die p_2 Klammergrößen rechts, die zu positiven c_i gehören, verschwinden:

$$\begin{array}{llll}
\beta_{p_1+1,1}\, x_1 & + \cdots + \beta_{p_1+1,n}\, x_n & = 0 \\
\ldots\ldots\ldots & & \\
\beta_{r1}\, x_1 & + \cdots + \beta_{rn}\, x_n & = 0 \\
\gamma_{11}\, x_1 & + \cdots + \gamma_{1n}\, x_n & = 0 \\
\ldots\ldots\ldots & & \\
\gamma_{p_2,1}\, x_1 & + \cdots + \gamma_{p_2,n}\, x_n & = 0
\end{array}$$

Das sind nach unserer Annahme $r - p_1 + p_2 < r \leqq n$ homogene Gleichungen für die gesuchten n Unbekannten x_i, und diese Gleichungen haben stets nicht sämtlich verschwindende Lösungen x_i. Mit ihnen wird in Gl. (14) die linke Seite $\geqq 0$, die rechte aber $\leqq 0$. Wegen Gleichheit aber müssen beide Seiten $= 0$ sein, womit $\boldsymbol{y} = \boldsymbol{z} = \boldsymbol{o}$, also auch $\boldsymbol{x} = \boldsymbol{o}$ folgt entgegen unserer Voraussetzung. Damit hat die Annahme $p_1 > p_2$ auf einen Widerspruch geführt, und es folgt $p_1 = p_2 = p$, womit der Satz bewiesen ist.

Anstelle von Index p und der Zahl $q = r - p$ sind auch zwei andere Werte gebräuchlich, nämlich außer ihrer Summe als dem Rang noch ihre Differenz, die sogenannte *Signatur* der Form:

$$r = p + q \quad \text{Rang}$$
$$s = p - q \quad \text{Signatur}.$$

Beide sind wie p und q Invarianten der quadratischen Form, und es gilt der leicht zu beweisende

Satz 8: *Zwei reelle symmetrische Matrizen* $\boldsymbol{A}$ *und* $\boldsymbol{B}$ *sind dann und nur dann* ***kongruent***,

$$\boldsymbol{B} \overset{c}{\sim} \boldsymbol{A}\,, \quad \text{d. h.} \quad \boldsymbol{B} = \boldsymbol{C}'\boldsymbol{A}\,\boldsymbol{C}$$

mit reeller nichtsingulärer Transformationsmatrix $\boldsymbol{C}$, *wenn sie außer im Rang noch in ihrem Index bzw. ihrer Signatur übereinstimmen.*

Für $r = s = p$, $q = 0$ kann die Form Q bei reellen x_i keine negativen, für $r = -s = q$, $p = 0$ kann sie keine positiven Werte annehmen. Im ersten Falle ist die Form also *positiv (semi)-definit*, im zweiten heißt sie *negativ (semi)-definit*, und zwar *eigentlich* definit für $r = n$, $d = 0$, hingegen semidefinit für $r < n$. Negativ definite Formen gehen aus positiv definiten durch bloße Vorzeichenumkehr hervor, weshalb wir uns auf die — ohnehin praktisch allein bedeutsamen — positiv definiten beschränken dürfen.

11.4. Hermitesche Formen

Die komplexe Verallgemeinerung quadratischer Formen sind die sogenannten *hermiteschen Formen*

$$\boxed{H = \boldsymbol{x}^* \boldsymbol{A}\, \boldsymbol{x}} \tag{15}$$

mit einer hermiteschen Matrix $\boldsymbol{A} = \boldsymbol{A}^*$ von symmetrischem Real- und antimetrischem Imaginärteil, wo wir die heute übliche Abkürzung $\bar{\boldsymbol{x}}' = \boldsymbol{x}^*$, $\bar{\boldsymbol{A}}' = \boldsymbol{A}^*$ verwenden, vgl. § 4.2. Diese Form stellt nun genau wie die gewöhnliche reelle quadratische Form einen *reellen Zahlen*wert dar. Denn es ist

$$H^* = (\overline{\bar{\boldsymbol{x}}' \boldsymbol{A}\, \boldsymbol{x}})' = (\boldsymbol{x}'\, \bar{\boldsymbol{A}}\, \bar{\boldsymbol{x}})' = \bar{\boldsymbol{x}}'\, \bar{\boldsymbol{A}}'\, \boldsymbol{x} = \bar{\boldsymbol{x}}'\, \boldsymbol{A}\, \boldsymbol{x} = H\,.$$

Ausführlich erhalten wir mit den Real- und Imaginärteilen von Matrix und Vektor:

$$\begin{aligned} \boldsymbol{x}^* \boldsymbol{A}\, \boldsymbol{x} &= (\boldsymbol{u}' - i\, \boldsymbol{v}')\, (\boldsymbol{B} + i\, \boldsymbol{C})\, (\boldsymbol{u} + i\, \boldsymbol{v}) \\ &= \boldsymbol{u}' \boldsymbol{B}\, \boldsymbol{u} + \boldsymbol{v}' \boldsymbol{B}\, \boldsymbol{v} + \boldsymbol{v}' \boldsymbol{C}\, \boldsymbol{u} - \boldsymbol{u}' \boldsymbol{C}\, \boldsymbol{v} \\ &\quad + i\, (\boldsymbol{u}' \boldsymbol{B}\, \boldsymbol{v} - \boldsymbol{v}' \boldsymbol{B}\, \boldsymbol{u} + \boldsymbol{u}' \boldsymbol{C}\, \boldsymbol{u} + \boldsymbol{v}' \boldsymbol{C}\, \boldsymbol{v}) \end{aligned}$$

Hierin aber ist wegen

$$\begin{aligned} &\boldsymbol{B}' = \boldsymbol{B}\,, \qquad \boldsymbol{C}' = -\boldsymbol{C} \\ &\boldsymbol{u}'\,\boldsymbol{B}\,\boldsymbol{v} = \boldsymbol{v}'\,\boldsymbol{B}\,\boldsymbol{u} \\ &\boldsymbol{u}'\,\boldsymbol{C}\,\boldsymbol{v} = -\boldsymbol{v}'\,\boldsymbol{C}\,\boldsymbol{u} \\ &\boldsymbol{u}'\,\boldsymbol{C}\,\boldsymbol{u} = \boldsymbol{v}'\,\boldsymbol{C}\,\boldsymbol{v} = 0\,. \end{aligned}$$

Damit verschwindet der Imaginärteil von H, und es bleibt

$$\boxed{H = \boldsymbol{x}'\,\boldsymbol{A}\,\boldsymbol{x} = \boldsymbol{u}'\,\boldsymbol{B}\,\boldsymbol{u} + \boldsymbol{v}'\,\boldsymbol{B}\,\boldsymbol{v} - 2\,\boldsymbol{u}'\,\boldsymbol{C}\,\boldsymbol{v}}\,. \tag{16}$$

Genau so zeigt man übrigens, daß die schiefhermitesche Form $K = \boldsymbol{x}^*\boldsymbol{A}\,\boldsymbol{x}$ mit der schiefhermiteschen Matrix $\boldsymbol{A} = -\boldsymbol{A}^*$ rein imaginär ist, und zwar

$$K = \boldsymbol{x}^*\,\boldsymbol{A}\,\boldsymbol{x} = i\,(\boldsymbol{u}'\,\boldsymbol{C}\,\boldsymbol{u} + \boldsymbol{v}'\,\boldsymbol{C}\,\boldsymbol{v} + 2\,\boldsymbol{u}'\,\boldsymbol{B}\,\boldsymbol{v})\,. \tag{17}$$

Geht man durch eine nichtsinguläre, jetzt aber im allgemeinen komplexe Transformation

$$\boldsymbol{x} = \boldsymbol{C}\,\boldsymbol{y} \tag{18}$$

auf neue Variable y_j über, so transformiert sich die Formmatrix $\boldsymbol{A}$ der Form $H = \boldsymbol{x}^*\boldsymbol{A}\,\boldsymbol{x}$ gemäß $H = \boldsymbol{y}^*\,\boldsymbol{C}^*\,\boldsymbol{A}\,\boldsymbol{C}\,\boldsymbol{y} = \boldsymbol{y}^*\,\boldsymbol{B}\,\boldsymbol{y}$ auf die neue wiederum hermitesche Matrix

$$\boxed{\boldsymbol{B} = \boldsymbol{C}^*\,\boldsymbol{A}\,\boldsymbol{C}}\,. \tag{19}$$

Quadratische Matrizen, die in dieser Weise verknüpft sind, heißen *hermitisch kongruent* oder auch *konjunktiv*, in Zeichen

$$\boxed{\boldsymbol{A} \overset{H}{\sim} \boldsymbol{B}}\,, \tag{20}$$

wobei es sich in der Regel um hermitesche Matrizen $\boldsymbol{A}$, $\boldsymbol{B}$ handeln wird. Ist insbesondere $\boldsymbol{C}$ *unitär*, $\boldsymbol{C}^*\,\boldsymbol{C} = \boldsymbol{I}$, so sind $\boldsymbol{A}$ und $\boldsymbol{B}$ *unitär konjunktiv* und damit zugleich auch *ähnlich*, so wie orthogonal kongruente reelle Matrizen einander ähnlich sind.

Eine hermitesche Matrix $\boldsymbol{A}$ läßt sich nun wieder durch hermitesche Kongruenztransformation Gl. (19) auf *Diagonalform* überführen, die entsprechend der Definition hermitescher Matrizen (symmetrischer Realteil!) *reell* ist. Dabei gilt dann wieder

Satz 9: **Trägheitsgesetz.** *Auf welche Weise auch immer eine hermitesche Matrix vom Range r durch nichtsinguläre komplexe Transformation Gl.* (18) *auf Diagonalform gebracht wird, stets ist die Anzahl p der positiven Diagonalelemente (der Trägheitsindex) und damit die Anzahl $q = r - p$ der negativen unveränderlich. Anders ausgedrückt: Rang $r = p + q$ und Signatur $s = p - q$ einer hermiteschen Matrix sind gegenüber hermitescher Kongruenztransformation invariant.*

Insbesondere läßt sich auf diese Weise die — bis auf die Reihenfolge — eindeutig festliegende *Normalform*

$$\boldsymbol{N} = \text{Diag}\{1, \ldots, 1, -1, \ldots, -1, 0 \ldots, 0\} \tag{21}$$

herstellen mit $p = \frac{r+s}{2}$ Elementen $+1$ und $q = \frac{r-s}{2}$ Elementen -1.

Daraus folgt dann auch

Satz 10: *Zwei hermitesche Matrizen* $\boldsymbol{A}$ *und* $\boldsymbol{B}$ *sind dann und nur dann hermitisch kongruent,* $\boldsymbol{A} \overset{H}{\sim} \boldsymbol{B}$, *wenn sie in Rang* r *und Signatur* s *übereinstimmen.*

Wieder nennt man die Form *positiv definit* bzw. *semidefinit*, wenn die zugehörige Form H nur positive bzw. nicht negative Werte annehmen kann für beliebige (komplexe), aber nicht sämtlich verschwindende Variablenwerte x_j.

Eine positiv definite hermitesche Matrix $\boldsymbol{A}$ läßt sich hiernach stets darstellen in der Form

$$\boxed{\boldsymbol{A} = \boldsymbol{C}^* \boldsymbol{C}} \tag{22}$$

mit nichtsingulärem komplexen $\boldsymbol{C}$, was ja einer Kongruenztransformation auf die hierfür geltende Normalform $\boldsymbol{N} = \boldsymbol{I}$ entspricht. Eine positiv semidefinite nn-Matrix $\boldsymbol{A}$ vom Range r läßt sich in der Form Gl. (22) darstellen mit einer rn-Matrix $\boldsymbol{C}$ vom Range r, wie später (§ 15.4) gezeigt wird. Ist $\boldsymbol{A}$ reell, also symmetrisch, so ist $\boldsymbol{C}$ reell und in Gl. (22) geht $\boldsymbol{C}^*$ über in $\boldsymbol{C}'$.

11.5. Geometrische Deutung

Im dreidimensionalen Raum stellt die Gleichung

$$\boxed{Q = \boldsymbol{x}' \boldsymbol{A} \boldsymbol{x} = \text{konst.}} \tag{23}$$

bekanntlich die Mittelpunktsgleichung einer Fläche 2. Grades dar. Auch im allgemeinen n-dimensionalen Falle sprechen wir daher bei Gl. (23) von einer *Fläche zweiten Grades im* R_n. Neben dem Ortsvektor $\boldsymbol{x}$ kommt nun hier auch dem mit $\boldsymbol{A}$ transformierten Vektor $\boldsymbol{A}\boldsymbol{x} = \boldsymbol{y}$ eine anschauliche Bedeutung zu. Schreiben wir nämlich das Differential der Funktion Q der n Variablen x_i

$$dQ = \frac{\partial Q}{\partial x_1} dx_1 + \frac{\partial Q}{\partial x_2} dx_2 + \cdots + \frac{\partial Q}{\partial x_n} dx_n$$

in Matrizenform als skalares Produkt

$$dQ = \left(\frac{\partial Q}{\partial \boldsymbol{x}}\right)' d\boldsymbol{x} \tag{24}$$

mit dem Vektor $\frac{\partial Q}{\partial \boldsymbol{x}}$ der partiellen Ableitungen, den man bekanntlich auch den *Gradienten* der Skalarfunktion Q nennt und für den wir oben, Gl. (3) den Wert $2\,\boldsymbol{A}\,\boldsymbol{x}$ fanden:

$$\boxed{\frac{\partial Q}{\partial \boldsymbol{x}} \equiv \operatorname{grad} Q = 2\,\boldsymbol{A}\,\boldsymbol{x} = 2\,\boldsymbol{y}}\,, \tag{25}$$

und fordern wir für das Ortsvektordifferential $d\boldsymbol{x}$ ein Verbleiben auf unserer Fläche $Q =$ konst., so ergibt sich mit

$$dQ = \left(\frac{\partial Q}{\partial \boldsymbol{x}}\right)' d\boldsymbol{x} = 0 \tag{26}$$

die Orthogonalität von Gradientenvektor und dem in der Fläche gelegenen Differential $d\boldsymbol{x}$. Der transformierte Vektor

$$\boldsymbol{y} = \boldsymbol{A}\,\boldsymbol{x} = \frac{1}{2} \operatorname{grad} Q \tag{27}$$

ist somit gleich dem *Normalenvektor* auf unserer Fläche, Abb. 11.3.

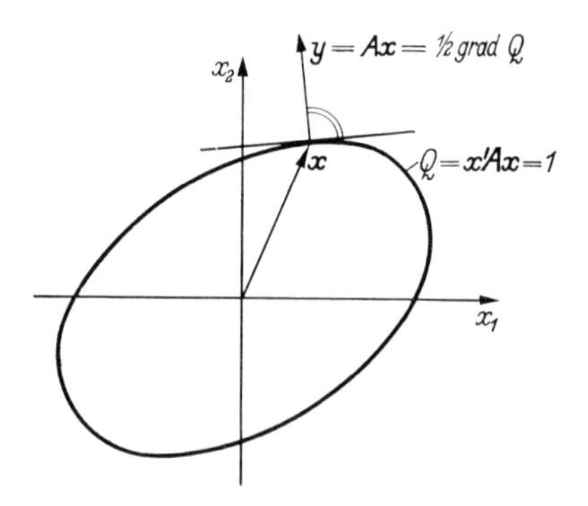

Abb. 11.3. Fläche zweiten Grades $Q = \boldsymbol{x}'\,\boldsymbol{A}\,\boldsymbol{x} =$ konst. nebst Gradientenvektor $\boldsymbol{y} = \boldsymbol{A}\,\boldsymbol{x}$

Nun besitzt eine Fläche zweiten Grades im R_3 bekanntlich drei aufeinander senkrecht stehende sogenannte *Hauptachsen*, die dadurch gekennzeichnet sind, daß in ihnen und nur in ihnen Ortsvektor $\boldsymbol{x}$ und Normalenvektor $\boldsymbol{y} = \boldsymbol{A}\,\boldsymbol{x}$ in gleiche Richtung fallen. Diese Forderung verallgemeinern wir auf den n-dimensionalen Fall, stellen also die Aufgabe

$$\boxed{\boldsymbol{A}\,\boldsymbol{x} = \lambda\,\boldsymbol{x}} \tag{28}$$

mit noch unbestimmtem skalaren Parameter λ. Gesucht sind jene, der — reell symmetrischen — Matrix $\boldsymbol{A}$ eigentümlichen Richtungen $\boldsymbol{x}$, für die der transformierte Vektor $\boldsymbol{y} = \boldsymbol{A}\,\boldsymbol{x}$ die alte Richtung beibehält bei Verzerrung der Länge auf das λ-fache. Diese sogenannte *Eigenwertaufgabe*, die offenbar nicht auf symmetrische Matrix $\boldsymbol{A}$ beschränkt zu sein braucht, erweist sich nun als ein weit über das hier herausgegriffene Beispiel der Hauptachsen der Flächen zweiten Grades hinausweisendes allgemeines Problem und als für die gesamte Matrizentheorie von der größten Bedeutung. Dieser Aufgabe sind die beiden folgenden Kapitel gewidmet, und wir stellen daher auch die Lösung des vorliegenden sogenannten Hauptachsenproblems bis dahin zurück, wo wir es in viel allgemeinerem Zusammenhang erörtern können.

§ 12. Einige Anwendungen des Matrizenkalküls

12.1. Anwendung in der Ausgleichsrechnung

Die klassische Verwendung der Matrix $A' A$ geht auf GAUSS in der von ihm geschaffenen Ausgleichsrechnung zurück beim sogenannten Ausgleich vermittelnder Beobachtungen[1]. Für n gesuchte Größen x_k, die einer unmittelbaren Beobachtung nicht zugänglich sind, liegen Beziehungen in Form linearer Gleichungen mit gegebenen Koeffizienten a_{ik} vor, deren rechte Seiten a_i durch Messung bestimmt werden. Da diese Messungen fehlerbchaftet sind, macht man zum Ausgleich dieser Meßfehler eine größere Anzahl m von Beobachtungen a_i, als zur Bestimmung der n Unbekannten x_k erforderlich wäre, stellt also $m > n$ lineare Gleichungen mit m Beobachtungen a_i als rechten Seiten auf, wobei das System genau n unabhängige Gleichungen enthalten muß. Infolge der Meßfehler sind nun diese m Gleichungen nicht mehr streng miteinander verträglich: aus verschiedenen Sätzen von je n unabhängigen dieser m Gleichungen würden sich jeweils etwas andere x-Werte ergeben. Um nun die Gleichungen wieder verträglich zu machen, bringt man an jeder von ihnen eine noch zu bestimmende Verbesserung v_i an und stellt an diese v_i die naheliegende Forderung

$$\boxed{Q = \sum v_i^2 = \boldsymbol{v}' \boldsymbol{v} = \text{Min}}\,, \tag{1}$$

die dem Verfahren den Namen *Methode der kleinsten Quadrate* gegeben hat. Anstelle des unverträglichen Gleichungssystems

$$\boldsymbol{A}\,\boldsymbol{x} = \boldsymbol{a} \tag{2}$$

operiert man also mit den sogenannten *Fehlergleichungen*

$$\boxed{\boldsymbol{A}\,\boldsymbol{x} - \boldsymbol{a} = \boldsymbol{v}}\,, \tag{3}$$

ausführlich:

$$\left.\begin{array}{l} a_{11}\,x_1 + \cdots + a_{1n}\,x_n - a_1 = v_1 \\ a_{21}\,x_1 + \cdots + a_{2n}\,x_n - a_2 = v_2 \\ \cdots\cdots\cdots\cdots\cdots\cdots\cdots \\ a_{1m}\,x_1 + \cdots + a_{mn}\,x_n - a_m = v_m \end{array}\right\}\ m > n\,. \tag{3'}$$

Entsprechend der Forderung n linear unabhängiger Gleichungen ist die mn-Matrix $\boldsymbol{A}$ vom Range $r = n$, d. h. sie ist *spaltenregulär.* Einsetzen von Gl. (3) in die Forderung (1) ergibt

$$\begin{aligned} Q = \boldsymbol{v}'\,\boldsymbol{v} = (\boldsymbol{A}\,\boldsymbol{x} - \boldsymbol{a})'\,(\boldsymbol{A}\,\boldsymbol{x} - \boldsymbol{a}) &= \boldsymbol{x}'\,\boldsymbol{A}'\,\boldsymbol{A}\,\boldsymbol{x} - \boldsymbol{x}'\,\boldsymbol{A}'\,\boldsymbol{a} - \boldsymbol{a}'\,\boldsymbol{A}\,\boldsymbol{x} + \boldsymbol{a}'\,\boldsymbol{a} \\ &= \boldsymbol{x}'\,\boldsymbol{A}'\,\boldsymbol{A}\,\boldsymbol{x} - 2\,\boldsymbol{x}'\,\boldsymbol{A}'\,\boldsymbol{a} + \boldsymbol{a}'\,\boldsymbol{a} = Q(\boldsymbol{x}) = \text{Min}\,. \end{aligned}$$

---

[1] Näheres findet man z. B. in der Praktischen Mathematik [*15*] S. 290 ff.

Das führt in bekannter Weise auf die n Bedingungen

$$\frac{\partial Q}{\partial x_i} = 2\,\boldsymbol{e}_i'\,\boldsymbol{A}'\,\boldsymbol{A}\,\boldsymbol{x} - 2\,\boldsymbol{e}_i'\,\boldsymbol{A}'\,\boldsymbol{a} = 0\,,$$

was wir zusammenfassen zu

$$\frac{\partial Q}{\partial \boldsymbol{x}} = 2\,(\boldsymbol{A}'\,\boldsymbol{A}\,\boldsymbol{x} - \boldsymbol{A}'\,\boldsymbol{a}) = \boldsymbol{o}$$

oder schließlich

$$\boxed{\boldsymbol{A}'\,\boldsymbol{A}\,\boldsymbol{x} = \boldsymbol{A}'\,\boldsymbol{a}} \tag{4}$$

mit der n-reihig symmetrischen nichtsingulären und positiv definiten Koeffizientenmatrix $\boldsymbol{A}'\boldsymbol{A}$ und den rechten Seiten $\boldsymbol{A}'\boldsymbol{a}$. Diese sogenannten *Normalgleichungen*, die ein verträgliches Gleichungssystem für die Unbekannten x_k darstellen, ergeben sich aus den unausgeglichenen und daher unverträglichen Bedingungsgleichungen (2) rein formal durch Linksmultiplikation mit der Matrix $\boldsymbol{A}'$, eine Operation, die man auch *Gaußsche Transformation* genannt hat. Die — eindeutigen — Lösungen x_i der Normalgleichungen (4) sind die gesuchten ausgeglichenen Unbekannten, die sich den Meßwerten a_i „möglichst gut" im Sinne kleinster Fehlerquadratsumme Q anpassen.

Kürzen wir die Normalgleichungsmatrix $\boldsymbol{A}'\,\boldsymbol{A}$ ab mit

$$\boldsymbol{A}'\,\boldsymbol{A} = \boldsymbol{N} \tag{5}$$

und lösen Gl. (4) nach $\boldsymbol{x}$ auf, so ergibt sich ein Zusammenhang zwischen den ausgeglichenen Unbekannten x_i und den fehlerhaften Beobachtungen a_k in der Form

$$\boldsymbol{x} = \boldsymbol{N}^{-1}\,\boldsymbol{A}'\,\boldsymbol{a} = \mathsf{A}'\,\boldsymbol{a} \quad \text{mit} \quad \boldsymbol{N}^{-1}\,\boldsymbol{A}' = \mathsf{A}'\,, \tag{6}$$

ausführlich:

$$\left.\begin{array}{l} x_1 = \alpha_{11}\,a_1 + \alpha_{21}\,a_2 + \cdots + \alpha_{m1}\,a_m \\ \cdots\cdots\cdots\cdots\cdots\cdots\cdots\cdots \\ x_n = \alpha_{1n}\,a_1 + \alpha_{2n}\,a_2 + \cdots + \alpha_{mn}\,a_m \end{array}\right\}. \tag{6'}$$

Hier stellt die Matrix A' die in § 9.5 eingeführte *Halbinverse* der mn-Matrix $\boldsymbol{A}$ dar mit der Eigenschaft

$$\mathsf{A}'\,\boldsymbol{A} = \boldsymbol{A}'\,\mathsf{A} = \boldsymbol{I}\,. \tag{7}$$

Die Matrix $\mathsf{A}'\mathsf{A}$ aber ist gleich der Kehrmatrix von $\boldsymbol{N}$:

$$\mathsf{A}'\,\mathsf{A} = \boldsymbol{N}^{-1}\,\boldsymbol{A}'\,\boldsymbol{A}\,\boldsymbol{N}^{-1} = \boldsymbol{N}^{-1}\,. \tag{8}$$

Beispiel: Von einem Dreieck sind die drei Winkel α, β, γ mit gleicher Genauigkeit gemessen. Die Meßwerte seien a_1, a_2, a_3. Da die drei Winkel die Bedingung

$$\alpha + \beta + \gamma = 180° \tag{A}$$

zu erfüllen haben, ist die Messung mit den drei Meßwerten überbestimmt, die Summe der a_i wird ein wenig von 180° abweichen:

$$a_1 + a_2 + a_3 - 180° = \delta \,. \tag{B}$$

Unbekannte x_i sind nur zwei der Winkel, z. B. $\alpha = x_1$, $\beta = x_2$, womit $\gamma = 180° - x_1 - x_2$ nach (A) festliegt. Die Fehlergleichungen sind somit

$$\begin{aligned} x_1 - a_1 &= v_1 \\ x_2 - a_2 &= v_2 \\ -x_1 - x_2 + a_1 + a_2 - \delta &= v_3 \,, \end{aligned}$$

wo die letzte Gleichung aus $\gamma - a_3 = 180° - x_1 - x_2 - a_3 = v_3$ mit (B) hervorgeht. Damit wird

$$A = \begin{pmatrix} 1 & 0 \\ 0 & 1 \\ -1 & -1 \end{pmatrix}, \qquad a = \begin{pmatrix} a_1 \\ a_2 \\ \delta - a_1 - a_2 \end{pmatrix},$$

$$A'A = \begin{pmatrix} 2 & 1 \\ 1 & 2 \end{pmatrix}, \qquad A'a = \begin{pmatrix} 2a_1 + a_2 - \delta \\ a_1 + 2a_2 - \delta \end{pmatrix}.$$

Normalgleichungen nebst Lösung:

$$\begin{array}{rcl|r|r} 2x_1 + x_2 &=& 2a_1 + a_2 - \delta & 2 & -1 \\ x_1 + 2x_2 &=& a_1 + 2a_2 - \delta & -1 & 2 \\ \hline \end{array}$$

$$\begin{aligned} 3x_1 &= 3a_1 - \delta \\ 3x_2 &= 3a_2 - \delta \end{aligned}$$

Ergebnis:

$$\begin{aligned} \alpha &= x_1 = a_1 - \delta/3 \\ \beta &= x_2 = a_2 - \delta/3 \\ \gamma &= \phantom{x_2 = {}} a_3 - \delta/3 \,. \end{aligned}$$

Der Winkelüberschuß δ ist somit zu gleichen Teilen $\delta/3$ von den drei Meßwerten a_i abzuziehen, gleiche Genauigkeit der Meßwerte vorausgesetzt. Verbesserungen v_i also $v_1 = v_2 = v_3 = -\delta/3$.

Sind etwa die beiden Messungen a_2, a_3 von doppelter Genauigkeit wie a_1, so läßt sich dies dadurch berücksichtigen, daß man die beiden letzten Fehlergleichungen mit 2 multipliziert, freilich ohne auch die v_i mit zu verdoppeln. Dann werden

$$A = \begin{pmatrix} 1 & 0 \\ 0 & 2 \\ -2 & -2 \end{pmatrix}, \qquad a = \begin{pmatrix} a_1 \\ 2a_2 \\ 2\delta - 2a_1 - 2a_2 \end{pmatrix}$$

und die Normalgleichungen:

$$\begin{aligned} 5x_1 + 4x_2 &= 5a_1 + 4a_2 - 4\delta \\ 4x_1 + 8x_2 &= 4a_1 + 8a_2 - 4\delta \,. \end{aligned}$$

Ergebnis:

$$\begin{aligned} \alpha &= x_1 = a_1 - 4\delta/6 \\ \beta &= x_2 = a_2 - \delta/6 \\ \gamma &= \phantom{x_2 = {}} a_3 - \delta/6 \,. \end{aligned}$$

Die beiden genaueren Meßwerte erfahren also, wie zu erwarten, eine geringere Korrektur als der weniger genaue a_1.

12.2. Berechnung von Fachwerken

Wir greifen auf das in § 1.1 gegebene Beispiel eines ebenen Fachwerkes von m Stäben mit den Stabkräften S_i und n Knotenlasten P_k zurück, die wir einfachheitshalber wieder als vertikale Lasten annehmen. Im Falle beliebiger Lastrichtung ist jede Last in ihre x- und y-Komponente zu zerlegen, womit sich die Kraftanzahl n einfach verdoppelt. Entsprechendes gilt vom räumlichen Fachwerk, wo jede Last in ihre drei Komponenten zerlegt wird. Das für uns Wesentliche tritt am hier vorgeführten einfachsten Fall zutage. Wie früher erläutert, besteht zwischen den Stabkräften S_i — zusammengefaßt zum Vektor $\boldsymbol{s}$ — und den Lasten P_k — zusammengefaßt zum Vektor $\boldsymbol{p}$ — ein linearer Zusammenhang

$$\left.\begin{array}{l} S_1 = c_{11}\, P_1 + c_{12}\, P_2 + \cdots + c_{1n}\, P_n \\ S_2 = c_{21}\, P_1 + c_{22}\, P_2 + \cdots + c_{2n}\, P_n \\ \cdots\cdots\cdots\cdots\cdots\cdots\cdots\cdots \\ S_m = c_{m1}\, P_1 + c_{m2}\, P_2 + \cdots + c_{mn}\, P_n \end{array}\right\} \tag{9'}$$

oder kurz

$$\boxed{\boldsymbol{s} = \boldsymbol{C}\,\boldsymbol{p}} \tag{9}$$

mit der mn-Matrix $\boldsymbol{C} = (c_{ik})$, deren Elemente, die *Einflußzahlen* c_{ik} sich, wenn wir das Fachwerk zunächst als statisch bestimmt voraussetzen, auf die damals geschilderte Weise als Stabkräfte S_i bei Last $P_k = 1$, $P_j = 0$ für $j \neq k$ nach einem der üblichen statischen Verfahren — Cremonaplan oder RITTER-Schnitt —, das n mal durchzuführen ist, ergeben.

Man gelangt nun zu den Durchsenkungen r_k unter den Lasten P_k, wie wir als bekannt annehmen dürfen, mit Hilfe der *Formänderungsarbeit* (im folgenden mit FÄA abgekürzt) nach dem Satz von CASTIGLIANO. Diese Formänderungsarbeit für einen einzelnen Stab ist bekanntlich gleich

$$A_i = \frac{1}{2}\frac{S_i^2\, l_i}{E\, F_i} = \frac{1}{2}\, S_i^2\, f_i$$

mit den Federungen $f_i = l_i/EF_i$ (Nachgiebigkeiten). Die des gesamten Fachwerkes ist somit gleich

$$\boxed{A = \frac{1}{2}\sum_{i=1}^{m} S_i^2\, f_i = \frac{1}{2}\,\boldsymbol{s}'\boldsymbol{F}_0\,\boldsymbol{s}}\,, \tag{10}$$

also eine quadratische und offenbar positiv definite Form mit der Diagonalmatrix $\boldsymbol{F}_0 = \operatorname{Diag}(f_i)$ der Stabfederungen f_i. Ersetzt man nun hier die Stabkräfte $\boldsymbol{s}$ nach Gl. (9) durch die Lasten $\boldsymbol{p}$, so erhält man die

FÄA als eine quadratische Form in den Lasten gemäß

$$A = \frac{1}{2} \boldsymbol{p}' \boldsymbol{C}' \boldsymbol{F}_0 \boldsymbol{C} \boldsymbol{p} = \frac{1}{2} \boldsymbol{p}' \boldsymbol{F} \boldsymbol{p} \tag{11}$$

mit der nun nicht mehr diagonalen, aber wiederum positiv definiten *Gesamt-Federungsmatrix*

$$\boldsymbol{F} = \boldsymbol{C}' \boldsymbol{F}_0 \boldsymbol{C} \,. \tag{12}$$

Ihre Elemente haben die Dimension Länge/Kraft.

Nun ergeben sich bekanntlich die Durchsenkungen r_i des i-ten Knotens in Richtung der Last P_i als die partielle Ableitung der FÄA nach der Last P_i (Satz von CASTIGLIANO), $r_i = \partial A / \partial P_i$. Den gesamten Vektor $\boldsymbol{r}$ dieser Durchsenkungen erhalten wir somit nach der einfachen Vorschrift

$$\boldsymbol{r} = \frac{\partial A}{\partial \boldsymbol{p}} = \boldsymbol{F} \boldsymbol{p} \,. \tag{13}$$

Nehmen wir in dem in § 1.1 angeführten einfachen Beispiel mit gleichen Längen $l_i = l$ auch alle Querschnitte gleich an, $F_i = F$, also $f_i = f = l/EF$, so vereinfacht sich die Rechnung mit $\boldsymbol{F}_0 = f \boldsymbol{I}$ zu

$$\boldsymbol{F} = \boldsymbol{C}' \boldsymbol{F}_0 \boldsymbol{C} = f \boldsymbol{C}' \boldsymbol{C} = \frac{f}{24} \begin{pmatrix} 31 & 24 & 13 \\ 24 & 44 & 24 \\ 13 & 24 & 31 \end{pmatrix},$$

und wir erhalten für die Durchsenkungen die Ausdrücke

$$\begin{aligned} 24\, E\, F\, r_1 &= (31\, P_1 + 24\, P_2 + 13\, P_3)\, l \\ 24\, E\, F\, r_2 &= (24\, P_1 + 44\, P_2 + 24\, P_3)\, l \\ 24\, E\, F\, r_3 &= (13\, P_1 + 24\, P_2 + 31\, P_3)\, l \,. \end{aligned}$$

Die Rechnung läßt sich leicht auch auf *statisch unbestimmte* Fachwerke ausdehnen. Hier seien s der Stäbe überzählig, die man aufschneidet und als statisch Unbestimmte X_i einführt, also als — zunächst unbekannte — äußere Kräfte, deren Größe sich nachträglich aus der Forderung ergibt, daß die Verformungen an den Schnittstellen verschwinden (Übergang zu einem statisch bestimmten Hauptsystem). Wir fassen diese aufgeschnittenen Stäbe zu $\boldsymbol{s}_1$, die restlichen zu $\boldsymbol{s}_0$ zusammen, die Kräfte X_i zu $\boldsymbol{x}$. Die Stäbe $\boldsymbol{s}_0$ des statisch bestimmten Hauptsystems lassen sich dann wieder linear durch die Lasten $\boldsymbol{p}$ sowie die als Lasten aufgefaßten Unbestimmten $\boldsymbol{x}$ ausdrücken, und anstelle von Gl. (9) haben wir

$$\begin{aligned} \boldsymbol{s}_0 &= \boldsymbol{C}_0 \boldsymbol{p} + \boldsymbol{C}_1 \boldsymbol{x} \\ \boldsymbol{s}_1 &= \phantom{\boldsymbol{C}_0 \boldsymbol{p} + \boldsymbol{C}_1} \boldsymbol{x} \end{aligned} \,, \tag{14}$$

wo man die Elemente c_{ik} von $\boldsymbol{C}_0$ wie früher, die von $\boldsymbol{C}_1$ dadurch bestimmt, daß man alle Lasten Null setzt, desgleichen die Unbestimmten X_j bis auf eine einzige $X_k = 1$. Teilen wir auch die Diagonalmatrix der Stabfederungen auf in $\boldsymbol{F}_0$, d. i. die der Stäbe des Hauptsystems, und $\boldsymbol{F}_1$, d. i. die der aufgeschnittenen (überzähligen) Stäbe, so schreibt sich die doppelte FÄA:

$$2\,A = \boldsymbol{s}_1'\,\boldsymbol{F}_0\,\boldsymbol{s}_1 + \boldsymbol{s}_2'\,\boldsymbol{F}_1\,\boldsymbol{s}_2\,. \tag{15}$$

Einsetzen von Gl. (14) ergibt dann

$$2\,A = (\boldsymbol{p}'\,\boldsymbol{C}_0' + \boldsymbol{x}'\,\boldsymbol{C}_1')\,\boldsymbol{F}_0\,(\boldsymbol{C}_0\,\boldsymbol{p} + \boldsymbol{C}_1\,\boldsymbol{x}) + \boldsymbol{x}'\,\boldsymbol{F}_1\,\boldsymbol{x}$$

oder schließlich

$$\boxed{2\,A = \boldsymbol{p}'\,\boldsymbol{F}_{00}\,\boldsymbol{p} + 2\,\boldsymbol{p}'\,\boldsymbol{F}_{01}\,\boldsymbol{x} + \boldsymbol{x}'\,\boldsymbol{F}_{11}\,\boldsymbol{x}} \tag{16}$$

mit den Federungsmatrizen

$$\begin{aligned} \boldsymbol{F}_{00} &= \boldsymbol{C}_0'\,\boldsymbol{F}_0\,\boldsymbol{C}_0 \\ \boldsymbol{F}_{01} &= \boldsymbol{C}_0'\,\boldsymbol{F}_0\,\boldsymbol{C}_1 \\ \boldsymbol{F}_{10} &= \boldsymbol{C}_1'\,\boldsymbol{F}_0\,\boldsymbol{C}_0 = \boldsymbol{F}_{01}' \\ \boldsymbol{F}_{11} &= \boldsymbol{C}_1'\,\boldsymbol{F}_0\,\boldsymbol{C}_1 + \boldsymbol{F}_1\,. \end{aligned} \tag{17}$$

Dann folgen die statisch Unbestimmten $\boldsymbol{x}$ und die Durchsenkungen $\boldsymbol{r}$ nach CASTIGLIANO aus den Gleichungssystemen

$$\boxed{\frac{\partial A}{\partial \boldsymbol{x}} = \boldsymbol{F}_{10}\,\boldsymbol{p} + \boldsymbol{F}_{11}\,\boldsymbol{x} = \boldsymbol{o}} \quad \to \boldsymbol{x} \tag{18}$$

$$\boxed{\frac{\partial A}{\partial \boldsymbol{p}} = \boldsymbol{F}_{00}\,\boldsymbol{p} + \boldsymbol{F}_{01}\,\boldsymbol{x} = \boldsymbol{r}} \quad \to \boldsymbol{r}\,. \tag{19}$$

Aus Gl. (18) ergeben sich die Unbestimmten X_i. Indem man sie in Gl. (19) einsetzt, erhält man hieraus die r_i. Indem man die erste Gleichung formal nach $\boldsymbol{x}$ auflöst

$$\boldsymbol{x} = -\,\boldsymbol{F}_{11}^{-1}\,\boldsymbol{F}_{10}\,\boldsymbol{p}\,, \tag{20}$$

und dies in die zweite einsetzt, folgen die Durchsenkungen $\boldsymbol{r}$ auch unmittelbar in Abhängigkeit von den Lasten $\boldsymbol{p}$ zu

$$\boxed{\boldsymbol{r} = (\boldsymbol{F}_{00} - \boldsymbol{F}_{01}\,\boldsymbol{F}_{11}^{-1}\,\boldsymbol{F}_{10})\,\boldsymbol{p} = \boldsymbol{F}\,\boldsymbol{p}} \tag{21}$$

mit einer sich auf das Gesamtsystem beziehenden Federungsmatrix $\boldsymbol{F}$. — Die Leichtigkeit der formalen Rechnung und ihre Allgemeingültigkeit und Unabhängigkeit vom Einzelfall erscheinen hier gleich bemerkenswert. Vgl. dazu auch die allgemeinen Aufgaben in § 25.

12.3. Behandlung von Schwingungsaufgaben

Ein namentlich für den Ingenieur überaus wichtiges Anwendungsgebiet der Matrizenrechnung ist die Schwingungstechnik, wo die Behandlung von Schwingungssystemen endlich vieler Freiheitsgrade unmittelbar auf Matrizengleichungen führt. Da sich auch kontinuierliche Schwingungssysteme durch Unterteilung und näherungsweise Behandlung auf solche mit endlich vielen Freiheitsgraden zurückführen lassen, so liegt hier ein weites Anwendungsfeld vor. Alle diese Probleme führen auf die in § 11.5 eingeführte *Eigenwertaufgabe*, entweder in der dort angetroffenen speziellen Form

$$\boxed{\boldsymbol{A}\,\boldsymbol{x} = \lambda\,\boldsymbol{x}}\,, \tag{22}$$

oder aber auf die sogenannte *allgemeine Eigenwertaufgabe* der Form

$$\boxed{\boldsymbol{A}\,\boldsymbol{x} = \lambda\,\boldsymbol{B}\,\boldsymbol{x}}\,. \tag{23}$$

Die vollständige Behandlung dieser Eigenwertaufgabe bleibt den folgenden Kapiteln vorbehalten. Hier sei lediglich an Hand einiger Bei-

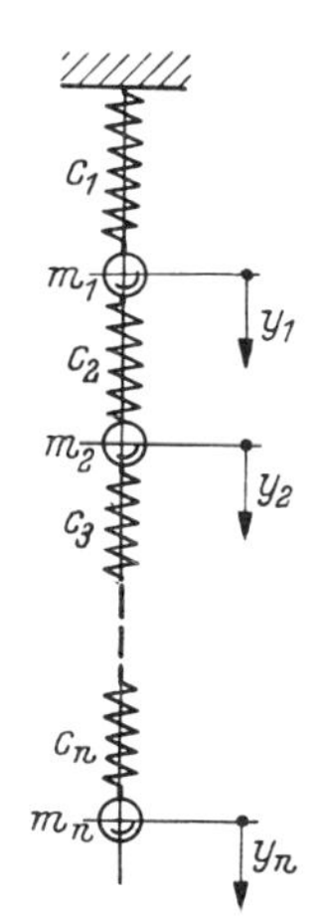

Abb. 12.1. Schwingungskette von n Massen m_i und n Federn c_i

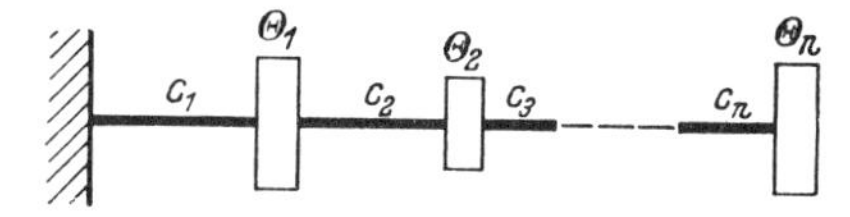

Abb. 12.2. Drehschwingungskette von n Massen Θ_i und n Federn c_i

spiele der Schwingungstechnik gezeigt, wie es zur Formulierung der Eigenwertaufgabe kommt.

Als erstes Beispiel sei eine Schwingungskette von n Massen m_i und n Federn c_i untersucht, die nach Art der Abb. 12.1 oder aber auch bei Drehschwingungen nach Abb. 12.2 angeordnet sind. Zwischen den Auslenkungen y_i der Massen und den Federverlängerungen z_i besteht dann der einfache Zusammenhang

$$\left.\begin{aligned} z_1 &= y_1 \\ z_2 &= y_2 - y_1 \\ z_3 &= y_3 - y_2 \\ &\cdots\cdots\cdots \\ z_n &= y_n - y_{n-1} \end{aligned}\right\}$$

kurz

$$\boldsymbol{z} = \boldsymbol{K}\,\boldsymbol{y} \tag{24}$$

mit der nichtsingulären Matrix

$$\boldsymbol{K} = \begin{pmatrix} 1 & & & & 0 \\ -1 & 1 & & & \\ & -1 & 1 & & \\ & & \cdot & \cdot & \\ & & & \cdot & \cdot \\ & & & \cdot & \cdot \\ 0 & & & -1 & 1 \end{pmatrix}.$$

Die Aufstellung der Schwingungsgleichungen gelingt hier einfach mit Hilfe der potentiellen und kinetischen Energie U bzw. T

$$U = \sum \frac{1}{2} c_i z_i^2 = \frac{1}{2} \boldsymbol{z}' \boldsymbol{C}_0 \boldsymbol{z} \tag{25}$$

$$T = \sum \frac{1}{2} m_i \dot{y}_i^2 = \frac{1}{2} \dot{\boldsymbol{y}}' \boldsymbol{M} \dot{\boldsymbol{y}} \tag{26}$$

mit den positiv definiten Diagonalmatrizen $\boldsymbol{C}_0 = \mathrm{Diag}(c_i)$ und $\boldsymbol{M} = \mathrm{Diag}(m_i)$. Indem man nun die Verlängerungen $\boldsymbol{z}$ in Gl. (25) nach Gl. (24) durch die Auslenkungen $\boldsymbol{y}$ ersetzt, wird aus der potentiellen Energie die quadratische Form

$$U = \frac{1}{2} \boldsymbol{y}' \boldsymbol{K}' \boldsymbol{C}_0 \boldsymbol{K} \boldsymbol{y} = \frac{1}{2} \boldsymbol{y}' \boldsymbol{C} \boldsymbol{y} \tag{27}$$

mit der wiederum positiv definiten Formmatrix

$$\boldsymbol{C} = \boldsymbol{K}' \boldsymbol{C}_0 \boldsymbol{K} . \tag{28}$$

Damit lautet der Energiesatz

$$\frac{1}{2} (\boldsymbol{y}' \boldsymbol{C} \boldsymbol{y} + \dot{\boldsymbol{y}}' \boldsymbol{M} \dot{\boldsymbol{y}}) = \text{konst.},$$

aus dem durch Differenzieren nach der Zeit unter Beachten der Symmetrie der Matrizen folgt

$$\dot{\boldsymbol{y}}' (\boldsymbol{C} \boldsymbol{y} + \boldsymbol{M} \ddot{\boldsymbol{y}}) = \boldsymbol{o}$$

oder schließlich, da der Geschwindigkeitsvektor $\dot{\boldsymbol{y}}$ willkürlich wählbar ist, als Bewegungsgleichung

$$\boxed{\boldsymbol{C} \boldsymbol{y} + \boldsymbol{M} \ddot{\boldsymbol{y}} = \boldsymbol{o}} . \tag{29}$$

Mit dem Sinusansatz

$$\boldsymbol{y} = \boldsymbol{a} \sin \omega t$$
$$\ddot{\boldsymbol{y}} = -\omega^2 \boldsymbol{a} \sin \omega t = -\omega^2 \boldsymbol{y} = -\lambda \boldsymbol{y}$$

wird daraus die Eigenwertaufgabe

$$\boxed{\boldsymbol{C} \boldsymbol{y} = \lambda \boldsymbol{M} \boldsymbol{y}} , \qquad \lambda = \omega^2 \tag{30}$$

Diese Aufgabe vom Typ Gl. (23) der allgemeinen Eigenwertaufgabe würde sich durch Linksmultiplikation mit $\boldsymbol{M}^{-1}$ auf die spezielle Gl. (22) zurückführen lassen. Doch geht dabei die Symmetrie der Matrix verloren, aus der sich, wie wir später sehen werden, wichtige Eigenschaften der Lösung herleiten. Um die Symmetrie zu erhalten, geht man mit

$$\boldsymbol{M}^{1/2} \boldsymbol{y} = \boldsymbol{x}, \quad \text{d. h.} \quad x_i = y_i \sqrt{m_i} \tag{31}$$

auf neue Veränderliche $\boldsymbol{x}$ über und erhält damit nach leichter Umrechnung die spezielle Eigenwertaufgabe

$$\boxed{\boldsymbol{A}\,\boldsymbol{x} = \lambda\,\boldsymbol{x}}\,, \qquad \lambda = \omega^2 \tag{32}$$

mit der wieder symmetrischen und positiv definiten Matrix

$$\boxed{\boldsymbol{A} = \boldsymbol{M}^{-1/2}\,\boldsymbol{C}\,\boldsymbol{M}^{-1/2}}\,. \tag{33}$$

Allgemein sind einem Schwingungssystem von n Freiheitsgraden die Energieausdrücke

$$2\,U = \boldsymbol{y}'\,\boldsymbol{A}\,\boldsymbol{y}\,, \quad 2\,T = \dot{\boldsymbol{y}}'\,\boldsymbol{B}\,\dot{\boldsymbol{y}} \tag{34}$$

zugeordnet, also quadratische Formen mit den Matrizen $\boldsymbol{A}$ (Steifigkeitsmatrix) und $\boldsymbol{B}$ (Trägheitsmatrix), wobei $\boldsymbol{B}$ eigentlich positiv definit, $\boldsymbol{A}$ dagegen definit oder auch semidefinit ist, letzteres nämlich, wenn eine Federfesselung für gewisse Freiheitsgrade fehlt. Für kleine Ausschläge y_i darf man die Elemente a_{ik}, b_{ik} der Matrizen als konstant, d. h. unabhängig von den Auslenkungen annehmen. Dann erhalten wir auf gleiche Weise wie oben durch Differenzieren des Energiesatzes $U + T =$ konst. das System der Bewegungsgleichungen

$$\boldsymbol{A}\,\boldsymbol{y} + \boldsymbol{B}\,\ddot{\boldsymbol{y}} = \boldsymbol{o} \tag{35}$$

und daraus wieder mit einem Sinusansatz für $\boldsymbol{y}$ die allgemeine Eigenwertaufgabe

$$\boxed{\boldsymbol{A}\,\boldsymbol{y} = \lambda\,\boldsymbol{B}\,\boldsymbol{y}} \quad \text{mit } \lambda = \omega^2. \tag{36}$$

Da $\boldsymbol{B}$ nichtsingulär, läßt sie sich durch Linksmultiplikation mit $\boldsymbol{B}^{-1}$ auf die spezielle Aufgabe mit der allerdings nicht mehr symmetrischen Matrix $\boldsymbol{B}^{-1}\,\boldsymbol{A}$ zurückführen. Die Symmetrie bleibt erhalten, wenn wir auf $\boldsymbol{B}$ die CHOLESKY-Zerlegung

$$\boldsymbol{B} = \boldsymbol{R}'\,\boldsymbol{R} \tag{37}$$

mit der oberen Dreiecksmatrix $\boldsymbol{R}$ anwenden und damit die neuen Variablen

$$\boldsymbol{R}\,\boldsymbol{y} = \boldsymbol{x} \tag{38}$$

einführen, womit dann Gl. (36) übergeht in die spezielle Aufgabe

$$\boxed{\boldsymbol{C}\,\boldsymbol{x} = \lambda\,\boldsymbol{x}}\,, \quad \lambda = \omega^2 \tag{39}$$

mit positiv (semi) definiter Matrix

$$\boxed{\boldsymbol{R}^{-1\prime}\,\boldsymbol{A}\,\boldsymbol{R}^{-1} = \boldsymbol{C}}\,. \tag{40}$$

IV. Kapitel

Die Eigenwertaufgabe

§ 13. Eigenwerte und Eigenvektoren

13.1. Problemstellung und Begriffe

Wie in den Abschnitten 11.5 und 12.3 an einigen Beispielen deutlich wurde, wird man bei zahlreichen Aufgaben auf eine Fragestellung geführt, die für die Theorie der Matrizen von der größten Bedeutung geworden und geradezu als das Kernstück dieser Theorie anzusehen ist. Es handelt sich darum, zu einer *quadratischen*, sonst aber beliebigen (reellen oder komplexen) Matrix $\boldsymbol{A}$ Vektoren $\boldsymbol{x}$ derart zu suchen, daß der mit $\boldsymbol{A}$ transformierte Vektor $\boldsymbol{y} = \boldsymbol{A}\,\boldsymbol{x}$ dem Ausgangsvektor $\boldsymbol{x}$ proportional, ihm parallel ist:

$$\boxed{\boldsymbol{A}\,\boldsymbol{x} = \lambda\,\boldsymbol{x}} \tag{1}$$

mit einem zunächst noch unbestimmten Parameter λ. Ausführlich lautet die Aufgabe

$$\left.\begin{array}{l} a_{11}\,x_1 + a_{12}\,x_2 + \cdots + a_{1n}\,x_n = \lambda\,x_1 \\ a_{21}\,x_1 + a_{22}\,x_2 + \cdots + a_{2n}\,x_n = \lambda\,x_2 \\ \cdots\cdots\cdots\cdots\cdots\cdots\cdots \\ a_{n1}\,x_1 + a_{n2}\,x_2 + \cdots + a_{nn}\,x_n = \lambda\,x_n \end{array}\right\}, \tag{1'}$$

deren homogener Charakter deutlicher in der Schreibweise

$$\boxed{(\boldsymbol{A} - \lambda\,\boldsymbol{I})\,\boldsymbol{x} = \boldsymbol{o}} \tag{1a}$$

hervortritt. Die Matrix dieses Gleichungssystems,

$$\boldsymbol{A} - \lambda\,\boldsymbol{I} = \begin{pmatrix} a_{11} - \lambda & a_{12} & \ldots & a_{1n} \\ a_{21} & a_{22} - \lambda & \ldots & a_{2n} \\ \cdots & \cdots & \cdots & \cdots \\ a_{n1} & a_{n2} & \ldots & a_{nn} - \lambda \end{pmatrix} \tag{2}$$

wird die *charakteristische Matrix* der Matrix $\boldsymbol{A}$ genannt. Sie spielt, wie wir bald sehen werden, für die Eigenschaften der Matrix $\boldsymbol{A}$ eine entscheidende Rolle.

Als homogenes Gleichungssystem besitzt Gl. (1) bzw. Gl. (1a) genau dann nichttriviale (nicht identisch verschwindende) Lösungen $\boldsymbol{x}$, wenn seine Koeffizientendeterminante verschwindet. Diese sogenannte *charakteristische Determinante*

$$D(\lambda) = \det(\boldsymbol{A} - \lambda \boldsymbol{I}) = \begin{vmatrix} a_{11} - \lambda & a_{12} & \dots & a_{1n} \\ a_{21} & a_{22} - \lambda & \dots & a_{2n} \\ \dots & \dots & \dots & \dots \\ a_{n1} & a_{n2} & \dots & a_{nn} - \lambda \end{vmatrix} \tag{3}$$

hängt vom Parameter λ ab, und zwar ist sie, wie man sich etwa aus der Produktdefinition der Determinante klarmachen kann, ein Polynom n-ten Grades in λ, das *charakteristische Polynom* der Matrix. Die Bedingung für das Vorhandensein von Null verschiedener Lösungen $\boldsymbol{x}$ unserer Aufgabe lautet also

$$\boxed{D(\lambda) \equiv \det(\boldsymbol{A} - \lambda \boldsymbol{I}) = 0} \ . \tag{4}$$

Diese *charakteristische Gleichung* der Matrix $\boldsymbol{A}$ besitzt als algebraische Gleichung n-ten Grades in λ genau n (reelle oder komplexe) Wurzeln $\lambda_1, \lambda_2, \dots, \lambda_n$, wenn man, wie üblich, etwaige Mehrfachwurzeln entsprechend ihrer Vielfachheit zählt. Nur für diese Wurzeln λ_i der charakteristischen Gleichung, die *Eigenwerte* oder *charakteristischen Zahlen* (im Englischen auch *latent roots*) der Matrix[1] besitzt demgemäß unser *Eigenwertproblem* Gl. (1) nichttriviale Lösungen

$$\boldsymbol{x}_i = (x_{1i}, x_{2i}, \dots, x_{ni})' , \tag{5}$$

sogenannte *Eigenlösungen* oder *Eigenvektoren* der Matrix (im Englischen auch *modal columns* genannt). Nur sie erfüllen die eingangs gestellte Forderung, ihrer Transformierten proportional zu sein mit dem zugehörigen Eigenwert als Proportionalitätsfaktor:

$$\boldsymbol{A}\, \boldsymbol{x}_i = \lambda_i\, \boldsymbol{x}_i \qquad (i = 1, 2, \dots, n) . \tag{6}$$

Wir fassen zusammen in

Satz 1: *Eine n-reihige quadratische Matrix $\boldsymbol{A}$ besitzt genau n (reelle oder komplexe)* **Eigenwerte** *λ_i als Wurzeln ihrer charakteristischen Gl. (4). Nur für diese Werte λ_i des Parameters λ hat die Eigenwertaufgabe Gl. (1) nichttriviale Lösungen, die* **Eigenlösungen** *oder* **Eigenvektoren** *$\boldsymbol{x}_i$ der Matrix.*

Aus der Definition der singulären Matrix als einer solchen, für welche die Determinante $\det \boldsymbol{A}$ selbst verschwindet, folgt weiter

[1] Der Vorschlag, das Wort „Eigenwert" für die Kehrwerte $1/\lambda_i$ der charakteristischen Zahlen λ_i zu reservieren, um eine vollständige Analogie zwischen der Eigenwertaufgabe der Matrizen und der der Integralgleichungen durchführen zu können, hat sich in der neueren Matrizenliteratur nicht durchgesetzt. Im englischen und französischen Schrifttum finden sich die Worte *proper values, eigenvalues, valeurs propres* — neben den anderen Bezeichnungen — *ausnahmslos* im Sinne von charakteristischen Zahlen. Im Hinblick auf die dringend erwünschte internationale Verständlichkeit erscheint uns daher der obengenannte Vorschlag nicht ganz glücklich.

Satz 2: *Eine Matrix hat dann und nur dann wenigstens einen Eigenwert* $\lambda = 0$, *wenn sie singulär ist, det* $\boldsymbol{A} = 0$.

Schreibt man das charakteristische Polynom in der abgewandelten Form mit positivem Zeichen bei λ^n

$$p(\lambda) = \det(\lambda \boldsymbol{I} - \boldsymbol{A}) = \lambda^n + a_{n-1}\lambda^{n-1} + \cdots + a_1 \lambda + a_0 , \qquad (7)$$

so gilt für den ersten und letzten Polynomkoeffizienten

$$\boxed{\begin{aligned} -a_{n-1} &= sp\ \boldsymbol{A} \\ (-1)^n a_0 &= \det \boldsymbol{A} \end{aligned}} \quad \begin{aligned} &, &(8\text{a}) \\ &. &(8\text{b}) \end{aligned}$$

Die zweite Beziehung folgt aus (7) sogleich für $\lambda = 0$. Die erste ergibt sich durch Entwicklung von $\det(\lambda \boldsymbol{I} - \boldsymbol{A})$ nach der 1. Spalte, wobei nur das Spitzenelement $\lambda - a_{11}$ zur Potenz λ^{n-1} beiträgt. Fortgesetzte Entwicklung der Unterdeterminanten führt dann zu (8a). Mit den bekannten VIETAschen Wurzelsätzen die sich aus einem Vergleich des Polynoms (7) mit seiner Zerlegung in Linearfaktoren

$$p(\lambda) = (\lambda - \lambda_1)(\lambda - \lambda_2) \ldots (\lambda - \lambda_n)$$

herleiten, folgt dann weiterhin

$$\boxed{\begin{aligned} sp\ \boldsymbol{A} &= \lambda_1 + \lambda_2 + \cdots + \lambda_n \\ \det \boldsymbol{A} &= \lambda_1 \lambda_2 \ldots \lambda_n \end{aligned}} \quad \begin{aligned} &, &(9\text{a}) \\ &. &(9\text{b}) \end{aligned}$$

13.2. Die Eigenvektoren

Die Eigenvektoren $\boldsymbol{x}_i$ als Lösungen des homogenen Gleichungssystems (1) oder (1a) mit $\lambda = \lambda_i$ bzw. der Systeme (6) sind, wie wir wissen, nicht eindeutig. Im einfachsten Falle, daß die zugehörige charakteristische Matrix $\boldsymbol{A} - \lambda_i \boldsymbol{I}$ vom Rangabfall $d = 1$ ist, gibt es zum Eigenwert λ_i genau einen linear unabhängigen Eigenvektor $\boldsymbol{x}_i$, alle übrigen sind zu diesem einen proportional. Der Eigenvektor ist hier nur bis auf einen willkürlichen Faktor bestimmbar. Ist $\boldsymbol{x}_i^{(1)}$ ein beliebiger *fester* Lösungsvektor des Systems (6), so stellt

$$\boldsymbol{x}_i = c\, \boldsymbol{x}_i^{(1)}$$

mit noch freiem Parameter c die allgemeine Lösung von Gl. (6) dar, ein lineares Vektorgebilde der Dimension 1, geometrisch gesprochen eine *Richtung*. Nur in diesem Sinne der *Eigenrichtung* ist im Falle $d = 1$ das Wort Eigenvektor zu verstehen. Man kann sich von der Unbestimmtheit des Eigenvektors befreien, indem man ihn in passender Weise *normiert*, beispielsweise so, daß man seine Euklidische *Norm* zu 1 macht:

$$\boldsymbol{x}_i^* \boldsymbol{x}_i = 1 \qquad (10)$$

wo im Falle reeller Vektoren $\boldsymbol{x}^* = \boldsymbol{x}'$ wird. Ein reeller Vektor ist dann bis auf sein Vorzeichen festgelegt, während bei komplexem Eigenvektor noch ein Drehfaktor $e^{i\varphi}$ unbestimmt bleibt. Von dieser Möglichkeit der Normierung machen wir des öfteren, wenn auch nicht immer, Gebrauch.

Ist aber der Rangabfall d der charakteristischen Matrix größer als 1, so existieren $d > 1$ linear unabhängige Eigenvektoren. Bezeichnen wieder $\boldsymbol{x}_i^{(1)}, \boldsymbol{x}_i^{(2)}, \ldots, \boldsymbol{x}_i^{(d)}$ irgendwelche festen linear unabhängigen Lösungen von Gl. (6) zu einem bestimmten Eigenwert λ_i, so stellt die allgemeine Lösung

$$\boldsymbol{x}_i = c_1 \boldsymbol{x}_i^{(1)} + c_2 \boldsymbol{x}_i^{(2)} + \cdots + c_d \boldsymbol{x}_i^{(d)} \tag{11}$$

mit d freien Parametern c_k ein Vektorgebilde der Dimension d dar, es spannt einen d-dimensionalen *Eigenraum* als Lösung zum Eigenwert λ_i auf. Die Vektoren $\boldsymbol{x}_i^{(k)}$ können wie oben normiert werden.

Es gilt nun zunächst der folgende

Satz 3: *Eigenvektoren zu verschiedenen Eigenwerten λ_i sind stets linear unabhängig.*

Unsere Matrix $\boldsymbol{A}$ besitze etwa genau s *verschiedene Eigenwerte*

$$\lambda_1, \lambda_2, \ldots, \lambda_s,$$

und zu jedem dieser Eigenwerte wählen wir einen zugehörigen Eigenvektor $\boldsymbol{x}_k$ aus. Aus der Bedingung für lineare Abhängigkeit

$$c_1 \boldsymbol{x}_1 + c_2 \boldsymbol{x}_2 + \cdots + c_s \boldsymbol{x}_s = \boldsymbol{o} \tag{12}$$

folgen durch fortgesetzte Multiplikation mit der Matrix $\boldsymbol{A}$ unter Berücksichtigung von Gl. (6) die $s - 1$ weiteren Gleichungen

$$\left.\begin{array}{r} \lambda_1 c_1 \boldsymbol{x}_1 + \lambda_2 c_2 \boldsymbol{x}_2 + \cdots \lambda_s c_s \boldsymbol{x}_s = \boldsymbol{o} \\ \cdots\cdots\cdots\cdots\cdots\cdots\cdots\cdots \\ \lambda_1^{s-1} c_1 \boldsymbol{x}_1 + \lambda_2^{s-1} c_2 \boldsymbol{x}_2 + \cdots + \lambda_s^{s-1} c_s \boldsymbol{x}_s = \boldsymbol{o} \end{array}\right\} \tag{12a}$$

Diese Gleichungen gelten aber auch für eine beliebige feste Komponente x_{ik} der Vektoren $\boldsymbol{x}_k$, womit Gln. (12) und (12a) ein lineares Gleichungssystem in den Unbekannten $c_k x_{ik}$ $(k = 1, 2, \ldots, s)$ darstellt mit der Koeffizientendeterminante

$$V = \begin{vmatrix} 1 & 1 & \ldots & 1 \\ \lambda_1 & \lambda_2 & \ldots & \lambda_s \\ \cdots & \cdots & \cdots & \cdots \\ \lambda_1^{s-1} & \lambda_2^{s-1} & \ldots & \lambda_i^{s-1} \end{vmatrix}.$$

Diese sogenannte VANDERMONDEsche Determinante aber ist für lauter verschiedene Werte λ_k von Null verschieden, wie man folgendermaßen einsieht. Durch Subtraktion der mit λ_1 multiplizierten $(s-1)$-ten Zeile von der s-ten, der gleichfalls mit λ_1 multiplizierten $(s-2)$-ten Zeile von der $(s-1)$-ten usf., schließlich der mit λ_1 multiplizierten 1. Zeile von der 2. erhält man

$$V = \begin{vmatrix} 1 & 1 & 1 & \dots & 1 \\ 0 & \lambda_2-\lambda_1 & \lambda_3-\lambda_1 & \dots & \lambda_s-\lambda_1 \\ 0 & \lambda_2^2-\lambda_2\lambda_1 & \lambda_3^2-\lambda_3\lambda_1 & \dots & \lambda_s^2-\lambda_s\lambda_1 \\ \dots & \dots & \dots & \dots & \dots \\ 0 & \lambda_2^{s-1}-\lambda_2^{s-2}\lambda_1 & & \dots & \lambda_s^{s-1}-\lambda_s^{s-2}\lambda_1 \end{vmatrix}$$

und daraus durch Entwickeln nach der ersten Spalte und Vorziehen der gemeinsamen Faktoren der übrigen Spalten:

$$V = (\lambda_2-\lambda_1)(\lambda_3-\lambda_1)\dots(\lambda_s-\lambda_1) \begin{vmatrix} 1 & 1 & \dots & 1 \\ \lambda_2 & \lambda_3 & \dots & \lambda_s \\ \lambda_2^2 & \lambda_3^2 & \dots & \lambda_s^2 \\ \dots & \dots & \dots & \dots \\ \lambda_2^{s-2} & \lambda_3^{s-2} & \dots & \lambda_s^{s-2} \end{vmatrix} .$$

Indem man für die verbleibende $(s-1)$-reihige Determinante entsprechend verfährt usf., erhält man schließlich den Ausdruck

$$\begin{aligned} V = (\lambda_2-\lambda_1)\,(\lambda_3-\lambda_1)\,&(\lambda_4-\lambda_1)\dots(\lambda_s-\lambda_1) \\ (\lambda_3-\lambda_2)\,&(\lambda_4-\lambda_2)\dots(\lambda_s-\lambda_2) \\ &(\lambda_4-\lambda_3)\dots(\lambda_s-\lambda_3) \\ &\qquad\dots\dots \\ &\qquad(\lambda_s-\lambda_{s-1}) , \end{aligned}$$

und das ist wegen der Annahme s verschiedener Eigenwerte ersichtlich $\neq 0$. Damit aber hat unser Gleichungssystem nur die triviale Lösung $c_1 x_{i1} = c_2 x_{i2} = \dots = c_s x_{is} = 0$, woraus, da dies für alle Komponenten i gelten soll, $c_1 = c_2 = \dots = c_s = 0$ folgt. Die Eigenvektoren sind linear unabhängig.

Was nun den Rangabfall d_σ der charakteristischen Matrix $\boldsymbol{A} - \lambda_\sigma \boldsymbol{I}$ zu einem Eigenwert λ_σ und damit die Anzahl linear unabhängiger Eigenvektoren, die Dimension des zu λ_σ gehörigen Eigenraumes angeht, so haben wir in § 10.1 in allgemeinerem Zusammenhang gezeigt, daß d_σ in die Schranken

$$\boxed{1 \leqq d_\sigma \leqq p_\sigma} \tag{13}$$

eingeschlossen ist, wenn p_σ die Vielfachheit des Eigenwertes λ_σ, der Wurzel der charakteristischen Gleichung bedeutet. Nur für den Fall *einfacher Eigenwerte* liegt somit dieser Rangabfall im allgemeinen von vorn herein zu 1 fest:

Satz 4: *Zu einem* ***einfachen*** *Eigenwert gibt es genau einen linear unabhängigen Eigenvektor, also eine* ***Eigenrichtung.***

Handelt es sich dagegen um einen mehrfachen Eigenwert λ_σ der Vielfachheit $p_\sigma > 1$, so weiß man im allgemeinen über den Rangabfall der zugehörigen charakteristischen Matrix nichts außer den Schranken (13):

Satz 5: *Zu einem p_σ-fachen Eigenwert gibt es wenigstens einen und höchstens p_σ linear unabhängige Eigenvektoren, also einen Eigenraum der Dimension mindestens* 1 *und höchstens p_σ.*

Da die Eigenvektoren *verschiedener* Eigenwerte linear unabhängig sind, so spannt die Gesamtheit der Eigenvektoren einer n-reihigen Matrix von s verschiedenen Eigenwerten λ_σ einen Raum der Dimension

$$d_1 + d_2 + \cdots + d_s \leqq n \tag{14}$$

auf, also im allgemeinen einen echten Unterraum des R_n. Nur in dem überaus wichtigen Sonderfall, daß für *alle* Eigenwerte $d_\sigma = p_\sigma$ gilt, besitzt die Matrix n linear unabhängige Eigenvektoren, die den gesamten Raum R_n aufspannen. Matrizen dieser Art bilden eine Klasse, die der sogenannten *diagonalähnlichen Matrizen*, die sich durch zahlreiche wichtige Eigenschaften auszeichnen und auf die wir im folgenden § 14 ausführlich zurückkommen werden.

13.3. Beispiele

1. Beispiel: Matrix:

$$A = \begin{pmatrix} 5 & 4 \\ 1 & 2 \end{pmatrix}.$$

Charakteristische Gleichung:

$$\begin{vmatrix} 5-\lambda & 4 \\ 1 & 2-\lambda \end{vmatrix} = \lambda^2 - 7\lambda + 6 = 0.$$

Eigenwerte:

$$\lambda_1 = 6,\ \lambda_2 = 1\,.$$

Eigenvektoren:

$\lambda_1 = 6$:

$$-x_1 + 4x_2 = 0$$
$$x_1 - 4x_2 = 0\,.$$

Die beiden Gleichungen sind, wie es sein muß, abhängig. Aus jeder von ihnen folgt $x_1 : x_2 = 4 : 1$, also der Eigenvektor

$$\boldsymbol{x}_1 = \begin{pmatrix} 4 \\ 1 \end{pmatrix},\ \text{normiert zu}\ \boldsymbol{x}_1 = \frac{1}{\sqrt{17}}\begin{pmatrix} 4 \\ 1 \end{pmatrix}.$$

$\lambda_2 = 1$:

$$4x_1 + 4x_2 = 0$$
$$x_1 + x_2 = 0\,.$$

$$\boldsymbol{x}_2 = \begin{pmatrix} 1 \\ -1 \end{pmatrix},\ \text{normiert zu}\ \boldsymbol{x}_2 = \frac{1}{\sqrt{2}}\begin{pmatrix} 1 \\ -1 \end{pmatrix}.$$

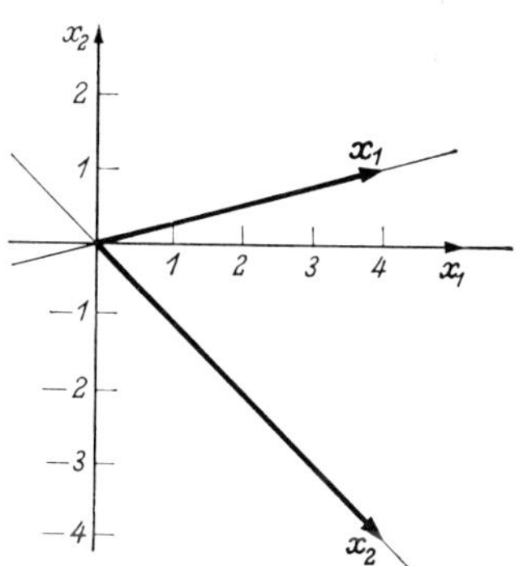

Abb. 13.1. Eigenrichtungen einer zweireihigen Matrix

Abb. 13.1 zeigt die beiden Eigenrichtungen im R_2.

2. Beispiel: Mehrfacher Eigenwert, Rangabfall 1:

$$A = \begin{pmatrix} 5 & 4 \\ -1 & 1 \end{pmatrix}, \quad \begin{vmatrix} 5-\lambda & 4 \\ -1 & 1-\lambda \end{vmatrix} = \lambda^2 - 6\lambda + 9 = (\lambda - 3)^2 = 0$$

$$\lambda_1 = \lambda_2 = 3\,.$$

Hierzu gehört das Gleichungssystem zur Berechnung der Eigenvektoren

$$\begin{aligned} 2\,x_1 + 4\,x_2 &= 0 \\ -x_1 - 2\,x_2 &= 0\,. \end{aligned}$$

Es liefert als einzige Lösung $x_1 : x_2 = 2 : -1$, also den einzigen Eigenvektor

$$\boldsymbol{x}_1 = \begin{pmatrix} 2 \\ -1 \end{pmatrix}, \quad \text{normiert zu } \boldsymbol{x}_1 = \frac{1}{\sqrt{5}}\begin{pmatrix} 2 \\ -1 \end{pmatrix}.$$

3. Beispiel: Mehrfacher Eigenwert, voller Rangabfall:

$$A = \begin{pmatrix} -2 & 2 & -3 \\ 2 & 1 & -6 \\ -1 & -2 & 0 \end{pmatrix}, \quad \begin{vmatrix} -2-\lambda & 2 & -3 \\ 2 & 1-\lambda & -6 \\ -1 & -2 & -\lambda \end{vmatrix} = -\lambda^3 - \lambda^2 + 21\lambda + 45 = 0$$

$$\lambda_1 = \lambda_2 = -3\,, \quad \lambda_3 = 5\,.$$

$\lambda = -3$:

$$\begin{aligned} x_1 + 2\,x_2 - 3\,x_3 &= 0 \\ 2\,x_1 + 4\,x_2 - 6\,x_3 &= 0 \\ -x_1 - 2\,x_2 + 3\,x_3 &= 0 \end{aligned}$$

Offensichtlich ist nur eine einzige Gleichung unabhängig. Dem zweifachen Eigenwert entspricht hier voller Rangabfall $d = p = 2$. Die Eigenvektoren bestimmen sich aus der einen Gleichung

$$x_1 = -2\,x_2 + 3\,x_3\,.$$

Indem wir für die freien Unbekannten x_2, x_3 die Wertesätze (1,0) und (0,1) setzen, erhalten wir für x_1 die Werte -2 und 3, also die linear unabhängigen Vektoren

$$\boldsymbol{x}_1 = \begin{pmatrix} -2 \\ 1 \\ 0 \end{pmatrix} \quad \text{und} \quad \boldsymbol{x}_2 = \begin{pmatrix} 3 \\ 0 \\ 1 \end{pmatrix}.$$

Zum zweifachen Eigenwert gehört die Eigenebene

$$\boldsymbol{x} = c_1\,\boldsymbol{x}_1 + c_2\,\boldsymbol{x}_2 = c_1 \begin{pmatrix} -2 \\ 1 \\ 0 \end{pmatrix} + c_2 \begin{pmatrix} 3 \\ 0 \\ 1 \end{pmatrix}$$

mit zwei freien Parametern c_1, c_2. Jeder in dieser Form darstellbare, d. h. in der Eigenebene gelegene Vektor gehorcht der Beziehung $\boldsymbol{A}\,\boldsymbol{x} = -3\,\boldsymbol{x}$, z. B. der Vektor

$$\boldsymbol{x} = \begin{pmatrix} 1 \\ 1 \\ 1 \end{pmatrix},$$

wie leicht nachzuprüfen.

$\lambda_3 = 5$:

$$\begin{aligned} -7\,x_1 + 2\,x_2 - 3\,x_3 &= 0 \\ 2\,x_1 - 4\,x_2 - 6\,x_3 &= 0 \\ -x_1 - 2\,x_2 - 5\,x_3 &= 0 \end{aligned}$$

Auflösung nach dem Algorithmus (nach Zeilenumstellung):

—1	—2	—5
2	—4	—6
—7	2	—3
—1	—2	—5
2	—8	—16
—7	2	0
—1	—2	1

$$x_3 = \begin{pmatrix} 1 \\ -2 \\ -1 \end{pmatrix}$$

4. Beispiel: Zweifacher Eigenwert 0, Rangabfall 1.

$$A = \begin{pmatrix} 1 & 2 & -1 \\ -2 & 3 & 1 \\ -3 & 8 & 1 \end{pmatrix}.$$

Die Matrix ist singulär vom Range 2. Sie besitzt also wenigstens einen Eigenwert $\lambda = 0$. Die charakteristische Gleichung ist

$$\lambda^2 (5 - \lambda) = 0$$

und liefert $\lambda_1 = \lambda_2 = 0$, $\lambda_3 = 5$.

$\lambda_{1,2} = 0$:

	1	2	—1
	—2	3	1
	—3	8	1
	1	2	—1
	2	7	—1
	3	—2	0
x_1:	5	1	7

$\lambda_3 = 5$:

	—4	2	—1
	—2	—2	1
	—3	8	—4
	—4	2	—1
	2	12	—6
	3	26	0
x_3:	0	1	2

Zum zweifachen Eigenwert $\lambda_{1,2} = 0$ gehört nur ein Eigenvektor $x_1 = (5\ 1\ 7)'$, zum Eigenwert $\lambda_3 = 5$ der Vektor $x_3 = (0\ 1\ 2)'$. Die beiden Eigenvektoren spannen hier nur eine Ebene im R_3 aus.

5. Beispiel: Komplexe Eigenwerte.

Für die Matrix der ebenen Drehung

$$A = \begin{pmatrix} \cos\varphi & -\sin\varphi \\ \sin\varphi & \cos\varphi \end{pmatrix}$$

ist die Eigenwertaufgabe, nämlich Vektoren zu finden, die bei der Transformation $A\,x$ in Vektoren parallel zu sich übergehen, naturgemäß reell nicht mehr lösbar. Eigenwerte und Eigenvektoren werden dementsprechend komplex:

$$\lambda_{1,2} = \cos\varphi \pm i \sin\varphi = e^{\pm i\varphi} .$$

$$x_1 = \begin{pmatrix} 1 \\ i \end{pmatrix}, \quad x_2 = \begin{pmatrix} 1 \\ -i \end{pmatrix} = \bar{x}_1 .$$

6. Beispiel: Zweifacher Eigenwert, ein oder zwei Eigenvektoren.

Die anschauliche Bedeutung der bei einem zweifachen Eigenwert eintretenden unterschiedlichen Verhältnisse bezüglich der Anzahl der Eigenvektoren machen wir uns an einem einfachen Beispiel klar, indem wir die Doppelwurzel durch allmähliches Zusammenrücken aus ursprünglich verschiedenen Werten hervorgehen lassen. Wir betrachten dazu die beiden Matrizen

$$\boldsymbol{A} = \begin{pmatrix} a & 1 \\ 0 & a \end{pmatrix} \quad \text{und} \quad \boldsymbol{B} = \begin{pmatrix} a & 0 \\ 0 & a \end{pmatrix},$$

beide von der charakteristischen Gleichung

$$(\lambda - a)^2 = 0\,,$$

indem wir sie aus

$$\boldsymbol{A} = \begin{pmatrix} a & 1 \\ 0 & a+\varepsilon \end{pmatrix} \quad \text{und} \quad \boldsymbol{B} = \begin{pmatrix} a & 0 \\ 0 & a+\varepsilon \end{pmatrix}$$

durch Grenzübergang $\varepsilon \to 0$ hervorgehen lassen. Zu ihnen gehören die zunächst verschiedenen Eigenwerte $\lambda_1 = a, \lambda_2 = a + \varepsilon$. Setzt man nun diese Werte in die Eigenwertgleichung ein, so erhält man:

im Falle $\boldsymbol{A}$:

$$\lambda_1 = a, \text{ Charakteristische Matrix } \begin{pmatrix} 0 & 1 \\ 0 & \varepsilon \end{pmatrix}$$

$$\boldsymbol{x}_1 = \begin{pmatrix} 1 \\ 0 \end{pmatrix}$$

$$\lambda_2 = a + \varepsilon, \text{ Charakteristische Matrix } \begin{pmatrix} -\varepsilon & 1 \\ 0 & 0 \end{pmatrix}$$

$$\boldsymbol{x}_2 = \begin{pmatrix} 1 \\ \varepsilon \end{pmatrix}$$

Mit verschwindendem ε fallen hier die beiden zunächst getrennten Vektoren in den einen $\boldsymbol{x}_1$ zusammen.

Im Falle $\boldsymbol{B}$:

$$\lambda_1 = a\,, \qquad \boldsymbol{B} - \lambda_1 \boldsymbol{I} = \begin{pmatrix} 0 & 0 \\ 0 & \varepsilon \end{pmatrix}, \qquad \boldsymbol{x}_1 = \begin{pmatrix} 1 \\ 0 \end{pmatrix}$$

$$\lambda_2 = a + \varepsilon\,, \quad \boldsymbol{B} - \lambda_2 \boldsymbol{I} = \begin{pmatrix} -\varepsilon & 0 \\ 0 & 0 \end{pmatrix}, \quad \boldsymbol{x}_2 = \begin{pmatrix} 0 \\ 1 \end{pmatrix}.$$

Hier werden die beiden Vektoren $\boldsymbol{x}_1$, $\boldsymbol{x}_2$ vom Grenzübergang $\varepsilon \to 0$ gar nicht berührt. Ist aber $\varepsilon = 0$ geworden, so ist die charakteristische Matrix

$$(\boldsymbol{A} - \lambda_1 \boldsymbol{I}) = \begin{pmatrix} 0 & 0 \\ 0 & 0 \end{pmatrix},$$

und damit ist außer $\boldsymbol{x}_1$ und $\boldsymbol{x}_2$ auch die Linearkombination

$$\boldsymbol{x} = c_1 \boldsymbol{x}_1 + c_2 \boldsymbol{x}_2 = \begin{pmatrix} c_1 \\ c_2 \end{pmatrix}$$

mit beliebigen Zahlen c_1, c_2 ein Eigenvektor. Die von $\boldsymbol{x}_1$, $\boldsymbol{x}_2$ ausgespannte Ebene ist zur Eigenebene geworden, jeder in ihr gelegene Vektor ist Eigenvektor.

Im ersten Falle rücken mit zusammenrückenden Eigenwerten auch die zugehörigen Eigenvektoren zusammen, aus vorher zwei getrennten Eigenrichtungen wird eine einzige, in die sie zusammenfallen. Im zweiten Falle aber bleiben die beiden Eigenrichtungen von dem Grenzübergang $\lambda_2 \to \lambda_1$ unberührt, *nach* vollzogenem Grenzübergang aber ist die ganze von den beiden vorher wohldefinierten Eigenrichtungen ausgespannte *Ebene* zur *Eigenebene* geworden, in der Eigenvektoren beliebig wählbar sind.

13.4. Linkseigenvektoren. Orthogonalität

Der Eigenwertaufgabe

$$\boxed{\boldsymbol{A}\boldsymbol{x} = \lambda \boldsymbol{x}} \tag{1}$$

ist die Aufgabe der transponierten Matrix

$$\boxed{\boldsymbol{A}'\boldsymbol{y} = \lambda \boldsymbol{y}} \tag{15}$$

zugeordnet, die wir auch in der Form

$$\boxed{\boldsymbol{y}'\boldsymbol{A} = \lambda \boldsymbol{y}'} \tag{15a}$$

schreiben können, weshalb man die Eigenvektoren $\boldsymbol{y}$ von $\boldsymbol{A}'$ auch die *Linkseigenvektoren* von $\boldsymbol{A}$ nennt. Beide Aufgaben haben wegen

$$\det(\boldsymbol{A}' - \lambda \boldsymbol{I}) = \det(\boldsymbol{A} - \lambda \boldsymbol{I})$$

die gleichen Eigenwerte λ_i, denen jedoch im allgemeinen verschiedene Rechts- und Linkseigenvektoren $\boldsymbol{x}_i$ bzw. $\boldsymbol{y}_i$ zugehören. Nur im Falle *symmetrischer* Matrix $\boldsymbol{A}' = \boldsymbol{A}$ fallen Rechts- und Linksvektoren zusammen.

Nun folgt aus den Eigenwertgleichungen für zwei *verschiedene* Eigenwerte $\lambda_i \neq \lambda_k$:

$$\begin{aligned} \boldsymbol{A}\boldsymbol{x}_i &= \lambda_i \boldsymbol{x}_i \\ \boldsymbol{y}_k' \boldsymbol{A} &= \lambda_k \boldsymbol{y}_k' \end{aligned}$$

durch Multiplikation mit $\boldsymbol{y}_k'$ bzw. $\boldsymbol{x}_i$ und Subtraktion

$$\begin{aligned} \boldsymbol{y}_k' \boldsymbol{A}\boldsymbol{x}_i &= \lambda_i \boldsymbol{y}_k' \boldsymbol{x}_i \\ \boldsymbol{y}_k' \boldsymbol{A}\boldsymbol{x}_i &= \lambda_k \boldsymbol{y}_k' \boldsymbol{x}_i \\ \hline 0 &= (\lambda_i - \lambda_k)\, \boldsymbol{y}_k' \boldsymbol{x}_i \end{aligned}$$

und daraus wegen vorausgesetztem $\lambda_i \neq \lambda_k$:

$$\boxed{\boldsymbol{x}_i' \boldsymbol{y}_k = 0} \quad \text{für} \quad \lambda_i \neq \lambda_k\,. \tag{16}$$

Satz 6: *Die Rechts- und Linkseigenvektoren $\boldsymbol{x}_i$, $\boldsymbol{y}_k$ zweier* ***verschiedener*** *Eigenwerte $\lambda_i \neq \lambda_k$ einer Matrix $\boldsymbol{A}$ sind* ***zueinander orthogonal.***

Hat nun unsere Matrix $\boldsymbol{A}$ genau n linear unabhängige Vektoren $\boldsymbol{x}_i$ und damit auch n unabhängige $\boldsymbol{y}_i$, gehört also $\boldsymbol{A}$ zur Klasse der diagonalähnlichen Matrizen, so sind beide Modalmatrizen $\boldsymbol{X}$ und $\boldsymbol{Y}$ der Rechts- und Linksvektoren nichtsingulär. Damit aber ist dann auch die Matrix

$$\boxed{\boldsymbol{X}'\boldsymbol{Y} = (\boldsymbol{x}_i' \boldsymbol{y}_k) = \boldsymbol{N}} \tag{17}$$

nichtsingulär. Sofern nun verschiedene Eigenwerte auftreten, sind die Elemente mit $i \neq k$ wegen Gl. (16) gleich Null. Damit aber können die Diagonalelemente selbst nicht verschwinden:

$$\boxed{\boldsymbol{x}_i' \boldsymbol{y}_i \neq 0}\,, \tag{18}$$

und wir können insbesondere die beiden Vektorsysteme derart normieren, daß

$$\boxed{\boldsymbol{x}_i' \boldsymbol{y}_i = 1} \tag{19}$$

wird. Sofern aber mehrfache Eigenwerte auftreten, wo dann Gl. (16) nicht mehr zu gelten braucht, werden auch außerhalb der Diagonale von Null verschiedene Elemente auftreten. Diese aber lassen sich dann durch eine Lineartransformation

$$\left.\begin{aligned} \boldsymbol{X}' &= \boldsymbol{C}\,\tilde{\boldsymbol{X}}' \\ \boldsymbol{Y} &= \tilde{\boldsymbol{Y}}\,\boldsymbol{B} \end{aligned}\right\} \tag{20}$$

mit nichtsingulärem $\boldsymbol{C}$ und $\boldsymbol{B}$ zu Null machen, wobei man überdies auch noch die Diagonalelemente (18) zu 1 normieren kann. Fordert man nämlich für das abgeänderte System $\tilde{\boldsymbol{X}}$, $\tilde{\boldsymbol{Y}}$ die Eigenschaften der *Biorthonormierung*

$$\boxed{\tilde{\boldsymbol{X}}' \tilde{\boldsymbol{Y}} = \boldsymbol{I}}\,, \tag{21}$$

so erhält man für $\boldsymbol{N}$ die Beziehung

$$\boldsymbol{N} = \boldsymbol{X}' \boldsymbol{Y} = \boldsymbol{C}\,\tilde{\boldsymbol{X}}' \tilde{\boldsymbol{Y}}\,\boldsymbol{B} = \boldsymbol{C}\,\boldsymbol{B}\,.$$

Das aber läßt sich auffassen als *Dreieckszerlegung* der nichtsingulären Matrix $\boldsymbol{N}$ in untere und obere Dreiecksmatrix $\boldsymbol{C}$ bzw. $\boldsymbol{B}$. Sind $\boldsymbol{C}$ und $\boldsymbol{B}$ auf diese Weise bestimmt, so ergeben sich die abgeänderten Systeme $\tilde{\boldsymbol{X}}'$ und $\tilde{\boldsymbol{Y}}$ der Eigenvektoren zufolge Gl. (20) einfach dadurch, daß der der Zerlegung zugrunde liegende Vorgang auf die gegebenen Matrizen $\boldsymbol{X}'$ und $\boldsymbol{Y}$, die rechts neben bzw. oberhalb von $\boldsymbol{N}$ anzuordnen sind, ausgedehnt wird, wie wir dies ausführlich in § 9.3 als Biorthonormierung beschrieben und auch an einem Beispiel vorgeführt haben. Damit gilt

Satz 7: *Rechts- und Linkseigenvektoren $\boldsymbol{x}_i$ bzw. $\boldsymbol{y}_k$ einer* ***diagonalähnlichen*** *Matrix $\boldsymbol{A}$ lassen sich stets so auswählen, daß*

$$\boxed{\boldsymbol{x}_i' \boldsymbol{y}_k = \delta_{ik}} \tag{22}$$

bzw. $\boldsymbol{X}' \boldsymbol{Y} = \boldsymbol{I}$. Die Vektoren bilden ein Biorthonormalsystem, $\boldsymbol{X}'$ ist Kehrmatrix zu $\boldsymbol{Y}$ und $\boldsymbol{Y}'$ Kehrmatrix zu $\boldsymbol{X}$.

Für den Fall *reell symmetrischer* Matrizen fallen Rechts- und Linksvektoren zusammen ($\boldsymbol{A}' = \boldsymbol{A}$). Diese Matrizen sind überdies stets, wie wir noch zeigen werden, auch diagonalähnlich, sie besitzen das volle

System der n Eigenvektoren. Diese aber sind dann zufolge Satz 7 selbst orthogonal bzw. — im Falle mehrfacher Eigenwerte — orthogonalisierbar; ja sie sind auch, wie aus der Normierbarkeit $\boldsymbol{x}_i'\boldsymbol{x}_i = 1$ folgt, stets reell, womit dann auch die Eigenwerte reell sein müssen, wie wir auch noch auf anderem Wege zeigen werden.

Daß im Falle allgemeiner, nicht diagonalähnlicher Matrix die für das vorhergehende und weiteres wesentliche Beziehung (18) nicht mehr zu gelten braucht, zeigt folgendes Beispiel.

$$\boldsymbol{A} = \begin{pmatrix} 4 & 1 \\ -1 & 2 \end{pmatrix}, \quad \begin{vmatrix} 4-\lambda & 1 \\ -1 & 2-\lambda \end{vmatrix} = \lambda^2 - 6\lambda + 9 = (\lambda - 3)^2 = 0 .$$

Zum zweifachen Eigenwert $\lambda_1 = \lambda_2 = 3$ gehört mit der charakteristischen Matrix

$$\boldsymbol{A} - \lambda \boldsymbol{I} = \begin{pmatrix} 1 & 1 \\ -1 & -1 \end{pmatrix}$$

vom Rangabfall 1 nur je ein Eigenvektor, nämlich $\boldsymbol{x}_1 = (1, -1)'$ und $\boldsymbol{y}_1 = (1, 1)'$, und hierfür ist offenbar $\boldsymbol{x}_1'\,\boldsymbol{y}_1 = 0$. Näher werden wir auf diese Verhältnisse allgemeiner nicht diagonalähnlicher Matrizen erst in § 19.2 eingehen.

13.5. Ähnlichkeitstransformation. Invarianten

Eine quadratische Matrix $\boldsymbol{A}$ läßt sich, wie wir wissen (vgl. § 5), als zahlenmäßige Darstellung

$$\boldsymbol{y} = \boldsymbol{A}\,\boldsymbol{x} \tag{23}$$

einer linearen Abbildung $\boldsymbol{y} = \sigma(\boldsymbol{x})$ in einem bestimmten Koordinatensystem auffassen, in welchem die geometrischen Vektoren $\boldsymbol{x}$, $\boldsymbol{y}$ als algebraische Vektoren, d. h. als Spalten ihrer Komponenten erscheinen. Bei Übergang auf ein neues System mittels nichtsingulärer Koordinatentransformation

$$\boldsymbol{x} = \boldsymbol{T}\,\tilde{\boldsymbol{x}}\,, \qquad \boldsymbol{y} = \boldsymbol{T}\,\tilde{\boldsymbol{y}} \tag{24}$$

transformiert sich, wie gleichfalls bekannt, die Darstellung (23) zufolge $\boldsymbol{T}\,\tilde{\boldsymbol{y}} = \boldsymbol{A}\,\boldsymbol{T}\,\tilde{\boldsymbol{x}}$ auf

$$\tilde{\boldsymbol{y}} = \boldsymbol{B}\,\tilde{\boldsymbol{x}} \tag{25}$$

mit der neuen Abbildungsmatrix

$$\boxed{\boldsymbol{B} = \boldsymbol{T}^{-1}\boldsymbol{A}\,\boldsymbol{T}}\,. \tag{26}$$

Bei einer solchen *Ähnlichkeitstransformation* der Matrizen bleiben nun, wie leicht zu zeigen, charakteristische Gleichung und ihre Wurzeln, die Eigenwerte λ_i der Matrix $\boldsymbol{A}$ unverändert. Es ist nämlich wegen des Determinantensatzes 3 aus § 2.2, S. 21

$$\begin{aligned} \det(\boldsymbol{B} - \lambda\boldsymbol{I}) &= \det(\boldsymbol{T}^{-1}\boldsymbol{A}\,\boldsymbol{T} - \lambda\boldsymbol{I}) = \det[\boldsymbol{T}^{-1}(\boldsymbol{A} - \lambda\boldsymbol{I})\,\boldsymbol{T}] \\ &= \det\boldsymbol{T}^{-1}\det\boldsymbol{T}\det(\boldsymbol{A} - \lambda\boldsymbol{I}) = \det(\boldsymbol{A} - \lambda\boldsymbol{I})\,. \end{aligned}$$

Wir haben somit

Satz 8: *Eine Ähnlichkeitstransformation Gl.* (26) *läßt die charakteristische Gleichung und ihre Wurzeln, die Eigenwerte einer Matrix unverändert.*

Charakteristische Gleichung und Eigenwerte sind demnach kennzeichnende Eigenschaften nicht allein einer Matrix, sondern darüber hinaus solche der durch die Matrix dargestellten linearen Abbildung. Die Matrix $\boldsymbol{A}$ ist Ausdruck der Lineartransformation in einem ganz bestimmten Koordinatensystem, auf welches Vektorkomponenten und Matrizenelemente bezogen sind und in dem sie in der Form Gl. (23) erscheint. Charakteristische Gleichung und Eigenwerte aber sind vom Koordinatensystem unabhängige, *invariante* Eigenschaften der Lineartransformation, der Abbildung selbst. Damit erweisen sich dann auch gemäß Gl. (9a, b) *Spur* und *Determinante* der Matrix als gegenüber Koordinatentransformationen invariante Größen. — Zum gleichen Ergebnis gelangen wir, wenn wir die Gl. (6) der Transformation Gl. (24) unterwerfen. Nach Multiplikation mit $\boldsymbol{T}^{-1}$ erhalten wir:

$$\boldsymbol{T}^{-1}\,\boldsymbol{A}\,\boldsymbol{T}\,\tilde{\boldsymbol{x}}_i \equiv \boldsymbol{B}\,\tilde{\boldsymbol{x}}_i = \lambda_i\,\tilde{\boldsymbol{x}}_i\,.$$

Die *Eigenvektoren* $\tilde{\boldsymbol{x}}_i$ erscheinen natürlich in neuen, auf das neue System bezogenen Komponenten.

Beispiel: Die Matrix

$$\boldsymbol{A} = \begin{pmatrix} 5 & 4 \\ 1 & 2 \end{pmatrix}$$

mit der Spur $s = 5 + 2 = 7$ und der Determinante $A = 6$ hat die charakteristische Gleichung

$$\lambda^2 - 7\,\lambda + 6 = 0$$

mit den charakteristischen Zahlen $\lambda_1 = 1$, $\lambda_2 = 6$. Unterwirft man das System der Lineartransformation

$$\boldsymbol{T} = \begin{pmatrix} 5 & 2 \\ 7 & 3 \end{pmatrix} \quad \text{mit} \quad \boldsymbol{T}^{-1} = \begin{pmatrix} 3 & -2 \\ -7 & 5 \end{pmatrix},$$

so transformiert sich die Matrix $\boldsymbol{A}$ in

$$\boldsymbol{B} = \boldsymbol{T}^{-1}\,\boldsymbol{A}\,\boldsymbol{T} = \begin{pmatrix} 3 & -2 \\ -7 & 5 \end{pmatrix}\begin{pmatrix} 5 & 4 \\ 1 & 2 \end{pmatrix}\begin{pmatrix} 5 & 2 \\ 7 & 3 \end{pmatrix} = \begin{pmatrix} 3 & -2 \\ -7 & 5 \end{pmatrix}\begin{pmatrix} 53 & 22 \\ 19 & 8 \end{pmatrix}$$
$$= \begin{pmatrix} 121 & 50 \\ -276 & -114 \end{pmatrix}.$$

Ihre Spur ist wiederum $s = 121 - 114 = 7$, ihre Determinante $B = 6$.

Aus der *Ähnlichkeitsklasse* aller Matrizen des gleichen charakteristischen Polynoms

$$p(\lambda) = det\,(\lambda\,\boldsymbol{I} - \boldsymbol{A}) = a_0 + a_1\,\lambda + \cdots + a_{n-1}\,\lambda^{n-1} + \lambda^n \qquad (27)$$

hebt sich eine Matrix hervor, welche die Polynomkoeffizienten a_k unmittelbar als Matrixelemente enthält. Das ist die dem Polynom zugeordnete *Begleitmatrix* oder *Frobeniusmatrix*[1]

$$\boldsymbol{F} = \begin{pmatrix} 0 & 1 & 0 & \dots & 0 \\ 0 & 0 & 1 & \dots & 0 \\ \dots & \dots & \dots & \dots & \dots \\ 0 & 0 & 0 & \dots & 1 \\ -a_0 & -a_1 & -a_2 & \dots & -a_{n-1} \end{pmatrix}, \tag{27}$$

wo sich durch Entwickeln der charakteristischen Determinante $\det(\lambda \boldsymbol{I} - \boldsymbol{F})$ nach der letzten Zeile gerade das Polynom (7) aufbaut. Beispielweise erhalten wir für $n = 4$:

$$\det(\lambda \boldsymbol{I} - \boldsymbol{F}) = \begin{vmatrix} \lambda & -1 & 0 & 0 \\ 0 & \lambda & -1 & 0 \\ 0 & 0 & \lambda & -1 \\ a_0 & a_1 & a_2 & a_3 + \lambda \end{vmatrix}$$

$$= -a_0 \begin{vmatrix} -1 & 0 & 0 \\ \lambda & -1 & 0 \\ 0 & \lambda & -1 \end{vmatrix} + a_1 \begin{vmatrix} \lambda & 0 & 0 \\ 0 & -1 & 0 \\ 0 & \lambda & -1 \end{vmatrix} - a_2 \begin{vmatrix} \lambda & -1 & 0 \\ 0 & \lambda & 0 \\ 0 & 0 & -1 \end{vmatrix}$$

$$+ (a_3 + \lambda) \begin{vmatrix} \lambda & -1 & 0 \\ 0 & \lambda & -1 \\ 0 & 0 & \lambda \end{vmatrix} = a_0 + a_1 \lambda + a_2 \lambda^2 + a_3 \lambda^3 + \lambda^4 .$$

Eigenvektoren sind mit den Wurzeln λ_i der charakteristischen Gleichung

$$\boldsymbol{x}_i' = (1, \lambda_i, \lambda_i^2, \dots, \lambda_i^{n-1}), \tag{28}$$

wie man leicht durch Einsetzen in die Eigenwertgleichung $(\lambda_i \boldsymbol{I} - \boldsymbol{F})\, \boldsymbol{x}_i = \boldsymbol{o}$ bestätigt. Die Frobeniusmatrix hat also soviele linear unabhängige Eigenvektoren, wie das Polynom $p(\lambda)$ verschiedene Nullstellen besitzt.

Die Begleitmatrix läßt sich beispielweise dazu benutzen, numerische Methoden der Matrizenrechnung zur Wurzelbestimmung algebraischer Gleichungen heranzuziehen.

13.6. Der Rayleigh-Quotient. Wertebereich einer Matrix

Als ein in theoretischer wie praktischer Hinsicht gleich wichtiger Begriff erweist sich der *Rayleigh-Quotient*. Ist $\boldsymbol{x} \neq \boldsymbol{o}$ ein beliebiger n-reihiger Vektor, der auch komplex sein darf, ist $\boldsymbol{x}^*$ der zu $\boldsymbol{x}$ konjugiert transponierte Vektor und $\boldsymbol{A}$ eine n-reihige Matrix mit reellen oder komplexen Elementen a_{ik}, so versteht man unter dem zum Vektor $\boldsymbol{x}$ mit der Matrix $\boldsymbol{A}$ gebildeten Rayleigh-Quotienten den Ausdruck

$$\boxed{R[\boldsymbol{x}] = \frac{\boldsymbol{x}^* \boldsymbol{A}\, \boldsymbol{x}}{\boldsymbol{x}^* \boldsymbol{x}}} . \tag{29}$$

[1] Georg Frobenius, 1849—1917, Berlin, leistete wesentliche Beiträge zum Ausbau der Matrizentheorie.

Sein Nenner ist als Normquadrat des Vektors reell positiv. Der Zähler hingegen wird im allgemeinen eine komplexe Zahl sein und mit ihm auch der RAYLEIGH-Quotient, $R[\boldsymbol{x}] = \varrho = \sigma + i\,\tau$.

Ist nun $\boldsymbol{x}_i$ ein Eigenvektor der Matrix und λ_i zugehöriger Eigenwert, so folgt aus der Eigenwertgleichung $\boldsymbol{A}\,\boldsymbol{x}_i = \lambda_i\,\boldsymbol{x}_i$ durch Vormultiplikation mit $\boldsymbol{x}_i^*$:

$$\boldsymbol{x}_i^*\,\boldsymbol{A}\,\boldsymbol{x}_i = \lambda_i\,\boldsymbol{x}_i^*\,\boldsymbol{x}_i$$

und daraus wegen $\boldsymbol{x}_i^*\,\boldsymbol{x}_i \neq 0$ für den Eigenwert

$$\boxed{\lambda_i = R\,[\boldsymbol{x}_i]\,.} \tag{30}$$

S a t z 9: *Der Rayleigh-Quotient einer Matrix* $\boldsymbol{A}$, *gebildet mit einem Eigenvektor* $\boldsymbol{x}_i$ der *Matrix, ergibt den zugehörigen Eigenwert* λ_i.

Diesen Eigenwert erhält man bei vorliegendem Eigenvektor $\boldsymbol{x}_i$ mit den Komponenten $x_j^{(i)}$, wenn wir für den transformierten Vektor $\boldsymbol{A}\,\boldsymbol{x}_i = \boldsymbol{z}_i$ mit Komponenten $z_j^{(i)}$ schreiben, natürlich auch als die Komponenten-Quotienten

$$\lambda_i = q_j = z_j^{(i)}/x_j^{(i)}$$

für alle j mit $x_j^{(i)} \neq 0$. Ist nun $\boldsymbol{x}$ kein Eigenvektor, aber die Näherung eines solchen, so fallen die Quotienten q_j komponentenweise verschieden aus und sind Näherungen für λ_i. Der mit $\boldsymbol{x}$ gebildete RAYLEIGH-Quotient $R[\boldsymbol{x}]$ stellt dann eine gewisse Mittelbildung der q_j dar und ist als Näherung für λ_i zu betrachten. Unter gewissen Umständen, auf die wir noch zurückkommen, ist diese — selbst bei nur grober Näherung $\boldsymbol{x}$ für den Eigenvektor — bemerkenswert gut. Hierauf beruht die große praktische Bedeutung des RAYLEIGH-Quotienten.

Mit Hilfe des RAYLEIGH-Quotienten und seiner Beziehung zu den Eigenwerten lassen sich sofort wichtige Aussagen für Sonderfälle von Matrizen herleiten. Ist nämlich $\boldsymbol{A}$ *hermitesch*, insbesondere reell symmetrisch, $\boldsymbol{A} = \boldsymbol{A}^*$, so bildet der Zähler $\boldsymbol{x}^*\,\boldsymbol{A}\,\boldsymbol{x}$ eine hermitesche Form, von der wir in § 11.4 zeigten, daß sie auch bei komplexem Vektor $\boldsymbol{x}$ stets reell ist. Ebenso ist der Zähler im Falle schiefhermitescher Matrix $\boldsymbol{A} = -\boldsymbol{A}^*$ rein imaginär. So erhalten wir

S a t z 10: *Die Eigenwerte einer hermiteschen (reell symmetrischen) Matrix sind sämtlich reell, die einer schiefhermiteschen Matrix rein imaginär. Die Eigenwerte einer positiv definiten bzw. semidefiniten hermiteschen Matrix sind sämtlich positiv bzw. nicht negativ.*

Auf weitere bedeutsame Eigenschaften hermitescher Matrizen kommen wir ausführlich in § 15 zurück.

Da es in (29) auf einen Faktor bei $\boldsymbol{x}$ offensichtlich nicht ankommt, der sich bei der Quotientenbildung heraushebt, so dürfen wir $\boldsymbol{x}$ normiert annehmen etwa zu $\boldsymbol{x}^* \boldsymbol{x} = 1$. Der RAYLEIGH-Quotient nimmt so die Form an

$$R[\boldsymbol{x}] = \boldsymbol{x}^* \boldsymbol{A}\, \boldsymbol{x} \quad \text{mit} \quad \boldsymbol{x}^* \boldsymbol{x} = 1\,. \tag{29a}$$

Läßt man nun $\boldsymbol{x}$ die Gesamtheit aller auf $\boldsymbol{x}^* \boldsymbol{x} = 1$ normierter n-dimensionaler komplexer Vektoren durchlaufen, so überstreicht die Zahl

$$R[\boldsymbol{x}] \equiv \varrho = \sigma + i\,\tau$$

in der komplexen Ebene einen bestimmten, der Matrix $\boldsymbol{A}$ eigentümlichen Bereich, den sogenannten *Wertebereich der Matrix* (field of values), den wir mit $[\boldsymbol{A}]$ bezeichnen wollen, Abb. 13.2, S. 162. Dieser Bereich ist beschränkt, wie man aus folgender Abschätzung ersieht. Zunächst gilt

$$|R| = |\boldsymbol{x}^* \boldsymbol{A}\, \boldsymbol{x}| = |\sum a_{ik}\, \bar{x}_i\, x_k| \leqq \sum |a_{ik}|\, |x_i|\, |x_k|\,.$$

Es sei nun a der maximale Betrag der Matrixelemente

$$a = \operatorname*{Max}_{i,k} |a_{ik}|\,. \tag{31}$$

Damit folgt weiter

$$|R| \leqq a \sum_{i,k} |x_i|\, |x_k| = a \sum_i \left(|x_i| \sum_k |x_k|\right).$$

Nun erhält man aus der CAUCHY-SCHWARZschen Ungleichung (§ 2.4, S. 26) mit dem Vektor $\boldsymbol{e}' = (1, 1, \ldots, 1)$ und dem Betragsvektor $\hat{\boldsymbol{x}}' = (|x_1|, |x_2|, \ldots, |x_n|)$

$$|\boldsymbol{e}'\, \hat{\boldsymbol{x}}| = \sum |x_i| \leqq |\boldsymbol{e}|\, |\hat{\boldsymbol{x}}| = \sqrt{n}\, |\boldsymbol{x}|\,.$$

oder wegen $|\boldsymbol{x}| = 1$

$$\sum |x_i| \leqq \sqrt{n}\,.$$

Damit ist $|R|$ abschätzbar zu

$$\boxed{|R| \leqq n\, a}\,. \tag{32}$$

Der Wertebereich einer Matrix liegt somit innerhalb eines Kreises vom Radius $n\,a$ mit dem maximalen Betrag a der Matrixelemente. Kreisrandpunkte können dabei zum Wertebereich gehören.

Da $R[\boldsymbol{x}]$ für die Eigenvektoren der Matrix die zugehörigen Eigenwerte annimmt, $R[\boldsymbol{x}_i] = \lambda_i$, so liegen diese als diskrete Punkte der Zahlenebene innerhalb oder auf dem Rande des Wertebereiches $[\boldsymbol{A}]$, Abb. 13.2. Mit (32) hat man also auch für sie die Abschätzung

$$\boxed{|\lambda| \leqq n\, a}\,. \tag{33}$$

Damit hat man eine ganz einfach zu handhabende, wenn auch unter Umständen noch recht grobe Aussage über die Lage der Eigenwerte einer Matrix in der komplexen Zahlenebene.

Im Falle hermitescher Matrix besteht der Wertebereich aus einem Stück der reellen Achse, Abb. 13.3. Es wird, wie wir später zeigen, vom größten und kleinsten Eigenwert begrenzt. Für die zugehörigen Eigenvektoren besitzt der RAYLEIGH-Quotient somit Extremaleigenschaft. — Im Falle schiefhermitescher Matrix $\boldsymbol{A}$ ist $i\,\boldsymbol{A}$ hermitisch, somit $i\,R[\boldsymbol{x}]$ reell, also $R[\boldsymbol{x}]$ rein imaginär. Der Wertebereich erstreckt sich also auf der imaginären Achse und wird wieder begrenzt von zwei Eigenwerten extremen Betrages.

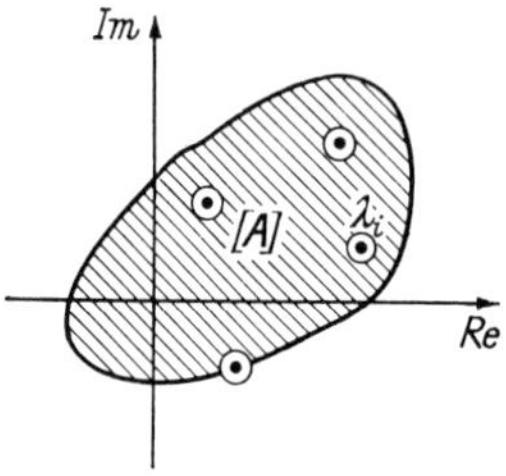

Abb. 13.2. Wertebereich $[\boldsymbol{A}]$ einer komplexen Matrix $\boldsymbol{A}$

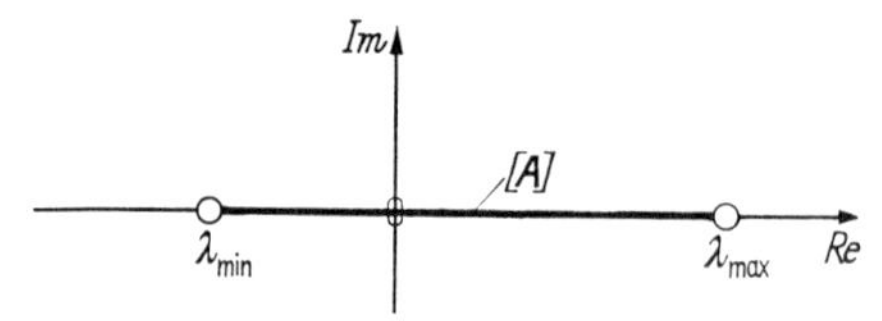

Abb. 13.3. Wertebereich $[\boldsymbol{A}]$ einer hermiteschen Matrix $\boldsymbol{A}$

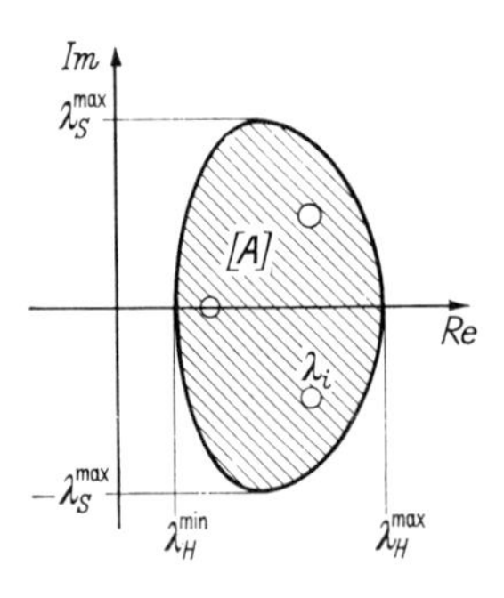

Abb. 13.4. Wertebereich $[\boldsymbol{A}]$ einer reellen Matrix $\boldsymbol{A}$

Für allgemeine *reelle Matrix* $\boldsymbol{A} = \bar{\boldsymbol{A}}$ müssen etwaige komplexe Eigenwerte λ paarweise konjugiert auftreten, also im Wertebereich zur reellen Achse gespiegelt liegen. Aber auch der Wertebereich selbst liegt symmetrisch zur reellen Achse, Abb. 13.4. Denn es wird

$$\varrho_1 = R[\boldsymbol{x}] = \boldsymbol{x}^* \boldsymbol{A}\, \boldsymbol{x}$$

$$\varrho_2 = R[\bar{\boldsymbol{x}}] = \boldsymbol{x}'\, \boldsymbol{A}\, \bar{\boldsymbol{x}} = \boldsymbol{x}'\, \bar{\boldsymbol{A}}\, \bar{\boldsymbol{x}} = \bar{\varrho}_1 \,.$$

Zu jeder Zahl ϱ des Bereiches gibt es also stets auch die konjugierte Zahl $\bar{\varrho}$.

13.7. Matrizenpotenzen. Matrizenprodukte

Eigenwerte und Eigenvektoren einer Matrizenpotenz $\boldsymbol{A}^m$ mit ganzzahligem Exponenten m stehen in bemerkenswert einfachem Zusammenhang mit den charakteristischen Zahlen λ_i und den Eigenvektoren $\boldsymbol{x}_i$ der Matrix $\boldsymbol{A}$ selbst, nämlich:

Satz 11: *Zur Matrizenpotenz $\boldsymbol{A}^m$ einer Matrix $\boldsymbol{A}$ mit den Eigenwerten λ_i gehören bei positiven oder (im Falle nichtsingulärer Matrix $\boldsymbol{A}$) negativem ganzzahligem Exponenten m die Eigenwerte*

$$\varkappa_i = \lambda_i^m \,. \tag{34}$$

Die Eigenvektoren der Matrix $\boldsymbol{A}$ sind auch Eigenvektoren von $\boldsymbol{A}^m$.

Daß die Zahlen λ_i^m Eigenwerte von $\boldsymbol{A}^m$ bei unveränderten Eigenvektoren $\boldsymbol{x}_i$ sind, kann man leicht zeigen. Aus

$$\boldsymbol{A}\,\boldsymbol{x}_i = \lambda_i\,\boldsymbol{x}_i$$

folgt nämlich durch Multiplikation mit $\boldsymbol{A}$:

$$\begin{aligned} \boldsymbol{A}^2\,\boldsymbol{x}_i &= \lambda_i\,\boldsymbol{A}\,\boldsymbol{x}_i = \lambda_i^2\,\boldsymbol{x}_i \\ \boldsymbol{A}^3\,\boldsymbol{x}_i &= \lambda_i\,\boldsymbol{A}^2\,\boldsymbol{x}_i = \lambda_i^3\,\boldsymbol{x}_i \\ &\dots\dots\dots\dots \end{aligned}$$

Ebenso folgt durch Multiplikation mit $\boldsymbol{A}^{-1}$ und Division durch λ_i:

$$\begin{aligned} \boldsymbol{A}^{-1}\,\boldsymbol{x}_i &= \frac{1}{\lambda_i}\,\boldsymbol{x}_i \\ \boldsymbol{A}^{-2}\,\boldsymbol{x}_i &= \frac{1}{\lambda_i}\,\boldsymbol{A}^{-1}\boldsymbol{x}_i = \frac{1}{\lambda_i^2}\,\boldsymbol{x}_i\,. \\ &\dots\dots\dots\dots \end{aligned}$$

Daß die Matrix $\boldsymbol{A}^m$ auch genau die Eigenwerte λ_i^m und darüber hinaus keine weiteren besitzt, erfordert einen etwas umfangreicheren Beweis, der in allgemeinerem Zusammenhang in § 20.1 durchgeführt wird. Die Eigenvektoren von $\boldsymbol{A}$ sind auch Eigenvektoren von $\boldsymbol{A}^m$. Nicht dagegen braucht auch stets jeder Eigenvektor von $\boldsymbol{A}^m$ ein solcher von $\boldsymbol{A}$ zu sein. Ist nämlich z. B. $\lambda = 0$ eine mehrfache charakteristische Zahl von $\boldsymbol{A}$, so kann, wie wir später sehen werden (vgl. § 19.3), die Potenz $\boldsymbol{A}^m$ einen größeren Rangabfall als $\boldsymbol{A}$ haben, so daß bei $\boldsymbol{A}^m$ eine größere Anzahl linear unabhängiger Eigenvektoren zu $\lambda = 0$ gehört als bei $\boldsymbol{A}$. Ein weiteres Beispiel dieser Art ist die Matrix der ebenen Drehung um den Winkel $2\pi/m$ mit $\boldsymbol{A}^m = \boldsymbol{I}$.

Beispiel: Zu $\boldsymbol{A} = \begin{pmatrix} 5 & 4 \\ 1 & 2 \end{pmatrix}$ gehören die Eigenwerte $\lambda_1 = 1$, $\lambda_2 = 6$. Zur Kehrmatrix $\boldsymbol{A}^{-1} = \frac{1}{6}\begin{pmatrix} 2 & -4 \\ -1 & 5 \end{pmatrix}$ gehören die Eigenwerte $\varkappa_1 = 1$, $\varkappa_2 = \frac{1}{6}$.

Entsprechendes läßt sich für *Matrizenpolynome* zeigen:

Satz 12: *Sind λ_i die Eigenwerte der Matrix $\boldsymbol{A}$, so hat das Matrizenpolynom*

$$\boldsymbol{B} = P(\boldsymbol{A}) = a_0\,\boldsymbol{I} + a_1\,\boldsymbol{A} + \cdots + a_m\,\boldsymbol{A}^m \tag{35}$$

die Eigenwerte

$$\varkappa_i = P(\lambda_i) = a_0 + a_1\lambda_i + \cdots + a_m\lambda_i^m\,. \tag{36}$$

Die Eigenvektoren $\boldsymbol{x}_i$ der Matrix $\boldsymbol{A}$ sind auch Eigenvektoren der Matrix $\boldsymbol{B} = P(\boldsymbol{A})$.

Einfache Beziehungen ergeben sich auch für die Eigenwerte und Eigenvektoren der beiden Matrizenprodukte $\boldsymbol{A}\,\boldsymbol{B}$ und $\boldsymbol{B}\,\boldsymbol{A}$ zweier quadratischer Matrizen $\boldsymbol{A}, \boldsymbol{B}$. Es sei λ ein Eigenwert der Produktmatrix $\boldsymbol{A}\,\boldsymbol{B}$ und $\boldsymbol{x}$ ein zugehöriger Eigenvektor:

$$\boxed{\boldsymbol{A}\,\boldsymbol{B}\,\boldsymbol{x} = \lambda\,\boldsymbol{x}}\,. \tag{37a}$$

Linksmultiplikation mit $\boldsymbol{B}$ ergibt

$$\boldsymbol{B}\,\boldsymbol{A}(\boldsymbol{B}\,\boldsymbol{x}) = \lambda(\boldsymbol{B}\,\boldsymbol{x})\,.$$

Ist nun $\boldsymbol{B}\,\boldsymbol{x} = \boldsymbol{y} \neq \boldsymbol{o}$, so folgt

$$\boxed{\boldsymbol{B}\,\boldsymbol{A}\,\boldsymbol{y} = \lambda\,\boldsymbol{y}}\,. \tag{37b}$$

Der Vektor $\boldsymbol{B}\,\boldsymbol{x} = \boldsymbol{y}$ ist also Eigenvektor zu $\boldsymbol{B}\,\boldsymbol{A}$ bei gleichem Eigenwert λ. Durch Linksmultiplikation von Gl. (37b) mit $\boldsymbol{A}$ aber folgt auch umgekehrt

$$\boldsymbol{A}\,\boldsymbol{B}\,(\boldsymbol{A}\,\boldsymbol{y}) = \lambda(\boldsymbol{A}\,\boldsymbol{y})\,,$$

d.h. bei $\boldsymbol{A}\,\boldsymbol{y} \neq \boldsymbol{o}$ ist $\boldsymbol{A}\,\boldsymbol{y} = \boldsymbol{x}$ Eigenvektor zu $\boldsymbol{A}\,\boldsymbol{B}$. Ist nun aber $\boldsymbol{B}\,\boldsymbol{x} = \boldsymbol{o}$ für einen Vektor $\boldsymbol{x} \neq \boldsymbol{o}$, so ist $\boldsymbol{B}$ und somit auch $\boldsymbol{A}\,\boldsymbol{B}$ und $\boldsymbol{B}\,\boldsymbol{A}$ singulär, und beide Produkte haben einen Eigenwert $\lambda = 0$, und wegen $\boldsymbol{A}\,\boldsymbol{B}\,\boldsymbol{x} = \boldsymbol{A} \cdot \boldsymbol{o} = \boldsymbol{o}$ ist $\boldsymbol{x}$ zugehöriger Eigenvektor zu $\boldsymbol{A}\,\boldsymbol{B}$. Das Entsprechende gilt für einen Eigenvektor $\boldsymbol{y}$ bei $\boldsymbol{A}\,\boldsymbol{y} = \boldsymbol{o}$. So haben wir insgesamt

Satz 13: *Die beiden Produktmatrizen $\boldsymbol{A}\,\boldsymbol{B}$ und $\boldsymbol{B}\,\boldsymbol{A}$ zweier quadratischer Matrizen $\boldsymbol{A}, \boldsymbol{B}$ haben die gleichen Eigenwerte λ bei im allgemeinen verschiedenen Eigenvektoren $\boldsymbol{x}$ bzw. $\boldsymbol{y}$, die für $\lambda \neq 0$ zusammenhängen nach*

$$\boxed{\begin{array}{l} \boldsymbol{A}\,\boldsymbol{y} = \boldsymbol{x} \\ \boldsymbol{B}\,\boldsymbol{x} = \boldsymbol{y} \end{array}} \quad \begin{array}{ll} \text{falls } \boldsymbol{A}\,\boldsymbol{y} \neq \boldsymbol{o}\,, & (38\text{a}) \\ \text{falls } \boldsymbol{B}\,\boldsymbol{x} \neq \boldsymbol{o}\,. & (38\text{b}) \end{array}$$

Die Anzahl linear unabhängiger Eigenvektoren $\boldsymbol{x}$ und $\boldsymbol{y}$ braucht dabei nicht übereinzustimmen, da der Rang der beiden charakteristischen Matrizen $\boldsymbol{A}\,\boldsymbol{B} - \lambda\,\boldsymbol{I}$ und $\boldsymbol{B}\,\boldsymbol{A} - \lambda\,\boldsymbol{I}$ bei mehrfachem λ verschieden sein kann. — Einen einfachen Zusammenhang zwischen den Eigenwerten λ_A und λ_B der Einzelmatrizen $\boldsymbol{A}, \boldsymbol{B}$ und dem Wert λ_{AB} der Produktmatrix $\boldsymbol{A}\,\boldsymbol{B}$ gibt es im allgemeinen Fall nicht.

Sind nun $\boldsymbol{A}$ und $\boldsymbol{B}$ nicht quadratisch und in beiden Richtungen verkettbar, so ist Satz 13 abzuwandeln in

Satz 14: *Ist $\boldsymbol{A}$ eine mn-Matrix, $\boldsymbol{B}$ eine nm-Matrix und ist $m < n$, so hat die nn-Matrix $\boldsymbol{B}\,\boldsymbol{A}$ die gleichen Eigenwerte λ_i wie die mm-Matrix $\boldsymbol{A}\,\boldsymbol{B}$ und darüber hinaus den $(n-m)$-fachen Eigenwert $\lambda_0 = 0$. Die zu $\lambda_0 = 0$ gehörigen Eigenvektoren $\boldsymbol{y}_0$ sind Lösungen von $\boldsymbol{A}\,\boldsymbol{y}_0 = \boldsymbol{o}$. Die übrigen Eigenvektoren $\boldsymbol{x}_i$, $\boldsymbol{y}_i$ hängen wieder nach Gl. (38 a, b) zusammen, sofern die linken Seiten nicht Null geben.*

Beispiel:

$$\boldsymbol{A} = \begin{pmatrix} 1 & 2 & -1 \\ 2 & 0 & 1 \end{pmatrix}, \quad \boldsymbol{B} = \begin{pmatrix} 1 & 0 \\ 3 & 2 \\ -2 & -1 \end{pmatrix}$$

$$\boldsymbol{A}\boldsymbol{B} = \begin{pmatrix} 9 & 5 \\ 0 & -1 \end{pmatrix}, \quad \lambda^2 - 8\lambda - 9 = (\lambda - 9)(\lambda + 1) = 0$$

$$\lambda_1 = 9: \boldsymbol{x}_1 = \begin{pmatrix} 1 \\ 0 \end{pmatrix}, \quad \boldsymbol{y}_1 = \boldsymbol{B}\boldsymbol{x}_1 = \begin{pmatrix} 1 \\ 3 \\ -2 \end{pmatrix}$$

$$\lambda_2 = -1: \boldsymbol{x}_2 = \begin{pmatrix} 1 \\ -2 \end{pmatrix}, \quad \boldsymbol{y}_2 = \boldsymbol{B}\boldsymbol{x}_2 = \begin{pmatrix} 1 \\ -1 \\ 0 \end{pmatrix}$$

$$\boldsymbol{A}\boldsymbol{y}_0 = \boldsymbol{o} \text{ ergibt } \boldsymbol{y}_0 = \begin{pmatrix} -2 \\ 3 \\ 4 \end{pmatrix}.$$

$$\boldsymbol{B}\boldsymbol{A} = \begin{pmatrix} 1 & 2 & -1 \\ 7 & 6 & -1 \\ -4 & -4 & 1 \end{pmatrix}, \quad \begin{array}{l} \lambda^3 - 8\lambda^2 - 9\lambda = \lambda(\lambda - 9)(\lambda + 1) = 0 \\ \lambda_0 = 0, \ \lambda_1 = 9, \ \lambda_2 = -1 . \\ \text{Eigenvektoren: } \boldsymbol{y}_0, \boldsymbol{y}_1, \boldsymbol{y}_2 . \end{array}$$

13.8. Die allgemeine Eigenwertaufgabe

In den Anwendungen, insbesondere in der Schwingungstechnik (vgl. § 12.3), aber auch bei näherungsweiser Behandlung linearer Eigenwertaufgaben von Differentialgleichungen[1] kommt neben der bisher behandelten sogenannten *speziellen Eigenwertaufgabe* eine Verallgemeinerung vor, die als *allgemeine Eigenwertaufgabe* bezeichnet wird, nämlich

$$\boxed{\boldsymbol{A}\boldsymbol{x} = \lambda \boldsymbol{B}\boldsymbol{x}} \quad \text{bzw.} \quad \boxed{(\boldsymbol{A} - \lambda \boldsymbol{B})\boldsymbol{x} = \boldsymbol{o}} \tag{39}$$

mit zwei n-reihig quadratischen Matrizen $\boldsymbol{A}$ und $\boldsymbol{B}$, und die das spezielle Problem Gl. (1) als Sonderfall mit $\boldsymbol{B} = \boldsymbol{I}$ enthält. Man spricht auch vom Eigenwertproblem des *Matrizenpaares* $\boldsymbol{A}, \boldsymbol{B}$. Als Bedingung für die Existenz nichttrivialer Lösungen $\boldsymbol{x}$ haben wir hier die verallgemeinerte charakteristische Gleichung

$$\boxed{\det(\boldsymbol{A} - \lambda \boldsymbol{B}) = 0}, \tag{40}$$

ausführlich:

$$\begin{vmatrix} a_{11} - \lambda b_{11} & \ldots & a_{1n} - \lambda b_{1n} \\ \ldots & \ldots & \ldots \\ a_{n1} - \lambda b_{n1} & \ldots & a_{nn} - \lambda b_{nn} \end{vmatrix} = 0 . \tag{40'}$$

Das ist wieder eine algebraische Gleichung in λ, deren Absolutglied gleich $\det \boldsymbol{A} = A$ und deren Koeffizient von λ^n gleich $\det \boldsymbol{B} = B$ ist,

[1] Vgl. etwa Praktische Mathematik [*15*], VII. Kap.

wie aus Gl. (40′) mit $\lambda = 0$ bzw. $\lambda = \infty$ folgt. Es ist somit genau dann eine Gleichung n-ten Grades in λ, wenn $\boldsymbol{B}$ *nichtsingulär*, $B \neq 0$. In diesem Falle läßt sich das allgemeine Problem überhaupt durch Linksmultiplikation mit $\boldsymbol{B}^{-1}$ auf das spezielle zurückführen:

$$\boldsymbol{B}^{-1} \boldsymbol{A} \boldsymbol{x} = \boldsymbol{C} \boldsymbol{x} = \lambda \boldsymbol{x} . \tag{41}$$

Man hat dann die gewöhnliche Eigenwertaufgabe der Matrix $\boldsymbol{C} = \boldsymbol{B}^{-1} \boldsymbol{A}$ und es existieren genau n Wurzeln λ_i der charakteristischen Gl. (40) oder der damit gleichwertigen gewöhnlichen charakteristischen Gleichung $\det(\boldsymbol{C} - \lambda \boldsymbol{I}) = 0$ der Matrix $\boldsymbol{C}$.

Ist dagegen $\boldsymbol{B}$ singulär, so fehlt in der charakteristischen Gleichung die höchste λ-Potenz λ^n und unter Umständen auch noch niedere λ-Potenzen. Die Gleichung ist nicht mehr vom n-ten Grade und es gibt nicht mehr n Eigenwerte. Ja, es kann sogar eintreten, daß sich die Determinante auf das konstante Glied A reduziert und es damit überhaupt keine Wurzeln mehr gibt. So hat beispielsweise die Aufgabe für das Matrizenpaar

$$\boldsymbol{A} = \begin{pmatrix} 1 & -4 \\ 4 & -2 \end{pmatrix}, \qquad \boldsymbol{B} = \begin{pmatrix} 1 & 3 \\ 2 & 6 \end{pmatrix}$$

mit singulärem $\boldsymbol{B}$ keine Lösung, da sich für die charakteristische Determinante

$$\det(\boldsymbol{A} - \lambda \boldsymbol{B}) = \begin{vmatrix} 1 - \lambda & -4 - 3\lambda \\ 4 - 2\lambda & -2 - 6\lambda \end{vmatrix} = 14$$

eine von Null verschiedene Konstante ergibt. Ist auch noch $\boldsymbol{A}$ singulär, so kann es eintreten, daß die Determinante identisch verschwindet, so daß jede beliebige — reelle oder komplexe — Zahl λ als Eigenwert des Paares $\boldsymbol{A}, \boldsymbol{B}$ angesehen werden kann. Von diesem letzten sogenannten *singulären Fall*, dessen theoretische Behandlung weitergehende Hilfsmittel erfordert, sei hier ganz abgesehen.

Ist $\boldsymbol{B}$ singulär, aber $\boldsymbol{A}$ nichtsingulär, so kann man mit $\mu = 1/\lambda$ auf

$$(\mu \boldsymbol{A} - \boldsymbol{B}) \boldsymbol{x} = \boldsymbol{o} \tag{42}$$

übergehen. Hier ist die charakteristische Gleichung dann wieder vom n-ten Grade in μ, hat jedoch eine (unter Umständen p-fache) Wurzel $\mu = 0$. Dann ist die ursprüngliche Gl. (40) vom Grade $n - p$ in λ (es tritt, wie man auch sagt, der p-fache Wert $\lambda = \infty$ auf). Für das obige Beispiel haben wir in μ die charakteristische Gleichung

$$\det(\mu \boldsymbol{A} - \boldsymbol{B}) = 14 \mu^2 = 0$$

mit der Doppelwurzel $\mu_1 = \mu_2 = 0$. Wegen der Möglichkeit des Überganges auf Gl. (42) dürfen wir die beim Parameter λ stehende Matrix $\boldsymbol{B}$ in Gl. (39) ausdrücklich als nichtsingulär voraussetzen.

13.9. Eigenwertberechnung bei komplexer Matrix

Die Berechnung der Eigenwerte und Eigenvektoren einer *komplexen Matrix* kann, ähnlich wie bei komplexen Gleichungssystemen (vgl. § 4.3), auf rein reellem Wege erfolgen. Mit

$$\left.\begin{aligned} \boldsymbol{A} &= \boldsymbol{B} + i\,\boldsymbol{C} \\ \boldsymbol{x} &= \boldsymbol{u} + i\,\boldsymbol{v} \end{aligned}\right\} \tag{43}$$

erhält man aus

$$\boxed{\boldsymbol{A}\,\boldsymbol{x} = \lambda\,\boldsymbol{x}} \tag{44}$$

durch Aufspalten in Real- und Imaginärteil die beiden reellen Gleichungssysteme

$$\left.\begin{aligned} \boldsymbol{B}\,\boldsymbol{u} - \boldsymbol{C}\,\boldsymbol{v} &= \lambda\,\boldsymbol{u}\,, \\ \boldsymbol{C}\,\boldsymbol{u} + \boldsymbol{B}\,\boldsymbol{v} &= \lambda\,\boldsymbol{v}\,, \end{aligned}\right\} \tag{45}$$

die zur Matrizengleichung

$$\begin{pmatrix} \boldsymbol{B} & -\boldsymbol{C} \\ \boldsymbol{C} & \boldsymbol{B} \end{pmatrix} \begin{pmatrix} \boldsymbol{u} \\ \boldsymbol{v} \end{pmatrix} = \lambda \begin{pmatrix} \boldsymbol{u} \\ \boldsymbol{v} \end{pmatrix}$$

zusammengefaßt wird. Mit den reellen Matrizen

$$\boldsymbol{K} = \begin{pmatrix} \boldsymbol{B} & -\boldsymbol{C} \\ \boldsymbol{C} & \boldsymbol{B} \end{pmatrix}, \qquad \boldsymbol{z} = \begin{pmatrix} \boldsymbol{u} \\ \boldsymbol{v} \end{pmatrix} \tag{46}$$

tritt daher an die Stelle der n-reihigen komplexen Eigenwertaufgabe (39) die $2\,n$-reihige *reelle Ersatzaufgabe*

$$\boxed{\boldsymbol{K}\,\boldsymbol{z} = \varkappa\,\boldsymbol{z}}\,, \tag{47}$$

wo wir aus bald verständlichen Gründen den Parameter λ noch durch $\varkappa$ ersetzt haben. Das charakteristische Polynom $q(\varkappa)$ der Ersatzmatrix $\boldsymbol{K}$ besitzt als Polynom $2\,n$-ten Grades $2\,n$ Wurzeln, die, soweit sie komplex sind, paarweise konjugiert und, wie sich gleich zeigen wird, auch im reellen Falle paarweise, also als Doppelwurzeln auftreten. Wir schreiben sie daher in der Form

$$\boxed{\begin{aligned} \varkappa_{j1} &= \alpha_j + i\,\gamma_j \\ \varkappa_{j2} &= \alpha_j - i\,\gamma_j \end{aligned}} \qquad j = 1, 2, \ldots, n\,. \tag{48}$$

Diese Wurzeln hängen nun in einfacher Weise mit den gesuchten Eigenwerten λ_j der komplexen Matrix $\boldsymbol{A}$ zusammen, nämlich es ist

$$\boxed{\begin{aligned} \lambda_j &= \alpha_j + i\,\beta_j \\ \text{mit } \beta_j &= +\gamma_j \text{ oder } -\gamma_j \end{aligned}}\,. \tag{49}$$

Denn außer dem gegebenen Problem (44) führt auch das konjugierte

$$\bar{\boldsymbol{A}}\,\bar{\boldsymbol{x}} = \bar{\lambda}\,\bar{\boldsymbol{x}} \tag{44a}$$

durch Aufspalten in Real- und Imaginärteil auf das gleiche reelle Ersatzproblem (47) mit $\varkappa = \bar{\lambda}$. Die Wurzeln $\varkappa_j$ des Ersatzproblems müssen also außer den Eigenwerten λ_j der Aufgabe (44) noch die dazu konjugierten Werte $\bar{\lambda}_j$ liefern.

Hat man daher die $2n$ Eigenwerte $\varkappa_j$ der Ersatzmatrix $\boldsymbol{K}$ bestimmt, so kennt man die Eigenwerte λ_j von $\boldsymbol{A}$ bis auf das Vorzeichen ihrer Imaginärteile β_j. Über diese Vorzeichen entscheidet die Determinantenbedingung

$$\boxed{\Delta(\alpha,\beta) = \det\begin{pmatrix} \boldsymbol{B}-\alpha\boldsymbol{I} & -\boldsymbol{C}+\beta\boldsymbol{I} \\ \boldsymbol{C}-\beta\boldsymbol{I} & \boldsymbol{B}-\alpha\boldsymbol{I} \end{pmatrix} = 0}\,. \tag{50}$$

Sie ergibt sich durch Einsetzen von Gln. (43) und (49) in (44) und Aufspalten, was auf die beiden Gleichungen

$$\left.\begin{aligned} \boldsymbol{B}\,\boldsymbol{u} - \boldsymbol{C}\,\boldsymbol{v} &= \alpha\,\boldsymbol{u} - \beta\,\boldsymbol{v} \\ \boldsymbol{C}\,\boldsymbol{u} + \boldsymbol{B}\,\boldsymbol{v} &= \beta\,\boldsymbol{u} + \alpha\,\boldsymbol{v} \end{aligned}\right\} \tag{51}$$

führt. Nach Vorliegen von α, γ hat man zu prüfen, für welchen der beiden möglichen Werte $\beta = \pm\gamma$ die Determinante verschwindet, m. a. W. für welchen Wert die in Gl. (50) stehende Matrix singulär wird. Im singulären Falle aber ist sie wenigstens vom Rangabfall 2, da der dem System (51) entsprechende Eigenvektor $\boldsymbol{x} = \boldsymbol{u} + i\,\boldsymbol{v}$ noch bis auf eine komplexe Konstante frei ist, so daß stets wenigstens *zwei* der Komponenten von $\boldsymbol{z}$ frei wählbar sind.

Die hier geschilderte Vorgehensweise ist übrigens auch im Falle reeller Matrix $\boldsymbol{A}$, aber komplexer Eigenwerte λ_j und damit komplexer Eigenvektoren $\boldsymbol{x}_j$ anwendbar. Es ist dann $\boldsymbol{B} = \boldsymbol{A}$ und $\boldsymbol{C} = \boldsymbol{O}$.

Ist $\boldsymbol{A}$ *hermitesch*, $\boldsymbol{B}' = \boldsymbol{B}$, $\boldsymbol{C}' = -\boldsymbol{C}$, so ist $\boldsymbol{K}$ *reell symmetrisch* und alle Wurzeln $\varkappa_j$ sind reell und mindestens zweifach. Damit sind auch die λ_j reell, was sich hier auf sehr einfachem Wege ergibt.

Beispiel:

$$\boldsymbol{A} = \begin{pmatrix} 2+i & 1+2i \\ 4 & -2+5i \end{pmatrix}, \qquad \boldsymbol{K} = \begin{pmatrix} 2 & 1 & -1 & -2 \\ 4 & -2 & 0 & -5 \\ 1 & 2 & 2 & 1 \\ 0 & 5 & 4 & -2 \end{pmatrix}.$$

Bestimmung der charakteristischen Gleichung z. B. nach KRYLOV (vgl. § 14.2) ergibt:

$$\varkappa^4 + 10\,\varkappa^2 + 169 = 0$$

$$\varkappa^2 = -5 \pm 12\,i$$

$$\varkappa = \pm(2 \pm 3\,i)\,.$$

Die Determinante $\Delta(\alpha,\beta)$ verschwindet hier für die beiden Werte

$$\lambda_1 = 2 + 3\,i\,, \qquad \lambda_2 = -2 + 3\,i\,,$$

während sie für die beiden anderen Werte von $\varkappa$ nicht Null wird. Berechnung der Eigenvektoren nach verkettetem Algorithmus mit Zeilenvertauschung:

$\lambda_1 = 2 + 3i$

	2	1	6	—7	
	0	1	2	—2	
	4	—4	0	—2	
	—2	2	0	1	
	0	2	4	—4	
	0	1	2	—2	
	4	—4	0	—2	
	1/2	0	0	0	
	0	—2	0	0	
	—1/2	—3	0	0	
z_1:	—2	—2	1	0	0

$$x_1 = \begin{pmatrix} 2 - i \\ 2 \end{pmatrix}$$

$\lambda_2 = -2 + 3i$

	6	5	10	—3	
	4	1	2	—2	
	4	0	0	—2	
	—2	2	4	1	
	0	2	4	0	
	4	1	2	—2	
	—1	—1	—2	0	
	1/2	5/2	0	0	
	0	2	0	0	
	—3/2	7/2	0	0	
z_2	1	0	0	2	0

$$x_2 = \begin{pmatrix} 1 \\ 2i \end{pmatrix}$$

Eine der Komponenten läßt sich rein reell oder imaginär wählen.

§ 14. Diagonalähnliche Matrizen

14.1. Das System der Eigenachsen. Transformation auf Diagonalform

Die theoretische wie auch die praktische Behandlung der Eigenwertaufgabe erfährt eine wesentliche Vereinfachung für den Fall, daß die n-reihige Matrix $\boldsymbol{A}$ genau n linear unabhängige Eigenvektoren $\boldsymbol{x}_i$ besitzt, daß also zu jedem etwa auftretenden mehrfachen Eigenwert λ_σ der Vielfachheit p_σ die charakteristische Matrix $\boldsymbol{A} - \lambda_\sigma \boldsymbol{I}$ den vollen Rangabfall

$$\boxed{d_\sigma = p_\sigma} \qquad \sigma = 1, 2, \ldots, s \tag{1}$$

besitzt, wo wir mit s wieder die Anzahl der *verschiedenen* Eigenwerte λ_σ bezeichnen. Matrizen dieser Art bilden eine gerade auch für die Anwendungen besonders wichtige *Klasse,* die wir aus sogleich verständlichen Gründen die *Klasse der diagonalähnlichen Matrizen* nennen wollen.

Die n linear unabhängigen Eigenvektoren spannen den ganzen Raum R_n auf. Zu jedem einfachen Eigenvektor gehört eine bestimmte *Eigenrichtung,* zu einem mehrfachen aber ein p_σ-dimensionaler *Eigenraum,* in welchem jeder Vektor Eigenvektor ist und in dem p_σ linear unabhängige Vektoren willkürlich auswählbar sind. Der Matrix ist somit, sofern sie zu der bezeichneten Klasse gehört, ein System n linear unabhängiger Eigenvektoren $\boldsymbol{x}_1, \boldsymbol{x}_2, \ldots, \boldsymbol{x}_n$ zuzuordnen, die wir spaltenweise zur nichtsingulären *Eigenvektormatrix* (auch *Modalmatrix* genannt)

$$\boldsymbol{X} = (\boldsymbol{x}_1, \boldsymbol{x}_2, \ldots, \boldsymbol{x}_n) \tag{2}$$

zusammenfassen können. Wir können uns die Vektoren auch noch *normiert* denken nach

$$\boldsymbol{x}_i^* \boldsymbol{x}_i = 1 \qquad (i = 1, 2, \ldots, n), \tag{3}$$

wodurch sich manche Beziehungen vereinfachen. Das System dieser n Eigenvektoren läßt sich dann als ein der Matrix $\boldsymbol{A}$ eigentümliches, im allgemeinen schiefwinkliges Achsensystem auffassen, das *System der Eigenachsen,* und wir dürfen vermuten, daß, indem wir dieses System als ein ausgezeichnetes Koordinatensystem zugrunde legen, alle Beziehungen in besonders einfacher Form erscheinen werden. Das ist in der Tat der Fall. Mit den Eigenwertgleichungen

$$\boldsymbol{A}\boldsymbol{x}_i = \lambda_i \boldsymbol{x}_i \tag{4}$$

erhalten wir nämlich

$$\boldsymbol{A}\boldsymbol{X} = (\boldsymbol{A}\boldsymbol{x}_1, \boldsymbol{A}\boldsymbol{x}_2, \ldots, \boldsymbol{A}\boldsymbol{x}_n) = (\lambda_1 \boldsymbol{x}_1, \lambda_2 \boldsymbol{x}_2, \ldots, \lambda_n \boldsymbol{x}_n).$$

Hier ist die letzte Klammer darstellbar als Matrizenprodukt der Modalmatrix $\boldsymbol{X}$ mit der Diagonalmatrix der Eigenwerte:

$$\boldsymbol{\Lambda} = \begin{pmatrix} \lambda_1 & & 0 \\ & \ddots & \\ 0 & & \lambda_n \end{pmatrix}, \tag{5}$$

womit die Beziehung

$$\boxed{\boldsymbol{A}\boldsymbol{X} = \boldsymbol{X}\boldsymbol{\Lambda}} \tag{6}$$

folgt, die als Zusammenfassung der Eigenwertgleichungen (4) anzusehen ist. Wegen nichtsingulärem $\boldsymbol{X}$ aber wird daraus durch Linksmultiplikation mit $\boldsymbol{X}^{-1}$:

$$\boxed{\boldsymbol{X}^{-1}\boldsymbol{A}\boldsymbol{X} = \boldsymbol{\Lambda}}, \tag{7}$$

d. h. aber eine Ähnlichkeitstransformation auf das System der Eigenachsen.

Satz 1: *Jede Matrix mit n linear unabhängigen Eigenvektoren $\boldsymbol{x}_i$ transformiert sich bei Übergang auf das durch die Vektoren $\boldsymbol{x}_i$ festgelegte System der Eigenachsen auf die Diagonalmatrix $\boldsymbol{\Lambda} = \mathrm{Diag}(\lambda_i)$ ihrer Eigenwerte.*

Läßt sich umgekehrt $\boldsymbol{A}$ durch Ähnlichkeitstransformation auf Diagonalgestalt bringen:

$$\boldsymbol{T}^{-1}\boldsymbol{A}\boldsymbol{T} = \boldsymbol{D} = \mathrm{Diag}(d_i),$$

so folgt $\boldsymbol{A}\boldsymbol{T} = \boldsymbol{T}\boldsymbol{D}$ oder $\boldsymbol{A}\boldsymbol{t}_i = d_i \boldsymbol{t}_i$ $(i = 1, 2, \ldots, n)$. Damit aber erweisen sich die Spalten $\boldsymbol{t}_i$ der Transformationsmatrix $\boldsymbol{T}$ als n linear unabhängige Eigenvektoren der Matrix mit den zugehörigen Eigenwerten $\lambda_i = d_i$. Matrizen mit n unabhängigen Eigenvektoren sind somit auch die einzigen, die sich durch eine Ähnlichkeitstransformation auf Diagonalform überführen lassen. Daher dürfen wir diese Klasse von Matrizen als die der *diagonalähnlichen Matrizen* bezeichnen.

Auch die durch die Matrix $\boldsymbol{A}$ vermittelte lineare Abbildung

$$\boldsymbol{A}\,\boldsymbol{x} = \boldsymbol{y} \tag{8}$$

geht durch die Koordinatentransformation auf Eigenachsen

$$\boldsymbol{x} = \boldsymbol{X}\,\tilde{\boldsymbol{x}}\,, \quad \boldsymbol{y} = \boldsymbol{X}\,\tilde{\boldsymbol{y}}$$

in die entsprechend einfache Form

$$\boxed{\boldsymbol{\Lambda}\,\boldsymbol{x} = \tilde{\boldsymbol{y}}} \tag{9}$$

über, in Komponentenform also:

$$\left.\begin{aligned} \tilde{y}_1 &= \lambda_1\,\tilde{x}_1 \\ \tilde{y}_2 &= \lambda_2\,\tilde{x}_2 \\ &\cdots\cdots \\ \tilde{y}_n &= \lambda_n\,\tilde{x}_n \end{aligned}\right\}. \tag{9'}$$

Dies läßt sich, wenigstens im Falle reeller Eigenwerte λ_i, deuten als *Dehnungen* in den Eigenrichtungen mit den Dehnungsmaßstäben λ_i.

14.2. Der Entwicklungssatz. Verfahren von Krylov

Das System n (reeller oder komplexer) unabhängiger Eigenvektoren $\boldsymbol{x}_i$ einer diagonalähnlichen n-reihigen Matrix $\boldsymbol{A}$, die wir im folgenden einfachheitshalber als reell annehmen wollen, bildet, wie wir sahen, ein der Matrix eigentümliches ausgezeichnetes Koordinatensystem, das sich für viele Betrachtungen als vorteilhaftes Bezugssystem anbietet. Es sei $\boldsymbol{z}$ ein beliebiger reeller Vektor, und er werde im System der Eigenvektoren dargestellt oder, wie man sagt, nach den Eigenvektoren *entwickelt*:

$$\boxed{\boldsymbol{z} = c_1\,\boldsymbol{x}_1 + c_2\,\boldsymbol{x}_2 + \cdots + c_n\,\boldsymbol{x}_n}\,. \tag{10}$$

Die sogenannten *Entwicklungskoeffizienten* c_i, also die auf das System der Eigenvektoren bezogenen Koordinaten des Vektors (die übrigens bei *reellen* Eigenvektoren $\boldsymbol{x}_i$ reell sind) ergeben sich als Lösungen der als inhomogenes Gleichungssystem aufzufassenden Beziehung (10), die wir kurz in der Form

$$\boldsymbol{X}\,\boldsymbol{c} = \boldsymbol{z} \tag{10a}$$

mit dem Vektor $\boldsymbol{c} = (c_1, c_2, \ldots, c_n)'$, der nichtsingulären Matrix $\boldsymbol{X}$ und der rechten Seite $\boldsymbol{z}$ schreiben können. Explizit erhält man die c_i mit Hilfe der Linksvektoren $\boldsymbol{y}_i$ der Matrix $\boldsymbol{A}$, von denen wir annehmen wollen, daß sie mit den $\boldsymbol{x}_i$ biorthonormiert seien:

$$\boldsymbol{y}_i'\,\boldsymbol{x}_k = \delta_{ik}\,.$$

Linksmultiplikation von Gl. (20) mit $\boldsymbol{y}'_i$ ergibt dann gerade

$$\boxed{c_i = \boldsymbol{y}'_i \boldsymbol{z}}\,, \tag{11}$$

was übrigens nichts anderes als Auflösung von Gl. (10a) in der Form $\boldsymbol{c} = \boldsymbol{X}^{-1}\boldsymbol{z}$ mit $\boldsymbol{X}^{-1} = \boldsymbol{Y}'$ darstellt.

Satz 2: ***Entwicklungssatz.*** *Ein beliebiger reeller Vektor $\boldsymbol{z}$ läßt sich nach den Eigenvektoren $\boldsymbol{x}_i$ einer reellen diagonalähnlichen Matrix $\boldsymbol{A}$ in der Form Gl.* (10) *entwickeln mit den Entwicklungskoeffizienten Gl.* (11). Von diesem Satz lassen sich zahlreiche, theoretisch wie praktisch gleich bedeutsame Anwendungen machen.

Es sei $\boldsymbol{z}_0$ ein beliebiger reeller Ausgangsvektor, und wir bilden von ihm aus mit der Matrix $\boldsymbol{A}$ die sogenannten *iterierten Vektoren*

$$\boxed{\begin{aligned} \boldsymbol{z}_1 &= \boldsymbol{A}\,\boldsymbol{z}_0 \\ \boldsymbol{z}_2 &= \boldsymbol{A}\,\boldsymbol{z}_1 = \boldsymbol{A}^2\,\boldsymbol{z}_0 \\ \boldsymbol{z}_3 &= \boldsymbol{A}\,\boldsymbol{z}_2 = \boldsymbol{A}^3\,\boldsymbol{z}_0 \\ &\cdots\cdots\cdots\cdots \\ \boldsymbol{z}_n &= \boldsymbol{A}\,\boldsymbol{z}_{n-1} = \boldsymbol{A}^n\,\boldsymbol{z}_0 \end{aligned}} \tag{12}$$

Diese $n+1$ Vektoren $\boldsymbol{z}_0$ bis $\boldsymbol{z}_n$ sind nun bekanntermaßen linear abhängig, da mehr als n Vektoren im R_n stets abhängig sind (§ 7.2, Satz 3). Insbesondere besteht in jedem Falle eine Abhängigkeit von spezieller Form:

Satz 3: *Ist*

$$p(\lambda) = \det(\lambda\,\boldsymbol{I} - \boldsymbol{A}) = a_0 + a_1\lambda + \cdots + a_{n-1}\lambda^{n-1} + \lambda^n \tag{13}$$

das charakteristische Polynom der Matrix $\boldsymbol{A}$, so besteht zwischen dem beliebigen Ausgangsvektor $\boldsymbol{z}_0$ und den n ersten Iterierten $\boldsymbol{z}_1$ bis $\boldsymbol{z}_n$ die lineare Abhängigkeit der Form

$$\boxed{p[\boldsymbol{z}_0] \equiv p(\boldsymbol{A})\,\boldsymbol{z}_0 = a_0\,\boldsymbol{z}_0 + a_1\,\boldsymbol{z}_1 + \cdots + a_{n-1}\,\boldsymbol{z}_{n-1} + \boldsymbol{z}_n = \boldsymbol{o}} \tag{14}$$

mit den Koeffizienten a_i des charakteristischen Polynoms als Faktoren.

Für den Fall diagonalähnlicher Matrix $\boldsymbol{A}$ folgt dies aus dem Entwicklungssatz zusammen mit den Eigenwertgleichungen $\boldsymbol{A}\,\boldsymbol{x}_i = \lambda_i\,\boldsymbol{x}_i$:

$$\begin{array}{rcl|l} \boldsymbol{z}_0 &=& c_1\boldsymbol{x}_1 + c_2\boldsymbol{x}_2 + \cdots + c_n\boldsymbol{x}_n & \cdot\, a_0 \\ \boldsymbol{z}_1 &=& \lambda_1 c_1\boldsymbol{x}_1 + \lambda_2 c_2\boldsymbol{x}_2 + \cdots + \lambda_n c_n\boldsymbol{x}_n & \cdot\, a_1 \\ \boldsymbol{z}_2 &=& \lambda_1^2 c_1\boldsymbol{x}_1 + \lambda_2^2 c_2\boldsymbol{x}_2 + \cdots + \lambda_n^2 c_n\boldsymbol{x}_n & \cdot\, a_2 \\ \cdots && \cdots\cdots\cdots\cdots\cdots\cdots & \cdot\,\cdot \\ \boldsymbol{z}_n &=& \lambda_1^n c_1\boldsymbol{x}_1 + \lambda_2^n c_2\boldsymbol{x}_2 + \cdots + \lambda_n^n c_n\boldsymbol{x}_n & 1 \\ \hline \end{array}$$

$$p[\boldsymbol{z}_0] = p(\lambda_1)\,c_1\boldsymbol{x}_1 + p(\lambda_2)\,c_2\boldsymbol{x}_2 + \cdots + p(\lambda_n)\,c_n\boldsymbol{x}_n = \boldsymbol{o}$$

Bilden wir nämlich damit, wie angedeutet, den Linearausdruck $p[z_0]$, so ergibt sich wegen $p(\lambda_i) = 0$ rechterhand Null, womit Satz 3 für den Fall diagonalähnlicher Matrix $\boldsymbol{A}$, wo wir den Entwicklungssatz anziehen dürfen, bewiesen ist. Daß er darüber hinaus allgemein, für beliebige Matrix $\boldsymbol{A}$, gilt, werden wir erst in 14.3 zeigen.

Die Beziehung (14) der iterierten Vektoren läßt sich nun unter bestimmten Voraussetzungen nach einem zuerst von KRYLOV[1], später — unabhängig — von FRAZER–DUNCAN–COLLAR[2] angegebenen Verfahren zur Aufstellung des charakteristischen Polynoms, d. h. zur Berechnung seiner Koeffizienten a_i benutzen, indem (14) als lineares Gleichungssystem der n Unbekannten a_i angesehen wird. Das System ist genau dann eindeutig auflösbar, wenn die Matrix

$$\boldsymbol{Z} = (z_0, z_1, \ldots, z_{n-1}) \tag{15}$$

der n ersten Vektoren nichtsingulär ist, diese Vektoren also linear unabhängig sind. Wir prüfen darum, unter welchen Bedingungen dies der Fall ist. Eine Abhängigkeit hätte die Form

$$g[z_0] = \gamma_0 z_0 + \gamma_1 z_1 + \cdots + \gamma_{n-1} z_{n-1} = \boldsymbol{o}$$

mit nicht sämtlich verschwindenden Koeffizienten γ_i. Mit dem zugeordneten Polynom

$$g(\lambda) = \gamma_0 + \gamma_1 \lambda + \cdots + \gamma_{n-1} \lambda^{n-1}$$

erhalten wir auf gleiche Weise wie oben über den Entwicklungssatz:

$$g[z_0] = g(\lambda_1)\, c_1 \boldsymbol{x}_1 + g(\lambda_2)\, c_2 \boldsymbol{x}_2 + \cdots + g(\lambda_n)\, c_n \boldsymbol{x}_n = \boldsymbol{o}\,,$$

woraus wegen der Unabhängigkeit der n Eigenvektoren $\boldsymbol{x}_i$ folgt:

$$c_i\, g(\lambda_i) = 0 \qquad \text{für } i = 1, 2, \ldots, n\,. \tag{16}$$

Wir machen nun zwei weitere Annahmen, nämlich

1. Alle $c_i \neq 0$, d. h. z_0 besitze Komponenten sämtlicher n Eigenvektoren, der Ausgangsvektor z_0 sei, wie man sagt, an sämtlichen Eigenvektoren beteiligt.
2. Die n Eigenwerte λ_i der Matrix seien sämtlich verschieden.

Aus der ersten Annahme folgt aus (16) zunächst

$$g(\lambda_i) = 0 \qquad \text{für } i = 1, 2, \ldots, n\,.$$

Aus der zweiten aber folgt dann, da $g(\lambda)$ als Polynom vom Grade $n - 1$ nur $n - 1$ Nullstellen hat, das identische Verschwinden von $g(\lambda)$, d. h. aber das Verschwinden sämtlicher Konstanten γ_i, also die lineare Unabhängigkeit der n ersten Vektoren z_0 bis z_{n-1}. Somit gilt

Satz 4: *Sind die Eigenwerte der Matrix $\boldsymbol{A}$ sämtlich verschieden und ist der Ausgangsvektor z_0 an allen n Eigenvektoren der Matrix beteiligt,*

---

[1] KRYLOV, A. N.: Bull. Acad. Sci. URSS, Leningrad, 7. Ser. Classe mathem. 1931, S. 491—538.

[2] Elementary Matrices [6], S. 141 ff.

$c_i \neq 0$ für $i = 1, 2, \ldots, n$, so ist die Matrix $\boldsymbol{Z}$, Gl. (15), nichtsingulär, das Gleichungssystem

$$\boxed{\boldsymbol{Z}\,\boldsymbol{a} + \boldsymbol{z}_n = \boldsymbol{o}} \tag{17}$$

ist somit eindeutig nach $\boldsymbol{a} = (a_0, \ldots, a_{n-1})'$ auflösbar und liefert die Koeffizienten a_i des charakteristischen Polynoms $p(\lambda)$.

Damit haben wir — zunächst unter den beiden Annahmen genügend allgemeinen Ausgangsvektors $\boldsymbol{z}_0$ und durchweg verschiedener Eigenwerte — ein überaus einfaches Verfahren zur Aufstellung des charakteristischen Polynoms $p(\lambda)$ der Matrix gewonnen, dessen Berechnung aus der charakteristischen Determinante $\det(\lambda \boldsymbol{I} - \boldsymbol{A})$ bei größerer Reihenzahl n recht beschwerlich sein würde. Man bildet mit beliebigem Ausgangsvektor $\boldsymbol{z}_0$, der nur sämtliche Eigenvektoren der Matrix enthalten muß, die iterierten Vektoren $\boldsymbol{z}_1$ bis $\boldsymbol{z}_n$. Ihre Komponenten sind dann die Koeffizienten eines inhomogenen Gleichungssystems, dessen Lösungen a_i die Koeffizienten des charakteristischen Polynoms darstellen (Verfahren von KRYLOV).

Es bleibt noch zu untersuchen, was eintritt, wenn die Voraussetzungen von Satz 4 nicht erfüllt sind. Wir lassen zunächst die zweite Annahme durchweg verschiedener Eigenwerte fallen, nehmen aber die Matrix $\boldsymbol{A}$ als diagonalähnlich an. Es seien

s verschiedene Eigenwerte	$\lambda_1, \lambda_2, \ldots, \lambda_s$	mit $s \leqq n$
der Vielfachheiten	$p_1, p_2, \ldots, p_s$	mit $\sum p_i = n$.

Die Matrix $\boldsymbol{A}$ sei diagonalähnlich, besitze also s unabhängige Eigenräume $\boldsymbol{x}_i$ der Dimension $d_i = p_i$. Mit s passend ausgewählten festen Eigenvektoren $\boldsymbol{x}_i$ aus je einem der Eigenräume ist dann ein beliebiger Vektor $\boldsymbol{z}_0$ wieder darstellbar in der Form

$$\boldsymbol{z}_0 = c_1 \boldsymbol{x}_1 + c_2 \boldsymbol{x}_2 + \cdots + c_s \boldsymbol{x}_s \,.$$

Damit ergibt sich für $\boldsymbol{z}_0$ und die Iterierten $\boldsymbol{z}_1$ bis $\boldsymbol{z}_s$ unter Berücksichtigung von $\boldsymbol{A}\,\boldsymbol{x}_i = \lambda_i \boldsymbol{x}_i$ ein entsprechendes Schema wie oben, S. 172, wobei nur überall n durch s zu ersetzen ist. Wir führen nun das Polynom s-ten Grades

$$m(\lambda) = (\lambda - \lambda_1)(\lambda - \lambda_2) \ldots (\lambda - \lambda_s) \tag{18}$$

ein, welches die s Eigenwerte der Matrix als einfache Nullstellen hat, und es sei

$$m(\lambda) = b_0 + b_1 \lambda + \cdots + b_{s-1} \lambda^{s-1} + \lambda^s \,. \tag{19}$$

Im Falle diagonalähnlicher Matrix $\boldsymbol{A}$ ist dies das sogenannte *Minimalpolynom* der Matrix, eine Bezeichnung, die sich in 14.3 erklären wird. Damit bilden wir ähnlich wie früher

$$m[\boldsymbol{z}_0] \equiv m(\boldsymbol{A})\,\boldsymbol{z}_0 = b_0\,\boldsymbol{z}_0 + b_1\,\boldsymbol{z}_1 + \cdots + b_{s-1}\,\boldsymbol{z}_{s-1} + \boldsymbol{z}_s$$

und wir erhalten wegen $m(\lambda_i) = 0$ auf gleiche Weise wie oben

$$m[\boldsymbol{z}_0] = c_1\, m(\lambda_1)\, \boldsymbol{x}_1 + c_2\, m(\lambda_2)\, \boldsymbol{x}_2 + \cdots + c_s\, m(\lambda_s)\, \boldsymbol{x}_s = \boldsymbol{o}\,,$$

also

$$\boxed{m[\boldsymbol{z}_0] = \boldsymbol{o}}\,, \tag{20}$$

d.h. lineare Abhängigkeit der $s+1$ Vektoren $\boldsymbol{z}_0$ bis $\boldsymbol{z}_s$ mit den Koeffizienten b_i des Minimalpolynoms $m(\lambda)$.

Ist nun wieder $\boldsymbol{z}_0$ an sämtlichen s Eigenräumen beteiligt, $c_i \neq 0$ für $i = 1, 2, \ldots, s$, so folgt auf gleiche Weise wie oben lineare Unabhängigkeit der s ersten Vektoren $\boldsymbol{z}_0$ bis $\boldsymbol{z}_{s-1}$, während $\boldsymbol{z}_s$ von ihnen abhängig ist. Damit aber ist das System

$$\boxed{\boldsymbol{Z}^*\, \boldsymbol{b} + \boldsymbol{z}_s = \boldsymbol{o}} \tag{17a}$$

mit der spaltenregulären ns-Matrix

$$\boldsymbol{Z}^* = (\boldsymbol{z}_0, \boldsymbol{z}_1, \ldots, \boldsymbol{z}_{s-1}) \tag{15a}$$

eindeutig auflösbar nach den Koeffizienten $\boldsymbol{b} = (b_0, \ldots, b_{s-1})'$. Bei Durchführen des KRYLOV-Verfahrens erweisen sich im Falle $s < n$ schon weniger als $n+1$ Iterierte als linear abhängig. Indem man die noch folgenden einfach außer Betracht läßt, liefert das Verfahren bei genügend allgemein gewähltem $\boldsymbol{z}_0$ gerade die Koeffizienten des Minimalpolynoms. Die zugehörige Gleichung $m(\lambda) = 0$ ergibt sämtliche Eigenwerte der Matrix, jedoch ohne Vielfachheiten etwaiger mehrfacher Eigenwerte.

Ist aber $\boldsymbol{z}_0$ nicht mehr an sämtlichen Eigenräumen beteiligt, sondern nur an $q < s$ von ihnen, so dürfen wir unbeschadet der Allgemeinheit annehmen, es seien die q ersten:

$$\boldsymbol{z}_0 = c_1\, \boldsymbol{x}_1 + c_2\, \boldsymbol{x}_2 + \cdots + c_q\, \boldsymbol{x}_q$$

mit $c_i \neq 0$ für $i = 1, 2, \ldots, q$. Dann verläuft alles wie oben, wenn wir an Stelle von $m(\lambda)$ das Polynom q-ten Grades

$$q(\lambda) = (\lambda - \lambda_1)\,(\lambda - \lambda_2) \ldots (\lambda - \lambda_q) \tag{18a}$$

benutzen, womit

$$q[\boldsymbol{z}_0] = \boldsymbol{o} \tag{20a}$$

folgt, also lineare Abhängigkeit schon der $q+1$ ersten Vektoren $\boldsymbol{z}_0$ bis $\boldsymbol{z}_q$. — Wir fassen zusammen zu

Satz 5: *Die Matrix $\boldsymbol{A}$ sei diagonalähnlich mit s verschiedenen Eigenwerten $\lambda_1, \ldots, \lambda_s$ $(s \leqq n)$ und $\boldsymbol{z}_0$ ein beliebiger Ausgangsvektor. Man bildet die Iterierten $\boldsymbol{z}_1, \boldsymbol{z}_2, \ldots$ mit $\boldsymbol{z}_\nu = \boldsymbol{A}\, \boldsymbol{z}_{\nu-1}$.*

Ist $\boldsymbol{z}_0$ an sämtlichen s Eigenräumen beteiligt, so sind die Vektoren $\boldsymbol{z}_0$ bis $\boldsymbol{z}_{s-1}$ linear unabhängig, $\boldsymbol{z}_s$ davon abhängig. Das Krylov-Verfahren liefert die Koeffizienten des Minimalpolynoms $m(\lambda)$, Gl. (18), (19). *Im Falle $s = n$ ist $m(\lambda) = p(\lambda)$, das charakteristische Polynom.*

Ist aber z_0 an nur $q < s$ der Eigenräume beteiligt mit den zugehörigen Eigenwerten $\lambda_1, \lambda_2, \ldots, \lambda_q$, so sind z_0 bis z_{q-1} linear unabhängig, aber schon z_q davon abhängig. Das Krylov-Verfahren liefert die Koeffizienten des zugehörigen Teilpolynoms $q(\lambda)$, Gl. (18a).

Ist $\boldsymbol{A}$ nicht mehr diagonalähnlich, so hat auch das Minimalpolynom $m(\lambda)$ mehrfache Nullstellen, wie sich später zeigen wird. In jedem Falle liefert das beschriebene Verfahren bei genügend allgemeinem Ausgangsvektor höchstens dieses Minimalpolynom, also durch Auflösen von $m(\lambda) = 0$ sämtliche Eigenwerte der Matrix, allerdings möglicherweise nicht mit der jeweiligen vollen Vielfachheit. — Zeigt sich bei Durchführen des Verfahrens lineare Abhängigkeit schon früher als bei z_n, so ist entweder z_0 nicht allgemein genug gewesen, was sich durch Wahl eines anderen Ausgangsvektors beheben lassen würde; oder aber — wenn das Verhalten bei jedem z_0 auftritt — es ist wenigstens einer der Eigenwerte von größerer Vielfachheit, als das Minimalpolynom anzeigt, dieses ist von geringerem Grade als $p(\lambda)$.

Es seien nun die Eigenwerte λ_i durch Auflösen der charakteristischen Gleichung $p(\lambda) = 0$ oder der Minimumgleichung $m(\lambda) = 0$ ermittelt[1]. Dann bleibt noch die Bestimmung der zugehörigen Eigenvektoren $\boldsymbol{x}_i$. Dies könnte durch Auflösen der homogenen Gleichungssysteme

$$(\boldsymbol{A} - \lambda_i \boldsymbol{I})\, \boldsymbol{x}_i = \boldsymbol{o}\,, \qquad i = 1, 2, \ldots, n$$

geschehen, was jedoch recht umständlich ist. Wesentlich bequemer ist folgender Weg. In den iterierten Vektoren z_j sind ja die Eigenvektoren sämtlich enthalten, und es kommt nur darauf an, durch einen Eliminationsvorgang einen einzigen, den zum Eigenwert λ_i gehörigen Vektor $\boldsymbol{x}_i$ auszusondern. Dazu bildet man das *reduzierte Polynom*

$$p_i(\lambda) = p(\lambda) : (\lambda - \lambda_i) = (\lambda - \lambda_1) \cdots (\lambda - \lambda_{i-1})\,(\lambda - \lambda_{i+1}) \cdots (\lambda - \lambda_n)$$

(bzw. $m(\lambda) : (\lambda - \lambda_i)$ im Falle mehrfacher Wurzeln), welches

$$p_i(\lambda) = c_0^i + c_1^i \lambda + \cdots + c_{n-2}^i \lambda^{n-2} + \lambda^{n-1} \tag{21}$$

lauten möge mit Koeffizienten c_k^i, die sich am einfachsten aus einem mit $\lambda = \lambda_i$ durchgeführten HORNERschema ergeben[2], was ohnehin bei Ermittlung der Wurzel λ_i aufgestellt wird. Die Koeffizienten c_k^i des Polynoms $p_i(\lambda)$ sind also als gegeben zu betrachten. Mit ihnen bildet man nun die Vektorkombination

$$\boxed{p_i[z] \equiv c_0^i z_0 + c_1^i z_1 + \cdots + c_{n-2}^i z_{n-2} + z_{n-1}} \tag{22}$$

[1] Zur Auflösung algebraischer Gleichungen vgl. etwa Praktische Mathematik [*15*], S. 32—77. — [2] Vgl. Praktische Mathematik [*15*], S. 35 ff.

und das ist genau gleich dem gesuchten Eigenvektor:

$$\boxed{p_i[z] = \boldsymbol{x}_i} \tag{23}$$

Denn in der Entwicklung erscheinen bei den Vektoren $\boldsymbol{x}_k$ die Faktoren $p_i(\lambda_k)$, und diese sind Null für $i \neq k$, womit

$$p_i[z] = p_i(\lambda_i)\, c_i\, \boldsymbol{x}_i = \text{konst.} \cdot \boldsymbol{x}_i$$

wird, also auch gleich $\boldsymbol{x}_i$, da es auf einen konstanten Faktor nicht ankommt. — Im Falle einer Mehrfachwurzel λ_i erhält man auf diese Weise nur *einen* zugehörigen Eigenvektor. Weitere linear unabhängige ergeben sich, indem man den Prozeß mit jeweils neuem $\tilde{z}_0$ durchführt und mit den sich dabei ergebenden Vektoren $\tilde{z}_k$ die Kombination Gl. (22) bildet. — Wir erläutern das Vorgehen an zwei einfachen Beispielen.

1. Beispiel:

$$\boldsymbol{A} = \begin{pmatrix} 2 & -3 & 1 \\ -2 & 1 & 3 \\ 1 & -4 & 2 \end{pmatrix}$$

			z_0	z_1	z_2	z_3
1	−6	6	1	1	20	101
2	−3	1	1	2	11	43
−2	1	3	0	−2	−3	11
1	−4	2	0	1	12	47
			1	2	11	43
			0	−2	−3	11
			0	1/2	21/2	105/2
			−14	13	−5	1

Charakteristische Gleichung:

$$\lambda^3 - 5\lambda^2 + 13\lambda - 14 = 0$$

$$\lambda = 2$$

	1	−5	13	−14
$\lambda = 2$:	—	2	−6	14
	1	−3	7	0

$$p_1(\lambda) = \lambda^2 - 3\lambda + 7$$

$$\lambda_{2,3} = \frac{3}{2} \pm \frac{1}{2}\sqrt{19}\, i$$

2. Beispiel:

$$A = \begin{pmatrix} -1 & 2 & -3 \\ 2 & 2 & -6 \\ -1 & -2 & 1 \end{pmatrix}.$$

			z_0	z_1	z_2	z_3	$\tilde{z}_0$	$\tilde{z}_1$
0	2	—8	1	0	12	48	1	2
—1	2	—3	1	—1	8	20	0	2
2	2	—6	0	2	8	56	1	2
—1	—2	1	0	—1	—4	—28	0	—2
			1	—1	8	20		
			0	2	8	56		
			0	1/2	0	0		
		$m(x)$:	—12	—4	1	—		

Hier bricht das Verfahren vorzeitig ab, so daß eine Doppelwurzel zu vermuten ist. Minimumgleichung

$$\lambda^2 - 4\lambda - 12 = 0$$
$$\lambda_1 = 6,\ \lambda_2 = -2$$
$$p_1(\lambda) = \lambda + 2$$
$$p_2(\lambda) = \lambda - 6$$

$$x_1 = z_1 + 2z_0 = \begin{pmatrix} 1 \\ 2 \\ -1 \end{pmatrix}, \quad x_2 = z_1 - 6z_0 = \begin{pmatrix} -7 \\ 2 \\ -1 \end{pmatrix}, \quad x_3 = \tilde{z}_1 - 6\tilde{z}_0 = \begin{pmatrix} 1 \\ -2 \\ -1 \end{pmatrix}$$

$p_2[\tilde{z}]$, gebildet mit den abgeänderten Vektoren $\tilde{z}_0$, $\tilde{z}_1$ ergibt einen neuen von x_2 unabhängigen Vektor x_3, $p_1[\tilde{z}]$ dagegen den alten Vektor x_1. Die Doppelwurzel ist somit $\lambda_2 = -2$.

14.3. Cayley-Hamiltonsche Gleichung und Minimumgleichung

Setzen wir in Gl. (14) für die iterierten Vektoren $z_k = A^k z_0$, so ergibt sich

$$(a_0 I + a_1 A + \cdots + a_{n-1} A^{n-1} + A^n) z_0 = o.$$

Da nun z_0 beliebig wählbar ist, so kann dies nur gelten, indem der Klammerausdruck verschwindet. Dies ist der Inhalt des einstweilen nur für diagonalähnliche Matrix bewiesenen, jedoch allgemein gültigen

Satz 6: **Cayley-Hamiltonsches Theorem.** *Eine beliebige quadratische Matrix A genügt ihrer eigenen charakteristischen Gleichung, d. h. hat A das charakteristische Polynom*

$$p(\lambda) = \det(\lambda I - A) = \lambda^n + a_{n-1}\lambda^{n-1} + \cdots + a_1\lambda + a_0, \quad (24)$$

so erfüllt $\boldsymbol{A}$ *die Cayley-Hamiltonsche Gleichung*

$$\boxed{p(\boldsymbol{A}) = \boldsymbol{A}^n + a_{n-1}\boldsymbol{A}^{n-1} + \cdots + a_1\boldsymbol{A} + a_0\boldsymbol{I} = \boldsymbol{O}}\,. \tag{25}$$

Das Matrizenpolynom $p(\boldsymbol{A})$ *ist gleich der Nullmatrix.*

Diese bemerkenswerte Tatsache, zu der es im Bereich der gewöhnlichen Zahlen keine Parallele gibt, hat weitreichende Konsequenzen. Die Potenz $\boldsymbol{A}^n$ und somit auch alle höheren Potenzen von $\boldsymbol{A}$ lassen sich durch eine Linearkombination der Potenzen $\boldsymbol{A}^0 = \boldsymbol{I}$ bis $\boldsymbol{A}^{n-1}$ ausdrücken. Ein beliebiges Matrizenpolynom läßt sich somit stets durch ein solches vom Grade $\leqq n-1$ darstellen. Aber auch die Kehrmatrix $\boldsymbol{A}^{-1}$ ist so darstellbar, wie aus Gl. (25) durch Multiplikation mit $\boldsymbol{A}^{-1}$ folgt, und somit auch jede negativ ganze Potenz, sofern nur $\boldsymbol{A}$ nichtsingulär ist. Somit lassen sich auch gebrochen rationale Funktionen der Matrix auf ein Polynom von höchstens $(n-1)$-ten Grades zurückführen. Wir werden später, § 20, zeigen, daß das sogar für beliebige Matrizenfunktionen zutrifft.

Wir haben noch zu zeigen, daß Satz 6 allgemein, also auch für nicht diagonalähnliche Matrizen gilt. Dazu bildet man zur charakteristischen Matrix

$$\boldsymbol{C} = \boldsymbol{C}(\lambda) = \lambda\boldsymbol{I} - \boldsymbol{A} \tag{26}$$

mit $\det \boldsymbol{C} = p(\lambda)$ die adjungierte Matrix $\boldsymbol{C}_{adj}$, für die bekanntlich die allgemeine Beziehung

$$\boldsymbol{C}\cdot\boldsymbol{C}_{adj} = \boldsymbol{C}_{adj}\,\boldsymbol{C} = \det\boldsymbol{C}\cdot\boldsymbol{I} = p(\lambda)\,\boldsymbol{I} \tag{27}$$

gilt [§ 3.2, Gl. (16)]. Die Elemente von $\boldsymbol{C}_{adj}$ als die $(n-1)$-reihigen Unterdeterminanten von $\lambda\boldsymbol{I} - \boldsymbol{A}$ sind, wie man sich leicht klar macht, Polynome in λ vom Grade $n-1$ oder kleiner, so daß wir $\boldsymbol{C}_{adj}$ in der Form einer Polynommatrix vom Grade $n-1$ in λ schreiben können:

$$\boldsymbol{C}_{adj} = \boldsymbol{C}_0 + \boldsymbol{C}_1\lambda + \boldsymbol{C}_2\lambda^2 + \cdots + \boldsymbol{C}_{n-1}\lambda^{n-1}$$

mit von λ freien Matrizen $\boldsymbol{C}_j$. Setzt man nun dies sowie Gln. (24) und (26) in Gl. (27) ein und vergleicht die λ-Potenzen beider Seiten, so erhält man

$$\begin{array}{rcl|l}
 & -\boldsymbol{A}\boldsymbol{C}_0 & = a_0\boldsymbol{I} & \cdot\boldsymbol{I} \\
\boldsymbol{C}_0 & -\boldsymbol{A}\boldsymbol{C}_1 & = a_1\boldsymbol{I} & \cdot\boldsymbol{A} \\
\boldsymbol{C}_1 & -\boldsymbol{A}\boldsymbol{C}_2 & = a_2\boldsymbol{I} & \cdot\boldsymbol{A}^2 \\
\cdots & \cdots & \cdots & \cdots \\
\boldsymbol{C}_{n-2} & -\boldsymbol{A}\boldsymbol{C}_{n-1} & = a_{n-1}\boldsymbol{I} & \cdot\boldsymbol{A}^{n-1} \\
\boldsymbol{C}_{n-1} & & = \boldsymbol{I} & \cdot\boldsymbol{A}^n
\end{array}$$

Multipliziert man hier, wie angedeutet, die 2. Gleichung mit $\boldsymbol{A}$, die 3. mit $\boldsymbol{A}^2$ usf. und addiert alles, so heben sich links alle Glieder auf zur

Nullmatrix. Rechts aber erscheint gerade das Matrizenpolynom $p(\boldsymbol{A})$, womit Gl. (25) bewiesen ist.

Ein zweiter kurzer Beweis ist folgender. Man bildet mit Gln. (24) und (25)

$$p(\lambda)\,\boldsymbol{I} - p(\boldsymbol{A}) = (\lambda^n \boldsymbol{I} - \boldsymbol{A}^n) + a_{n-1}(\lambda^{n-1}\boldsymbol{I} - \boldsymbol{A}^{n-1}) + \cdots + a_1(\lambda\boldsymbol{I} - \boldsymbol{A}),$$

wo das letzte Glied mit a_0 wegfällt. Hier ist nun jede der Klammern durch $\lambda\,\boldsymbol{I} - \boldsymbol{A}$ teilbar (ein Ausdruck $\lambda^n - x^n$ ist stets teilbar durch $\lambda - x$), wir können also schreiben

$$p(\lambda)\,\boldsymbol{I} - p(\boldsymbol{A}) = (\lambda\,\boldsymbol{I} - \boldsymbol{A}) \cdot \boldsymbol{M}(\lambda)$$

mit einer nicht weiter interessierenden Matrix $\boldsymbol{M}(\lambda)$ vom Grade $n - 1$ in λ. Andrerseits ist wegen Gln. (26) und (27) auch $p(\lambda)\,\boldsymbol{I}$ durch $\lambda\boldsymbol{I} - \boldsymbol{A}$ teilbar, so daß dann auch $p(\boldsymbol{A})$ hierdurch teilbar sein muß. Da nun aber $p(\boldsymbol{A})$ den Parameter λ gar nicht enthält, so muß $p(\boldsymbol{A})$ gleich der Nullmatrix sein.

Die gleichen Überlegungen, die uns eingangs von Gl. (14) her auf die CAYLEY-HAMILTONsche Gl. (25) führten, lassen sich im Falle mehrfacher Eigenwerte λ_σ auf Gl. (20) anwenden mit dem Ergebnis, daß die diagonalähnliche Matrix bereits die Polynomgleichung s-ten Grades

$$\boxed{m(\boldsymbol{A}) = \boldsymbol{O}} \tag{28}$$

erfüllt, wo $m(\lambda)$ gemäß Gl. (18) sämtliche s Eigenwerte λ_σ als einfache Nullstellen enthält. Wir werden erst später in § 18.1 zeigen können, daß dies auch die Polynomgleichung kleinsten Grades ist, die von der Matrix erfüllt wird, woher $m(\lambda)$ das *Minimalpolynom* und Gl. (28) die *Minimumgleichung* der Matrix genannt werden. Vorbehaltlich dieses späteren Nachweises formulieren wir hier

Satz 7: *Eine diagonalähnliche Matrix $\boldsymbol{A}$ mit mehrfachen Eigenwerten genügt außer der Cayley-Hamiltonschen Gleichung $p(\boldsymbol{A}) = \boldsymbol{O}$ auch schon der Minimumgleichung* (28) *mit dem Minimalpolynom* $m(\lambda)$, *welches hier sämtliche Eigenwerte λ_σ als einfache Nullstellen enthält.*

Gleichfalls in § 18.1 wird sich dann zeigen, daß im Falle allgemeiner nicht diagonalähnlicher Matrix das Minimalpolynom auch mehrfache Nullstellen besitzt. Stets aber ist es ein Teiler des charakteristischen Polynoms $p(\lambda)$ und besitzt alle Eigenwerte als Nullstellen, nur mit möglicherweise geringerer Vielfachheit $\mu_\sigma \leqq p_\sigma$. Dann kann man auch zeigen, daß das KRYLOV-Verfahren bei genügend allgemein gewähltem $\boldsymbol{z}_0$ stets gerade auf das Minimalpolynom führt.

Beispiel: Die Matrix

$$\boldsymbol{A} = \begin{pmatrix} -1 & 2 & -3 \\ 2 & 2 & -6 \\ -1 & -2 & 1 \end{pmatrix}$$

hatte das Minimalpolynom $m(\lambda) = \lambda^2 - 4\lambda - 12$. Dementsprechend ist

$$m(\boldsymbol{A}) = \boldsymbol{A}^2 - 4\boldsymbol{A} - 12\boldsymbol{I} = \begin{pmatrix} 8 & 8 & -12 \\ 8 & 20 & -24 \\ -4 & -8 & 16 \end{pmatrix} + \begin{pmatrix} 4 & -8 & 12 \\ -8 & -8 & 24 \\ 4 & 8 & -4 \end{pmatrix}$$

$$- \begin{pmatrix} 12 & 0 & 0 \\ 0 & 12 & 0 \\ 0 & 0 & 12 \end{pmatrix} = \begin{pmatrix} 0 & 0 & 0 \\ 0 & 0 & 0 \\ 0 & 0 & 0 \end{pmatrix}.$$

Für die Kehrmatrix folgt dann daraus

$$\boldsymbol{A}^{-1} = \frac{1}{12}(\boldsymbol{A} - 4\boldsymbol{I}) = \frac{1}{12}\begin{pmatrix} -5 & 2 & -3 \\ 2 & -2 & -6 \\ -1 & -2 & -3 \end{pmatrix}.$$

14.4. Das v. Misessche Iterationsverfahren

Den sogenannten direkten Methoden zur numerischen Behandlung der Eigenwertaufgabe — Aufstellen der charakteristischen Gleichung, Bestimmung ihrer Wurzeln λ_i und anschließende Berechnung der zugehörigen Eigenvektoren — stehen die iterativen gegenüber, die nur einen oder einige wenige Eigenwerte nebst zugehörigen Eigenvektoren unmittelbar, ohne Zuhilfenahme der charakteristischen Gleichung auf iterativem Wege liefern. Diese Verfahren sind besonders für umfangreiche Matrizen den direkten oft überlegen, zumal vielfach nur einer oder einige wenige der Eigenwerte praktisch interessieren (Frequenz der Grundschwingung oder einiger Oberschwingungen). Das bekannteste Iterationsverfahren geht auf v. MISES zurück[1] und ist von bestechender Einfachheit, wodurch es insbesondere für den Einsatz moderner automatischer Rechenanlagen geeignet ist. Wir geben es an dieser Stelle wenigstens schon dem Prinzip nach wieder, um es in allen Einzelheiten erst später (§ 21) im Zusammenhang mit weiteren numerischen Methoden zu behandeln. Von beliebigem reellen Ausgangsvektor $\boldsymbol{z}_0$ aus bildet man mit der hier ausdrücklich als reell angenommenen Matrix $\boldsymbol{A}$ wieder die *iterierten Vektoren*

$$\boxed{\boldsymbol{z}_\nu = \boldsymbol{A}\boldsymbol{z}_{\nu-1} = \boldsymbol{A}^\nu \boldsymbol{z}_0} \qquad \nu = 1, 2, \ldots . \tag{29}$$

Diese Vektoren konvergieren unter bestimmten noch zu erörternden Bedingungen gegen den sogenannten *dominanten Eigenvektor* $\boldsymbol{x}_1$, d. h. den zum dominanten = betragsgrößten Eigenwert λ_1 gehörigen, während zugleich das Verhältnis zweier aufeinander folgender Vektoren $\boldsymbol{z}_\nu$ gegen diesen Eigenwert konvergiert. Die theoretische Einsicht gewinnt man auch hier mit Hilfe des Entwicklungssatzes. Wir setzen daher die Matrix $\boldsymbol{A}$ als diagonalähnlich voraus, den Ausgangsvektor $\boldsymbol{z}_0$ also als

[1] MISES, R. v., u. H. GEIRINGER: Z. angew. Math. Mech. Bd. 9 (1929), S. 58—77, 152—164.

entwickelbar nach den n unabhängigen Eigenvektoren

$$\mathfrak{z}_0 = c_1 \mathfrak{x}_1 + c_2 \mathfrak{x}_2 + \cdots + c_n \mathfrak{x}_n .$$

Dann wird

$$\mathfrak{z}_\nu = \lambda_1^\nu c_1 \mathfrak{x}_1 + \lambda_2^\nu c_2 \mathfrak{x}_2 + \cdots + \lambda_n^\nu c_n \mathfrak{x}_n .$$

Denken wir uns nun die Eigenwerte nach absteigenden Beträgen geordnet und ist λ_1 dominant:

$$|\lambda_1| > |\lambda_2| \geqq \cdots \geqq |\lambda_n| , \tag{30}$$

so konvergiert mit zunehmender Iterationsstufe ν

$$\boxed{\begin{aligned} \mathfrak{z}_\nu &\to \lambda_1^\nu c_1 \mathfrak{x}_1 \mathrel{\hat{=}} \mathfrak{x}_1 && (31)\\ \mathfrak{z}_{\nu+1} &\to \lambda_1 \mathfrak{z}_\nu && (32) \end{aligned}}$$

oder

$$q_i^{(\nu)} = z_i^{(\nu)} / z_i^{(\nu-1)} \to \lambda_1 . \tag{32a}$$

Die Quotienten q_i entsprechender Komponenten z_i zweier aufeinander folgender iterierter Vektoren $\mathfrak{z}_\nu$ konvergieren gegen den Eigenwert λ_1, sofern die betreffende Eigenvektorkomponente $x_i \neq 0$ ist. Voraussetzung dabei ist $c_1 \neq 0$, der Ausgangsvektor $\mathfrak{z}_0$ muß eine Komponente des dominanten Eigenvektors $\mathfrak{x}_1$ enthalten. Die Konvergenz erfolgt ersichtlich um so rascher, je größer das Verhältnis

$$|\lambda_1| : |\lambda_2|$$

ist, je stärker also λ_1 dominiert. Einen oft sehr guten Näherungswert Λ_1 für den dominanten Eigenwert λ_1 erhält man in Gestalt des RAYLEIGH-Quotienten für $\mathfrak{z}_\nu$:

$$\boxed{\Lambda_1 = R[\mathfrak{z}_\nu] = \frac{\mathfrak{z}_\nu' \mathfrak{A} \mathfrak{z}_\nu}{\mathfrak{z}_\nu' \mathfrak{z}_\nu} = \frac{\mathfrak{z}_\nu' \mathfrak{z}_{\nu+1}}{\mathfrak{z}_\nu' \mathfrak{z}_\nu}} . \tag{33}$$

Über die Güte dieser Näherung wird weiter unten die Rede sein (§ 15.2).

Beispiel:

$$\mathfrak{A} = \begin{pmatrix} 5 & -2 & -4 \\ -2 & 2 & 2 \\ -4 & 2 & 5 \end{pmatrix} .$$

Rechnung einschließlich Summenproben:

$\mathfrak{A}$			$\mathfrak{z}_0$	$\mathfrak{z}_1$	$\mathfrak{z}_2$	$\mathfrak{z}_3$	$\mathfrak{z}_4$
5	—2	—4	1	5	45	445	4445
—2	2	2	0	—2	—22	—222	—2222
—4	2	5	0	—4	—44	—444	—4444
—1	2	3	1	—1	—21	—221	—2221

Hier herrscht sehr gute Konvergenz, dem Augenschein nach gegen $\lambda_1 = 10$ und $x_1 = (2, -1, -2)'$. Sie erklärt sich aus dem stark dominierenden ersten Eigenwert: die Eigenwerte sind $\lambda_1 = 10, \lambda_2 = \lambda_3 = 1$. Der RAYLEIGH-Quotient ergibt hier die vorzügliche Näherung

$$\Lambda_1 = R[z_3] = \frac{z_3' z_4}{z_3' z_3} = \frac{4444445}{444445} = 9{,}999989 \,.$$

14.5. Spektralzerlegung diagonalähnlicher Matrizen

Hat man für eine diagonalähnliche Matrix $\boldsymbol{A}$ einen der Eigenwerte, etwa λ_1 nebst zugehörigem Rechts- und Linkseigenvektor $\boldsymbol{x}_1$ bzw. $\boldsymbol{y}_1$ bestimmt, z. B. nach dem Iterationsverfahren, so läßt sich aus $\boldsymbol{A}$ eine neue Matrix $\boldsymbol{B}$ gleicher Reihenzahl n gewinnen, die bei gleichen Eigenvektoren die selben Eigenwerte λ_i wie $\boldsymbol{A}$ besitzt bis auf den Wert λ_1, der in Null übergeht. Denken wir uns Rechts- und Linksvektoren biorthonormiert:

$$\boxed{\boldsymbol{y}_i' \boldsymbol{x}_k = \delta_{ik}} \tag{34}$$

so ergibt sich die Matrix $\boldsymbol{B}$ durch Abzug des dyadischen Produktes $\lambda_1 \boldsymbol{x}_1 \boldsymbol{y}_1'$, also einer n-reihigen Matrix vom Range 1:

$$\boxed{\boldsymbol{B} = \boldsymbol{A} - \lambda_1 \boldsymbol{x}_1 \boldsymbol{y}_1'} \,. \tag{35}$$

Dann nämlich erhalten wir

$$\begin{aligned} \boldsymbol{B}\boldsymbol{x}_1 &= \boldsymbol{A}\boldsymbol{x}_1 - \lambda_1 \boldsymbol{x}_1 \boldsymbol{y}_1' \boldsymbol{x}_1 = \boldsymbol{o} \\ \boldsymbol{B}\boldsymbol{x}_i &= \boldsymbol{A}\boldsymbol{x}_i - \lambda_1 \boldsymbol{x}_1 \boldsymbol{y}_1' \boldsymbol{x}_i = \lambda_i \boldsymbol{x}_i \qquad (i = 2, 3, \ldots, n). \end{aligned}$$

Durch Hinzutreten eines neuen Eigenwertes $\lambda = 0$ ist der Rang von $\boldsymbol{B}$ gegenüber dem von $\boldsymbol{A}$ gerade um 1 erniedrigt. Man spricht daher bei der Umformung Gl. (35) von einer *Deflation* der Matrix (= Schrumpfung). Setzt man nun das Verfahren fort, wobei Eigenwerte $\lambda_i = 0$ offensichtlich ohne Einfluß bleiben, so erhält man bei einer Matrix vom Range r nach genau r Schritten eine Matrix vom Range Null, das ist aber die Nullmatrix. Wir gewinnen so die bemerkenswerte Beziehung

$$\boxed{\boldsymbol{A} = \lambda_1 \boldsymbol{x}_1 \boldsymbol{y}_1' + \lambda_2 \boldsymbol{x}_2 \boldsymbol{y}_2' + \cdots + \lambda_n \boldsymbol{x}_n \boldsymbol{y}_n'} \,. \tag{36}$$

Satz 8: *Für eine n-reihige diagonalähnliche Matrix $\boldsymbol{A}$ vom Range r mit den Eigenwerten λ_i und den nach Gl.* (34) *biorthonormierten Rechts- und Linkseigenvektoren $\boldsymbol{x}_i$ bzw. $\boldsymbol{y}_i$ gilt die sogenannte* **Spektralzerlegung** *Gl.* (36). *Die Matrix erscheint aufgebaut aus r dyadischen Produkten, d. s. Matrizen vom Range* 1.

Von der Deflation Gl. (35) macht man zur numerischen Bestimmung der höheren Eigenwerte Gebrauch, d. h. der Werte kleineren Betrages, nachdem der dominante Wert λ_1 nach dem Iterationsverfahren ermittelt worden ist. Näheres hierüber vgl. § 21.4.

Die Zerlegung (36) stellt übrigens nichts anderes als die Transformation (7) auf Diagonalform dar zusammen mit der Orthonormalbeziehung (34) der Rechts- und Linksvektoren, $\boldsymbol{Y}'\boldsymbol{X} = \boldsymbol{I}$:

$$\boldsymbol{A} = \boldsymbol{X}\boldsymbol{\Lambda}\boldsymbol{X}^{-1} = \boldsymbol{X}\boldsymbol{\Lambda}\boldsymbol{Y}'$$

lautet ausführlich

$$\boldsymbol{A} = (\boldsymbol{x}_1\,,\ldots,\boldsymbol{x}_n)\,\boldsymbol{\Lambda}\begin{pmatrix}\boldsymbol{y}_1'\\ \vdots\\ \boldsymbol{y}_n'\end{pmatrix} = (\lambda_1\boldsymbol{x}_1,\ldots,\lambda_n\boldsymbol{x}_n)\begin{pmatrix}\boldsymbol{y}_1'\\ \vdots\\ \boldsymbol{y}_n'\end{pmatrix},$$

woraus Gl. (36) unmittelbar folgt.

§ 15. Symmetrische und hermitesche Matrizen

15.1. Eigenwerte und Eigenvektoren

Für die Eigenwertaufgabe spielen die symmetrischen Matrizen eine besondere Rolle, nicht allein wegen ihrer großen Bedeutung für zahlreiche Anwendungen aus Geometrie und Mechanik, sondern auch weil sich für sie die Theorie des Eigenwertproblems besonders einfach und durchsichtig gestaltet. Sie bilden daher auch historisch den Ausgangspunkt der Eigenwerttheorie, die freilich in der Folge über ihre hier begründeten Anfänge weit hinausgewachsen ist. Die meisten der für reelle symmetrische Matrizen charakteristischen Eigenschaften finden sich auch bei der komplexen Verallgemeinerung, den *hermiteschen Matrizen* wieder (vgl. § 4, inbes. 4.2), so daß es zweckmäßig ist, alle Untersuchungen auch auf sie auszudehnen, auch wenn viele der Anwendungen auf reell symmetrische, also reell hermitesche Matrizen beschränkt sind. Die Bezeichnung „symmetrisch" wird dann auch wohl in diesem verallgemeinerten Sinne hermitescher Matrix gebraucht. Ein in der komplexen Denkweise weniger bewanderter Leser möge sich hiervon nicht abschrecken lassen. Zu allgemeingültigen Aussagen kommt man nur, wenn man auch komplexe Matrizen in die Betrachtung mit einbezieht.

Hermitesche und insbesondere reell symmetrische Matrizen zeichnen sich, wie wir in § 13.6 an Hand des RAYLEIGH-Quotienten zeigten, dadurch aus, daß ihre Eigenwerte sämtlich reell sind, was ja — auch bei reeller Matrix — keineswegs selbstverständlich ist. Ist die Matrix überdies positiv definit, so sind die Eigenwerte positiv; ist sie semidefinit vom Range $r < n$, so tritt der $(n - r)$-fache Eigenwert $\lambda = 0$ auf.

Für den Fall *reell* hermitescher, also reell symmetrischer Matrix fallen auch die *Eigenvektoren* reell aus[1], was bei nicht reeller hermitescher

[1] genauer: sie sind stets in reeller Form darstellbar, sie sind reell abgesehen von der Möglichkeit der Multiplikation mit beliebigem komplexen Faktor oder einer Linearkombination reeller Vektoren mit komplexen Konstanten.

Matrix natürlich nicht sein kann. Nur die reell symmetrischen Matrizen sowie solche, die sich durch eine reelle Ähnlichkeitstransformation in sie überführen lassen, sogenannte reell symmetrisierbare Matrizen (vgl. § 16.1), besitzen *ausnahmslos* reelle Eigenwerte und Eigenvektoren, wodurch hier alle Verhältnisse eine willkommene Vereinfachung erfahren.

Für die Eigenvektoren reell symmetrischer Matrizen folgt aus § 13.4, Satz 6 und 7 die wichtige Eigenschaft der *Orthogonalität* bzw. (im Falle mehrfacher Eigenwerte) *Orthogonalisierbarkeit* der Vektoren. Die entsprechende Verallgemeinerung läßt sich auch für hermitesche Matrizen zeigen, und zwar auf ähnlichem Wege wie früher. Aus den beiden für zwei verschiedene Eigenwerte $\lambda_i \neq \lambda_k$ der Matrix angeschriebenen Eigenwertgleichungen

$$\boldsymbol{A}\,\boldsymbol{x}_k = \lambda_k\,\boldsymbol{x}_k$$

$$\boldsymbol{x}_i^*\,\boldsymbol{A}^* = \bar{\lambda}_i\,\boldsymbol{x}_i^* = \lambda_i\,\boldsymbol{x}_i^*\,,$$

von denen wir die zweite in konjugiert transponierter Form geschrieben haben unter Beachtung der Realität von λ_k, folgt durch Multiplikation mit $\boldsymbol{x}_i^*$ bzw. $\boldsymbol{x}_k$ und Subtraktion unter Berücksichtigung der Eigenschaft $\boldsymbol{A}^* = \boldsymbol{A}$ hermitescher Matrix

$$(\lambda_i - \lambda_k)\,\boldsymbol{x}_i^*\,\boldsymbol{x}_k = 0$$

und daraus wegen $\lambda_i \neq \lambda_k$:

$$\boxed{\boldsymbol{x}_i^*\,\boldsymbol{x}_k = 0} \qquad \text{für } \lambda_i \neq \lambda_k\,. \tag{1}$$

Die Eigenvektoren sind also konjugiert orthogonal oder, wie man sagt, *unitär* (vgl. § 4.1), was im reellen Falle mit der gewöhnlichen Orthogonalität übereinstimmt.

Satz 1: *Zwei zu **verschiedenen** Eigenwerten gehörige Eigenvektoren einer hermiteschen (bzw. reell symmetrischen) Matrix sind zueinander **unitär** (bzw. reell **orthogonal**).*

Wir werden bald zeigen, daß die hermiteschen (die reell symmetrischen) Matrizen zur wichtigen Klasse der diagonalähnlichen gehören, daß sie also stets genau n linear unabhängige Eigenvektoren besitzen. Damit läßt sich dann ähnlich wie in § 13.4 nachweisen, daß sich die Eigenvektoren auch im Falle mehrfacher Eigenwerte stets unitarisieren (bzw. reell orthogonalisieren) lassen, der Matrix also ein System n unitärer (reell orthogonaler) Eigenvektoren, das System der *Hauptachsen* zugeordnet ist, jetzt — im reellen Falle — als ein rechtwinkliges Achsensystem, in welchem die Matrix dann wieder in der ausgezeichneten Form der Diagonalmatrix $\boldsymbol{\Lambda} = \mathrm{Diag}(\lambda_i)$ erscheint, die aber hier — wegen der Realität der Eigenwerte — in jedem Falle reell ist, eine besondere Eigenschaft der hermiteschen sowie der in sie durch Ähnlichkeitstransformation überführbaren, der sogenannten symmetrisierbaren Matrizen.

15.2. Extremaleigenschaften der Eigenwerte

Der RAYLEIGH-Quotient einer hermiteschen (einer reell symmetrischen) Matrix $\boldsymbol{A}$ zeichnet sich außer durch seine Realität noch durch eine weitere bemerkenswerte Eigenschaft aus, die insbesondere in numerischer Hinsicht wertvoll ist. Wir nehmen zunächst reell symmetrische Matrix $\boldsymbol{A}$ an, wo sich die Rechnung leicht explizit durchführen läßt, um sodann die Überlegung auf allgemeine hermitesche Matrix zu erweitern. Wir betrachten $R[\boldsymbol{x}]$ als reelle Funktion des jetzt als reell angenommenen Vektors $\boldsymbol{x}$, also als Funktion der n Variablen $x_1, x_2, \ldots, x_n$, und wir fragen nach den *Extremwerten* dieser Funktion. Die Bedingungen für das Auftreten solcher Extremwerte lauten bekanntlich $\partial R/\partial x_i = 0$, die wir zur Vektorgleichung $\partial R/\partial \boldsymbol{x} = \boldsymbol{o}$ zusammenfassen. Mit dem RAYLEIGH-Quotienten

$$R[\boldsymbol{x}] = \frac{\boldsymbol{x}'\boldsymbol{A}\,\boldsymbol{x}}{\boldsymbol{x}'\,\boldsymbol{x}}$$

erhalten wir nach den Differenzierregeln für quadratische Formen

$$\frac{\partial R}{\partial \boldsymbol{x}} = \frac{1}{\boldsymbol{x}'\,\boldsymbol{x}}\,2\,\boldsymbol{A}\,\boldsymbol{x} - \frac{\boldsymbol{x}'\,\boldsymbol{A}\,\boldsymbol{x}}{(\boldsymbol{x}'\,\boldsymbol{x})^2}\,2\,\boldsymbol{x} = \frac{2}{\boldsymbol{x}'\,\boldsymbol{x}}\,(\boldsymbol{A}\boldsymbol{x} - R[\boldsymbol{x}]\,\boldsymbol{x}) = \boldsymbol{o} \tag{2}$$

oder

$$\boldsymbol{A}\,\boldsymbol{x} = R[\boldsymbol{x}]\,\boldsymbol{x} = \lambda\,\boldsymbol{x}\,. \tag{3}$$

Hier ist ja $R[\boldsymbol{x}]$ eine reelle Zahl, für die wir auch λ schreiben können, womit Gl. (3) auch äußerlich die Form der Eigenwertaufgabe mit reell symmetrischer Matrix annimmt. Ihre Lösungen, die Eigenwerte λ_i sind dann gerade die gesuchten Extremwerte des RAYLEIGH-Quotienten, die dieser für die zugehörigen Eigenvektoren $\boldsymbol{x}_i$ annimmt.

Satz 2: *Genau für die Eigenvektoren $\boldsymbol{x}_i$ nimmt der Rayleigh-Quotient $R[\boldsymbol{x}]$ einer reell symmetrischen Matrix $\boldsymbol{A}$ seine Extremwerte $R[\boldsymbol{x}_i] = \lambda_i$ als die Eigenwerte der Matrix an. Denkt man sich die Eigenwerte nach ihrer Größe geordnet*:

$$\lambda_1 \geqq \lambda_2 \geqq \cdots \geqq \lambda_n\,, \tag{4}$$

so gilt insbesondere

$$R[\boldsymbol{x}_1] = \lambda_1 = \text{Max}\,, \quad R[\boldsymbol{x}_n] = \lambda_n = \text{Min}\,. \tag{5}$$

Diese Extremaleigenschaft des RAYLEIGH-Quotienten ist nun für die numerische Rechnung von größter Bedeutung. Ist nämlich $\boldsymbol{x}$ eine *Näherung* für einen Eigenvektor, so stellt der mit ihr gebildete Quotient $R[\boldsymbol{x}]$ eine besonders gute Näherung für den zugehörigen Eigenwert dar in dem Sinne, daß der Eigenwertfehler von höherer Ordnung klein ist gegenüber dem Vektorfehler. Dies hat insbesondere für das in § 14.4 beschriebene Iterationsverfahren zur Folge, daß man das Verfahren schon bei verhältnismäßig grober Näherung für den Eigenvektor abbrechen und mit dieser eine recht gute Näherung für den Eigenwert aufstellen kann, jedenfalls eine wesentlich bessere, als etwa die Quotienten $q_i^{(\nu)} = z_i^{(\nu)}/z_i^{(\nu-1)}$ der einzelnen Vektorkomponenten liefern. Handelt es sich dabei überdies, wie es die Regel ist, um den dominanten Eigenwert größten Betrages, so weiß man wegen der Extremaleigenschaft, daß der RAYLEIGH-Quotient diesen Betrag *stets von unten her* annähert, daß also jede dem Betrage nach größere Näherung, die auf diesem Wege mittels RAYLEIGH-Quotient ermittelt wird, automatisch besser ist. Dies alles aber gilt, wie ausdrücklich betont sei, ausschließlich für reell symmetrische Matrix oder ihre komplexe Verallgemeinerung, die hermitesche Matrix. Im Falle allgemeiner nichtsymmetrischer Matrix braucht der RAYLEIGH-Quotient weder eine besonders gute Näherung für den Eigenwert zu liefern, noch weiß man etwas über das Fehlervorzeichen. — Für das in § 14.4 angeführte Zahlenbeispiel erhalten wir für den RAYLEIGH-Quotienten schon für die noch recht grobe Näherung $\boldsymbol{z}_1$

$$R[\boldsymbol{z}_1] = \frac{445}{45} = 9{,}888\ldots$$

mit einem Fehler von nur 1,11% gegenüber dem exakten Wert $\lambda_1 = 10$, während die zugehörigen Quotienten q_i die noch stark streuenden Werte

$$q_1 = 45/5 = 9\,, \quad q_2 = 22/2 = 11\,, \quad q_3 = 44/4 = 11$$

annehmen, also gegenüber einem Mittel von 10 einen Fehler von 10% aufweisen. Mit dem 3. und 4. iterierten Vektor ergibt sich die beachtlich gute Näherung 9,999 989.

Einen guten Einblick in das Fehlerverhalten und zugleich einen Fingerzeig dafür, wie man den Quotienten im Falle nichtsymmetrischer, aber diagonalähnlicher Matrix verallgemeinern muß, um zu ähnlichen Ergebnissen zu kommen, gibt die folgende Rechnung, wo wir Entwickelbarkeit der iterierten Vektoren voraussetzen. Wir denken uns den Vektor ν-ter Stufe $\boldsymbol{z}_\nu$ nach den Eigenvektoren $\boldsymbol{x}_i$ der reell symmetrischen Matrix entwickelt in der Form

$$\boldsymbol{z}_\nu = \boldsymbol{x}_1 + c_2\,\boldsymbol{x}_2 + \cdots + c_n\,\boldsymbol{x}_n\,. \tag{6}$$

Wir nehmen dabei die Eigenvektoren $\boldsymbol{x}_i$ als orthonormiert an:

$$\boldsymbol{x}_i'\,\boldsymbol{x}_k = \delta_{ik}\,. \tag{7}$$

Dominiert der erste Eigenwert, $|\lambda_1| > |\lambda_2|$, und ist die Iteration weit genug fortgeschritten, so dürfen wir die Entwicklungskoeffizienten c_i der höheren Eigenvektoren gegenüber dem zu 1 angenommenen Koeffizienten $c_1 = 1$ als klein ansehen. Zufolge der Orthonormierung Gl. (7) erhalten wir dann für Zähler und Nenner der RAYLEIGH-Quotienten

$$\begin{aligned} \boldsymbol{z}_{\nu+1}'\,\boldsymbol{z}_\nu &= 1\,\lambda_1 + \lambda_2\,c_2^2 + \lambda_3\,c_3^2 + \cdots + \lambda_n\,c_n^2\,, \\ \boldsymbol{z}_\nu'\boldsymbol{z}_\nu &= 1 + c_2^2 + c_3^2 + \cdots + c_n^2 \end{aligned}$$

und damit nach Umformung

$$R[z_\nu] = \frac{\lambda_1 (1 + c_2^2 + \cdots + c_n^2) - (\lambda_1 - \lambda_2)\, c_2^2 - (\lambda_1 - \lambda_3)\, c_3^2 - \cdots - (\lambda_1 - \lambda_n)\, c_n^2}{1 + c_2^2 + c_3^2 + \cdots + c_n^2}$$

$$= \lambda_1 - \frac{(\lambda_1 - \lambda_2)\, c_2^2 + \cdots + (\lambda_1 - \lambda_n)\, c_n^2}{1 + c_2^2 + \cdots + c_n^2}\,. \tag{8}$$

Hier bewirkt das Abzugsglied wegen der Annahme $|\lambda_1| > |\lambda_i|$ stets ein Verkleinern des Betrages, so daß R stets eine betragsmäßig zu kleine Näherung ergibt. Vor allem aber ist dieses Fehlerglied *quadratisch* in den Koeffizienten c_i, das sind die Verunreinigungen, die der iterierte Vektor $\boldsymbol{z}_\nu$ gegenüber dem Eigenvektor $\boldsymbol{x}_1$ noch aufweist.

Bei der Herleitung der letzten Formel war offenbar die Orthogonalität der Eigenvektoren der symmetrischen Matrix wesentlich. Bei allgemeiner nicht symmetrischer, aber diagonalähnlicher Matrix muß man demgemäß, um zu ähnlichen Ergebnissen zu kommen, den RAYLEIGH-Quotienten dahingehend abändern, daß die Rechtseigenvektoren $\boldsymbol{x}_i$ mit den Linksvektoren $\boldsymbol{y}_k$ der Matrix kombiniert werden. Außer den Iterierten $\boldsymbol{z}_\nu$ sind also auch noch die *Linksiterierten* $\boldsymbol{v}_\nu$ zu benutzen, die, von beliebigem Ausgangsvektor $\boldsymbol{v}_0$ aus, nach

$$\boxed{\boldsymbol{v}_\nu = \boldsymbol{A}'\, \boldsymbol{v}_{\nu-1}}\,, \quad \nu = 1, 2, \ldots \tag{9}$$

mit der transponierten Matrix gebildet werden. Entwickeln wir dann den Vektor $\boldsymbol{v}_\mu$ einer (genügend hohen) Stufe μ ähnlich wie oben nach den Linksvektoren

$$\boldsymbol{v}_\mu = \boldsymbol{y}_1 + d_2\, \boldsymbol{y}_2 + \cdots + d_n\, \boldsymbol{y}_n \tag{6a}$$

und setzen Biorthonormierung der Rechts- und Linkseigenvektoren voraus:

$$\boldsymbol{y}_i' \boldsymbol{x}_k = \delta_{ik}\,, \tag{7a}$$

so erhalten wir für den *abgewandelten Rayleigh-Quotienten*

$$\boxed{R\,[\boldsymbol{v}_\mu, \boldsymbol{z}_\nu] = \frac{\boldsymbol{v}_{\mu+1}'\, \boldsymbol{z}_\nu}{\boldsymbol{v}_\mu'\, \boldsymbol{z}_\nu} = \frac{\boldsymbol{v}_\mu'\, \boldsymbol{z}_{\nu+1}}{\boldsymbol{v}_\mu'\, \boldsymbol{z}_\nu}} \tag{10}$$

ähnlich wie oben

$$R = \lambda_1 - \frac{(\lambda_1 - \lambda_2)\, c_2\, d_2 + \cdots + (\lambda_1 - \lambda_n)\, c_n\, d_n}{1 + c_2\, d_2 + \cdots + c_n\, d_n}\,. \tag{8a}$$

Auch hier ist der Fehler wieder quadratisch in den Verunreinigungen c_i, d_i der dominanten Vektoren $\boldsymbol{x}_1$, $\boldsymbol{y}_1$. Über sein Vorzeichen aber kann nichts mehr gesagt werden. Praktisch wird man die beiden Iterationsstufen ν und μ einander gleich machen; es kommt lediglich darauf an, daß in beiden Vektoren $\boldsymbol{z}_\nu$ und $\boldsymbol{v}_\mu$ der Einfluß der höheren Eigenvektoren gegenüber den dominanten schon hinreichend stark zurückgegangen ist, die Koeffizienten c_i und d_i also hinreichend klein sind.

Die Extremaleigenschaft des RAYLEIGH-Quotienten für die Eigenvektoren läßt sich im Falle reell symmetrischer Matrix anschaulich deuten. Es ist offenbar die Forderung

$$R[\boldsymbol{x}] = \genfrac{}{}{0pt}{}{\text{Max}}{\text{Min}} \text{ gleichbedeutend mit } \boldsymbol{x}'\boldsymbol{A}\,\boldsymbol{x} = \genfrac{}{}{0pt}{}{\text{Max}}{\text{Min}} \text{ bei } \boldsymbol{x}'\,\boldsymbol{x} = 1 \tag{11a}$$

oder, was auf das gleiche hinausläuft,

$$R[\boldsymbol{x}] = \genfrac{}{}{0pt}{}{\text{Max}}{\text{Min}} \text{ gleichbedeutend mit } \boldsymbol{x}'\,\boldsymbol{x} = \genfrac{}{}{0pt}{}{\text{Min}}{\text{Max}} \text{ bei } \boldsymbol{x}'\boldsymbol{A}\,\boldsymbol{x} = 1\,. \tag{11b}$$

Nun stellt, wie wir wissen,

$$Q = \boldsymbol{x}'\boldsymbol{A}\,\boldsymbol{x} = 1\,, \qquad \boldsymbol{A} = \boldsymbol{A}' \tag{12}$$

die Mittelpunktsgleichung einer *Fläche zweiten Grades* dar. Die Forderung Gl. (11b) bestimmt also die Vektoren $\boldsymbol{x}$ extremaler Länge, und das sind gerade die *Hauptachsen* der Fläche. Die orthogonalen Eigenvektoren $\boldsymbol{x}_i$ der symmetrischen Matrix, für die ja der RAYLEIGH-Quotient sein Extremum annimmt, stellen also die Hauptachsen der Fläche $Q =$ konst. dar.

15.3. Extremaleigenschaft, Fortsetzung

Die soeben entwickelten anschaulichen Vorstellungen lassen sich auf hermitesche Matrix $\boldsymbol{A}$ verallgemeinern und zu einem Beweis der Existenz n unitärer und damit linear unabhängiger Eigenvektoren dieser Matrix ausbauen, womit dann die hermitesche (die reell symmetrische) Matrix als zur Klasse der diagonalähnlichen Matrizen nachgewiesen ist[1]. Wir gehen aus von der hermiteschen Form $Q = \boldsymbol{x}^*\boldsymbol{A}\,\boldsymbol{x}$ und fragen nach einer Lösung der Maximalaufgabe

$$\boxed{Q[\boldsymbol{x}] = \boldsymbol{x}^*\boldsymbol{A}\,\boldsymbol{x} = \text{Max}}\,, \qquad \boldsymbol{A} = \boldsymbol{A}^* \tag{13}$$

unter der Nebenbedingung

$$\boldsymbol{x}^*\boldsymbol{x} = 1\,, \tag{14.1}$$

also unter Zulassung aller normierten n-dimensionalen Vektoren $\boldsymbol{x}$. Diese Aufgabe besitzt nach einem Satze von WEIERSTRASS — eine stetige Funktion nimmt auf einer abgeschlossenen beschränkten Punktmenge ihr absolutes Maximum in mindestens einem Punkte des Bereiches an — sicher eine Lösung. Sie sei $\boldsymbol{x}_1$ und es sei $Q[\boldsymbol{x}_1] = \lambda_1$ das zugehörige Maximum. Sodann fragen wir weiter nach Lösungen der Aufgabe Gl. (13) unter den neuen Nebenbedingungen

$$\boldsymbol{x}^*\boldsymbol{x} = 1\,, \quad \boldsymbol{x}^*\boldsymbol{x}_1 = 0\,, \tag{14.2}$$

[1] Wir folgen hier der Darstellung in R. COURANT u. D. HILBERT: Methoden der mathematischen Physik Bd. 1, 2. Aufl. Berlin 1931, S. 19—23 sowie L. COLLATZ: Eigenwertaufgaben [3], S. 289—294.

lassen also jetzt unter allen normierten Vektoren nur noch solche zu, die zur gefundenen Lösung $\boldsymbol{x}_1$ unitär sind. Auch diese Aufgabe hat nach dem gleichen Satz wieder eine Lösung; sie sei $\boldsymbol{x}_2$ und $Q[\boldsymbol{x}_2] = \lambda_2$ sei das zugehörige Maximum der Form. Anschaulich etwa für den dreidimensionalen Raum heißt das: Nachdem wir auf der Einheitskugel $\boldsymbol{x}'\boldsymbol{x} = 1$ jenen Punkt $\boldsymbol{x}_1$ gefunden haben, für den Q sein Maximum λ_1 annimmt, betrachten wir auf der Kugel nur noch Punkte in der Ebene senkrecht zu $\boldsymbol{x}_1$ und suchen hier einen Punkt $\boldsymbol{x}_2$, für den jetzt Q zum Maximum wird, das wir λ_2 nennen. Dann ist $\lambda_1 \geqq \lambda_2$, wo das Gleichheitszeichen steht, wenn es sich bei den Flächen $Q =$ konst. um Drehflächen handelt, der Wert von Q sich also in der durch die Vektoren $\boldsymbol{x}_1, \boldsymbol{x}_2$ gelegten Ebene nicht ändert. — Wir gehen zur dritten Maximumaufgabe über, nämlich zur Ermittlung einer Lösung von Gl. (13) unter den *drei* Nebenbedingungen

$$\boldsymbol{x}^* \boldsymbol{x} = 1\,, \quad \boldsymbol{x}^* \boldsymbol{x}_1 = \boldsymbol{x}^* \boldsymbol{x}_2 = 0\,, \tag{14.3}$$

wozu es (bei $n \geqq 3$) sicher wieder eine Lösung $\boldsymbol{x}_3$ mit dem zugehörigen Maximum $Q[\boldsymbol{x}_3] = \lambda_3$ gibt, und es ist $\lambda_1 \geqq \lambda_2 \geqq \lambda_3$. Indem wir in dieser Weise fortfahren, erhalten wir genau n unitäre Vektoren. Das Verfahren endet von selbst, wenn sich kein zu den vorherigen unitärer, also von ihnen linear unabhängiger Vektor mehr angeben läßt, und das ist der Fall, wenn n Vektoren gefunden sind. Alle diese Vektoren machen den Rayleigh-Quotienten Gl. (1) zum Extremum. In ähnlicher Weise wie zu Anfang von 15.2, nur jetzt für komplexe Vektoren und Matrix, etwa durch Aufspalten in Real- und Imaginärteil, läßt sich dann zeigen, daß der Extremalaufgabe gerade unsere Eigenwertaufgabe entspricht. Wir fassen zusammen:

Satz 3: *Eine n-reihige hermitesche (bzw. reell symmetrische) Matrix* $\boldsymbol{A}$ *besitzt genau n linear unabhängige Eigenvektoren, die zueinander unitär (bzw. reell orthogonal) auswählbar sind nach*

$$\boxed{\boldsymbol{x}_i^* \boldsymbol{x}_k = \delta_{ik}} \tag{15}$$

und sich zur unitären (bzw. orthogonalen) Modalmatrix

$$\boldsymbol{X} = (\boldsymbol{x}_1, \boldsymbol{x}_2, \ldots, \boldsymbol{x}_n) \quad \text{mit} \quad \boldsymbol{X}^* \boldsymbol{X} = \boldsymbol{I} \tag{16}$$

zusammenfassen lassen. Hermitesche (reell symmetrische) Matrizen gehören damit zur Klasse der diagonalähnlichen, und zwar transformiert sich $\boldsymbol{A}$ *durch die* **unitäre** *(reell* **orthogonale***) Transformation*

$$\boxed{\boldsymbol{X}^* \boldsymbol{A} \boldsymbol{X} = \boldsymbol{\Lambda} = \operatorname{Diag}(\lambda_i)} \tag{17}$$

auf **reelle** *Diagonalform der Eigenwerte.*

Das letzte zeigt man genau so wie unter § 14.1, wobei lediglich noch die Unitarität bzw. Orthogonalität Gl. (16) der Eigenwertmatrix $\boldsymbol{X}$ benutzt wird. Die unitären bzw. orthogonalen Eigenrichtungen werden die *Hauptachsen* der Matrix, die Transformation Gl. (17) *Hauptachsentransformation* genannt.

15.4. Anwendung auf quadratische Formen

Für eine reelle quadratische Form oder gleich wieder allgemeiner eine hermitesche Form

$$Q = \boldsymbol{x}^* \boldsymbol{A} \boldsymbol{x} = \sum a_{ik} \bar{x}_i x_k \tag{18}$$

mit hermitescher (reell symmetrischer) Matrix $\boldsymbol{A} = \boldsymbol{A}^*$ führt die Hauptachsentransformation

$$\boldsymbol{x} = \boldsymbol{X} \boldsymbol{y} \tag{19}$$

mit der unitären (reell orthogonalen) Modalmatrix $\boldsymbol{X}$ als Transformationsmatrix auf reine Diagonalform mit den reellen Koeffizienten λ_i:

$$\boxed{Q = \boldsymbol{y}^* \boldsymbol{X}^* \boldsymbol{A} \boldsymbol{X} \boldsymbol{y} = \boldsymbol{y}^* \boldsymbol{\Lambda} \boldsymbol{y} = \sum_{i=1}^{n} \lambda_i \bar{y}_i y_i}\,, \tag{20}$$

aus der sich die Realität der Form unmittelbar ablesen läßt. Im reellen Fall der quadratischen Form ergibt sich so

$$\boxed{Q = \lambda_1 y_1^2 + \lambda_2 y_2^2 + \cdots + \lambda_n y_n^2}\,. \tag{20a}$$

Die Mittelpunktsgleichung der Fläche zweiten Grades $Q = \boldsymbol{x}' \boldsymbol{A} \boldsymbol{x} = 1$ nimmt dann die Hauptachsenform

$$\boxed{\lambda_1 y_1^2 + \lambda_2 y_2^2 + \cdots + \lambda_n y_n^2 = 1} \tag{21}$$

an, woraus wir durch Vergleich mit der bekannten Gleichung

$$\frac{y_1^2}{a_1^2} + \frac{y_2^2}{a_2^2} + \cdots + \frac{y_n^2}{a_n^2} = 1 \tag{21a}$$

mit den (reellen oder imaginären) Halbachsen a_i die anschauliche Deutung der *Eigenwerte* λ_i *als Kehrwerte der Halbachsenquadrate*, $\lambda_i = 1/a_i^2$ ablesen. Die Formen (20) und (20a) sind ersichtlich genau dann positiv bzw. nichtnegativ, d. h. aber sie sind positiv definit bzw. semidefinit, wenn alle Eigenwerte positiv bzw. nicht negativ sind, $\lambda_i > 0$ bzw. $\geqq 0$, was wir schon mit Hilfe des RAYLEIGH-Quotienten in § 13.6, Satz 10 fanden. Hat die Matrix $\boldsymbol{A}$ den Rang r, so tritt der d-fache Eigenwert $\lambda = 0$ auf mit dem Defekt $d = n - r$, da Rangabfall d und Vielfachheit des Eigenwertes bei diagonalähnlicher Matrix übereinstimmen. Die Diagonalform (20) bzw. (20a) reduziert sich hier auf r Variable y_i, während d restliche in ihr gar nicht vorkommen. Die Fläche entartet zum Zylinder.

Wie wir wissen, ist bei beliebiger auch nichtquadratischer Matrix $\boldsymbol{A}$ die mit ihr nach der GAUSSschen Transformation gebildete Matrix $\boldsymbol{A}^* \boldsymbol{A}$ hermitesch bzw. im Falle reeller Matrix $\boldsymbol{A}$ reell symmetrisch, und sie ist, wie gleichfalls bekannt, positiv definit oder semidefinit, je nachdem der Rang r von $\boldsymbol{A}$ gleich oder kleiner als n ist (vgl. § 11.2). Es sei nun umgekehrt die positiv (semi-)definite hermitesche Matrix $\boldsymbol{B}$ gegeben und wir fragen nach der Darstellung dieser Matrix in der Form

$$\boxed{\boldsymbol{B} = \boldsymbol{A}^* \boldsymbol{A}}\,. \tag{22}$$

Als definite Matrix besitzt $\boldsymbol{B}$ ausschließlich positive bzw. nichtnegative Eigenwerte λ_i, für die wir daher $\lambda_i = \varkappa_i^2 \geqq 0$ schreiben können. Ist nun $\boldsymbol{X}$ die Unitärmatrix der Eigenvektoren von $\boldsymbol{B}$, so folgt aus der Hauptachsentransformation

$$\boldsymbol{X}^* \boldsymbol{B} \boldsymbol{X} = \Lambda = \mathsf{K}^2$$

mit

$$\boxed{\mathsf{K} = \operatorname{Diag}(\varkappa_i), \quad \varkappa_i = +\sqrt{\lambda_i}} \tag{23}$$

für $\boldsymbol{B}$:

$$\boldsymbol{B} = \boldsymbol{X} \mathsf{K}^2 \boldsymbol{X}^* = \boldsymbol{X} \mathsf{K} (\overline{\boldsymbol{X}} \mathsf{K})' = \boldsymbol{A}^* \boldsymbol{A}\,.$$

Damit haben wir die gesuchte Aufspaltung:

Satz 4: *Eine positiv (semi-)definite hermitesche Matrix $\boldsymbol{B}$ läßt sich stets darstellen in der Form* (22), *wo man $\boldsymbol{A}$ erhält aus*

$$\boxed{\boldsymbol{A} = \mathsf{K} \boldsymbol{X}^*} \tag{24}$$

mit der Matrix $\boldsymbol{X}$ unitärer Eigenvektoren und der Diagonalmatrix K der positiven Wurzeln der Eigenwerte $\lambda_i = \varkappa_i^2 \geqq 0$ von $\boldsymbol{B}$.

Ist $\boldsymbol{B}$ eigentlich definit, $\varkappa_i > 0$, so ist $\boldsymbol{A}$ quadratisch nichtsingulär. Ist dagegen $\boldsymbol{B}$ semidefinit vom Range $r < n$ und setzen wir dann $\varkappa_{r+1} = \cdots = \varkappa_n = 0$, so werden die $d = n - r$ letzten Zeilen von $\boldsymbol{A}$ Null. Wir können sie dann überhaupt fortlassen und $\boldsymbol{A}$ reduziert sich auf eine rn-Matrix vom Range r (r linear unabhängige Zeilen).

Beispiel: $\boldsymbol{B} = \begin{pmatrix} 2 & 3 \\ 3 & 10 \end{pmatrix}$, $\lambda_1 = 1$, $\lambda_2 = 11$, $\boldsymbol{x}_1 = \begin{pmatrix} 3 \\ -1 \end{pmatrix}$, $\boldsymbol{x}_2 = \begin{pmatrix} 1 \\ 3 \end{pmatrix}$

$$\boldsymbol{X} = \frac{1}{\sqrt{10}} \begin{pmatrix} 3 & 1 \\ -1 & 3 \end{pmatrix}, \quad \mathsf{K} = \begin{pmatrix} 1 & 0 \\ 0 & \sqrt{11} \end{pmatrix}$$

$$\boldsymbol{A} = \mathsf{K} \boldsymbol{X}' = \frac{1}{\sqrt{10}} \begin{pmatrix} 3 & -1 \\ \sqrt{11} & 3\sqrt{11} \end{pmatrix} \quad \boldsymbol{A}' \boldsymbol{A} = \frac{1}{10} \begin{pmatrix} 20 & 30 \\ 30 & 100 \end{pmatrix} = \begin{pmatrix} 2 & 3 \\ 3 & 10 \end{pmatrix} = \boldsymbol{B}\,.$$

15.5. Allgemeine Eigenwertaufgabe

Auch für die in § 13.8 eingeführte allgemeine Aufgabe des Matrizenpaares $\boldsymbol{A}, \boldsymbol{B}$

$$\boxed{\boldsymbol{A}\,\boldsymbol{x} = \lambda\,\boldsymbol{B}\,\boldsymbol{x}} \quad \text{bzw.} \quad \boxed{(\boldsymbol{A} - \lambda\,\boldsymbol{B})\,\boldsymbol{x} = \boldsymbol{o}} \tag{25}$$

spielt in den Anwendungen der Fall reell symmetrischer Matrizen $\boldsymbol{A}$, $\boldsymbol{B}$ die Hauptrolle, wie schon die in § 12.3 angeführten Beispiele von Schwingungsaufgaben zeigten, und auch der Theorie ist dieser Fall sowie die komplexe Verallgemeinerung hermitescher Matrizen am leichtesten zugänglich. Indessen reicht hier Symmetrie der beiden Matrizen allein noch nicht aus, um für Eigenwerte und Eigenvektoren von Matrizenpaaren jene besonderen Eigenschaften zu sichern, durch die sich die Aufgabe bei symmetrischer Einzelmatrix auszeichnet. Geht doch beim Übergang auf die spezielle Aufgabe durch Linksmultiplikation mit der Kehrmatrix der etwa nichtsingulär vorausgesetzten Matrix $\boldsymbol{B}$ die Symmetrie im allgemeinen verloren, abgesehen von dem für die Anwendungen wenig bedeutsamen Falle kommutativer Matrizen $\boldsymbol{A}$, $\boldsymbol{B}$. Wesentlich ist hier vielmehr noch die Forderung *positiver Definitheit* für die beim Parameter stehende Matrix $\boldsymbol{B}$. Bilden wir nämlich aus Gl. (25) durch Linksmultiplikation mit $\boldsymbol{x}^*$ die Beziehung

$$\boldsymbol{x}^*\,\boldsymbol{A}\,\boldsymbol{x} = \lambda\,\boldsymbol{x}^*\,\boldsymbol{B}\,\boldsymbol{x}\,,$$

so läßt sich aus ihr der auf die allgemeine Aufgabe abgewandelte RAYLEIGH-*Quotient*

$$\boxed{R[\boldsymbol{x}] = \frac{\boldsymbol{x}^*\boldsymbol{A}\,\boldsymbol{x}}{\boldsymbol{x}^*\boldsymbol{B}\,\boldsymbol{x}}}\,, \qquad R[\boldsymbol{x}_i] = \lambda_i \tag{26}$$

sinnvoll nur bilden, wenn der Nenner nicht verschwinden kann, und das ist gerade dann der Fall, wenn $\boldsymbol{B}$ positiv definit ist. Nur dann folgt aus Gl. (26) die Realität der Eigenwerte: zwar ist sowohl Zähler wie Nenner in Gl. (26) bei hermiteschem $\boldsymbol{A}$ und $\boldsymbol{B}$ reell. Für den Fall aber, daß Zähler und Nenner gleichzeitig verschwinden, sagt das über die Eigenwerte nichts mehr aus, wie das Beispiel der reell symmetrischen Matrizen

$$\boldsymbol{A} = \begin{pmatrix} 4 & 1 \\ 1 & 0 \end{pmatrix} \qquad \boldsymbol{B} = \begin{pmatrix} 3 & 2 \\ 2 & 1 \end{pmatrix}$$

mit der charakteristischen Gleichung

$$\begin{vmatrix} 4 - 3\lambda & 1 - 2\lambda \\ 1 - 2\lambda & -\lambda \end{vmatrix} = -\lambda^2 - 1 = 0\,,$$

also komplexen Eigenwerten $\lambda = \pm\, i$ zeigt, wo $\boldsymbol{B}$ zwar symmetrisch, aber nicht definit ist. Für die zugehörigen Eigenvektoren verschwinden hier in der Tat die beiden Formen $\boldsymbol{x}^* \boldsymbol{A} \boldsymbol{x}$ und $\boldsymbol{x}^* \boldsymbol{B} \boldsymbol{x}$, wie leicht nachzurechnen.

Ist nun $\boldsymbol{B}$ positiv definit, so ist Gl. (25) auf die spezielle Aufgabe mit hermitescher Matrix zurückführbar. Dann nämlich läßt sich, wie wir im vorangehenden Abschnitt zeigen konnten, $\boldsymbol{B}$ aufspalten in $\boldsymbol{B} = \boldsymbol{C}^* \boldsymbol{C}$. Mit der Abkürzung $\boldsymbol{C}^{-1} = \boldsymbol{D}$ erhalten wir nach Multiplikation mit $\boldsymbol{D}^*$ und Einschalten von $\boldsymbol{D} \boldsymbol{C} = \boldsymbol{I}$

$$(\boldsymbol{D}^* \boldsymbol{A} \boldsymbol{D}) \boldsymbol{C} \boldsymbol{x} = \lambda \boldsymbol{C} \boldsymbol{x}$$

oder mit $\boldsymbol{C} \boldsymbol{x} = \boldsymbol{y}$ schließlich das spezielle Problem

$$\boldsymbol{H} \boldsymbol{y} = \lambda \boldsymbol{y}$$

mit der hermiteschen Matrix $\boldsymbol{H} = \boldsymbol{D}^* \boldsymbol{A} \boldsymbol{D}$. Wir fassen zusammen in

Satz 5: *Sind in der allgemeinen Eigenwertaufgabe Gl.* (25) *die beiden n-reihigen Matrizen* $\boldsymbol{A}$ *und* $\boldsymbol{B}$ *hermitesch (reell symmetrisch), ist* $\boldsymbol{B}$ *nichtsingulär und überdies*

entweder mit $\boldsymbol{A}$ *vertauschbar,* $\boldsymbol{A} \boldsymbol{B} = \boldsymbol{B} \boldsymbol{A}$,
oder positiv definit,

so ist die allgemeine Aufgabe Gl. (25) *auf eine spezielle mit hermitescher Matrix zurückführbar. Dann sind demnach sämtliche Eigenwerte der Aufgabe reell, es gibt genau n linear unabhängige Eigenvektoren, die im Falle reeller Matrizen reell sind. Ist auch noch* $\boldsymbol{A}$ *positiv definit oder semidefinit, so sind alle Eigenwerte positiv bzw. nicht negativ.*

Das letzte folgt sofort aus dem Rayleigh-Quotienten Gl. (26). — Auch die Hauptachsentransformation ist durchführbar. Nur hat man Normierung und Unitarisierung (Orthogonalisierung) jetzt *bezüglich der Matrix* $\boldsymbol{B}$ vorzunehmen, d. h. in der Form

$$\boxed{\boldsymbol{x}_i^* \boldsymbol{B} \boldsymbol{x}_k = \delta_{ik}} \,. \tag{27}$$

Die aus den so unitarisierten Eigenvektoren $\boldsymbol{x}_i$ gebildete Modalmatrix $\boldsymbol{X} = (\boldsymbol{x}_k)$ bildet dann eine *bezüglich* $\boldsymbol{B}$ *unitäre Matrix* mit der Eigenschaft

$$\boxed{\boldsymbol{X}^* \boldsymbol{B} \boldsymbol{X} = \boldsymbol{I}} \,. \tag{28}$$

Fassen wir die Eigenwertgleichungen $\boldsymbol{A} \boldsymbol{x}_i = \lambda_i \boldsymbol{B} \boldsymbol{x}_i$ zusammen zu

$$\boldsymbol{A} \boldsymbol{X} = \boldsymbol{B} \boldsymbol{X} \boldsymbol{\Lambda}$$

mit $\boldsymbol{\Lambda} = \mathrm{Diag}(\lambda_i)$, so erhalten wir durch Multiplikation mit $\boldsymbol{X}^*$ von links her unter Berücksichtigung von Gl. (28) die Hauptachsentransformation von $\boldsymbol{A}$ auf Diagonalform

$$\boxed{\boldsymbol{X}^* \boldsymbol{A} \boldsymbol{X} = \boldsymbol{\Lambda}} \,. \tag{29}$$

Satz 6: *Ein Paar hermitescher (reell symmetrischer) Matrizen, von denen $\boldsymbol{A}$ beliebig, $\boldsymbol{B}$ positiv definit ist, läßt sich durch eine gemeinsame Hermitesche (bzw. reelle) Kongruenztransformation $\boldsymbol{x} = \boldsymbol{X}\boldsymbol{y}$ gleichzeitig auf Diagonalform überführen nach*

$$\boxed{\begin{aligned} \boldsymbol{X}^* \boldsymbol{A} \boldsymbol{X} &= \boldsymbol{\Lambda} \quad (29)\\ \boldsymbol{X}^* \boldsymbol{B} \boldsymbol{X} &= \boldsymbol{I} \quad (28)\end{aligned}},$$

wo $\boldsymbol{A}$ in die Diagonalmatrix $\boldsymbol{\Lambda}$ der reellen Eigenwerte, $\boldsymbol{B}$ in die Einheitsmatrix übergeht. Transformationsmatrix $\boldsymbol{X}$ ist die Matrix der bezüglich $\boldsymbol{B}$ unitären (bzw. reell orthogonalen) Eigenvektoren des Matrizenpaares.

15.6. Schiefhermitesche und unitäre Matrizen

Für schiefhermitesche Matrix $\boldsymbol{A} = -\boldsymbol{A}^*$ zeigten wir in § 13.6, Satz 10, daß ihre Eigenwerte rein imaginär sind. Ist nun $\boldsymbol{A}$ reell, also schiefsymmetrisch, so treten die Eigenwerte als Wurzeln der charakteristischen Gleichung mit reellen Koeffizienten stets konjugiert komplex auf, also in der Form

$$\lambda = \pm i\beta, \qquad \lambda^2 = -\beta^2 \tag{30}$$

mit reellem β. Die charakteristische Gleichung ist somit von der Form

$$\left.\begin{aligned} \lambda^n + a_{n-2}\lambda^{n-2} + \cdots + a_2\lambda^2 + a_0 &= 0 \quad \text{für} \quad \text{gerades } n \\ \lambda^n + a_{n-2}\lambda^{n-2} + \cdots + a_3\lambda^3 + a_1\lambda &= 0 \quad \text{für ungerades } n \end{aligned}\right\} \tag{31}$$

Daraus folgt für den letzten Fall wegen der Wurzel $\lambda = 0$

Satz 7: *Eine reell schiefsymmetrische Matrix von ungerader Reihenzahl n ist stets singulär. Der zu $\lambda = 0$ gehörige Eigenvektor ist reell. Der Rang einer reell schiefsymmetrischen Matrix ist stets gerade.*

Für eine *unitäre* (eine reell orthogonale) Matrix $\boldsymbol{A}$ mit $\boldsymbol{A}^*\boldsymbol{A} = \boldsymbol{I}$ folgt aus $\boldsymbol{A}\boldsymbol{x} = \lambda\boldsymbol{x}$, $\boldsymbol{x}^*\boldsymbol{A}^* = \bar{\lambda}\boldsymbol{x}^*$

$$\boldsymbol{x}^*\boldsymbol{A}^*\boldsymbol{A}\boldsymbol{x} = \boldsymbol{x}^*\boldsymbol{x} = \bar{\lambda}\lambda\,\boldsymbol{x}^*\boldsymbol{x}$$

und somit wegen $\boldsymbol{x}^*\boldsymbol{x} \neq 0$:

$$\boxed{\bar{\lambda}\lambda = |\lambda|^2 = 1}\,. \tag{32}$$

Satz 8: *Die Eigenwerte einer unitären Matrix liegen sämtlich auf dem Einheitskreis der komplexen Ebene, sind also von der Form*

$$\boxed{\lambda_j = e^{i\varphi_j}} \tag{33}$$

Die Eigenwerte einer reell orthogonalen Matrix sind, soweit sie nicht gleich ± 1 sind, paarweise konjugiert von der Form

$$\boxed{\lambda = e^{\pm i\varphi}} \; . \tag{34}$$

Bei der reellen Matrix ist somit außer λ auch stets $1/\lambda$ Eigenwert, die charakteristische Gleichung ist daher eine sogenannte *reziproke,* d. h. sie ist von einer der beiden Formen

$$\lambda^n + a_1 \lambda^{n-1} + a_2 \lambda^{n-2} + \cdots + a_2 \lambda^2 + a_1 \lambda + 1 = 0 \tag{35a}$$

$$\lambda^n - a_1 \lambda^{n-1} + a_2 \lambda^{n-2} - + \cdots - a_2 \lambda^2 + a_1 \lambda - 1 = 0 \tag{35b}$$

wobei die zweite Form höchstens für ungerades n in Betracht kommt. Die Gleichung geht hier in sich über, wenn λ durch $1/\lambda$ ersetzt wird.

Die für hermitesche Matrizen geltende Unitariät zweier zu verschiedenen Eigenwerten gehörigen Eigenvektoren trifft auch für schiefhermitesche und unitäre Matrizen zu:

Satz 9: *Für hermitesche, schief-hermitesche und unitäre Matrix sind die zu verchiedenen Eigenwerten $\lambda_i \neq \lambda_k$ gehörigen Eigenvektoren zueinander unitsär:*

$$\boxed{\boldsymbol{x}_i^* \boldsymbol{x}_k = 0} \qquad \text{für} \quad \lambda_i \neq \lambda_k \, . \tag{36}$$

Die zu einem mehrfachen Eigenwert gehörigen lassen sich unitarisieren, so daß bei Normierung auf 1 *stets gilt*

$$\boxed{\boldsymbol{x}_i^* \boldsymbol{x}_k = \delta_{ik}} \; . \tag{37}$$

Für schiefhermitesche Matrix verläuft der Beweis ganz analog wie bei hermitescher, 15.1, Satz 1. Für unitäre Matrix $\boldsymbol{A}$ mit $\boldsymbol{A}^* = \boldsymbol{A}^{-1}$ und $\bar{\lambda} = 1/\lambda$ sieht man es folgendermaßen:

$$\boldsymbol{A}\boldsymbol{x}_j = \lambda_j \boldsymbol{x}_j \rightarrow \boldsymbol{x}_k^* \boldsymbol{A}\boldsymbol{x}_j = \lambda_j \boldsymbol{x}_k^* \boldsymbol{x}_j$$

$$\boldsymbol{x}_k^* \boldsymbol{A}^* = \bar{\lambda}_k \boldsymbol{x}_k^* = \boldsymbol{x}_k^* / \lambda_k$$

$$\boldsymbol{x}_k^* \lambda_k = \boldsymbol{x}_k^* \boldsymbol{A} \rightarrow \boldsymbol{x}_k^* \boldsymbol{A}\boldsymbol{x}_j = \lambda_k \boldsymbol{x}_k^* \boldsymbol{x}_j$$

$$(\lambda_j - \lambda_k) \boldsymbol{x}_k^* \boldsymbol{x}_j = 0 \rightarrow \boldsymbol{x}_k^* \boldsymbol{x}_j = 0 \quad \text{für} \quad \lambda_j \neq \lambda_k \, .$$

§ 16. Normale und normalisierbare Matrizen. Matrixnormen

Nachdem wir bis jetzt die für die Anwendungen so bedeutsamen symmetrischen Matrizen sowie ihre komplexen Verallgemeinerungen, die hermiteschen, aber auch die schiefhermiteschen und die unitären Matrizen als zur Klasse der diagnonalähnlichen Matrizen gehörig nachweisen konnten, für die sich mit einfachen Mitteln eine geschlossenen Theorie aufstellen ließ, § 14, soll nun diese Klasse durch die sogenannten symmetrisierbaren, normalen und normalisierbaren Matrizen abgerundet werden. Der im Anschluß daran eingeführte Begriff der Matrixnorm erweist sich in zunehmendem Maße als ein Hilfsmittel größter Tragweite sowohl für theoretische als auch für numerische Fragen der Eigenwerteingrenzung und Fehlerabschätzung. Die beiden letzten Abschnitte 16.6 und 16.7 dienen lediglich der Abrundung.

16.1. Symmetrisierbare Matrizen

Darunter versteht man als Verallgemeinerung hermitescher Matrizen solche, die sich durch Ähnlichkeitstransformation auf hermitesche Matrix und somit auch auf *reelle* Diagonalform überführen lassen. Sie sind darstellbar in der Produktform

$$\boxed{\boldsymbol{A} = \boldsymbol{B}\,\boldsymbol{C}} \tag{1}$$

aus zwei Faktoren $\boldsymbol{B}$ und $\boldsymbol{C}$, welche *beide hermitesch* (im reellen Falle also symmetrisch) sind, und von denen *eine* überdies noch (eigentlich) *positiv definit* sein muß:

$$\boxed{\begin{array}{l}\boldsymbol{B} \text{ und } \boldsymbol{C} \text{ hermitesch,}\\ \boldsymbol{B} \text{ oder } \boldsymbol{C} \text{ positiv definit}\end{array}}\,.$$

Ist nämlich z. B. $\boldsymbol{C}$ positiv definit mit (positiven) Eigenwerten $\varkappa_i^2 > 0$, so läßt sich $\boldsymbol{C}$ unitär (reell orthogonal) auf reelle Diagonalform $\mathsf{K}^2 = \operatorname{Diag}(\varkappa_i^2)$ transformieren, es gilt also

$$\boldsymbol{C} = \boldsymbol{U}^* \,\mathsf{K}^2\, \boldsymbol{U} \tag{2}$$

mit unitärer Matrix $\boldsymbol{U}$, $\boldsymbol{U}^*\,\boldsymbol{U} = \boldsymbol{I}$. Damit wird aus Gl. (1)

$$\boldsymbol{A} = \boldsymbol{B}\,\boldsymbol{U}^*\,\mathsf{K}^2\,\boldsymbol{U} = \boldsymbol{U}^*\,\mathsf{K}^{-1}\,(\mathsf{K}\,\boldsymbol{U}\,\boldsymbol{B}\,\boldsymbol{U}^*\,\mathsf{K})\,\mathsf{K}\,\boldsymbol{U}$$

mit $\mathsf{K} = \operatorname{Diag}(\varkappa_i)$, $\varkappa_i > 0$. Hier steht nun in der Klammer eine mit $\boldsymbol{B} = \boldsymbol{B}^*$ hermitesche Matrix

$$\boldsymbol{H} = \mathsf{K}\,\boldsymbol{U}\,\boldsymbol{B}\,\boldsymbol{U}^*\,\mathsf{K} = \boldsymbol{V}\,\boldsymbol{B}\,\boldsymbol{V}^*,\ \boldsymbol{H} = \boldsymbol{H}^*\,, \tag{3}$$

und mit dem nichtsingulären $\boldsymbol{V} = \mathsf{K}\,\boldsymbol{U}$ erhalten wir die Ähnlichkeitstransformation

$$\boxed{\boldsymbol{A} = \boldsymbol{V}^{-1}\boldsymbol{H}\,\boldsymbol{V}}\,. \tag{4}$$

Die Matrix Gl. (1) ist also einer hermiteschen Matrix $\boldsymbol{H}$ ähnlich, und da diese einer reellen Diagonalmatrix $\boldsymbol{\Lambda} = \operatorname{Diag}(\lambda_i)$ ähnlich ist mit den Eigenwerten λ_i von $\boldsymbol{H}$, die zugleich die von $\boldsymbol{A}$ sind (vgl. § 13.5, Satz 8), so ist es auch $\boldsymbol{A}$. Ist auch noch $\boldsymbol{B}$ positiv definit, so ist es nach Gl. (3) und § 11.2, Satz 5 auch $\boldsymbol{H}$. Wir haben damit

Satz 1: *Eine quadratische Matrix $\boldsymbol{A}$ ist* ***symmetrisierbar****, d. h. durch Ähnlichkeitstransformation auf* ***reelle Diagonalform*** *ihrer Eigenwerte,* $\boldsymbol{\Lambda} = \mathrm{Diag}(\lambda_i)$ *überführbar, also einer hermiteschen Matrix ähnlich, wenn sie darstellbar ist als Produkt zweier hermitescher Matrizen, von denen eine eigentlich positiv definit ist. Ist auch der andere Faktor definit bzw. semidefinit, so sind überdies sämtliche Eigenwerte λ_i positiv bzw. nicht negativ.*

Die aus der allgemeinen Eigenwertaufgabe $\boldsymbol{A}\,\boldsymbol{x} = \lambda\,\boldsymbol{B}\,\boldsymbol{x}$ mit reell-symmetrischem $\boldsymbol{A}$ und $\boldsymbol{B}$ und positiv definitem $\boldsymbol{B}$ entstehende spezielle Aufgabe der Matrix $\boldsymbol{B}^{-1}\boldsymbol{A}$ gehört somit hierher. Die Eigenwerte sind sämtlich reell und bei positiv definitem $\boldsymbol{A}$ auch noch positiv, und die Matrix $\boldsymbol{B}^{-1}\boldsymbol{A}$ ist diagonalähnlich.

Für symmetrisierbare Matrix Gl. (1) besteht ein besonders einfacher Zusammenhang zwischen Rechts- und Linkseigenvektoren $\boldsymbol{x}_i$ und $\boldsymbol{y}_i$. Es sei etwa wieder $\boldsymbol{C}$ eigentlich definit. Mit $\boldsymbol{A}^* = \boldsymbol{C}\,\boldsymbol{B}$ erhalten wir dann wegen der Realität der Eigenwerte

$$\boldsymbol{A}\,\boldsymbol{x}_i = \boldsymbol{B}\,\boldsymbol{C}\,\boldsymbol{x}_i = \lambda_i\,\boldsymbol{x}_i\,,$$
$$\boldsymbol{A}^*\,\boldsymbol{y}_i = \boldsymbol{C}\,\boldsymbol{B}\,\boldsymbol{y}_i = \lambda_i\,\boldsymbol{y}_i\,.$$

Multipliziert man die erste Gleichung mit $\boldsymbol{C}$

$$\boldsymbol{C}\,\boldsymbol{B}\,(\boldsymbol{C}\,\boldsymbol{x}_i) = \lambda_i\,(\boldsymbol{C}\,\boldsymbol{x}_i)$$

und vergleicht mit der zweiten, so zeigt sich, daß

$$\boxed{\boldsymbol{C}\,\boldsymbol{x}_i = \boldsymbol{y}_i} \tag{5}$$

Eigenvektor von $\boldsymbol{A}^*$ ist. Da $\boldsymbol{C}$ nichtsingulär angenommen, so ist zu $\boldsymbol{x}_i \neq \boldsymbol{o}$ auch $\boldsymbol{y}_i \neq \boldsymbol{o}$. Ferner folgt dann noch aus Gl. (5) wegen positiv definitem $\boldsymbol{C}$:

$$\boxed{\boldsymbol{x}_i^*\,\boldsymbol{y}_i = \boldsymbol{x}_i^*\,\boldsymbol{C}\,\boldsymbol{x}_i > 0}\,, \tag{6}$$

falls nur, bei mehrfachen Eigenwerten, die Vektoren $\boldsymbol{x}_i$, $\boldsymbol{y}_i$ einander nach Gl. (5) zugeordnet werden.

16.2. Normale und normalisierbare Matrizen

Zur vollen Klasse der diagonalähnlichen Matrizen kommen wir über sogenannte normale und normalisierbare Matrizen. *Normale Matrizen* sind solche, die der Bedingung

$$\boxed{\boldsymbol{A}^*\boldsymbol{A} = \boldsymbol{A}\boldsymbol{A}^*} \tag{7}$$

genügen. Im Falle reeller Matrix $\boldsymbol{A}$ wird $\boldsymbol{A}^* = \boldsymbol{A}'$. Offenbar muß eine normale Matrix quadratisch sein, da andernfalls Gl. (7) nicht gelten kann. Die normalen Matrizen umfassen als Sonderfälle:

Hermitesche Matrizen	mit	$A^* = A$	(reell symmetrische)
Schiefhermitesche	mit	$A^* = -A$	(reell antimetrische)
Unitäre Matrizen	mit	$A^* A = A A^* = I$	(reell orthogonale).

Es gilt nun der bedeutsame

Satz 2: *Eine Matrix A läßt sich dann und nur dann* ***unitär*** *auf die Diagonalform $\Lambda = \mathrm{Diag}(\lambda_i)$ ihrer Eigenwerte transformieren:*

$$\boxed{U^* A U = \Lambda} \quad \textit{mit } U^* U = I, \tag{8}$$

wenn die Matrix ***normal*** *ist.*

Zum Beweis zeigen wir zunächst einen von I. SCHUR[1] stammenden

Satz 3: *Eine beliebige quadratische Matrix A läßt sich stets unitär auf eine Dreiecksmatrix L transformieren, deren Diagonalelemente die Eigenwerte λ_i von A sind:*

$$U^* A U = L = \begin{pmatrix} \lambda_1 & l_{12} & \dots & l_{1n} \\ 0 & \lambda_2 & \dots & l_{2n} \\ \dots & \dots & \dots & \dots \\ & 0 & \dots & \lambda_n \end{pmatrix}. \tag{9}$$

Es sei nämlich λ_1 ein Eigenwert von A und x_1 zugehöriger normierter Eigenvektor, $x_1^* x_1 = 1$. Dann lassen sich weitere linear unabhängige Vektoren $y_2, \dots, y_n$ so bestimmen, daß die Gesamtmatrix $X_1 = (x_1, y_2, \dots, y_n)$ unitär ist, $X_1^* X_1 = I$. Sie überführt A wegen $A x_1 = \lambda_1 x_1$ und $x_1^* y_k = 0$ in

$$X_1^* A X_1 = \begin{pmatrix} x_1^* \\ y_2^* \\ \vdots \\ y_n^* \end{pmatrix} (A x_1, A y_2, \dots, A y_n) = \begin{pmatrix} \lambda_1 & * \dots * \\ 0 & \\ \vdots & A_1 \\ 0 & \end{pmatrix},$$

wo die erste Spalte außer λ_1 nur 0 enthält, während die erste Zeile im allgemeinen von Null verschiedene, nicht weiter interessierende Elemente * besitzt. Mit der $(n-1)$-reihigen Untermatrix A_1, die die gleichen Eigenwerte λ_i wie A mit Ausnahme von λ_1 besitzt, verfährt man nun ebenso: Zum Eigenwert λ_2 gehört ein Eigenvektor x_2 von $n-1$ Komponenten, normiert zu $x_2^* x_2 = 1$. Man ergänzt wieder zu einem unitären System $x_2, z_3, \dots, z_n$ und bildet damit eine n-reihige unitäre Matrix X_2,

[1] SCHUR, I.: Math. Ann. Bd. 66 (1909), S. 488–510.

deren erste Zeile und Spalte die der Einheitsmatrix sind. Damit transformiert man weiter zu

$$\boldsymbol{X}_2^* \boldsymbol{X}_1^* \boldsymbol{A} \boldsymbol{X}_1 \boldsymbol{X}_2 = \begin{pmatrix} \lambda_1 & * & * \cdots & * \\ 0 & \lambda_2 & * \cdots & * \\ 0 & 0 & & \\ \vdots & \vdots & \boldsymbol{A}_2 & \\ 0 & 0 & & \end{pmatrix}.$$

In dieser Weise fortfahrend erhält man schließlich, indem man das Produkt aller Unitärmatrizen $\boldsymbol{X}_i$ zur Unitärmatrix $\boldsymbol{U}$ zusammenfaßt, gerade die Transformation (9).

Es sei nun $\boldsymbol{A}$ normal. Dann ist es auch $\boldsymbol{L}$, da die Normaleigenschaft bei unitärer Transformation erhalten bleibt:

$$\left.\begin{aligned} \boldsymbol{L}^* \boldsymbol{L} &= \boldsymbol{U}^* \boldsymbol{A}^* \boldsymbol{A}\, \boldsymbol{U} \\ \boldsymbol{L}\boldsymbol{L}^* &= \boldsymbol{U}^* \boldsymbol{A}\boldsymbol{A}^* \boldsymbol{U} \end{aligned}\right\} \boldsymbol{L}^* \boldsymbol{L} = \boldsymbol{L}\boldsymbol{L}^* .$$

Mit der Dreiecksmatrix Gl. (9) aber ist das Element auf dem Platz 1,1 von $\boldsymbol{L}^* \boldsymbol{L}$ gleich $\bar{\lambda}_1 \lambda_1$, das entsprechende Element von $\boldsymbol{L}\boldsymbol{L}^*$ dagegen $\bar{\lambda}_1 \lambda_1 + \bar{l}_{12} l_{12} + \cdots + \bar{l}_{1n} l_{1n}$, woraus wegen $\boldsymbol{L}^* \boldsymbol{L} = \boldsymbol{L}\boldsymbol{L}^*$ folgt: $l_{12} = l_{13} = \cdots = l_{1n} = 0$. Ein Vergleich der Elemente auf dem Platz 2,2 ergibt ebenso $l_{23} = \cdots = l_{2n} = 0$ usf. Damit ergibt sich im Falle normaler Matrix $\boldsymbol{A}$ für $\boldsymbol{L}$ gerade die Diagonalform $\boldsymbol{\Lambda} = \mathrm{Diag}(\lambda_i)$. Da andrerseits eine Diagonalmatrix mit ihrer konjugierten stets kommutativ ist, so ist auch jede mit ihr unitär kongruente wieder normal, womit Satz 2 bewiesen ist.

Damit gehören außer den bereits im vorigen Paragraphen ausführlich beschriebenen reell symmetrischen und hermiteschen Matrizen auch die schiefhermiteschen und unitären (im Reellen die schiefsymmetrischen und orthogonalen) Matrizen in unsere Klasse. Ihre Gesamtheit aber wird nun von den sogenannten *normalisierbaren Matrizen* ausgefüllt, die die bisher betrachteten Arten als Sonderfälle mit umfassen. Eine Matrix $\boldsymbol{A}$ wird normalisierbar genannt, wenn sie darstellbar ist in der Produktform

$$\boxed{\boldsymbol{A} = \boldsymbol{B}\,\boldsymbol{C}} \quad \text{oder} \quad \boxed{\boldsymbol{A} = \boldsymbol{C}\,\boldsymbol{B}} \tag{10}$$

zweier Matrizen $\boldsymbol{B}$, $\boldsymbol{C}$, von denen die eine, etwa $\boldsymbol{C}$, hermitesch und positiv definit ist:

$$\boxed{\begin{aligned} &\boldsymbol{C}^* = \boldsymbol{C}\,, \\ &\boldsymbol{C} \text{ positiv definit} \end{aligned}}\,, \tag{11}$$

während die andere, $\boldsymbol{B}$, der Bedingung

$$\boxed{\boldsymbol{B}^* \boldsymbol{C} \boldsymbol{B} = \boldsymbol{B} \boldsymbol{C} \boldsymbol{B}^*} \tag{12}$$

gehorcht, eine Bedingung, die als eine verallgemeinerte Normalität angesehen werden kann: wir wollen sagen, $\boldsymbol{B}$ sei *bezüglich* $\boldsymbol{C}$ *normal.* Für $\boldsymbol{C} = \boldsymbol{I}$ ist $\boldsymbol{A} = \boldsymbol{B}$ normal. Für $\boldsymbol{C} \neq \boldsymbol{I}$, aber $\boldsymbol{B}^* = \boldsymbol{B}$ ist $\boldsymbol{A}$ symmetrisierbar. Ist dann auch noch $\boldsymbol{C} = \boldsymbol{I}$, so ist $\boldsymbol{A} = \boldsymbol{B}$ hermitesch. Während sich die normalen Matrizen *unitär* auf die Diagonalform transformieren lassen, ist dies bei den normalisierbaren nur noch durch allgemeine *Ähnlichkeitstransformation* möglich, wie wir gleich zeigen wollen. Da jede normale Matrix und damit auch jede Diagonalmatrix auch normalisierbar ist (natürlich nicht umgekehrt!), so haben wir damit unsere Klasse diagonal-ähnlicher Matrizen ganz ausgefüllt entsprechend dem

Satz 4: *Eine Matrix $\boldsymbol{A}$ ist dann und nur dann durch eine* ***Ähnlichkeitstransformation*** *auf die Diagonalform $\boldsymbol{\Lambda} = \mathrm{Diag}(\lambda_i)$ ihrer Eigenwerte zu überführen, wenn sie* ***normalisierbar*** *ist, d. h. wenn sie darstellbar ist als Produkt einer positiv definiten hermiteschen Matrix $\boldsymbol{C}$ und einer bezüglich $\boldsymbol{C}$ normalen Matrix $\boldsymbol{B}$, Gl.* (12).

Der Nachweis verläuft ähnlich wie unter 16.1 für symmetrisierbare Matrizen. Mit der positiv definiten Matrix

$$\boldsymbol{C} = \boldsymbol{U}^* \mathsf{K}^2 \boldsymbol{U}$$

wird

$$\boldsymbol{A} = \boldsymbol{B}\, \boldsymbol{U}^* \mathsf{K}^2 \boldsymbol{U} = \boldsymbol{U}^* \mathsf{K}^{-1} (\mathsf{K}\, \boldsymbol{U} \boldsymbol{B} \boldsymbol{U}^* \mathsf{K})\, \mathsf{K}\, \boldsymbol{U},$$

und hier steht in der Klammer eine Matrix

$$\boldsymbol{G} = \mathsf{K}\, \boldsymbol{U} \boldsymbol{B} \boldsymbol{U}^* \mathsf{K}\,,$$

die zufolge der Bedingung Gl. (12) für $\boldsymbol{B}$ normal ist:

$$\left.\begin{aligned} \boldsymbol{G}^* \boldsymbol{G} &= \mathsf{K}\, \boldsymbol{U} (\boldsymbol{B}^* \boldsymbol{C} \boldsymbol{B})\, \boldsymbol{U}^* \mathsf{K} \\ \boldsymbol{G} \boldsymbol{G}^* &= \mathsf{K}\, \boldsymbol{U} (\boldsymbol{B} \boldsymbol{C} \boldsymbol{B}^*)\, \boldsymbol{U}^* \mathsf{K} \end{aligned}\right\}\ \boldsymbol{G}^* \boldsymbol{G} = \boldsymbol{G} \boldsymbol{G}^*.$$

Die Matrix $\boldsymbol{A}$ ist somit nach

$$\boxed{\boldsymbol{A} = \boldsymbol{V}^{-1} \boldsymbol{G} \boldsymbol{V}} \tag{13}$$

der normalen Matrix $\boldsymbol{G}$ ähnlich, hat also die gleichen Eigenwerte λ_i, und da $\boldsymbol{G}$ nach Satz 2 unitär kongruent, also auch ähnlich mit $\boldsymbol{\Lambda} = \mathrm{Diag}(\lambda_i)$, so ist auch $\boldsymbol{A}$ durch Ähnlichkeitstransformation in $\boldsymbol{\Lambda}$ überführbar, womit Satz 4 bewiesen ist. — Wir stellen noch einmal zusammen

Matrix A	Transformation auf Λ	$\Lambda = \mathrm{Diag}(\lambda_i)$	Transformationsgl.
Reell symmetrisch	Orthogonal kongruent	Reell	$X' \; A \, X = \Lambda$
Hermitesch	Unitär kongruent	Reell	$U^* \; A \, U = \Lambda$
Symmetrisierbar	Ähnlich	Reell	$V^{-1} \; A \, V = \Lambda$
Normal	Unitär kongruent	Komplex	$U^* \; A \, U = \Lambda$
Normalisierbar	Ähnlich	Komplex	$V^{-1} \; A \, V = \Lambda$

16.3. Matrixnormen und Eigenwertschranken

Zur numerischen Berechnung der Eigenwerte einer Matrix ist es wertvoll, gewisse vorläufige Aussagen über die Lage der Eigenwerte in der komplexen Zahlenebene, insbesondere Schranken für den größten Eigenwertbetrag auf einfache Weise aus den Matrixelementen zu gewinnen, Aussagen, die sich dann für die genauere Bestimmung der Eigenwerte verwerten lassen. Daß die Eigenwerte von der Größenordnung der Matrixelemente abhängen, folgt schon aus der einfachen Tatsache, daß zur k-fachen Matrix $k\,A$ auch die k-fachen Eigenwerte $k\,\lambda$ gehören. Eine erste leicht angebbare Schranke für $|\lambda|$ hatten wir in § 13.6 mit $|\lambda| \leqq n\,a$, $a = \mathrm{Max}|a_{ik}|$ hergeleitet. In ihr geht nur ein einziges Element, das betragsgrößte ein. Es ist zu vermuten, daß sich bessere Schranken in der Weise aufstellen lassen, daß auch die übrigen Matrixelemente wenigstens ihrem Betrage und möglicherweise auch ihrer Anordnung nach berücksichtigt werden, daß man also die in der Matrix enthaltene Information vollständiger ausschöpft. Dabei soll aber der Umfang der zu leistenden Rechnung nach Möglichkeit in erträglichen Grenzen bleiben.

Die oben zur Abschätzung von $|\lambda|$ benutzte Größe $n\,a$ stellt nun eine unter vielen möglichen sogenannten *Matrixnormen* dar. Unter einer Norm versteht man ein gewisses Größenmaß. Für einen Vektor x haben wir bisher die in § 2.4 eingeführte und in § 4.1 auf komplexe Vektoren erweiterte sogenannte *Euklidische Norm*, den *Betrag*

$$|x| = \sqrt{x^* x} = \sqrt{\sum_i |x_i|^2} \tag{14}$$

benutzt. Die ihr entsprechende Euklidische Matrixnorm ist

$$N(A) = \sqrt{sp\; A^*\,A} = \sqrt{\sum_{i,k} |a_{ik}|^2}\,, \tag{15}$$

vgl. § 2.7, hier erweitert auf komplexe Matrix. Es hat sich nun gezeigt, daß auch andere Normen sinnvoll und nützlich sind, sofern sie nur gewissen allgemeinen Forderungen genügen. Als gemeinsames Zeichen für Normen verwendet man den Doppelstrich: man schreibt $\|x\|$ für die Norm eines Vektors x und $\|A\|$ für die Norm einer Matrix A. An beide Arten von Normen stellt man nun sinnvollerweise folgende[1]

Forderungen Vektornorm $\|\boldsymbol{x}\|$	Matrixnorm $\|\boldsymbol{A}\|$
a) $\|\boldsymbol{x}\| > 0$ und $= 0$ nur für $\boldsymbol{x} = \boldsymbol{o}$	a) $\|\boldsymbol{A}\| > 0$ und $= 0$ nur für $\boldsymbol{A} = \boldsymbol{O}$
b) $\|c\,\boldsymbol{x}\| = \|c\|\,\|\boldsymbol{x}\|$ für beliebigen skalaren Faktor c	b) $\|c\,\boldsymbol{A}\| = \|c\|\,\|\boldsymbol{A}\|$ für beliebigen skalaren Faktor c
c) $\|\boldsymbol{x} + \boldsymbol{y}\| \leqq \|\boldsymbol{x}\| + \|\boldsymbol{y}\|$ Dreiecks-Ungleichung	c) $\|\boldsymbol{A} + \boldsymbol{B}\| \leqq \|\boldsymbol{A}\| + \|\boldsymbol{B}\|$
	d) $\|\boldsymbol{A}\,\boldsymbol{B}\| \leqq \|\boldsymbol{A}\| \cdot \|\boldsymbol{B}\|$

Hier ist bei der Matrixnorm gegenüber der Vektornorm noch die Forderung d) hinzugetreten. Man spricht dann von einer *multiplikativen* Norm[2].

Gebräuchliche Normen, welche die hier aufgeführten Forderungen erfüllen, sind:

Vektornormen:

1. $\|\boldsymbol{x}\| = \operatorname{Max} |x_i|$
2. $\|\boldsymbol{x}\| = \sum |x_i|$
3. $\|\boldsymbol{x}\| = |\boldsymbol{x}| = \sqrt{\boldsymbol{x}^* \boldsymbol{x}}$, Euklidische Norm

Matrixnormen:

1. $\|\boldsymbol{A}\| = M(\boldsymbol{A}) = n\,a \quad \text{mit } a = \operatorname{Max} |a_{ik}|$ Gesamtnorm
2. $\|\boldsymbol{A}\| = Z(\boldsymbol{A}) = \operatorname{Max}_i \sum_k |a_{ik}|$ Zeilennorm
3. $\|\boldsymbol{A}\| = S(\boldsymbol{A}) = \operatorname{Max}_k \sum_i |a_{ik}|$ Spaltennorm
4. $\|\boldsymbol{A}\| = N(\boldsymbol{A}) = \sqrt{sp\,\boldsymbol{A}^* \boldsymbol{A}}$ Euklidische Norm
5. $\|\boldsymbol{A}\| = H(\boldsymbol{A}) = \varkappa_{max} \quad \text{mit} \quad \varkappa^2 = \lambda_{A^*A}$ HILBERT-Norm Spektralnorm

Die fünf Matrixnormen[3] sind nach zunehmendem Rechenaufwand geordnet. Die unter 5. aufgeführte Spektral- oder Hilbert-Norm erfordert sogar Lösung einer Eigenwertaufgabe, nämlich Bestimmung wenigstens des größten der rellen Eigenwerte $\varkappa_i^2 \geqq 0$ der positiv (semi-)definiten Matrix $\boldsymbol{A}^* \boldsymbol{A}$. Ihre positiv genommenen Quadratwurzeln $\varkappa_i$ heißen auch *singuläre Werte* der Matrix $\boldsymbol{A}$.

[1] Vgl. etwa A. OSTROWSKI: Über Normen von Matrizen. Math. Z. Bd. 63 (1955), S. 2–18.

[2] Ohne die Forderung d) ist mit $\|\boldsymbol{A}\|$ auch $c\|\boldsymbol{A}\|$ mit beliebiger positiver Konstanten c eine Norm. Diese stellt also nur ein relatives, kein absolutes Größenmaß dar, was wir hier ausschließen wollen.

[3] Die hier verwendeten Buchstabenbezeichnungen sind nicht einheitlich in Gebrauch.

Von der Gesamtnorm $M(\boldsymbol{A})$ sieht man leicht, daß sie — von Sonderfällen abgesehen — größer als eine der drei folgenden Normen $Z(\boldsymbol{A})$, $S(\boldsymbol{A})$ und $N(\boldsymbol{A})$ ausfällt, aus denen sie hervorgeht, wenn man die Elemente $|a_{ik}|$ durch ihr Maximum a ersetzt:

$$Z(\boldsymbol{A}) \leqq M(\boldsymbol{A}) \tag{16a}$$

$$S(\boldsymbol{A}) \leqq M(\boldsymbol{A}) \tag{16b}$$

$$N(\boldsymbol{A}) \leqq M(\boldsymbol{A}) \tag{16c}$$

Wie sich später zeigen wird, gilt überdies

$$\boxed{H(\boldsymbol{A}) \leqq N(\boldsymbol{A}) \leqq M(\boldsymbol{A})}\,. \tag{17}$$

Nun ist verständlicherweise nicht jede der hier aufgeführten Matrixnormen mit jeder der drei Vektornormen sinnvoll kombinierbar. Die in dieser Hinsicht zu stellende Forderung gibt folgende

Definition 1: *Eine Matrixnorm $\|\boldsymbol{A}\|$ heißt zu einer bestimmten Vektornorm $\|\boldsymbol{x}\|$* ***passend****, mit ihr* ***verträglich****, wenn für* ***alle*** *Matrizen $\boldsymbol{A}$* und ***alle*** *Vektoren $\boldsymbol{x}$ die Ungleichung besteht*

$$\boxed{\|\boldsymbol{A}\,\boldsymbol{x}\| \leqq \|\boldsymbol{A}\| \cdot \|\boldsymbol{x}\|}\,. \tag{18}$$

Die Norm des transformierten Vektors $\boldsymbol{y} = \boldsymbol{A}\,\boldsymbol{x}$ soll also durch die zur Vektornorm passende Matrixnorm gegenüber der Norm des Ausgangsvektors $\boldsymbol{x}$ abgegrenzt werden. In der folgenden Übersicht sind zu den drei gebräuchlichen Vektornormen zu ihnen passende Matrixnormen aufgeführt. Die Bezeichnung $\operatorname{lub}(\boldsymbol{A})$ wird weiter unten erklärt.

Vektornorm	Dazu passende Matrixnormen	
1. $\|\boldsymbol{x}\| = \operatorname{Max}\|x_i\|$	$\|\boldsymbol{A}\| = M(\boldsymbol{A})$	Gesamtnorm
	$\|\boldsymbol{A}\| = Z(\boldsymbol{A}) = \operatorname{lub}(\boldsymbol{A})$	Zeilennorm
2. $\|\boldsymbol{x}\| = \sum\|x_i\|$	$\|\boldsymbol{A}\| = M(\boldsymbol{A})$	Gesamtnorm
	$\|\boldsymbol{A}\| = S(\boldsymbol{A}) = \operatorname{lub}(\boldsymbol{A})$	Spaltennorm
3. $\|\boldsymbol{x}\| = \|\boldsymbol{x}\|$ Euklidisch	$\|\boldsymbol{A}\| = M(\boldsymbol{A})$	Gesamtnorm
	$\|\boldsymbol{A}\| = N(\boldsymbol{A})$	Euklidische Norm
	$\|\boldsymbol{A}\| = H(\boldsymbol{A}) = \operatorname{lub}(\boldsymbol{A})$	Spektralnorm

Aus der Definitions-Ungleichung (18) folgt nun leicht die gewünschte Schranke für λ:

$$\boxed{|\lambda| \leqq \|\boldsymbol{A}\|} \quad \text{für jede Matrixnorm.} \tag{19}$$

Satz 5: *Die Eigenwerte einer Matrix $\boldsymbol{A}$ liegen in der komplexen Zahlenebene innerhalb oder auf dem Rande des Kreises um den Nullpunkt mit dem Radius $\|\boldsymbol{A}\|$ bei beliebiger multiplikativer Matrixnorm $\|\boldsymbol{A}\|$.*

Aus $\boldsymbol{A}\,\boldsymbol{x} = \lambda\,\boldsymbol{x}$ erhält man nämlich durch Übergang auf die Normen unter Berücksichtigen von (18)

$$||\boldsymbol{A}\,\boldsymbol{x}|| = |\lambda|\;||\boldsymbol{x}|| \leqq ||\boldsymbol{A}|| \cdot ||\boldsymbol{x}||$$

und daraus wegen $||\boldsymbol{x}|| \neq 0$ die Schranke (19), in der die Vektornorm nicht mehr erscheint. In (19) ist als Sonderfall auch die in § 13.6 gegebene Abschätzung Gl. (19) enthalten, die hier ohne besondere Herleitung anfällt. Sie läßt sich aber wegen (16) leicht verbessern durch eine der hinsichtlich Rechenaufwand etwa gleichwertigen Normen $Z(\boldsymbol{A})$, $S(\boldsymbol{A})$ oder $N(\boldsymbol{A})$, von denen man sich bei zahlenmäßig gegebener Matrix die kleinste aussuchen wird.

Zu einer bestimmten Vektornorm ist unter allen mit ihr verträglichen Matrixnormen die kleinste am wertvollsten, nämlich diejenige, für die in der Ungleichung (18) das Gleichheitszeichen eintreten kann, die also nicht unterschreitbar ist. Man hat sie *Schrankennorm, kleinste obere Schranke = least upper bound* von $\boldsymbol{A}$ genannt und entsprechend der englischen Bezeichnung auch mit $\mathrm{lub}(\boldsymbol{A})$ abgekürzt[1]:

Definition 2: *Unter der zu einer Vektornorm $||\boldsymbol{x}||$ gehörigen* ***Schrankennorm*** *oder lub-Norm $\mathrm{lub}(\boldsymbol{A})$ einer Matrix $\boldsymbol{A}$ versteht man die kleinste Zahl α derart, daß*

$$||\boldsymbol{A}\,\boldsymbol{x}|| \leqq \alpha ||\boldsymbol{x}|| \tag{20a}$$

für alle Vektoren $\boldsymbol{x}$:

$$\mathrm{lub}(\boldsymbol{A}) = \underset{\boldsymbol{x}}{\mathrm{Min}}\;\alpha\,. \tag{20b}$$

Anders ausgedrückt:

$$\boxed{\mathrm{lub}(\boldsymbol{A}) = \underset{\boldsymbol{x}}{\mathrm{Max}}\,\frac{||\boldsymbol{A}\,\boldsymbol{x}||}{||\boldsymbol{x}||}}\,. \tag{21}$$

In der Übersicht auf S. 204 haben wir zu jeder der drei Vektornormen die zugehörige Schrankennorm $\mathrm{lub}(\boldsymbol{A})$ angegeben. Um sie als solche nachzuweisen, hat man, was anschließend geschehen soll, bei allgemeiner Matrix $\boldsymbol{A} = (a_{ik})$ einen Vektor $\boldsymbol{x}$ derart anzugeben, daß in (18) das Gleichheitszeichen angenommen wird. Zugleich weisen wir dabei die Verträglichkeit von Vektornorm und den dazu als passend aufgeführten Matrixnormen nach.

Wir gehen aus von $\boldsymbol{y} = \boldsymbol{A}\,\boldsymbol{x}$, also $y_i = \sum a_{ik}\,x_k$ und erhalten die folgenden Ungleichungen.

1. $||\boldsymbol{x}|| = \mathrm{Max}|x_i|$: $\quad |y_i| \leqq \sum\limits_k |a_{ik}|\;|x_k| \leqq |x_k|_{max} \sum\limits_k |a_{ik}|$

$$|y_i|_{max} = ||\boldsymbol{y}|| \leqq |x_k|_{max}\,\underset{i}{\mathrm{Max}} \sum_k |a_{ik}| = Z(\boldsymbol{A})\;||\boldsymbol{x}||$$

[1] Nach F. L. Bauer u. C. T. Fike: Norms and exclusion theorems. Numer. Math. Bd. 2 (1960), S. 137—141. — Vgl. auch P. Henrici: Bounds of iterates etc. Numer. Math. Bd. 4 (1962), S. 24—40.

Wegen $Z(\boldsymbol{A}) \leqq M(\boldsymbol{A})$ ist auch $M(\boldsymbol{A})$ passend zu $||\boldsymbol{x}||$. Wählt man nun etwa bei reeller Matrix als Vektor $\boldsymbol{x}' = (\pm 1, \pm 1, \ldots, \pm 1)$ mit einer solchen Vorzeichenfolge, daß in der Matrixzeile größter Betragsumme bei $y_i = \sum a_{ik} x_k$ lauter Additionen auftreten, so erhält man gerade $||\boldsymbol{y}|| = Z(\boldsymbol{A})\, ||\boldsymbol{x}||$, womit sich $Z(\boldsymbol{A})$ als lub-Norm erweist.

2. $||\boldsymbol{x}|| = \sum |x_i|$: $\sum\limits_i |y_i| \leqq \sum\limits_i \Big(\sum\limits_k |a_{ik}|\,|x_k|\Big) = \sum\limits_k \Big(|x_k| \sum\limits_i |a_{ik}|\Big)$

$$||\boldsymbol{y}|| \leqq \operatorname*{Max}_k \sum_i |a_{ik}| \cdot \sum_k |x_k| = S(\boldsymbol{A})\, ||\boldsymbol{x}|| \,.$$

Wieder ist wegen $S(\boldsymbol{A}) \leqq M(\boldsymbol{A})$ auch $M(\boldsymbol{A})$ zu $||x||$ passend. — Wählt man als Vektor $\boldsymbol{x}' = (0, \ldots, 1, \ldots, 0)$ mit der 1 an der Stelle k, wo in $\boldsymbol{A}$ die größte Spalten-Betragsumme auftritt, so wird $||\boldsymbol{y}|| = S(\boldsymbol{A})\, ||\boldsymbol{x}||$, womit sich hier $S(\boldsymbol{A})$ als lub-Norm erweist.

3. $||\boldsymbol{x}|| = |\boldsymbol{x}|$: Für das skalare Produkt $y_i = \boldsymbol{a}^i \boldsymbol{x}$ gilt die Cauchy-Schwarzsche Ungleichung (§ 2.4) $|y_i| \leqq |\boldsymbol{a}^i|\, |\boldsymbol{x}|$.

Quadrieren und anschließende Summation ergibt:

$$|y_i|^2 \leqq |\boldsymbol{a}^i|^2\, |\boldsymbol{x}|^2 = (\boldsymbol{a}^i \boldsymbol{a}^{i*})\, |\boldsymbol{x}|^2$$

$$|\boldsymbol{y}|^2 \leqq \operatorname{sp} \boldsymbol{A}\, \boldsymbol{A}^* |\boldsymbol{x}|^2 = \operatorname{sp} \boldsymbol{A}^*\, \boldsymbol{A} |\boldsymbol{x}|^2$$

$$|\boldsymbol{y}| \leqq N(\boldsymbol{A})\, |\boldsymbol{x}| \,.$$

Indessen ist $N(\boldsymbol{A})$ nicht lub-Norm. Denn das Gleichheitszeichen würde in den Schwarzschen Ungleichungen nur stehen, wenn die Zeilenvektoren $\boldsymbol{a}^i$ sämtlich zu $\boldsymbol{x}$ parallel liegen würden, was im allgemeinen nicht zutrifft.

Die Schrankennorm lub$(\boldsymbol{A})$ zur Vektornorm $|\boldsymbol{x}|$ erhalten wir folgendermaßen aus $\boldsymbol{y} = \boldsymbol{A}\, \boldsymbol{x}$:

$$|\boldsymbol{y}|^2 = \boldsymbol{y}^*\, \boldsymbol{y} = \boldsymbol{x}^*\, \boldsymbol{A}^*\, \boldsymbol{A}\, \boldsymbol{x} = \frac{\boldsymbol{x}^*\, \boldsymbol{A}^*\, \boldsymbol{A}\, \boldsymbol{x}}{\boldsymbol{x}^*\, \boldsymbol{x}}\, |\boldsymbol{x}|^2 = \widehat{R}[\boldsymbol{x}]\, |\boldsymbol{x}|^2 \,.$$

Hier erscheint als Faktor der Rayleigh-Quotient $\widehat{R}[\boldsymbol{x}]$ der positiv (semi-) definiten hermiteschen Matrix $\boldsymbol{A}^*\, \boldsymbol{A}$. Er liegt im Wertebereich dieser Matrix auf der reellen positiven Achse. Sein Maximum aber wird vom größten Eigenwert $\varkappa_{max}^2$ der Matrix $\boldsymbol{A}^*\, \boldsymbol{A}$ angenommen:

$$|\boldsymbol{y}|^2 \leqq \operatorname*{Max}_{\boldsymbol{z}} \widehat{R}|\boldsymbol{z}|\, |\boldsymbol{x}|^2 = \varkappa_{max}^2 |\boldsymbol{x}|^2 \,,$$

also

$$|\boldsymbol{y}| = |\boldsymbol{A}\, \boldsymbol{x}| \leqq \varkappa_{max} |\boldsymbol{x}| = H(\boldsymbol{A})\, |\boldsymbol{x}| \,.$$

Wählt man nun als Vektor $\boldsymbol{x}$ speziell den zum Eigenwert $\varkappa_{max}^2$ gehörigen Eigenvektor $\boldsymbol{u}$ der Matrix $\boldsymbol{A}^*\, \boldsymbol{A}$, so wird das Gleichheitszeichen angenommen, womit sich $\boldsymbol{H}(\boldsymbol{A})$ als die zur Euklidischen Vektornorm $|\boldsymbol{x}|$ gehörige Schrankennorm lub$(\boldsymbol{A})$ erweist.

Für die Schrankennorm $H(\boldsymbol{A}) = \text{lub}(\boldsymbol{A})$ läßt sich außer der oberen Schranke $N(\boldsymbol{A})$ auch eine untere angeben, was oft nützlich ist. Es gilt nämlich

$$\boxed{N(\boldsymbol{A})/\sqrt{n} \leqq H(\boldsymbol{A}) \leqq N(\boldsymbol{A})}\,. \tag{22}$$

Beide Schranken können angenommen werden, z. B. die untere für $\boldsymbol{A} = a\,\boldsymbol{I}$ mit $N = \sqrt{n}\,a, H = a$, die obere für $\boldsymbol{A} = (a_{ik})$, $a_{ik} = a$ mit $N = n\,a = H$. Zum Beweis geht man aus von $\boldsymbol{A}\,\boldsymbol{B}$ mit beliebiger Matrix $\boldsymbol{B}$. Dafür ist

$$N^2\,(\boldsymbol{A}\,\boldsymbol{B}) = \sum |\boldsymbol{A}\,\boldsymbol{b}_i|^2 \leqq H^2(\boldsymbol{A}) \sum |\boldsymbol{b}_i|^2 = H^2(\boldsymbol{A})\,N^2(\boldsymbol{B})\,.$$

Setzt man hier $\boldsymbol{B} = \boldsymbol{I}$, so folgt (22) wegen $N(\boldsymbol{I}) = \sqrt{n}$.

Die beiden zur Euklidischen Vektornorm $|\boldsymbol{x}|$ passenden Matrixnormen $N(\boldsymbol{A})$ und $H(\boldsymbol{A})$ zeichnen sich nun durch eine wichtige Eigenschaft aus: sie sind *unitär-invariant.* Wird die Matrix $\boldsymbol{A}$ *unitär* transformiert auf

$$\boldsymbol{B} = \boldsymbol{U}^*\,\boldsymbol{A}\,\boldsymbol{U} \quad \text{mit} \quad \boldsymbol{U}^*\,\boldsymbol{U} = \boldsymbol{U}\,\boldsymbol{U}^* = \boldsymbol{I}\,,$$

so gilt

$$\boxed{\begin{aligned} N\,(\boldsymbol{U}^*\,\boldsymbol{A}\,\boldsymbol{U}) &= N(\boldsymbol{A}) \\ H\,(\boldsymbol{U}^*\,\boldsymbol{A}\,\boldsymbol{U}) &= H(\boldsymbol{A}) \end{aligned}} \qquad \begin{aligned} &(23\,\text{a}) \\ &(23\,\text{b}) \end{aligned}$$

Dies folgt unter Zuhilfenahme der allgemeinen Beziehungen

$$\begin{aligned} \text{sp}\,(\boldsymbol{A}\,\boldsymbol{B}) &= \text{sp}\,(\boldsymbol{B}\,\boldsymbol{A})\,, \quad \text{vgl. § 2.2, Gl. (12)}, \\ \lambda\,(\boldsymbol{A}\,\boldsymbol{B}) &= \lambda\,(\boldsymbol{B}\,\boldsymbol{A})\,, \quad \text{vgl. § 13.7, Satz 13} \end{aligned}$$

gemäß $\boldsymbol{B}^*\,\boldsymbol{B} = \boldsymbol{U}^*\,\boldsymbol{A}^*\,\boldsymbol{A}\,\boldsymbol{U} = \boldsymbol{C}^*\,\boldsymbol{C}$ mit $\boldsymbol{C} = \boldsymbol{A}\,\boldsymbol{U}$ nach

$$\text{sp}\,(\boldsymbol{B}^*\,\boldsymbol{B}) = \text{sp}\,(\boldsymbol{C}^*\,\boldsymbol{C}) = \text{sp}\,(\boldsymbol{C}\,\boldsymbol{C}^*) = \text{sp}\,(\boldsymbol{A}\,\boldsymbol{A}^*) = \text{sp}\,(\boldsymbol{A}^*\,\boldsymbol{A})$$

und entsprechend für $\lambda\,(\boldsymbol{B}^*\,\boldsymbol{B}) = \lambda\,(\boldsymbol{A}^*\,\boldsymbol{A})$. Im reellen Falle wird die unitäre Transformation zur orthogonalen, die geometrisch als Drehung deutbar ist. Die Unitärinvarianz der Normen ist somit als Drehinvarianz deutbar.

Indem wir dies auf die beiden Sätze 2 und 3 aus 16.2 anwenden, erhalten wir

$$\boxed{\begin{aligned} N^2(\boldsymbol{A}) &= \sum |\lambda_i|^2 \\ N^2(\boldsymbol{A}) &> \sum |\lambda_i|^2 \end{aligned}} \quad \begin{aligned} &, \quad \text{wenn } \boldsymbol{A} \text{ normal}, && (24\,\text{a}) \\ &, \quad \text{wenn } \boldsymbol{A} \text{ nicht normal}. && (24\,\text{b}) \end{aligned}$$

Aus $|\lambda|^2_{max} \leqq \sum |\lambda_i|^2$ erkennt man dann auch, wie weit $|\lambda|$ durch $N(\boldsymbol{A})$ überschätzt wird, nämlich um so stärker, je weniger sich $|\lambda|_{max}$ gegenüber den übrigen Eigenwertbeträgen abhebt.

Unter den singulären Werten $\varkappa_i$ der Matrix findet man mit $\varkappa_{max}$ nicht nur eine obere, sondern mit $\varkappa_{min}$ auch eine untere Eigenwertschranke:

$$\boxed{\varkappa_{min} \leqq |\lambda| \leqq \varkappa_{max}} \,. \tag{25}$$

Die Eigenwerte liegen also in der komplexen Zahlenebene in dem durch die Radien $\varkappa_{min}$ und $\varkappa_{max}$ eingegrenzten Kreisringgebiet einschließlich der Kreisränder. Denn mit $\boldsymbol{A}\,\boldsymbol{x} = \lambda\,\boldsymbol{x}$, also $\boldsymbol{x}^*\,\boldsymbol{A}^* = \bar{\lambda}\,\boldsymbol{x}^*$ erhalten wir

$$\boldsymbol{x}^*\,\boldsymbol{A}^*\,\boldsymbol{A}\,\boldsymbol{x} = \lambda\,\bar{\lambda}\,\boldsymbol{x}^*\,\boldsymbol{x} \,.$$

Es gehört demnach $\lambda\,\bar{\lambda} = |\lambda|^2$ zum Wertebereich der Matrix $\boldsymbol{A}^*\,\boldsymbol{A}$, der nach oben und unten von $\varkappa_{max}^2$ und $\varkappa_{min}^2$ begrenzt wird:

$$\varkappa_{min}^2 \leqq |\lambda|^2 \leqq \varkappa_{max}^2 \,.$$

Der Kehrwert von $\varkappa_{min}$ aber ist dann Spektralnorm = Schrankennorm der *Kehrmatrix* $\boldsymbol{A}^{-1}$:

$$\boxed{H(\boldsymbol{A}^{-1}) = ||\boldsymbol{A}^{-1}|| = 1/\varkappa_{min}} \,. \tag{26}$$

Denn zu $\boldsymbol{A}^{*-1}\,\boldsymbol{A}^{-1}$ gehören die gleichen Eigenwerte $1/\varkappa_i^2$ wie zu $\boldsymbol{A}^{-1}\,\boldsymbol{A}^{*-1} = (\boldsymbol{A}^*\,\boldsymbol{A})^{-1}$, womit $H(\boldsymbol{A}^{-1}) = \text{Max}\,(1/\varkappa_i) = 1/\varkappa_{min}$ folgt.

Der Kreis mit Radius $H(\boldsymbol{A})$ enthält schließlich auch den Wertebereich $[\boldsymbol{A}]$ der Matrix, vgl. § 13.6, definiert durch $R[\boldsymbol{x}] = \boldsymbol{x}^*\,\boldsymbol{A}\,\boldsymbol{x}$ mit $\boldsymbol{x}^*\,\boldsymbol{x} = 1$. Denn mit SCHWARZscher Ungleichung und nachfolgender Normabschätzung wird

$$|\boldsymbol{x}^*\,\boldsymbol{A}\,\boldsymbol{x}| \leqq |\boldsymbol{x}|\,|\boldsymbol{A}\,\boldsymbol{x}| \leqq |\boldsymbol{x}|^2\,H(\boldsymbol{A}) = H(\boldsymbol{A}) \,,$$

also

$$\boxed{|R| \leqq H(\boldsymbol{A})} \,, \tag{27}$$

womit wir die in § 13.6, Gl. (32) gegebene Abschätzung verschärft haben.

Nachfolgend finden sich die verschiedenen Normwerte für einige spezielle Matrizen nebst zugehörigen exakten Eigenwerten zusammengestellt

Matrix $\boldsymbol{A}$	$M(\boldsymbol{A})$	$Z(\boldsymbol{A})$	$S(\boldsymbol{A})$	$N(\boldsymbol{A})$	$H(\boldsymbol{A})$	λ
$\boldsymbol{A} = \boldsymbol{I}$	n	1	1	$\sqrt{n}$	1	$\lambda = 1$ n-mal
$\boldsymbol{A} = a\,\boldsymbol{I}$	$n\,a$	a	a	$\sqrt{n}\,a$	a	$\lambda = a$ n-mal
$\boldsymbol{A} = \text{Diag}(d_i)$ $d = \text{Max}\lvert d_i\rvert$	$n\,d$	d	d	$\sqrt{\sum \lvert d_i\rvert^2}$	d	$\lambda_i = d_i$
$\boldsymbol{A} = \begin{pmatrix} a & \dots & a \\ \cdot & \cdot & \cdot \\ a & \dots & a \end{pmatrix}$	$n\,a$	$n\,a$	$n\,a$	$n\,a$	$n\,a$	$\lambda = n\,a$ 1-mal $\lambda = 0$ $(n-1)$-mal

16.4. Weitere Abschätzungen der Eigenwerte

Die bisher aufgeführten auf der Matrixnorm beruhenden Eigenwertabschätzungen grenzen das die Eigenwerte enthaltende Gebiet der komplexen Ebene gemäß $|\lambda| \leqq \|\boldsymbol{A}\|$ durch einen Kreis um den Nullpunkt ein. Sie können daher unter Umständen noch recht grob ausfallen, nämlich dann, wenn sich die Eigenwerte nicht um den Nullpunkt gruppieren, sondern ihm gegenüber in einer Richtung merklich verschoben liegen. Es lassen sich nun Abschätzungen angeben, die — ohne viel Mehrarbeit — solchen und anderen Besonderheiten Rechnung tragen, indem sie die in den Matrixelementen enthaltene Information weitergehend ausnutzen, als das durch eine einzige Zahlenangabe wie bei der Matrixnorm geschieht.

Die erste Erweiterung in dieser Richtung eröffnet sich durch Heranziehen der Diagonalelemente in Form der *Matrixspur*, in die diese Elemente nicht mehr nur ihren Beträgen nach eingehen. Bekanntlich ist

$$\operatorname{sp} \boldsymbol{A} = S = \lambda_1 + \lambda_2 + \cdots + \lambda_n .$$

Die Größe

$$s = \frac{1}{n} \operatorname{sp} \boldsymbol{A} = \frac{1}{n} \sum \lambda_i \tag{28}$$

stellt dann die Schwerpunktskoordinate der Eigenwertpunkte in der komplexen Ebene dar. Für reelle Matrix ist sie, wie es sein muß, reell. Durch eine Nullpunktsverschiebung in den Punkt s läßt sich nun die Norm auf einfache Weise und unter Umständen wirkungsvoll verkleinern.

Bezeichnen wir mit z eine zunächst beliebige komplexe Zahl und mit λ_A die Eigenwerte der Matrix $\boldsymbol{A}$, so sind die Eigenwerte λ_B der Matrix

$$\boldsymbol{B} = \boldsymbol{A} - z\,\boldsymbol{I} \tag{29}$$

mit den Elementen $a_{ik} - z\,\delta_{ik}$ gegenüber λ_A sämtlich um z verschoben:

$$\lambda_B = \lambda_A - z \tag{30}$$

bei unveränderten Eigenvektoren, wie man sich leicht klar macht. Durch diese sogenannte *Spektralverschiebung*, die uns auch sonst noch als nützliches Hilfsmittel begegnen wird, ändert sich die Matrixnorm. Für die Euklidische Norm läßt sich das leicht formelmäßig verfolgen:

$$\begin{aligned} N^2(\boldsymbol{B}) = \operatorname{sp} \boldsymbol{B}^* \boldsymbol{B} &= \operatorname{sp} (\boldsymbol{A}^* \boldsymbol{A} - \boldsymbol{A}^* z - \boldsymbol{A}\,\bar{z} + z\,\bar{z}\,\boldsymbol{I}) \\ &= N^2(\boldsymbol{A}) - \bar{S}\,z - S\,\bar{z} + n\,z\,\bar{z}\,. \end{aligned}$$

Fragt man nun nach derjenigen Verschiebung z, für die $N(\boldsymbol{B})$ zum Minimum wird, so folgt aus elementarer Extremalrechnung $z = s$. Dafür wird dann

$$\operatorname*{Min}_{z} N(\boldsymbol{B}) = \boxed{N\,(\boldsymbol{A} - s\,\boldsymbol{I}) = \sqrt{N^2(\boldsymbol{A}) - n|s|^2}}\,. \tag{31}$$

Die Eigenwerte, die innerhalb oder auf dem Rande des Kreises K_1 um 0 mit Radius $N(\boldsymbol{A})$ liegen, werden also auch eingegrenzt durch den Kreis K_2 um s mit Radius $N(\boldsymbol{A} - s\,\boldsymbol{I})$. Die Eigenwerte liegen somit im *Durchschnitt* der sich überschneidenden Kreise, d. i. das beiden Kreisen gemeinsame Gebiet, Abb. 16.1.

Das führt zu einer weiteren Gebietseinengung. Fragt man nämlich nach dem Durchschnitt *aller* Kreise um die Punkte z mit Radien $N(\boldsymbol{B})$, so erhält man, wie H. HEINRICH zeigt[1], wiederum einen Kreis um s mit dem verkleinerten Radius

$$\boxed{\varrho = \sqrt{\frac{n-1}{n}}\, N\,(\boldsymbol{A} - s\,\boldsymbol{I})} \,. \tag{32}$$

Die Eigenwerte liegen sämtlich innerhalb oder auf dem Rande dieses Kreises.

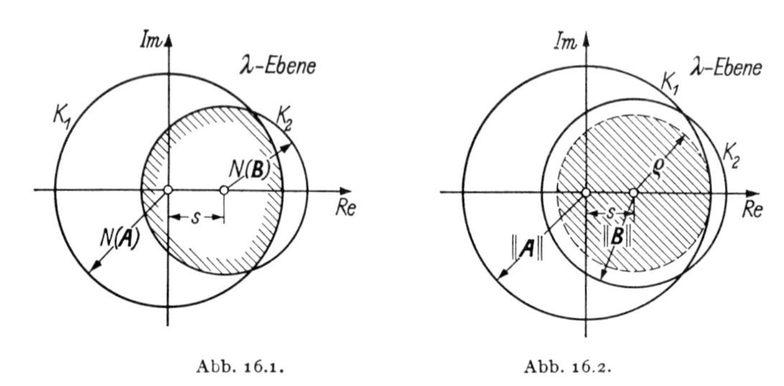

Abb. 16.1. Abb. 16.2.

Beispiel:

$$\boldsymbol{A} = \begin{pmatrix} 2 & -1 & 5 \\ -2 & 3 & 0 \\ -1 & 2 & 4 \end{pmatrix} \quad \begin{aligned} Z(\boldsymbol{A}) &= 8 \\ S(\boldsymbol{A}) &= 9 \\ N(\boldsymbol{A}) &= 8 \\ H(\boldsymbol{A}) &= 6{,}49 \end{aligned} \quad \begin{aligned} \lambda_1 &= 0{,}435 \\ \lambda_{2,3} &= 4{,}383 \pm 2{,}637\, i \\ |\lambda| &= 5{,}11 \end{aligned}$$

$$\operatorname{sp} \boldsymbol{A} = 9\,, \quad s = 3$$

$$\boldsymbol{B} = \begin{pmatrix} -1 & -1 & 5 \\ -2 & 0 & 0 \\ -1 & 2 & 1 \end{pmatrix} \quad \begin{aligned} Z(\boldsymbol{B}) &= 7 \\ S(\boldsymbol{B}) &= 6 \\ N(\boldsymbol{B}) &= 6{,}08 \\ H(\boldsymbol{B}) &= 5{,}29 \\ \varrho &= 4{,}97 \end{aligned} \quad \begin{aligned} \lambda_1 &= -2{,}565 \\ \lambda_{2,3} &= 1{,}283 \pm 2{,}637\, i \\ |\lambda| &= 2{,}93 \end{aligned}$$

[1] Zur Eingrenzung der charakteristischen Zahlen einer beliebigen Matrix. Wiss. Z. T. U. Dresden Bd. 6 (1956/57), S. 211—216. Ferner: Ein Beitrag zur Lokalisierung von n-Tupeln von Elementen im Euklidischen Raum. Arch. Math. Bd. 12 (1961), S. 193—201. Dort findet sich auch eine weitere Eingrenzung nach V. MAURER in Form einer Ellipse, worin weitere Matrixinformationen berücksichtigt sind.

Läßt man die Spektralnorm $H(\boldsymbol{A})$ und $H(\boldsymbol{B})$ als zu aufwendig außer Betracht, so liegen die Eigenwerte im Durchschnitt der beiden Kreise mit $R = 8$ um 0 und $R = 6$ um $s = 3$. Der Kreis mit ϱ um $s = 3$ liegt noch innerhalb des Durchschnitts der beiden ersten Kreise.

Weitere Eingrenzungen der Eigenwerte geben zwei höchst bemerkenswerte Sätze von S. GERSCHGORIN[1], die auf ebenso einfache wie anschauliche Weise das Gebiet der Eigenwerte weiter einengen und es unter Umständen in Teilgebiete aufspalten. Hier werden die Diagonalelemente der Matrix ihrem vollen — im allgemeinen komplexen — Zahlenwert nach herangezogen. Von den übrigen Elementen werden zeilen- oder spaltenweise die Betragsummen gebildet. Die hier ohne Herleitung angeführten Sätze lauten:

Satz 6: *Die Eigenwerte einer allgemeinen komplexen Matrix* $\boldsymbol{A} = (a_{ik})$ *liegen innerhalb oder auf dem Rande des Gebietes G der komplexen λ-Ebene, gebildet aus den n Kreisen* K_i *mit den Mittelpunkten* a_{ii} *und den Radien*

$$r_i = \sum_{k \neq i}' |a_{ik}| , \tag{33a}$$

also gleich den Zeilensummen der Beträge der Nichtdiagonalelemente. Das gleiche gilt für das Gebiet G', gebildet aus den n Kreisen K_i' *mit den gleichen Mittelpunkten* a_{ii} *und den Radien*

$$r_i' = \sum_{k \neq i}' |a_{ki}| , \tag{33b}$$

also gleich den Spaltensummen der Beträge der Nichtdiagonalelemente. Die Eigenwerte liegen somit im Durchschnitt der Gebiete G und G', d. h. in dem beiden Gebieten gemeinsamen Teilgebiet.

Satz 7: *Durchsetzen sich m der Kreise und bilden sie ein zusammenhängendes Teilgebiet H, das alle übrigen Kreise außerhalb läßt, so liegen genau m der Eigenwerte in H.*

Für den Fall einer Diagonalmatrix sind alle Radien Null, und die Eigenwerte sind genau bekannt, nämlich $\lambda_i = a_{ii}$. Mit Zunahme der Elemente außerhalb der Diagonalen vergrößern sich die Kreise, um sich mehr und mehr zu überdecken. Solange sie sich gegenseitig trennen, liegt in jedem von ihnen genau ein Eigenwert. — Die beiden Sätze sind nützlich in Verbindung mit einem wohlbekannten Iterationsverfahren von JACOBI für reell symmetrische Matrizen, bei dem durch fortgesetzte Orthogonaltransformationen (ebene Drehungen) die Nicht-Diagonalelemente nach und nach verkleinert werden, während die Diagonalelemente dabei gegen die Eigenwerte konvergieren; vgl. § 21.8.

[1] Über die Abgrenzung der Eigenwerte einer Matrix. Bull. Acad. Sc. Leningrad 1931. S. 749—754. — Zum Beweis vgl. auch E. BODEWIG: Matrix calculus [2], S. 67ff.

16.5. Konditionszahlen

Ein lineares Gleichungssystem $\boldsymbol{A}\,\boldsymbol{x} = \boldsymbol{a}$ ist bekanntlich für den Ausnahmefall singulärer Matrix, $\det \boldsymbol{A} = 0$, im allgemeinen, für beliebige rechte Seite $\boldsymbol{a}$, nicht lösbar. Ist nun, was numerisch weit häufiger vorkommt, die Determinante zwar nicht exakt Null, aber betragsmäßig sehr klein, so wird die numerische Lösung um so unzuverlässiger, je kleiner $D = |\det \boldsymbol{A}|$. Beim Eliminationsprozeß treten kleine Differenzen großer Zahlen auf, es kommt zu *Stellenverlust*, der das Ergebnis der Rechnung völlig verfälschen kann. Man spricht dann von einem *schlecht konditionierten* (ill conditioned) System oder besser von einer schlecht konditionierten Matrix. Die gleichen Schwierigkeiten treten dann auch bei der Eigenwertberechnung der Matrix auf.

Um das Verhalten des Systems, der Matrix in dieser Hinsicht beurteilen zu können, sucht man nach einem *Konditionsmaß* (condition number), einer Zahl, die etwas über die Güte der Kondition aussagt und die möglichst ohne viel Mehrarbeit aus der Eliminationsrechnung zu gewinnen ist. Es liegt nahe, sie in Form einer relativen Größe des Determinantenbetrages anzusetzen. Eine auf einer bekannten Determinantenabschätzung nach HADAMARD[1] beruhende Konditionszahl K ist[2]

$$\boxed{K_H = \frac{D}{V}} \tag{34}$$

mit

$$D = |\det \boldsymbol{A}|\,, \tag{35}$$

$$V = a_1 a_2 \ldots a_n\,, \tag{36}$$

$$a_i = |\boldsymbol{a}^i| = \sqrt{\sum_k |a_{ik}|^2}\,.$$

Darin ist V das Volumen des aus den Zeilenvektorbeträgen a_i gebildeten Rechtkantes. Nach der zitierten Determinantenabschätzung erfüllt K_H die

Forderung 1: $0 \leqq K \leqq 1$ (37)

$K = 0$ nur für $\det \boldsymbol{A} = 0$

$K = 1$ für unitäre (reell orthogonale) Matrix.

Sie erfüllt darüber hinaus auch noch

Forderung 2: a) K invariant gegenüber Zeilenvertauschung,

b) K invariant gegenüber Multiplikation der Zeilen mit Faktoren $p_i \neq 0$:

$$K(\boldsymbol{P}\,\boldsymbol{A}) = K(\boldsymbol{A}) \quad \text{mit} \quad \boldsymbol{P} = \operatorname{Diag}(p_i)\,, \quad p_i \neq 0\,. \tag{38}$$

[1] Vgl. etwa E. BODEWIG: Matrix calculus [2], S. 78.

[2] Statt K werden auch die Kehrwerte $1/K$ als Konditionszahlen (condition numbers) verwandt.

Damit gilt $K_H = 1$ außer für orthogonale Matrix auch noch für jede nichtsinguläre Diagonalmatrix sowie für Matrizen mit orthogonalen (aber nicht notwendig normierten) Zeilenvektoren. Auch die 2. Forderung ist naheliegend, wenn man an die numerische Behandlung linearer Gleichungssysteme durch Elimination denkt.

Eine zweite Konditionszahl basiert auf der Euklidischen Matrixnorm $N(\boldsymbol{A}) = N$, woran der Index N erinnern mag:

$$\boxed{K_N = \frac{D}{(N/\sqrt{n})^n}} \,. \tag{39}$$

Darin ist $N/\sqrt{n} = \bar{a}$ das quadratische Mittel der Zeilenvektorlängen a_i, der Nenner also ein mittleres Volumen $\overline{V} = \bar{a}^n$. Diese Zahl erfüllt ebenso wie K_H die Forderung 1 und auch noch 2a, nicht aber auch Forderung 2b der Invarianz gegenüber Zeilenfaktoren. Wegen der bekannten Ungleichung zwischen geometrischem und arithmetischem Mittel ist

$$\sqrt[n]{V^2} \leqq N^2/n \,,$$
$$V \leqq (N/\sqrt{n})^n$$

und somit

$$\boxed{K_N \leqq K_H} \,. \tag{40}$$

Wählt man nun[1] als Zeilenfaktoren

$$p_i = c/a_i \tag{41}$$

mit beliebiger Konstanten $c > 0$, d. h. macht man sämtliche Zeilenvektoren a_i von gleicher Länge c, so wird

$$K_N(\boldsymbol{P}\,\boldsymbol{A}) = K_H(\boldsymbol{P}\,\boldsymbol{A}) = K_H(\boldsymbol{A}) = K_H \,,$$

d. h. aber wegen (40) wird bei dieser Zeilennormierung die Konditionszahl K_N zum Maximum K_H bezüglich aller möglichen Zeilenfaktoren p_i. Da nun — bei Gleitkommarechnung — etwaige Zeilenfaktoren p_i sich auf Stellenverlust nicht auswirken, so kommt der gegenüber Zeilenfaktoren invarianten HADAMARDschen Konditionszahl K_H eine besondere Bedeutung als Konditionsmaß zu.

Eine dritte Konditionszahl benutzt größten und kleinsten der singulären Werte der Matrix und erfordert so zu ihrer Berechnung Lösung einer Eigenwertaufgabe:

$$\boxed{K_0 = \varkappa_1/\varkappa_n} \tag{42}$$

[1] Die folgenden Überlegungen nach H. HEINRICH: Z. angew. Math. Mech. 43 (1963), H. 12.

mit

$$\begin{aligned} \varkappa_1 &= \operatorname{Min} \varkappa_i \\ \varkappa_n &= \operatorname{Max} \varkappa_i \end{aligned} \qquad \varkappa_i^2 = \lambda_{A^*A} \,. \tag{43}$$

Sie erfüllt Forderung 1, nicht aber 2a, b.

Mit K_0 läßt sich nun unmittelbar eine Fehlerabschätzung für die Lösung $\boldsymbol{x}$ des linearen Gleichungssystems

$$\boldsymbol{A}\,\boldsymbol{x} = \boldsymbol{a} \tag{44}$$

durchführen. Eine numerische Auflösung des Systems liefert anstelle exakter Lösungen $\boldsymbol{x}$ die Näherungswerte

$$\tilde{\boldsymbol{x}} = \boldsymbol{x} + \boldsymbol{z} \tag{45}$$

mit unbekanntem Fehlervektor $\boldsymbol{z}$. Bei Einsetzen dieser Näherungen in das Gleichungssystem ergeben sich Reste $\boldsymbol{r} = (r_i)$ anstelle der Nullen:

$$\boldsymbol{A}\,\tilde{\boldsymbol{x}} - \boldsymbol{a} = \boldsymbol{r}\,. \tag{46}$$

Unter Verwendung von (45) für $\tilde{\boldsymbol{x}}$ und (44) folgt daraus für die Fehler $\boldsymbol{z}$ das System

$$\boldsymbol{A}\,\boldsymbol{z} = \boldsymbol{r}\,, \tag{47}$$

das wir später (§ 23.5) zum Aufbau einer Korrektur benutzen werden. Hier interessiert uns eine Fehlerabschätzung, die wir aus

$$\boldsymbol{z} = \boldsymbol{A}^{-1}\,\boldsymbol{r}$$

durch Übergang zu den Normen erhalten:

$$|\boldsymbol{z}| \leqq \|\boldsymbol{A}^{-1}\|\,|\boldsymbol{r}| = \frac{1}{\varkappa_1}\,|\boldsymbol{r}| = \frac{1}{K_0}\,\frac{|\boldsymbol{r}|}{\varkappa_n} \tag{48}$$

mit der Norm (26) für die Kehrmatrix. Mit

$$N/\sqrt{n} \leqq \varkappa_n \leqq N \tag{22}$$

folgt daraus die gröbere Abschätzung

$$\boxed{|\boldsymbol{z}| \leqq \frac{\sqrt{n}}{K_0}\,\frac{|\boldsymbol{r}|}{N}}\,. \tag{49}$$

Aus kleinen Resten $\boldsymbol{r}$ folgen somit nur dann kleine Fehler $\boldsymbol{z}$, wenn das System gut konditioniert, die Koeffizientendeterminante also nicht zu klein ist.

Die Konditionszahl K_0 ist numerisch nur mit größerem Aufwand und überdies gerade im Falle schlechter Kondition auch nur recht ungenau ermittelbar. J. Focke[1] gibt eine weitere Abschätzung, in der K_0 durch

[1] Über die Kondition linearer Gleichungssysteme. Wiss. Z. Univ. Leipzig 1962, S. 41–43.

K_N ersetzt wird. Hier sei nur eine — für kleine K-Werte recht gute — obere Schranke angeführt:

$$\boxed{|\boldsymbol{z}| \leqq \frac{\sqrt{3\,n}}{K_N} \frac{|\boldsymbol{r}|}{N}} \; . \tag{50}$$

16.6. Hauptachsensystempaar einer allgemeinen Matrix

Es sei nun $\boldsymbol{A}$ wieder eine beliebige quadratische, im allgemeinen nicht diagonialähnliche Matrix. Ihr sind durch die GAUSSsche Transformation

$$\boldsymbol{A}^* \boldsymbol{A} \quad \text{und} \quad \boldsymbol{A} \boldsymbol{A}^*$$

zwei hermitesche positiv (semi-)definite Matrizen zugeordnet und damit zwei unitäre Hauptachsensysteme der Eigenvektoren $\boldsymbol{u}_i$ von $\boldsymbol{A}^* \boldsymbol{A}$ und $\boldsymbol{v}_i$ von $\boldsymbol{A} \boldsymbol{A}^*$. Diese Vektoren lassen sich nun in bestimmter Weise einander zuordnen, womit man zu einem der Matrix $\boldsymbol{A}$ zugehörigen *Hauptachsensystempaar* gelangt, das freilich nur im reellen Falle ($\boldsymbol{A}$ reell) anschaulich deutbar ist. Der größeren Allgemeinheit wegen führen wir jedoch unsere Betrachtungen wieder im Komplexen durch; für reelles $\boldsymbol{A}$ wird $\boldsymbol{A}^* = \boldsymbol{A}'$.

Die reellen Eigenwerte der beiden hermiteschen Matrizen $\boldsymbol{A}^* \boldsymbol{A}$ und $\boldsymbol{A} \boldsymbol{A}^*$ sind nach § 13.5, Satz 9 einander gleich und sie sind wegen der positiven (Semi-)Definitheit positiv oder (bei singulärem $\boldsymbol{A}$) auch Null; wir schreiben sie deshalb wieder in der Form $\varkappa_i^2 \geqq 0$. Die beiden Eigenwertgleichungen lauten dann

$$\boxed{\begin{aligned} \boldsymbol{A}^* \boldsymbol{A} \boldsymbol{u}_i &= \varkappa_i^2 \boldsymbol{u}_i \\ \boldsymbol{A} \boldsymbol{A}^* \boldsymbol{v}_i &= \varkappa_i^2 \boldsymbol{v}_i \end{aligned}} \; . \qquad \begin{aligned} &(51\text{a}) \\ &(51\text{b}) \end{aligned}$$

Wir gehen nun aus von einem festen, im Falle mehrfacher Eigenwerte allerdings noch in gewisser Weise willkürlich wählbaren Hauptachsensystem unitärer Eigenvektoren $\boldsymbol{u}_i$ von $\boldsymbol{A}^* \boldsymbol{A}$ und denken uns die Eigenwerte $\varkappa_i^2$ nebst zugehörigen Vektoren wie folgt numeriert:

$$\varkappa_1^2 \geqq \varkappa_2^2 \geqq \cdots \geqq \varkappa_r^2 > 0 \, , \quad \varkappa_{r+1}^2 = \cdots = \varkappa_n^2 = 0 \, ;$$

die Matrix $\boldsymbol{A}$ habe also den Rang $r \leqq n$. Dann legen wir zunächst zu den zu $\varkappa_i^2 \neq 0$ gehörigen Eigenvektoren $\boldsymbol{u}_i$ neue Vektoren $\boldsymbol{v}_i$ fest nach

$$\boxed{\boldsymbol{A} \boldsymbol{u}_i = \varkappa_i \boldsymbol{v}_i} \qquad i = 1, 2, \ldots, r \tag{52a}$$

mit $\varkappa_i = +\sqrt{\varkappa_i^2}$. Durch Multiplikation mit $\boldsymbol{A}^*$ folgt hieraus in Verbindung mit (51a)

$$\boldsymbol{A}^* \boldsymbol{A} \boldsymbol{u}_i = \varkappa_i^2 \boldsymbol{u}_i = \varkappa_i \boldsymbol{A}^* \boldsymbol{v}_i$$

und daher wegen $\varkappa_i^2 > 0$:

$$\boxed{\boldsymbol{A}^* \boldsymbol{v}_i = \varkappa_i \boldsymbol{u}_i} \qquad i = 1, 2, \ldots, r. \tag{52b}$$

Man erhält daraus weiter $\boldsymbol{A}\,\boldsymbol{A}^*\,\boldsymbol{v}_i = \varkappa_i\,\boldsymbol{A}\,\boldsymbol{u}_i = \varkappa_i^2\,\boldsymbol{v}_i$, so daß die nach Gl. (52a) definierten r Vektoren $\boldsymbol{v}_i$ in der Tat Eigenvektoren von $\boldsymbol{A}\,\boldsymbol{A}^*$ sind. Auch sie sind wieder unitär; denn aus Gl. (52a) folgt für zwei Zahlen $\varkappa_i$, $\varkappa_k$

$$\varkappa_i\,\varkappa_k\,\boldsymbol{v}_i^*\,\boldsymbol{v}_k = \boldsymbol{u}_i^*\,\boldsymbol{A}^*\,\boldsymbol{A}\,\boldsymbol{u}_k = \varkappa_k^2\,\boldsymbol{u}_i^*\,\boldsymbol{u}_k$$

und damit wegen $\boldsymbol{u}_i^*\,\boldsymbol{u}_k = \delta_{ik}$

$$\boldsymbol{v}_i^*\,\boldsymbol{v}_k = \delta_{ik}\,, \qquad i, k = 1, 2, \ldots, r. \tag{53}$$

Nun ergänzen wir das System der unitären $\boldsymbol{v}_i$ durch $n - r$ weitere unitäre $\boldsymbol{v}_s$ als Lösungen von

$$\boldsymbol{A}^*\,\boldsymbol{v}_s = \boldsymbol{o} \qquad (s = r+1, r+2, \ldots, n)\,, \tag{54}$$

so daß die Gln. (52a), (52b) allgemein gelten. Auch das gesamte Vektorsystem der $\boldsymbol{v}_j$ $(j = 1, 2, \ldots, n)$ ist wieder unitär; denn aus Gl. (52a) folgt durch Multiplikation mit $\boldsymbol{v}_s^*$ unter Berücksichtigen von Gl. (54)

$$\boldsymbol{v}_s^*\,\boldsymbol{A}\,\boldsymbol{u}_i = \varkappa_i\,\boldsymbol{v}_s^*\,\boldsymbol{v}_i = 0 \qquad \text{für } s \neq i.$$

Damit haben wir in

$$\left.\begin{aligned} \boldsymbol{U} &= (\boldsymbol{u}_1, \ldots, \boldsymbol{u}_n) \\ \boldsymbol{V} &= (\boldsymbol{v}_1, \ldots, \boldsymbol{v}_n) \end{aligned}\right\} \tag{55}$$

zwei unitäre Matrizen mit $\boldsymbol{U}^*\,\boldsymbol{U} = \boldsymbol{V}^*\,\boldsymbol{V} = \boldsymbol{I}$. Mit ihnen und der Diagonalmatrix $\mathsf{K} = \mathrm{Diag}(\varkappa_i)$ schreiben sich die beiden Gln. (52a), (52b) in der Matrizenform

$$\boxed{\boldsymbol{A}\,\boldsymbol{U} = \boldsymbol{V}\,\mathsf{K}} \tag{56a}$$

$$\boxed{\boldsymbol{A}^*\,\boldsymbol{V} = \boldsymbol{U}\,\mathsf{K}}\,. \tag{56b}$$

Daraus aber folgt dann als eine *Verallgemeinerung der Hauptachsentransformation*

Satz 8: *Zu einer beliebigen quadratischen Matrix* $\boldsymbol{A}$ *gibt es* ***zwei unitäre*** *Matrizen* $\boldsymbol{U}, \boldsymbol{V}$, *welche* $\boldsymbol{A}$ *nach*

$$\boxed{\boldsymbol{V}^*\,\boldsymbol{A}\,\boldsymbol{U} = \mathsf{K}} \tag{57}$$

auf reelle ***Diagonalform*** *überführen. Die Diagonalmatrix* $\mathsf{K} = \mathrm{Diag}(\varkappa_i)$ *enthält die positiv gewählten Quadratwurzeln der Eigenwerte* $\varkappa_i^2 \geqq 0$ *von* $\boldsymbol{A}^*\,\boldsymbol{A}$ *und* $\boldsymbol{A}\,\boldsymbol{A}^*$, *und die Spalten* $\boldsymbol{u}_i$, $\boldsymbol{v}_i$ *der unitären Matrizen* $\boldsymbol{U}, \boldsymbol{V}$ *sind Eigenvektoren von* $\boldsymbol{A}^*\,\boldsymbol{A}$ *bzw.* $\boldsymbol{A}\,\boldsymbol{A}^*$.

16.7. Produktdarstellung als Drehstreckung. Radizieren einer Matrix

Die Gln. (51) bzw. (56) lassen im reellen Falle eine unmittelbare geometrische Deutung zu, die zu weiteren Beziehungen führt. Um uns von der Anschauung leiten zu lassen, denken wir uns die Matrizen zunächst reell und übersetzen anschließend wieder ins Komplexe. Eine Lineartransformation mit reeller Matrix $\boldsymbol{A}$, angewandt auf das Orthogonalsystem $\boldsymbol{U}$ der reellen orthonormierten Eigenvektoren $\boldsymbol{u}_i$ der symmetrischen Matrix $\boldsymbol{A}'\boldsymbol{A}$, überführt nach Gl. (51a) bzw. (56a) dieses System in ein neues System wiederum orthogonaler, aber um die reellen Dehnungsmaße $\varkappa_i \geqq 0$ verstreckter Vektoren $\varkappa_i \boldsymbol{v}_i$. Die Abbildung mit $\boldsymbol{A}$ stellt also eine *Drehstreckung* dar, nämlich eine *Dehnung* der $\boldsymbol{u}_i$ auf $\varkappa_i \boldsymbol{u}_i$ und anschließende *Drehung* in $\varkappa_i \boldsymbol{v}_i$, oder, was das gleiche ist, zuerst eine Drehung der $\boldsymbol{u}_i$ in die $\boldsymbol{v}_i$ und anschließende Dehnung auf $\varkappa_i \boldsymbol{v}_i$. Dementsprechend wäre $\boldsymbol{A}$ darstellbar in den beiden Produktformen

$$\boxed{\boldsymbol{A} = \boldsymbol{D}\,\boldsymbol{S}_1} \quad \text{und} \quad \boxed{\boldsymbol{A} = \boldsymbol{S}_2\,\boldsymbol{D}} \tag{58}$$

mit hermitescher (reell symmetrischer) positiv (semi-)definiter *Dehnungsmatrix* $\boldsymbol{S}_1$ bzw. $\boldsymbol{S}_2$ und unitärer (reell orthogonaler) *Drehmatrix* $\boldsymbol{D}$. Die Matrix $\boldsymbol{S}_1$ dehnt die $\boldsymbol{u}_i$ in ihren Richtungen auf $\varkappa_i \boldsymbol{u}_i$, nimmt also im Hauptachsensystem der $\boldsymbol{u}_i$ die Diagonalform $\mathsf{K} = \mathrm{Diag}(\varkappa_i)$ an. Die Matrix $\boldsymbol{S}_2$ bewirkt das Entsprechende im System der $\boldsymbol{v}_i$. Damit gehorchen $\boldsymbol{S}_1$ und $\boldsymbol{S}_2$ den beiden Hauptachsentransformationen

$$\boxed{\boldsymbol{S}_1 = \boldsymbol{U}\,\mathsf{K}\,\boldsymbol{U}^*}\ , \qquad \boxed{\boldsymbol{S}_2 = \boldsymbol{V}\,\mathsf{K}\,\boldsymbol{V}^*} \tag{59}$$

Die Matrix $\boldsymbol{D}$ aber dreht die $\boldsymbol{u}_i$ in die $\boldsymbol{v}_i$, genügt also der Beziehung

$$\boxed{\begin{aligned} \boldsymbol{D}\,\boldsymbol{U} &= \boldsymbol{V} \\ \boldsymbol{D} &= \boldsymbol{V}\,\boldsymbol{U}^* \end{aligned}} \tag{60}$$

Mit Gln. (59) und (60) ergibt sich aus Gl. (58) in der Tat

$$\begin{aligned} \boldsymbol{A} &= \boldsymbol{D}\,\boldsymbol{S}_1 = \boldsymbol{V}\,\boldsymbol{U}^*\,\boldsymbol{U}\,\mathsf{K}\,\boldsymbol{U}^* = \boldsymbol{V}\,\mathsf{K}\,\boldsymbol{U}^* \\ \boldsymbol{A} &= \boldsymbol{S}_2\,\boldsymbol{D} = \boldsymbol{V}\,\mathsf{K}\,\boldsymbol{V}^*\,\boldsymbol{V}\,\boldsymbol{U}^* = \boldsymbol{V}\,\mathsf{K}\,\boldsymbol{U}^*\,, \end{aligned}$$

also beide Male gerade die Umkehrung der Transformation Gl. (57). Wir können somit formulieren

Satz 9: *Eine beliebige quadratische Matrix* $\boldsymbol{A}$ *ist darstellbar als Produkt einer unitären Matrix* $\boldsymbol{D}$ *und einer hermiteschen positiv (semi-)definiten Matrix* $\boldsymbol{S}_1$, *bzw.* $\boldsymbol{S}_2$ *in der Form* (58). *Die Unitärmatrix* $\boldsymbol{D}$ *überführt das System* $\boldsymbol{U}$ *der unitären Eigenvektoren* $\boldsymbol{u}_i$ *der Matrix* $\boldsymbol{A}^*\boldsymbol{A}$ *in das System* $\boldsymbol{V}$ *unitärer Eigenvektoren* $\boldsymbol{v}_i$ *von* $\boldsymbol{A}\,\boldsymbol{A}^*$, *Gl.* (60). *Die hermiteschen*

Matrizen $\boldsymbol{S}_1$ *und* $\boldsymbol{S}_2$, *definiert durch Gl.* (59) *mit der Diagonalmatrix* $\mathsf{K}^2 = \mathrm{Diag}(\varkappa_i^2)$ *der Eigenwerte* $\varkappa_i^2 \geqq 0$ *von* $\boldsymbol{A}^* \boldsymbol{A}$ *und* $\boldsymbol{A}\,\boldsymbol{A}^*$, *sind die Quadratwurzeln dieser beiden Matrizen, d. h. sie genügen der Beziehung*

$$\boxed{\boldsymbol{S}_1^2 = \boldsymbol{A}^* \boldsymbol{A}} \quad \text{und} \quad \boxed{\boldsymbol{S}_2^2 = \boldsymbol{A}\,\boldsymbol{A}^*} \,. \tag{61}$$

Diese letzte leicht nachweisbare Beziehung legt den Gedanken eines allgemeinen Radizierens einer hermiteschen Matrix nahe, von der nur positive (Semi-)Definitheit zu fordern ist. In der Tat finden wir

Satz 10: *Zu einer positiv (semi-)definiten hermiteschen Matrix* $\boldsymbol{H}$ *gibt es eine eindeutige positiv (semi-)definite Matrix* $\boldsymbol{R}_m$ *derart, daß bei beliebiger positiv ganzer Zahl* m

$$\boxed{\boldsymbol{R}_m^m = \boldsymbol{H}} \tag{62}$$

Wir schreiben dann für $\boldsymbol{R}_m$ *auch*

$$\boxed{\boldsymbol{R}_m = \sqrt[m]{\boldsymbol{H}}} \,. \tag{63}$$

Hat nämlich $\boldsymbol{H}$ die Eigenwerte $\lambda_i \geqq 0$, so gilt mit der Unitärmatrix $\boldsymbol{X}$ der Eigenvektoren von $\boldsymbol{H}$ die Hauptachsentransformation

$$\boldsymbol{X}^* \boldsymbol{H} \boldsymbol{X} = \boldsymbol{\Lambda} = \mathrm{Diag}(\lambda_i) \,.$$

Bezeichnen wir nun mit

$$\boxed{\omega_{m\,i} = \sqrt[m]{\lambda_i}} \geqq 0$$

die positiv genommenen m-ten Wurzeln aus λ_i, die wir zur Diagonal-Matrix

$$\boldsymbol{\Omega}_m = \mathrm{Diag}(\omega_{m\,i}) = \sqrt[m]{\boldsymbol{\Lambda}} \quad \text{mit} \quad \boldsymbol{\Omega}_m^m = \boldsymbol{\Lambda}$$

zusammenfassen, so finden wir die gesuchte Matrix zu

$$\boxed{\boldsymbol{R}_m = \boldsymbol{X}\,\boldsymbol{\Omega}_m\,\boldsymbol{X}^*} \,. \tag{64}$$

Denn damit wird

$$\begin{aligned} \boldsymbol{R}_m^m &= (\boldsymbol{X}\,\boldsymbol{\Omega}_m\,\boldsymbol{X}^*)\,(\boldsymbol{X}\,\boldsymbol{\Omega}_m\,\boldsymbol{X}^*) \cdots (\boldsymbol{X}\,\boldsymbol{\Omega}_m\,\boldsymbol{X}^*) \quad (m \text{ Klammern}) \\ &= \boldsymbol{X}\,\boldsymbol{\Omega}_m^m\,\boldsymbol{X}^* = \boldsymbol{X}\,\boldsymbol{\Lambda}\,\boldsymbol{X}^* = \boldsymbol{H} \,. \end{aligned}$$

* § 17. Eigenwerte spezieller Matrizen

Aus einer großen Anzahl spezieller Matrizen, die heute in den Anwendungen eine Rolle spielen, ist in diesem — für das Verständnis des Weiteren nicht erforderlichen — Abschnitt eine kleine Auswahl zusammengestellt.

17.1. Nichtnegative Matrizen. Einschließungssätze

In vielen Anwendungen treten Matrizen auf, deren Elemente positiv oder nicht negativ sind, $a_{ik} > 0$ bzw. $\geqq 0$. Eine solche Matrix wird positiv bzw. nicht negativ genannt, $\boldsymbol{A} > 0$ bzw. $\geqq 0$. Die Eigenschaften dieser Matrizen sind eingehend von FROBENIUS und später ergänzend von WIELANDT untersucht worden[1], wovon wir hier das Wichtigste, z. T. ohne Beweis, kurz zusammenfassen.

Über die Matrix $\boldsymbol{A}$ muß dabei noch eine bestimmte Voraussetzung gemacht werden, nämlich daß sie *unzerlegbar* ist, d. h. sie darf weder die Gestalt

$$\boldsymbol{A} = \begin{pmatrix} \boldsymbol{A}_{11} & \boldsymbol{A}_{12} \\ \boldsymbol{O} & \boldsymbol{A}_{22} \end{pmatrix}$$

haben mit quadratischen Untermatrizen $\boldsymbol{A}_{11}, \boldsymbol{A}_{22}$, noch darf sie durch Umstellung der Zeilen und gleichnamige Umstellung der Spalten auf diese Form gebracht werden können. Dann gilt der

Satz 1: *Unter den Eigenwerten einer unzerlegbaren nicht negativen Matrix $\boldsymbol{A}$ gibt es einen einfachen reellen positiven Wert $\lambda = \varkappa$, die sogenannte* ***Maximalwurzel****, die dem Betrage nach von keinem anderen Eigenwert der Matrix übertroffen wird:*

$$\boxed{|\lambda_i| \leqq \varkappa}\,. \tag{1}$$

Zu $\lambda = \varkappa$ gehört ein positiver Eigenvektor $\boldsymbol{x} > 0$, d. h. einer mit nur positiven Komponenten $x_i > 0$. Die Maximalwurzel ist der einzige Eigenwert, zu dem ein nicht negativer Eigenvektor existiert.

Hieraus folgt nun weiter:

Satz 2: *Bildet man mit der unzerlegbaren nicht negativen Matrix $\boldsymbol{A}$ zu einem beliebigen positiven Vektor $\boldsymbol{u}$ mit $u_i > 0$ den transformierten Vektor $\boldsymbol{v} = \boldsymbol{A}\,\boldsymbol{u}$ mit den Komponenten $v_i > 0$ und damit die Quotienten*

$$\boxed{q_i = v_i/u_i}\,, \tag{2}$$

so wird die Maximalwurzel $\varkappa$ von $\boldsymbol{A}$ vom kleinsten und größten der Quotienten q_i eingeschlossen:

$$\boxed{q_{min} \leqq \varkappa \leqq q_{max}}\,. \tag{3}$$

Mit der Diagonalmatrix $\boldsymbol{Q} = \mathrm{Diag}(q_i)$ gilt nämlich wegen Gl. (2)

$$\boldsymbol{v} = \boldsymbol{A}\,\boldsymbol{u} = \boldsymbol{Q}\,\boldsymbol{u}\,. \tag{4}$$

[1] FROBENIUS, G.: Über Matrizen aus positiven bzw. nicht negativen Elementen. S. B. preuß. Akad. Wiss. (1908), S. 471—476, (1909), S. 514—518, (1912), S. 456 bis 477. — WIELANDT, H.: Unzerlegbare, nicht negative Matrizen. Math. Z. Bd. 52 (1950), S. 642—648.

Zur transponierten Matrix $\boldsymbol{A}'$ gehört gleichfalls die Maximalwurzel $\varkappa$ mit einem nicht negativen Eigenvektor $\boldsymbol{y}$ gemäß

$$\boldsymbol{A}'\,\boldsymbol{y} = \varkappa\,\boldsymbol{y}$$

Mit Gl. (4) bilden wir

$$\boldsymbol{u}'\,\boldsymbol{Q}'\,\boldsymbol{y} - \boldsymbol{u}'\,\boldsymbol{A}'\,\boldsymbol{y} = 0 = \boldsymbol{u}'\,\boldsymbol{Q}\,\boldsymbol{y} - \boldsymbol{u}'\,\varkappa\,\boldsymbol{y}$$

$$\boldsymbol{u}'\,(\boldsymbol{Q} - \varkappa\,\boldsymbol{I})\,\boldsymbol{y} = 0 \tag{5}$$

oder ausführlich

$$u_1 y_1 (q_1 - \chi) + u_2 y_2 (q_2 - \varkappa) + \cdots + u_n\, y_n\, (q_n - \varkappa) = 0\,. \tag{5'}$$

Da nun aber $u_i > 0$, $y_i > 0$, so kann diese Gleichung nur gelten, wenn die Faktoren $(q_i - \varkappa)$ nicht durchweg positiv oder negativ sind, d. h. es muß sein

$$q_{min} - \varkappa \leqq 0\,, \tag{3a}$$

$$q_{max} - \varkappa \geqq 0\,, \tag{3b}$$

wobei das Gleichheitszeichen höchstens gleichzeitig auftreten kann, wenn nämlich $\boldsymbol{u}$ der zu $\lambda = \varkappa$ gehörige Eigenvektor ist. Damit ist die Abschätzung Gl. (3) bewiesen.

Man kann den Satz dazu benutzen, die Maximalwurzel einer nicht negativen Matrix nach und nach in immer engere Schranken einzuschließen, indem man einen zunächst willkürlich angenommenen positiven Vektor $\boldsymbol{u}$ in geeigneter Weise so abändert, daß die Schranken q_{min} und q_{max} mehr und mehr zusammenrücken. Man kann das auch mit dem in § 14.4 beschriebenen Iterationsverfahren kombinieren, den Vektor $\boldsymbol{v}$ also als einen verbesserten Vektor $\boldsymbol{u}$ ansehen, mit dem man die Rechnung wiederholt.

In den Anwendungen finden sich oft auch Matrizen, bei denen die Vorzeichen der Elemente *schachbrettartig* verteilt sind bei positiven Diagonalelementen:

$$\begin{matrix} + & - & + & - \\ - & + & - & + \\ + & - & + & - \\ - & + & - & + \end{matrix}$$

Durch Vorzeichenumkehr jeder zweiten Zeile und Spalte geht die Matrix dann in eine nicht negative über. Bezeichnet man nun allgemein die aus einer Matrix $\boldsymbol{A}$ durch eine solche *Schachbrett-Transformation* hervorgehende Matrix mit $\boldsymbol{A}^+$ und ebenso den aus einem Vektor $\boldsymbol{x}$ durch Vorzeichenumkehr der 2., 4., ... Komponente entstandenen Vektor mit $\boldsymbol{x}^+$, so gilt, wie man sich leicht klar macht: Zur Eigenwertaufgabe

$$\boldsymbol{A}\,\boldsymbol{x} = \lambda\,\boldsymbol{x} \tag{6a}$$

gehört die entsprechende Aufgabe

$$A^+ x^+ = \lambda x^+ \tag{6b}$$

bei gleichen Eigenwerten λ. Zu einer unzerlegbaren Matrix mit schachbrettartig verteilten Vorzeichen gehört also gleichfalls eine positive Maximalwurzel als Eigenwert mit einem Eigenvektor mit Komponenten von wechselndem Vorzeichen $+ - + \ldots$.

Ein dem Einschließungssatz 2 ähnlicher ist für *hermitesche Matrix* $\boldsymbol{A}$ und die allgemeinere Eigenwertaufgabe

$$\boxed{\boldsymbol{A}\boldsymbol{x} = \lambda \boldsymbol{D}\boldsymbol{x}} \tag{7}$$

mit positiver Diagonalmatrix $\boldsymbol{D} = \mathrm{Diag}(d_i)$, $d_i > 0$, die sogenannte *Aufgabe der Zwischenstufe* (zwischen der speziellen Aufgabe $\boldsymbol{A}\boldsymbol{x} = \lambda \boldsymbol{x}$ und der allgemeinen $\boldsymbol{A}\boldsymbol{x} = \lambda \boldsymbol{B}\boldsymbol{x}$) von COLLATZ aufgestellt worden[1]:

Satz 3: *Ist* $\boldsymbol{A}$ *eine hermitesche Matrix und* $\boldsymbol{D}$ *eine reelle positive Diagonalmatrix mit* $d_i > 0$, *bildet man mit einem beliebigen Vektor* $\boldsymbol{u}$ *mit nicht verschwindenden Komponenten* $u_i \neq 0$ *den transformierten Vektor* $\boldsymbol{v} = \boldsymbol{A}\boldsymbol{u}$ *mit den Komponenten* v_i *und damit die Quotienten*

$$\boxed{q_i = \frac{v_i}{d_i\, u_i}}\,, \tag{8}$$

so wird vom kleinsten und größten Quotienten mindestens einer der reellen Eigenwerte λ_j *der Aufgabe Gl.* (7) *eingeschlossen*:

$$\boxed{q_{min} \leqq \lambda_j \leqq q_{max}}\,. \tag{9}$$

Über die Nummer des von Gl. (9) eingeschlossenen Eigenwertes wird hier nichts ausgesagt[2]. Wieder kann man diesen Satz zur Eingrenzung eines diesmal beliebigen Eigenwertes λ_j durch passende Wahl von $\boldsymbol{u}$ praktisch verwerten, vgl. Anm. 1.

17.2. Spaltensummenkonstante und stochastische Matrizen

In der Wahrscheinlichkeitsrechnung treten Matrizen $\boldsymbol{A}$ auf, bei denen die Spaltensummen

$$\sigma_k = a_{1k} + a_{2k} + \cdots a_{nk}$$

für alle Spalten k gleich sind, $\sigma_k = \sigma$. Für derartige Matrizen gilt

Satz 4: *Eine spaltensummenkonstante quadratische Matrix* $\boldsymbol{A}$ *mit der Spaltensumme* σ *hat den Eigenwert* σ. *Die Matrix* $\boldsymbol{A}^m$ *mit positiv ganzem*

[1] COLLATZ, L.: Eigenwertaufgaben [3], S. 304—309.

[2] Eine Aussage darüber findet man bei F. W. SINDEN: An oscillation theorem for algebraic eigenvalue problems and its applications. Diss. E. T. H. Zürich 1954. Prom. Nr. 2322.

Exponenten m ist wieder spaltensummenkonstant mit Spaltensumme und Eigenwert σ^m. *Ist* $\boldsymbol{A}$ *nichtsingulär, so ist auch* $\boldsymbol{A}^{-1}$ *spaltensummenkonstant mit Spaltensumme und Eigenwert* $1/\sigma$. —

Summe und Produkt zweier spaltensummenkonstanter quadratischer Matrizen $\boldsymbol{A}$, $\boldsymbol{B}$ *sind wieder spaltensummenkonstant, und für die Spaltensummen der einzelnen Matrizen gilt*

$$\boxed{\begin{aligned} \sigma_{A+B} &= \sigma_A + \sigma_B \\ \sigma_{AB} &= \sigma_{BA} = \sigma_A \cdot \sigma_B \end{aligned}} \quad . \qquad \begin{aligned} &(10\text{a}) \\ &(10\text{b}) \end{aligned}$$

Die erste Aussage folgt mit einem Vektor $\boldsymbol{s}' = (1, 1, \ldots, 1)$, der sich als Eigenvektor von $\boldsymbol{A}'$ erweist beim Eigenwert σ:

$$\boldsymbol{A}'\,\boldsymbol{s} = \begin{pmatrix} a_{11} & \cdots & a_{n1} \\ a_{12} & \cdots & a_{n2} \\ \cdot & \cdot\;\cdot\;\cdot & \cdot \\ a_{1n} & \cdots & a_{nn} \end{pmatrix} \begin{pmatrix} 1 \\ 1 \\ \vdots \\ 1 \end{pmatrix} = \begin{pmatrix} a_{11} + \cdots + a_{n1} \\ a_{12} + \cdots + a_{n2} \\ \cdot\;\cdot\;\cdot\;\cdot\;\cdot\;\cdot\;\cdot\;\cdot\;\cdot \\ a_{1n} + \cdots + a_{nn} \end{pmatrix} = \begin{pmatrix} \sigma \\ \sigma \\ \vdots \\ \sigma \end{pmatrix} = \sigma \begin{pmatrix} 1 \\ 1 \\ \vdots \\ 1 \end{pmatrix} = \sigma\,\boldsymbol{s}.$$

σ ist also Eigenwert zu $\boldsymbol{A}'$ und damit auch zu $\boldsymbol{A}$. Dann folgt σ^2 als Eigenwert und Spaltensumme bei gleichem Eigenvektor für $\boldsymbol{A}^2$ usf. Ebenso folgt aus $\boldsymbol{A}'\,\boldsymbol{s} = \sigma\,\boldsymbol{s} : \frac{1}{\sigma}\,\boldsymbol{s} = \boldsymbol{A}^{-1\prime}\,\boldsymbol{s}$. — Gl. (10a) ist unmittelbar einzusehen. Gl. (10b) sieht man so: Mit den Zeilenvektoren $\boldsymbol{a}^i$ von $\boldsymbol{A}$ und den Spalten $\boldsymbol{b}_k$ von $\boldsymbol{B}$ wird $\boldsymbol{A}\,\boldsymbol{B} = (\boldsymbol{a}^i\,\boldsymbol{b}_k)$ und damit die k-te Spaltensumme von $\boldsymbol{A}\,\boldsymbol{B}$:

$$\begin{aligned} \sigma_{AB} &= \boldsymbol{a}^1\,\boldsymbol{b}_k + \cdots + \boldsymbol{a}^n\,\boldsymbol{b}_k \\ &= a_{11}\,b_{1k} + \cdots + a_{1n}\,b_{nk} \\ &+ \cdot\;\cdot\;\cdot\;\cdot\;\cdot\;\cdot\;\cdot\;\cdot\;\cdot\;\cdot\;\cdot\;\cdot\;\cdot \\ &+ a_{n1}\,b_{1k} + \cdots + a_{nn}\,b_{nk} \\ \hline &= \sigma_A\,(b_{1k} + \cdots + b_{nk}) = \sigma_A \cdot \sigma_B\,. \end{aligned}$$

Die in der Wahrscheinlichkeitsrechnung[1] auftretenden spaltensummenkonstanten Matrizen sind reell und nicht negativ mit Spaltensumme 1: die Elemente jeder Spalte stellen Wahrscheinlichkeiten $a_{ik} \geqq 0$ dar, deren Summe 1 ergibt. Die Matrix besitzt, wie aus den Sätzen 1, 2 und 4 folgt, die Maximalwurzel $\lambda_1 = \sigma = 1$ als einfachen Eigenwert. Von besonderem Interesse ist hier nun der Fall, daß die Matrizenpotenzen $\boldsymbol{A}^\nu$ mit wachsendem ν gegen eine Matrix $\boldsymbol{A}^\infty$ konvergieren, die lauter gleiche Spalten besitzt. Wir zeigen dazu den folgenden

[1] SCHULZ, G.: Grenzwertsätze für die Wahrscheinlichkeiten verketteter Ereignisse. Deutsche Math. Bd. 1 (1936), S. 665—699.

Satz 5: *Ist* $\boldsymbol{A}$ *eine nicht negative unzerlegbare Matrix konstanter Spaltensumme* $\sigma = 1$ *und sind sämtliche Eigenwerte* λ_i *von* $\boldsymbol{A}$ *mit Ausnahme der Maximalwurzel* $\lambda_1 = 1$ *dem Betrage nach* ***kleiner*** *als* 1:

$$\boxed{\lambda_1 = 1\,, \quad |\lambda_i| < 1} \qquad \text{für } i = 2, 3, \ldots, n, \tag{11}$$

so konvergiert die Folge der Matrizenpotenzen $\boldsymbol{A}^\nu$ *mit wachsendem* ν *gegen eine wiederum spaltensummenkonstante Matrix, deren Spalten sämtlich miteinander übereinstimmen:*

$$\boxed{\boldsymbol{A}^\nu \to \boldsymbol{A}^\infty} \qquad \text{für } \nu \to \infty \tag{12}$$

$$\boxed{\boldsymbol{A}^\infty = (\boldsymbol{a}, \boldsymbol{a}, \ldots, \boldsymbol{a})}\,. \tag{13}$$

Die Spalte $\boldsymbol{a}$ *dieser Grenzmatrix ist gleich dem zu* $\lambda_1 = 1$ *gehörigen auf Spaltensumme* 1 *normierten Eigenvektor von* $\boldsymbol{A}$:

$$\boxed{\boldsymbol{A}\boldsymbol{a} = \boldsymbol{a}}\,. \tag{14}$$

Die letzte Gleichung ist wegen (13) gleichbedeutend mit

$$\boldsymbol{A}\boldsymbol{A}^\infty = \boldsymbol{A}^\infty\,. \tag{15}$$

Die Matrix $\boldsymbol{A}^\infty$ besitzt außer dem Eigenwert $\lambda_1 = \sigma = 1$ als Matrix vom Range 1 den $(n - 1)$-fachen Eigenwert $\lambda = 0$. — Wir gehen nun aus von dieser durch Gl. (14) definierten Matrix $\boldsymbol{A}^\infty$ und bilden mit ihr die Matrix

$$\boldsymbol{B} = \boldsymbol{A} - \boldsymbol{A}^\infty, \tag{16}$$

für die wegen Gl. (15) gilt

$$\left.\begin{aligned} \boldsymbol{B}^2 &= \boldsymbol{A}^2 - \boldsymbol{A}^\infty \\ \boldsymbol{B}^3 &= \boldsymbol{A}^3 - \boldsymbol{A}^\infty \\ &\cdots\cdots\cdots \end{aligned}\right\}. \tag{17}$$

Dann läßt sich zeigen, daß $\boldsymbol{B}$ die Eigenwerte

$$0, \lambda_2, \lambda_3, \ldots, \lambda_n\,, \tag{18}$$

also die der Matrix $\boldsymbol{A}$ mit Ausnahme von $\lambda_1 = 1$ besitzt, d. h. aber lauter Eigenwerte vom Betrage < 1. Die Eigenvektoren der transponierten Matrizen $\boldsymbol{A}', \boldsymbol{A}^{\infty\prime}$ und $\boldsymbol{B}'$ sind die gleichen. Zunächst ist nämlich mit dem Vektor $\boldsymbol{s}' = (1, 1, \ldots, 1)$

$$\begin{aligned} \boldsymbol{s}'\boldsymbol{A} &= \boldsymbol{s}' & \lambda_A &= 1 \\ \boldsymbol{s}'\boldsymbol{A}^\infty &= \boldsymbol{s}' & \lambda_{A^\infty} &= 1 \\ \hline \boldsymbol{s}'(\boldsymbol{A} - \boldsymbol{A}^\infty) = \boldsymbol{s}'\boldsymbol{B} &= \boldsymbol{o}\,, & \lambda_B &= 0\,. \end{aligned}$$

Ist nun $\lambda \neq \lambda_1$ ein Eigenwert von $\boldsymbol{A}$ und $\boldsymbol{y}$ zugehöriger Eigenvektor von $\boldsymbol{A}'$, $\boldsymbol{y}'\boldsymbol{A} = \lambda\boldsymbol{y}'$, so erhalten wir durch Rechtsmultiplikation mit $\boldsymbol{A}^\infty$ wegen (15)

$$\boldsymbol{y}'\boldsymbol{A}\boldsymbol{A}^\infty = \boldsymbol{y}'\boldsymbol{A}^\infty = \lambda\boldsymbol{y}'\boldsymbol{A}^\infty$$

und, hieraus wegen $\lambda \neq 1$: $\boldsymbol{y}'\boldsymbol{A}^\infty = \boldsymbol{o}$. $\boldsymbol{y}$ ist also auch Eigenvektor zu $\boldsymbol{A}^\infty$ mit einem Eigenwert 0. Dann aber folgt aus

$$\begin{aligned} \boldsymbol{y}'\boldsymbol{A} &= \lambda\boldsymbol{y}' \\ \boldsymbol{y}'\boldsymbol{A}^\infty &= \boldsymbol{o} \\ \hline \boldsymbol{y}'(\boldsymbol{A} - \boldsymbol{A}^\infty) &= \boldsymbol{y}'\boldsymbol{B} = \lambda\boldsymbol{y}'\,. \end{aligned}$$

Die Matrix $\boldsymbol{B}$ besitzt also die Eigenwerte (18), deren Beträge sämtlich < 1 sind. Für eine solche Matrix aber konvergiert, wie wir später sehen werden (§ 20.3), die geometrische Matrizenreihe

$$\boldsymbol{B} + \boldsymbol{B}^2 + \boldsymbol{B}^3 + \cdots,$$

das heißt es geht

$$\boldsymbol{B}^\nu = \boldsymbol{A}^\nu - \boldsymbol{A}^\infty \to \boldsymbol{O} \qquad \text{für} \quad \nu \to \infty\,,$$

womit unser Satz bewiesen ist.

17.3. Schachbrettmatrizen

Hierunter verstehen wir Matrizen, deren Plätze schachbrettartig von Nullelementen und von im allgemeinen nichtverschwindenden Elementen besetzt sind. Dabei sind zwei Fälle zu unterscheiden, je nachdem die Diagonalelemente von Null verschiedene oder Nullelemente sind.

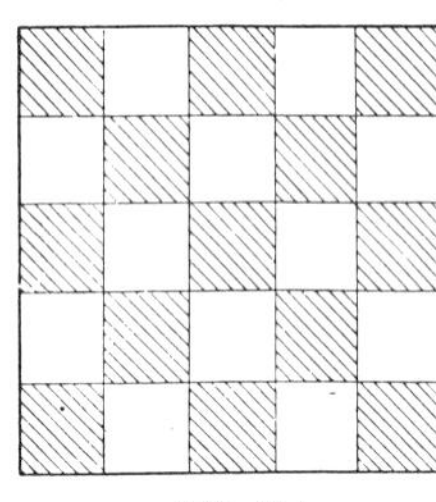

Abb. 17.1. Schachbrettmatrix, 1. Art

I. Diagonalelemente nicht durchweg Null, Abb. 17.1

Durch Vertauschen der Zeilen und entsprechendes Vertauschen der Spalten, wobei die Eigenwerteigenschaften erhalten bleiben, geht die n-reihige Ausgangsmatrix $\boldsymbol{A}$ über in die Form

$$\hat{\boldsymbol{A}} = \begin{pmatrix} \boldsymbol{A}_1 & \boldsymbol{O} \\ \boldsymbol{O} & \boldsymbol{A}_2 \end{pmatrix} \tag{19}$$

mit der s-reihigen quadratischen Untermatrix $\boldsymbol{A}_1$ und der $(n - s)$-reihigen $\boldsymbol{A}_2$. Dabei ist

$$s = n - s = \frac{n}{2} \qquad \text{für gerades } n$$

$$s = \frac{n+1}{2}\,, \quad n - s = \frac{n-1}{2} = s - 1 \quad \text{für ungerades } n\,.$$

Hier *zerfällt* die charakteristische Determinante und charakteristische Gleichung in

$$|\boldsymbol{A} - \lambda \boldsymbol{I}| = |\boldsymbol{A}_1 - \lambda \boldsymbol{I}_1| \cdot |\boldsymbol{A}_2 - \lambda \boldsymbol{I}_2| = p_1(\lambda)\, p_2(\lambda) = 0$$

$$p_1(\lambda) = 0 \to \lambda = \lambda_1, \lambda_2, \ldots, \lambda_s$$

$$p_2(\lambda) = 0 \to \lambda = \lambda_{s+1}, \lambda_{s+2}, \ldots, \lambda_n .$$

$\boldsymbol{A}_1$ hat die s-reihigen Eigenvektoren $\boldsymbol{y}_1, \boldsymbol{y}_2, \ldots, \boldsymbol{y}_s$,
$\boldsymbol{A}_2$ hat die $(n - s)$-reihigen Eigenvektoren $\boldsymbol{z}_{s+1}, \boldsymbol{z}_{s+2}, \ldots, \boldsymbol{z}_n$,
von denen nicht alle linear unabhängig zu sein brauchen. Die Gesamtmatrix $\hat{\boldsymbol{A}}$ hat dann die n-reihigen Eigenvektoren

$$\hat{\boldsymbol{x}}_i = \begin{pmatrix} \boldsymbol{y}_i \\ \boldsymbol{o} \end{pmatrix}, \quad i = 1, 2, \ldots, s, \quad \hat{\boldsymbol{x}}_i = \begin{pmatrix} \boldsymbol{o} \\ \boldsymbol{z}_i \end{pmatrix}, \quad i = s+1, \ldots, n, \tag{20}$$

die linear unabhängig sind, soweit es die $\boldsymbol{y}_i$ und die $\boldsymbol{z}_i$ sind. Die zur Ausgangsmatrix $\boldsymbol{A}$ gehörigen Vektoren $\boldsymbol{x}_i$ erhält man dann aus den $\hat{\boldsymbol{x}}_i$ durch entsprechendes Umstellen der Komponenten, womit auch diese Eigenvektoren abwechselnde Nullkomponenten haben, soweit nicht unter den zu $\boldsymbol{A}_1$ und $\boldsymbol{A}_2$ gehörigen Eigenwerten λ_i gleiche Werte vorkommen, wobei dann auch Linearkombinationen der zu $\boldsymbol{A}_1$ und $\boldsymbol{A}_2$ gehörigen Eigenvektoren möglich sind, deren sämtliche Plätze besetzt sind.

Beispiel:

$$\boldsymbol{A} = \begin{pmatrix} -1 & 0 & 1 & 0 & 2 \\ 0 & 5 & 0 & 4 & 0 \\ 8 & 0 & 0 & 0 & -5 \\ 0 & 1 & 0 & 2 & 0 \\ -6 & 0 & 2 & 0 & 6 \end{pmatrix}, \quad \hat{\boldsymbol{A}} = \left(\begin{array}{ccc|cc} -1 & 1 & 2 & 0 & 0 \\ 8 & 0 & -5 & 0 & 0 \\ -6 & 2 & 6 & 0 & 0 \\ \hline 0 & 0 & 0 & 0 & 4 \\ 0 & 0 & 0 & 1 & 2 \end{array}\right)$$

$$|\boldsymbol{A}_1 - \lambda \boldsymbol{I}| = (\lambda - 1)(\lambda - 2)^2 = 0, \ \lambda_1 = 1, \ \lambda_2 = \lambda_3 = 2$$

$$\boldsymbol{y}_1 = \begin{pmatrix} 1 \\ -2 \\ 2 \end{pmatrix}, \quad \boldsymbol{y}_{2,3} = \begin{pmatrix} 1 \\ -1 \\ 2 \end{pmatrix}$$

Zur Doppelwurzel $\lambda = 2$ gibt es nur einen linear unabhängigen Eigenvektor $\boldsymbol{y}$.

$$|\boldsymbol{A}_2 - \lambda \boldsymbol{I}| = (\lambda - 1)(\lambda - 6) = 0, \ \lambda_4 = 1, \ \lambda_5 = 6$$

$$\boldsymbol{z}_4 = \begin{pmatrix} 1 \\ -1 \end{pmatrix}, \quad \boldsymbol{z}_5 = \begin{pmatrix} 4 \\ 1 \end{pmatrix}$$

$$\boldsymbol{x}_1 = \begin{pmatrix} 1 \\ 0 \\ -2 \\ 0 \\ 2 \end{pmatrix}, \quad \boldsymbol{x}_{2,3} = \begin{pmatrix} 1 \\ 0 \\ -1 \\ 0 \\ 2 \end{pmatrix}, \quad \boldsymbol{x}_4 = \begin{pmatrix} 0 \\ 1 \\ 0 \\ -1 \\ 0 \end{pmatrix}, \quad \boldsymbol{x}_5 = \begin{pmatrix} 0 \\ 4 \\ 0 \\ 1 \\ 0 \end{pmatrix}.$$

Hier sind aber auch $\boldsymbol{x} = a\, \boldsymbol{x}_1 + b\, \boldsymbol{x}_4$ Eigenvektoren zur gemeinsamen Wurzel $\lambda = 1$, zu der also das zweidimensionale lineare Vektorgebilde

$$\boldsymbol{x} = \begin{pmatrix} a \\ b \\ -2a \\ -b \\ 2a \end{pmatrix} \quad \text{mit freien Konstanten } a, b \text{ gehört.}$$

					$\boldsymbol{x}_1$	$\boldsymbol{x}_{2,3}$	$\boldsymbol{x}_4$	$\boldsymbol{x}_5$	$\boldsymbol{x}$
					1	1	0	0	a
					0	0	1	4	b
Probe: $\boldsymbol{A}\,\boldsymbol{x} = \lambda\,\boldsymbol{x}$					—2	—1	0	0	$-2a$
					0	0	—1	1	$-b$
					2	2	0	0	$2a$
—1	0	1	0	2	1	2	0	0	a
0	5	0	4	0	0	0	1	24	b
8	0	0	0	—5	—2	—2	0	0	$-2a$
0	1	0	2	0	0	0	—1	6	$-b$
—6	0	2	0	6	2	4	0	0	$2a$
				$\lambda =$	1	2	1	6	1

II. Diagonalelemente sind Null, Abb. 17.2

Durch Zeilen- und entsprechende Spaltenvertauschung geht hier $\boldsymbol{A}$ über in

$$\hat{\boldsymbol{A}} = \begin{pmatrix} \boldsymbol{O} & \boldsymbol{A}_1 \\ \boldsymbol{A}_2 & \boldsymbol{O} \end{pmatrix} \tag{21}$$

mit zwei quadratischen s- und $(n - s)$-reihigen Nullmatrizen. Ein Zerfallen der charakteristischen Gleichung findet hier nicht mehr statt, wohl aber wieder für die aus $\hat{\boldsymbol{A}}$ durch Quadrieren entstandene Matrix

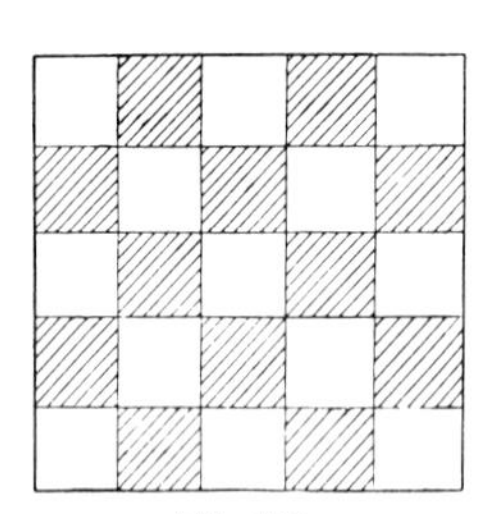

Abb. 17.2. Schachbrettmatrix, 2. Art

$$\boldsymbol{B} = \hat{\boldsymbol{A}}^2 = \begin{pmatrix} \boldsymbol{A}_1\boldsymbol{A}_2 & \boldsymbol{O} \\ \boldsymbol{O} & \boldsymbol{A}_2\boldsymbol{A}_1 \end{pmatrix} = \begin{pmatrix} \boldsymbol{B}_1 & \boldsymbol{O} \\ \boldsymbol{O} & \boldsymbol{B}_2 \end{pmatrix} \tag{22}$$

mit den Eigenwerten $\varkappa_i = \lambda_i^2$ bei gleichen Eigenvektoren $\hat{\boldsymbol{x}}_i$. Diese Matrix ist also wieder von der Form Gl. (19), jedoch mit der Besonderheit, daß

$$\left.\begin{aligned} \boldsymbol{B}_1 &= \boldsymbol{A}_1\boldsymbol{A}_2 \\ \boldsymbol{B}_2 &= \boldsymbol{A}_2\boldsymbol{A}_1 \end{aligned}\right\} . \tag{23}$$

Beide Matrizen, von denen $\boldsymbol{B}_1$ s-reihig, $\boldsymbol{B}_2$ $(n - s)$-reihig ist mit s und $n - s$ wie unter I, besitzen nun nach § 13.7, Satz 13 und 14 die gleichen Eigenwerte $\varkappa_i$ bis auf $\varkappa_0 = 0$ im Falle ungerader Reihenzahl n als zusätzlicher Eigenwert von $\boldsymbol{B}_1$. Man rechnet dann

$$\boxed{\boldsymbol{B}_2\,\boldsymbol{z} = \varkappa\,\boldsymbol{z}} \quad \to \varkappa_i,\ \boldsymbol{z}_i \tag{24}$$

und, falls $\boldsymbol{A}_1\,\boldsymbol{z} \neq \boldsymbol{o}$

$$\boxed{\boldsymbol{A}_1\,\boldsymbol{z}_i = \boldsymbol{y}_i} \quad \to \boldsymbol{y}_i\,, \tag{25}$$

wozu im Falle ungerader Reihenzahl n noch

$$\boxed{\boldsymbol{A}_2\,\boldsymbol{y}_0 = \boldsymbol{o}} \quad \to \boldsymbol{y}_0 \quad \text{zu} \quad \varkappa_0 = 0 \tag{26}$$

kommt.

Es sei nun zunächst $\varkappa \neq 0$, d. h. $\boldsymbol{A}_2 \boldsymbol{A}_1$ ist nichtsingulär und es ist $\boldsymbol{A}_1 \boldsymbol{z} = \boldsymbol{y} \neq \boldsymbol{o}$. Damit folgt dann

$$\boldsymbol{A}_2 \boldsymbol{y} = \boldsymbol{A}_2 \boldsymbol{A}_1 \boldsymbol{z} = \varkappa \boldsymbol{z} . \tag{27}$$

Macht man dann für den Eigenvektor $\boldsymbol{x}$ von $\hat{\boldsymbol{A}}$ den Ansatz

$$\boldsymbol{x} = \begin{pmatrix} a\,\boldsymbol{y} \\ b\,\boldsymbol{z} \end{pmatrix},$$

so erhält man durch Einsetzen in die Eigenwertgleichung

$$\hat{\boldsymbol{A}} \hat{\boldsymbol{x}} = \begin{pmatrix} \boldsymbol{O} & \boldsymbol{A}_1 \\ \boldsymbol{A}_2 & \boldsymbol{O} \end{pmatrix} \begin{pmatrix} a\,\boldsymbol{y} \\ b\,\boldsymbol{z} \end{pmatrix} = \begin{pmatrix} b\,\boldsymbol{A}_1 \boldsymbol{z} \\ a\,\boldsymbol{A}_2 \boldsymbol{y} \end{pmatrix} = \begin{pmatrix} b\,\boldsymbol{y} \\ \varkappa\, a\,\boldsymbol{z} \end{pmatrix} = \lambda \begin{pmatrix} a\,\boldsymbol{y} \\ b\,\boldsymbol{z} \end{pmatrix}$$

für die Konstanten a, b die Bedingung

$$\lambda a = b$$
$$\lambda b = \varkappa a ,$$

woraus

$$\boxed{\lambda^2 = \varkappa , \quad \lambda = \pm \sqrt{\varkappa}} \tag{28}$$

folgt bei beliebigem a. Setzen wir $a = 1$, so erhalten wir als zu $\varkappa_i \neq 0$ gehörige zwei Eigenvektoren

$$\boxed{\hat{\boldsymbol{x}}_{i1} = \begin{pmatrix} \boldsymbol{y}_i \\ \lambda_i \boldsymbol{z}_i \end{pmatrix}, \quad \hat{\boldsymbol{x}}_{i2} = \begin{pmatrix} \boldsymbol{y}_i \\ -\lambda_i \boldsymbol{z}_i \end{pmatrix}} \tag{29}$$

mit $\lambda_i = +\sqrt{\varkappa_i}$, wozu im Falle ungerader Zahl n noch

$$\boxed{\hat{\boldsymbol{x}}_0 = \begin{pmatrix} \boldsymbol{y}_0 \\ \boldsymbol{O} \end{pmatrix}} \tag{29a}$$

kommt. Die endgültigen Vektoren $\boldsymbol{x}$ und $\boldsymbol{A}$ ergeben sich aus $\boldsymbol{x}$ durch Umstellen, z. B. für $n = 5$:

$$\boldsymbol{x}_1 = \begin{pmatrix} y_1 \\ \lambda z_1 \\ y_2 \\ z_2 \\ y_3 \end{pmatrix}, \quad \boldsymbol{x}_2 = \begin{pmatrix} y_1 \\ -\lambda z_1 \\ y_2 \\ -\lambda z_2 \\ y_3 \end{pmatrix}.$$

Ist nun aber einer der Eigenwerte $\varkappa_i = 0$, so sind $\boldsymbol{A}_1 \boldsymbol{A}_2$ und $\boldsymbol{A}_2 \boldsymbol{A}_1$ singulär. In diesem Falle sind, wie man sich auf ähnliche Weise wie oben durch Ansatz für $\hat{\boldsymbol{x}}$ klarmacht, nur solche Vektoren $\boldsymbol{y}, \boldsymbol{z}$ zulässig, die die homogenen Gleichungen

$$\boxed{\begin{aligned} \boldsymbol{A}_1 \boldsymbol{z} &= \boldsymbol{o} \\ \boldsymbol{A}_2 \boldsymbol{y} &= \boldsymbol{o} \end{aligned}} \tag{30}$$

erfüllen, von denen wenigstens eine einen von Null verschiedenen Lösungsvektor besitzt. Damit wird dann

$$\hat{\boldsymbol{x}} = a\begin{pmatrix}\boldsymbol{y}\\ \boldsymbol{o}\end{pmatrix} + b\begin{pmatrix}\boldsymbol{o}\\ \boldsymbol{z}\end{pmatrix} = \begin{pmatrix}a\,\boldsymbol{y}\\ b\,\boldsymbol{z}\end{pmatrix} \tag{31}$$

bei beliebigen Konstanten a, b. Ist nur einer der Vektoren $\boldsymbol{y}, \boldsymbol{z}$ von Null verschieden, so enthält $\hat{\boldsymbol{x}}$ nur diesen einen Vektor und a bzw. b kann 1 gesetzt werden.

Beispiel:

$$\boldsymbol{A} = \begin{pmatrix} 0 & 1 & 0 & 0 & 0\\ 1 & 0 & 2 & 0 & -1\\ 0 & 3 & 0 & 2 & 0\\ 2 & 0 & 0 & 0 & 1\\ 0 & -2 & 0 & -1 & 0 \end{pmatrix}, \quad \hat{\boldsymbol{A}} = \left(\begin{array}{ccc|cc} 0 & 0 & 0 & 1 & 0\\ 0 & 0 & 0 & 3 & 2\\ 0 & 0 & 0 & -2 & -1\\ \hline 1 & 2 & -1 & 0 & 0\\ 2 & 0 & 1 & 0 & 0 \end{array}\right)$$

$$\boldsymbol{B}_1 = \boldsymbol{A}_1\,\boldsymbol{A}_2 = \begin{pmatrix} 1 & 2 & -1\\ 7 & 6 & -1\\ -4 & -4 & 1 \end{pmatrix}, \quad \boldsymbol{B}_2 = \boldsymbol{A}_2\,\boldsymbol{A}_1 = \begin{pmatrix} 9 & 5\\ 0 & -1 \end{pmatrix}$$

$$\varkappa^2 - 8\,\varkappa - 9 = (\varkappa - 9)\,(\varkappa + 1) = 0$$

$$\varkappa_1 = 9,\ \varkappa_2 = -1, \qquad \varkappa_0 = 0$$

$$\lambda_{1,2} = \pm 3, \quad \lambda_{3,4} = \pm i\,, \quad \lambda_5 = 0$$

$$\boldsymbol{z}_1 = \begin{pmatrix}1\\ 0\end{pmatrix}, \quad \boldsymbol{z}_2 = \begin{pmatrix}1\\ -2\end{pmatrix}$$

$$\boldsymbol{y}_1 = \boldsymbol{A}_1\,\boldsymbol{z}_1 = \begin{pmatrix}1\\ 3\\ -2\end{pmatrix}, \quad \boldsymbol{y}_2 = \boldsymbol{A}_1\,\boldsymbol{z}_1 = \begin{pmatrix}1\\ -1\\ 0\end{pmatrix}, \quad \boldsymbol{y}_0 = \begin{pmatrix}-2\\ 3\\ 4\end{pmatrix}.$$

Damit lauten die 5 Eigenvektoren von $\boldsymbol{A}$ nebst Probe $\boldsymbol{A}\,\boldsymbol{x} = \lambda\,\boldsymbol{x}$:

					$\boldsymbol{x}_1$	$\boldsymbol{x}_2$	$\boldsymbol{x}_3$	$\boldsymbol{x}_4$	$\boldsymbol{x}_5$
					1	1	1	1	—2
					3	—3	i	$-i$	0
					3	3	—1	—1	3
					0	0	$-2\,i$	$2\,i$	0
					—2	—2	0	0	4
0	1	0	0	0	3	—3	i	$-i$	0
1	0	2	0	—1	9	9	—1	—1	0
0	3	0	2	0	9	—9	$-i$	i	0
2	0	0	0	1	0	0	2	2	0
0	—2	0	—1	0	—6	6	0	0	0
				$\lambda =$	3	—3	i	$-i$	0

17.4. Differenzenmatrizen

Im Zusammenhang mit dem Differenzenverfahren (Ersatz von Ableitungen durch Differenzenquotienten) bei linearen Rand- und Eigenwertaufgaben von Differentialgleichungen treten Matrizen der Bauart

$$\boldsymbol{A} = \begin{pmatrix} a & -1 & & & & & \\ -1 & a & -1 & & & & \\ & -1 & a & -1 & & & \\ & & -1 & a & -1 & & \\ \cdots & \cdots & \cdots & \cdots & \cdots & \cdots & \cdots \\ & & & & -1 & a & -1 \\ & & & & & -1 & a \end{pmatrix} \qquad (32)$$

auf, wobei die leeren Plätze mit Nullen besetzt sind. Solche *Differenzenmatrizen* erlauben eine formelmäßige Berechnung der Eigenwerte und Eigenvektoren, die nur von a und der Reihenzahl n abhängen. Die zugehörige k-te Eigenwertgleichung

$$-x_{k-1} + (a - \lambda)\, x_k - x_{k+1} = 0 \qquad (33)$$

ist eine sogenannte (homogen lineare) *Differenzengleichung*, die, wie man leicht bestätigt, durch einen Potenzansatz

$$x_k = r^k \qquad (34)$$

mit noch zu bestimmendem r erfüllt wird, wobei sich für r die *charakteristische Gleichung* ergibt:

$$r^2 - (a - \lambda)\, r + 1 = 0\,. \qquad (35)$$

Setzt man nun

$$a - \lambda = 2 \cos \varphi\,, \qquad (36)$$

so erhält man die Lösungen r in der Form

$$r = \cos \varphi \pm i \sin \varphi = e^{\pm i\varphi}$$

und damit für x_k:

$$x_k = A \cos k\varphi + B \sin k\varphi \qquad (37)$$

mit noch freien Konstanten A, B, zu deren Bestimmung die *Randbedingungen* der Aufgabe dienen, d. i. erste und letzte Eigenwertgleichung, die nicht die Form Gl. (33) haben:

1. Gleichung: $(a - \lambda)\, x_1 - x_2 = 0\,,$

n. Gleichung: $-x_{n-1} + (a - \lambda)\, x_n = 0\,.$

Einsetzen von Gl. (36) und Gl. (37) ergibt für die

1. Gleichung: $2 \cos \varphi\, (A \cos \varphi + B \sin \varphi) - A \cos 2\varphi - B \sin 2\varphi = 0$

oder nach leichter Umrechnung

$$A \cdot 1 + B \cdot 0 = 0\,,$$

woraus $A = 0$ bei beliebigem B folgt. Es wird somit

$$\boxed{x_k = \sin k\varphi}\,. \qquad (38)$$

Damit wird aus der

n. Gleichung: $-\sin(n-1)\varphi + 2\cos\varphi \sin n\varphi = 0$ oder

$$\sin(n+1)\varphi = 0, \tag{39}$$

woraus sich als Eigenwerte der Randwertaufgabe die Winkel

$$\boxed{\varphi_j = \frac{j\pi}{n+1}} \qquad j = 1, 2, \ldots, n \tag{40}$$

ergeben und als Eigenwerte λ_j von $\boldsymbol{A}$ nach Gl. (36):

$$\boxed{\lambda_j = a - 2\cos\varphi_j}\,. \tag{41}$$

Die Komponenten des Eigenvektors $\boldsymbol{x}_j$ sind also

$$\boxed{x_{kj} = \sin\frac{kj\pi}{n+1}} \qquad k = 1, 2, \ldots, n\,. \tag{42}$$

Wir erhalten somit genau n verschiedene Eigenwerte λ_j und n linear unabhängige Eigenvektoren. Die Lösungen sind bei reellem a reell. Die Größe a geht nur in die Eigenwerte λ ein; die Eigenvektoren sind von ihr gar nicht abhängig. Sie lauten ausführlich:

$$\boldsymbol{x}_j = \begin{pmatrix} \sin\frac{1}{n+1}j\pi \\ \sin\frac{2}{n+1}j\pi \\ \cdots\cdots\cdots \\ \sin\frac{n}{n+1}j\pi \end{pmatrix}.$$

Die Komponenten x_{kj}, für festes j aufgetragen über der fortlaufenden Nummer k, ergeben Punkte einer Sinuskurve, die für die — nicht mehr dazugehörigen — Werte $k = 0$ und $k = n+1$ durch Null geht und zwischen diesen Werten $j/2$ Perioden enthält.

Beispiel: $a = 2$, $n = 5$

$$\varphi_j = j\frac{\pi}{6} = j\,30° \qquad \lambda_j = 2(1 - \cos j\,30°)$$

$$x_{kj} = \sin k\varphi_j = \sin kj\,30°$$

k	$\boldsymbol{x}_1$	$\boldsymbol{x}_2$	$\boldsymbol{x}_3$	$\boldsymbol{x}_4$	$\boldsymbol{x}_5$
1	0,5	0,866	1	0,866	0,5
2	0,866	0,866	0	—0,866	—0,866
3	1	0	—1	0	1
4	0,866	—0,866	0	0,866	—0,866
5	0,5	—0,866	1	—0,866	0,5
$\varphi_j =$	30°	60°	90°	120°	150°
$\lambda_j =$	$2-\sqrt{3}$	1	2	3	$2+\sqrt{3}$

17.5 Matrizen zyklischer Bauart

Unter solchen mit den Differenzenmatrizen verwandten versteht man Matrizen, deren Zeilen aus ihrer ersten durch zyklische Vertauschung hervorgehen. Lautet die erste Zeile der n-reihigen Matrix

$$\boldsymbol{a}^1 = (a_0\, a_1\, a_2 \dots a_{n-1}) \tag{43}$$

mit n beliebigen Elementen a_k, so wird die Matrix

$$\boldsymbol{A} = \begin{pmatrix} a_0 & a_1 & a_2 & \dots & a_{n-1} \\ a_{n-1} & a_0 & a_1 & \dots & a_{n-2} \\ a_{n-2} & a_{n-1} & a_0 & \dots & a_{n-3} \\ \dots & \dots & \dots & \dots & \dots \\ a_1 & a_2 & a_3 & \dots & a_0 \end{pmatrix}. \tag{44}$$

Mit den n-ten Einheitswurzeln

$$\boxed{\varepsilon_k = e^{ik\frac{2\pi}{n}}} \qquad k = 0, 1, \dots, n-1 \tag{45}$$

sind dann die Eigenvektoren und Eigenwerte

$$\boldsymbol{x}_k = \begin{pmatrix} 1 \\ \varepsilon_k \\ \varepsilon_k^2 \\ \vdots \\ \varepsilon_k^{n-1} \end{pmatrix} \qquad (k = 0, 1, \dots, n-1) \tag{46}$$

$$\lambda_k = a_0 + a_1\,\varepsilon_k + a_2\,\varepsilon_k^2 + \dots + a_{n-1}\,\varepsilon_k^{n-1} \tag{47a}$$

oder kurz

$$\boxed{\lambda_k = \boldsymbol{a}^1\,\boldsymbol{x}_k} \qquad (k = 0, 1, \dots, n-1)\,. \tag{47}$$

Daß diese Ausdrücke Eigenvektoren und Eigenwerte sind, also die Gleichung $\boldsymbol{A}\,\boldsymbol{x}_k = \lambda_k\,\boldsymbol{x}_k$ erfüllen, ist mit $\varepsilon_k^n = 1$ leicht zu verifizieren. Die lineare Unabhängigkeit der n Vektoren $\boldsymbol{x}_k$ folgt aus der Eigenvektormatrix $\boldsymbol{X} = (\boldsymbol{x}_k)$, deren Determinante als VANDERMONDEsche Determinante zu den n verschiedenen Zahlen ε_k von Null verschieden ist (vgl. § 13.2).

Beispiel:

$$\boldsymbol{A} = \begin{pmatrix} 2 & -1 & 0 & 3 \\ 3 & 2 & -1 & 0 \\ 0 & 3 & 2 & -1 \\ -1 & 0 & 3 & 2 \end{pmatrix} \qquad \begin{aligned} \varepsilon_0 &= 1 \\ \varepsilon_1 &= i \\ \varepsilon_2 &= -1 \\ \varepsilon_3 &= -i \end{aligned}$$

$$\boldsymbol{x}_0 = \begin{pmatrix} 1 \\ 1 \\ 1 \\ 1 \end{pmatrix}, \quad \boldsymbol{x}_1 = \begin{pmatrix} 1 \\ i \\ -1 \\ -i \end{pmatrix}, \quad \boldsymbol{x}_2 = \begin{pmatrix} 1 \\ -1 \\ 1 \\ -1 \end{pmatrix}, \quad \boldsymbol{x}_3 = \begin{pmatrix} 1 \\ -i \\ -1 \\ i \end{pmatrix},$$

$$\lambda_0 = 4\,, \qquad \lambda_1 = 2 - 4\,i\,, \quad \lambda_2 = 0\,, \qquad \lambda_3 = 2 + 4\,i\,.$$

Eigenwerte und Eigenvektoren können auch reell ausfallen, z. B. bei der reell symmetrischen Matrix zyklischer Bauart

$$\boldsymbol{A} = \begin{pmatrix} a & b & b \\ b & a & b \\ b & b & a \end{pmatrix}$$

mit

$$\lambda_1 = a + 2\,b\,,\ \lambda_2 = \lambda_3 = a - b$$

$$\boldsymbol{x}_1 = \begin{pmatrix} 1 \\ 1 \\ 1 \end{pmatrix}, \quad \boldsymbol{x}_2 = \begin{pmatrix} 1 \\ -1 \\ 0 \end{pmatrix}, \quad \boldsymbol{x}_3 = \begin{pmatrix} 1 \\ 0 \\ -1 \end{pmatrix},$$

wo sich die aus (46) errechneten komplexen Vektoren $\boldsymbol{x}_2$, $\boldsymbol{x}_3$ durch Linearkombination in reelle Form überführen lassen.

V. Kapitel

Struktur der Matrix

Bisher haben wir unsere Betrachtungen auf diagonalähnliche Matrizen beschränkt, das sind solche n-reihigen Matrizen, zu denen auch im Falle mehrfacher Eigenwerte genau n linear unabhängige Eigenvektoren existieren. Diese stellen ein der Matrix eigentümliches im allgemeinen schiefwinkliges Achsensystem dar, das System der Eigenachsen, in welchem die Matrix die besonders einfache Form der Diagonalmatrix $\boldsymbol{\Lambda} = \text{Diag}(\lambda_i)$ ihrer Eigenwerte annimmt. Aus der Existenz n unabhängiger Eigenvektoren folgte weiter eine Reihe von Eigenschaften, die sich sowohl für die theoretische als auch für die praktische Behandlung der Eigenwertaufgabe als gleich bedeutsam erwiesen. Wir sahen aber auch, daß es darüber hinaus Matrizen gibt, deren charakteristische Matrix $\boldsymbol{A} - \lambda_\sigma \boldsymbol{I}$ zu einem mehrfachen Eigenwert λ_σ der Vielfachheit p_σ einen Rangabfall $d_\sigma < p_\sigma$ aufweist, so daß nicht mehr die volle Anzahl von Eigenvektoren vorhanden ist. Wir deuteten auch schon an, daß sich solche Matrizen durch Ähnlichkeitstransformation überhaupt nicht mehr auf Diagonalform überführen lassen. Der Klasse der diagonalähnlichen Matrizen, die, wie in § 16.2 gezeigt, mit den normalisierbaren Matrizen identisch sind, stehen somit weitere Matrizenklassen gegenüber. Für diese erhebt sich nunmehr die Frage nach einer der Diagonalform $\boldsymbol{\Lambda}$ entsprechenden abgewandelten *Normalform* der Matrix, die im Falle diagonalähnlicher Matrix in den Sonderfall der Diagonalmatrix der Eigenwerte übergeht, im allgemeinen nichtdiagonalen Falle aber außer den Eigenwerten als numerischen Eigenschaften der Matrix auch noch deren inneren Bau, ihre *Struktur* erkennen läßt. Sie wird dann auch Auskunft geben über die zu erwartende Anzahl der Eigenvektoren im Falle mehrfacher Eigenwerte, also über den Rangabfall der charakteristischen Matrix. Die ganzen Überlegungen beziehen sich ja ohnehin nur auf Matrizen mit mehrfachen Eigenwerten, da solche mit durchweg verschiedenen charakteristischen Zahlen λ_i eo ipso zur Klasse der diagonalähnlichen gehören. Es erhebt sich weiter die Frage, auf welche Weise sich das im Falle $d_\sigma < p_\sigma$ unvollständige System der Eigenvektoren zu einem vollständigen System n unabhängiger Vektoren ergänzen läßt in der Weise, daß die Matrix dieser Vektoren dann wieder die Rolle der Modalmatrix $\boldsymbol{X}$, d. h. der Transformationsmatrix bei Ähnlichkeitstransformation auf die besagte Normalform übernehmen kann. Es wird sich zeigen, daß zu den Eigenvektoren sogenannte *Hauptvektoren* treten, von denen die Eigenvektoren ein Sonderfall sind.

§ 18. Minimumgleichung, Charakteristik und Klassifikation

18.1. Die Minimumgleichung

Einen ersten Einblick in die hier angeschnittenen Fragen nach der Struktur der Matrix gibt die schon in § 14.3 eingeführte *Minimumgleichung* der Matrix

$$\boxed{m(\boldsymbol{A}) = \boldsymbol{O}}\,, \tag{1}$$

jene Polynomgleichung kleinsten Grades, die von der Matrix $\boldsymbol{A}$ außer der dort ebenfalls behandelten *Cayley-Hamiltonschen Gleichung*

$$\boxed{p(\boldsymbol{A}) = \boldsymbol{O}} \tag{2}$$

erfüllt wird. Darin ist

$$p(\lambda) = \det(\lambda \boldsymbol{I} - \boldsymbol{A}) = \lambda^n + a_{n-1}\lambda^{n-1} + \cdots + a_1\lambda + a_0 \tag{3}$$

das *charakteristische Polynom*, hingegen

$$m(\lambda) = \lambda^m + b_{m-1}\lambda^{m-1} + \cdots + b_1\lambda + b_0 \tag{4}$$

das noch näher zu charakterisierende *Minimalpolynom* der Matrix. Für den Grad m dieses Minimalpolynoms hatte sich im Falle diagonalähnlicher Matrix gerade die Anzahl s der *verschiedenen* Eigenwerte λ_σ ergeben, die alle Nullstellen von $m(\lambda)$ sind, so daß diese Nullstellen hier sämtlich einfach sind. Das wird nun bei nicht diagonal-ähnlichen Matrizen nicht mehr zutreffen. Zwar sind auch hier noch die Nullstellen des Minimalpolynoms gerade die s Eigenwerte, jedoch mit Vielfachheiten μ_σ, die nicht mehr durchweg gleich 1 sind, sondern in den Grenzen

$$\boxed{1 \leqq \mu_\sigma \leqq p_\sigma} \tag{5}$$

liegen, womit für den Grad m des Minimalpolynoms allgemein die Grenzen

$$\boxed{s \leqq m \leqq n} \tag{6}$$

folgen. Nur im Falle diagonalähnlicher Matrix gilt $s = m$, sonst $s < m$.

Wir zeigen zunächst für das Minimalpolynom die beiden folgenden Sätze.

Satz 1: *Ist $f(\lambda)$ irgend ein Polynom derart, daß $f(\boldsymbol{A}) = \boldsymbol{O}$, so ist $f(\lambda)$ ein Vielfaches des Minimalpolynoms $m(\lambda)$ der Matrix $\boldsymbol{A}$, $m(\lambda)$ ist also Teiler von $f(\lambda)$; das Polynom $f(\lambda)$ enthält $m(\lambda)$ als Faktor.*

Nehmen wir nämlich an, es bliebe bei der Division $f(\lambda) : m(\lambda)$ ein Rest, es gelte also

$$f(\lambda) = q(\lambda)\, m(\lambda) + r(\lambda)$$

mit einem Divisionsrest $r(\lambda)$, der dann notwendig von kleinerem Grade als $m(\lambda)$ ist. Setzen wir hier $\boldsymbol{A}$ für λ, so erhalten wir wegen $f(\boldsymbol{A}) = \boldsymbol{O}$ und $m(\boldsymbol{A}) = \boldsymbol{O}$ auch $r(\boldsymbol{A}) = \boldsymbol{O}$. Da aber $m(\lambda)$ laut Voraussetzung das Polynom kleinsten Grades ist, das mit $\boldsymbol{A}$ zu Null wird, so muß $r(\lambda) \equiv 0$ sein. — Damit folgt für das charakteristische Polynom $p(\lambda)$

Satz 2: *Das Minimalpolynom $m(\lambda)$ ist ein Teiler des charakteristischen Polynoms $p(\lambda)$.*

Den genauen Zusammenhang zwischen beiden und damit auch die Antwort auf die Frage, wann charakteristisches Polynom und Minimalpolynom verschieden sind, d. h. wann sein Grad $m < n$ ist, wann die Matrix $\boldsymbol{A}$, wie man sagt, *derogatorisch* (= „geschmälert") ist, gibt der folgende

Satz 3: *Haben alle $(n-1)$-reihigen Unterdeterminanten der charakteristischen Matrix $\boldsymbol{C} = \boldsymbol{C}(\lambda) = \lambda \boldsymbol{I} - \boldsymbol{A}$ einer n-reihigen Matrix $\boldsymbol{A}$ einen gemeinsamen Teiler und ist $q(\lambda)$ ihr größter gemeinsamer Teiler, so ist das Minimalpolynom*

$$\boxed{m(\lambda) = \frac{p(\lambda)}{q(\lambda)}}\,. \tag{7}$$

Den Beweis führen wir so[1]: Es sei $q(\lambda)$ größter gemeinsamer Teiler der $(n-1)$-reihigen Unterdeterminanten von $\boldsymbol{C}$, also der Elemente von $\boldsymbol{C}_{adj}$, so daß

$$\boldsymbol{C}_{adj} = q(\lambda)\, \boldsymbol{M}(\lambda) \tag{8}$$

mit einer Polynommatrix $\boldsymbol{M}(\lambda)$, deren Elemente teilerfremd sind. Dann ist auch $p(\lambda) = \det \boldsymbol{C}$ durch $q(\lambda)$ teilbar, da wir ja $p(\lambda)$ nach einer Zeile (Spalte) von $\boldsymbol{C}$ entwickeln, also als Produktsumme aus Unterdeterminanten dieser Zeile (Spalte) darstellen können:

$$p(\lambda) = q(\lambda)\, \bar{m}(\lambda)\,. \tag{9}$$

Dann wird $\boldsymbol{C} \cdot \boldsymbol{C}_{adj} = q(\lambda)\, \boldsymbol{C}\, \boldsymbol{M} = p(\lambda)\, \boldsymbol{I} = q(\lambda)\, \bar{m}(\lambda)\, \boldsymbol{I}$

oder $\qquad \boldsymbol{C}\, \boldsymbol{M} \equiv (\lambda \boldsymbol{I} - \boldsymbol{A})\, \boldsymbol{M} = \bar{m}(\lambda)\, \boldsymbol{I}\,.$

Setzt man hier $\boldsymbol{A}$ für λ, so folgt

$$\bar{m}\,(\boldsymbol{A}) = \boldsymbol{O}\,,$$

d. h. $\bar{m}(\lambda)$ ist ein Vielfaches vom Minimalpolynom $m(\lambda)$.

Es sei nun anderseits nach Satz 2:

$$p(\lambda) = \bar{q}(\lambda)\, m(\lambda)\,. \tag{10}$$

[1] In Abwandlung von W. Gröbner: Matrizenrechnung [8], S. 135/36.

Bilden wir mit Gl. (4)

$$m(\lambda)\,\boldsymbol{I} - m(\boldsymbol{A}) = m(\lambda)\,\boldsymbol{I} = (\lambda^m \boldsymbol{I} - \boldsymbol{A}^m) + b_{m-1}\,(\lambda^{m-1}\boldsymbol{I} - \boldsymbol{A}^{m-1}) + \cdots + b_1\,(\lambda\,\boldsymbol{I} - \boldsymbol{A})\,,$$

so folgt, daß $m(\lambda)\,\boldsymbol{I}$ durch $\lambda\,\boldsymbol{I} - \boldsymbol{A}$ teilbar ist:

$$m(\lambda)\,\boldsymbol{I} = (\lambda\,\boldsymbol{I} - \boldsymbol{A})\,\boldsymbol{N}(\lambda)\,. \tag{11}$$

Multiplikation mit $\bar{q}(\lambda)$ ergibt

$$p(\lambda)\,\boldsymbol{I} = \bar{q}(\lambda)\,(\lambda\,\boldsymbol{I} - \boldsymbol{A})\,\boldsymbol{N}(\lambda)\,.$$

Subtraktion von

$$p(\lambda)\,\boldsymbol{I} = \boldsymbol{C}\cdot\boldsymbol{C}_{adj} \equiv (\lambda\,\boldsymbol{I} - \boldsymbol{A})\,\boldsymbol{C}_{adj}$$

ergibt

$$\boldsymbol{O} = (\lambda\,\boldsymbol{I} - \boldsymbol{A})\,[\bar{q}(\lambda)\,\boldsymbol{N}(\lambda) - \boldsymbol{C}_{adj}]\,.$$

Nun ist aber $(\lambda\,\boldsymbol{I} - \boldsymbol{A})$ bei beliebigem Parameter λ nichtsingulär (singulär wird es ja nur für die Wurzeln λ_i). Damit aber muß die eckige Klammer gleich der Nullmatrix sein, also

$$\bar{q}(\lambda)\,\boldsymbol{N}(\lambda) = \boldsymbol{C}_{adj}\,,$$

d. h. $\bar{q}(\lambda)$ ist Teiler der Elemente von $\boldsymbol{C}_{adj}$.

Wäre nun $\bar{q}(\lambda)$ nicht größter Teiler, so wäre es im Grade kleiner als $q(\lambda)$. Dann aber wäre wegen Gln. (9) und (10) das Polynom $m(\lambda)$ im Grade größer als $\bar{m}(\lambda)$, von dem wir zeigten, daß es Vielfaches von $m(\lambda)$ sein muß. Also ist der Faktor $\bar{q}(\lambda)$ in Gl. (10) wirklich größter gemeinsamer Teiler $q(\lambda)$ der $(n-1)$-reihigen Unterdeterminanten von $\boldsymbol{C}$, und Satz 3 ist bewiesen.

Geht man nun schließlich in der Matrizengleichung (11) zu den Determinanten über, so folgt

$$(m(\lambda))^n = p(\lambda)\,\det \boldsymbol{N}(\lambda)\,,$$

und hieraus folgt, daß jede Nullstelle λ_i von $p(\lambda)$ auch Nullstelle des Minimalpolynoms $m(\lambda)$ sein muß. Das Umgekehrte: jede Nullstelle von $m(\lambda)$ ist auch Nullstelle von $p(\lambda)$ folgt aus (7), so daß wir erhalten:

Satz 4: *Charakteristisches Polynom $p(\lambda)$ und Minimalpolynom $m(\lambda)$ haben die gleichen Nullstellen bei möglicherweise verschiedener Vielfachheit.*

Satz 5: *Besitzt die Matrix lauter verschiedene Eigenwerte λ_i, so stimmen Minimalpolynom und charakteristisches Polynom überein, $m(\lambda) = p(\lambda)$.* Hat dagegen die charakteristische Gleichung *mehrfache Wurzeln*, so *kann* die Minimalgleichung von niedrigerem Grade als die charakteristische sein, sie braucht es indessen nicht. Die Matrix habe *s verschiedene* Eigenwerte λ_σ von der jeweiligen Vielfachheit $p_\sigma \geqq 1$. Die gleichen Eigenwerte und nur diese sind auch Wurzeln der Minimumgleichung, ihre

Vielfachheit sei hier $\mu_\sigma \leqq p_\sigma$. Beide Polynome lauten dann in der Form ihrer Linearfaktoren

$$p(\lambda) = (\lambda - \lambda_1)^{p_1} (\lambda - \lambda_2)^{p_2} \ldots (\lambda - \lambda_s)^{p_s} \tag{12}$$

$$m(\lambda) = (\lambda - \lambda_1)^{\mu_1} (\lambda - \lambda_2)^{\mu_2} \ldots (\lambda - \lambda_s)^{\mu_s} \tag{13}$$

und es ist

$$p_1 + p_2 + \cdots + p_s = n \tag{14}$$

$$\mu_1 + \mu_2 + \cdots + \mu_s = m\,. \tag{15}$$

Im Falle $m < n$ entfallen die in $m(\lambda)$ fehlenden Linearfaktorpotenzen auf den größten gemeinsamen Teiler $q(\lambda)$ der $(n-1)$-reihigen Unterdeterminanten der charakteristischen Matrix:

$$q(\lambda) = (\lambda - \lambda_1)^{p_1-\mu_1} (\lambda - \lambda_2)^{p_2-\mu_2} \cdots (\lambda - \lambda_s)^{p_s-\mu_s}, \tag{16}$$

worin einige der Faktoren, nämlich die mit $p_\sigma = \mu_\sigma$, auch zu 1 werden können. Gibt es aber einen von 1 verschiedenen Teiler $q(\lambda)$, so enthält er wenigstens einen Faktor $\neq 1$. Für diese Wurzel $\lambda = \lambda_\sigma$ verschwinden dann außer der charakteristischen Determinante selbst auch alle ihre $(n-1)$-reihigen Unterdeterminanten, ihr Rangabfall d_σ ist also größer als 1, und zur betreffenden Mehrfachwurzel gibt es nicht nur einen linear unabhängigen Eigenvektor. Wir können also sagen:

Satz 6: *Das Minimalpolynom $m(\lambda)$ einer Matrix fällt dann und nur dann mit ihrem charakteristischen Polynom $p(\lambda)$ zusammen (die Matrix ist genau dann nicht derogatorisch), wenn zu jedem der s verschiedenen Eigenwerte λ_σ nur ein einziger linear unabhängiger Eigenvektor existiert.*

Ist die Matrix derogatorisch, $m < n$, so gibt es zu wenigstens einem der mehrfachen Eigenwerte mehr als nur einen linear unabhängigen Eigenvektor. Über die genaue Anzahl der Eigenvektoren aber können wir im Augenblick noch nichts sagen.

18.2. Determinantenteiler, Elementarpolynome und Elementarteiler

Zur Beantwortung dieser Frage müssen wir nicht nur den größten gemeinsamen Teiler $q(\lambda)$ der $(n-1)$-reihigen Unterdeterminanten der charakteristischen Matrix kennen, der auf das Minimalpolynom führt, sondern auch noch die größten gemeinsamen Teiler aller folgenden Unterdeterminanten, soweit diese solche Teiler besitzen, die sogenannten *Determinantenteiler* T_ν der charakteristischen Matrix $\boldsymbol{C}(\lambda) = \lambda \boldsymbol{I} - \boldsymbol{A}$.

Es sei also

T_1 größter gemeinsamer Teiler aller Elemente von $\boldsymbol{C}(\lambda)$

T_2 größter gemeinsamer Teiler aller zweireihigen Unterdet. von $\boldsymbol{C}$

. . . .

$T_{n-1} = q(\lambda)$ größter gem. Teiler aller $(n-1)$-reihigen Unterdet von $\boldsymbol{C}$.

$T_n = p(\lambda) = \det \boldsymbol{C}(\lambda) = \det(\lambda \boldsymbol{I} - \boldsymbol{A})$.

Soll nämlich der die Anzahl der Eigenvektoren bestimmende Rangabfall der Matrix $\boldsymbol{C}(\lambda)$ für einen Eigenwert $\lambda = \lambda_\sigma$ gerade gleich d_σ sein, so müssen sämtliche $(n - d_\sigma + 1)$-reihigen Unterdeterminanten von $\boldsymbol{C}(\lambda_\sigma)$ verschwinden, während wenigstens eine der $n - d_\sigma = r_\sigma$-reihigen $\neq 0$ sein muß. Der Determinantenteiler $T_{n-d_\sigma+1}$ muß also den Faktor $(\lambda - \lambda_\sigma)$ enthalten.

Da nun alle zweireihigen Determinanten die Elemente selbst mit ihrem größten gemeinsamen Teiler T_1 enthalten, so ist T_1 auch ein Teiler von T_2. Ebenso ist T_2 wieder ein Teiler von T_3, da sich die dreireihigen Unterdeterminanten nach dem Entwicklungssatz aus den zweireihigen linear aufbauen usf. Mit der Bezeichnung $b|a$ für b ist Teiler von a können wir also schreiben

$$\boxed{T_1 \,|\, T_2 \,|\, \ldots \,|\, T_n} \,. \tag{17}$$

Diese Determinantenteiler hängen nun auf engste Weise mit den in § 10.3 eingeführten *Elementarpolynomen* E_ν (den invarianten Faktoren) der SMITHschen Normalform zusammen. Wegen der Teilbarkeitseigenschaft der T_ν bilden die Quotienten der Determinantenteiler wieder Polynome in λ, und diese sind gerade die Elementarpolynome E_ν:

$$\boxed{\frac{T_\nu}{T_{\nu-1}} = E_\nu} \qquad \nu = 1, 2, \ldots, n \,, \tag{18}$$

eine Beziehung, die auch noch für $\nu = 1$ gilt, wenn man $T_0 = 1$ setzt. Damit folgen dann die T_ν selbst zu

$$\boxed{\begin{array}{l} T_1 = E_1 \\ T_2 = E_1 E_2 \\ T_3 = E_1 E_2 E_3 \\ \ldots\ldots\ldots\ldots \\ T_n = E_1 E_2 \ldots E_n \end{array}} \,. \tag{19}$$

Die Determinantenteiler bleiben nämlich bei den in § 10.3 zur Erzielung der Normalform durchgeführten elementaren Umformungen der Polynommatrix unverändert, was unschwer zu zeigen ist[1]. Sie lassen sich also auch aus der Normalform ablesen. So treten z. B. bei einer Matrix der Normalform

$$\mathsf{N} = \begin{pmatrix} E_1 & & & 0 \\ & E_2 & & \\ & & E_3 & \\ 0 & & & E_4 \end{pmatrix}$$

[1] Vgl. etwa M. BÔCHER: Höhere Algebra [*1*], S. 283—284.

an dreireihigen nicht verschwindenden Unterdeterminanten auf:

$$E_1 E_2 E_3\,,\quad E_1 E_2 E_4\,,\quad E_1 E_3 E_4\,,\quad E_2 E_3 E_4\,.$$

Größter gemeinsamer Teiler dieser vier Determinanten ist aber wegen der in § 10.3, Gl. (11) festgestellten Teilbarkeitseigenschaft

$$\boxed{E_1 \,|E_2|\, \ldots \,|E_n} \tag{20}$$

gerade $T_3 = E_1 E_2 E_3$. — Allgemein treten als nicht verschwindende ν-reihige Unterdeterminanten Produkte

$$E_{i1} E_{i2} \ldots E_{i\nu}$$

auf, von denen $E_1 E_2 \ldots E_\nu = T_\nu$ größter gemeinsamer Teiler ist.

Von den Elementarpolynomen E_ν hatten wir früher (§ 10.3) die Faktorzerlegung

$$\boxed{E_\nu = (\lambda - \lambda_1)^{e_{\nu 1}} (\lambda - \lambda_2)^{e_{\nu 2}} \ldots (\lambda - \lambda_s)^{e_{\nu s}}} \tag{21}$$

mit den *Elementarteilern*

$$\boxed{(\lambda - \lambda_\sigma)^{e_{\nu\sigma}}} \tag{22}$$

angegeben, wo für die Elementarteilerexponenten wegen Gl. (20) die Beziehung gilt

$$\boxed{e_{1\sigma} \leqq e_{2\sigma} \leqq \cdots \leqq e_{n\sigma}}\,. \tag{23}$$

Von $e_{n\sigma} \geqq 1$ an absteigend können die Exponenten mit absteigender Nummer ν höchstens abnehmen, wobei die Reihe auch vorzeitig mit 0 abbrechen kann. Die Exponentensumme ist für jedes σ gerade gleich der Vielfachheit p_σ des zugehörigen Eigenwertes λ_σ:

$$\boxed{e_{1\sigma} + e_{2\sigma} + \cdots + e_{n\sigma} = p_\sigma}\,. \tag{24}$$

18.3. Minimalpolynom. Rangabfall

Hiermit können wir nun nach Satz 3 wegen $p(\lambda) = T_n$, $q(\lambda) = T_{n-1}$ formulieren

Satz 7: *Das Minimalpolynom einer Matrix ist gleich dem n-ten Elementarpolynom der Smithschen Normalform der charakteristischen Matrix:*

$$\boxed{m(\lambda) = E_n(\lambda)}\,. \tag{25}$$

Die Vielfachheit μ_σ einer Nullstelle λ_σ in $m(\lambda)$ ist gleich dem höchsten zu λ_σ gehörigen Elementarteilerexponenten:

$$\boxed{\mu_\sigma = e_{n\sigma}}\,. \tag{26}$$

Desgleichen folgt

Satz 8: *Charakteristisches und Minimalpolynom einer Matrix stimmen genau dann miteinander überein,* $m(\lambda) = p(\lambda)$, *wenn sämtliche Elementarpolynome* $E_\nu = 1$ *sind bis auf* $E_n = m(\lambda) = p(\lambda)$. *Die Normalform der charakteristischen Matrix ist dann*

$$\mathsf{N} = \begin{pmatrix} 1 & & & 0 \\ & \ddots & & \\ & & 1 & \\ 0 & & & E_n(\lambda) \end{pmatrix}. \tag{27}$$

Bezüglich des Rangabfalls d_σ aber erhalten wir nun

Satz 9: *Der Rangabfall* d_σ *der charakteristischen Matrix* $\boldsymbol{C}(\lambda)$ *für einen Eigenwert* $\lambda = \lambda_\sigma$ *ist gleich der Anzahl der von Null verschiedenen Elementarteilerexponenten* $e_{\nu\sigma}$ *für das betreffende* σ.

Hieraus folgen dann wegen Gl. (24) die entscheidenden Sätze

Satz 10: *Der Rangabfall* d_σ *der charakteristischen Matrix ist genau dann gleich der Vielfachheit* p_σ *des betreffenden Eigenwertes* λ_σ, *wenn die zu* λ_σ *gehörigen Elementarteiler sämtlich linear sind,* $e_{n\sigma} = e_{n-1,\sigma} = \ldots = e_{(n-d_\sigma+1),\sigma} = 1$. *Genau dann gibt es also zum* p_σ*-fachen Eigenwert* λ_σ *die volle Anzahl* p_σ *linear unabhängiger Eigenvektoren.*

Satz 11: *Eine* n*-reihige Matrix besitzt genau dann* n *linear unabhängige Eigenvektoren, wenn ihre charakteristische Matrix ausschließlich* **lineare Elementarteiler** *hat.*

Diesem Falle ausschließlich linearer Elementarteiler kommt damit eine ganz besondere Bedeutung zu. Die in § 14 bis 16 ausgesonderte Klasse *diagonalähnlicher = normalisierbarer Matrizen* ist offenbar gerade von dieser Eigenschaft, da für sie ja stets n linear unabhängige Eigenvektoren existierten. Man kann also weiter folgern

Satz 12: *Eine Matrix* $\boldsymbol{A}$ *läßt sich genau dann durch Ähnlichkeitstransformation auf die Diagonalform*

$$\boldsymbol{\Lambda} = \mathrm{Diag}(\lambda_i)$$

ihrer Eigenwerte überführen, wenn ihre charakteristische Matrix ausschließlich lineare Elementarteiler besitzt.

18.4. Charakteristik und Klassifikation einer Matrix

Die Elementarteilerexponenten $e_{\nu\sigma}$ lassen sich, aufgeteilt nach den verschiedenen Eigenwerten λ_σ, zu folgendem Schema anordnen:

	λ_1	λ_2	$\ldots$	λ_s	
n	e_{n1}	e_{n2}	$\ldots$	e_{ns}	m
$n-1$	$e_{n-1,1}$	$e_{n-1,2}$	$\ldots$	$e_{n-1,s}$	—
$\ldots$	$\ldots$	$\ldots$	$\ldots$	$\ldots$	
	p_1	p_2	$\ldots$	p_s	n

Die Summe der ersten Zeile, die zugleich die Vielfachheiten μ_σ der Nullstellen im Minimalpolynom aufweist, ist gleich dem Grad m dieses Polynoms, die Summe jeder Spalte gleich der Vielfachheit p_σ des betreffenden Eigenwertes, die Summe der p_σ schließlich gleich n. Die *Anzahl* der in jeder Spalte σ auftretenden von Null verschiedenen Exponenten $e_{\nu\sigma}$ aber gibt gerade den *Rangabfall* d_σ der charakteristischen Matrix $\lambda_\sigma \boldsymbol{I} - \boldsymbol{A}$ an.

Dieses Schema wird die (SEGREsche) *Charakteristik der Matrix*[1] genannt und kürzer in folgender Weise angegeben:

$$[(e_{n1}\, e_{n-1,1} \ldots)\,(e_{n2}\, e_{n-1,2} \ldots) \ldots (e_{ns}\, e_{n-1,s} \ldots)]\,, \tag{28}$$

d. h. man schreibt die Exponenten gleichen Eigenwertes λ_σ in absteigender Reihenfolge hintereinander und faßt sie durch runde Klammern zusammen, soweit nicht zu einem λ_σ nur ein einziger Exponent vorkommt, wo die Klammer dann fortbleibt. Alle diese geklammerten oder einfachen Zahlen schließt man in ein eckiges Klammerpaar ein.

Beispielsweise ist [(2 2 1) (3 1) 2 1] die Charakteristik einer $n = 12$-reihigen Matrix mit vier verschiedenen Eigenwerten λ_1 bis λ_4 von der Vielfachheit $p_1 = 5$, $p_2 = 4$, $p_3 = 2$, $p_4 = 1$, wozu insgesamt 7 linear unabhängige Eigenvektoren existieren. Ausführlich lautet das Schema der Exponenten

	λ_1	λ_2	λ_3	λ_4	
$\nu = 12$	2	3	2	1	$m = 8$
11	2	1			
10	1				
p_σ	5	4	2	1	$n = 12$
d_σ	3	2	1	1	7

Minimal- und charakteristisches Polynom sind von der Form

$$m(\lambda) = (\lambda - \lambda_1)^2 (\lambda - \lambda_2)^3 (\lambda - \lambda_3)^2 (\lambda - \lambda_4)\,,$$
$$p(\lambda) = (\lambda - \lambda_1)^5 (\lambda - \lambda_2)^4 (\lambda - \lambda_3)^2 (\lambda - \lambda_4)\,.$$

Die Elementarpolynome sind

$$E_{12} = (\lambda - \lambda_1)^2 (\lambda - \lambda_2)^3 (\lambda - \lambda_3)^2 (\lambda - \lambda_4) = m(\lambda)$$
$$E_{11} = (\lambda - \lambda_1)^2 (\lambda - \lambda_2)$$
$$E_{10} = (\lambda - \lambda_1)$$
$$E_9 = E_8 = \cdots = E_1 = 1\,.$$

In der Charakteristik, dem Schema der Elementarteilerexponenten haben wir, wie sich bald zeigen wird, ein vollständiges Abbild für den inneren Bau, die Struktur einer Matrix gewonnen. Matrizen gleicher Charakteristik sind als *zur gleichen Klasse gehörig* anzusehen; die Charak-

[1] SEGRE, C.: Atti Accad. naz. Lincei. Mem. III, H. 19 (1884), S. 127—148.

teristik ist das Mittel einer *Klassifikation der Matrizen.* Die in § 14 aufgestellte Klasse der diagonalähnlichen = normalisierbaren Matrizen, die nach Satz 11 und 12 nur lineare Elementarteiler besitzen, zeigen Charakteristiken mit lauter Zahlen 1; genau dann stimmen Summe und Anzahl der $e_{\nu\sigma}$ miteinander überein, die Matrix besitzt n unabhängige Eigenvektoren.

Sind von zwei Matrizen außer den Elementarteilerexponenten ihrer charakteristischen Matrizen auch noch die Elementarteiler selbst, d. h. also die Eigenwerte λ_σ einander bezüglich gleich, so weisen die beiden Matrizen eine noch viel engere Verwandtschaft miteinander auf als bloße Strukturgleichheit wie Matrizen der gleichen Klasse. Sie sind dann, wie wir gleich zeigen werden, einander *ähnlich,* d. h. sie repräsentieren ein und dieselbe Lineartransformation, bezogen auf zwei verschiedene Koordinatensysteme. Eine Lineartransformation ist, außer durch die Matrizenstruktur, wesentlich bestimmt durch die Eigenwerte der Transformationsmatrix. Diese beschreiben jedoch lediglich die besonderen Maßzahlen der Transformation, z. B. Drehwinkel und Verzerrungsmaßstäbe, während ihre Struktur durch die Charakteristik der Matrix festgelegt wird. Für diese Struktur sind daher auch die zufälligen Zahlenwerte der charakteristischen Zahlen λ_σ nicht von Belang. Allenfalls interessiert der besondere Wert $\lambda = 0$ wegen der dabei auftretenden Entartungen der Abbildung. Man deutet das in der Charakteristik wohl durch eine kleine Null über dem betreffenden Exponenten an. Ist etwa in unserem Beispiel $\lambda_2 = 0$, so schreibt man die Charakteristik dann in der Form

$$[(2\ \ 2\ \ 1)\ (\overset{\circ}{3}\ \ \overset{\circ}{1})\ \ 2\ \ 1]\,.$$

Noch eine andere Darstellung hat sich als nützlich erwiesen, nämlich ein *Punktschema.* Für einen bestimmten Eigenwert λ_σ stellt man die zugehörigen Elementarteilerexponenten $e_{\nu\sigma}$ für jede Stufe ν durch nebeneinander gesetzte Punkte dar, deren Anzahl gleich $e_{\nu\sigma}$ ist. Diese Punktreihen werden für die einzelnen Stufen ν untereinander angeordnet, beginnend mit der obersten Reihe für $e_{n\sigma}$. Für unser Beispiel erhält man für die vier Eigenwerte die Schemata:

Eigenwert	λ_1	λ_2	λ_3	λ_4
Charakteristik	(2 2 1)	(3 1)	2	1
Punktschema	• • • • •	• • • •	• •	•

Hier gibt also die erste *Punktzeile* die Vielfachheit jeder Wurzel im Minimalpolynom, jede Punktzeile die Vielfachheit im Elementarpolynom E_ν, die Gesamtpunktzahl die Vielfachheit p_σ im charakteristischen

Polynom. Die erste *Punktspalte* aber gibt gerade den *Rangabfall* d_σ der charakteristischen Matrix an, also die Anzahl der zum Eigenwert λ_0 existierenden linear unabhängigen Eigenvektoren. Auf die Bedeutung der weiteren Punktspalten werden wir im nächsten § 19 zurückkommen.

18.5. Matrizenpaare, simultane Äquivalenz und Ähnlichkeit

Die Elementarpolynome und ihre Elementarteiler sind,i wie aus den allgemeinen Überlegungen von § 10 hervorgeht, nicht auf d e charakteristische Matrix $\boldsymbol{A} - \lambda \boldsymbol{I}$ einer Matrix $\boldsymbol{A}$ beschränkt, sondern sind auf beliebige Polynommatrizen anwendbar, Matrizen, deren Elemente Polynome des Parameters λ sind. Insbesondere sind daher alle hier angestellten Betrachtungen auch auf die *allgemeine Eigenwertaufgabe*

$$\boxed{(\boldsymbol{A} - \lambda \boldsymbol{B})\, \boldsymbol{x} = \boldsymbol{o}}\,, \tag{29}$$

also *Matrizenpaare* $\boldsymbol{A}, \boldsymbol{B}$ übertragbar, wobei wir wie früher die beim Parameter stehende Matrix $\boldsymbol{B}$ als nichtsingulär voraussetzen,

$$\det \boldsymbol{B} \neq 0\,. \tag{30}$$

An die Stelle der charakteristischen Matrix $\boldsymbol{A} - \lambda \boldsymbol{I}$ der speziellen Aufgabe tritt hier die allgemeinere

$$\boldsymbol{C} = \boldsymbol{A} - \lambda \boldsymbol{B}\,. \tag{31}$$

Zu dieser Matrix, m. a. W. zum Matrizenpaar $\boldsymbol{A}, \boldsymbol{B}$ können wir genau so wie oben das charakteristische Polynom $p(\lambda) = \det \boldsymbol{C}$, die Elementarpolynome E_ν und ihre Elementarteiler sowie das Schema der Elementarteilerexponenten $e_{\nu\sigma}$, die *Charakteristik* des Matrizenpaares bilden. Es gelten dann die den früheren Sätzen entsprechenden Aussagen:

Satz 13: *Der Rangabfall d_σ der charakteristischen Matrix $\boldsymbol{A} - \lambda \boldsymbol{B}$ eines Matrizenpaares mit nichtsingulärem $\boldsymbol{B}$ für einen Eigenwert $\lambda = \lambda_\sigma$ ist gleich der Anzahl der von Null verschiedenen Elementarteilerexponenten $e_{\nu\sigma}$. Er ist genau dann gleich der Vielfachheit p_σ des Eigenwertes, wenn die zu λ_σ gehörigen Elementarteiler sämtlich linear sind.*

Satz 14: *Zur allgemeinen Eigenwertaufgabe* (29) *mit den n-reihigen Matrizen $\boldsymbol{A}, \boldsymbol{B}$ und nichtsingulärem $\boldsymbol{B}$ gibt es genau dann n linear unabhängige Eigenvektoren, wenn die charakteristische Matrix $\boldsymbol{A} - \lambda \boldsymbol{B}$ ausschließlich* **lineare Elementarteiler** *aufweist.*

Man nennt nun zwei Matrizenpaare $\boldsymbol{A}_1, \boldsymbol{B}_1$ und $\boldsymbol{A}_2, \boldsymbol{B}_2$ *simultan äquivalent*, wenn es zwei konstante nichtsinguläre Matrizen $\boldsymbol{P}, \boldsymbol{Q}$ derart gibt, daß gleichzeitig

$$\boxed{\begin{aligned} \boldsymbol{A}_2 &= \boldsymbol{P} \boldsymbol{A}_1 \boldsymbol{Q} \\ \boldsymbol{B}_2 &= \boldsymbol{P} \boldsymbol{B}_1 \boldsymbol{Q} \end{aligned}} \tag{32}$$

gilt. Diese simultane Äquivalenz ist eine sehr viel weiter gehende Forderung als etwa die gewöhnliche Äquivalenz zweier Einzelmatrizen. Während zur letzteren die bloße Übereinstimmung des Ranges der beiden Matrizen zu fordern ist, haben wir hier eine wesentlich schärfere Bedingung zu erfüllen. Es gilt nämlich zunächst der

Satz 15: *Zwei Matrizenpaare* $\boldsymbol{A}_1$, $\boldsymbol{B}_1$ *und* $\boldsymbol{A}_2$, $\boldsymbol{B}_2$ *mit nichtsingulären* $\boldsymbol{B}_1$, $\boldsymbol{B}_2$ *sind dann und nur dann simultan äquivalent im Sinne von Gl.* (32), *wenn die beiden charakteristischen Matrizen* $\boldsymbol{C}_1 = \boldsymbol{A}_1 - \lambda \boldsymbol{B}_1$ *und* $\boldsymbol{C}_2 = \boldsymbol{A}_2 - \lambda \boldsymbol{B}_2$ *unimodular äquivalent sind:*

$$\boldsymbol{C}_2 = \hat{\boldsymbol{P}}\, \boldsymbol{C}_1\, \hat{\boldsymbol{Q}} \tag{33}$$

mit unimodularen Polynommatrizen $\hat{\boldsymbol{P}}$ *und* $\hat{\boldsymbol{Q}}$, *d. h. aber, wenn die beiden charakteristischen Matrizen* $\boldsymbol{C}_1$, $\boldsymbol{C}_2$ *die gleichen Elementarpolynome besitzen.*

Die Notwendigkeit der angegebenen Bedingung, nämlich daß aus Gl. (32) die Beziehung (33) folgt, ist sofort einzusehen, indem man die zweite der Gln. (31) mit λ multipliziert und von der ersten abzieht, woraus folgt

$$\boldsymbol{C}_2 = \boldsymbol{P}\, \boldsymbol{C}_1\, \boldsymbol{Q}\,.$$

Die beiden konstanten Matrizen $\boldsymbol{P}$, $\boldsymbol{Q}$ sind ja auch als unimodulare Polynommatrizen aufzufassen, freilich vom Grade Null (vgl. dazu § 10.2). Daß die Bedingung (33) aber auch hinreicht, d. h. daß aus dem Bestehen der Beziehung (33) bei echten Polynommatrizen $\hat{\boldsymbol{P}}$, $\hat{\boldsymbol{Q}}$ auch Gl. (32) mit konstantem $\boldsymbol{P}$, $\boldsymbol{Q}$ folgt, bedarf eines längeren auf WEIERSTRASS zurückgehenden Beweises[1], den wir hier nicht wiedergeben wollen.

Für den Fall der speziellen Eigenwertaufgabe mit $\boldsymbol{B}_1 = \boldsymbol{B}_2 = \boldsymbol{I}$ aber wird dann $\boldsymbol{P}\,\boldsymbol{Q} = \boldsymbol{I}$, womit die erste der Gl. (32) in eine *Ähnlichkeitsbeziehung* übergeht. Schreiben wir $\boldsymbol{Q} = \boldsymbol{T}$, also $\boldsymbol{P} = \boldsymbol{T}^{-1}$, und setzen wir weiter jetzt $\boldsymbol{A}_1 = \boldsymbol{A}$, $\boldsymbol{A}_2 = \boldsymbol{B}$, so können wir formulieren

Satz 16: *Zwei Matrizen* $\boldsymbol{A}$, $\boldsymbol{B}$ *sind dann und nur dann einander* **ähnlich**

$$\boxed{\boldsymbol{B} = \boldsymbol{T}^{-1} \boldsymbol{A}\, \boldsymbol{T}}\,, \tag{34}$$

wenn die beiden charakteristischen Matrizen $\boldsymbol{A} - \lambda \boldsymbol{I}$ *und* $\boldsymbol{B} - \lambda \boldsymbol{I}$ *die gleichen Elementarpolynome (gleiche Charakteristik bei gleichen Eigenwerten* λ_σ*) besitzen.*

Simultanäquivalenz ist also die für Matrizenpaare gültige Verallgemeinerung der Ähnlichkeitsbeziehung einzelner Matrizen.

Schließlich finden wir noch

Satz 17: *Ein Matrizenpaar* $\boldsymbol{A}$, $\boldsymbol{B}$ *mit nichtsingulärem* $\boldsymbol{B}$ *kann genau dann durch simultane Äquivalenz auf die beiden Diagonalmatrizen* $\boldsymbol{\Lambda} =$

[1] Vgl. Fußnote S. 119; aber auch W. GRÖBNER: Matrizenrechnung [8], S. 179 bis 181.

$\mathrm{Diag}(\lambda_i)$ *und Einheitsmatrix* $\boldsymbol{I}$ *überführt werden,*

$$\boxed{\begin{array}{l} \boldsymbol{P}\,\boldsymbol{A}\,\boldsymbol{Q} = \boldsymbol{\Lambda} \\ \boldsymbol{P}\,\boldsymbol{B}\,\boldsymbol{Q} = \boldsymbol{I} \end{array}}\,, \tag{35}$$

wenn die charakteristische Matrix $\boldsymbol{A} - \lambda\,\boldsymbol{B}$ *ausschließlich lineare Elementarteiler besitzt.*

Denn nur in diesem Falle gibt es n linear unabhängige Eigenvektoren $\boldsymbol{x}_i$ der allgemeinen Eigenwertaufgabe (29). Mit der nichtsingulären Matrix $\boldsymbol{X} = (\boldsymbol{x}_i)$ der Eigenvektoren erhält man dann aus der Eigenwertbeziehung $\boldsymbol{A}\,\boldsymbol{X} = \boldsymbol{B}\,\boldsymbol{X}\,\boldsymbol{\Lambda}$ die Transformation

$$\boldsymbol{X}^{-1}\boldsymbol{B}^{-1}\boldsymbol{A}\,\boldsymbol{X} = \boldsymbol{\Lambda}\,,$$

und dies entspricht gerade Gl. (35) mit $\boldsymbol{Q} = \boldsymbol{X}$, $\boldsymbol{P} = \boldsymbol{X}^{-1}\boldsymbol{B}^{-1}$.

Von der Voraussetzung, daß eine der Matrizen des Paares nichtsingulär sei, befreit man sich, indem man an Stelle der charakteristischen Matrix $\boldsymbol{A} - \lambda\,\boldsymbol{B}$ die allgemeinere $\varkappa\,\boldsymbol{A} + \lambda\,\boldsymbol{B}$ mit *zwei* unbestimmten Parametern $\varkappa$ und λ betrachtet, für die man die Theorie der Elementarpolynome und Elementarteiler in ähnlicher Weise aufbauen kann. Die Überlegungen sind dabei im wesentlichen die gleichen wie bisher, solange man sich nach dem Vorbilde von WEIERSTRASS auf den sogenannten nichtsingulären Fall mit $\det(\varkappa\,\boldsymbol{A} + \lambda\,\boldsymbol{B}) \not\equiv 0$ beschränkt. Die Behandlung des singulären Falles mit $\det(\varkappa\,\boldsymbol{A} + \lambda\,\boldsymbol{B}) \equiv 0$, die auf KRONECKER zurückgeht, erfordert die Einführung neuer Begriffe, auf die hier nicht eingegangen sei[1].

§ 19. Die Normalform. Hauptvektoren und Hauptvektorketten

19.1. Die Jordansche Normalform

Den diagonalähnlichen = normalisierbaren Matrizen ist, wie wir wissen im System der den ganzen Raum aufspannenden Eigenvektoren ein ausgezeichnetes Achsensystem zugeordnet — im Falle reell symmetrischer Matrix das Orthogonalsystem der Hauptachsen —, in welchem die Matrix die besonders einfache Form $\boldsymbol{\Lambda} = \mathrm{Diag}(\lambda_i)$ annimmt. Wir suchen nun entsprechendes für den Fall allgemeiner, nicht diagonal-ähnlicher Matrizen, für die nicht mehr die volle Anzahl n linear unabhängiger Eigenvektoren existiert, das lineare Vektorgebilde der Eigenvektoren also nur noch einen Unterraum geringerer Dimension $k < n$ aufspannt. Wir fragen:

1. Gibt es auch für die nicht diagonalähnlichen Matrizen und die durch sie vermittelten Lineartransformationen ein bestimmtes ausgezeichnetes Bezugssystem, in welchem die Matrix eine der Diagonalform $\boldsymbol{\Lambda}$ entspre-

[1] Vgl. etwa P. MUTH: Theorie und Anwendungen der Elementarteiler. Leipzig 1899.

chende besonders einfache Gestalt, eine sogenannte *Normalform* oder *kanonische Form* annimmt und wie lautet diese?

2. Wie lautet dann die Transformationsmatrix $\boldsymbol{T}$, welche die Matrix $\boldsymbol{A}$ durch Ähnlichkeitstransformation $\boldsymbol{T}^{-1}\boldsymbol{A}\,\boldsymbol{T}$ auf die Normalform überführt, m. a. W. welches System linear unabhängiger Vektoren $\boldsymbol{t}_i$ tritt hier an die Stelle des unvollständigen Systems der Eigenvektoren $\boldsymbol{x}_i$ derart, daß in ihm die Matrix jene Normalform annimmt?

Was die erste Frage nach der Normalform angeht, so ist leicht einzusehen, daß diese bei allgemeiner nicht diagonalähnlicher Matrix nicht mehr die einfache Diagonalmatrix $\boldsymbol{\Lambda} = \text{Diag}\,(\lambda_i)$ sein kann. Denn dann würden sich Matrizen mit gleichen Eigenwerten, aber verschiedener innerer Bauart in ihrer Normalform gar nicht unterscheiden. In der Normalform müssen also außer den durch die Eigenwerte gegebenen *numerischen Eigenschaften* auch die durch die Charakteristik festgelegten *Struktureigenschaften* der Matrix in eindeutiger Form zum Ausdruck kommen. Beide, Eigenwerte wie Charakteristik einer Matrix sind nach Satz 16 des letzten Abschnittes ja ähnlichkeitsinvariant; die Eigenwerte stellen die *numerischen Invarianten*, das Schema der Charakteristik die nicht minder bedeutsamen *Strukturinvarianten* einer Matrix dar, also jene Eigenschaften, durch welche die der Matrix entsprechende Lineartransformation vollständig gekennzeichnet ist. — Eine solche Form, die beides, Eigenwerte wie Struktur der Matrix, sichtbar macht und die im Falle diagonalähnlicher Matrix von selbst in die Diagonalform übergeht, ist nun die sogenannte *Jordansche Normalform*[1]. Hat unsere Matrix $\boldsymbol{A}$ die s verschiedenen Eigenwerte λ_σ der Vielfachheit p_σ, so zeigt die JORDAN-Matrix folgenden Bau:

$$\boldsymbol{J} = \begin{pmatrix} \boldsymbol{J}_1 & & & 0 \\ & \boldsymbol{J}_2 & & \\ & & \ddots & \\ 0 & & & \boldsymbol{J}_s \end{pmatrix} \tag{1}$$

mit p_σ-reihigen quadratischen Untermatrizen $\boldsymbol{J}_\sigma$, die ihrerseits wieder aus quadratischen Untermatrizen aufgebaut sind. Gehören nämlich zu λ_σ die $d_\sigma = n - r_\sigma$ von Null verschiedenen Elementarteilerexponenten $e_{n\sigma}, e_{n-1,\sigma}, \ldots, e_{r_\sigma+1,\sigma}$ mit dem Rang r_σ der charakteristischen Matrix $\boldsymbol{A} - \lambda_\sigma \boldsymbol{I}$, so lautet $\boldsymbol{J}_\sigma$:

$$\boldsymbol{J}_\sigma = \begin{pmatrix} \boldsymbol{J}_{n\sigma} & & & 0 \\ & \boldsymbol{J}_{n-1,\sigma} & & \\ & & \ddots & \\ 0 & & & \boldsymbol{J}_{r\sigma+1,\sigma} \end{pmatrix}. \tag{2}$$

[1] JORDAN, C.: Traité des substitutions et des équations algébriques. Livre 2, S. 88—249. Paris 1870.

Die $e_{\nu\sigma}$-reihigen Untermatrizen $\boldsymbol{J}_{\nu\sigma}$ sind schließlich

$$\boldsymbol{J}_{\nu\sigma} = \begin{pmatrix} \lambda_\sigma & 1 & & & 0 \\ & \lambda_\sigma & 1 & & \\ & & \ddots & \ddots & \\ & & & \ddots & 1 \\ 0 & & & & \lambda_\sigma \end{pmatrix}. \tag{3}$$

Die Gesamtmatrix $\boldsymbol{J}$ setzt sich also aus diesen sogenannten *Elementarbestandteilen* (3), diagonal aneinandergereiht, zusammen, die in der Diagonalen die Eigenwerte λ_σ enthalten, in der oberen Nebendiagonalen aber überdies je $e_{\nu\sigma} - 1$ mal eine 1. Für den Fall eines linearen Elementarteilers, $e_{\nu\sigma} = 1$, reduziert sich der Elementarbestandteil (3) auf ein einziges Element λ_σ, und im Falle durchweg linearer Elementarteiler wird somit die JORDAN-Matrix $\boldsymbol{J}$ zur Diagonalmatrix $\boldsymbol{\Lambda} = \mathrm{Diag}(\lambda_i)$.

Für das in § 18.4 angeführte Beispiel der Charakteristik [(2 2 1) (3 1) 2 1] erhalten wir, wenn wir für die vier verschiedenen Eigenwerte λ_1 bis λ_4 kürzehalber a, b, c, d schreiben, die JORDAN-Matrix

$$\boldsymbol{J} = \begin{pmatrix} a & 1 & & & & & & & & & & 0 \\ 0 & a & & & & & & & & & & \\ & & a & 1 & & & & & & & & \\ & & 0 & a & & & & & & & & \\ & & & & a & & & & & & & \\ & & & & & b & 1 & 0 & & & & \\ & & & & & 0 & b & 1 & & & & \\ & & & & & 0 & 0 & b & & & & \\ & & & & & & & & b & & & \\ & & & & & & & & & c & 1 & \\ & & & & & & & & & 0 & c & \\ 0 & & & & & & & & & & & d \end{pmatrix}.$$

Wir behaupten also

Satz 1: *Eine beliebige quadratische Matrix* $\boldsymbol{A}$ *läßt sich durch Ähnlichkeitstransformation*

$$\boldsymbol{J} = \boldsymbol{T}^{-1} \boldsymbol{A} \boldsymbol{T} \tag{4}$$

auf die Jordansche Normalform (1) *überführen, die aus den* $e_{\nu\sigma}$*-reihigen Elementarbestandteilen* (3) *der Elementarteiler der charakteristischen Matrix* $\lambda \boldsymbol{I} - \boldsymbol{A}$ *mit den Zwischenstufen* (2) *aufgebaut ist.*

Zum Beweis unserer Behauptung haben wir zu zeigen, daß die charakteristische Matrix $\lambda \boldsymbol{I} - \boldsymbol{J}$ der Normalform die gleichen Elementarpolynome E_ν wie $\lambda \boldsymbol{I} - \boldsymbol{A}$ der Ausgangsmatrix $\boldsymbol{A}$ besitzt. Durch Zeilen- und entsprechende Spaltenvertauschung fassen wir zunächst alle zum

ν-ten Elementarpolynom $E_\nu(\lambda)$ gehörigen Teilmatrizen $\boldsymbol{J}_{\nu\sigma}$ zusammen zur Matrix

$$\boldsymbol{J}_\nu^* = \begin{pmatrix} \boldsymbol{J}_{\nu 1} & & & 0 \\ & \boldsymbol{J}_{\nu 2} & & \\ & & \ddots & \\ 0 & & & \boldsymbol{J}_{\nu s} \end{pmatrix},$$

deren charakteristische Determinante, wie leicht ersichtlich

$$\det(\lambda \boldsymbol{I} - \boldsymbol{J}_\nu^*) = (\lambda - \lambda_1)^{e_{\nu 1}} (\lambda - \lambda_2)^{e_{\nu 2}} \cdots (\lambda - \lambda_s)^{e_{\nu s}} = E_\nu(\lambda)$$

ergibt. Dies aber ist zugleich auch das Minimalpolynom von $\boldsymbol{J}_\nu^*$. Denn streicht man die erste Spalte und letzte Zeile eines der Elementarbestandteile $\lambda \boldsymbol{I} - \boldsymbol{J}_{\nu\sigma}$ für $\lambda = \lambda_\sigma$, so erhält man eine Unterdeterminante, in der der Faktor $\lambda - \lambda_\sigma$ nicht mehr vorkommt. Der größte gemeinsame Teiler aller dieser um eine Reihe kleineren Unterdeterminanten ist somit gleich 1, und damit stimmen nach § 18.1, Satz 3, Minimalpolynom und charakteristisches Polynom von $\boldsymbol{J}_\nu^*$ miteinander überein. Die SMITHsche Normalform von $\lambda \boldsymbol{I} - \boldsymbol{J}_\nu^*$ ist somit

$$\mathsf{N}_\nu = \begin{pmatrix} 1 & & & 0 \\ & \ddots & & \\ & & 1 & \\ 0 & & & E_\nu(\lambda) \end{pmatrix}.$$

Durch Zeilen- und Spaltenvertauschung gelangt man für die Gesamtmatrix $\lambda \boldsymbol{I} - \boldsymbol{J}$ zu deren SMITHscher Normalform, welche genau die gleichen Elementarpolynome $E_\nu(\lambda)$ wie $\lambda \boldsymbol{I} - \boldsymbol{A}$ besitzt. Daraus folgt dann nach § 18.5, Satz 16 der behauptete Satz 1.

Damit ist unsere erste Frage nach der Normalform, die sowohl die numerischen als auch die Struktureigenschaften einer Matrix in Evidenz setzt und als Verallgemeinerung der Diagonalmatrix $\boldsymbol{\Lambda} = \text{Diag}(\lambda_i)$ diagonalähnlicher Matrizen anzusehen ist, vollständig beantwortet. Eigenwerte und Charakteristik einer Matrix legen die JORDAN-Matrix — bis auf die Reihenfolge der Elementarbestandteile — eindeutig fest.

19.2. Orthogonalität von Rechts- und Linkseigenvektoren

Für die Aufstellung der die JORDAN-Form $\boldsymbol{J}$ herbeiführenden Transformationsmatrix $\boldsymbol{T}$ spielt die in § 13.4 erstmals angeführte Orthogonalität von Rechts- und Linkseigenvektoren $\boldsymbol{x}$ und $\boldsymbol{y}$ einer Matrix, also die Lösungen der beiden einander zugeordneten Eigenwertaufgaben

$$\boxed{\begin{aligned} \boldsymbol{A}\,\boldsymbol{x} &= \lambda\,\boldsymbol{x} \\ \boldsymbol{y}'\boldsymbol{A} &= \lambda\,\boldsymbol{y}' \end{aligned}} \qquad (5)$$

eine Rolle. Wir fanden damals, daß für *verschiedene* Eigenwerte $\lambda_i \neq \lambda_k$ stets gilt $\boldsymbol{y}'_i \boldsymbol{x}_k = 0$. Für den Fall diagonalähnlicher Matrizen fanden wir weiterhin, daß sich — auch bei mehrfachen Eigenwerten — die Vektoren $\boldsymbol{x}_i$, $\boldsymbol{y}_i$ stets so wählen lassen, daß

$$\boldsymbol{y}'_i \boldsymbol{x}_k = \delta_{ik}, \tag{6}$$

also insbesondere

$$\boldsymbol{y}'_i \boldsymbol{x}_i \neq 0 \tag{6a}$$

gilt. Für den nun zu behandelnden allgemeinen Fall nicht diagonalähnlicher Matrizen aber, deren charakteristische Matrix also auch nichtlineare Elementarteiler aufweist, gibt es, wie wir jetzt zeigen wollen, stets auch Vektorpaare $\boldsymbol{x}_i$, $\boldsymbol{y}_i$, für die Gl. (6a) nicht mehr gilt, sondern wo

$$\boxed{\boldsymbol{y}'_i \boldsymbol{x}_i = 0} \tag{7}$$

wird. Diese Orthogonalität beim gleichen Eigenwert wird sich als bedeutsam zur Ergänzung des hier unvollständigen Systems der Eigenvektoren erweisen.

Zur Klärung der Verhältnisse können wir uns der Normalform der Matrix bedienen, an der alles besonders durchsichtig wird. Unterwerfen wir nämlich die beiden Vektoren $\boldsymbol{x}$ und $\boldsymbol{y}$ einer sogenannten *kontragradienten Transformation* (vgl. § 5.5)

$$\boldsymbol{x} = \boldsymbol{T}\tilde{\boldsymbol{x}}, \quad \boldsymbol{T}'\boldsymbol{y} = \tilde{\boldsymbol{y}}, \tag{8}$$

die die skalaren Produkte invariant läßt:

$$\boldsymbol{y}'\boldsymbol{x} = \tilde{\boldsymbol{y}}'\boldsymbol{T}^{-1}\boldsymbol{T}\tilde{\boldsymbol{x}} = \tilde{\boldsymbol{y}}'\tilde{\boldsymbol{x}}, \tag{9}$$

so bleibt einerseits die Orthogonalitätseigenschaft erhalten. Andrerseits ergibt sich durch Einsetzen von Gl. (8) in Gl. (5)

$$\begin{aligned} \boldsymbol{T}^{-1}\boldsymbol{A}\boldsymbol{T}\tilde{\boldsymbol{x}} &= \lambda\tilde{\boldsymbol{x}}, \\ \tilde{\boldsymbol{y}}'\boldsymbol{T}^{-1}\boldsymbol{A}\boldsymbol{T} &= \lambda\tilde{\boldsymbol{y}}'. \end{aligned}$$

Wählt man $\boldsymbol{T}$ speziell so, daß $\boldsymbol{A}$ in $\boldsymbol{J}$ überführt wird, $\boldsymbol{T}^{-1}\boldsymbol{A}\boldsymbol{T} = \boldsymbol{J}$, und schreiben wir wieder $\boldsymbol{x}, \boldsymbol{y}$ für $\tilde{\boldsymbol{x}}$, $\tilde{\boldsymbol{y}}$, so erhalten wir die den Gl. (5) entsprechenden Beziehungen in der Normalform

$$\boxed{\begin{aligned} \boldsymbol{J}\boldsymbol{x} &= \lambda\boldsymbol{x} \\ \boldsymbol{J}'\boldsymbol{y} &= \lambda\boldsymbol{y} \end{aligned}}, \tag{10}$$

wo wir die zweite der Gleichungen noch in transponierter Form geschrieben haben. Wir können somit für die weiteren Betrachtungen die Normalform $\boldsymbol{J}$ der Matrix zugrunde legen.

Wir nehmen zunächst zur Vereinfachung an, die Matrix besitze nur einen einzigen Eigenwert λ_1 der Vielfachheit $p = n$ bei gegebenen Elementarteilerexponenten $e_{\nu 1} = e_\nu$. Die charakteristische Matrix für

$\lambda = \lambda_1$, $\boldsymbol{C} = \boldsymbol{J} - \lambda_1 \boldsymbol{I}$ besteht dann in der Hauptdiagonalen aus Nullen, und soweit nichtlineare Elementarteiler auftreten, $e_\nu > 1$, steht rechts neben der Null noch $(e_\nu - 1)$-mal eine 1, während alle übrigen Elemente Null sind. Beispielsweise ist für die Charakteristik [(3 2 1)]

$$\boldsymbol{J} - \lambda_1 \boldsymbol{I} = \boldsymbol{C} = \begin{pmatrix} 0 & 1 & & & & \\ & 0 & 1 & & & \\ & & 0 & & & \\ & & & 0 & 1 & \\ & & & & 0 & \\ & & & & & 0 \end{pmatrix}, \quad \boldsymbol{C}' = \begin{pmatrix} 0 & & & & & \\ 1 & 0 & & & & \\ & 1 & 0 & & & \\ & & & 0 & & \\ & & & 1 & 0 & \\ & & & & & 0 \end{pmatrix}.$$

Aus den Eigenwertgleichungen $\boldsymbol{C}\boldsymbol{x} = \boldsymbol{o}$, $\boldsymbol{C}'\boldsymbol{y} = \boldsymbol{o}$ folgt dann für alle Komponenten $x_{\varrho+1}$ bzw. y_ϱ, bei denen die Spalte $\varrho + 1$ bzw. ϱ in $\boldsymbol{C}$ bzw. $\boldsymbol{C}'$ eine 1 enthält, der Wert $x_{\varrho+1} = 0$, $y_\varrho = 0$, während die übrigen Komponenten, wo in den Spalten von $\boldsymbol{C}$ bzw. $\boldsymbol{C}'$ nur Nullen stehen, noch beliebige Werte annehmen können. Treten nun ausschließlich nichtlineare Elementarteiler auf, so entspricht jeder nicht zwangsläufig verschwindenden Komponenten $x_j \neq 0$ eine Komponente $y_j = 0$ und umgekehrt. In diesem Falle gilt also stets die Orthogonalität $\boldsymbol{y}_i' \boldsymbol{x}_k = 0$ für alle Nummern i, k, auch für $i = k$. Nur soweit lineare Elementarteiler existieren, soweit also in den Matrizen $\boldsymbol{C}$ und $\boldsymbol{C}'$ die Null erzeugende 1 in *gleicher* Spalte fehlt, können von Null verschiedene Komponenten x_j, y_j der gleichen Nummer j und somit Paare $\boldsymbol{x}_i, \boldsymbol{y}_i$ mit $\boldsymbol{y}_i' \boldsymbol{x}_i \neq 0$ auftreten. — Das Ergebnis ist leicht auf den allgemeineren Fall ausdehnbar, wo außer λ_1 noch weitere Eigenwerte λ_σ vorhanden sind.

Satz 2: *Dann und nur dann, wenn zu einem Eigenwert λ_σ auch lineare Elementarteiler auftreten, $e_{\nu\sigma} = 1$, gibt es zu ihm Paare von Rechts- und Linkseigenvektoren mit*

$$\boldsymbol{y}_i' \boldsymbol{x}_i \neq 0 .$$

Für das oben angeführte Beispiel erhalten wir als Eigenvektoren:

	0	1					0						
		0	1				1	0					
			0					1	0				
$\boldsymbol{C}$				0	1					0			$\boldsymbol{C}'$
					0					1	0		
						0						0	
	1	0	0	0	0	0	0	0	1	0	0	0	
$\boldsymbol{x}_i$	0	0	0	1	0	0	0	0	0	0	1	0	$\boldsymbol{y}_i$
	0	0	0	0	0	1	0	0	0	0	0	1	
$\boldsymbol{x}$	*	0	0	*	0	*	0	0	*	0	*	*	$\boldsymbol{y}$

19.3. Die Weyrschen Charakteristiken

Zum Aufbau der Transformationsmatrix $\boldsymbol{T}$ bei nicht vollständigem Eigenvektorsystem liegt es nahe zu vermuten, daß die vorhandenen Eigenvektoren in irgend einer Form in die Transformationsmatrix eingehen, es sich also nur darum handelt, das unvollständige Eigenvektorsystem in passender Weise zu ergänzen. Unsere Frage ist daher: Gibt es zu einem p-fachen Eigenwert λ im Falle $d < p$ noch weitere der Matrix $\boldsymbol{A}$ zugeordnete Vektoren, die an die Stelle der fehlenden Eigenvektoren treten und so die leeren Plätze in der Transformationsmatrix auffüllen können? Dies trifft nun in der Tat zu. Die Ergänzung der Eigenvektoren wird in Gestalt der sogenannten *Hauptvektoren* gefunden. Sie basieren auf einer Erscheinung, die zuerst von E. WEYR eingehend untersucht worden ist[1] und ihn zu einem zweiten Satz von Strukturinvarianten, den nach ihm benannten *Weyrschen Charakteristiken* geführt hat. Es ist die Tatsache, daß sich der Rangabfall d_σ der charakteristischen Matrix $\boldsymbol{A} - \lambda_\sigma \boldsymbol{I}$ im Falle $d_\sigma < p_\sigma$ durch *Potenzieren* dieser Matrix erhöht, und zwar nach ganz bestimmten durch die Elementarteilerexponenten $e_{\nu\sigma}$ festgelegten Stufen fortschreitend.

Zur Untersuchung dieser Erscheinung bedienen wir uns wieder der JORDAN-Matrix $\boldsymbol{J}$ als der einfachsten Gestalt einer Matrix $\boldsymbol{A}$. Wir fassen einen bestimmten Eigenwert λ_σ der Vielfachheit p_σ und von gegebenen Elementarteilerexponenten $e_{\nu\sigma}$ ins Auge. In der charakteristischen Matrix $\boldsymbol{J} - \lambda_\sigma \boldsymbol{I}$ fehlen dann in allen zum Index σ gehörigen Kästchen $\boldsymbol{J}_{\nu\sigma}$ die Diagonalglieder λ_σ, und es bleiben die $e_{\nu\sigma}$-reihigen Kästchen

$$\boldsymbol{K}_{\nu\sigma} = \begin{pmatrix} 0 & 1 & 0 & \cdots & 0 \\ 0 & 0 & 1 & \cdots & 0 \\ \cdot & \cdot & \cdot & \cdot & \cdot \\ 0 & 0 & 0 & \cdots & 1 \\ 0 & 0 & 0 & \cdots & 0 \end{pmatrix}. \tag{11}$$

Der Rang eines jeden dieser Kästchen ist ersichtlich gleich $e_{\nu\sigma} - 1$, sein Rangabfall also 1. Der gesamte Rangabfall der charakteristischen Matrix $\boldsymbol{J} - \lambda_\sigma \boldsymbol{I}$ somit gleich der Anzahl der Kästchen $\boldsymbol{K}_{\nu\sigma}$, also der Anzahl der zu λ_σ gehörigen Elementarteilerexponenten $e_{\nu\sigma}$. Genau dann, wenn sämtliche zu λ_σ gehörigen Exponenten $e_{\nu\sigma} = 1$ sind, ist ihre Anzahl auch gleich ihrer Summe p_σ und daher $d_\sigma = p_\sigma$, wie wir schon in § 18.3 festgestellt haben.

Der Rangabfall der charakteristischen Matrix $\boldsymbol{J} - \lambda_\sigma \boldsymbol{I}$ und damit auch der ihr ähnlichen Matrix $\boldsymbol{A} - \lambda_\sigma \boldsymbol{I}$ läßt sich nun für $d_\sigma < p_\sigma$, also bei Auftreten nichtlinearer Elementarteiler durch Potenzieren der charakteristischen Matrix erhöhen (auch die Potenzen beider Matrizen

[1] WEYR, E.: Mh. Math. Phys. Bd. 1 (1890), S. 163—236.

sind ja wieder einander ähnlich!). Dabei potenzieren sich nämlich einfach die Kästchen, aus denen $\boldsymbol{J} - \lambda_\sigma \boldsymbol{I}$ besteht, und unter ihnen auch die zum Wert λ_σ gehörigen Kästchen $\boldsymbol{K}_{\nu\sigma}$. Die Potenzen $\boldsymbol{K}_{\nu\sigma}^2$, $\boldsymbol{K}_{\nu\sigma}^3, \ldots$ aber gehen aus $\boldsymbol{K}_{\nu\sigma}$ ersichtlich durch bloßes Verschieben der 1-Reihen um jeweils einen Platz nach rechts hervor, wobei in jedem Kästchen die Anzahl der 1-Elemente und damit ihr Rang genau um eins abnimmt, bis bei der Potenz $\boldsymbol{K}_{\nu\sigma}^{e_{\nu\sigma}}$ das Kästchen ganz zur Nullmatrix geworden ist, soweit es nicht schon aus nur einem einzigen Element 0 im Falle $e_{\nu\sigma} = 1$ bestanden hatte. Bei jeder Potenzierung erfährt somit die Gesamtmatrix $\boldsymbol{J} - \lambda_\sigma \boldsymbol{I}$ eine Rangverminderung gleich der Anzahl der noch von Null verschiedenen Kästchen. Die Verhältnisse werden auf einfachste Weise verdeutlicht an dem in § 18.4 eingeführten *Punktschema* der Elementarteilerexponenten. Gehören beispielsweise zur betrachteten Zahl λ_σ die Exponenten $e_{\nu\sigma} = 5, 4, 2, 2,$ also eine Charakteristik von der Form $[\ldots(5\;4\;2\;2)\ldots]$, so ist das Schema

$$\begin{array}{l} \cdot\;\cdot\;\cdot\;\cdot\;\cdot \\ \cdot\;\cdot\;\cdot\;\cdot \\ \cdot\;\cdot \\ \cdot\;\cdot \end{array}$$

Die Matrix hat zunächst einen Rangabfall gleich der Anzahl der vorhandenen $e_{\nu\sigma}$, also gleich der Punktzahl der ersten Punktspalte, im Beispiel gleich 4. Beim Bilden von $(\boldsymbol{J} - \lambda_\sigma \boldsymbol{I})^2$ nimmt jedes der von Null verschiedenen Kästchen im Range um eins ab, der Rangabfall steigt um die Punktzahl der zweiten Punktspalte an, im Beispiel um nochmals 4 auf 8. Jetzt sind in unserem Beispiel die beiden letzten (zweireihigen) Kästchen zu Null geworden, und beim nochmaligen Potenzieren auf $(\boldsymbol{J} - \lambda_\sigma \boldsymbol{I})^3$ tragen nur noch die beiden ersten Kästchen, die noch 1-Elemente enthalten, zur weiteren Rangminderung bei, womit der Rangabfall um die Punktzahl der dritten Spalte, nämlich um 2 auf insgesamt 10 zunimmt usf. Die Zunahme des Rangabfalles durch Potenzieren der charakteristischen Matrix erhalten wir demnach aus den Elementarteilerexponenten $e_{\nu\sigma}$ einer bestimmten charakteristischen Zahl λ_σ in höchst einfacher Weise nach unserem Punktschema als die *Punktzahl der Spalten*, durchlaufen von links nach rechts, wenn die Punktzahl der Zeilen gleich den Exponenten $e_{\nu\sigma}$ gemacht wird.

Bezeichnet man allgemein die Zunahme des Rangabfalles beim Übergang von $(\boldsymbol{A} - \lambda_\sigma \boldsymbol{I})^{\tau-1}$ auf $(\boldsymbol{A} - \lambda_\sigma \boldsymbol{I})^\tau$ mit $\alpha_{\sigma\tau}$, so ergeben sich die nacheinander folgenden Rangdefekte:

$$\begin{array}{lll} \boldsymbol{A} - \lambda_\sigma \boldsymbol{I} & \text{hat den Rangabfall} & \alpha_{\sigma 1} = d_\sigma \\ (\boldsymbol{A} - \lambda_\sigma \boldsymbol{I})^2 & \text{hat den Rangabfall} & \alpha_{\sigma 1} + \alpha_{\sigma 2} \\ (\boldsymbol{A} - \lambda_\sigma \boldsymbol{I})^3 & \text{hat den Rangabfall} & \alpha_{\sigma 1} + \alpha_{\sigma 2} + \alpha_{\sigma 3} \\ \cdots & \cdots & \cdots \\ (\boldsymbol{A} - \lambda_\sigma \boldsymbol{I})^{\mu_\sigma} & \text{hat den Rangabfall} & \alpha_{\sigma 1} + \alpha_{\sigma 2} + \cdots + \alpha_{\sigma\mu_\sigma} = p_\sigma\,. \end{array}$$

Diese von WEYR eingeführten Zahlen $\alpha_{\sigma\tau}$ gleich den Punktzahlen der Spalten im Punktschema sind für die Matrix $\boldsymbol{A}$ genau so charakteristisch wie die WEIERSTRASSschen Elementarteilerexponenten. Sie werden *Weyrsche Charakteristiken* genannt und bilden wie die Exponenten $e_{\nu\sigma}$, mit denen sie in der beschriebenen einfachen Weise zusammenhängen, einen zweiten vollständigen Satz von Strukturinvarianten der Matrix. — Für unser Beispiel sind ihre Werte 4, 4, 2, 2, 1. Ihre Summe ist — ebenso wie die der Exponenten — gleich der Vielfachheit p_σ:

$$\alpha_{\sigma 1} + \alpha_{\sigma 2} + \cdots \alpha_{\sigma \mu_\sigma} = p_\sigma \,. \tag{12}$$

Auch für die Zahlen $\alpha_{\sigma\tau}$ gilt, daß sie mit fortschreitender Ordnung höchstens abnehmen können,

$$d_\sigma = \alpha_{\sigma 1} \geqq \alpha_{\sigma 2} \geqq \cdots \geqq \alpha_{\sigma \mu_\sigma} \geqq 1 \,, \tag{13}$$

was mit der entsprechenden Eigenschaft der $e_{\nu\sigma}$ aus dem Punktschema folgt. — Für den wichtigen Sonderfall durchweg *linearer* Elementarteiler, für den das Punktschema nur aus einer einzigen Spalte besteht, gilt offenbar $\alpha_{\sigma 1} = d_\sigma = p_\sigma$, während weitere $\alpha_{\sigma\tau}$ nicht mehr existieren. Daraus folgt dann

Satz 3: *Die charakteristische Matrix $\boldsymbol{A} - \lambda \boldsymbol{I}$ einer Matrix $\boldsymbol{A}$ hat für einen Eigenwert λ_σ genau dann nur lineare Elementarteiler, wenn der Rang der quadrierten Matrix $(\boldsymbol{A} - \lambda_\sigma \boldsymbol{I})^2$ gleich dem der Matrix $\boldsymbol{A} - \lambda_\sigma \boldsymbol{I}$ selbst ist.*

Die praktische Entscheidung dieser Frage erfolgt allerdings bequemer auf etwas anderem Wege, wie sich bald zeigen wird (vgl. S. 258).

19.4. Die Hauptvektoren

Die Erhöhung des Rangabfalles bei $d_\sigma < p_\sigma$ durch Potenzieren der charakteristischen Matrix legt es nun nahe, die fehlenden Eigenvektoren eines p_σ-fachen Eigenwertes λ_σ zu ersetzen durch Lösungen der Gleichungssysteme

$$\boxed{(\boldsymbol{A} - \lambda_\sigma \boldsymbol{I})^\tau \boldsymbol{x} = \boldsymbol{o}} \quad \tau = 1, 2, \ldots, \mu_\sigma \,, \tag{14}$$

die an die Stelle der Eigenwertgleichung

$$(\boldsymbol{A} - \lambda_\sigma \boldsymbol{I})\, \boldsymbol{x} = \boldsymbol{o}$$

treten. Für $\tau = \mu_\sigma$ hat die Koeffizientenmatrix von Gl. (14) den vollen Rangabfall p_σ erreicht, womit genau p_σ linear unabhängige Lösungen $\boldsymbol{x}$ zu dieser höchsten Potenz existieren. Lösungen der Gln. (14) werden nun *Hauptvektoren* der Matrix $\boldsymbol{A}$ genannt, und zwar *Hauptvektoren der Stufe* τ, bezeichnet mit $\boldsymbol{x}^\tau$, wenn

$$\begin{array}{rl} & \boxed{(\boldsymbol{A} - \lambda_\sigma \boldsymbol{I})^\tau \boldsymbol{x}^\tau = \boldsymbol{o}} \,, \\ \text{dagegen} & \boxed{(\boldsymbol{A} - \lambda_\sigma \boldsymbol{I})^{\tau - 1} \boldsymbol{x}^\tau \neq \boldsymbol{o}} \,. \end{array} \tag{15}$$

Eigenvektoren sind in diesem Sinne Hauptvektoren der Stufe 1.

Hauptvektoren einer Stufe τ sind zugleich auch Lösungen einer *höheren* Stufe und insbesondere solche der höchsten Stufe μ_σ. Denn mit Gl. (14) folgt

$$(\boldsymbol{A} - \lambda_\sigma \boldsymbol{I})^{\mu_\sigma} \boldsymbol{x}^\tau = (\boldsymbol{A} - \lambda_\sigma \boldsymbol{I})^{\mu_\sigma - \tau} [(\boldsymbol{A} - \lambda_\sigma \boldsymbol{I})^\tau \boldsymbol{x}^\tau] = \boldsymbol{o}\,.$$

Die Gesamtheit der Lösungen der einzelnen Systeme Gl. (14) ist somit in der allgemeinen der Gleichung höchster Potenz ($\tau = \mu_\sigma$) enthalten. Aus

$$(\boldsymbol{A} - \lambda_\sigma \boldsymbol{I})^\tau \boldsymbol{x}^\tau = (\boldsymbol{A} - \lambda_\sigma \boldsymbol{I})^{\tau - \varrho} [(\boldsymbol{A} - \lambda_\sigma \boldsymbol{I})^\varrho \boldsymbol{x}^\tau] = \boldsymbol{o}$$

folgt aber für $\varrho < \tau$, daß die Größe in der eckigen Klammer einen Hauptvektor der Stufe $\tau - \varrho$ darstellt:

$$(\boldsymbol{A} - \lambda_\sigma \boldsymbol{I})^\varrho \boldsymbol{x}^\tau = \boldsymbol{x}^{\tau - \varrho}\,, \qquad \varrho < \tau\,. \tag{16}$$

Insbesondere folgt hieraus für $\varrho = 1$ für Hauptvektoren aufeinander folgender Stufen die bedeutsame *Rekursionsformel*

$$\boxed{(\boldsymbol{A} - \lambda_\sigma \boldsymbol{I})\, \boldsymbol{x}^\tau = \boldsymbol{x}^{\tau - 1}} \qquad \tau = 1, 2, \ldots, \mu_\sigma\,, \tag{17}$$

die auch noch für $\tau = 1$, also für Eigenvektoren gilt, wenn man $\boldsymbol{x}^\circ = \boldsymbol{o}$ vereinbart. Die Hauptvektoren aufeinander folgender Stufe ergeben sich also nacheinander aus dem Formelsatz

$$(\boldsymbol{A} - \lambda_\sigma \boldsymbol{I})\, \boldsymbol{x}^1 = \boldsymbol{o} \tag{17.1}$$

$$(\boldsymbol{A} - \lambda_\sigma \boldsymbol{I})\, \boldsymbol{x}^2 = \boldsymbol{x}^1 \tag{17.2}$$

$$(\boldsymbol{A} - \lambda_\sigma \boldsymbol{I})\, \boldsymbol{x}^3 = \boldsymbol{x}^2 \tag{17.3}$$

$$\cdots\cdots\cdots\cdots \qquad \cdots$$

Nun stellt jede der Gln. (17) mit Ausnahme der ersten ein System inhomogener Gleichungen mit der singulären Koeffizientenmatrix $(\boldsymbol{A} - \lambda_\sigma \boldsymbol{I})$ dar. Diese Gleichungen aber sind, wie wir aus § 8.2, Satz 8 wissen, dann und nur dann miteinander verträglich, wenn der Vektor $\boldsymbol{x}^{\tau - 1}$ der rechten Seite orthogonal zu allen Lösungen $\boldsymbol{y}$ des transponierten homogenen Systems

$$\boxed{(\boldsymbol{A}' - \lambda_\sigma \boldsymbol{I})\, \boldsymbol{y} = \boldsymbol{o}}\,, \tag{18}$$

d. h. aber zu allen zu λ_σ gehörigen *Linkseigenvektoren* $\boldsymbol{y}$ der Matrix $\boldsymbol{A}$. Die Verträglichkeitsbedingungen der Systeme (17) sind also

$$\boxed{\boldsymbol{y}' \boldsymbol{x}^{\tau - 1} = 0} \qquad \tau = 2, 3, \ldots, \tag{19}$$

wobei $\boldsymbol{y}$ die *allgemeine Lösung* von (18) darstellt.

Von den Eigenvektoren $\boldsymbol{x}^1$ gibt es nun, wie wir in 19.2 sahen, genau dann Vektoren mit

$$\boldsymbol{y}' \boldsymbol{x}^1 = 0\,, \tag{19.1}$$

wenn nichtlineare Elementarteiler zu λ_σ vorkommen, wenn also Rangabfall und damit Zahl der Eigenvektoren kleiner als die Vielfachheit p_σ ist. Möglicherweise erfüllen nicht alle Eigenvektoren $\boldsymbol{x}^1$ diese Bedingung, wenn nämlich auch lineare Elementarteiler auftreten, wenn also die WEYRsche Charakteristik $\alpha_2 < \alpha_1$ ist. Ist aber $\alpha_2 > 0$, so gibt es sicher α_2 Hauptvektoren $\boldsymbol{x}^2$ zweiter Stufe als Lösungen von Gl. (17.2), und da diese zusammen mit den α_1 Eigenvektoren $\boldsymbol{x}^1$ Lösungen des homogenen Systems mit der Matrix $(\boldsymbol{A} - \lambda_\sigma \boldsymbol{I})^2$ vom Ranganfall $\alpha_1 + \alpha_2$ sind, so sind alle diese Vektoren $\boldsymbol{x}^1$ und $\boldsymbol{x}^2$ linear unabhängig. — Ist nun auch noch $\alpha_1 + \alpha_2 < p_\sigma$, so gibt es $\alpha_3 > 0$ Vektoren unter den $\boldsymbol{x}^2$, für die die neue Verträglichkeitsbedingung

$$\boldsymbol{y}' \boldsymbol{x}^2 = 0 \tag{19.2}$$

erfüllt ist, von denen aus also ein weiterer Aufstieg zu α_3 Vektoren dritter Stufe $\boldsymbol{x}^3$ nach Gl. (17.3) möglich ist. Wieder sind dann alle $\alpha_1 + \alpha_2 + \alpha_3$ Vektoren $\boldsymbol{x}^1, \boldsymbol{x}^2, \boldsymbol{x}^3$ nach gleicher Überlegung wie oben linear unabhängig.

Für unser Beispiel einer Charakteristik [. . . (5 4 2 2) . . .] mit dem zu λ_σ gehörigen Punktschema

$$\begin{array}{l} \cdot\;\cdot\;\cdot\;\cdot\;\cdot \\ \cdot\;\cdot\;\cdot\;\cdot \\ \cdot\;\cdot \\ \cdot\;\cdot \end{array}$$

erhalten wir auf diese Weise das folgende zu λ_σ gehörige Vektorsystem:

$$\begin{array}{l} \boldsymbol{x}_1^1 \to \boldsymbol{x}_1^2 \to \boldsymbol{x}_1^3 \to \boldsymbol{x}_1^4 \to \boldsymbol{x}_1^5 \\ \boldsymbol{x}_2^1 \to \boldsymbol{x}_2^2 \to \boldsymbol{x}_2^3 \to \boldsymbol{x}_2^4 \\ \boldsymbol{x}_3^1 \to \boldsymbol{x}_3^2 \\ \boldsymbol{x}_4^1 \to \boldsymbol{x}_4^2 \end{array}$$

wo die auf gleicher Zeile i stehenden Vektoren $\boldsymbol{x}_i^\tau$ nach den Gln. (17) zusammenhängen. Derartig zusammenhängende Hauptvektoren wollen wir eine *Hauptvektorkette* nennen. Die Länge der i-ten Kette ist dabei offenbar gleich dem Exponenten $e_{\nu\sigma} = e_\nu$, dessen Index ν mit dem der Zeile i nach $i = n + 1 - \nu$, $\nu = n + 1 - i$ verknüpft ist. Einen Vektor $\boldsymbol{x}_i^\tau$ der i-ten Zeile, von dem aus ein Aufstieg bis zur Stufe e_ν möglich ist, wollen wir dann auch mit $\boldsymbol{x}_i^{\tau\, e_\nu}$ bezeichnen:

$$\boxed{\boldsymbol{x}_i^{1\, e_\nu} \to \boldsymbol{x}_i^{2\, e_\nu} \to \boldsymbol{x}_i^{3\, e_\nu} \to \cdots \to \boldsymbol{x}_i^{e_\nu e_\nu}} \quad (i = n + 1 - \nu)\,. \tag{20}$$

Mit der Gesamtheit dieser einer Matrix $\boldsymbol{A}$ zugehörigen *zu Ketten geordneten Hauptvektoren* haben wir nun gerade die Spalten $\boldsymbol{t}_i$ der gesuchten Transformationsmatrix $\boldsymbol{T}$ gefunden, die unsere Matrix auf die

JORDAN-Form überführt. Wir fassen zunächst jede der zum Eigenwert λ_σ gehörigen Ketten der Länge e_ν zur Teilmatrix $\boldsymbol{T}_{\nu\sigma}$ zusammen:

$$\boldsymbol{T}_{\nu\sigma} = (\boldsymbol{x}_i^{1e_\nu}, \ \boldsymbol{x}_i^{2e_\nu}, \ldots, \boldsymbol{x}_i^{e_\nu e_\nu})_\sigma \tag{21}$$

wo wir den Index σ nur einmal hinter die Klammer gesetzt haben. Diese $\boldsymbol{T}_{\nu\sigma}$ fassen wir wieder zu

$$\boldsymbol{T}_\sigma = (\boldsymbol{T}_{n\sigma}, \ \boldsymbol{T}_{n-1,\sigma}, \ \boldsymbol{T}_{n-2,\sigma}, \ldots) \tag{22}$$

und diese schließlich zur Gesamtmatrix

$$\boldsymbol{T} = (\boldsymbol{T}_1, \boldsymbol{T}_2, \ldots, \boldsymbol{T}_s) \tag{23}$$

zusammen. In unserem Beispiel wird

$$\begin{aligned}
\boldsymbol{T}_{n\sigma} &= (\boldsymbol{x}_1^{15}\,\boldsymbol{x}_1^{25}\,\boldsymbol{x}_1^{35}\,\boldsymbol{x}_1^{45}\,\boldsymbol{x}_1^{55})\\
\boldsymbol{T}_{n-1,\sigma} &= (\boldsymbol{x}_2^{14}\,\boldsymbol{x}_2^{24}\,\boldsymbol{x}_2^{34}\,\boldsymbol{x}_2^{44})\\
\boldsymbol{T}_{n-2,\sigma} &= (\boldsymbol{x}_3^{12}\,\boldsymbol{x}_3^{22})\\
\boldsymbol{T}_{n-3,\sigma} &= (\boldsymbol{x}_4^{12}\,\boldsymbol{x}_4^{22})
\end{aligned}$$

Wegen Gl. (17) ist dann nämlich

$$\boldsymbol{A}\,\boldsymbol{T}_{\nu\sigma} = (\lambda \boldsymbol{x}_i^{1e_\nu}, \ \boldsymbol{x}_i^{1e_\nu} + \lambda \boldsymbol{x}_i^{2e_\nu}, \ \boldsymbol{x}_i^{2e_\nu} + \lambda \boldsymbol{x}_i^{3e_\nu}, \ldots, \boldsymbol{x}_i^{e_\nu-1,e_\nu} + \lambda \boldsymbol{x}_i^{e_\nu e_\nu}).$$

Hier aber steht rechts gerade das Produkt der Matrix $\boldsymbol{T}_{\nu\sigma}$ mit der JORDAN-Teilmatrix $\boldsymbol{J}_{\nu\sigma}$:

$$\boldsymbol{A}\,\boldsymbol{T}_{\nu\sigma} = \boldsymbol{T}_{\nu\sigma}\,\boldsymbol{J}_{\nu\sigma}\,. \tag{24}$$

Für das Beispiel ist etwa

$$\boldsymbol{A}\,\boldsymbol{T}_{n-1,\sigma} = (\lambda_\sigma \boldsymbol{x}_2^{14}, \ \boldsymbol{x}_2^{14} + \lambda_\sigma \boldsymbol{x}_2^{24}, \ \boldsymbol{x}_2^{24} + \lambda_\sigma \boldsymbol{x}_2^{34}, \ \boldsymbol{x}_2^{34} + \lambda_\sigma \boldsymbol{x}_2^{44})$$

$$= (\boldsymbol{x}_2^{14}\,\boldsymbol{x}_2^{24}\,\boldsymbol{x}_2^{34}\,\boldsymbol{x}_2^{44}) \begin{pmatrix} \lambda_\sigma & 1 & 0 & 0 \\ 0 & \lambda_\sigma & 1 & 0 \\ 0 & 0 & \lambda_\sigma & 1 \\ 0 & 0 & 0 & \lambda_\sigma \end{pmatrix} = \boldsymbol{T}_{n-1,\sigma}\,\boldsymbol{J}_{n-1,\sigma}\,.$$

Insgesamt haben wir damit $\boldsymbol{A}\,\boldsymbol{T} = \boldsymbol{T}\,\boldsymbol{J}$ oder

$$\boxed{\boldsymbol{T}^{-1}\boldsymbol{A}\,\boldsymbol{T} = \boldsymbol{J}}\,. \tag{25}$$

Praktisch ist übrigens die Bildung der Kehrmatrix $\boldsymbol{T}^{-1}$ nicht erforderlich, nachdem die Hauptvektorketten und damit $\boldsymbol{T}$ aufgestellt ist. Denn mit diesen Ketten liegt ja die Struktur der Matrix und damit — bei bekannten Eigenwerten λ_σ — auch die JORDAN-Matrix vollständig fest, und diese Matrix $\boldsymbol{J}$ kann unmittelbar angeschrieben werden.

Hauptvektoren und Hauptvektorketten lassen sich auch für das allgemeine Eigenwertproblem

$$\boxed{(\boldsymbol{A} - \lambda \boldsymbol{B})\,\boldsymbol{x} = \boldsymbol{o}}\,, \tag{26}$$

also Matrizenpaare $\boldsymbol{A}, \boldsymbol{B}$ bei nichtsingulärem $\boldsymbol{B}$ aufstellen. An die Stelle der Rekursionsgleichungen (17) treten die Formeln

$$\boxed{(\boldsymbol{A} - \lambda_\sigma \boldsymbol{B})\, \boldsymbol{x}^\tau = \boldsymbol{B}\boldsymbol{x}^{\tau-1}} \quad \tau = 1, 2, 3, \ldots \tag{27}$$

Diese führen in gleicher Weise wie oben zu Hauptvektorketten und mit ihnen zur Transformationsmatrix $\boldsymbol{T}$, für die dann gemäß Gl. (27) die Beziehung

$$\boldsymbol{A}\,\boldsymbol{T} = \boldsymbol{B}\,\boldsymbol{T}\,\boldsymbol{J}$$

oder

$$\boxed{\boldsymbol{T}^{-1}\boldsymbol{B}^{-1}\boldsymbol{A}\,\boldsymbol{T} = \boldsymbol{J}} \tag{28}$$

gilt. Die Matrix $\boldsymbol{J}$ ist also die JORDAN-Form der Matrix $\boldsymbol{B}^{-1}\boldsymbol{A}$, wie ja überhaupt das allgemeine Problem Gl. (26) durch Linksmultiplikation mit $\boldsymbol{B}^{-1}$ in das spezielle Eigenwertproblem übergeht.

* 19.5. Aufbau der Hauptvektorketten

Der Aufbau der Hauptvektorketten verlangt eine besondere Rechentechnik. Dies hat seinen Grund darin, daß schon bei der Berechnung der Eigenvektoren als Lösungen des homogenen Systems mit der singulären Matrix $\boldsymbol{A} - \lambda_\sigma \boldsymbol{I}$ im allgemeinen, wenn nämlich nicht gerade $\alpha_2 = \alpha_1$ ist, alle Vektoren $\boldsymbol{x}^1$ Komponenten von Vektoren $\boldsymbol{x}^{11}$ enthalten, d. h. von Vektoren der Kettenlänge 1, von denen aus also ein weiterer Aufstieg zu Vektoren zweiter Stufe $\boldsymbol{x}^2$ nicht möglich ist. Die α_1 Rohvektoren $\boldsymbol{x}^1$, die wir zu einer Matrix $\boldsymbol{X}^1$ zusammenfassen wollen, sind daher zunächst einem *Reinigungsprozeß* zu unterwerfen, der aus ihnen einerseits die Vektoren $\boldsymbol{x}^{11}$, zusammengefaßt in $\boldsymbol{X}^{11}$, andererseits α_2 Vektoren $\boldsymbol{x}^{1t}$ mit $t \geqq 2$, zusammengefaßt in $\boldsymbol{X}^{1t}$ aussondert, wobei allein von $\boldsymbol{X}^{1t}$ aus ein Aufstieg zu Vektoren $\boldsymbol{x}^2$ möglich ist. Fassen wir noch die Linksvektoren $\boldsymbol{y}$ zur Matrix $\boldsymbol{Y}$ zusammen, so gilt dann $\boldsymbol{X}^{1t\prime}\,\boldsymbol{Y} = \boldsymbol{O}$, während $\boldsymbol{X}^{11\prime}\,\boldsymbol{Y} \neq \boldsymbol{O}$ eine Matrix vom Range $\alpha_1 - \alpha_2$ ist. Aber auch die aus Gl. (17.2) mit $\boldsymbol{X}^{1t}$ als rechten Seiten berechneten α_2 Vektoren zweiter Stufe $\boldsymbol{x}^2$, zusammengefaßt zu $\boldsymbol{X}^2$, sind wieder erst Rohvektoren, die im allgemeinen Vektoren $\boldsymbol{x}^{11}$, $\boldsymbol{x}^{12}$ und $\boldsymbol{x}^{22}$ enthalten, von denen aus ein Aufstieg zu Vektoren 3. Stufe $\boldsymbol{x}^3$ nicht möglich ist. Auch diese Rohmatrix $\boldsymbol{X}^2$ muß also wieder einem Reinigungsvorgang unterworfen werden, der sie in eine Matrix $\boldsymbol{X}^{22}$ mit Vektoren $\boldsymbol{x}^{22}$ und eine zweite $\boldsymbol{X}^{2t}$ mit α_3 Vektoren $\boldsymbol{x}^{2t}$ der Kettenlängen $t \geqq 3$ aufspaltet. Wieder wird dann $\boldsymbol{X}^{22\prime}\,\boldsymbol{Y} \neq \boldsymbol{O}$, hingegen $\boldsymbol{X}^{2t\prime}\,\boldsymbol{Y} = \boldsymbol{O}$, so daß die Gln. (17.2) mit $\boldsymbol{X}^{2t}$ als rechte Seiten verträglich sind und α_3 Vektoren 3. Stufe $\boldsymbol{x}^3$, zusammengefaßt in $\boldsymbol{X}^3$ liefern. In dieser Weise fortfahrend ist also jedem neuen Aufstieg mittels Gl. (17) eine Reinigung der zuvor erhaltenen Rohvektoren vorzuschalten, bis das Verfahren von selbst aufhört, z. B. mit der 3. Stufe, wenn nämlich $\boldsymbol{X}^{33\prime}\,\boldsymbol{Y} \neq \boldsymbol{O}$ gerade α_3 Zeilen enthält, womit $\alpha_4 = 0$ wird.

Die Reinigung der Rohvektoren, also das Abspalten der zu weiterem Aufstieg ungeeigneten Vektoren geschieht nun auf einfache Weise mit Hilfe des verketteten GAUSSschen Algorithmus[1] ähnlich wie unter § 9.3. Das Schema der Rechnung zeigt Abb. 19.1. Zunächst bilden wir die α_1-reihige Matrix

$$\boldsymbol{N}_1 = \boldsymbol{X}^{1'}\,\boldsymbol{Y}\,,$$

die im allgemeinen voll besetzt sein wird, aber vom Range $\alpha_1 - \alpha_2$ ist. Hat aber $\boldsymbol{N}_1$ vollen Rang α_1, so gibt es zu λ_σ außer den

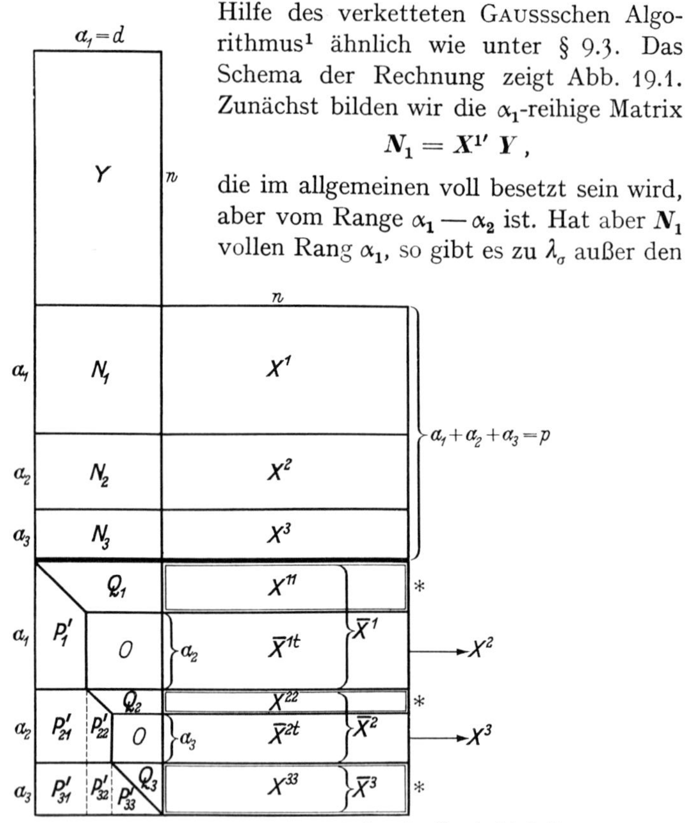

Abb. 19.1. Schema der Vektorreinigung zum Aufbau der Hauptvektorketten

Eigenvektoren keine weiteren Hauptvektoren mehr, es ist $d_\sigma = p_\sigma$ und eine Weiterrechnung entfällt. Für singuläres $\boldsymbol{N}_1$, $\alpha_2 > 0$, wird $\boldsymbol{N}_1$ im verketteten Algorithmus aufgespalten nach

$$\boldsymbol{N}_1 + \boldsymbol{P}_1'\,\boldsymbol{Q}_1 = \boldsymbol{O} \to \boldsymbol{P}_1,\ \boldsymbol{Q}_1$$

mit den oberen Dreiecksmatrizen $\boldsymbol{P}_1$, $\boldsymbol{Q}_1$, die α_2 Nullzeilen enthalten. Ausdehnung des Algorithmus auf die rechts stehende Matrix $\boldsymbol{X}^{1'}$ nach

$$\boldsymbol{X}^{1'} + \boldsymbol{P}_1'\,\overline{\boldsymbol{X}}^{1'} = \boldsymbol{O} \to \overline{\boldsymbol{X}}^1$$

liefert die neue Matrix $\overline{\boldsymbol{X}}^1 = (\overline{\boldsymbol{X}}^{11}, \overline{\boldsymbol{X}}^{1t})$, wo $\overline{\boldsymbol{X}}^{1t}$ zu den Nullzeilen von $\boldsymbol{Q}_1$ gehört und zu $\boldsymbol{Y}$ orthogonal ist, $\overline{\boldsymbol{X}}^{1t'}\,\boldsymbol{Y} = \boldsymbol{O}$. Damit erfolgt Aufstieg

[1] Nach H. UNGER: Zur Praxis der Biorthonormierung von Eigen- und Hauptvektoren. Z. angew. Math. Bd. 33 (1953), S. 319—331.

zu $\boldsymbol{X}^2$ nach

$$(\boldsymbol{A} - \lambda_\sigma \boldsymbol{I})\, \boldsymbol{X}^2 = \overline{\boldsymbol{X}}^{1t}$$

und Bilden von

$$\boldsymbol{N}_2 = \boldsymbol{X}^{2\prime}\, \boldsymbol{Y}\,,$$

sodann Aufspalten dieser aus α_2 Zeilen und α_1 Spalten bestehenden Matrix nach

$$\boldsymbol{N}_2 + \boldsymbol{P}'_{21}\, \boldsymbol{Q}_1 + \boldsymbol{P}'_{22}\, \boldsymbol{Q}_2 = \boldsymbol{O} \rightarrow \boldsymbol{P}_{21}, \boldsymbol{P}_{22}, \boldsymbol{Q}_2\,,$$

wo die Dreiecksmatrizen $\boldsymbol{P}_{22}$, $\boldsymbol{Q}_2$ jetzt α_3 Nullzeilen aufweisen. Ausdehnen des Algorithmus auf $\boldsymbol{X}^{2\prime}$ nach

$$\boldsymbol{X}^{2\prime} + \boldsymbol{P}'_{21}\, \overline{\boldsymbol{X}}^{11\prime} + \boldsymbol{P}'_{22}\, \overline{\boldsymbol{X}}^{2\prime} = \boldsymbol{O} \rightarrow \overline{\boldsymbol{X}}^2$$

ergibt $\overline{\boldsymbol{X}}^2 = (\overline{\boldsymbol{X}}^{22}, \overline{\boldsymbol{X}}^{2t})$, wo $\overline{\boldsymbol{X}}^{2t}$ zu den Nullzeilen von $\boldsymbol{Q}_2$ gehört und zu $\boldsymbol{Y}$ orthogonal ist. $\overline{\boldsymbol{X}}^{2t\prime}\, \boldsymbol{Y} = \boldsymbol{O}$, so daß damit Aufstieg zu $\boldsymbol{X}^3$ nach

$$(\boldsymbol{A} - \lambda_\sigma \boldsymbol{I})\, \boldsymbol{X}^3 = \overline{\boldsymbol{X}}^{2t}$$

möglich ist. Damit Bilden von

$$\boldsymbol{N}_3 = \boldsymbol{X}^{3\prime}\, \boldsymbol{Y}$$

und Aufspalten in

$$\boldsymbol{N}_3 + \boldsymbol{P}'_{31}\, \boldsymbol{Q}_1 + \boldsymbol{P}'_{32}\, \boldsymbol{Q}_2 + \boldsymbol{P}'_{33}\, \boldsymbol{Q}_3 = \boldsymbol{O} \rightarrow \boldsymbol{P}_{31}, \boldsymbol{P}_{32}, \boldsymbol{P}_{33}, \boldsymbol{Q}_3$$

und Ausdehnen des Algorithmus auf $\boldsymbol{X}^3$ nach

$$\boldsymbol{X}^{3\prime} + \boldsymbol{P}'_{31}\, \overline{\boldsymbol{X}}^{11\prime} + \boldsymbol{P}'_{32}\, \overline{\boldsymbol{X}}^{22\prime} + \boldsymbol{P}'_{33}\, \overline{\boldsymbol{X}}^{3\prime} = \boldsymbol{O} \rightarrow \overline{\boldsymbol{X}}^3\,.$$

Ist nun etwa $\alpha_4 = 0$, d. h. ist $\boldsymbol{N}_3$ vom Range α_3, so ist das Verfahren beendet und es ist $\overline{\boldsymbol{X}}^3 = \overline{\boldsymbol{X}}^{33}$.

Nunmehr liegen die höchsten Kettenstufen $\overline{\boldsymbol{X}}^{tt}$ jeder Kette der Länge t fertig vor bis zur längsten Kette mit $t = e_{n\sigma} = \mu_\sigma$. Diese fertigen Gebilde bezeichnen wir jetzt einfach mit $\boldsymbol{X}^{tt}$ (ohne Überstreichung). Durch den Reinigungsprozeß ist jedoch inzwischen der Kettenzusammenhang, der von $\overline{\boldsymbol{X}}^{1t}$ auf $\boldsymbol{X}^2$, von $\overline{\boldsymbol{X}}^{2t}$ auf $\boldsymbol{X}^3$ usw. führte, wieder zerstört worden. Er wird nun nachträglich einfach durch *Absteigen* wieder hergestellt, also durch bloße Multiplikation mit der charakteristischen Matrix:

$$(\boldsymbol{A} - \lambda_\sigma \boldsymbol{I})\, \boldsymbol{X}^{22} = \boldsymbol{X}^{12}$$
$$(\boldsymbol{A} - \lambda_\sigma \boldsymbol{I})\, \boldsymbol{X}^{33} = \boldsymbol{X}^{23}\,, \quad (\boldsymbol{A} - \lambda_\sigma \boldsymbol{I})\, \boldsymbol{X}^{23} = \boldsymbol{X}^{13}$$
$$(\boldsymbol{A} - \lambda_\sigma \boldsymbol{I})\, \boldsymbol{X}^{44} = \boldsymbol{X}^{34}\,, \quad (\boldsymbol{A} - \lambda_\sigma \boldsymbol{I})\, \boldsymbol{X}^{34} = \boldsymbol{X}^{24}\,, \quad (\boldsymbol{A} - \lambda_\sigma \boldsymbol{I})\, \boldsymbol{X}^{24} = \boldsymbol{X}^{14}$$

. . . .

woraus man die endgültigen unteren Kettenglieder

$$\boldsymbol{X}^{12};\ \boldsymbol{X}^{23};\ \boldsymbol{X}^{13};\ \boldsymbol{X}^{34},\ \boldsymbol{X}^{24},\ \boldsymbol{X}^{14};\ \ldots$$

erhält. Besteht die Kette einer Länge t aus mehreren Reihen, d. h. enthält die Endmatrix $\boldsymbol{X}^{tt}$ der Kette mehrere Vektoren:

$$\boldsymbol{X}^{tt} = (\boldsymbol{x}_1^{tt}, \boldsymbol{x}_2^{tt}, \boldsymbol{x}_3^{tt}, \ldots)\,,$$

so muß für jede Reihe auf den Kettenzusammenhang geachtet werden. Die zum Eigenwert λ_σ gehörige Teilmatrix $\boldsymbol{T}_\sigma$ baut sich dann für den Teil dieser Kettenlänge t so auf:

$$\boldsymbol{T}_\sigma = (\ldots; \boldsymbol{x}_1^{1t}\, \boldsymbol{x}_1^{2t} \ldots \boldsymbol{x}_1^{tt};\; \boldsymbol{x}_2^{1}\, \boldsymbol{x}_2^{2t} \;\ldots \boldsymbol{x}_2^{tt}; \ldots).$$

Wir erläutern das Ganze an einem

Beispiel: Die sechsreihige Matrix

$$\boldsymbol{A} = \begin{pmatrix} 4 & -4 & 0 & -5 & -4 & 3 \\ 2 & -3 & -1 & -3 & -4 & 2 \\ 10 & -7 & 0 & -11 & -7 & 6 \\ 4 & -2 & 1 & -4 & -1 & 2 \\ -8 & 8 & 1 & 10 & 9 & -6 \\ -6 & 9 & 2 & 9 & 11 & -6 \end{pmatrix}$$

hat den sechsfachen Eigenwert $\lambda_1 = 0$, womit die Matrix mit ihrer charakteristischen übereinstimmt (beim Eigenwert $\lambda_1 = a$ wären lediglich die Diagonalelemente um a vergrößert). Damit wird der Algorithmus zur Bestimmung der Eigenvektoren $\boldsymbol{x}^1$ und $\boldsymbol{y}$ sowie später der Hauptvektoren:

											$\bar{X}^{1t}$		$\bar{X}^{2t}$
	6	1	3	−4	4	1	11				5	1	−5
	4	−4	0	−5	−4	3	−6				3	−1	1
	2	−3	−1	−3	−4	2	−7				−2	−2	−2
	10	−7	0	−11	−7	6	−9				0	−4	−8
	4	−2	1	−4	−1	2	0				4	0	0
	−8	8	1	10	9	−6	14				0	4	4
	−6	9	2	9	11	−6	19	y_1	y_2	y_3	0	4	0
	−2	$\boxed{2}$	2	1	4	−1	8	2	0	2	7	3	5
	$\boxed{2}$	−3	−1	−3	−4	2	−7	3	2	3	−2	−2	−2
	−5	−4	3	0	0	0	0	0	0	1	0	0	0
	−2	−2	1	0	0	0	0	0	1	0	0	0	0
	4	2	$\boxed{1}$	0	1	0	2	1	1	3	6	2	6
	3	0	1	0	0	0	0	1	0	0	0	0	0
	−3	−5	4	0	0	0					0	0	0
$\boldsymbol{x}_1^1$	3	−2	0	4	0	0							
$\boldsymbol{x}_2^1$	0	1	1	0	−1	0							
$\boldsymbol{x}_3^1$	−1	2	0	0	0	4							
$\boldsymbol{x}_1^2$	−7/4	−5/2	6	0	0	0					−1		
$\boldsymbol{x}_2^2$	−3/4	−1/2	2	0	0	0						−1	
$\boldsymbol{x}^3$	−13/4	−7/2	6	0	0	0							−1

Die Berechnung der Linksvektoren $\boldsymbol{y}$ erfolgt wie die der Rechtsvektoren $\boldsymbol{x}$, nur unter Verwendung der unteren Dreiecksmatrix als Matrix eines gestaffelten Systems anstelle der oberen für $\boldsymbol{x}\cdot$ — Anschließend folgt das Schema der Reinigung (Orthogonalisierung):

$\boldsymbol{Y}$	2	0	2								
	3	2	3								
	0	0	1								
	0	1	0								
	1	1	3								
	1	0	0								
$\boldsymbol{N}_1$	0	0	0	3	—2	0	4	0	0	5	$\boldsymbol{X}^1$
	2	1	1	0	1	1	0	—1	0	1	
	8	4	4	—1	2	0	0	0	4	5	
$\boldsymbol{N}_2$	—11	—5	—5	—$^7/_4$	—$^5/_2$	6	0	0	0	$^7/_4$	$\boldsymbol{X}^2$
	—3	—1	—1	—$^3/_4$	—$^1/_2$	2	0	0	0	$^3/_4$	
$\boldsymbol{N}_3$	—17	—7	—11	—$^{13}/_4$	—$^7/_2$	6	0	0	0	—$^3/_4$	$\boldsymbol{X}^3$
	0	0	0	3	—2	0	4	0	0	5	$\to \boldsymbol{x}^2$
	[2]	1	1	0	1	1	0	—1	0	1	$\boldsymbol{x}^{11}$
	—4	0	0	—1	—2	—4	0	4	4	1	$\to \boldsymbol{x}^2$
	$^{11}/_2$	[$^1/_2$]	$^1/_2$	—$^7/_4$	3	$^{23}/_2$	0	—$^{11}/_2$	0	$^{29}/_4$	$\boldsymbol{x}^{22}$
	$^3/_2$	—1	0	1	—2	—8	0	4	0	—5	$\to \boldsymbol{x}^3$
	$^{17}/_2$	—3	[—4]	2	—4	—20	0	8	0	—14	$\boldsymbol{x}^{33}$

Damit liegen die Endstufen-Vektoren $\boldsymbol{x}^{11}$, $\boldsymbol{x}^{22}$, $\boldsymbol{x}^{33}$ vor, von denen aus man nun zu den unteren Stufen absteigt:

$\boldsymbol{A}-\lambda_1\boldsymbol{I}$						$\boldsymbol{x}^{33}$	$\boldsymbol{x}^{23}$	$\boldsymbol{x}^{13}$	$\boldsymbol{x}^{22}$	$\boldsymbol{x}^{12}$	$\boldsymbol{x}^{11}$
4	—4	0	—5	—4	3	$^1/_2$	—2	—1	—$^7/_2$	6	0
2	—3	—1	—3	—4	2	—1	1	0	6	—4	1
10	—7	0	—11	—7	6	—5	—2	—1	23	0	1
4	—2	1	—4	—1	2	0	—3	—1	0	8	0
—8	8	1	10	9	—6	2	1	1	—11	0	—1
—6	9	2	9	11	—6	0	0	1	0	0	0

Damit lautet unsere Transformationsmatrix

$$\boldsymbol{T} = \begin{pmatrix} -1 & -2 & ^1/_2 & 6 & -^7/_2 & 0 \\ 0 & 1 & -1 & -4 & 6 & 1 \\ -1 & -2 & -5 & 0 & 23 & 1 \\ -1 & -3 & 0 & 8 & 0 & 0 \\ 1 & 1 & 2 & 0 & -11 & -1 \\ 1 & 0 & 0 & 0 & 0 & 0 \end{pmatrix}.$$

Das Punktschema ist:

$$\begin{matrix} \cdot & \cdot & \cdot \\ \cdot & \cdot & \\ \cdot & & \end{matrix}$$

die JORDAN-Matrix also:

$$\boldsymbol{J} = \begin{pmatrix} 0 & 1 & & & & \\ & 0 & 1 & & & \\ & & 0 & & & \\ & & & 0 & 1 & \\ & & & & 0 & \\ & & & & & 0 \end{pmatrix}.$$

§ 20. Matrizenfunktionen und Matrizengleichungen

20.1. Eigenwerte einer Matrizenfunktion

Aus der Definition der vier Grundrechnungsarten für Matrizen entwickelt sich ähnlich wie bei gewöhnlichen (reellen und komplexen) Zahlen der Begriff der *Matrizenfunktion*, zunächst in der einfachsten Form der ganzen rationalen Funktion, des *Matrizenpolynoms* (vgl. § 2.6, § 13.7), aus dem durch Multiplikation mit der Kehrmatrix eines nichtsingulären zweiten Polynoms der gleichen Matrix die gebrochene und damit allgemeine rationale Matrizenfunktion entsteht. Die Erweiterung des Matrizenpolynoms zur unendlichen *Matrizenpotenzreihe* führt dann zum Begriff der *analytischen Matrizenfunktion*, also auch transzendenter Funktionen wie $e^{\boldsymbol{A}}$, $\sin \boldsymbol{A}$ und dergleichen, deren Bedeutung wir bald kennenlernen werden.

Das Arbeiten mit Matrizenfunktionen erfährt eine besondere Prägung und zugleich eine wesentliche Vereinfachung durch die den Matrizen eigentümliche Beziehung der *Minimumgleichung* (vgl. § 18), durch welche sich die Potenzen $\boldsymbol{A}^m$ und darüber mit $m \leqq n$ als dem höchsten Exponenten der Minimumgleichung linear durch $\boldsymbol{A}^{m-1}$ und niedere Potenzen ausdrücken lassen. Damit aber kann man ein Matrizenpolynom q-ten Grades $f(\boldsymbol{A})$ bei $q \geqq m$ stets auf ein solches vom niederen, nämlich $(m-1)$-ten Grade, das *Ersatzpolynom* $\varphi(\boldsymbol{A})$ reduzieren, dessen Koeffizienten dann natürlich außer von denen des Polynoms $f(\boldsymbol{A})$ noch wesentlich von der Matrix $\boldsymbol{A}$ abhängen werden. Die Reduktion ist, wie sich zeigen wird, auch noch bei allgemeinen Matrizenfunktionen, soweit sie sich durch Potenzreihen darstellen lassen, durchführbar. Alle diese Funktionen lassen sich hierdurch auf die einfachste Funktionsform, das *Polynom*, zurückführen.

Fürs erste sei bei einer Matrizenfunktion $f(\boldsymbol{A})$ überhaupt an ein Polynom gedacht, also etwa

$$\boldsymbol{B} = f(\boldsymbol{A}) = a_0 \boldsymbol{I} + a_1 \boldsymbol{A} + a_2 \boldsymbol{A}^2 + \cdots + a_q \boldsymbol{A}^q . \tag{1}$$

Die neue Matrix $\boldsymbol{B}$ ist offenbar mit der Matrix $\boldsymbol{A}$ *vertauschbar*, d. h. es gilt die kommutative Produktbildung

$$\boldsymbol{A}\boldsymbol{B} = \boldsymbol{B}\boldsymbol{A}\,, \tag{2}$$

eine Eigenschaft, welche durch das Prinzip des Ersatzpolynoms allen durch Potenzreihen darstellbaren Funktionen $\boldsymbol{B}$ einer Matrix $\boldsymbol{A}$ eigentümlich ist. Für die Funktion $\boldsymbol{B}$ können wir nun die in 13.7, Satz 11, für Matrizenpotenzen ausgesprochene Eigenschaft der charakteristischen Zahlen verallgemeinern in Form von

Satz 1: *Die Eigenwerte $\varkappa_i$ eines Matrizenpolynoms oder einer durch ein Polynom darstellbaren Matrizenfunktion $\boldsymbol{B} = f(\boldsymbol{A})$ sind mit den Eigenwerten λ_i der Matrix $\boldsymbol{A}$ verknüpft durch die Gleichung*

$$\boxed{\varkappa_i = f(\lambda_i)}\,. \tag{3}$$

Wir beweisen den Satz zunächst nur für den Fall, daß $f(\boldsymbol{A})$ selbst schon ein Polynom ist. Wir nehmen dazu das Polynom q-ten Grades $f(x) - \varkappa$ mit einem unbestimmten Parameter $\varkappa$ und zerlegen es in seine q Linearfaktoren:

$$f(x) - \varkappa = a\,(x - x_1)\,(x - x_2)\cdots(x - x_q)\,. \tag{4}$$

Dem entspricht die Matrizengleichung für die charakteristische Matrix von $\boldsymbol{B}$:

$$\boldsymbol{B} - \varkappa\,\boldsymbol{I} \equiv f(\boldsymbol{A}) - \varkappa\,\boldsymbol{I} = a(\boldsymbol{A} - x_1\,\boldsymbol{I})\,(\boldsymbol{A} - x_2\,\boldsymbol{I})\cdots(\boldsymbol{A} - x_q\,\boldsymbol{I})\,.$$

Als charakteristische Determinante von $\boldsymbol{B}$ erhält man somit gemäß § 2.2, Determinantensatz 3

$$|\boldsymbol{B} - \varkappa\,\boldsymbol{I}| = a^n\,|\boldsymbol{A} - x_1\,\boldsymbol{I}|\;|\boldsymbol{A} - x_2\,\boldsymbol{I}|\cdots|\boldsymbol{A} - x_q\,\boldsymbol{I}|\,.$$

Hierin haben die Faktoren rechts die Form der charakteristischen Determinante von $\boldsymbol{A}$:

$$|\boldsymbol{A} - \lambda\,\boldsymbol{I}| = (\lambda_1 - \lambda)\,(\lambda_2 - \lambda)\cdots(\lambda_n - \lambda)\,,$$

womit wir erhalten:

$$\begin{aligned} |\boldsymbol{B} - \varkappa\,\boldsymbol{I}| = {} & a\,(\lambda_1 - x_1)\,(\lambda_1 - x_2)\cdots(\lambda_1 - x_q) \\ & a\,(\lambda_2 - x_1)\,(\lambda_2 - x_2)\cdots(\lambda_2 - x_q) \\ & \cdots\cdots\cdots\cdots\cdots\cdots \\ & a\,(\lambda_n - x_1)\,(\lambda_n - x_2)\cdots(\lambda_n - x_q)\,. \end{aligned}$$

Hier aber haben die Zeilen rechter Hand die Form (4), so daß sich als charakteristische Gleichung für $\boldsymbol{B}$ ergibt:

$$|\boldsymbol{B} - \varkappa\,\boldsymbol{I}| = \big(f(\lambda_1) - \varkappa\big)\big(f(\lambda_2) - \varkappa\big)\cdots\big(f(\lambda_n) - \varkappa\big) = 0\,. \tag{5}$$

Damit ist Satz 1 für ein Polynom $f(\boldsymbol{A})$ bewiesen. Der Beweis läßt sich leicht auf allgemeine rationale Funktionen erweitern. Die Erweiterung auf beliebige durch Potenzreihen darstellbare Funktionen wird sich aus dem Folgenden ergeben.

20.2. Reduktion der Matrizenfunktion auf das Ersatzpolynom

Die oben angedeutete Zurückführung eines Matrizenpolynoms $f(\boldsymbol{A})$ vom Grade $q \geqq m$ auf ein Polynom $(m-1)$-ten oder niederen Grades vermittels der Minimumgleichung

$$m(\boldsymbol{A}) = \boldsymbol{A}^m + b_{m-1}\boldsymbol{A}^{m-1} + \cdots + b_1\boldsymbol{A} + b_0\boldsymbol{I} = \boldsymbol{O} \tag{6}$$

läßt sich am einfachsten mittels Division von $f(\lambda)$ durch $m(\lambda)$ durchführen. Das Ersatzpolynom $\varphi(\boldsymbol{A})$ ergibt sich dabei als Divisionsrest $\varphi(\lambda)$. Denn aus

$$f(\lambda) = m(\lambda)\, g(\lambda) + \varphi(\lambda) \tag{7}$$

mit beliebigem Polynomfaktor $g(\lambda)$ folgt durch Einsetzen von $\boldsymbol{A}$ für λ wegen $m(\boldsymbol{A}) = \boldsymbol{O}$:

$$\boxed{\boldsymbol{B} = f(\boldsymbol{A}) = \varphi(\boldsymbol{A})}^{1} . \tag{8}$$

Aus Gl. (7) folgt zunächst für einen Eigenwert λ_σ von $\boldsymbol{A}$ wegen $m(\lambda_\sigma) = 0$:

$$\boxed{f(\lambda_\sigma) \equiv f_\sigma = \varphi(\lambda_\sigma)} , \tag{9}$$

eine Beziehung, die, da Gl. (8) für beliebige (oder doch mittels Potenzreihen darstellbare) Funktionen $f(\boldsymbol{A})$ gelten soll, allgemein mit Satz 1 aus Gl. (8) folgt; denn die beiden Funktionen $f(\boldsymbol{A})$ und $\varphi(\boldsymbol{A})$ stellen ja die gleiche Matrix $\boldsymbol{B}$ dar und haben somit auch die gleichen Eigenwerte $\varkappa_\sigma = f(\lambda_\sigma)$.

Die Aufstellung des Ersatzpolynoms $\varphi(\lambda)$ als Divisionsrest nach Gl. (7) ist auf Polynome $f(\lambda)$ beschränkt, wo allein die Division durch $m(\lambda)$ durchführbar ist. Um $\varphi(\lambda)$ nun aber auch für allgemeine Funktionen $f(\lambda)$ angeben zu können, ist eine andere Form der Darstellung erforderlich. Eine solche wird am einfachsten für die Klasse der normalisierbaren = diagonalähnlichen Matrizen gefunden, deren Minimalpolynom $m(\lambda)$ wegen Linearität aller Elementarteiler lauter einfache Nullstellen hat:

$$m(\lambda) = (\lambda - \lambda_1)(\lambda - \lambda_2) \cdots (\lambda - \lambda_m) .$$

[1] Die Ersatzpolynome $\varphi(\lambda)$ bilden, wie man in der Zahlentheorie sagt, den Restklassenring bezüglich $m(\lambda)$:

$$f(\lambda) \equiv \varphi(\lambda) \bmod m(\lambda) , \tag{7a}$$

$f(\lambda)$ ist „kongruent zu $\varphi(\lambda)$ modulo $m(\lambda)$“.

Das Aufstellen des Ersatzpolynoms läuft dann wegen Gl. (9) auf Lösen der Interpolationsaufgabe hinaus, das Polynom $(m-1)$-ten Grades zu finden, das an den m Stellen $\lambda = \lambda_\sigma$ die gegebenen Funktionswerte $f(\lambda_\sigma) = f_\sigma$ annimmt. Mit den m Polynomen $(m-1)$-ten Grades

$$\boxed{m_\sigma(\lambda) = \frac{m(\lambda)}{\lambda - \lambda_\sigma}}\,, \tag{10}$$

den sogenannten LAGRANGEschen Interpolationspolynomen, in denen jeweils der Linearfaktor $\lambda - \lambda_\sigma$ fehlt, erhält man dann mit der weiteren Abkürzung

$$\boxed{F_\sigma = \frac{f_\sigma}{m_\sigma}} \qquad \text{mit } m_\sigma = m_\sigma(\lambda_\sigma) \tag{11}$$

den Ausdruck

$$\boxed{\varphi(\lambda) = \sum_{\sigma=1}^{m} F_\sigma\, m_\sigma(\lambda)} = \sum_{\sigma=1}^{m} f_\sigma \frac{m_\sigma(\lambda)}{m_\sigma}\,. \tag{12}$$

Hier werden nämlich offenbar gerade die Interpolationsforderungen Gl. (9) erfüllt. Nachdem man so das Ersatzpolynom $\varphi(\lambda)$ gefunden hat, ergibt sich die Matrizenfunktion $\boldsymbol{B} = f(\boldsymbol{A})$ nach Gl. (8) durch Bilden des zugehörigen Matrizenpolynoms $\varphi(\boldsymbol{A})$. Es sind somit allein die Funktionswerte f_σ der Eigenwerte λ_σ der Matrix $\boldsymbol{A}$, die über das der Matrix eigentümliche Minimalpolynom die Matrizenfunktion $f(\boldsymbol{A})$ bestimmen. Diese Definition von $f(\boldsymbol{A})$ läßt sich, wie wir noch sehen werden, dann auch über die Polynome hinaus vermittels Potenzreihen auf beliebige, auch transzendente Funktionen der Matrix übertragen.

Etwas verwickelter werden die Verhältnisse im Falle nichtlinearer Elementarteiler, also mehrfacher Nullstellen des Minimalpolynoms, das dann die Form

$$m(\lambda) = (\lambda - \lambda_1)^{\mu_1}\, (\lambda - \lambda_2)^{\mu_2} \cdots (\lambda - \lambda_s)^{\mu_s}$$

mit den s verschiedenen Eigenwerten λ_σ der Matrix $\boldsymbol{A}$ hat. Da nun außer $m(\lambda_\sigma) = 0$ auch noch die Ableitungen verschwinden:

$$m^{(\nu)}(\lambda) = 0 \qquad \text{für} \qquad \lambda = \lambda_\sigma\,, \quad \nu = 0, 1, 2, \cdots, \mu_\sigma - 1\,,$$

so ergibt sich aus Gl. (7) durch Differenzieren:

$$f^{(\nu)}(\lambda_\sigma) = f_\sigma^{(\nu)} = \varphi^{(\nu)}(\lambda_\sigma)\,, \qquad \nu = 0, 1, 2, \cdots, \mu_\sigma - 1\,. \tag{13}$$

Unsere Interpolationsaufgabe erscheint also dahingehend verallgemeinert, daß außer den Werten f_σ selbst auch noch die Ableitungen $f_\sigma^{(\nu)}$ von den entsprechenden Ableitungen des Ersatzpolynoms anzunehmen sind, eine sogenannte hermitesche Interpolation. Wir führen dann die abgewandelten LAGRANGEschen Polynome

$$m_\sigma(\lambda) = \frac{m(\lambda)}{(\lambda - \lambda_\sigma)^{\mu_\sigma}} \tag{14}$$

sowie deren Werte $m_\sigma(\lambda_\sigma) = m_\sigma$ ein und bilden damit die Funktionen

$$F_\sigma(\lambda) = \frac{f(\lambda)}{m_\sigma(\lambda)} \;. \tag{15}$$

Dann tritt an die Stelle von Gl. (12) das Polynom

$$\begin{aligned}\varphi(\lambda) = \sum_{\sigma=1}^{s} \Big\{ & F_\sigma + F'_\sigma(\lambda - \lambda_\sigma) + \frac{1}{2!} F''_\sigma(\lambda - \lambda_\sigma)^2 + \cdots \\ & + \frac{1}{(\mu_\sigma - 1)!} F_\sigma^{(\mu_\sigma - 1)}(\lambda - \lambda_\sigma)^{\mu_\sigma - 1} \Big\} m_\sigma(\lambda)\end{aligned} \tag{16}$$

mit den Abkürzungen

$$F_\sigma^{(\nu)} = F_\sigma^{(\nu)}(\lambda) \qquad \text{für } \lambda = \lambda_\sigma \,.$$

Denn damit wird gerade die allgemeinere Interpolationsforderung Gl. (13) erfüllt:

$$\begin{aligned} \varphi(\lambda_\sigma) &= F_\sigma m_\sigma = f_\sigma \\ \varphi'(\lambda_\sigma) &= F'_\sigma m_\sigma + F_\sigma m'_\sigma = f'_\sigma \\ \varphi''(\lambda_\sigma) &= F''_\sigma m_\sigma + F'_\sigma m'_\sigma + F_\sigma m''_\sigma = f''_\sigma \\ & \cdots\cdots\cdots\cdots\cdots, \end{aligned}$$

wovon man sich durch Differenzieren der Summe Gl. (16) leicht überzeugt. Mit diesem Polynom $\varphi(\lambda)$ ergibt sich wieder die gesuchte Matrizenfunktion $\boldsymbol{B} = f(\boldsymbol{A}) = \varphi(\boldsymbol{A})$. Wieder sind es die Funktionswerte f_σ nebst Ableitungen $f^{(\nu)}(\lambda_\sigma)$, gebildet für die Eigenwerte λ_σ der Matrix die über das Minimalpolynom die Matrizenfunktion festlegen. Die Eigenwerte erweisen sich auch hier als im wahren Sinne des Wortes charakteristische Zahlen der Matrix.

Im Falle einer gebrochen rationalen Funktion $f(\lambda) = u(\lambda)/v(\lambda)$ mit Polynomen u, v tritt an die Stelle von Gl. (7) der Ansatz

$$u(\lambda) = m(\lambda)\, g(\lambda) + v(\lambda)\, \varphi(\lambda) \tag{7a}$$

mit einem Polynomfaktor $g(\lambda)$, womit dann alles weitere wie oben verläuft, so daß unsere Ausdrücke Gln. (12) und (16) auch für den Fall gebrochen rationaler Matrizenfunktion $f(\boldsymbol{A})$ gelten.

Die Formeln bleiben übrigens auch gültig, wenn man anstelle des oft nicht explizit bekannten Minimalpolynoms $m(\lambda)$ das charakteristische Polynom $p(\lambda)$ verwendet, wo dann anstelle der Vielfachheiten μ_σ die

Werte p_σ treten. Nur werden die Ausdrücke dann entsprechend umfangreicher und die Rechnung dadurch mühsamer.

Unter Vorwegnahme der Ergebnisse des nächsten Abschnittes fassen wir zusammen:

Satz 2: *Ist $f(\lambda)$ eine rationale oder durch Potenzreihen darstellbare eindeutige Funktion und $\boldsymbol{A}$ eine n-reihige Matrix mit dem Minimalpolynom $m(\lambda)$ vom Grade m, so läßt sich die der Funktion $f(\lambda)$ zugehörige Matrizenfunktion $\boldsymbol{B} = f(\boldsymbol{A})$ darstellen durch ein Matrizenpolynom $\varphi(\boldsymbol{A})$ vom Grade $\leqq m-1$ mit $\varphi(\lambda)$ nach Gl.* (16), *dessen Koeffizienten von der Matrix bzw. ihrem Minimalpolynom abhängen:*

$$\boxed{\boldsymbol{B} = f(\boldsymbol{A}) = \varphi(\boldsymbol{A})}\,. \tag{8}$$

$\varphi(\lambda)$ heißt das Ersatzpolynom der Funktion $f(\lambda)$ bezüglich der Matrix $\boldsymbol{A}$.

20.3. Matrizenpotenzreihen und durch sie darstellbare Matrizenfunktionen

Von den Matrizenpolynomen her liegt die Erweiterung auf Matrizenpotenzreihen

$$\boldsymbol{B} = P(\boldsymbol{A}) = a_0 \boldsymbol{I} + a_1 \boldsymbol{A} + a_2 \boldsymbol{A}^2 + \cdots \tag{17}$$

nahe mit (reellen oder komplexen) Zahlenkoeffizienten a_ν. Solche Reihen treten entweder unmittelbar, z. B. im Zusammenhang mit iterativen Matrizenoperationen auf, oder sie interessieren von der Seite der durch die entsprechenden gewöhnlichen Potenzreihen

$$P(x) = a_0 + a_1 x + a_2 x^2 + \cdots \tag{18}$$

dargestellten transzendenten Funktionen, die man auf Matrizenfunktionen zu übertragen wünscht. In jedem Falle erhebt sich zunächst die Frage nach der Konvergenz der Reihe. Eine Matrizenpotenzreihe (und allgemein eine beliebige Matrizenreihe) wird genau dann konvergent genannt, wenn jedes Element der Teilsumme mit zunehmender Gliederzahl konvergiert. Es ist nun wieder bezeichnend, daß man diese Konvergenz der n^2 Matrizenelemente nicht einzeln nachzuprüfen braucht; es genügt dazu vielmehr die Konvergenz der gewöhnlichen Potenzreihen $P(\lambda_\sigma)$ für die Eigenwerte λ_σ der Matrix $\boldsymbol{A}$. Wir betrachten dazu die Teilsumme der Reihe Gl. (18)

$$P_q(x) = a_0 + a_1 x + a_2 x^2 + \cdots + a_q x^q ,$$

die im Konvergenzfalle in die Reihensumme

$$P(x) = \lim_{q \to \infty} P_q(x) \tag{19}$$

übergeht. Für das Polynom $P_q(x)$ aber läßt sich das bezüglich der Matrix $\boldsymbol{A}$ gebildete Ersatzpolynom $\varphi_q(x)$ aufstellen, im Falle linearer

Elementarteiler also nach Gl. (12):

$$P_q(\boldsymbol{A}) = \varphi_q(\boldsymbol{A}) = \sum_{\sigma=1}^{s} \frac{1}{m_\sigma} P_q(\lambda_\sigma)\, m_\sigma(\boldsymbol{A}) .$$

Macht man nun hier den Grenzübergang Gl. (19), so werden davon im Ersatzpolynom allein die Funktionen $P_q(\lambda_\sigma)$ betroffen, und diese konvergieren gegen die Reihensummen $P(\lambda_\sigma)$, wenn sämtliche Eigenwerte λ_σ der Matrix innerhalb des Konvergenzkreises der Potenzreihe Gl. (18) liegen, womit wir bei linearen Elementarteilern

$$P(\boldsymbol{A}) = \varphi(\boldsymbol{A}) = \sum_{\sigma=1}^{s} \frac{1}{m_\sigma} P(\lambda_\sigma)\, m_\sigma(\boldsymbol{A}) \tag{20}$$

erhalten. Im Falle mehrfacher Wurzeln des Minimalpolynoms (nichtlineare Elementarteiler) treten nach Gl. (16) auch noch Ableitungen $P^{(\nu)}(\lambda)$ bis zur höchsten Ableitung $P^{(\mu_\sigma - 1)}(\lambda_\sigma)$ auf. Innerhalb des Konvergenzkreises konvergieren mit $P(\lambda)$ auch alle Ableitungen. Auf dem Rande des Kreises ist das Konvergenzverhalten der höchsten Ableitung entscheidend. Es gilt somit

Satz 3: *Die Potenzreihe $P(\boldsymbol{A})$ einer Matrix $\boldsymbol{A}$, deren Eigenwerte λ_σ im Minimalpolynom mit den Vielfachheiten μ_σ auftreten, konvergiert dann und nur dann, wenn die gewöhnlichen Potenzreihen $P^{(\mu_\sigma - 1)}(\lambda)$ für alle Eigenwerte λ_σ der Matrix konvergieren.*

Damit konvergieren die bekannten beständig (d. h. für alle endlichen x-Werte) konvergenten Reihen der Funktionen e^x, $\cos x$, $\sin x$ für jede beliebige Matrix $\boldsymbol{A}$, und wir definieren in naheliegender Weise die entsprechenden transzendenten Matrizenfunktionen

$$\left.\begin{aligned} e^{\boldsymbol{A}} &= \boldsymbol{I} + \boldsymbol{A} + \frac{1}{2!}\boldsymbol{A}^2 + \frac{1}{3!}\boldsymbol{A}^3 + \cdots \\ \cos\boldsymbol{A} &= \boldsymbol{I} - \frac{1}{2!}\boldsymbol{A}^2 + \frac{1}{4!}\boldsymbol{A}^4 - + \cdots \\ \sin\boldsymbol{A} &= \boldsymbol{A} - \frac{1}{3!}\boldsymbol{A}^3 + \frac{1}{5!}\boldsymbol{A}^5 - + \cdots \end{aligned}\right\} . \tag{21}$$

Ihre praktische Berechnung erfolgt freilich stets über das zugehörige Ersatzpolynom, also z. B. im Falle linearer Elementarteiler nach

$$e^{\boldsymbol{A}} = \sum_{\sigma=1}^{s} \frac{1}{m_\sigma} e^{\lambda_\sigma} m_\sigma(\boldsymbol{A}) .$$

Für nicht beständig, also nur innerhalb eines endlichen Konvergenzradius R konvergente Reihen $P(x)$ konvergieren die entsprechenden Matrizenpotenzreihen $P(\boldsymbol{A})$ nur für solche Matrizen, deren Eigenwerte λ_σ sämtlich im Innern (oder allenfalls auf dem Rande) des Konvergenzkreises der Reihe $P(x)$ liegen, während sie für Matrizen mit $|\lambda_\sigma| > R$

nicht mehr existieren. So entspricht etwa der bekannten geometrischen Reihe

$$\frac{1}{1-x} = 1 + x + x^2 + x^3 + \cdots,$$

die nur für $|x| < 1$ gegen die links stehende Reihensumme $1/1 - x$ konvergiert, die Matrizenreihe

$$(\boldsymbol{I} - \boldsymbol{A})^{-1} = \boldsymbol{I} + \boldsymbol{A} + \boldsymbol{A}^2 + \cdots,$$

welche nur für Matrizen mit $|\lambda_\sigma| < 1$ konvergiert, und zwar gegen $(\boldsymbol{I} - \boldsymbol{A})^{-1}$. Die einer solchen Reihe $P(x)$ entsprechende, innerhalb des Konvergenzkreises durch die Summe $P(x)$ dargestellte Funktion $f(x)$ aber existiert im allgemeinen auch noch über den Konvergenzradius hinaus. So existiert ja die Funktion $1/1 - x$ für alle Werte $x \neq 1$. Das Entsprechende gilt für die Matrizenfunktion, die dann unabhängig von der Reihe durch das der Funktion $f(x)$ zugehörige auf $\boldsymbol{A}$ bezogene Ersatzpolynom $\varphi(\boldsymbol{A})$ definiert wird. So ist etwa bei linearen Elementarteilern

$$f(\boldsymbol{A}) = (\boldsymbol{I} - \boldsymbol{A})^{-1} = \sum_{\sigma=1}^{s} \frac{1}{m_\sigma} \frac{1}{1 - \lambda_\sigma} m_\sigma(\boldsymbol{A}),$$

und diese Funktion existiert offenbar für alle Matrizen mit $\lambda_\sigma \neq 1$.

Die Matrizenreihe

$$P(\boldsymbol{A}) = \boldsymbol{A} - \frac{1}{2}\boldsymbol{A}^2 + \frac{1}{3}\boldsymbol{A}^3 - + \cdots$$

konvergiert für Matrizen mit $|\lambda_\sigma| < 1$, sie divergiert bei $|\lambda_\sigma| > 1$. Hingegen existiert die entsprechende durch das Ersatzpolynom definierte Matrizenfunktion

$$f(\boldsymbol{A}) = \ln(\boldsymbol{I} + \boldsymbol{A}) = \sum_{\sigma=1}^{s} \frac{1}{m_\sigma} \ln(1 + \lambda_\sigma)\, m_\sigma(\boldsymbol{A})$$

im Falle linearer Elementarteiler (und die entsprechend nach Gl. (16) gebildete Funktion bei nichtlinearen Elementarteilern) für alle Matrizen mit Eigenwerten $\lambda_\sigma \neq -1$, also auch bei $|\lambda_\sigma| > 1$.

20.4. Beispiele

Beispiel 1: Gesucht ist die Matrix $\boldsymbol{B} = e^{\boldsymbol{A}}$ sowie deren Eigenwerte zur Matrix

$$\boldsymbol{A} = \begin{pmatrix} 5 & 4 \\ 1 & 2 \end{pmatrix}.$$

Charakteristisches = Minimalpolynom $m(\lambda) = (\lambda - 1)(\lambda - 6)$.

$$\lambda_1 = 1: \; m_1(\lambda) = \lambda - 6, \quad m_1 = -5$$

$$\lambda_2 = 6: \; m_2(\lambda) = \lambda - 1, \quad m_2 = 5$$

$$\varphi(\lambda) = \frac{1}{5}[-e(\lambda - 6) + e^6(\lambda - 1)] = \frac{1}{5}[(e^6 - e)\lambda - (e^6 - 6e)].$$

$$\boldsymbol{B} = e^{\boldsymbol{A}} = \varphi(\boldsymbol{A}) = \frac{1}{5}\begin{pmatrix} e + 4e^6 & -4e + 4e^6 \\ -e + e^6 & 4e + e^6 \end{pmatrix} = \begin{pmatrix} 323{,}2867 & 320{,}6584 \\ 80{,}1421 & 82{,}8604 \end{pmatrix}.$$

Die Eigenwerte von $\boldsymbol{B}$ folgen aus $\varkappa^2 - (e + e^6)\,\varkappa + e^7 = 0$ zu $\varkappa_1 = e$, $\varkappa_2 = e^6$, also $\varkappa_i = e^{\lambda_i}$.

Beispiel 2: Radizieren einer beliebigen Matrix. Gegeben sei

$$\boldsymbol{A} = \begin{pmatrix} 3 & 2 \\ 1 & 2 \end{pmatrix}.$$

Gesucht ist die vollständige Lösung $\boldsymbol{B}$ der Aufgabe $\boldsymbol{B}^2 = \boldsymbol{A}$, also $\boldsymbol{B} = \boldsymbol{A}^{1/2} = \sqrt{\boldsymbol{A}}$. Minimalpolynom $m(\lambda) = (\lambda - 1)(\lambda - 4)$

$$\lambda_1 = 1: \; m_1(\lambda) = \lambda - 4, \quad m_1 = -3, \quad f(\lambda_1) = \sqrt{\lambda_1} = \pm 1.$$

$$\lambda_2 = 4: \; m_2(\lambda) = \lambda - 1, \quad m_2 = 3, \quad f(\lambda_2) = \sqrt{\lambda_2} = \pm 2.$$

$$\varphi(\lambda) = \frac{1}{3}\left[\mp (\lambda - 4) \pm 2(\lambda - 1)\right], \quad \varphi_{12}(\lambda) = \pm \frac{1}{3}(\lambda + 2)$$

$$\varphi_{34}(\lambda) = \pm (\lambda - 2).$$

Damit vier Lösungen

$$\boldsymbol{B}_{1,2} = \pm \frac{1}{3}\begin{pmatrix} 5 & 2 \\ 1 & 4 \end{pmatrix}, \quad \boldsymbol{B}_{3,4} = \pm \begin{pmatrix} 1 & 2 \\ 1 & 0 \end{pmatrix}.$$

In jedem Falle ergibt sich in der Tat $\boldsymbol{B}^2 = \boldsymbol{A}$.

Beispiel 3: Doppelwurzel. Gesucht ist die Matrix

$$\boldsymbol{B} = \ln \boldsymbol{A} \text{ zu } \boldsymbol{A} = \begin{pmatrix} 5 & 1 \\ -1 & 3 \end{pmatrix}.$$

$$p(\lambda) = m(\lambda) = (\lambda - 4)^2$$

$$\lambda_1 = \lambda_2 = 4: \; m_1(\lambda) = 1, \quad f(\lambda) = \ln \lambda, \quad F(\lambda) = \ln \lambda, \quad F'(\lambda) = \frac{1}{\lambda}.$$

$$\varphi(\lambda) = \ln \lambda_1 + \frac{1}{\lambda_1}(\lambda - \lambda_1) = \ln 4 + \frac{1}{4}(\lambda - 4) = \frac{1}{4}\lambda + \ln 4 - 1.$$

$$\boldsymbol{B} = \ln \boldsymbol{A} = \frac{1}{4}\boldsymbol{A} + (\ln 4 - 1)\,\boldsymbol{I} = \begin{pmatrix} \ln 4 + 1/4 & 1/4 \\ -1/4 & \ln 4 - 1/4 \end{pmatrix}$$

$$\varkappa^2 - 2(\ln 4)\,\varkappa + (\ln 4)^2 = 0, \quad \varkappa_1 = \varkappa_2 = \ln 5 = \ln \lambda_{1,2}.$$

Auch hier ist übrigens die errechnete Matrix $\boldsymbol{B}$ entsprechend dem unendlich vieldeutigen Charakter der Logarithmusfunktion nur eine von unendlich vielen Lösungen der Matrizengleichung $e^{\boldsymbol{X}} = \boldsymbol{A}$.

20.5. Allgemeinere Definition der Matrizenfunktion

Für gewöhnliche (komplexe) Zahlen fällt der Begriff der sogenannten analytischen und der durch Potenzreihen darstellbaren Funktion zusammen. Für Matrizen hingegen erweist sich diese Definition einer analytischen Matrizenfunktion als zu eng, da es hier analytische Funktionen gibt, welche sich nicht mehr durch Matrizenpotenzreihen bzw. deren Ersatzpolynome darstellen lassen. Ein Beispiel hierfür ist die Funktion $\boldsymbol{B} = \boldsymbol{A}^{1/2} = \sqrt{\boldsymbol{A}}$, wenn als Matrix $\boldsymbol{A}$ die Einheitsmatrix gewählt wird, $\boldsymbol{A} = \boldsymbol{I}$. So ist etwa

$$\boldsymbol{B} = \begin{pmatrix} 3 & -2 \\ 4 & -3 \end{pmatrix}, \quad \boldsymbol{B}^2 = \boldsymbol{I},$$

während ein Polynom in $\boldsymbol{I}$ immer nur eine Skalarmatrix liefern kann. Unser oben beschriebenes Verfahren mit Gl. (12) würde als Werte der Matrizenfunktion tatsächlich auch nur die Matrizen $\boldsymbol{B}_{1,2} = \pm \boldsymbol{I}$ liefern, während das Beispiel zeigt, daß damit die Lösungen der Matrizengleichung $\boldsymbol{X}^2 = \boldsymbol{I}$ offenbar noch nicht erschöpft sind; vgl. auch § 20.7.

Zu einer ausreichenden Verallgemeinerung des Matrizen-Funktionsbegriffes gelangt man mit Hilfe der *Jordanschen Normalform*, wobei man von der Tatsache Gebrauch macht, daß, wenn $\boldsymbol{A}$ einer Matrix $\boldsymbol{C}$ ähnlich ist, $\boldsymbol{A} = \boldsymbol{T}^{-1}\,\boldsymbol{C}\,\boldsymbol{T}$, dann auch $f(\boldsymbol{A})$ in gleicher Weise ähnlich ist zu $f(\boldsymbol{C})$, $f(\boldsymbol{A}) = \boldsymbol{T}^{-1} f(\boldsymbol{C})\,\boldsymbol{T}$, was man sich für Matrizenpotenzen und von da für Polynome und weiterhin für Potenzreihen leicht klarmacht. In der Normalform nimmt nun nicht allein die Matrix selbst, sondern auch ihre Funktion eine besondere einfache Gestalt an. Dies ist zunächst offensichtlich für den Fall diagonal-ähnlicher Matrizen mit der einfachen Beziehung

$$\boldsymbol{J} = \boldsymbol{\Lambda} = \begin{pmatrix} \lambda_1 & & 0 \\ & \ddots & \\ 0 & & \lambda_n \end{pmatrix}, \qquad f(\boldsymbol{\Lambda}) = \begin{pmatrix} f(\lambda_1) & & 0 \\ & \ddots & \\ 0 & & f(\lambda_n) \end{pmatrix}, \tag{22}$$

wovon wir übrigens schon am Schluß von § 16.7 bei der Aufgabe des allgemeinen Radizierens einer damals hermiteschen positiv definiten Matrix Gebrauch gemacht haben.

Um zu einer entsprechenden Beziehung für die Jordan-Matrix zu kommen, schreiben wir diese in der Form

$$\boldsymbol{J} = \begin{pmatrix} \boldsymbol{J}_1 & & \\ & \ddots & \\ & & \boldsymbol{J}_k \end{pmatrix} \tag{23}$$

mit den e_i-reihigen Teilmatrizen

$$\boldsymbol{J}_i = \begin{pmatrix} \lambda_i & 1 & & & \\ & \lambda_i & 1 & & \\ & & \ddots & \ddots & \\ & & & \lambda_i & 1 \\ & & & & \lambda_i \end{pmatrix} = \lambda_i \boldsymbol{I} + \boldsymbol{K}_{e_i}, \tag{24}$$

wo $\boldsymbol{K}_{e_i}$ die in § 19.3 eingeführten e_i-reihigen Kästchen

$$\boldsymbol{K}_{e_i} = \begin{pmatrix} 0 & 1 & & & \\ & 0 & 1 & & \\ & & \ddots & \ddots & \\ & & & 0 & 1 \\ & & & & 0 \end{pmatrix} \tag{25}$$

sind, deren Potenzen durch Rechtsverschieben der 1-Reihe entstehen, bis das Kästchen bei der e_i-ten Potenz zur Nullmatrix geworden ist

$$\boldsymbol{K}_{e_i}^{e_i} = \boldsymbol{O} . \tag{26}$$

Bei einer Potenzierung von $\boldsymbol{J}$ potenzieren sich einfach die Teilmatrizen $\boldsymbol{J}_i$:

$$\boldsymbol{J}^\alpha = \mathrm{Diag}(\boldsymbol{J}_i^\alpha) ,$$

und für deren Potenzen erhalten wir durch Binominalentwicklung von Gl. (24):

$$\boldsymbol{J}_i^\alpha = (\lambda_i \boldsymbol{I} + \boldsymbol{K}_{e_i})^\alpha = \lambda_i^\alpha \boldsymbol{I} + \binom{\alpha}{1} \lambda_i^{\alpha-1} \boldsymbol{K}_{e_i} + \binom{\alpha}{2} \lambda_i^{\alpha-2} \boldsymbol{K}_{e_i}^2 + \cdots$$
$$+ \binom{\alpha}{e_i - 1} \lambda_i^{\alpha - e_i + 1} \boldsymbol{K}_{e_i}^{e_i - 1} . \tag{27}$$

Nun ist für $f(\lambda) = \lambda^\alpha$

$$\binom{\alpha}{k} \lambda^{\alpha-k} = \frac{1}{k!} f^{(k)}(\lambda) ,$$

und eine entsprechende Beziehung gilt auch für ein Polynom $f(\lambda)$. Damit aber wird dann mit Gl. (27) für beliebige Potenzfunktion oder Polynom oder Potenzreihe $f(\lambda)$

$$f(\boldsymbol{J}) = \mathrm{Diag}\,(f\,(\boldsymbol{J}_i)) , \tag{28}$$

mit den Teilmatrizen

$$f(\boldsymbol{J}_i) = \begin{pmatrix} f_i & f_i' & \frac{1}{2!} f_i'' & \cdots \\ 0 & f_i & f_i' & \cdots \\ 0 & 0 & f_i & \cdots \\ \cdot & \cdot & \cdot & \cdot \end{pmatrix} , \tag{29}$$

wo wir wieder zur Abkürzung $f_i^{(\nu)} = f^{(\nu)}(\lambda)$ für $\lambda = \lambda_i$ gesetzt haben.

Damit definiert man nun die Matrizenfunktion $\boldsymbol{B} = f(\boldsymbol{A})$ nach

$$\boxed{\begin{aligned} \boldsymbol{A} &= \boldsymbol{T}^{-1} \boldsymbol{J} \boldsymbol{T} \\ f(\boldsymbol{A}) &= \boldsymbol{T}^{-1} f(\boldsymbol{J}) \boldsymbol{T} \end{aligned}} , \tag{30}$$

wobei man die gewünschte Verallgemeinerung in der folgenden Weise erreicht:

1. Als Funktionswerte f_i sind im Falle mehrdeutiger Funktionen für die einzelnen Kästchen $f(\boldsymbol{J}_i)$ der JORDAN-Matrix $f(\boldsymbol{J})$ alle möglichen Werteverbindungen zuzulassen, für jedes der Kästchen aber jeweils nur eine.

2. Als Transformationsmatrix $\boldsymbol{T}$ sind alle Matrizen zuzulassen, für die die erste der Gl. (30) erfüllt wird.

In unserem Beispiel der Quadratwurzel aus $\boldsymbol{A} = \boldsymbol{I}$ lautet die Minimalgleichung $m(\lambda) = \lambda - 1 = 0$, ihre einzige Wurzel ist $\lambda_1 = 1$. Die zugehörigen Funktionswerte sind $f_1 = \sqrt{1} = \pm 1$. Als Normalform $f(\boldsymbol{J}) = f(\boldsymbol{\Lambda})$ hat man somit die vier möglichen Ausdrücke:

$$\begin{pmatrix} 1 & 0 \\ 0 & 1 \end{pmatrix}, \quad \begin{pmatrix} -1 & 0 \\ 0 & -1 \end{pmatrix}, \quad \begin{pmatrix} 1 & 0 \\ 0 & -1 \end{pmatrix}, \quad \begin{pmatrix} -1 & 0 \\ 0 & 1 \end{pmatrix}.$$

Die erste der Gl. (30) mit $\boldsymbol{A} = \boldsymbol{I} = \boldsymbol{J}$ lautet also $\boldsymbol{I} = \boldsymbol{T}^{-1} \boldsymbol{I} \boldsymbol{T}$, d. h. aber für $\boldsymbol{T}$ ist die Gesamtheit aller nichtsingulären zweireihigen Matrizen zuzulassen. In den beiden ersten Fällen führt dies auf die beiden Funktionswerte

$$\boldsymbol{B}_1 = \boldsymbol{I}, \quad \boldsymbol{B}_2 = -\boldsymbol{I}.$$

Im dritten und vierten Falle aber haben wir Lösungen der Form

$$\boldsymbol{B}_{3,4} = \pm \boldsymbol{T}^{-1} \begin{pmatrix} 1 & 0 \\ 0 & -1 \end{pmatrix} \boldsymbol{T}$$

mit beliebigem nichtsingulärem $\boldsymbol{T}$. Unter diese unendlich vielen Lösungen fällt dann auch das oben angeführte Beispiel mit der Transformationsmatrix

$$\boldsymbol{T} = \begin{pmatrix} 2 & -1 \\ -1 & 1 \end{pmatrix}, \quad \boldsymbol{T}^{-1} = \begin{pmatrix} 1 & 1 \\ 1 & 2 \end{pmatrix}.$$

20.6. Lineare Matrizengleichungen

Unter einer *Matrizengleichung* versteht man Matrizenausdrücke, bei denen eine unbekannte Matrix $\boldsymbol{X}$ in Verbindung mit bekannten Skalaren oder Matrizen auftritt. Dabei wollen wir im folgenden alle Matrizen als quadratisch annehmen. Die Matrizengleichung heißt *linear*, wenn die unbekannte Matrix nur in der ersten Potenz vorkommt. Als einfachste hat man die homogene Gleichung

$$\boxed{\boldsymbol{A}\boldsymbol{X} = \boldsymbol{O}}\,. \tag{31}$$

Ihre Lösung ergibt sich unmittelbar, wenn wir sie als ein System linearer Gleichungssysteme $\boldsymbol{A}\,\boldsymbol{x}_k = \boldsymbol{o}$ für die Spaltenvektoren $\boldsymbol{x}_k$ der gesuchten Matrix $\boldsymbol{X}$ auffassen. Nach den allgemeinen Sätzen über homogene lineare Gleichungen (vgl. § 8.1) können wir das Ergebnis kurz folgendermaßen zusammenstellen:

a) $A \neq 0$. Die Matrix $\boldsymbol{A}$ ist nichtsingulär. In diesem Falle ist die Nullmatrix $\boldsymbol{X} = \boldsymbol{O}$ die einzige Lösung.

b) $A = 0$. Die Matrix $\boldsymbol{A}$ ist singulär. Ihr Rangabfall sei gleich $d = n - r$. Dann gibt es, wie wir wissen, genau d linear unabhängige Lösungsvektoren $\boldsymbol{x}_1, \boldsymbol{x}_2, \ldots, \boldsymbol{x}_d$ für $\boldsymbol{A}\,\boldsymbol{x} = \boldsymbol{o}$. Eine Lösungsmatrix $\boldsymbol{X}$ von Gl. (31)

besitzt somit höchstens d linear unabhängige Spaltenvektoren, sie hat maximal den Rang $d = n - r$. Ist $\boldsymbol{X}_1$ irgendeine Lösung, so ist auch $\boldsymbol{X} = \boldsymbol{X}_1 \boldsymbol{C}$ mit willkürlicher Matrix $\boldsymbol{C}$ eine Lösung, da mit $\boldsymbol{A}\boldsymbol{X}_1 = \boldsymbol{O}$ auch $\boldsymbol{A}\boldsymbol{X}_1 \boldsymbol{C} = \boldsymbol{O}$ wird. Ist $\boldsymbol{X}_1$ insbesondere vom Rang d, so ergibt $\boldsymbol{X}_1 \boldsymbol{C}$ die *allgemeine Lösung* von Gl. (31).

Die Matrizengleichung

$$\boldsymbol{X}\boldsymbol{A} = \boldsymbol{O} \tag{31a}$$

führt man durch Übergang auf die transponierten Matrizen gemäß $\boldsymbol{A}'\boldsymbol{X}' = \boldsymbol{O}$ auf den eben behandelten Fall (31) zurück. Bei einer Lösung $\boldsymbol{X}_1$ vom Range $d = n - r$ ist dann die allgemeine Lösung $\boldsymbol{X} = \boldsymbol{C}\boldsymbol{X}_1$.

Die inhomogenen Gleichungen

$$\boxed{\boldsymbol{A}\boldsymbol{X} = \boldsymbol{B}} \quad \text{bzw.} \quad \boxed{\boldsymbol{X}\boldsymbol{A} = \boldsymbol{B}} \tag{32}$$

haben im Falle nichtsingulärer Matrix $\boldsymbol{A}$, $A \neq 0$ die eindeutige Lösung

$$\boldsymbol{X} = \boldsymbol{A}^{-1}\boldsymbol{B} \quad \text{bzw.} \quad \boldsymbol{X} = \boldsymbol{B}\boldsymbol{A}^{-1}. \tag{33}$$

Ist dagegen $A = 0$, so existiert nach den Sätzen aus § 8.2 eine Lösung dann und nur dann, wenn der Rang der *erweiterten Matrix* $(\boldsymbol{A}, \boldsymbol{B})$ gleich dem der Matrix $\boldsymbol{A}$ ist, wobei unter $(\boldsymbol{A}, \boldsymbol{B})$ die durch Nebeneinanderstellen der beiden Matrizen $\boldsymbol{A}$ und $\boldsymbol{B}$ entstandene Matrix aus $2n$ Spalten und n Zeilen verstanden sein soll. Vgl. hierzu auch § 3.3, § 6.6 und § 8.2.

Größere Schwierigkeiten als die bisher behandelten Gleichungen bietet die gleichfalls homogene lineare Matrizengleichung

$$\boxed{\boldsymbol{A}\boldsymbol{X} = \boldsymbol{X}\boldsymbol{B}}\,. \tag{34}$$

Im Falle *nichtsingulärer* Lösungsmatrix $\boldsymbol{X}$ bedeutet Gl. (34) nichts anderes als die Ähnlichkeitsverknüpfung $\boldsymbol{B} = \boldsymbol{X}^{-1}\boldsymbol{A}\boldsymbol{X}$ der beiden Matrizen $\boldsymbol{A}$ und $\boldsymbol{B}$. Eine nicht singuläre Lösung $\boldsymbol{X}$ existiert also genau dann, wenn die Matrizen $\boldsymbol{A}$ und $\boldsymbol{B}$ einander ähnlich sind, d. h. wenn ihre charakteristischen Matrizen gleiche Elementarpolynome besitzen (vgl. § 18.5, Satz 16). Die Lösung ist dann etwa dadurch zu finden, daß man beide Matrizen auf ihre gemeinsame Normalform $\boldsymbol{J}$ transformiert: $\boldsymbol{Y}^{-1}\boldsymbol{A}\boldsymbol{Y} = \boldsymbol{Z}^{-1}\boldsymbol{B}\boldsymbol{Z} = \boldsymbol{J}$. Daraus erhält man $\boldsymbol{X} = \boldsymbol{Y}\boldsymbol{Z}^{-1}$.

Zur Existenz *singulärer* Lösungen $\boldsymbol{X}$ ist dagegen, wie wir hier nur andeuten wollen, notwendig und hinreichend, daß die Matrizen $\boldsymbol{A}$ und $\boldsymbol{B}$ wenigstens eine charakteristische Zahl gemeinsam haben[1], und zwar ist der Rang von $\boldsymbol{X}$ nicht größer als der Grad des größten gemeinsamen Teilers der charakteristischen Funktionen von $\boldsymbol{A}$ und $\boldsymbol{B}$. Haben $\boldsymbol{A}$ und $\boldsymbol{B}$

[1] MacDuffee: Theory of matrices [*10*] S. 90. — Frobenius, G.: J. reine angew. Math. Bd. 84 (1878), S. 27—28.

keine charakteristische Zahl gemeinsam, so ist $\boldsymbol{X} = \boldsymbol{O}$ die einzige Lösung von Gl. (34). Bezüglich der tatsächlichen Darstellung der Lösung $\boldsymbol{X}$ vergleiche das Folgende.

Die *allgemeine lineare Matrizengleichung* lautet

$$\boxed{\boldsymbol{A}_1 \boldsymbol{X} \boldsymbol{B}_1 + \boldsymbol{A}_2 \boldsymbol{X} \boldsymbol{B}_2 + \cdots + \boldsymbol{A}_h \boldsymbol{X} \boldsymbol{B}_h = \boldsymbol{C}} \tag{35}$$

mit den gegebenen n-reihigen Matrizen $\boldsymbol{A}_j$, $\boldsymbol{B}_j$ und $\boldsymbol{C}$ und der gesuchten n-reihigen Matrix $\boldsymbol{X}$. Die Gleichung ist homogen für $\boldsymbol{C} = \boldsymbol{O}$, andernfalls inhomogen. Man kann sie dadurch behandeln, daß man sie auffaßt als ein System von n^2 linearen Gleichungen für die n^2 Elemente x_{rs} der gesuchten Matrix $\boldsymbol{X}$. Jedes der links stehenden Glieder

$$\boldsymbol{A} \boldsymbol{X} \boldsymbol{B} = \boldsymbol{P} = (p_{ik})$$

besteht aus n^2 Elementen p_{ik} von der Form

$$p_{ik} = \boldsymbol{a}^i \boldsymbol{X} \boldsymbol{b}_k = \sum_{r,s=1}^{n} a_{ir} x_{rs} b_{sk} .$$

Bezeichnen wir die Elemente der Matrizen $\boldsymbol{A}_j$ und $\boldsymbol{B}_j$ mit $a_{ik}^{(j)}$ bzw. $b_{ik}^{(j)}$ und kürzen die Summierung in der GAUSSschen Art durch eckige Klammern ab gemäß

$$a_{ir}^{(1)} b_{sk}^{(1)} + a_{ir}^{(2)} b_{sk}^{(2)} + \cdots + a_{ir}^{(h)} b_{sk}^{(h)} = [a_{ir} b_{sk}] ,$$

so lauten die n^2 linearen Gleichungen für die Elemente x_{rs}:

$$\boxed{\sum_{r,s=1}^{n} [a_{ir} b_{sk}] x_{rs} = c_{ik}} \qquad (i, k = 1, 2, \ldots, n) . \tag{36}$$

Für zweireihige Matrizen lauten die vier Gleichungen beispielsweise:

$$\left.\begin{aligned}
[a_{11} b_{11}] x_{11} + [a_{11} b_{21}] x_{12} + [a_{12} b_{11}] x_{21} + [a_{12} b_{21}] x_{22} &= c_{11}\\
[a_{11} b_{12}] x_{11} + [a_{11} b_{22}] x_{12} + [a_{12} b_{12}] x_{21} + [a_{12} b_{22}] x_{22} &= c_{12}\\
[a_{21} b_{11}] x_{11} + [a_{21} b_{21}] x_{12} + [a_{22} b_{11}] x_{21} + [a_{22} b_{21}] x_{22} &= c_{21}\\
[a_{21} b_{12}] x_{11} + [a_{21} b_{22}] x_{12} + [a_{22} b_{12}] x_{21} + [a_{22} b_{22}] x_{22} &= c_{22}
\end{aligned}\right\} \tag{36'}$$

Das Gleichungssystem (36) hat nach § 8.2 genau dann Lösungen, wenn der Rang ϱ seiner Koeffizientenmatrix der gleiche ist wie der Rang der um die rechten Seiten c_{ik} erweiterten Matrix. Ist $\boldsymbol{X}_0$ eine Lösung des inhomogenen Gleichungssystems, so ist die allgemeine Lösung von der Form

$$\boldsymbol{X} = \boldsymbol{X}_0 + c_1 \boldsymbol{X}_1 + c_2 \boldsymbol{X}_2 + \cdots + c_{n^2-\varrho} \boldsymbol{X}_{n^2-\varrho} , \tag{37}$$

wo $\boldsymbol{X}_1, \boldsymbol{X}_2, \ldots, \boldsymbol{X}_{n^2-\varrho}$ ein Fundamentalsystem der zugehörigen homogenen Gleichungen und $c_1, c_2, \ldots, c_{n^2-\varrho}$ freie Parameter sind.

20.7. Die Gleichungen $\boldsymbol{X}^m = \boldsymbol{O}$ und $\boldsymbol{X}^m = \boldsymbol{I}$

Erfüllt eine Matrix $\boldsymbol{X}$ die Gleichung

$$\boxed{\boldsymbol{X}^m = \boldsymbol{O}}\,, \tag{38}$$

so ist nach § 18.1, Satz 1, das Minimalpolynom $m(\lambda)$ der Matrix ein Teiler von $f(\lambda) = \lambda^m$, also selbst eine Potenz von λ. Damit ist auch das charakteristische Polynom, welches ja die gleichen Nullstellen wie $m(\lambda)$ besitzt, von dieser Form, und da es andrerseits genau vom n-ten Grade ist, so lautet es λ^n. Daher gilt für diese sog. *nilpotenten* Matrizen

Satz 4: *Eine n-reihige Matrix $\boldsymbol{X}$ erfüllt dann und nur dann die Gleichung $\boldsymbol{X}^m = \boldsymbol{O}$ mit ganzzahligem positivem m, wenn ihre charakteristische Gleichung $\lambda^n = 0$ lautet, wenn also die Matrix singulär ist und ihre Eigenwerte sämtlich gleich Null sind.*

Beispiel:

$$\begin{pmatrix} 6 & 9 \\ -4 & -6 \end{pmatrix}^2 = \begin{pmatrix} 0 & 0 \\ 0 & 0 \end{pmatrix} = \boldsymbol{O}\,.$$

Eine Matrix $\boldsymbol{X}$ wird *zyklisch vom m-ten Grade* genannt, wenn

$$\boxed{\boldsymbol{X}^m = \boldsymbol{I}}\,. \tag{39}$$

Unmittelbar herzuleiten ist dann

Satz 5: *Ist $\boldsymbol{X}$ eine zyklische Matrix m-ten Grades, so ist auch jede ihr ähnliche Matrix $\boldsymbol{Y} = \boldsymbol{P}^{-1}\boldsymbol{X}\boldsymbol{P}$ mit beliebigem nichtsingulärem $\boldsymbol{P}$ zyklisch vom m-ten Grade.*

Weiter aber gilt:

Satz 6: *Eine Matrix $\boldsymbol{X}$ ist zyklisch vom m-ten Grade dann und nur dann, wenn alle ihre Eigenwerte m-te Einheitswurzeln sind,*

$$\lambda_i = \sqrt[m]{1}\,, \tag{40}$$

und wenn die charakteristische Matrix nur lineare Elementarteiler hat. Das Minimalpolynom $m(\lambda)$ von $\boldsymbol{X}$ ist, wieder nach § 18.1, Satz 1, ein Teiler von $f(\lambda) = \lambda^m - 1$. Da die Gleichung $\lambda^m - 1 = 0$ lauter verschiedene Wurzeln hat, nämlich eben die m verschiedenen Werte der m-ten Einheitswurzel, so hat auch die Minimalgleichung $m(\lambda) = 0$ lauter verschiedene Wurzeln, und die charakteristische Matrix von $\boldsymbol{X}$ hat somit nur lineare Elementarteiler. Ist eine dieser Wurzeln der Minimalgleichung gleich a, so ist a^m nach § 20.1, Satz 1, eine Wurzel der charakteristischen Gleichung

$$|\boldsymbol{X}^m - \varkappa\,\boldsymbol{I}| = |\boldsymbol{I} - \varkappa\,\boldsymbol{I}| = (1 - \varkappa)^n = 0\,,$$

d. h. es ist $\varkappa = a^m = 1$, $a = \sqrt[m]{1}$. — Sind umgekehrt alle charakteristischen Zahlen von $\boldsymbol{X}$ m-te Einheitswurzeln, $\lambda_i^m = 1$, und sind die Elementarteiler der charakteristischen Matrix sämtlich linear, so ist $\boldsymbol{X}$ ähnlich zur Diagonalform

$$\boldsymbol{\Lambda} = \begin{pmatrix} \lambda_1 & & 0 \\ & \ddots & \\ 0 & & \lambda_n \end{pmatrix}. \tag{41}$$

Diese aber ist zyklisch vom m-ten Grade gemäß

$$\boldsymbol{\Lambda}^m = \begin{pmatrix} \lambda_1^m & & 0 \\ & \ddots & \\ 0 & & \lambda_n^m \end{pmatrix} = \begin{pmatrix} 1 & & 0 \\ & \ddots & \\ 0 & & 1 \end{pmatrix} = \boldsymbol{I}.$$

Daher ist dann nach Satz 5 auch $\boldsymbol{X}$ eine zyklische Matrix m-ten Grades. Der Exponent m ist der niedrigste, für den eine Potenz von $\boldsymbol{X}$ zu $\boldsymbol{I}$ wird, wenn unter den charakteristischen Zahlen λ_i wenigstens eine „primitive" m-te Wurzel aus 1 ist, d. h. eine Wurzel, für die gleichfalls erstmals $\lambda_i^m = 1$ wird. Die Gesamtheit der Lösungen von (39) findet man in ähnlicher Weise wie in dem unter § 20.5 erörterten Sonderfall $\boldsymbol{X}^2 = \boldsymbol{I}$.

Die Lösung der Matrizengleichung $\boldsymbol{X}^m = \boldsymbol{A}$ mit $\boldsymbol{A} \neq \boldsymbol{I}$ erfolgt in der üblichen Weise entsprechend dem in § 20.4 durchgeführten Beispiel 2 für $\boldsymbol{X}^2 = \boldsymbol{A}$.

20.8. Allgemeine algebraische Matrizengleichung

Bei einer allgemeinen algebraischen Gleichung für die unbekannte Matrix $\boldsymbol{X}$ sind zwei Fälle unterscheidbar, je nachdem die Koeffizienten der Gleichung Skalare oder selbst Matrizen sind. Im ersten Falle

$$\boxed{f(\boldsymbol{X}) = a_0 \boldsymbol{X}^m + a_1 \boldsymbol{X}^{m-1} + \cdots + a_{n-1} \boldsymbol{X} + a_m \boldsymbol{I} = \boldsymbol{O}} \tag{42}$$

ist wieder nach § 18.1, Satz 1, das Minimalpolynom $m(\lambda)$ von $\boldsymbol{X}$ ein Teiler des Polynoms $f(\lambda) = a_0 \lambda^m + a_1 \lambda^{m-1} + \cdots + a_{n-1} \lambda + a_m$. Zerlegt man daher $f(\lambda)$ in seine Linearfaktoren, so läßt sich eine endliche Anzahl von Matrizen $\boldsymbol{X}_1, \boldsymbol{X}_2, \ldots, \boldsymbol{X}_k$ in der Normalform angeben, deren Minimalpolynom die Funktion $f(\lambda)$ teilt. Die Gesamtheit der Lösungen von (42) ist dann wieder die Gesamtheit der ihnen ähnlichen Matrizen.

Beispiel: Gesucht sind die zweireihigen Lösungen $\boldsymbol{X}$ der quadratischen Matrizengleichung

$$\boldsymbol{X}^2 - 2\boldsymbol{X} + \boldsymbol{I} = \boldsymbol{O}.$$

Die zugehörige λ-Funktion ist $f(\lambda) = \lambda^2 - 2\lambda + 1 = (\lambda - 1)^2$. Demgemäß bestehen folgende Minimalpolynome als Teiler von $f(\lambda)$ von höchstens zweitem Grade nebst den zugehörigen Normalformen:

1) $m(\lambda) = \lambda - 1$ $\quad \boldsymbol{X}_1 = \begin{pmatrix} 1 & 0 \\ 0 & 1 \end{pmatrix} = \boldsymbol{I}$,

2) $m(\lambda) = (\lambda - 1)^2$ $\quad \boldsymbol{X}_2 = \begin{pmatrix} 1 & 1 \\ 0 & 1 \end{pmatrix}$.

Aus $\boldsymbol{X}_1 = \boldsymbol{I}$ entsteht durch Ähnlichkeitstransformation immer nur wieder die Einheitsmatrix. Aus $\boldsymbol{X}_2$ dagegen entsteht die Gesamtheit der ihr ähnlichen Matrizen. So ist beispielsweise

$$\boldsymbol{X} = \begin{pmatrix} -1 & 4 \\ -1 & 3 \end{pmatrix}$$

eine solche Lösung, wovon man sich durch Einsetzen überzeugen mag.

Im zweiten Falle einer Gleichung mit Matrizen als Koeffizienten

$$\boxed{\boldsymbol{F}(\boldsymbol{X}) = \boldsymbol{A}_0 \boldsymbol{X}^m + \boldsymbol{A}_1 \boldsymbol{X}^{m-1} + \cdots + \boldsymbol{A}_{m-1} \boldsymbol{X} + \boldsymbol{A}_m = \boldsymbol{O}} \tag{43}$$

bildet man die der Gleichung zugeordnete Polynommatrix m-ten Grades

$$\boldsymbol{F}(\lambda) = \boldsymbol{A}_0 \lambda^m + \boldsymbol{A}_1 \lambda^{m-1} + \cdots + \boldsymbol{A}_{m-1} \lambda + \boldsymbol{A}_m . \tag{44}$$

Dann genügt die Matrix $\boldsymbol{X}$ der „λ-Gleichung" dieser Polynommatrix:

$$\boxed{F(\lambda) = \det(\boldsymbol{F}(\lambda)) = 0}\,, \tag{45}$$

d. h. es gilt

$$F(\boldsymbol{X}) = \boldsymbol{O}\,, \tag{46}$$

was man auf ähnliche Weise wie in § 14.3 für den Sonderfall $\boldsymbol{F}(\boldsymbol{A}) = \lambda \boldsymbol{I} - \boldsymbol{A}$ (CAYLEY-HAMILTONsches Theorem) beweisen kann.
Dies aber ist wieder eine Gleichung vom Typ (42) vom Grade $\leqq m\,n$. Ihre in der oben angegebenen Weise aufgefundenen Lösungen seien, etwa in der Normalform, $\boldsymbol{Y}_1, \boldsymbol{Y}_2, \ldots, \boldsymbol{Y}_k$. Dann ist jede Lösung von (43) von der Form $\boldsymbol{X}_i = \boldsymbol{P}_i \boldsymbol{Y}_i \boldsymbol{P}_i^{-1}$ mit noch unbestimmter Transformationsmatrix $\boldsymbol{P}_i$. Setzt man dies in Gl. (43) ein, so entsteht, da $\boldsymbol{P}$ nichtsingulär,

$$\boldsymbol{A}_0 \boldsymbol{P}_i \boldsymbol{Y}_i^m + \boldsymbol{A}_1 \boldsymbol{P}_i \boldsymbol{Y}_i^{m-1} + \cdots + \boldsymbol{A}_{m-1} \boldsymbol{P}_i \boldsymbol{Y}_i + \boldsymbol{A}_m \boldsymbol{P}_i = \boldsymbol{O}\,, \tag{47}$$

also eine allgemeine lineare Matrizengleichung nach Art von Gl. (35) für die Transformationsmatrix $\boldsymbol{P}_i$, vgl. 20.6.

VI. Kapitel

Numerische Verfahren

§ 21. Eigenwertaufgabe: Iterative Verfahren

Die zahlenmäßige Durchführung der Eigenwertaufgabe: Bestimmung der Eigenwerte und Eigenvektoren einer Matrix, stellt bei Matrizen selbst nur mäßiger Reihenzahl schon einen umfangreichen numerischen Prozeß dar, für den in der praktischen Mathematik numerische Verfahren in so großer Anzahl entwickelt worden sind, daß wir hier nur einen auswählenden Überblick geben können. Da unterscheidet man zunächst die direkten und die iterativen Verfahren, für die wir in § 14.2 und 4 auch schon je einen Vertreter vorgeführt haben. Die direkten Methoden lösen die Aufgabe durch Aufstellen der charakteristischen Gleichung, deren Wurzeln die Eigenwerte in ihrer Gesamtheit liefern, wozu dann die Eigenvektoren noch gesondert zu bestimmen sind. Der Arbeitsaufwand ist bei umfangreichen Matrizen entsprechend groß. Demgegenüber liefern die iterativen Verfahren Eigenwerte und Eigenvektoren unmittelbar ohne Aufstellen des charakteristischen Polynoms, und eine wichtige Gruppe unter ihnen, die auf dem v. MISES-Verfahren aufbauende Vektoriteration, greift jeweils nur einen Eigenwert nebst Eigenvektor an. Da insbesondere bei umfangreichen Matrizen nur selten die Gesamtheit aller Eigenwerte der Matrix interessiert, so kommt der Vektoriteration besondere praktische Bedeutung zu. Mit ihr beginnen wir daher die folgende zusammenfassende Darstellung der numerischen Seite der Eigenwertaufgabe.

21.1. Die v. Misessche Vektoriteration

Wir wiederholen kurz das Prinzip des schon in § 14.4 beschriebenen Verfahrens. Mit der n-reihigen Matrix $\boldsymbol{A}$, die wir weiterhin als reell[1] und auch noch als diagonalähnlich[2] voraussetzen wollen, bildet man, ausgehend von einem beliebigen n-reihigen reellen Vektor $\mathfrak{z}_0$ — z. B. $\mathfrak{z}_0 = (1, 0, \ldots, 0)'$ — der Reihe nach die *iterierten Vektoren*

$$\boxed{\mathfrak{z}_\nu = \boldsymbol{A}\,\mathfrak{z}_{\nu-1}}\,, \qquad \nu = 1, 2, \ldots . \tag{1}$$

[1] Eine komplexe Matrix läßt sich nach § 13.9 auf eine reelle doppelter Reihenzahl zurückführen.

[2] Oder doch wenigstens mit linearem Elementarteiler bezüglich des dominanten Eigenwertes. Ist das nicht mehr der Fall, so läuft das Verfahren mit einem anderen, wesentlich schlechteren Konvergenzverhalten.

Indem wir z_0 nach den Eigenvektoren x_i der Matrix entwickelt denken,

$$z_0 = c_1 x_1 + c_2 x_2 + \cdots + c_n x_n , \tag{2}$$

erhalten wir für die iterierten Vektoren

$$z_\nu = c_1 \lambda_1^\nu x_1 + c_2 \lambda_2^\nu x_2 + \cdots + c_n \lambda_n^\nu x_n . \tag{3}$$

Dominiert nun λ_1 dem Betrage nach:

$$|\lambda_1| > |\lambda_2| \geqq |\lambda_3| \geqq \cdots , \tag{4}$$

und ist x_1 überhaupt mit einem $c_1 \neq 0$ im Ausgangsvektor z_0 enthalten, so schlägt mit zunehmender Iterationsstufe ν das erste Glied in (3) mehr und mehr durch, es wird mit $\nu \to \infty$

$$\boxed{z_\nu \to \lambda_1^\nu c_1 x_1 \mathrel{\hat=} x_1} , \tag{5}$$

$$\boxed{z_\nu \to \lambda_1 z_{\nu-1}} . \tag{6}$$

Das Verhältnis zweier aufeinander folgender Iterierten konvergiert gegen den dominanten = betragsgrößten Eigenwert, die Iterierten selbst konvergieren gegen den dominanten Eigenvektor.

Um ein Abwandern der Vektorkomponenten in unbequem große oder kleine Zahlen (je nach $|\lambda_1| > 1$ oder <1) zu verhindern, wird man den Vektor z_ν nach jeder Iteration in passender Weise normieren. Die Vorschrift (1) teilt sich dann auf in

$$\boxed{w_\nu = A z_{\nu-1}} \tag{1a}$$

$$\boxed{z_\nu = w_\nu / k_\nu} \tag{1b}$$

mit einem Normierungsfaktor k_ν, der mit zunehmendem ν gegen λ_1 konvergiert. Bei Handrechnung normiert man bequem auf betragsgrößte Komponente 1, und k_ν ist dann gleich der betreffenden Komponente von w_ν. Bei Automatenrechnung normiert sich einfacher auf $z_\nu' z_\nu = 1$ mit $k_\nu^2 = w_\nu' w_\nu$.

Die in der Grenze sich einstellende Proportionalität $z_{\nu+1} \to \lambda_1 z_\nu$ zweier aufeinander folgender Iterierten z_ν und $z_{\nu+1} = A z_\nu$ versteht sich komponentenweise:

$$q_j^{(\nu)} = z_j^{(\nu+1)} / z_j^{(\nu)} \to \lambda_1 \tag{7}$$

für alle nicht verschwindenden Komponenten x_{1j} des Eigenvektors x_1. Bei Normierung auf größte Komponente $z_r^{(\nu)} = 1$ ist der Normierungsfaktor $k_\nu = q_r^{(\nu)}$. Soweit die Iterierten z_ν auch noch Anteile der nichtdominanten Eigenvektoren x_i $(i \geqq 2)$ enthalten, werden die Quotienten $q_j^{(\nu)}$ noch komponentenweise differieren. Zum Ausgleich solcher Unterschiede verwendet man daher als Näherung für den dominanten Eigenwert λ_1 den *Rayleigh-Quotienten* im Sinne einer Mittelbildung:

$$\boxed{\Lambda_1 = R[z_\nu] = \frac{z_\nu' A z_\nu}{z_\nu' z_\nu}} . \tag{8}$$

Für den Fall reell symmetrischer Matrix $\boldsymbol{A} = \boldsymbol{A}'$ zeichnet sich dieser Wert, wie wir in § 15.2 sahen, durch die Extremaleigenschaft $\lambda_1 = \operatorname{Max} R[\boldsymbol{z}]$ aus. Das bedeutet, daß erstens

$$\Lambda_1 \leqq \lambda_1 \quad \text{für} \quad \boldsymbol{A} = \boldsymbol{A}', \tag{9}$$

wo das Gleichheitszeichen genau für $\boldsymbol{z} = \boldsymbol{x}_1$ angenommen wird. Zweitens stellt Λ_1 auch dann schon eine gute Näherung dar, wenn der Vektor $\boldsymbol{z}_\nu$ noch merkliche Verunreinigungen an höheren Eigenvektoren $\boldsymbol{x}_i$ ($i \geqq 2$) enthält. Der Fehler von Λ_1 ist von zweiter Ordnung klein gegenüber den Vektorfehlern, d. h. den Entwicklungskoeffizienten c_i für $i \geqq 2$ des Vektors $\boldsymbol{z}_\nu$.

Um diese letzte Eigenschaft auch bei allgemeiner nichtsymmetrischer Matrix $\boldsymbol{A}$ zu erhalten, hat man, wie wir in § 15.2 zeigen konnten, anstelle des Quotienten (8) den *abgewandelten Quotienten*

$$\boxed{\Lambda_1 = R[\boldsymbol{v}_\mu, \boldsymbol{z}_\nu] = \frac{\boldsymbol{v}'_\mu \boldsymbol{A} \boldsymbol{z}_\nu}{\boldsymbol{v}'_\mu \boldsymbol{z}_\nu}} \tag{10}$$

zu verwenden, wo außer den Iterierten $\boldsymbol{z}_\nu$ die Linksiterierten $\boldsymbol{v}_\mu$ benutzt werden, gebildet mit der transponierten Matrix $\boldsymbol{A}'$ nach

$$\boldsymbol{v}_\mu = \boldsymbol{A}' \boldsymbol{v}_{\mu-1} \tag{11}$$

mit beliebigem Ausgangsvektor $\boldsymbol{v}_0$. Dabei wird man in der Regel mit $\mu = \nu$ arbeiten. Dieser Quotient (10) stellt dann wieder schon eine gute Näherung für λ_1 dar, selbst wenn die iterierten Vektoren $\boldsymbol{z}_\nu$ bzw. $\boldsymbol{v}_\mu$ noch merkliche Verunreinigungen gegenüber den dominanten Eigenvektoren $\boldsymbol{x}_1$ bzw. dem Linksvektor $\boldsymbol{y}_1$ enthalten.

Beispiel:

$$\boldsymbol{A} = \begin{pmatrix} 16{,}059 & 2{,}268 & 0{,}244 & -0{,}396 \\ 5{,}061 & 0{,}855 & 0{,}080 & -0{,}133 \\ 9{,}072 & 1{,}344 & 0{,}147 & -0{,}231 \\ 11{,}928 & 1{,}428 & 0{,}168 & -0{,}273 \end{pmatrix}$$

Die unter Normierung auf größte Komponente 1 für Rechts- und Linksvektoren durchgeführte Iteration mit Summenproben findet sich in Tab. 21.1. Die Konvergenz ist wegen $\lambda_1 : \lambda_2 \approx 110$ ungewöhnlich gut. Der nach dem abgewandelten RAYLEIGH-Quotienten (10) berechnete Näherungswert Λ_1 ist auf alle angegebenen Stellen genau, während die Vektoren nur auf etwa 5 Stellen stimmen. Vgl. auch die Fortführung der Rechnung in 21.4.

Ist der dominante Eigenwert mehrfach, so verläuft das Verfahren nur dann noch regulär, wenn zum p-fachen Eigenwert λ_1 auch p Eigenvektoren existieren. Im andern Falle, wenn nämlich zu λ_1 nichtlineare Elementarteiler gehören, treten Konvergenzschwierigkeiten auf, deren Be-

Tabelle 21.1. *Vektoriteration mit Rechts- und Linksvektoren für dominanten Eigenwert*

					Probe	k_ν
$\boldsymbol{A}$:	16,059	2,268	0,244	−0,396	18,175	
	5,061	0,855	0,080	−0,133	5,863	
	9,072	1,344	0,147	−0,231	10,332	
	11,928	1,428	0,168	−0,273	13,251	
	42,120	5,895	0,639	−1,033		
$\boldsymbol{z}_0$:	1	0	0	0		
$\boldsymbol{z}_1$:	1	0,31515038	0,56491687	0,74276107	2,62282832	16,059
$\boldsymbol{z}_2$:	1	0,31754897	0,56609271	0,73838971	2,62203139	16,6174674
$\boldsymbol{z}_3$:	1	0,31757050	0,56610380	0,73834816	2,62202246	16,6249254
$\boldsymbol{A}\,\boldsymbol{z}_3$:	16,6249934	5,2796108	9,4114736	12,2750271		
$\boldsymbol{v}_0$:	1	0	0	0		
$\boldsymbol{v}_1$:	1	0,14122922	0,01519397	−0,02465907	1,13176412	16,059
$\boldsymbol{v}_2$:	1	0,14285923	0,01524836	−0,02476679	1,13334080	16,6174674
$\boldsymbol{v}_3$:	1	0,14287411	0,01524875	−0,02476771	1,13335516	16,6249254

$$\left.\begin{aligned} \boldsymbol{v}_3'\,\boldsymbol{A}\,\boldsymbol{z}_3 &= 17{,}218803 \\ \boldsymbol{v}_3'\,\boldsymbol{z}_3 &= 1{,}0357178 \end{aligned}\right\}\ \Lambda_1 = 16{,}624994$$

hebung besondere Maßnahmen erfordert. Für den regulären Fall wird aus (5) bei p-fachem Eigenwert λ_1 und $|\lambda_1| > |\lambda_{p+1}|$ für $\nu \to \infty$:

$$z_\nu \to \lambda_1^\nu (c_1 x_1 + c_2 x_2 + \cdots + c_p x_p) = x_1^{(1)}, \tag{12}$$

während (3) unverändert bleibt. Die iterierten Vektoren konvergieren also wieder gegen einen zu λ_1 gehörigen Eigenvektor, gegen einen Vektor aus dem p-dimensionalen Eigenraum zu λ_1. Durch passende Wahl von p Ausgangsvektoren $z_0^{(1)}$ bis $z_0^{(p)}$ erhält man dann p linear unabhängige Eigenvektoren $x_1^{(1)}$ bis $x_1^{(p)}$ als eine Basis des Eigenraumes.

21.2. Betragsgleiche, insbesondere komplexe Eigenwerte

Das Verfahren bedarf einer Abwandlung für den Fall, daß verschiedene dominante Eigenwerte gleichen Betrages auftreten. Man erkennt alles wesentliche schon für den Fall zweier betragsgleicher Werte

$$|\lambda_1| = |\lambda_2| > |\lambda_i|, \quad i \geqq 3. \tag{13}$$

Wir haben dann entweder zwei reelle entgegengesetzt gleiche Werte, womit auch noch $\lambda_1 \approx -\lambda_2$ erfaßt wird, oder ein Paar konjugiert komplexer Werte $\lambda_2 = \bar{\lambda}_1$. Im ersten Fall $\lambda_1 = -\lambda_2$ führt der Entwicklungssatz mit wachsender Iterationsstufe auf

$$z_\nu \to \lambda_1^\nu [c_1 x_1 + (-1)^\nu c_2 x_2]. \tag{14}$$

Die Vektoren gerader und ungerader Nummer ν konvergieren verschieden, wodurch sich äußerlich dieser Fall anzeigt. Es wird dann

$$z_{\nu+2} \to \lambda_{1,2}^2 z_\nu. \tag{15}$$

Ist aber der dominante Eigenwert λ_1 komplex, womit bei reeller Matrix auch der konjugierte Werte $\lambda_2 = \bar{\lambda}_1$ Eigenwert ist, so sind die zugehörigen Eigenvektoren gleichfalls konjugiert komplex, $x_{1,2} = u \pm i v$. Bei reellem Ausgangsvektor z_0 sind dann auch die beiden Entwicklungskoeffizienten c_1, c_2 konjugiert komplex:

$$z_0 = c_1 x_1 + \bar{c}_1 \bar{x}_1 + c_3 x_3 + \cdots + c_n x_n,$$

da nur die Summe konjugiert komplexer Werte allgemein wieder reell sein kann. Dann wird bei $c_1 \neq 0$:

$$z_\nu \to \lambda_1^\nu c_1 x_1 + \bar{\lambda}_1^\nu \bar{c}_1 \bar{x}_1 \tag{16}$$

oder, da die Summe zweier konjugierter Zahlen reell und gleich dem doppelten Realteil ist:

$$z_\nu \to 2 \cdot \operatorname{Re} \lambda_1^\nu c_1 x_1.$$

Da nun fortgesetzte Multiplikation des komplexen Vektors $c_1 x_1$ mit der komplexen Zahl λ_1 einer fortgesetzten Drehstreckung gleichkommt, so werden die Komponenten der iterierten Vektoren z_ν als die Realteile dieser Zahlen einen völlig unregelmäßigen Verlauf zeigen, und von Konvergenz dieser Vektoren im bisherigen Sinne kann keine Rede sein. Das Auftreten komplexer dominanter Eigenwerte zeigt sich geradezu in einem solchen ganz unregelmäßigen Verhalten der iterierten Vektorkomponenten an. Trotzdem liegt auch hier eine, wenn auch zunächst verborgene Konvergenz des Verfahrens vor, deren Aufdeckung auf folgende Weise gelingt. Nehmen wir wieder in Gl. (16) die Zahlenfaktoren in die Eigenvektoren herein, so erhalten wir für drei aufeinander folgende Vektoren bei hinreichend hoher Stufe ν:

$$\left.\begin{aligned} \mathfrak{z}_\nu &= \mathfrak{x}_1 + \mathfrak{x}_2 \\ \mathfrak{z}_{\nu+1} &= \lambda_1 \mathfrak{x}_1 + \lambda_2 \mathfrak{x}_2 \\ \mathfrak{z}_{\nu+2} &= \lambda_1^2 \mathfrak{x}_1 + \lambda_2^2 \mathfrak{x}_2 \end{aligned}\right\}, \tag{17}$$

wobei wir mit Rücksicht auf das Weitere wieder allgemeiner $\lambda_2, \mathfrak{x}_2$ anstatt $\bar{\lambda}_1, \bar{\mathfrak{x}}_1$ geschrieben haben. Nun liegen die drei Vektoren Gl. (17) geometrisch gesprochen in der durch $\mathfrak{x}_1, \mathfrak{x}_2$ aufgespannten Ebene, sind also linear abhängig, d. h. es gibt eine Beziehung der Form

$$\boxed{\mathfrak{z}_{\nu+2} + a_1 \mathfrak{z}_{\nu+1} + a_0 \mathfrak{z}_\nu = \mathfrak{o}}\,. \tag{18}$$

Zur Bestimmung der Koeffizienten a_k unterwirft man die drei Vektoren $\mathfrak{z}_\nu$ spalten- oder zeilenweise angeordnet dem verketteten Algorithmus, wobei sich die lineare Abhängigkeit durch Nullwerden der dritten und etwa folgender Zeilen anzeigt.

Gehen wir in (18) dann mit den rechten Seiten von Gl. (17) ein, so erhalten wir

$$(\lambda_1^2 + a_1 \lambda_1 + a_0)\,\mathfrak{x}_1 + (\lambda_2^2 + a_1 \lambda_2 + a_0)\,\mathfrak{x}_2 = \mathfrak{o}\,.$$

Da nun aber $\mathfrak{x}_1$ und $\mathfrak{x}_2$ linear unabhängig sind, so folgt hieraus für λ_1 und λ_2 das Bestehen der quadratischen Gleichung

$$\boxed{\lambda^2 + a_1 \lambda + a_0 = 0}\,, \tag{19}$$

woraus man unmittelbar durch Auflösen die beiden Eigenwerte erhält, im komplexen Falle in der Form

$$\boxed{\begin{aligned} \lambda_1 &= \alpha + i\beta \\ \lambda_2 &= \alpha - i\beta \end{aligned}}\,. \tag{20}$$

Die Eigenvektoren ergeben sich aus Gl. (17) — bei Unterdrücken eines Faktors — zu

$$\boxed{\begin{aligned} \mathfrak{x}_1 &= \mathfrak{z}_{\nu+1} - \lambda_2 \mathfrak{z}_\nu \\ \mathfrak{x}_2 &= \mathfrak{z}_{\nu+1} - \lambda_1 \mathfrak{z}_\nu \end{aligned}}\,, \tag{21}$$

im komplexen Falle also zu

$$\boldsymbol{x}_{1,2} = (\boldsymbol{z}_{\nu+1} - \alpha\, \boldsymbol{z}_\nu) \pm i\, \beta\, \boldsymbol{z}_\nu\,. \tag{22}$$

Wieder läßt sich das Verfahren durch gewisse dem RAYLEIGH-Quotienten analoge Mittelbildungen abkürzen, wodurch man auch bei durch höhere Eigenvektoren noch verunreinigten Iterierten $\boldsymbol{z}_\nu$ zu guten Näherungen für die Eigenwerte gelangt. Infolge dieser Verunreinigungen gilt die lineare Abhängigkeit (18) dreier aufeinander folgender Iterierten, die wir jetzt einfachheitshalber mit den Nummern 0, 1 und 2 indizieren, nur noch angenähert. Wir führen einen von den Koeffizienten a_0 und a_1 abhängigen Restvektor

$$\boldsymbol{s} = a_0\, \boldsymbol{z}_0 + a_1\, \boldsymbol{z}_1 + \boldsymbol{z}_2 \tag{23}$$

ein und bestimmen die Koeffizienten a_0, a_1 aus der Forderung kleinster Fehlerquadratsumme

$$Q = Q(a_0, a_1) = \boldsymbol{s}'\, \boldsymbol{s} = Min. \tag{24}$$

Die Bedingungen $\partial Q/\partial a_i$ $(i = 0, 1)$ führen dann auf die beiden in a_0, a_1 linearen *Normalgleichungen*

$$\boxed{\begin{aligned} k_{00}\, a_0 + k_{01}\, a_1 + k_{02} &= 0 \\ k_{10}\, a_0 + k_{11}\, a_1 + k_{12} &= 0 \end{aligned}} \tag{25}$$

mit den Koeffizienten

$$\boxed{k_{ij} = k_{ji} = \boldsymbol{z}_i'\, \boldsymbol{z}_j} \tag{26}$$

$(i = 0, 1,\ j = 0, 1, 2)$. Mit den aus (25) ermittelten Werten a_0, a_1 gehen wir in die quadratische Gleichung (19) ein:

$$\boxed{\Lambda^2 + a_1\, \Lambda + a_0 = 0}\,. \tag{27}$$

Für die beiden Wurzeln Λ_1, Λ_2 läßt sich dann zunächst im Falle reell symmetrischer Matrix $\boldsymbol{A}$ zeigen[1], daß sie gegenüber den genauen Eigenwerten λ_1, λ_2 um in den höheren Entwicklungskoeffizienten c_i quadratische Ausdrücke fehlerhaft sind, also genau das für den RAYLEIGH-Quotienten charakteristische Verhalten zeigen.

Im Falle nicht symmetrischer Matrix $\boldsymbol{A}$ ändern wir das Verfahren wieder entsprechend ab unter Verwendung von Linksiterierten $\boldsymbol{v}_\nu$. Die Normalgleichungen werden dann

$$\boxed{\begin{aligned} k_0\, a_0 + k_1\, a_1 + k_2 &= 0 \\ k_1\, a_0 + k_2\, a_1 + k_3 &= 0 \end{aligned}} \tag{25a}$$

[1] Z. angew. Math. Mech. Bd. 42 (1962), S. 210–213.

mit den jetzt nur von der Indexsumme abhängigen Koeffizienten

$$\boxed{k_{i+j} = \boldsymbol{v}_i' \, \boldsymbol{z}_j} \tag{26a}$$

Sie werden gebildet mit den drei letzten Iterierten $\boldsymbol{z}_\nu$ und den beiden letzten Linksiterierten $\boldsymbol{v}_\nu$. Gl. (27) gilt unverändert. Bei Handrechnung erhält man die Unbekannten a_0, a_1 bequem aus dem Schema:

$$\begin{array}{ccc|l} k_0 & k_1 & k_2 & \\ k_1 & k_2 & k_3 & \\ \hline D_0 & D_1 & D & \;:D \\ a_0 & a_1 & 1 & \end{array}$$

unter Verwenden der leicht einlesbaren Determinanten

$$D_0 = \begin{vmatrix} k_1 & k_2 \\ k_2 & k_3 \end{vmatrix}, \quad D_1 = -\begin{vmatrix} k_0 & k_2 \\ k_1 & k_3 \end{vmatrix}, \quad D = \begin{vmatrix} k_0 & k_1 \\ k_1 & k_2 \end{vmatrix}.$$

Für die so errechneten Werte $a_0 = D_0/D$, $a_1 = D_1/D$ läßt sich nun zeigen, daß

$$\left.\begin{aligned} a_0 &= \Lambda_1 \Lambda_2 = \lambda_1 \lambda_2 + \Delta_0/D^* \\ a_1 &= -(\Lambda_1 + \Lambda_2) = -(\lambda_1 + \lambda_2) + \Delta_1/D^* \end{aligned}\right\} \tag{28}$$

mit $D^* = (\lambda_1 - \lambda_2)^2 + \Delta$, wo die Größen Δ_0, Δ_1 und Δ sich bilinear aus den — als Verunreinigungen anzusehenden — höheren Entwicklungskoeffizienten c_i, d_i ($i \geqq 3$) der Entwicklungen

$$\boldsymbol{z}_0 = c_1 \boldsymbol{x}_1 + c_2 \boldsymbol{x}_2 + \cdots + c_n \boldsymbol{x}_n$$

$$\boldsymbol{v}_0 = d_1 \boldsymbol{y}_1 + d_2 \boldsymbol{y}_2 + \cdots + d_n \boldsymbol{y}_n$$

aufbauen. Abgesehen vom Falle $\lambda_1 \approx \lambda_2$, für den auch D^* klein wird, sind also die Fehlerglieder Δ_0/D^* und Δ_1/D^* in (28) quadratisch klein, womit sich die Näherungen Λ_1, Λ_2 durch das gleiche Fehlerverhalten wie der gewöhnliche Rayleigh-Quotient bei symmetrischer bzw. seine Verallgemeinerung bei allgemeiner Matrix auszeichnen.

Mit den verallgemeinerten Rayleigh-Näherungen Λ_1, Λ_2 aus (27) erhält man für die zugehörigen Eigenvektoren die Näherungen

$$\boxed{\begin{aligned} \boldsymbol{x}_1 &= \boldsymbol{z}_2 - \Lambda_2 \boldsymbol{z}_1 \\ \boldsymbol{x}_2 &= \boldsymbol{z}_2 - \Lambda_1 \boldsymbol{z}_1 \end{aligned}}\,, \tag{29}$$

die allerdings wegen der in den Iterierten noch enthaltenden Verunreinigungen keineswegs von der Güte der Λ-Näherungen sind. Auf ihre Verbesserung gehen wir erst später ein (vgl. § 21.4).

Das ganze Vorgehen ist ohne weiteres auf die simultane Iteration von mehr als zwei Eigenwerten ausdehnbar, etwa auf den Fall dreier Eigenwerte gleichen oder nahezu gleichen Betrages, woraus auch der allgemeine Fall hinreichend klar wird:

$$|\lambda_1| = |\lambda_2| = |\lambda_3| > |\lambda_4| \,. \tag{30}$$

Hier wird von einer gewissen Stufe ν an mit genügender Genauigkeit:

$$\left.\begin{aligned} z_\nu &= x_1 + x_2 + x_3 \\ z_{\nu+1} &= \lambda_1 x_1 + \lambda_2 x_2 + \lambda_3 x_3 \\ z_{\nu+2} &= \lambda_1^2 x_1 + \lambda_2^2 x_2 + \lambda_3^2 x_3 \\ z_{\nu+3} &= \lambda_1^3 x_1 + \lambda_2^3 x_2 + \lambda_3^3 x_3 \end{aligned}\right\} . \tag{31}$$

Als Kombinationen dreier Eigenvektoren sind diese vier Vektoren wieder linear abhängig, es besteht also eine Beziehung der Form

$$\boxed{z_{\nu+3} + a_2 z_{\nu+2} + a_1 z_{\nu+1} + a_0 z_\nu = o} \,. \tag{32}$$

Auch hier wird man die Iteration nicht so weit treiben, bis die lineare Abhängigkeit (32) streng erfüllt ist. Vielmehr bestimmt man die Koeffizienten a_i aus der Forderung kleinsten Restvektors

$$s = a_0 z_0 + a_1 z_1 + a_2 z_2 + z_3 \,, \tag{33}$$

wo wir wieder den Index ν durch 0 ersetzt haben. So gelangt man wie oben auf ein System von jetzt drei Normalgleichungen für die a_i analog zu (25) bzw. (25a) mit Koeffizienten k_{ij} bzw. k_{i+j} nach (26) bzw. (26a). Die RAYLEIGH-Näherungen Λ_i für die Eigenwerte sind dann die Wurzeln der kubischen Gleichungen

$$f(\Lambda) = \Lambda^3 + a_2 \Lambda^2 + a_1 \Lambda + a_0 = 0 \,. \tag{34}$$

Zur Bestimmung der Eigenvektoren x_i (und ebenso der Linksvektoren y_i) verfährt man wie in § 14.2. Man verschafft sich mittels HORNER-Schema die reduzierten Polynome

$$f_i(\Lambda) = f(\Lambda) : (\Lambda - \Lambda_i) = \Lambda^2 + b_1^{(i)} \Lambda + b_0^{(i)} \,, \tag{35}$$

deren Koeffizienten $b_1^{(i)}$, $b_0^{(i)}$ im ohnehin zur Lösung von (34) verwendeten HORNER-Schema anfallen. Damit werden dann

$$f_i[z_\nu] = z_2 + b_1^{(i)} z_1 + b_0^{(i)} z_0 = x_i \tag{36}$$

für $i = 1, 2, 3$. Ebenso wird $f_i[v_\nu] = y_i$. — Die Gleichungen (19) entsprechen diesen Gln. (36) für das quadratische Polynom $f(\Lambda)$.

Es folgen zwei Beispiele für die Simultan-Iteration an zwei Eigenwerten, eins für den Fall reeller betragsnaher und eins für komplexe Eigenwerte. Beidemale wurden die Vektoren nicht normiert.

Tabelle 21.2. *Simultaniteration zweier Eigenwerte, verallgemeinerte Rayleigh-Näherungen*

$\boldsymbol{A}$				z_0	z_1	z_2	z_3	z_4	z_5	z_6	z_7	z_8	z_9	z_{10}
10	4	8	6	1	10	72	542	4256	32 190	257 632	1965 982	15 884 256	121 785 470	989 202 272
2	1	3	4	1	2	30	145	1682	8 377	101 554	498 057	6 272 274	30 285 081	391 838 834
1	—3	1	5	0	1	22	—4	1330	—1 260	80 594	—113 132	5 002 994	—8 485 420	314 913 810
3	1	6	—2	0	3	17	208	1293	14 232	87 581	934 936	5 698 413	60 189 144	363 911 357
4	5	—2	—1	0	4	3	193	—49	10 841	—12 097	646 121	—1 089 425	39 796 665	—81 461 729
												98,030 13	447,130 91	6195,6961
												447,130 91	6195,6961	27856,303
												—25 931263	39530,2	407 438,84
												—63,644487	0,097021	1

$$\Lambda^2 + 0{,}097021\,\Lambda - 63{,}644\,487 = 0$$

		Exakt	Fehler	
$\Lambda_1 =$	—8,026 408	—8,028 578	0,002 170	0,26‰
$\Lambda_2 =$	7,929 386	7,932 905	—0,003 519	—0,44‰

1. Beispiel[1]: Gesucht die dominanten Eigenwerte der symmetrischen Matrix

$$\boldsymbol{A} = \begin{pmatrix} 2 & 1 & 3 & 4 \\ 1 & -3 & 1 & 5 \\ 3 & 1 & 6 & -2 \\ 4 & 5 & -2 & -1 \end{pmatrix}.$$

Die genauen Eigenwerte sind

$$\lambda_1 = -8{,}0285\,7835$$
$$\lambda_2 = 7{,}9329\,0472$$
$$\lambda_3 = 5{,}6688\,6436$$
$$\lambda_4 = -1{,}5731\,9074\,.$$

Auch an die simultane Iteration der beiden ersten Eigenwerte werden wegen der engen Nachbarschaft von λ_3 noch hohe Anforderungen gestellt. Um so mehr kann das Ergebnis der in nebenstehender Tabelle durchgeführten Rechnung befriedigen. Nach Gl. (29) errechnete Eigenvektoren sind recht ungenau. Bessere Werte erhält man durch Auflösen von $(\boldsymbol{A} - \Lambda_i \boldsymbol{I})\,\boldsymbol{x}_i = \boldsymbol{o}$; vgl. dazu jedoch das Korrekturverfahren in 21.7, welches, ausgehend von den Näherungen Λ_i, in wenigen Schritten die genauen Eigenwerte nebst zugehörigen Eigenvektoren liefert.

2. Beispiel: Komplexe Eigenwerte

$$\boldsymbol{A} = \begin{pmatrix} 3 & 3 & 2 & 2 \\ -9 & 8 & 0 & -9 \\ 3 & 4 & 1 & 5 \\ 5 & 6 & -2 & 6 \end{pmatrix}$$

[1] Aus E. Bodewig: Matrix Calculus [2], S. 250 ff. Dort in anderer Weise behandelt.

Tabelle 21.3. *Iteration bei komplexem Eigenwert*

	A				z_0	z_1	z_2	z_3	z_4	z_5	z_6	z_7
	3	3	2	2	1	3	− 2	−466	− 7639	− 55605	218438	11563414
	−9	8	0	−9	0	−9	−144	−999	4896	223191	2861136	13415481
	3	4	1	5	0	3	1	−656	−10880	− 78253	328161	16598944
	5	6	−2	6	0	5	− 15	−966	−12808	− 63907	834185	22607794
Probe:	2	21	1	4	—	2	−160	−3087	−26431	− 25426	4241920	64185633

	A'				v_0	v_1	v_2	v_3	v_4	v_5	v_6	v_7
	3	−9	3	5	1	3	− 2	−466	− 7639	− 55605	218438	11563414
	3	8	4	6	0	3	53	440	− 616	− 73733	−1090707	−6760240
	2	0	1	−2	0	2	4	− 2	− 24	− 38	44	278
	2	−9	5	6	0	2	1	−455	− 7632	− 55646	218321	11563385
Probe:	10	−10	13	15	—	10	56	−483	−15911	−185022	−653904	16366837

$v_i' z_k$	− 0,269537914	− 2,89081136	− 7,16998346
	− 2,89081136	− 7,16998346	304,4479126
D_i	−931,510147	102,787325	− 6,42420793
a_i	145,000000	− 15,9999997	1

$$\Lambda_{1,2} = 8{,}000000 \pm 9{,}000000\, i$$

21.3. Automatenrechnung

Wegen der Gleichförmigkeit des Rechenablaufes eignet sich das Iterationsverfahren besonders gut für automatisches Rechnen. Wir geben dazu zwei Programme in einer abgekürzten ALGOL-ähnlichen Schreibweise, die alles wesentliche enthält. Sind von vornherein, was oft vorkommt, betragsverschiedene reelle Eigenwerte zu erwarten und interessiert davon allein der betragsgrößte, so verläuft die Rechnung sehr einfach in der in 21.1 beschriebenen Weise. Ausgangsvektor sei $\boldsymbol{e}' = (1, 0, \ldots, 0)$. Die Rechts- und Linksiterierten, jetzt mit $\boldsymbol{x}$ und $\boldsymbol{y}$ bezeichnet, werden auf $\boldsymbol{x}'\,\boldsymbol{y} = 1$ normiert. Die Zahl i (integer) zählt die bis zum Erreichen der Schranke S — Übereinstimmung zweier aufeinander folgender RAYLEIGH-Quotienten bis auf 10^{-7} — durchlaufenen Iterationsschritte und dient zugleich zum Stoppen der Rechnung (bei $i = 50$) für den Fall, daß sich bis dahin keine Konvergenz einstellt. Die Zählung t nach Erreichen der Schranke bewirkt eine dreimalige Nachiteration, um namentlich die Genauigkeit der Vektoren noch etwas zu steigern.

```
begin comment reeller dominanter Eigenwert;
      x: = y: = e; K: = 0; i: = t: = 0;
It:   z: = A x; w: = A' y;
      k: = z' w; λ: = k/z' y; k: = abs (k); k: = sqrt(k);
      x: = z/k; y: = w/k; i: = i + 1;
      if i = 50 then goto E;
S:    if abs (λ − K)/abs(λ) < 10⁻⁷ then t: = t + 1;
      K: = λ; if t > 3 then goto E else goto It;
E:    Drucke (i, λ, x, y)
end Programm.
```

Weiß man von vornherein nicht, ob der dominante Eigenwert reell ausfällt, so wird man das Programm auf die Möglichkeit einer Simultaniteration an zwei betragsgleichen und gegebenenfalls komplexen Eigenwerten abstellen. Man speichert jeweils drei aufeinander folgende Rechts- und Linksiterierte ab. Zur Fallunterscheidung — ein dominanter oder zwei betragsgleiche Eigenwerte — dient die Nennerdeterminante D, die im ersten Falle verschwindet. Im zweiten sind noch die beiden Möglichkeiten reeller betragsgleicher oder komplexer Eigenwerte zu unterscheiden.

```
begin comment reeller oder komplexer dominanter Eigenwert;
      x: = y: = e; K: = 0; i: = t: = 0;
It:   z: = A x; u: = A' y; w: = A z; v: = A' u; k1: = y' z;
      k2: = y' w; k3: = u' w; k4: = v' w; k: = abs (k4); k: = sqrt(k4);
```

```
λ: = k4/k3; D: = k2 − k1×k1; A: = D/k2;
x: = w/k; y: = v/k; i: = i + 2;
if i = 60 then goto E0;
if A < 10⁻⁶ then begin B: = abs (λ − K)/abs(λ);
                  if B < 10⁻⁷ then t: = t + 1;
                  K: = λ; if t > 3 then goto E1 else goto It
                  end then
              else begin a0: = (k1×k3 − k2×k2)/D;
                  B: = abs (a0 − K)/abs(a0);
                  if B < 10⁻⁷ then t: = t + 1;
                  K: = a0; if  t > 3 then goto E2 else goto It
                  end else;
E0:  Drucke (,Nichtkonv', i, λ, x, y); goto E3;
E1:  Drucke (i, λ, x, y); goto E3;
E2:  a1: = (k1×k2 − k3)/D;
   α: = − a1/2; r: = α×α − a0; q: = abs(r); β: = sqrt(q);
   if r ≧ 0 then begin λ1: = α + β; λ2: = α − β;
          x1: = w − λ2×z; x2: = w − λ1×z;
          y1: = v − λ2×u; y2: = v − λ1×u;
          k: = x1' y1; k: = sqrt(k);
          x1: = x1/k; y1: = y1/k;
          k: = x2' y2; k: = sqrt(k);
          x2: = x2/k; y2: = y2/k;
          Drucke (,Re', i, λ1, x1, y1, λ2, x2, y2)
           end then
        else begin r: = w − α×z; s: = β×z;
                p: = v − α×u; q: = β×u;
          k: = r' r + s' s; k: = sqrt(k); r: = r/k;  s: = s/k;
          k: = p' p + q' q; k: = sqrt(k); p: = p/k;  q: = q/k;
          Drucke (,Im', i, α, β, r, s, p, q)
          end else
E3: end Programm.
```

21.4. Berechnung höherer Eigenwerte: Verfahren von Koch

Die Eigenschaft der Vektoriteration, gegen den dominanten = betragsgrößten Eigenwert λ_1 zu konvergieren, kommt praktischen Bedürfnissen insofern entgegen, als etwa bei Schwingungsaufgaben die Grundfrequenzen, bei Stabilitätsproblemen die kleinsten kritischen Lasten interessieren. Ihren Kehrwerten entspricht dann der dominante Eigenwert der zugeordneten Matrixaufgabe. Daß man durch sogenannte verkehrte oder gebrochene Iteration auch den betragsmäßig kleinsten Matrixeigenwert unmittelbar ansteuern kann, insbesondere im Zusammenhang mit der bei technischen Problemen vorherrschenden allgemeinen Eigenwertaufgabe $\boldsymbol{A x} = \lambda \boldsymbol{B x}$, wird sich im folgenden Abschnitt zeigen. Oft interessieren nun außer dem dominanten Wert λ_1 auch noch die folgenden Werte λ_i ($i \geqq 2$) absteigenden Betrages, die wir entsprechend ihrer Numerierung höhere Eigenwerte nennen wollen. Um sie der Vektoriteration zugänglich zu machen, gibt es verschiedene Möglichkeiten. Dabei setzen wir voraus, daß der dominante Wert λ_1 nebst Eigenvektor $\boldsymbol{x}_1$ sowie Linkseigenvektor $\boldsymbol{y}_1$ im nichsymmetrischen Falle mit ausreichender Genauigkeit vorweg bestimmt worden sind. Der erste Weg, bekannt als Verfahren von Koch[1], verläuft wie das normale Verfahren an der unveränderten Matrix mit einem Ausgangsvektor $\boldsymbol{z}_0$, der keine Komponente des dominanten Eigenvektors $\boldsymbol{x}_1$ enthält. Aufstellen eines solchen Vektors sowie fortgesetztes Ausscheiden von durch Rundungsfehlern sich wieder einschleichenden Komponenten läßt sich durch Mitführen einer zusätzlichen Zeile und Spalte bewerkstelligen. Eine andere Art des Vorgehens besteht in einer Abwandlung der Matrix. Bei der sogenannten Matrix-Reduktion, z. B. nach Wielandt[2], wird durch Ordnungserniedrigung auf Reihenzahl $n - 1$ der störende Eigenwert λ_1 überhaupt ausgeschieden. Bei einer Matrix-Deflation, z. B. nach Hotelling[3], wird unter Rangerniedrigung λ_1 in 0 überführt. In beiden Fällen bleiben die übrigen Eigenwerte λ_i unverändert. Bei jeder Matrixveränderung besteht die Gefahr einer Genauigkeitseinbuße durch Rundungsfehler und — hier oft beträchtlichen — Stellenverlust[4]. Aus diesem Grunde sei hier nur das Verfahren von Koch in einer etwas abgewandelten gegenüber Fehlern der Ausgangswerte $\lambda_1, \boldsymbol{x}_1, \boldsymbol{y}_1$ unempfindlichen Form beschrieben, die sich auch für Automatenrechnung gut eignet. Mit Rücksicht auf diese ändern wir die Bezeichnungen gegenüber früher etwas ab.

Die Entwicklungskoeffizienten c_i eines beliebigen Vektors $\boldsymbol{x}$ bezüglich der n Eigenvektoren $\boldsymbol{x}_i$ der als diagonalähnlich vorausgesetzten Matrix,

$$\boldsymbol{x} = c_1 \boldsymbol{x}_1 + c_2 \boldsymbol{x}_2 + \cdots + c_n \boldsymbol{x}_n , \tag{37a}$$

ergeben sich durch Multiplikation mit den Linksvektoren $\boldsymbol{y}'_i$ auf Grund der Orthogonalität $\boldsymbol{y}'_i \boldsymbol{x}_k = 0$ für $i \neq k$, vgl. § 13.4. Setzt man noch

[1] Koch, J. J.: Bestimmung höherer kritischer Drehzahlen. Verh. 2. internat. Kongr. techn. Mech. Zürich 1926, S. 213—218.

[2] Wielandt, H.: Math. Z. Bd. 50 (1944), S. 93—143.

[3] Hotelling, H.: Journ. educat. psychology, Baltimore Bd. 24 (1933), S. 417 bis 441, 498—520.

[4] Eine Gegenüberstellung der beiden Verfahren von Hotelling und Wielandt hinsichtlich der Genauigkeitsverhältnisse findet sich in der 3. Auflage. Die dort empfohlene Form des Hotelling-Verfahrens ist mit dem Koch-Verfahren identisch. Eine ausführliche Beschreibung dieser und weiterer Arten der Matrix-Abwandlung findet man bei E. Bodewig, Matrix calculus [2], S. 357 ff.

Biorthonormierung der Vektorsysteme voraus,

$$\boldsymbol{y}_i' \boldsymbol{x}_k = \delta_{ik}, \tag{38}$$

so werden die Koeffizienten des Vektors $\boldsymbol{x}$:

$$c_i = \boldsymbol{y}_i' \boldsymbol{x}. \tag{39a}$$

Das entsprechende gilt für einen nach den Linksvektoren $\boldsymbol{y}_i$ entwickelten Vektor

$$\boldsymbol{y} = d_1 \boldsymbol{y}_1 + d_2 \boldsymbol{y}_2 + \cdots + d_n \boldsymbol{y}_n \tag{37b}$$

mit den Koeffizienten

$$d_i = \boldsymbol{x}_i' \boldsymbol{y}. \tag{39b}$$

Wir setzen weiterhin wenigstens für die interessierenden (ersten) Eigenwerte Verschiedenheit der Beträge voraus:

$$|\lambda_1| > |\lambda_2| > |\lambda_3| > \cdots. \tag{40}$$

Sind nun $\boldsymbol{x}$ und $\boldsymbol{y}$ zwei beliebige, jedoch nicht orthogonale und demzufolge auf $\boldsymbol{x}' \boldsymbol{y} = 1$ binormierbare Vektoren, so erhält man aus ihnen mit

$$\boxed{c_1 := \boldsymbol{y}_1' \boldsymbol{x}} \quad \text{bzw.} \quad \boxed{d_1 := \boldsymbol{x}_1' \boldsymbol{y}} \tag{41}$$

je einen von $\boldsymbol{x}_1$ bzw. $\boldsymbol{y}_1$ freien Vektor

$$\boxed{\boldsymbol{v} := \boldsymbol{x} - c_1 \boldsymbol{x}_1} \quad \text{bzw.} \quad \boxed{\boldsymbol{u} := \boldsymbol{y} - d_1 \boldsymbol{y}_1}. \tag{42}$$

Iteration mit der Matrix $\boldsymbol{A}$ und ihrer Transponierten $\boldsymbol{A}'$ liefert das Paar der iterierten Vektoren

$$\boxed{\boldsymbol{z} := \boldsymbol{A} \boldsymbol{v}} \quad \text{bzw.} \quad \boxed{\boldsymbol{w} := \boldsymbol{A}' \boldsymbol{y}}, \tag{43}$$

die man mit

$$k := \sqrt{\boldsymbol{z}' \boldsymbol{w}} \tag{44}$$

wieder auf

$$\boldsymbol{x} := \boldsymbol{z}/k \quad \text{bzw.} \quad \boldsymbol{y} := \boldsymbol{w}/k \tag{45}$$

binormiert, worauf das Spiel mit den Gln. (41) und (42) von neuem beginnt. Bereits nach dem ersten Schnitt müßten die Koeffizienten c_1 und d_1 zu Null geworden sein. Wegen ungenauer Ausgangswerte und Rundungsfehlern stellen sich von Null verschiedene kleine Zahlen ein. Die mit ihnen gebildeten Abzugsglieder in (42) verhindern ein Abwandern der Rechnung gegen die dominanten Vektoren $\boldsymbol{x}_1$ und $\boldsymbol{y}_1$. Die Rechnung konvergiert so gegen

$$\boldsymbol{z} = \Lambda_2 \boldsymbol{x} \quad \text{bzw.} \quad \boldsymbol{w} = \Lambda_2 \boldsymbol{y}, \tag{46}$$

woraus sich der RAYLEIGH-Quotient

$$\boxed{\Lambda_2 := \boldsymbol{w}' \boldsymbol{z} / \boldsymbol{w}' \boldsymbol{x} = \boldsymbol{z}' \boldsymbol{w} / \boldsymbol{z}' \boldsymbol{y}} \tag{47}$$

als Näherung für den zweiten Eigenwert herleitet. Das Verfahren wird beendet, sobald sich die Werte Λ_2 zweier aufeinander folgender Schritte um weniger als eine vorgegebene ε-Schranke unterscheiden.

Nun liegen die zur Reinigung benötigten Vektoren $\boldsymbol{x}_1$ und $\boldsymbol{y}_1$ nicht exakt, sondern nur in Form von Näherungen $\tilde{\boldsymbol{x}}_1$, $\tilde{\boldsymbol{y}}_1$ aus einer vorangegangenen gewöhnlichen Iteration vor, und diese Vektornäherungen können selbst bei guter RAYLEIGH-Näherung Λ_1 noch merkliche Verunreinigungen aus den höheren Eigenvektoren $\boldsymbol{x}_i$, $\boldsymbol{y}_i$ $(i \geqq 2)$ enthalten. Das hat zur Folge, daß die Reinigungskoeffizienten c_1 und d_1, jetzt in Form der Näherungswerte

$$\tilde{c}_1 := \tilde{\boldsymbol{y}}_1' \boldsymbol{x} \qquad \text{und} \qquad \tilde{d}_1 := \tilde{\boldsymbol{x}}_1' \boldsymbol{y}\,, \tag{41'}$$

merklich von Null verschieden ausfallen. Damit aber enthalten auch die Vektoren $\boldsymbol{x}$ und $\boldsymbol{y}$, gegen die die Rechnung konvergiert, außer den Hauptanteilen $\boldsymbol{x}_2$ und $\boldsymbol{y}_2$ noch mehr oder weniger schwache Anteile an den übrigen Eigenvektoren. Indessen lassen sie sich davon nach Abschluß der Iteration auf folgende Weise wieder befreien.

Zunächst denken wir uns die Näherungen $\tilde{\boldsymbol{x}}_1$, $\tilde{\boldsymbol{y}}_1$ nach den exakten Eigenvektoren entwickelt:

$$\left.\begin{aligned} \tilde{\boldsymbol{x}}_1 &= \boldsymbol{x}_1 + \gamma_2 \boldsymbol{x}_2 + \cdots + \gamma_n \boldsymbol{x}_n\,, \\ \tilde{\boldsymbol{y}}_1 &= \boldsymbol{y}_1 + \delta_2 \boldsymbol{y}_2 + \cdots + \delta_n \boldsymbol{y}_n \end{aligned}\right\} \tag{48}$$

mit gegenüber 1 kleinen Verunreinigungskoeffizienten γ_i, δ_i. Auch für die Endvektoren machen wir einen Entwicklungsansatz

$$\left.\begin{aligned} \boldsymbol{x} &= k_1 \boldsymbol{x}_1 + \boldsymbol{x}_2 + k_3 \boldsymbol{x}_3 + \cdots + k_n \boldsymbol{x}_n\,, \\ \boldsymbol{y} &= l_1 \boldsymbol{y}_1 + \boldsymbol{y}_2 + l_3 \boldsymbol{y}_3 + \cdots + l_n \boldsymbol{y}_n \end{aligned}\right\} \tag{49}$$

mit gegen 1 kleinen Koeffizienten k_i, l_i. Vernachlässigt man die von zweiter Ordnung kleinen Produkte $\delta_i k_i$ und $\gamma_i l_i$, so erhält man für die Korrekturkoeffizienten

$$\left.\begin{aligned} \tilde{c}_1 &= \tilde{\boldsymbol{y}}_1' \boldsymbol{x} = k_1 + \delta_2\,, \\ \tilde{d}_1 &= \tilde{\boldsymbol{x}}_1' \boldsymbol{y} = l_1 + \gamma_2\,, \end{aligned}\right\} \tag{50}$$

womit sich bestätigt, daß diese Größen nicht mehr zu Null werden.

Für die gereinigten Vektoren $\boldsymbol{v}$ und $\boldsymbol{u}$ folgt aus (48) und (49), wieder unter Vernachlässigungen von zweiter Ordnung kleiner Produkte:

$$\begin{aligned} \boldsymbol{v} &= \boldsymbol{x} - \tilde{c}_1 \tilde{\boldsymbol{x}}_1 = (k_1 - \tilde{c}_1)\, \boldsymbol{x}_1 + \boldsymbol{x}_2 + \sum k_i \boldsymbol{x}_i\,, \\ \boldsymbol{u} &= \boldsymbol{y} - \tilde{d}_1 \tilde{\boldsymbol{y}}_1 = (l_1 - \tilde{d}_1)\, \boldsymbol{y}_1 + \boldsymbol{y}_2 + \sum l_i \boldsymbol{y}_i \end{aligned}$$

und daraus für die iterierten Vektoren

$$\begin{aligned} \boldsymbol{z} &= \boldsymbol{A}\, \boldsymbol{v} = (k_1 - \tilde{c}_1)\, \lambda_1 \boldsymbol{x}_1 + \lambda_2 \boldsymbol{x}_2 + \sum k_i \lambda_i \boldsymbol{x}_i\,, \\ \boldsymbol{w} &= \boldsymbol{A}'\, \boldsymbol{u} = (l_1 - \tilde{d}_1)\, \lambda_1 \boldsymbol{y}_1 + \lambda_2 \boldsymbol{y}_2 + \sum l_i \lambda_i \boldsymbol{y}_i\,. \end{aligned}$$

Damit aber folgt aus der Forderung (46) durch Koeffizientenvergleich:

$$k_1(\lambda_1 - \Lambda_2) = \tilde{c}_1 \lambda_1 , \quad l_1(\lambda_1 - \Lambda_2) = \tilde{d}_1 \lambda_1 , \tag{51}$$

$$\Lambda_2 = \lambda_2 , \tag{52}$$

$$k_i = l_i = 0 \quad \text{für} \quad i \geqq 3 . \tag{53}$$

Die durch die Iteration gelieferte Näherung Λ_2 für den zweiten Eigenwert ist trotz fehlerhafter Ausgangsvektoren $\tilde{\boldsymbol{x}}_1$, $\tilde{\boldsymbol{y}}_1$ bis auf Fehler zweiter Ordnung genau. Die Endvektoren $\boldsymbol{x}$, $\boldsymbol{y}$ enthalten in erster Näherung lediglich verunreinigende Anteile an $\boldsymbol{x}_1$ bzw. $\boldsymbol{y}_1$, die nun aber mit Hilfe der aus (51) ermittelbaren Koeffizienten k_1 und l_1 leicht wieder beseitigt werden können. Ersetzen wir noch überall die exakten durch Näherungswerte, was in Anbetracht der Kleinheit der Korrekturgrößen unbedenklich ist, so haben wir die nach Abschluß der Iteration anwendbaren Korrekturformeln

$$\boxed{k_1 := \tilde{c}_1 \Lambda_1/(\Lambda_1 - \Lambda_2)} , \quad \boxed{l_1 := \tilde{d}_1 \Lambda_1/(\Lambda_1 - \Lambda_2)} \tag{54}$$

$$\boxed{\tilde{\boldsymbol{x}}_2 := \boldsymbol{x} - k_1 \tilde{\boldsymbol{x}}_1} \quad \text{und} \quad \boxed{\tilde{\boldsymbol{y}}_2 := \boldsymbol{y} - l_1 \tilde{\boldsymbol{y}}_1} . \tag{55}$$

Nach Vorliegen der Näherung Λ_2 für den zweiten Eigenwert aber lassen sich nun auch noch die Näherungen $\tilde{\boldsymbol{x}}_1$, $\tilde{\boldsymbol{y}}_1$ nachträglich aufbessern, indem wenigsten ihre Anteile an $\boldsymbol{x}_2$ und $\boldsymbol{y}_2$ beseitigt werden können. Das folgt leicht aus der Entwicklung (48), indem man die höheren Glieder ($i \geqq 3$) vernachlässigt. Die verbesserten Vektoren sind

$$\boxed{\begin{aligned} \boldsymbol{x}_1 &:= \boldsymbol{A}\,\tilde{\boldsymbol{x}}_1 - \Lambda_2 \tilde{\boldsymbol{x}}_1 \\ \boldsymbol{y}_1 &:= \boldsymbol{A}'\,\tilde{\boldsymbol{y}}_1 - \Lambda_2 \tilde{\boldsymbol{y}}_1 \end{aligned}} . \tag{56}$$

Diese verbesserten Werte wird man — nach Binormierung — insbesondere dann verwenden, wenn man das Vorgehen zur Ermittlung weiterer Eigenwerte $\lambda_3, \ldots$ fortsetzen will, was leicht möglich ist. Die entsprechenden Formeln zur Berechnung des l-ten Eigenwertes λ_l nach Vorliegen der (jetzt ohne Tilde geschriebenen) Vektoren $\boldsymbol{x}_j$, $\boldsymbol{y}_j$ und der Eigenwerte Λ_j für $j = 1$ bis $l - 1$ lauten:

$$c_j := \boldsymbol{y}_j' \boldsymbol{x} , \quad d_j := \boldsymbol{x}_j' \boldsymbol{y} , \quad j = 1, 2, \ldots, l-1 \tag{41a}$$

$$\boldsymbol{v} := \boldsymbol{x} - \sum_1^{l-1} c_j \boldsymbol{x}_j , \qquad \boldsymbol{u} := \boldsymbol{y} - \sum_1^{l-1} d_j \boldsymbol{y}_j , \tag{42a}$$

$$\boldsymbol{z} := \boldsymbol{A}\,\boldsymbol{v} , \qquad \boldsymbol{w} := \boldsymbol{A}'\,\boldsymbol{u} . \tag{43a}$$

Die nachträgliche Korrektur erfolgt nach

$$k_j := c_j \Lambda_j/(\Lambda_j - \Lambda_l) , \quad l_j := d_j \Lambda_j/(\Lambda_j - \Lambda_l) , \tag{54a}$$

$$\boldsymbol{x} := \boldsymbol{x} - \sum_1^{l-1} k_j \boldsymbol{x}_j , \qquad \boldsymbol{y}_l := \boldsymbol{y} - \sum_1^{l-1} l_j \boldsymbol{y}_j . \tag{55a}$$

Das Verfahren verläuft auch für Handrechnung einfach und nach Art der gewöhnlichen Iteration, indem der Matrix $\boldsymbol{A}$ die Zusatzzeile $\boldsymbol{y}_1'$ und die Zusatzspalte $\Lambda_1 \boldsymbol{x}_1$ angefügt werden, wobei $\boldsymbol{x}_1$ auf $\boldsymbol{y}_1' \boldsymbol{x}_1 = 1$ zu normieren ist, Tab. 21.4. Die Zeile $\boldsymbol{y}_1'$ liefert zu Beginn jedes Schrittes den Koeffizienten $c_1 = \boldsymbol{y}_1' \boldsymbol{x}$. Anschließend folgt Berechnung des iterierten Vektors in der aus den Gln. (42) und (43) zusammengezogenen Form

$$\boldsymbol{z} = \boldsymbol{A}\,\boldsymbol{x} - c_1 \Lambda_1 \boldsymbol{x}_1 ,$$

wo das Abzugsglied von der Zusatzspalte $\Lambda_1 \boldsymbol{x}_1$ geliefert wird. Die Normierung von $\boldsymbol{z}$ auf $\boldsymbol{x}$ erfolgt bei Handrechnung einfacher durch Normierung auf die betragsgrößte Komponente 1. Man braucht dann von $\boldsymbol{z}$ nur diese Komponente anzuschreiben, die zugleich den gesuchten Eigenwert λ_2 annähert. Bei genügend rascher Konvergenz kann man dann auf die RAYLEIGH-Näherung verzichten. In Tab. 21.4 ist so das Beispiel aus 21.1 fortgeführt worden mit den dort gefundenen Vektoren $\boldsymbol{x}_1$ und $\boldsymbol{y}_1$, die absichtlich auf 5 Stellen gerundet worden sind. Der links stehende Vektor $\boldsymbol{x}_1$ ist vor Berechnung der rechten Zusatzspalte $\Lambda_1 \boldsymbol{x}_1$ noch auf $\boldsymbol{y}_1' \boldsymbol{x}_1 = 1$ normiert worden. Wegen der guten Konvergenz konnte die Iteration so weit geführt werden, bis sich die Werte λ_2 und $\boldsymbol{x}$ nicht mehr ändern. Zum Schluß wird die Korrektur des Vektors $\boldsymbol{x}$ auf den Eigenvektor $\boldsymbol{x}_2$ nach Gl. (54), (55) vorgenommen mit dem Koeffizienten $-c_1/(\Lambda_1 - \Lambda_2)$, der ganz unten rechts steht und der sich mit der Spalte $\Lambda_1 \boldsymbol{x}_1$ zum Korrekturvektor multipliziert. Die Endwerte λ_2, $\boldsymbol{x}_2$ sind nahezu exakt.

1.5. Gebrochene Iteration. Die allgemeine Eigenwertaufgabe

Will man nicht die betragsgrößten, sondern gerade die kleinsten Eigenwerte einer Matrix $\boldsymbol{A}$ haben, was oft vorkommt, so hätte man das Iterationsverfahren anstatt mit $\boldsymbol{A}$ mit der Kehrmatrix $\boldsymbol{A}^{-1}$ durchzuführen, zu der ja die Kehrwerte $\varkappa_i = 1/\lambda_i$ als Eigenwerte gehören. Der Prozeß konvergiert dann gegen den dominanten Wert $\varkappa_n = 1/\lambda_n$ bei betragskleinstem λ_n. Wesentlich ist nun, daß sich dies auch ohne ausdrückliches Benutzen der Kehrmatrix einfach dadurch bewerkstelligen läßt, daß man anstelle der normalen Iterationsvorschrift $\boldsymbol{A}\,\boldsymbol{z}_\nu = \boldsymbol{z}_{\nu+1}$ eine Iteration in verkehrter Form verwendet:

$$\boxed{\boldsymbol{A}\,\boldsymbol{z}_{\nu+1} = \boldsymbol{z}_\nu} \rightarrow \lambda_n \boldsymbol{z}_{\nu+1} , \tag{57}$$

was mit zunehmender Annäherung an den Eigenvektor gegen $\lambda_n \boldsymbol{z}_{\nu+1}$ konvergiert:

$$\boxed{\boldsymbol{z}_\nu \rightarrow \lambda_n \boldsymbol{z}_{\nu+1}} . \tag{58}$$

Denn die Vorschrift (58) ist ja identisch mit $\boldsymbol{z}_{\nu+1} = \boldsymbol{A}^{-1} \boldsymbol{z}_\nu$, also der gewöhnlichen Iteration an der Kehrmatrix. Diese sogenannte *gebrochene*

Tabelle 21.4. *Berechnung des 2. Eigenwertes λ_2 nebst Eigenvektor $\boldsymbol{x}_2$ nach Koch*

	1,0357 1532	$\boldsymbol{y}_1'$: 1	0,14287	0,01525	—0,02477	16,62500 = Λ_1
	1	16,059	2,268	0,244	—0,396	16,05171
	0,31757	5,061	0,855	0,080	—0,133	5,09754
$\boldsymbol{x}_1$	0,56610	9,072	1,344	0,147	—0,231	9,08687 $\Lambda_1 \boldsymbol{x}_1$
	0,73835	11,928	1,428	0,168	—0,273	11,85178
	0,1812 1486	1	1	1	1	—1,1333 5
	0,1556 0584	0,094 945	—0,4729 36	—0,1842 89	1	0,0002 0377
	0,1503 8891	0,092 588	—0,4533 76	—0,1961 61	1	—0,0000 52716
	0,1500 9106	924 567	— 4522 289	— 1974 461	1	— 65704
	0,1500 6938	924 4715	— 4521 4530	— 1975 4727	1	— 66555
	0,1500 6781	924 4648	— 4521 3923	— 1975 5505	1	— 66634
	0,1500 6770	924 4639	— 4521 3880	— 1975 5566	1	— 66596
	0,1500 6769	924 4639	— 4521 3875	— 1975 5569	1	— 66608
$\lambda_2 =$	0,1500 6769	924 4636	— 4521 3875	— 1975 5571	1	— 66572
	Korrektur	—0,0000 6486	—0,0000 2060	—0,0000 3672	—0,0000 4789	—0,0000 040410
	$\boldsymbol{x}_2$	0,0923 8150	—0,4521 5935	—0,1975 9243	0,9999 5211	
	normiert:	0,0923 8592	—0,4521 8100	—0,1976 0189	1	

Iteration (57) verlangt zur Berechnung des neuen iterierten Vektors $z_{\nu+1}$ ersichtlich in jedem Schritt das Auflösen eines linearen Gleichungssystems mit der stets gleichen Koeffizientenmatrix A und einer mit jedem Schritt neuen rechten Seite z_ν. Der dazu erforderliche Eliminationsprozeß, etwa nach GAUSS in verketteter Form (Dreieckszerlegung von A), braucht indessen bezüglich A nur ein einziges Mal beim ersten Iterationsschritt vollzogen zu werden. Mit jedem neuen Schritt hat man die Elimination lediglich auf die neuen rechten Seiten $z_1, z_2, \ldots$ auszudehnen, was einer Multiplikation des Vektors mit zwei Dreiecksmatrizen gleichkommt, also etwa gleichen Arbeitsaufwand wie die gewöhnliche Iteration verlangt. Das Ganze vollzieht sich in Form des Schemas der Abb. 21.1. Nach einmaliger Dreieckszerlegung

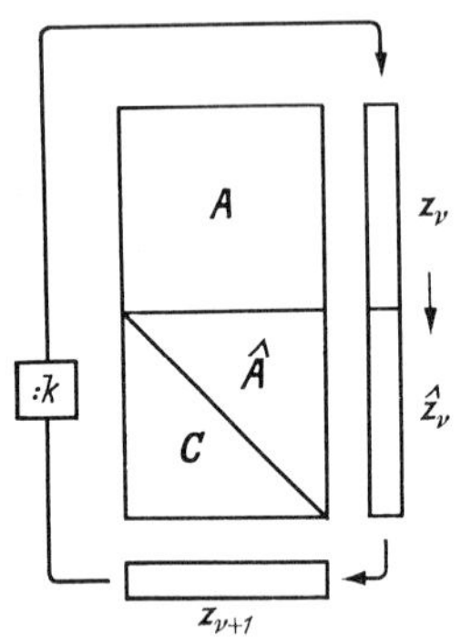

Abb. 21.1. Schema der gebrochenen Iteration

$$A = C\hat{A} \to C, \hat{A}$$

mit der unteren Dreiecksmatrix C der Eliminationskoeffizienten und der oberen $\hat{A}$ des neuen gestaffelten Systems verläuft jeder Schritt nach

$$C\hat{z}_\nu \quad = z_\nu \to \hat{z}_\nu ,$$

$$\hat{A} z_{\nu+1} = \hat{z}_\nu \to z_{\nu+1} ,$$

d. h. zuerst Umwandlung der rechten Seite z_ν in $\hat{z}_\nu$ im Zuge der Elimination, sodann Errechnen des neuen iterierten Vektors $z_{\nu+1}$ aus dem gestaffelten System

$$\boxed{\hat{A} z_{\nu+1} = \hat{z}_\nu} \qquad (57\text{a})$$

als verwandelter Iterationsvorschrift, die aus der ursprünglichen (57) formal durch Vormultiplikation mit C^{-1} hervorgeht. Der neue Vektor $z_{\nu+1}$ wird anschließend normiert, um sodann die Rolle des alten z_ν zu übernehmen:

$$z_\nu := z_{\nu+1}/k_{\nu+1} \,. \qquad (59)$$

Als Normierungsfaktor $k_{\nu+1}$ dient dabei entweder einfach die betragsgrößte Komponente von $z_{\nu+1}$, die dann für z_ν in 1 übergeht. Oder man normiert auf „Länge“ 1 durch

$$k_{\nu+1} = \sqrt{z'_{\nu+1}\, z_{\nu+1}} \,. \qquad (60)$$

In jedem Falle ist dieser Faktor eine Näherung für $\varkappa_n = 1/\lambda_n$ (wegen gebrochener Iteration) und damit zugleich Testgröße für Ende der Rechnung, wenn er sich innerhalb einer vorgegebenen Toleranz nicht mehr ändert. Man kann sich dazu auch einer der RAYLEIGH-Quotienten bedienen, entweder des einfachen

$$\Lambda_n = \frac{\boldsymbol{z}_\nu' \boldsymbol{A} \boldsymbol{z}_\nu}{\boldsymbol{z}_\nu' \boldsymbol{z}_\nu} = \frac{\boldsymbol{z}_\nu' \boldsymbol{z}_{\nu-1}}{\boldsymbol{z}_\nu' \boldsymbol{z}_\nu}, \tag{61 a}$$

oder, falls man auch Linksiterierte $\boldsymbol{v}_\nu$ verwendet:

$$\Lambda_n = \frac{\boldsymbol{v}_\nu' \boldsymbol{z}_{\nu-1}}{\boldsymbol{v}_\nu' \boldsymbol{z}_\nu}, \tag{61 b}$$

wobei sich natürlich Index $\nu - 1$ auf normierte, Index ν auf nichtnormierte Vektoren bezieht. — Eine anschließende Berechnung höherer Eigenwerte nach dem Verfahren von KOCH beschreiben wir weiter unten gleich für den Fall der allgemeinen Eigenwertaufgabe.

Für diese allgemeine Aufgabe

$$\boxed{\boldsymbol{A}\,\boldsymbol{x} = \lambda\,\boldsymbol{B}\,\boldsymbol{x}} \tag{62}$$

mit wenigstens einer nichtsingulären Matrix $\boldsymbol{A}$ oder $\boldsymbol{B}$ haben wir in jedem Falle gebrochene Iteration, d. i. Iteration unter Vorschalten eines Eliminationsprozesses anzuwenden. Aus (62) wird eine Iterationsvorschrift, indem man den unbekannten Vektor $\boldsymbol{x}$ auf einer Seite der Gleichung durch $\boldsymbol{z}_\nu$, auf der andern durch $\boldsymbol{z}_{\nu+1}$ ersetzt. Die beim neuen Vektor $\boldsymbol{z}_{\nu+1}$ stehende Matrix darf nicht singulär sein. Je nachdem nun $\boldsymbol{z}_{\nu+1}$ links oder rechts steht, konvergiert der Prozeß gegen den betragsgrößten oder kleinsten Eigenwert λ. Wegen der besonderen Bedeutung der Aufgabe (62) als Schwingungsproblem mit $\lambda = \omega^2$, wo man sich stets für die kleinsten Eigenwerte (Grundfrequenz und erste Oberfrequenzen) interessiert, führen wir das Verfahren weiterhin in dieser Form mit Konvergenz gegen *kleinsten* Eigenwert durch, den wir nun auch (da er einer Grundfrequenz ω_1 entspricht) mit λ_1 bezeichnen wollen. Es sei also weiterhin

$$|\lambda_1| < |\lambda_2| < \cdots.$$

Im Falle der Schwingungsaufgabe hat $\boldsymbol{A}$ die Bedeutung einer Federmatrix (Steifigkeitsmatrix), $\boldsymbol{B}$ die einer stets nichtsingulären Massenmatrix. Für Konvergenz gegen λ_1 haben wir das Verfahren in der Form

$$\boxed{\boldsymbol{A}\,\boldsymbol{z}_{\nu+1} = \boldsymbol{B}\,\boldsymbol{z}_\nu} \to \lambda\,\boldsymbol{B}\,\boldsymbol{z}_{\nu+1} \tag{63}$$

zu führen, das dann im Sinne von

$$\boxed{\boldsymbol{z}_\nu \to \lambda_1\,\boldsymbol{z}_{\nu+1}} \tag{64}$$

konvergiert. Mit Rücksicht auf die zur Berechnung von $\boldsymbol{z}_{\nu+1}$ erforderliche Elimination darf $\boldsymbol{A}$ nicht singulär sein (das System darf keine Freiheitsgrade fehlender Federfesselung enthalten; vgl. dazu § 27.7.). Als RAYLEIGH-Näherungen dienen

$$\Lambda_1 = \frac{\boldsymbol{z}_\nu' \boldsymbol{A} \boldsymbol{z}_\nu}{\boldsymbol{z}_\nu' \boldsymbol{B} \boldsymbol{z}_\nu} = \frac{\boldsymbol{z}_\nu' \boldsymbol{B} \boldsymbol{z}_{\nu-1}}{\boldsymbol{z}_\nu' \boldsymbol{B} \boldsymbol{z}_\nu} \tag{65a}$$

oder — im Falle nichtsymmetrischer Matrizen — auch unter Verwenden von Linksiterierten $\boldsymbol{v}_\nu$ einer mit $\boldsymbol{A}'$ und $\boldsymbol{B}'$ parallel laufenden Iteration

$$\Lambda_1 = \frac{\boldsymbol{v}_\nu' \boldsymbol{A} \boldsymbol{z}_\nu}{\boldsymbol{v}_\nu' \boldsymbol{B} \boldsymbol{z}_\nu} = \frac{\boldsymbol{v}_\nu' \boldsymbol{B} \boldsymbol{z}_{\nu-1}}{\boldsymbol{v}_\nu' \boldsymbol{B} \boldsymbol{z}_\nu}, \tag{65b}$$

wenn man nicht die einfachere Näherung

$$\Lambda_1 = \frac{\boldsymbol{z}_\nu' \boldsymbol{z}_\nu}{\boldsymbol{z}_\nu' \boldsymbol{z}_{\nu+1}} \tag{65c}$$

verwendet, die man aus (64) durch Linksmultiplikation mit $\boldsymbol{z}_\nu'$ erhält und die das Bilden der Vektoren $\boldsymbol{B} \boldsymbol{z}_\nu$ erspart.

Unterwirft man beide Matrizen $\boldsymbol{A}$ und $\boldsymbol{B}$ der Elimination bezüglich $\boldsymbol{A}$, wobei diese in die obere Dreiecksmatrix $\hat{\boldsymbol{A}}$ und $\boldsymbol{B}$ in die volle Matrix $\hat{\boldsymbol{B}}$ übergehen gemäß $\boldsymbol{C} \hat{\boldsymbol{A}} = \boldsymbol{A}$ und $\boldsymbol{C} \hat{\boldsymbol{B}} = \boldsymbol{B}$ mit der unteren Dreiecksmatrix $\boldsymbol{C}$ der Eliminationskoeffizienten, so wird aus der Eliminationsvorschrift (63) die abgeänderte

$$\boxed{\hat{\boldsymbol{A}} \boldsymbol{z}_{\nu+1} = \hat{\boldsymbol{B}} \boldsymbol{z}_\nu}, \tag{63a}$$

also ein gestaffeltes System, aus dem sich der neue Vektor $\boldsymbol{z}_{\nu+1}$ „von unten nach oben" berechnen läßt. Der als rechte Seite fungierende Vektor $\hat{\boldsymbol{B}} \boldsymbol{z}_\nu = \boldsymbol{u}_\nu$ braucht dabei explizit nicht gebildet zu werden. Mit dem etwa unterhalb von $\boldsymbol{B}$ zeilenweise angeordneten Vektor $\boldsymbol{z}_\nu$ bildet man in der Rechenmaschine durch Auflaufenlassen der Produktsumme $\sum \hat{b}_{ik} z_k$ die jeweilige rechte Seite $\hat{u}_i$, vgl. das Schema Abb. 21.2. Wieder wird $\boldsymbol{z}_{\nu+1}$ auf eine der oben angegebenen Arten normiert und dann als neues $\boldsymbol{z}_\nu$ verwendet.

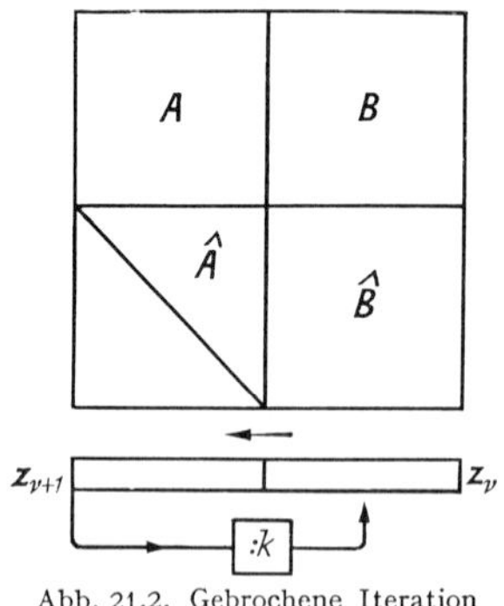

Abb. 21.2. Gebrochene Iteration für die allgemeine Eigenwertaufgabe (62)

Auch hier kann man nach beendeter Iteration am ersten Eigenwert λ_1 den im Betrage folgenden λ_2 nach dem Verfahren von KOCH angreifen, indem man an einem von $\boldsymbol{x}_1$ gereinigten Vektor $\boldsymbol{z}_\nu - c_{1\nu} \boldsymbol{x}_1$ iteriert, und man kann dieses Vorgehen fortsetzen. Zur Ermittlung der Reinigungskoeffizienten $c_{i\nu}$ benötigt man im Falle nichtsymmetrischer Matrizen auch noch die nach

$$\boldsymbol{A}' \boldsymbol{y} = \lambda \boldsymbol{B}' \boldsymbol{y} \tag{66}$$

definierten Linksvektoren $\boldsymbol{y}_i$, die durch Links-Iterationen (Iteration an den transponierten Matrizen)

$$\boldsymbol{A}' \boldsymbol{v}_{\nu+1} = \boldsymbol{B}' \boldsymbol{v}_\nu \tag{67}$$

gewonnen werden. Zur Berechnung etwa des l-ten Eigenwertes λ_l, also nach Vorliegen von $l-1$ Wertesystemen λ_i, $\boldsymbol{x}_i$, $\boldsymbol{y}_i$ verläuft die Rechnung folgendermaßen. Mit den für $i = 1$ bis $l-1$ ein für allemal bereitgestellten Vektoren

$$\boldsymbol{w}_i := \boldsymbol{B}' \boldsymbol{y}_i \tag{68a}$$

$$k_i := \boldsymbol{w}_i' \boldsymbol{x}_i \tag{68b}$$

$$\boldsymbol{w}_i^0 := \boldsymbol{w}_i / k_i \tag{68c}$$

$$\boldsymbol{u}_i := \hat{\boldsymbol{B}} \boldsymbol{x}_i \tag{69}$$

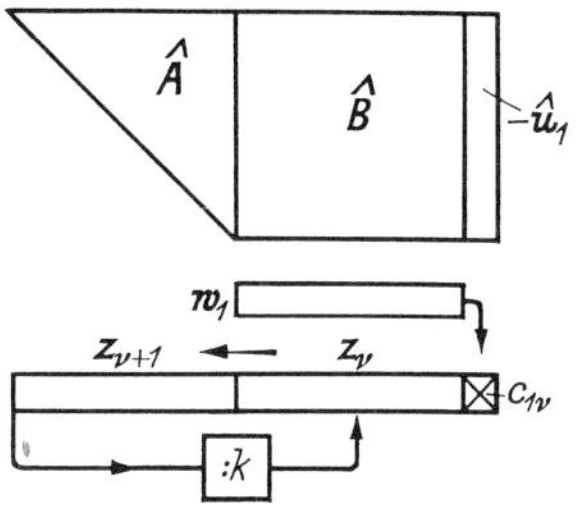

errechnen sich die Reinigungskoeffizienten $c_{i\nu}$ auf jeder Iterationsstufe ν neu nach

Abb. 21.3 Gebrochene Iteration am 2. Eigenwert nach KOCH

$$c_{i\nu} := \boldsymbol{w}_i^{0'} \boldsymbol{z}_\nu , \quad i = 1, 2, \ldots, l-1 . \tag{70}$$

Die Iterationsvorschrift am gestaffelten System lautet dann

$$\hat{\boldsymbol{A}} \boldsymbol{z}_{\nu+1} = \hat{\boldsymbol{B}} \boldsymbol{z}_\nu - \sum_{i=1}^{l-1} c_{i\nu} \hat{\boldsymbol{u}}_i . \tag{71}$$

Das ist gleichbedeutend mit einer Erweiterung der Matrix $\hat{\boldsymbol{B}}$ um $l-1$ Zeilen $\boldsymbol{w}_i^0$ und $l-1$ Spalten $-\boldsymbol{u}_i$. Durch Multiplikation des Vektors $\boldsymbol{z}_\nu$ mit den Zeilen $\boldsymbol{w}_i^0$ entstehen zunächst die Koeffizienten $c_{i\nu}$, die sich dem Vektor $\boldsymbol{z}_\nu$ wie zusätzliche Komponenten anfügen. Sie multiplizieren sich bei der nun beginnenden Iteration (Bilden der rechten Seite von (71)) mit den Zusatzspalten $-\hat{\boldsymbol{u}}_i$ der Matrix $\hat{\boldsymbol{B}}$, vgl. dazu das Schema Abb. 21.3.

Für den Fall symmetrischer Matrizen $\boldsymbol{A} = \boldsymbol{A}'$ und $\boldsymbol{B} = \boldsymbol{B}'$ fallen $\boldsymbol{y}_i$ mit $\boldsymbol{x}_i$ zusammen. Hierfür findet sich ein zahlenmäßig durchgeführtes Beispiel aus der Schwingungstechnik in § 27.6, Tab. 27.1, S. 423.

21.6. Wielandt-Korrektur am einzelnen Eigenwert

Gebrochene Iteration in Verbindung mit sogenannter Spektralverschiebung führt auf ein wichtiges zuerst von WIELANDT angegebenes Korrekturverfahren[1], das eine irgendwie bekannte Näherung l eines beliebigen Eigenwertes λ_q der Matrix $\boldsymbol{A}$ zu verbessern gestattet, und zwar um so rascher, je besser die Ausgangsnäherung l ist. Bedeutet nämlich l zunächst eine beliebige Zahl, so hat die Matrix $\boldsymbol{A} - l\boldsymbol{I}$ die Eigen-

[1] WIELANDT, H.: Bestimmung höherer Eigenwerte durch gebrochene Iteration. Ber. B 44/J/37 der Aerodynam. Vers.-Anst. Göttingen 1944.

werte $\lambda_i - l$ bei gleichen Eigenvektoren wie $\boldsymbol{A}$, wenn wieder λ_i die Eigenwerte von $\boldsymbol{A}$ bedeuten. Ist aber l eine Näherung zu einem Eigenwert λ_q und liegt diese näher an λ_q als an irgend einem anderen (reellen oder komplexen) Eigenwert der Matrix, so stellt der Wert $\lambda_q - l = \varepsilon$ offenbar den betragsmäßig kleinsten Eigenwert der Matrix $\boldsymbol{A} - l\,\boldsymbol{I}$ dar und ist daher durch gebrochene Iteration an dieser „verschobenen" Matrix ermittelbar. Dabei ist die Konvergenz des Verfahrens, wie wir wissen, um so besser, je kleiner das Verhältnis $|\lambda_q - l|$ zu irgend einem anderen $|\lambda_i - l|$ ist. Die Iterationsvorschrift lautet somit

$$(\boldsymbol{A} - l\,\boldsymbol{I})\,\boldsymbol{z}_{\nu+1} = \boldsymbol{z}_\nu\,. \tag{72}$$

Das Verfahren besitzt in dieser einfachen Form noch den Nachteil, daß die Gleichungsmatrix $\boldsymbol{A} - l\,\boldsymbol{I}$ fastsingulär ist, um so mehr, je besser die Näherung l. Das vermeiden zwei in Herleitung und äußerer Form unterschiedliche Vorgehensweisen von UNGER[1] und WITTMEYER[2], von denen die erste die Aufgabe als ein in den x_i und λ nichtlineares Gleichungssystem nach dem NEWTON-Verfahren behandelt, was für den Sonderfall fester Ableitungsmatrix mit dem WIELANDT-Verfahren übereinstimmt, aber auch auf allgemeinere, in λ nicht lineare Eigenwertaufgaben übertragbar ist. Bei WITTMEYER wird das Iterationsverfahren auf dem Wege der Störungsrechnung hergeleitet und in der rechnerischen Durchführung nochmals vereinfacht. — Wir geben hier eine weitere Variante hinsichtlich Herleitung und äußerer Form.

Nach Spektralverschiebung um den Näherungswert l lautet unsere Eigenwertaufgabe

$$\boxed{\begin{array}{l}(\boldsymbol{A} - l\,\boldsymbol{I})\,\boldsymbol{x} = \varepsilon\,\boldsymbol{x}\\ \text{mit}\quad \varepsilon = \lambda_q - l\end{array}} \tag{73}$$

Den zum interessierenden Eigenwert λ_q gehörigen Eigenvektor $\boldsymbol{x}$ denkt man sich in der Weise normiert, daß eine bestimmte, betragsmäßig nicht zu kleine Komponente, z. B. die n-te, gleich 1 gesetzt wird, $x_n = 1$. Gl. (73) schreiben wir nun um auf die Iterationsvorschrift

$$\boxed{(\boldsymbol{A} - l\,\boldsymbol{I})\,\boldsymbol{x}_{\nu+1} = \varepsilon_{\nu+1}\,\boldsymbol{x}_n} \quad \text{mit } x_n = 1\,, \tag{74}$$

welche ein inhomogenes lineares Gleichungssystem für die n Unbekannten $x_1^{\nu+1}, \ldots, x_{n-1}^{\nu+1}$ und $\varepsilon_{\nu+1}$ der neuen Iterationsstufe $\nu + 1$ darstellt. Mit den Spalten $\boldsymbol{k}_i$ der Matrix $\boldsymbol{K} = \boldsymbol{A} - l\,\boldsymbol{I}$ lautet das Glei-

[1] UNGER, H.: Nichtlineare Behandlung von Eigenwertaufgaben. Z. angew. Math. Mech. Bd. 30 (1950), S. 281—282.

[2] WITTMEYER, H.: Berechnung einzelner Eigenwerte eines algebraischen linearen Eigenwertproblems durch „Störiteration". Z. angew. Math. Mech. Bd. 35 (1955), S. 441—452.

chungssystem ausführlich

$$\boxed{\boldsymbol{k}_1\, x_1^{\nu+1} + \cdots + \boldsymbol{k}_{n-1}\, x_{n-1}^{\nu+1} + \boldsymbol{k}_n \cdot 1 - \boldsymbol{x}_\nu\, \varepsilon_{\nu+1} = \boldsymbol{o}\,,} \tag{74a}$$

worin nun zwar die Matrix $\boldsymbol{K} = (\boldsymbol{k}_1, \ldots, \boldsymbol{k}_n)$ fastsingulär ist, die bei den Unbekannten stehende Matrix $(\boldsymbol{k}_1, \ldots, \boldsymbol{k}_{n-1}, -\boldsymbol{x}_\nu)$ aber nichtsingulär, wenn wir zunächst von mehrfachen oder komplexen Eigenwerten absehen. Damit ist das System stets einwandfrei lösbar. Als n-te Komponente bezeichnen wir hierbei grundsätzlich diejenige, deren Spalte $\boldsymbol{k}_n$ sich als von den übrigen Spalten $\boldsymbol{k}_i$ nahezu abhängig erweist, was sich bei der GAUSSschen Elimination (Dreieckszerlegung) durch *kleines Diagonalelement* b_{nn} anzeigt. Möglicherweise hat man dabei Reihenvertauschung vorzunehmen.

Von der Gesamtmatrix bleiben die n ersten Spalten $\boldsymbol{k}_1$ bis $\boldsymbol{k}_n$ im Iterationsprozeß unverändert. Die letzte $-\boldsymbol{x}_\nu$ ändert sich mit jedem Iterationsschritt und ist somit jedesmal neu der Elimination zu unterwerfen. Sie möge dabei in $\boldsymbol{y}_\nu$ übergehen. Dann lautet die n-te Zeile des gestaffelten Systems mit dem — nur wenig von Null abweichenden — Diagonalelement b_{nn}:

$$b_{nn} \cdot 1 + y_n^\nu\, \varepsilon_{\nu+1} = 0\,,$$

woraus sich die Unbekannte

$$\boxed{\varepsilon_{\nu+1} = -\, b_{nn} : y_n^\nu} \tag{75}$$

errechnet, die gegen ε konvergiert. Der gesuchte Eigenwert ist dann

$$\boxed{\lambda = l + \varepsilon}\,, \tag{76}$$

während der zugehörige Eigenvektor $\boldsymbol{x}$ als letzter iterierter Vektor $\boldsymbol{x}_{\nu+1}$ unmittelbar dasteht.

Als *Ausgangsvektor* $\boldsymbol{x}_0$ dient eine angenäherte Lösung der — ja streng nicht erfüllbaren — Gleichung $\boldsymbol{K}\boldsymbol{x} = \boldsymbol{o}$, nämlich jene, die man nach Streichen der zu b_{nn} gehörigen nicht erfüllbaren Gleichung $b_{nn} \cdot 1 = 0$ erhält. Bezeichnen wir mit $\boldsymbol{K}_0$ die Matrix, die aus $\boldsymbol{K}$ durch Streichen der n-ten Zeile entsteht, so ist $\boldsymbol{x}_0$ die Lösung von

$$\boldsymbol{K}_0\, \boldsymbol{x}_0 = \boldsymbol{o} \quad \text{mit} \quad x_n = 1\,. \tag{77}$$

Diese Näherung ist schon um so genauer, je näher der Wert l am gesuchten Eigenwert λ liegt. Um so rascher konvergiert aber auch die Iteration. Bei Verwenden einer guten RAYLEIGH-Näherung $l = \Lambda$ beispielsweise wird man schon mit einem einzigen Iterationsschritt auskommen, um sowohl λ als auch den Eigenvektor $\boldsymbol{x}$ mit der gewünschten Genauigkeit zu erzielen.

Das Verfahren ist leicht abzuwandeln auf den Fall der *allgemeinen* Eigenwertaufgabe $\boldsymbol{A}\boldsymbol{x} = \lambda\boldsymbol{B}\boldsymbol{x}$, also nach Verschiebung um l:

$$(\boldsymbol{A} - l\,\boldsymbol{B})\,\boldsymbol{x} = \varepsilon\,\boldsymbol{B}\boldsymbol{x} = \varepsilon\,\boldsymbol{v} \tag{78}$$

mit dem Vektor $\boldsymbol{B}\,\boldsymbol{x} = \boldsymbol{v}$. Die zugehörige Iterationsvorschrift ist

$$\boxed{\begin{aligned}&(\boldsymbol{A} - l\,\boldsymbol{B})\,\boldsymbol{x}_{\nu+1} = \varepsilon_{\nu+1}\,\boldsymbol{v}_\nu \\ &\text{mit } \boldsymbol{v}_\nu = \boldsymbol{B}\,\boldsymbol{x}_\nu\,, \quad x_n = 1\end{aligned}} \tag{79}$$

Für die gewöhnliche Eigenwertaufgabe sieht das Rechenschema einschließlich Summenproben bei $n = 4$ folgendermaßen aus:

						$-\boldsymbol{x}_0$	$-\boldsymbol{x}_1$	$-\boldsymbol{x}_2$
	σ_1	σ_2	σ_3	σ_4	S	s^0	s^1	s^2
	$a_{11} - l$	a_{12}	a_{13}	a_{14}	s_1	$-x_1^0$	$-x_1^1$	$-x_1^2$
	a_{21}	a_{22}	a_{23}	a_{24}	s_2	$-x_2^0$	$-x_2^1$	$-x_2^2$
	a_{31}	$a_{32} - l$	$a_{33} - l$	a_{34}	s_3	$-x_3^0$	$-x_3^1$	$-x_2^3$
	a_{41}	a_{42}	a_{43}	$a_{44} - l$	s_4	-1	-1	-1
	b_{11}	b_{12}	b_{13}	b_{14}	t_1	y_1^0	y_1^1	y_1^2
	$-c_{21}$	b_{22}	b_{23}	b_{24}	t_2	y_2^0	y_2^1	y_2^2
	$-c_{31}$	$-c_{32}$	b_{33}	b_{34}	t_3	y_3^0	y_3^1	y_3^2
	$-c_{41}$	$-c_{42}$	$-c_{43}$	b_{44}	t_4	y_4^0	y_4^1	y_4^2
Probe:	$-\tau_1$	$-\tau_2$	$-\tau_3$	-1	0	0	0	0
$\boldsymbol{x}_0$:	x_1^0	x_2^0	x_3^0	1	—			
$\boldsymbol{x}_1$:	x_1^1	x_2^1	x_3^1	1	0	ε_1		
$\boldsymbol{x}_2$:	x_1^2	x_2^2	x_3^2	1	0		ε_2	
$\boldsymbol{x}_3$:	x_1^3	x_2^3	x_2^3	1	0			ε_3
					Probe			

Rechenschema der WIELANDT-Iteration

Im Falle der allgemeinen Eigenwertaufgabe ist die Matrix $\boldsymbol{A} - l\,\boldsymbol{I}$ abzuändern in $\boldsymbol{A} - l\,\boldsymbol{B}$, die Spalten $-\boldsymbol{x}_\nu$ in $-\boldsymbol{v}_\nu$, zu deren Berechnung die Transformationen $\boldsymbol{v}_\nu = \boldsymbol{B}\,\boldsymbol{x}_\nu$ einzuschieben sind. Alles weitere verläuft wie im Schema oben.

Beispiel: Für das 1. Beispiel aus § 21.2 soll die dort berechnete Näherung Λ_2 verbessert werden. Zur Rechnungsvereinfachung wählen wir als Näherungswert $l = 7{,}930$. Bei der Elimination, Tab. 21.5, wird schon das 3. Diagonalelement bei unvertauschter Reihenfolge klein, es wird daher (symmetrische) Reihenvertauschung vorgenommen (vgl. § 6.4), womit $x_3 = 1$ festliegt. Die Rechnung liefert nach zwei Schritten exakte sieben- bis achtstellige Werte: $\lambda_2 = 7{,}932\,9047$.

21.7. Wielandt-Iteration an zwei Eigenwerten

Auch im Falle zweier betragsgleicher (insbesondere komplexer) oder betragsnaher Eigenwerte λ_1, λ_2, denen die quadratische Gleichung

$$\boxed{\lambda^2 + s\,\lambda + p = 0} \tag{80}$$

Tabelle 21.5. *Wielandt-Korrektur am Eigenwert* λ_2

	$\boldsymbol{A} - 7{,}93\,\boldsymbol{I}$				$-\boldsymbol{x}_0$	$-\boldsymbol{x}_1$
	2,07	—3,93	0,07	—1,93	—2,247 6227	—2,245 1994
	—5,93	1	3	4	—0,722 1962	—0,721 1764
	1	—10,93	1	5	—0,273 0275	—0,272 4732
	3	1	—1,93	—2	—1	—1
	4	5	—2	—8,93	—0,252 3990	—0,251 5498
	—5,93	1	3	4	—0,722 1962	—0,721 1764
	0,168 6341	—10,761 366	1,505 902	5,674 536	—0,394 8144	—0,394 0881
	0,505 9022	0,139 9360	0,004 818	0,252 3989	—1,659 8166	—1,658 7144
	0,674 5363	0,527 3053	0,817 681	—3,329636	—0,947 7347	—0,945 8146
Probe:	0,349 0725	—0,332 7577	—1	—0,747 6011	0	0
$\boldsymbol{x}_0$:	0,722 1962	0,273 0275	1	0,252 3990		
$\boldsymbol{x}_1$:	0,721 1764	0,272 4732	1	0,251 5498	0,002 9027	
$\boldsymbol{x}_2$:	0,721 1776	0,272 4740	1	0,251 5510		0,002 9047

zugeordnet ist, lassen sich Näherungswerte Λ_1, Λ_2, anfallend durch simultane Iteration in Verbindung mit verallgemeinerter RAYLEIGH-Näherung in der entsprechenden Form

$$\boxed{\Lambda^2 + s_0\,\Lambda + p_0 = 0}\,, \tag{81}$$

durch eine WIELANDT-Iteration weiter verbessern, wobei sich insbesondere auch die sonst nur roh bestimmbaren Eigenvektoren $\boldsymbol{x}_1$, $\boldsymbol{x}_2$ auf die gleiche Genauigkeit bringen lassen. Man geht dabei aus von der Matrizengleichung

$$\overline{\boldsymbol{K}}\,\boldsymbol{z} = (\boldsymbol{A}^2 + s\,\boldsymbol{A} + p\,\boldsymbol{I})\,\boldsymbol{z} = \boldsymbol{o} \tag{82}$$

mit der Matrix $\overline{\boldsymbol{K}} = \boldsymbol{A}^2 + s\,\boldsymbol{A} + p\,\boldsymbol{I} = (\boldsymbol{A} - \lambda_1\,\boldsymbol{I})\,(\boldsymbol{A} - \lambda_2\,\boldsymbol{I})$, die singulär ist vom Rangabfall 2 (folgt aus der Normalform von $\boldsymbol{A}$). Die Lösungen $\boldsymbol{z}$ dieser Gleichung bilden daher ein zweidimensionales Vektorgebilde, aufgespannt durch die beiden Eigenvektoren $\boldsymbol{x}_1, \boldsymbol{x}_2$. Diese ergeben sich daher aus einer beliebigen Lösung $\boldsymbol{z}$ von (82) zu

$$\boxed{\begin{aligned} \boldsymbol{x}_1 &= \boldsymbol{A}\,\boldsymbol{z} - \lambda_2\,\boldsymbol{z} \\ \boldsymbol{x}_2 &= \boldsymbol{A}\,\boldsymbol{z} - \lambda_1\,\boldsymbol{z} \end{aligned}}\,, \tag{83}$$

wie man aus

$$(\boldsymbol{A} - \lambda_1\,\boldsymbol{I})\,\underbrace{(\boldsymbol{A} - \lambda_2\,\boldsymbol{I})\,\boldsymbol{z}}_{\boldsymbol{x}_1} = (\boldsymbol{A} - \lambda_2\,\boldsymbol{I})\,\underbrace{(\boldsymbol{A} - \lambda_1\,\boldsymbol{I})\,\boldsymbol{z}}_{\boldsymbol{x}_2} = \boldsymbol{o}$$

ersieht. Setzen wir nun für die gesuchten Koeffizienten s und p

$$\boxed{\begin{aligned} s &= s_0 + \sigma \\ p &= p_0 + \pi \end{aligned}} \tag{84}$$

mit den gegebenen Näherungen s_0, p_0 und gesuchten Korrekturen σ und π, so spaltet sich (82) auf in

$$(\boldsymbol{A}^2 + s_0\,\boldsymbol{A} + p_0\,\boldsymbol{I})\,\boldsymbol{z} + \sigma\,\boldsymbol{A}\,\boldsymbol{z} + \pi\,\boldsymbol{z} = \boldsymbol{o}\,,$$

was wir mit der fastsingulären Matrix

$$\boxed{\boldsymbol{K} = \boldsymbol{A}^2 + s_0\,\boldsymbol{A} + p_0\,\boldsymbol{I}} = (k_{ij}) \tag{85}$$

übersetzen in die Iterationsvorschrift

$$\boxed{\boldsymbol{K}\,\boldsymbol{z}_{\nu+1} + \sigma_{\nu+1}\,\boldsymbol{A}\,\boldsymbol{z}_\nu + \pi_{\nu+1}\,\boldsymbol{z}_\nu = \boldsymbol{o}}\,, \tag{86}$$

ein lineares Gleichungssystem für die $n - 2$ unbekannten Komponenten $z_i^{\nu+1}$ von $\boldsymbol{z}_{\nu+1}$ und die zwei weiteren unbekannten Korrekturen $\sigma_{\nu+1}$, $\pi_{\nu+1}$. Für den Vektor $\boldsymbol{z}$ sind ja zwei Komponenten noch frei wählbar, die im Iterationsprozeß fest bleiben, am einfachsten:

$$\boxed{z_{n-1} = 1\,, \quad z_n = 0}\,, \tag{87}$$

sofern sich die beiden letzten Spalten der Matrix $\boldsymbol{K}$ als nahezu abhängig von den übrigen erweisen, was sich bei der Elimination (Dreieckszerlegung) herausstellt. Gegebenenfalls muß man Reihenvertauschung vornehmen. Führt man die Zerlegung bis vor diese beiden letzten Reihen, so bleiben vier auffällig kleine Elemente

$$\begin{matrix} b_{n-1,\,n-1} & b_{n-1,\,n} \\ b_{n,\,n-1} & b_{n,\,n}\,, \end{matrix}$$

vgl. das unten angegebene Schema. — Als Ausgangsnäherung wählt man die Lösung $\boldsymbol{z}_0$ des Systems

$$\boldsymbol{K}_0\,\boldsymbol{z}_0 = \boldsymbol{o} \qquad \text{mit } z_{n-1}^0 = 1\,, \qquad z_n^0 = 0\,, \tag{88}$$

wo $\boldsymbol{K}_0$ aus $\boldsymbol{K}$ durch Streichen der beiden letzten (bzw. der nahezu abhängigen) Zeilen hervorgeht.

Zur jeweiligen Näherung $\boldsymbol{z}_\nu$ gehören nun zwei zusätzliche Koeffizientenspalten $\boldsymbol{A}\,\boldsymbol{z}_\nu = \boldsymbol{v}_\nu$ und $\boldsymbol{z}_\nu$ zum System (86), die bei der Elimination in die Spalten $\boldsymbol{w}_\nu$ bzw. $\boldsymbol{y}_\nu$ übergehen mögen. Dabei ist nun die Elimination dahingehend zu vervollständigen, daß die letzte Komponente von $\boldsymbol{w}_\nu$ verschwindet, $w_n^\nu = 0$, was durch einen Eliminationskoeffizienten $-c_{n,n-1}^\nu$, bewirkt wird. Ausdehnen dieses Eliminationsschrittes auf die beiden letzten Elemente b_{ik} würde diese verwandeln in

$$b_{n,\,n-1} - c_{n\,n-1}^\nu\, b_{n-1,\,n-1}\,, \tag{89a}$$

$$b_{n,\,n} - c_{n,\,n-1}^\nu\, b_{n-1,\,n}\,, \tag{89b}$$

wovon wegen $z_n = 0$ nur die erste Beziehung benutzt wird, wie überhaupt die ganze letzte Spalte der Matrix $\boldsymbol{K}$ gar nicht benötigt wird und daher auch fortgelassen werden kann. Mit (89a) ergibt sich dann die Korrektur $\pi_{\nu+1}$ aus der letzten gestaffelten Gleichung

$$(b_{n,\,n-1} - c_{n,\,n-1}^\nu\, b_{n-1,\,n-1}) \cdot 1 + y_n^\nu\, \pi_{\nu+1} = 0$$

zu

$$\boxed{\pi_{\nu+1} = -(b_{n,n-1} - c_{n,\,n-1}^\nu\, b_{n-1,n-1}) : y_n^\nu}\,. \tag{90}$$

Die zweite Korrektur $\sigma_{\nu+1}$ sowie die folgenden Unbekannten $z_{n-2}^{\nu+1}, \ldots, z_1^{\nu+1}$ erhält man dann wieder in üblicher Weise durch Aufrechnen des gestaffelten Systems. — Das Rechenschema für $n = 5$ hat folgendes Aussehen:

	$\boldsymbol{K} = \boldsymbol{A}^2 + s_0\,\boldsymbol{A} + p_0\,\boldsymbol{I}$							$\boldsymbol{v}_\nu$	$\boldsymbol{z}_\nu$
	σ_1	σ_2	σ_3	σ_4	σ_5	S	...	σ^ν	s^ν
	k_{11}	k_{12}	k_{13}	k_{14}	k_{15}	s_1		v_1^ν	z_1^ν
	k_{21}	k_{22}	k_{23}	k_{24}	k_{25}	s_2		v_2^ν	z_2^ν
	k_{31}	k_{32}	k_{33}	k_{34}	k_{35}	s_3		v_3^ν	z_3^ν
	k_{41}	k_{42}	k_{43}	k_{44}	k_{45}	s_4		v_4^ν	1
	k_{51}	k_{52}	k_{53}	k_{54}	k_{55}	s_5		v_5^ν	0
	b_{11}	b_{12}	b_{13}	b_{14}	b_{15}	t_1		w_1^ν	y_1^ν
	$-c_{21}$	b_{22}	b_{23}	b_{24}	b_{25}	t_2		w_2^ν	y_2^ν
	$-c_{31}$	$-c_{32}$	b_{33}	b_{34}	b_{35}	t_3		w_3^ν	y_ν^3
	$-c_{41}$	$-c_{42}$	$-c_{43}$	b_{44}	b_{45}	t_4		w_4^ν	y_4^ν
	$-c_{51}$	$-c_{52}$	$-c_{53}$	b_{54}	b_{55}	t_5		$-c_{54}^\nu$	y_5^ν
Probe:	$-\tau_1$	$-\tau_2$	$-\tau_3$	τ_4'	τ_5'	0		$-\tau_5$	-1
$\boldsymbol{z}_0$:	z_1^0	z_2^0	z_3^0	1	0	—			
. . .	. . .	. . .	. . .	. . .	. . .	. . .			
$\boldsymbol{z}_{\nu+1}$:	$z_1^{\nu+1}$	$z_2^{\nu+1}$	$z_3^{\nu+1}$	1	0	0		$\sigma_{\nu+1}$	$\pi_{\nu+1}$
						Probe			

Beispiel: Für das am Schluß von § 21.2 angeführte 1. Beispiel mit den beiden betragsnahen (exakten) Eigenwerten

$$\lambda_1 = -8{,}0285\ 7835\,, \qquad \lambda_2 = 7{,}9329\ 0472$$

und der zugehörigen quadratischen Gleichung

$$\lambda^2 + 0{,}0956\ 7363\,\lambda - 63{,}6899\ 471 = 0$$

gehen wir aus von der — absichtlich groben — Näherung

$$\Lambda^2 + 0{,}10\,\Lambda - 63{,}70 = 0\,,$$

iterieren also an der Matrix

$$\boldsymbol{K} = \boldsymbol{A}^2 + 0{,}10\,\boldsymbol{A} - 63{,}70\,\boldsymbol{I}\,.$$

Das Ergebnis steht innerhalb der mitgeführten Stellenzahl nach dem zweiten Schritt mit

$$\lambda^2 + 0{,}0956\ 737\,\lambda - 63{,}6899\ 48 = 0\,.$$

21.8. Das Jacobi-Verfahren

Ein Iterationsverfahren ganz anderer Art als die bisher betrachtete Vektor-Iteration stammt von JACOBI[1], der es zur Auflösung symmetrischer Gleichungssysteme benutzt hat. Dieses älteste, für Handrechnung kaum empfehlenswerte Verfahren ist erst durch die Automatenrechnung wieder aktuell geworden. Es beschränkt sich auf reell symmetrische Matrizen, für die es die Gesamtheit der Eigenwerte nebst zugehörigen Eigenvektoren liefert. Bezüglich einer Ausdehnung auf allgemeine nichtsymmetrische Matrix ist die neuere Entwicklung noch im Fluß. Eine Erweiterung auf die allgemeine Eigenwertaufgabe mit symmetrischen Matrizen $\boldsymbol{A}$, $\boldsymbol{B}$ und positiv definitem $\boldsymbol{B}$ behandelt der folgende Abschnitt 21.9.

Das Verfahren besteht aus einer unendlichen Folge elementarer Orthogonaltransformationen, geometrisch deutbar als ebene Drehungen (Rotationsverfahren), von denen jede jeweils ein außerdiagonales Elementpaar $a_{ik} = a_{ki}$ $(i \neq k)$ zu Null macht. Diese Annullierung wird zwar bei der darauf folgenden, auf ein anderes Indexpaar i, k angewandten Transformation wieder zerstört. Es läßt sich aber zeigen, daß die Quadratsumme aller Außerdiagonalelemente, die *Außennorm,* fortgesetzt abnimmt und gegen Null konvergiert, womit die durch die Transformationen erzeugte Matrixfolge gegen die Diagonalmatrix $\boldsymbol{\Lambda} = \mathrm{Diag}(\lambda_i)$ der – reellen – Eigenwerte λ_i konvergiert.

Die auf ein bestimmtes Indexpaar i, k bezogene Elementartransformation

$$\boldsymbol{A} := \boldsymbol{T}'\,\boldsymbol{A}\,\boldsymbol{T}$$

[1] JACOBI, C. G. J.: Ein leichtes Verfahren, die in der Theorie der Säkularstörungen vorkommenden Gleichungen numerisch aufzulösen. J. reine u. angew. Math. Bd. 30 (1846), S. 51–95.

Tabelle 21.6. *Wielandt-Korrektur an zwei Eigenwerten*

	$\boldsymbol{K} = \boldsymbol{A}^2 + 0{,}1\,\boldsymbol{A} - 63{,}7\,\boldsymbol{I}$				$\boldsymbol{A}\,\boldsymbol{z}_0 = \boldsymbol{v}_0$	$\boldsymbol{z}_0$	$\boldsymbol{A}\,\boldsymbol{z}_1 = \boldsymbol{v}_1$	$\boldsymbol{z}_1$
	9,3	—27,3	7,1	—25,1	19,096 376	2,445 517	19,088 505	2,444 524
	—33,5	22,1	17,3	3,4	5,331 235	0,885 718	5,329 592	0,885 069
	22,1	28,0	—3,9	—17,5	0,206 321	0,559 799	0,206 704	0,559 455
	17,3	—3,9	—13,1	6,8	9,216 953	1	9,214 661	1
	3,4	—17,5	6,8	—17,8	4,341 867	0	4,337 549	0
	—33,5	22,1	17,3	3,4	5,331 235	0,885 718	5,329 592	0,885 069
	0,659 7015	—13,420 597	7,512 836	—15,257 015	3,723 345	1,144 108	3,722 644	1,143 336
	0,516 4179	0,559 7990	0,039 7077	0,014 9591	14,054 423	2,097 871	14,050 890	2,097 104
	0,101 4925	—1,136 8358	0,014 9593	—0,110 2046	—0,046 2570	—1,307 810	—0,046 0062	—1,306 437
Probe:	0,277 6119	—1,577 0369	0,054 667	—0,095 244	—1,046 2570	—1	—1,046 0062	—1
$\boldsymbol{z}_0$:	0,885 718	0,559 799	1	0				
$\boldsymbol{z}_1$:	0,885 0685	0,559 4550	1	0	—0,004 3231	0,010 0340		
$\boldsymbol{z}_2$:	0,885 0685	0,559 4550	1	0			—0,004 3263	0,010 0521

$$\lambda_1 = -8{,}028\,5785$$
$$\lambda_2 = 7{,}932\,9047$$

Eigenvektoren nach (83):

$\boldsymbol{x}_1$	$\boldsymbol{x}_2$
12,435 43	—1,691 57
4,698 33	—4,231 40
17,243 24	1,281 76
4,337 55	4,337 55

verwendet eine Orthogonalmatrix $\boldsymbol{T}$, die sich von der Einheits-Matrix nur an den vier Plätzen ii, ik, ki, kk unterscheidet um die Untermatrix

$$\begin{pmatrix} c & s \\ s & -c \end{pmatrix} = \begin{pmatrix} \cos\varphi & \sin\varphi \\ \sin\varphi & -\cos\varphi \end{pmatrix}$$

einer ebenen Drehung um einen Winkel φ (hier mit Spiegelung). Dabei ändern sich in $\boldsymbol{A}$ lediglich die Elemente der i-ten und k-ten Zeile und Spalte. Von ihnen interessieren für das folgende wiederum nur die der vier Eckplätze, deren Berechnung sich folgendermaßen vollzieht:

	c s	s $-c$
$a_{ii}\ a_{ik}$ $a_{ki}\ a_{kk}$	$c\,a_{ii} + s\,a_{ik}$ $c\,a_{ki} + s\,a_{kk}$	$s\,a_{ii} - c\,a_{ik}$ $s\,a_{ki} - c\,a_{kk}$
$c\ \ s$ $s\ -c$	$c^2 a_{ii} + s^2 a_{kk} + c\,s\,(a_{ik} + a_{ki})$ $c\,s\,(a_{ii} - a_{kk}) + s^2 a_{ik} - c^2 a_{ki}$	$c\,s\,(a_{ii} - a_{kk}) - c^2 a_{ik} + s^2 a_{ki}$ $s^2 a_{ii} + c^2 a_{kk} - c\,s\,(a_{ik} + a_{ki})$

Für die weiter mit b_{rs} bezeichneten Elemente der neuen Matrix ergeben sich daraus folgende Beziehungen, wobei wir von einer Symmetrie der Matrix vorerst absehen wollen:

$$\begin{aligned} b_{ii} + b_{kk} &= a_{ii} + a_{kk} \\ b_{ik} - b_{ki} &= -a_{ik} + a_{ki} \\ b_{ik} + b_{ki} &= (a_{ii} - a_{kk}) \sin 2\varphi - (a_{ik} + a_{ki}) \cos 2\varphi \\ b_{ii} - b_{kk} &= (a_{ii} - a_{kk}) \cos 2\varphi + (a_{ik} + a_{ki}) \sin 2\varphi\,. \end{aligned}$$

Daraus folgt

$$\begin{aligned} (b_{ii} - b_{kk})^2 + (b_{ik} + b_{ki})^2 &= (a_{ii} - a_{kk})^2 + (a_{ik} + a_{ki})^2 \\ (b_{ii} + b_{kk})^2 &= (a_{ii} + a_{kk})^2 \end{aligned}$$

und durch Addition schließlich

$$b_{ii}^2 + b_{kk}^2 + \frac{1}{2}(b_{ik} + b_{ki})^2 = a_{ii}^2 + a_{kk}^2 + \frac{1}{2}(a_{ik} + a_{ki})^2\,. \qquad (91)$$

Nun stellen wir die Forderung

$$b_{ik} + b_{ki} = 0\,, \qquad (92)$$

woraus sich der Winkel φ bestimmt nach

$$\tan 2\varphi = \frac{a_{ik} + a_{ki}}{a_{ii} - a_{kk}}\,.$$

Dann wird aus (91)

$$b_{ii}^2 + b_{kk}^2 = a_{ii}^2 + a_{kk}^2 + \frac{1}{2}(a_{ik} + a_{ki})^2\,. \qquad (93)$$

Da die übrigen Diagonalelemente unverändert bleiben, erhöht sich die Quadratsumme der Diagonalelemente bei jeder Transformation um die Größe $\frac{1}{2}(a_{ik} + a_{ki})^2$. Das Verfahren endet, sobald im Rahmen der Stellenzahl für alle Paare i, k die Bedingung $a_{ik} + a_{ki} = 0$ erfüllt ist. Es konvergiert somit bei allgemeiner Matrix $\boldsymbol{A}$ gegen eine antimetrische Matrix zuzüglich einer Diagonalmatrix, womit nichts gewonnen ist.

Ist aber $\boldsymbol{A}$ symmetrisch, womit auch alle folgenden transformierten Matrizen symmetrisch bleiben, so geht unsere Forderung (92) über in $b_{ik} = 0$, und der Drehwinkel φ berechnet sich im Falle $a_{ii} \neq a_{kk}$ nach

$$\boxed{t = \tan 2\varphi = \frac{2\, a_{ik}}{a_{ii} - a_{kk}}} \,. \tag{94}$$

Daraus erhält man die Faktoren c und s nach dem Formelsatz

$$\left.\begin{aligned} c &= \cos\varphi = \sqrt{(1 + k)/2} \\ s &= \sin\varphi = \varepsilon\sqrt{(1 - k)/2} \\ \text{mit}\quad k &= \cos 2\varphi = 1/\sqrt{1 + t^2} \\ \text{und}\quad \varepsilon &= \operatorname{sgn} t\,. \end{aligned}\right\} \tag{95}$$

Für den Ausnahmefall $a_{ii} = a_{kk}$, also $\varphi = \pm\,\pi/4$ setzt man

$$c = 1/\sqrt{2}\,, \quad s = \varepsilon/\sqrt{2} \quad \text{mit} \quad \varepsilon = \operatorname{sgn} a_{ik}\,. \tag{96}$$

Mit diesen Werten erfolgt dann die Abänderung der Elemente der i-ten und k-ten Zeile und Spalte nach

$$\left.\begin{aligned} b_{ji} &= c\, a_{ji} + s\, a_{jk} \\ b_{jk} &= s\, a_{ji} - c\, a_{jk} \end{aligned}\right\} \quad \text{für} \quad j \neq i, k\,, \tag{97}$$

$$\left.\begin{aligned} b_{ii} &= c^2\, a_{ii} + s^2\, a_{kk} + 2\, c\, s\, a_{ik} \\ b_{kk} &= s^2\, a_{ii} + c^2\, a_{kk} - 2\, c\, s\, a_{ik}\,. \end{aligned}\right\} \tag{98}$$

Aus Gl. (97a) wird mit $a_{ik} = a_{ki}$

$$b_{ii}^2 + b_{kk}^2 = a_{ii}^2 + a_{kk}^2 + 2\, a_{ik}^2\,. \tag{99}$$

Mit jedem Iterationsschritt erhöht sich die Quadratsumme der Diagonalelemente (das Quadrat der Innennorm) um $2\, a_{ik}^2$, während das Quadrat der Außennorm um ebensoviel abnimmt, da die Gesamtnorm gegenüber Orthogonaltransformationen invariant ist (vgl. § 16.3, S. 207).

Sind die Außenelemente a_{ik} im Rahmen der geforderten Stellenzahl zu Null geworden, so ist die beabsichtigte Hauptachsentransformation auf Diagonalform

$$\boldsymbol{X}'\, \boldsymbol{A}\, \boldsymbol{X} = \boldsymbol{\Lambda}$$

praktisch vollzogen. Die Transformationsmatrix $\boldsymbol{X}$, die sich hier als Produkt der Einzelmatrizen $\boldsymbol{T} = \boldsymbol{T}_s$ aufbaut nach

$$\boldsymbol{X} = \boldsymbol{T}_1 \boldsymbol{T}_2 \boldsymbol{T}_3 \ldots,$$

ist die Matrix der orthonormierten Eigenvektoren $\boldsymbol{x}_i$ (die Modalmatrix) in der gleichen Reihenfolge, in der die zugehörigen Eigenwerte λ_i in der Diagonalmatrix $\boldsymbol{\Lambda} = \mathrm{Diag}(\lambda_i)$ erscheinen, was von der Reihenfolge der Einzeltransformationen abhängt. Die Berechnung dieser Modalmatrix $\boldsymbol{X} = (\boldsymbol{x}_1, \boldsymbol{x}_2, \ldots, \boldsymbol{x}_n)$ erfolgt somit stufenweise, ausgehend von der Einheitsmatrix

$$\boldsymbol{X} := \boldsymbol{I}, \tag{100}$$

und in jedem Iterationsschritt aufbauend nach der Vorschrift

$$\boldsymbol{X} := \boldsymbol{X}\boldsymbol{T}. \tag{101}$$

Diese Multiplikation erfordert dabei lediglich Abändern der i-ten und k-ten Spalte nach

$$\begin{aligned} y_{ri} &= c\, x_{ri} + s\, x_{rk}, \\ y_{rk} &= s\, x_{ri} - c\, x_{rk}. \end{aligned} \tag{102}$$

Der — naturgemäß nicht unbedeutende — Arbeitsaufwand des JACOBI-Verfahrens hängt wesentlich ab von der Reihenfolge, in der man die Indexpaare i, k den gesamten Außendiagonalbereich der Matrix durchlaufen läßt. Diese Frage verdient daher besondere Beachtung. JACOBI selbst wählt als zu annullierendes Element a_{ik} dasjenige größten Betrages. Diese naheliegende und für die Handrechnung auch sehr einfache Auswahl macht bei Automatenrechnung schon einige Mühe, wenn man nicht besondere Kunstgriffe anwendet. Man hat daher mit gutem Erfolg auch die feste Reihenfolge

$$\left\{\begin{array}{r} 12,\ 13,\ 14,\ \ldots,\ 1n \\ 23,\ 24,\ \ldots,\ 2n \\ 34,\ \ldots,\ 3n \\ \ldots\ldots \end{array}\right\} \tag{103}$$

als eine sogenannte *Tour*[1] gewählt. Das hat den Nachteil, daß auch betragsmäßig kleine Außenelemente a_{ik} der Annullierung unterworfen werden, was wenig einbringt. Man vermeidet das durch folgendes *Stufenverfahren.* Man bestimmt vor jeder Tour neu die mittlere Diagonalhöhe

$$a = \frac{1}{n} \sum_i |a_{ii}|$$

und nimmt zunächst diesen Wert als *Niveauhöhe.* In jeder Tour werden nur diejenigen Elemente a_{ik} der Transformation unterworfen, für die

[1] Dieser und einige folgende Ausdrücke stammen von S. FALK; vgl. Anm. 2 auf S. 313.

$|a_{ik}| > a$ sind. Findet sich — gegebenenfalls nach Durchlaufen mehrerer Touren — kein solches Außenelement mehr oder nur noch eine gewisse kleine Anzahl, so ist das erste *Nivellement* beendet. Sodann senkt man die Niveauhöhe ab auf $10^{-1}\, a$ und verfährt entsprechend. Das Verfahren endet, wenn es auf einer gewissen vorgeschriebenen Niveauhöhe $10^{-p}\, a$ abschließt. Auch hier erfordert jede Tour noch $n\,(n-1)/2$ Abfragen, wenn auch die Anzahl der Transformationen je Tour unter Umständen beträchtlich reduziert worden ist.

Das an sich wünschenswerte, aber umständliche Aufsuchen des größten Elementes a_{ik} realisiert wenigstens angenähert auf einfache Weise ein Vorschlag von D. STEPHAN[1]. Es wird ein Vektor $\boldsymbol{q}$ mitgeführt mit den Komponenten

$$q_j = \sum_{l \neq j} a_{jl}^2 ,$$

also den Quadratsummen der Außerdiagonalelemente jeder Zeile j. Zu Beginn der Rechnung bestimmt man die q_j durch bloßes Aufsummieren. Bei jeder Transformation ändern sich davon nur die beiden Komponenten q_i und q_k. Denn aus (97) folgt für $j \neq i, k$

$$b_{ji}^2 + b_{jk}^2 = a_{ji}^2 + a_{jk}^2 ,$$

also $q_j = \text{konst.}$ für $j \neq i, k$. Lediglich die zwei Komponenten q_i, q_k sind nach jeder Transformation neu zu bilden. Sucht man nun im Vektor $\boldsymbol{q}$ die größte Komponente $\operatorname{Max} q_j = q_i$ auf, so wird diese Zeile i wenigstens angenähert das betragsgrößte Element enthalten. Man sucht daher in dieser Zeile i das betragsgrößte Element a_{ik} auf und verwendet es zur Transformation.

Charakteristisch für das JACOBI-Verfahren ist die Eigenschaft, daß die Eigenwerte etwa mit der gleichen absoluten Genauigkeit anfallen. Sind daher, was oft vorkommt, die Werte von unterschiedlicher Größenordnung, so werden die kleinen Eigenwerte relativ ungenau wiedergegeben. Andererseits erweist sich das Verfahren als gänzlich unempfindlich gegen sonst unangenehme Ausnahmefälle wie betragsgleiche oder betragsnahe Eigenwerte u. dgl. Bei mehrfachen oder nahe benachbarten Eigenwerten wird lediglich die Konvergenz infolge nahezu verschwindender Nenner $a_{ii} - a_{kk}$ in (94) etwas verlangsamt.

21.9. Ein Jacobi-Verfahren für Matrizenpaare

FALK und LANGEMEYER[2] geben eine Verallgemeinerung des JACOBI-Verfahrens auf die allgemeine Eigenwertaufgabe

$$\boxed{\boldsymbol{A}\,\boldsymbol{x} = \lambda\,\boldsymbol{B}\,\boldsymbol{x}} \tag{104}$$

[1] Nach mündlicher Mitteilung; ein weiterer Vorschlag zu einer rationellen Auswahl des wirklich größten Elementes eignet sich hier schlecht zu ausführlicher Wiedergabe.

[2] FALK, S., u. P. LANGEMEYER: Das Jacobische Rotationsverfahren für reellsymmetrische Matrizenpaare I, II. Elektron. Datenverarb. 1960, S. 30—43.

mit reell-symmetrischem Matrizenpaar $\boldsymbol{A}, \boldsymbol{B}$ bei positiv definitem $\boldsymbol{B}$. Hierfür zeigten wir in § 15.5, daß sich das Paar durch eine allgemeine, also nicht mehr orthogonale Kongruenztransformation simultan auf das Diagonalpaar $\boldsymbol{\Lambda}, \boldsymbol{I}$ überführen läßt. Verzichtet man auf die Normierung $\boldsymbol{X}' \boldsymbol{B} \boldsymbol{X} = \boldsymbol{I}$, so lautet die Hauptachsentransformation

$$\boxed{\begin{aligned} \boldsymbol{X}' \boldsymbol{A} \boldsymbol{X} &= \mathring{\boldsymbol{A}} = \mathrm{Diag}(a_i) \\ \boldsymbol{X}' \boldsymbol{B} \boldsymbol{X} &= \mathring{\boldsymbol{B}} = \mathrm{Diag}(b_i) \end{aligned}} \tag{105}$$

mit der Modalmatrix $\boldsymbol{X}$ der — hier nicht mehr orthogonalen — Eigenvektoren. Die Diagonalmatrix $\boldsymbol{\Lambda}$ der Eigenwerte ergibt sich dann durch Quotientenbildung

$$\boxed{\boldsymbol{\Lambda} = \mathring{\boldsymbol{B}}^{-1} \mathring{\boldsymbol{A}}} \qquad \text{bzw.} \qquad \boxed{\lambda_i = a_i / b_i} \; . \tag{106}$$

Wieder wird die Transformation (105) iterativ durch eine Folge elementarer Transformationen der Form

$$\boldsymbol{A} := \boldsymbol{T}' \boldsymbol{A} \boldsymbol{T}$$

$$\boldsymbol{B} := \boldsymbol{T}' \boldsymbol{B} \boldsymbol{T}$$

approximiert. Jede Elementartransformation annulliert simultan die Elementpaare $a_{ik} = a_{ki}$ und $b_{ik} = b_{ki}$. Der wirksame Bestandteil der Transformationsmatrix $\boldsymbol{T}$ läßt sich in der Form

$$\begin{pmatrix} 1 & t_{ik} \\ t_{ki} & 1 \end{pmatrix}$$

ansetzen, womit $\boldsymbol{T}$ von der Einheitsmatrix nur in den beiden Plätzen i, k und k, i abweicht. Aus der Forderung des Auslöschens von a_{ik} und b_{ik} ergeben sich dann die beiden Transformationselemente zu

$$\boxed{\begin{aligned} t_{ik} &= p_2 / x \\ t_{ki} &= -p_1 / x \end{aligned}} \, , \tag{107}$$

wo der Nenner x eine der beiden Wurzeln der quadratischen Gleichung

$$\boxed{x^2 - m\,x - p_1\,p_2 = 0} \tag{108}$$

ist mit den Abkürzungen

$$\left.\begin{aligned} m &= a_{ii}\,b_{kk} - a_{kk}\,b_{ii} \, , \\ p_1 &= a_{ii}\,b_{ik} - b_{ii}\,a_{ik} \, , \\ p_2 &= a_{kk}\,b_{ik} - b_{kk}\,a_{ik} \, . \end{aligned}\right\} \tag{109}$$

Wegen positiver Definitheit von $\boldsymbol{B}$ sind beide Wurzeln reell. Gewählt wird für (107) stets die betragsgrößte. Da bei einer praktischen Aufgabe die Definitheit von $\boldsymbol{B}$ oft nicht feststeht, so wird man beim automatischen Rechnen hier $m^2 + 4\,p_1\,p_2 \geqq 0$ abfragen und nur im Jafalle weiterrechnen lassen.

Für die Auswahl der Zeigerpaare i, k der zu annullierenden Elemente wird Schema (103) benutzt, aber mit stufenweise abgesenkten Niveauhöhen. Diese sind jetzt für $\boldsymbol{A}$ und $\boldsymbol{B}$ getrennt festzulegen wegen möglicherweise verschiedener Größenordnung der beiden Matrizen. Zu Beginn jeder Tour bildet man daher die beiden Mittelwerte der Innenbeträge

$$a = \frac{1}{n} \sum |a_{ii}|\,, \qquad b = \frac{1}{n} \sum |b_{ii}|\,,$$

und es werden in jeder Tour nur diejenigen Indexpaare i, k der Transformation unterworfen, für die

$$|a_{ik}| > a \cdot 10^{-\varrho} \quad \text{oder} \quad |b_{ik}| > b \cdot 10^{-\varrho}$$

gilt, beginnend mit einem Nivellement $\varrho = 1$, sodann $\varrho = 2$ usw., bis bei einem voraus gewählten $\varrho = p$ das Verfahren endet, indem die gewünschte Stellenzahl erreicht ist.

Die Quotienten $\lambda_i = a_i/b_i$ sind übrigens RAYLEIGH-Quotienten wegen

$$a_i = \boldsymbol{x}_i'\,\boldsymbol{A}\,\boldsymbol{x}_i\,, \qquad b_i = \boldsymbol{x}_i'\,\boldsymbol{B}\,\boldsymbol{x}_i$$

und daher auch dann schon recht genau, wenn die Spalten $\boldsymbol{x}_i$ der wieder nach (100), (101) auflaufenden Modalmatrix $\boldsymbol{X}$ noch fehlerbehaftet sind, die Matrizen $\boldsymbol{A}, \boldsymbol{B}$ also noch kleine Außerdiagonalelemente aufweisen. Von den im Laufe der Rechnung auftretenden Rundungsfehlern befreien sich FALK und LANGEMEYER durch eine einfache Maßnahme des sogenannten *Auffrischens*. Durch Anwenden der — fehlerbehafteteten — Gesamtmatrix $\boldsymbol{X}$ auf die *Ausgangsmatrizen* bildet man

$$\boldsymbol{A} := \boldsymbol{X}'\,\boldsymbol{A}\,\boldsymbol{X} \quad \text{und} \quad \boldsymbol{B} := \boldsymbol{X}'\,\boldsymbol{B}\,\boldsymbol{X}\,,$$

die von den zuvor errechneten Diagonalmatrizen $\mathring{\boldsymbol{A}}$ und $\mathring{\boldsymbol{B}}$ etwas abweichen und insbesondere schwache Außerdiagonalelemente aufweisen können. Von diesen befreit man sich dann durch ein letztes Nivellement. — Wegen dieser höchst willkommenen Möglichkeit ist das Verfahren auch für den Fall der speziellen Eigenwertaufgabe mit $\boldsymbol{B} = \boldsymbol{I}$ vorteilhaft anwendbar anstelle des eigentlichen JACOBI-Verfahrens.

Beispiel aus FALK-LANGEMEYER:

$$\boldsymbol{A} = \begin{pmatrix} 5 & 3 & -4 & 3 & -3 \\ 3 & 23 & -12 & -3 & 3 \\ -4 & -12 & 20 & 12 & 8 \\ 3 & -3 & 12 & 19 & 5 \\ -3 & 3 & 8 & 5 & 7 \end{pmatrix}, \qquad \boldsymbol{B} = \begin{pmatrix} 3 & 0 & 0 & 0 & 0 \\ 0 & 1 & -2 & 0 & 0 \\ 0 & -2 & 8 & 2 & 0 \\ 0 & 0 & 2 & 5 & 0 \\ 0 & 0 & 0 & 0 & 1 \end{pmatrix}$$

$E_0 = 1$	Leer
$E_1 = 0{,}1$	1,2 1,3 1,4 1,5 2,3 2,4 2,5 3,4 3,5 4,5
	1,2 1,3 1,4 3,4 3,5
$E_2 = 0{,}01$	1,2 1,3 2,3 2,4 2,5 4,5
$E_3 = 0{,}001$	1,2 1,4 1,5 3,4 3,5
$E_4 = 0{,}0001$	1,3 2,4
$E_5 = 0{,}00001$	2,3 2,5 4,5
$E_6 = 0{,}000001$	1,2
$E_7 = 0{,}0000001$	1,4 1,5
$E_8 = 0{,}0000000$	2,4 3,4

Lösung: $\lambda_i =$ 0,270 5051 Letzte Stelle bis auf 1 Einheit gesichert (vgl. Originalarbeit)
42,323 1130
—0,226 9039
3,720 3313
8,829 6214

Eigenvektoren (Matrix $\boldsymbol{X}$):

0,391 6384	0,015 2895	—0,253 3459	0,313 2631	—0,131 9132
0,050 5813	1,467 3199	0,266 5066	0,016 6656	—0,152 0207
0,266 2992	0,375 4060	0,291 1435	—0,072 3093	0,103 2563
—0,233 4133	—0,159 3797	0,037 4297	0,387 3756	0,136 5852
0,008 8927	0,185 7832	—0,563 9835	—0,142 8837	0,791 7780

21.10. LR-Transformation von Rutishauser

Für die gewöhnliche Eigenwertaufgabe $\boldsymbol{A}\,\boldsymbol{x} = \lambda\,\boldsymbol{x}$ mit reeller, aber nicht mehr symmetrischer Matrix $\boldsymbol{A}$ sind mehrere Vorschläge einer Verallgemeinerung des Jacobi-Verfahrens bekannt geworden. Durch eine unendliche Folge elementarer Ähnlichkeitstransformationen ähnlich wie bei Jacobi soll, wenn schon nicht mehr eine Diagonalmatrix, so doch eine solche Form approximiert werden, daß sich aus ihr die Eigenwerte leicht ablesen lassen. Im Falle durchweg reeller Eigenwerte gelingt schon durch die gewöhnliche Jacobi-Transformation Annäherung an Dreiecksform mit den Eigenwerten als Diagonalelementen. Schwierigkeiten treten bei komplexen und bei mehrfachen Eigenwerten nicht linearer Elementarteiler auf[1].

Ein in der Zielsetzung gleiches, im Vorgehen jedoch ganz anderes Iterationsverfahren, das sich in vielen Fällen sowohl bei reellen als auch bei komplexen Eigenwerten bewährt hat, ist die sogenannte LR-Transformation von Rutishauser[2]. Sie konvergiert unter gewissen Bedingungen bei durchweg reellen Eigenwerten gegen eine (z. B. obere) Dreiecksmatrix. Im Falle komplexer Eigenwerte bilden sich längs der Diago-

[1] Vgl. etwa das Buch von Durand [5], S. 292 ff.

[2] Rutishauser, H.: Z. angew. Math. Phys. Bd. 5 (1954), S. 233- 251. Nat. Bur. Stand. Appl. Math. Ser. 49 (1958), S. 47—81.

nalen zweireihige Untermatrizen (Dreiecks-Hypermatrix)

$$\boldsymbol{D} = \begin{pmatrix} a & b \\ c & d \end{pmatrix},$$

wo zwar nicht die Elemente selbst, wohl aber die Werte

$$\begin{aligned} \operatorname{sp} \boldsymbol{D} &= s\,, \\ \det \boldsymbol{D} &= p \end{aligned}$$

gegen feste Zahlen konvergieren. Das betreffende konjugiert komplexe Eigenwertpaar ergibt sich dann aus der quadratischen Gleichung

$$\lambda^2 - s\,\lambda + p = 0\,.$$

Wir geben hier das Verfahren ohne die etwas verwickelten Konvergenzbetrachtungen wieder, für die wir, wie überhaupt für manche Einzelheiten, auf die Originalarbeiten verweisen[1].

Das Verfahren beginnt damit, daß die Matrix $\boldsymbol{A} = \boldsymbol{A}_0$ einer Dreieckszerlegung

$$\boldsymbol{A} = \boldsymbol{L}_1\,\boldsymbol{R}_1$$

unterworfen wird mit einer linken (unteren) Dreiecksmatrix $\boldsymbol{L}_1$ und einer rechten (oberen) $\boldsymbol{R}_1$. Die Diagonalelemente einer der beiden Matrizen sind zu 1 wählbar; es seien etwa die von $\boldsymbol{L}_1$. Sodann wird aus den beiden Dreiecksmatrizen das Produkt in umgekehrter Reihenfolge gebildet, womit die neue Matrix

$$\boldsymbol{A}_1 = \boldsymbol{R}_1\,\boldsymbol{L}_1$$

entsteht, die anschließend wieder einer Dreieckszerlegung unterworfen wird,

$$\boldsymbol{A}_1 = \boldsymbol{L}_2\,\boldsymbol{R}_2\,,$$

wieder mit den Diagonalelementen 1 in $\boldsymbol{L}_2$. In dieser Weise fortfahrend arbeitet man nach der Iterationsvorschrift

$$\boxed{\begin{aligned} \boldsymbol{A}_0 &= \quad\boldsymbol{A} &&= \boldsymbol{L}_1\,\boldsymbol{R}_1 \\ \boldsymbol{A}_1 &= \boldsymbol{R}_1\,\boldsymbol{L}_1 &&= \boldsymbol{L}_2\,\boldsymbol{R}_2 \\ \boldsymbol{A}_2 &= \boldsymbol{R}_2\,\boldsymbol{L}_2 &&= \boldsymbol{L}_3\,\boldsymbol{R}_3 \\ &\cdots\cdots\cdots \end{aligned}}\;. \qquad (110)$$

Es ist leicht zu sehen, daß die so gebildeten Stufen $\boldsymbol{A}_k$ untereinander ähnliche Matrizen sind. Denn aus

$$\boldsymbol{A}_k = \boldsymbol{R}_k\,\boldsymbol{L}_k$$

folgt nach Linksmultiplikation mit $\boldsymbol{L}_k$ wegen $\boldsymbol{L}_k\,\boldsymbol{R}_k = \boldsymbol{A}_{k-1}$

$$\boldsymbol{L}_k\,\boldsymbol{A}_k = \boldsymbol{L}_k\,\boldsymbol{R}_k\,\boldsymbol{L}_k = \boldsymbol{A}_{k-1}\,\boldsymbol{L}_k$$

[1] Vgl. auch die beiden Bücher E. BODEWIG [2] und E. DURAND [5].

und daraus wegen nichtsingulärem $\boldsymbol{L}_k$ die Ähnlichkeitsbeziehung

$$\boldsymbol{A}_k = \boldsymbol{L}_k^{-1} \boldsymbol{A}_{k-1} \boldsymbol{L}_k .$$

Es zeigt sich nun, daß die Folge der Matrizen $\boldsymbol{A}_k$ im Falle durchweg reeller Eigenwerte, bei nur linearen Elementarteilern, und wenn gewisse die Zerlegbarkeit betreffenden Bedingungen erfüllt sind, gegen eine obere Dreiecksmatrix konvergiert, deren Diagonalelemente dann die gesuchten Eigenwerte sein müssen. Im Falle komplexer Eigenwerte findet Konvergenz nur in dem oben angegebenen eingeschränkten Sinne statt derart, daß nur noch Spur und Determinante der Untermatrizen $\boldsymbol{D}$ gegen Summe bzw. Produkt der Eigenwerte konvergieren. Im reellen Falle konvergiert das Produkt der Linksmatrizen $\boldsymbol{L}_1, \boldsymbol{L}_2, \ldots, \boldsymbol{L}_k$ mit wachsendem k gegen die Transformationsmatrix $\boldsymbol{T}$, die den Zusammenhang zwischen Ausgangsmatrix $\boldsymbol{A}$ und sich einspielender Dreiecksmatrix, sagen wir $\boldsymbol{B}$, herstellt nach

$$\boldsymbol{T}^{-1} \boldsymbol{A} \boldsymbol{T} = \boldsymbol{B} .$$

Mit dieser Matrix $\boldsymbol{T}$, die man durch Auflaufenlassen der Produkte der $\boldsymbol{L}_k$ bildet, lassen sich dann auch die Eigenvektoren $\boldsymbol{x}_i$ ermitteln. Aus den leicht errechenbaren Vektoren $\boldsymbol{z}_i$ der Dreiecksmatrix $\boldsymbol{B}$ ergeben sie sich zu

$$\boldsymbol{x}_i = \boldsymbol{T} \boldsymbol{z}_i .$$

Das Verfahren ist ausschließlich für Automatenrechnung gedacht und selbst dann noch recht aufwendig. Hat aber die Matrix $\boldsymbol{A}$ die besondere Form einer Fastdreiecksmatrix (unterhalb der Hauptdiagonale nur noch eine Schrägreihe besetzt) oder gar die einer Tridiagonalmatrix, welche beide bei der LR-Transformation unverändert bleiben, so vermindert sich der Arbeitsaufwand von der Ordnung n^3 auf n^2. Das Verfahren hat daher besondere Bedeutung in Verbindung mit einer der im nächsten Paragraphen zu behandelnden Transformationen der Matrix auf eine dieser Formen.

§ 22. Eigenwertaufgabe: Direkte Verfahren

22.1. Überblick

Gegenüber der iterativen Behandlung der Eigenwertaufgabe gehen die direkten Verfahren über das charakteristische Polynom

$$p(\lambda) = \det(\lambda \boldsymbol{I} - \boldsymbol{A}) = \lambda^n + a_{n-1} \lambda^{n-1} + \cdots + a_1 \lambda + a_0 . \qquad (1)$$

Wesentlicher Bestandteil dieser Methoden ist also die Ermittlung der Polynomkoeffizienten a_i in einer festen Anzahl von Rechenschritten. Anschließendes Auflösen der charakteristischen Gleichung $p(\lambda) = 0$ nach einem der dafür in der praktischen Mathematik entwickelten numerischen Lösungsverfahren liefert die Eigenwerte. Ein etwaiges Ermitteln der zugehörigen Eigenvektoren erfordert zusätzliche Rechnung. Das alles bedingt naturgemäß bei Matrizen größerer Reihenzahl einen nicht unbeträchtlichen Arbeitsaufwand, jedenfalls wesentlich mehr als etwa die iterative Bestimmung eines einzelnen oder einiger weniger Eigenwerte nebst Eigenvektoren. Man wird daher ein direktes Verfahren vorwiegend dann anwenden, wenn man sich für die Gesamtheit der Eigenwerte der Matrix interessiert. Wohl aber kann man sich vorteilhaft einer der in diesem Zusammenhang entwickelten Transformationen der Matrix auf Fastdreiecks- oder sogar Tridiagonalform in Verbindung mit iterativem Vorgehen — WIELANDT-Iteration, LR-Transformation von RUTISHAUSER — bedienen, um auf diese Weise die sonst dort recht aufwendige Rechnung wesentlich zu vereinfachen. Freilich handelt es sich dann nicht mehr um ein direktes Verfahren im oben verstandenen Sinne.

Zur Berechnung der Polynomkoeffizienten a_i sind zahlreiche Verfahren entwickelt worden, von denen wir hier wieder nur eine Auswahl bringen können[1]. Bei dem schon in § 14.2 vorgeführten Verfahren von KRYLOV wurde das Koeffizientenschema eines linearen Gleichungssystems zur Berechnung der a_i spaltenweise in Form iterierter Vektoren aufgebaut. Das Verfahren hat den meist schwerwiegenden Nachteil, daß die Vektoren zu linearer Abhängigkeit neigen, um so stärker, je mehr sich die Eigenwerte dem Betrage nach unterscheiden. Damit ist man in der Regel auf andere direkte Methoden angewiesen.

Diese arbeiten vorwiegend nach dem Prinzip einer Ähnlichkeitstransformation

$$\boldsymbol{T}^{-1}\boldsymbol{A}\,\boldsymbol{T} = \boldsymbol{B}\,. \tag{2}$$

Die Matrix $\boldsymbol{A}$ wird unter Wahrung ihrer Eigenwerte in eine neue Matrix $\boldsymbol{B}$ überführt, aus der sich die Koeffizienten des gleichfalls unveränderten charakteristischen Polynoms $p(\lambda) = \det(\lambda\boldsymbol{I} - \boldsymbol{A}) = \det(\lambda\boldsymbol{I} - \boldsymbol{B})$ leichter entnehmen lassen als aus $\boldsymbol{A}$. Am weitesten in dieser Richtung geht das Verfahren von DANILEWSKI[2], welches geradezu in die FROBENIUS-Matrix $\boldsymbol{B} = \boldsymbol{F}$ transformiert, aus der man die Polynomkoeffizienten unmittelbar abliest; vgl. § 13.5, S. 159. — Das Verfahren von LANCZOS[3] transformiert auf sogenannte *Tridiagonalform* der besonderen Gestalt

$$\boldsymbol{B} = \begin{pmatrix} b_1 & c_1 & & & \\ 1 & b_2 & c_2 & & \\ & 1 & b_3 & c_3 & \\ & & \cdot & \cdot & \cdot \\ & & & 1 & b_n \end{pmatrix}. \tag{3}$$

[1] Eine ausführlichere Übersicht über die heute bekannten Verfahren findet man in den beiden Büchern E. BODEWIG, Matrix Calculus [2] und E. DURAND, Solutions numériques des équations algébriques Bd. 2 [5].

[2] DANILEVSKIĬ A.: O čislennom rešenii vekovogo uravneniya. Mat. Sbornik Bd. 2 (1937), S. 169—171.

[3] LANCZOS, C.: J. Research N. B. S. Bd. 45 (1950), S. 255—282.

Außer der Hauptdiagonalen mit den Elementen $b_{ii} = b_i$ sind nur die beiden Nebendiagonalen besetzt, die eine mit Elementen c_i, die andere mit 1. Diese Form erlaubt eine einfache *rekursive Berechnung* des charakteristischen Polynoms. Durch Entwickeln der Hauptabschnittsdeterminanten nach ihrer letzten Spalte folgt

$$\left.\begin{array}{l} f_{i+1}(\lambda) = (\lambda - b_{i+1})\, f_i(\lambda) - b_i\, f_{i-1}(\lambda) \\ \text{mit } f_0 = 1,\, f_1(\lambda) = \lambda - b_1 \,. \end{array}\right\} \tag{4}$$

Die Rechnung endet mit dem charakteristischen Polynom $p(\lambda) = f_n(\lambda)$.

Als wichtigster Gesichtspunkt für die numerische Durchführbarkeit derartiger Verfahren hat sich der der numerischen Stabilität erwiesen. Unter dem Einfluß von Rundungsfehlern und beschränkter Stellenzahl weicht die numerisch errechnete Matrix $\boldsymbol{B}$ von der theoretisch durch (2) definierten mehr oder weniger ab, so daß die aus ihr ermittelten Polynomkoeffizienten gegenüber den wahren Werten verfälscht sein können. Es hat den Anschein, daß die Verfahren in dieser Hinsicht um so weniger anfällig sind, je weniger die Matrix $\boldsymbol{B}$ auch in ihrer äußeren Form von der Ausgangsmatrix $\boldsymbol{A}$ abweicht. Aus diesem Grunde kommt einer Gruppe von Verfahren besondere Bedeutung zu, welche lediglich auf (obere oder untere) *Fastdreiecksform* transformieren:

$$\boldsymbol{B} = \begin{pmatrix} * & * & * & * & * \\ * & * & * & * & * \\ & * & * & * & * \\ & & * & * & * \\ & & & * & * \end{pmatrix}. \tag{5}$$

Auch hier läßt sich das Polynom $p(\lambda)$ noch ziemlich einfach rekursiv aufbauen, namentlich dann, wenn man, was leicht möglich ist, die Elemente der unteren Nebendiagonale zu 1 macht, vgl. dazu den späteren Abschnitt 22.3. Als Verfahren, die sich hinsichtlich Stabilität bewährt haben, behandeln wir im folgenden ausführlicher die von HESSENBERG, GIVENS und HOUSEHOLDER. Das von HESSENBERG arbeitet nach allgemeiner Ähnlichkeitstransformation, aber mit einer dreieckförmigen Transformationsmatrix $\boldsymbol{T}$, die den sukzessiven Aufbau der Matrizen $\boldsymbol{T}$ und $\boldsymbol{B}$ erlaubt. Die beiden Verfahren von GIVENS und HOUSEHOLDER verwenden demgegenüber Orthogonaltransformationen mit $\boldsymbol{T}'\,\boldsymbol{T} = \boldsymbol{I}$. Im Falle symmetrischer Matrix $\boldsymbol{A}$ bleibt wegen $\boldsymbol{B} = \boldsymbol{T}'\,\boldsymbol{A}\,\boldsymbol{T}$ dann auch $\boldsymbol{B}$ symmetrisch und nimmt somit (symmetrische) *Tridiagonalform* an:

$$\boldsymbol{B} = \begin{pmatrix} * & * & & & \\ * & * & * & & \\ & * & * & * & \\ & & * & * & * \\ & & & * & * \end{pmatrix}, \tag{6}$$

was den rekursiven Aufbau von $p(\lambda)$ wesentlich erleichtert. Beide Verfahren sind im übrigen in erster Linie für Automatenrechnung gedacht. Das von HESSENBERG eignet sich wegen einer sehr übersichtlichen Rechnungsanordnung auch besonders für Handrechnung. Wir beginnen mit seiner Beschreibung, wobei sich manche Einzelheiten für die beiden andern Verfahren mit verwenden lassen.

Die beiden ersten Polynomkoeffizienten a_{n-1} und a_{n-2} lassen sich übrigens mit erträglichem Aufwand auch vorweg bestimmen, nämlich $-a_{n-1}$ als Spur von $\boldsymbol{A}$, danach a_{n-2} über die Spur von $\boldsymbol{A}^2$, die man erhält, indem man allein die Diagonalelemente von $\boldsymbol{A}^2$ berechnet und addiert. Es gilt nämlich

$$a_{n-1} = -\operatorname{sp} \boldsymbol{A} \tag{7a}$$

$$a_{n-2} = \frac{1}{2}\left[(\operatorname{sp} \boldsymbol{A})^2 - \operatorname{sp}(\boldsymbol{A}^2)\right] \tag{7b}$$

Die Gleichungen, deren zweite aus

$$a_{n-2} = \sum_{i<k} \lambda_i \lambda_k = \frac{1}{2}\left[(\sum \lambda_i)^2 - \sum \lambda_i^2\right]$$

folgt, sind zu Kontrollzwecken nützlich, beim KRYLOV-Verfahren auch zur Rechnungsabkürzung.

22.2. Verfahren von Hessenberg

Das Verfahren[1] besteht in einer Ähnlichkeitstransformation auf Fastdreiecksform mit Hilfe dreieckförmiger Transformationsmatrix. In der zunächst für Handrechnung bestimmten Form sind die Subdiagonalelemente der Fastdreiecksmatrix zu 1 gewählt, was den rekursiven Polynomaufbau vereinfacht. Wir bezeichnen die neue Matrix mit $-\boldsymbol{P}$ (das $-$ Zeichen erleichtert die Rechenvorschrift) und die Transformationsmatrix mit $\boldsymbol{Z}$, deren erste Spalte gleich dem Einheitsvektor $\boldsymbol{e}_1$ gemacht wird:

$$\boldsymbol{Z} = \begin{pmatrix} 1 & 0 & 0 & \dots & 0 \\ 0 & z_{22} & 0 & \dots & 0 \\ 0 & z_{32} & z_{33} & \dots & 0 \\ \cdot & \cdot & \cdot & \cdot & \cdot \\ 0 & z_{n2} & z_{n3} & \dots & z_{nn} \end{pmatrix}, \quad \boldsymbol{P} = \begin{pmatrix} p_{11} & p_{12} & \dots & \dots & p_{1n} \\ -1 & p_{22} & \dots & \dots & p_{2n} \\ 0 & -1 & \dots & \dots & p_{3n} \\ \cdot & \cdot & \cdot & \cdot & \cdot \\ 0 & 0 & \dots & -1 & p_{nn} \end{pmatrix}. \tag{8}$$

Aus der Ähnlichkeitsbeziehung

$$\boldsymbol{Z}^{-1} \boldsymbol{A} \boldsymbol{Z} = -\boldsymbol{P} \tag{9}$$

wird durch Vormultiplikation mit $\boldsymbol{Z}$ die von der Kehrmatrix freie Form

$$\boldsymbol{A} \boldsymbol{Z} + \boldsymbol{Z} \boldsymbol{P} = \boldsymbol{O}, \tag{10}$$

[1] HESSENBERG, K.: Auflösung linearer Eigenwertaufgaben mit Hilfe der HAMILTON-CAYLEYschen Gleichung. Diss. T. H. Darmstadt 1941.

die sich unmittelbar in eine einfache Rechenvorschrift übersetzen läßt. Ordnet man nämlich die drei Matrizen $\boldsymbol{A}$, $\boldsymbol{Z}$ und $\boldsymbol{P}$ in folgender Weise neben- bzw. untereinander an:

$\boldsymbol{A}$	$\boldsymbol{Z}$
	$\boldsymbol{P}$

so verlangt Gl. (10) die skalare Produktbildung zunächst der i-ten Zeile von $\boldsymbol{A}$ mit der k-ten Spalte von $\boldsymbol{Z}$, danach der gleichen i-ten Zeile von $\boldsymbol{Z}$ mit der k-ten Spalte von $\boldsymbol{P}$, wobei die Gesamtsumme jeweils Null ergeben soll. Das aber ist insgesamt die Produktbildung der i-ten Zeile der oberen, aus $\boldsymbol{A}$ und $\boldsymbol{Z}$ bestehenden Gesamtmatrix $(\boldsymbol{A}, \boldsymbol{Z})$, kurz der $\boldsymbol{A}$-$\boldsymbol{Z}$-Matrix, mit der k-ten Spalte der rechten aus $\boldsymbol{Z}$ und $\boldsymbol{P}$ bestehenden Gesamtmatrix $\begin{pmatrix}\boldsymbol{Z}\\ \boldsymbol{P}\end{pmatrix}$, kurz der $\boldsymbol{Z}$-$\boldsymbol{P}$-Matrix.

Bildet man nun auf diese Weise der Reihe nach das skalare Produkt der 1., 2., ..., n-ten Zeile der $\boldsymbol{A}$-$\boldsymbol{Z}$-Matrix mit der 1. Spalte der $\boldsymbol{Z}$-$\boldsymbol{P}$-Matrix, danach mit der 2. Spalte dieser Matrix usf., so tritt in den insgesamt n^2 Gleichungen immer gerade ein neues noch unbekanntes Element p_{ik} oder z_{ik} auf, so daß sich die beiden Matrizen $\boldsymbol{P}$ und $\boldsymbol{Z}$ der Reihe nach aufbauen. Wir erläutern den Rechnungsgang am Beispiel einer vierreihigen Matrix $\boldsymbol{A}$, wofür wir das Rechenschema einschließlich der leicht einzubauenden Proben mittels Spaltensummen σ_k und τ_k für $\boldsymbol{A}$ und $\boldsymbol{Z}$ anschreiben:

σ_1	σ_2	σ_3	σ_4	1	τ_2	τ_3	τ_4
a_{11}	a_{12}	a_{13}	a_{14}	1	0	0	0
a_{21}	a_{22}	a_{23}	a_{24}	0	z_{22}	0	0
a_{31}	a_{32}	a_{33}	a_{34}	0	z_{32}	z_{33}	0
a_{41}	a_{42}	a_{43}	a_{44}	0	z_{42}	z_{43}	z_{44}
				p_{11}	p_{12}	p_{13}	p_{14}
				-1	p_{22}	p_{23}	p_{24}
				0	-1	p_{33}	p_{34}
				0	0	-1	p_{44}

Man beginnt mit der ersten Spalte der $\boldsymbol{Z}$-$\boldsymbol{P}$-Matrix und multipliziert nach Gl. (10) der Reihe nach mit der 1., 2., ..., n-ten Zeile der $\boldsymbol{A}$-$\boldsymbol{Z}$-Matrix. Zur Kontrolle multipliziert man schließlich noch mit der Summenzeile σ_k, τ_k der $\boldsymbol{A}$-$\boldsymbol{Z}$-Matrix. Das ergibt die Gleichungen

$$\begin{array}{llr|c|}
a_{11} + p_{11} & & = 0 \rightarrow & p_{11} \\
a_{21} & - z_{22} & = 0 \rightarrow & z_{22} \\
a_{31} & - z_{32} & = 0 \rightarrow & z_{32} \\
a_{41} & - z_{42} & = 0 \rightarrow & z_{42} \\
\hline
\sigma_1 + p_{11} - \tau_2 & & = 0 & \text{Probe}
\end{array}$$

Nachdem man so die erste Spalte von $\boldsymbol{P}$ und die zweite von $\boldsymbol{Z}$ bestimmt hat, macht man das gleiche mit der zweiten Spalte der $\boldsymbol{Z}$-$\boldsymbol{P}$-Matrix und erhält:

$$\begin{array}{lllllr|c|}
a_{12}\, z_{22} + & a_{13}\, z_{32} + & a_{14}\, z_{42} + p_{12} & & & = 0 \rightarrow & p_{12} \\
a_{22}\, z_{22} + & a_{23}\, z_{32} + & a_{24}\, z_{12} & + z_{22}\, p_{22} & & = 0 \rightarrow & p_{22} \\
a_{32}\, z_{22} + & a_{33}\, z_{32} + & a_{34}\, z_{42} & + z_{32}\, p_{22} & - z_{33} & = 0 \rightarrow & z_{33} \\
a_{42}\, z_{22} + & a_{43}\, z_{32} + & a_{44}\, z_{42} & + z_{42}\, p_{22} & - z_{43} & = 0 \rightarrow & z_{43} \\
\hline
\sigma_2\, z_{22} + & \sigma_3\, z_{32} + & \sigma_4\, z_{42} + p_{21} & + \tau_2\, p_{22} & - \tau_3 & = 0 & \text{Probe}
\end{array}$$

Das ergibt die zweite Spalte von $\boldsymbol{P}$ und die dritte von $\boldsymbol{Z}$. Multiplikation der 3. und 4. Spalte der $\boldsymbol{Z}$-$\boldsymbol{P}$-Matrix mit den vier Zeilen und der Summenzeile der $\boldsymbol{A}$-$\boldsymbol{Z}$-Matrix ergibt entsprechend die noch fehlenden Spalten von $\boldsymbol{P}$ und $\boldsymbol{Z}$.

Allgemein bildet man die skalaren Produkte aller Zeilen der $\boldsymbol{A}$-$\boldsymbol{Z}$-Matrix in der Reihenfolge $i = 1, 2, \ldots, n$ mit der k-ten Spalte der $\boldsymbol{Z}$-$\boldsymbol{P}$-Matrix, wobei die Produkte von selbst vor dem leeren Platz eines noch unbekannten Elementes p_{ik} oder $z_{i,\,k+1}$ haltmachen. Das Produkt ist bei Berechnung von p_{ik} noch durch das jeweilige negative Diagonalelement z_{ii} der gerade benutzten Zeile i zu dividieren, bei Berechnung von $z_{i,\,k+1}$ dagegen unmittelbar niederzuschreiben. Selbstredend werden die skalaren Produkte wieder, wie beim verketteten Algorithmus, in der Rechenmaschine durch automatisches Auflaufenlassen der Teilprodukte zur Produktsumme gebildet.

Folgendes ganzzahlige Beispiel diene zur Erläuterung. Die links von $\boldsymbol{P}$ hinzugefügte Dreiecksmatrix $\boldsymbol{F}$ zum Aufbau des Polynoms wird in 22.3 erklärt.

	6	4	10	−8	1	5	3	−2	
	1	−2	3	−2	1	0	0	0	
$\boldsymbol{A}$	1	5	−1	−1	0	1	0	0	$\boldsymbol{Z}$
	2	3	2	−2	0	2	1	0	
	2	−2	6	−3	0	2	2	−2	
				1	−1	0	1	−4	
$\boldsymbol{F}$			1	−1	−1	−1	3	−2	$\boldsymbol{P}$
		1	−2	1	0	−1	−4	4	
	1	−6	12	−6	0	0	−1	1	
$p(\lambda)$: 1	−5	6	4	−8	$p(\lambda) = \lambda^4 - 5\lambda^3 + 6\lambda^2 + 4\lambda - 8$				
					$= (\lambda + 1)(\lambda - 2)^3$				

Bei der Berechnung der Elemente p_{ik} der k-ten Spalte von $\boldsymbol{P}$ ist durch die jeweiligen Diagonalelemente z_{ii} der $\boldsymbol{Z}$-Matrix zu dividieren (abgesehen von p_{1k}, wo wegen $z_{11} = 1$ die Division entfällt). Zur Sicherung numerischer Stabilität wählt man daher in jeder Spalte $\boldsymbol{z}_k$ das betragsmäßig größte Element z_{ik} als „Diagonalelement" aus, macht also alle rechts von ihm stehenden z-Elemente zu Null. Einer solchen Zeilenvertauschung in der $\boldsymbol{Z}$-Matrix entspricht dann eine abgeänderte Reihenfolge bei der Berechnung der p_{ik}, eine Folge, die sich nach den — etwa durch Umrahmen hervorgehobenen — „Diagonalelementen" z_{ik} richtet und auch durch ein im Verlaufe der Rechnung sich ergebendes Numerieren der Zeilen von $\boldsymbol{A}, \boldsymbol{Z}$ angedeutet werden kann, vgl. das Zahlenbeispiel in § 22.3 und 5. Bei automatischer Rechnung nimmt man Zeilen- und gleichnamige Spaltenvertauschung der Matrix $\boldsymbol{A}$ sowie Zeilenvertauschung von $\boldsymbol{Z}$ vor.

Sollte es aber im Verlaufe der Rechnung eintreten, daß eine ganze $\boldsymbol{Z}$-Spalte zu Null wird[1], $\boldsymbol{z}_k = \boldsymbol{o}$, so kann man das Element $p_{k,\,k-1} = -1$ der voranstehenden $\boldsymbol{P}$-Spalte in Null abwandeln, $p_{k,\,k-1} = 0$, während der Vektor $\boldsymbol{z}_k$ dann willkürlich wählbar ist, am einfachsten gleich dem k-ten Einheitsvektor $\boldsymbol{e}_k$, gegebenenfalls unter Berücksichtigen der Zeilenvertauschung in $\boldsymbol{Z}$. Das Ganze hat zur Folge, daß sich das hernach aufzubauende charakteristische Polynom $p(\lambda)$ aufspaltet in ein Produkt $p_1(\lambda)\, p_2(\lambda)$, was seine Auswertung erleichtert. Für automatische Rechnung empfiehlt sich ein schon von HESSENBERG angegebener Weg, der gleichfalls auf ein Aufspalten hinausläuft, bei dem aber der normale Rechenablauf gewahrt bleibt. Wird $\boldsymbol{z}_k = \boldsymbol{o}$, so setzt man

$$\boldsymbol{z}_k = \varepsilon\, \boldsymbol{e}_k$$

mit einem infinitesimalen Parameter ε, den man nach durchgeführter Transformation zu Null macht. Tritt der Fall ein zweites Mal ein, etwa $\boldsymbol{z}_l = \boldsymbol{o}$, so wird

$$\boldsymbol{z}_l = \varepsilon^2\, \boldsymbol{e}_l$$

gesetzt usf. Bei automatischer Rechnung im Gleitkomma vollzieht sich dieser Vorgang im wesentlichen in der Regel von selbst in der Weise, daß der Nullvektor nur angenähert hergestellt wird und sich in entsprechendem Abfall des Exponenten bemerkbar macht. Nur für den Fall, daß $\boldsymbol{z}_k$ innerhalb der benutzten Stellenzahl exakt zu Null wird,

---

[1] Dies tritt dann ein, wenn entweder das Minimalpolynom $m(\lambda)$ von $\boldsymbol{A}$ von kleinerem Grade ist als $p(\lambda)$, oder wenn der Ausgangsvektor $\boldsymbol{z}_1$ nicht an allen Eigenvektoren $\boldsymbol{x}_i$ der Matrix beteiligt ist; vgl. dazu die entsprechenden Ausnahmefälle beim KRYLOV-Verfahren unter § 14.2. Ausführlich untersucht schon von HESSENBERG, a. a. O., sowie von H. UNGER: Über direkte Verfahren zum Matrizeneigenwertproblem. Wiss. Z. T. H. Dresden Nr. 3, WILLERS-Heft (1952/53).

setzt man $z_{kk} = \varepsilon\, z_{k-1,\,k-1}$, $z_{jk} = 0$ für $j > k$ mit vorgegebenen ε, z. B. $\varepsilon = 10^{-10}$. Für Handrechnung erläutern wir das Vorgehen durch ein Beispiel am Schluß des folgenden Abschnittes.

22.3. Aufbau des charakteristischen Polynoms

Das charakteristische Polynom $p(\lambda) = \det(\lambda \boldsymbol{I} + \boldsymbol{P})$ ergibt sich rekursiv, indem man die Hauptabschnittsdeterminanten von $\boldsymbol{P} + \lambda \boldsymbol{I}$ der Reihe nach entwickelt nach ihrer letzten Spalte. Man erhält auf diese Weise die folgenden Polynome $f_i(\lambda)$ mit $f_n(\lambda) = p(\lambda)$:

$$\begin{aligned}
f_1(\lambda) &= p_{11} + \lambda \\
f_2(\lambda) &= p_{12} + (p_{22} + \lambda)\, f_1(\lambda) \\
f_3(\lambda) &= p_{13} + p_{23} f_1(\lambda) + (p_{33} + \lambda)\, f_2(\lambda) \\
&\cdots\cdots\cdots\cdots\cdots\cdots\cdots\cdots \\
f_n(\lambda) &= p_{1n} + p_{2n} f_1(\lambda) + p_{3n} f_2(\lambda) + \cdots + (p_{nn} + \lambda)\, f_{n-1}(\lambda)
\end{aligned} \tag{11}$$

Dieser Aufbau läßt sich gleichfalls schematisch durch skalare Produktbildungen durchführen. Dazu ordnen wir die Koeffizienten f_{ik} der Polynome

$$f_i(\lambda) = f_{i0} + f_{i1}\lambda + f_{i2}\lambda^2 + \cdots + f_{i,\,i-1}\lambda^{i-1} + \lambda^i$$

links neben $\boldsymbol{P}$ nach Art einer Dreiecksmatrix $\boldsymbol{F}$ an nach folgendem Schema $(n = 4)$:

1					1	p_{11}	p_{12}	p_{13}	p_{14}
S_1				1	f_{10}	(—1)	p_{22}	p_{23}	p_{24}
S_2			1	f_{21}	f_{20}	0	(—1)	p_{33}	p_{34}
S_3		1	f_{32}	f_{31}	f_{30}	0	0	(—1)	p_{44}
S_4	1	f_{43}	f_{42}	f_{41}	f_{40}	$= p(\lambda)$			

Dann ergeben sich die Koeffizienten f_{ik} von $f_i(\lambda)$, indem die i-te Spalte von $\boldsymbol{P}$ (die Elemente p_{ji}) der Reihe nach skalar mit den Spalten von $\boldsymbol{F} = (f_{ik})$ multipliziert wird, wobei zum Schluß noch das rechts neben dem vorletzten Element $f_{i-1,\,k}$ stehende $f_{i-1,\,k-1}$ hinzuzufügen ist mit Ausnahme von $k = 0$ (Berücksichtigung des Summanden λ im Faktor $p_{ii} + \lambda$). Dabei sind die Subdiagonalelemente —1 der $\boldsymbol{P}$-Matrix auszuklammern. Z. B. ist

$$\begin{aligned}
f_{30} &= p_{13}\cdot 1 + p_{23} f_{10} + p_{33} f_{20} \\
f_{31} &= \qquad\qquad p_{23}\cdot 1 + p_{33} f_{21} + f_{20} \\
f_{32} &= \qquad\qquad\qquad\qquad p_{33}\cdot 1 + f_{21}\,.
\end{aligned}$$

Auch diese Rechnung läßt sich durch Summenproben kontrollieren. Für die Zeilensummen S_i der f_{ik} gilt, wie man sich leicht überlegt:

$$S_i = p_{1i} \cdot 1 + p_{2i} S_1 + \cdots + p_{ii} S_{i-1} + S_{i-1} .$$

Z. B. ist

$$S_3 = p_{13} \cdot 1 + p_{23} S_1 + p_{33} S_2 + S_2 .$$

Auf diese Weise ist das Zahlenbeispiel auf S. 323 vervollständigt worden mit dem Ergebnis

$$p(\lambda) = \lambda^4 - 5\lambda^3 + 6\lambda^2 + 4\lambda - 8 = (\lambda + 1)(\lambda - 2)^3 .$$

Es folgt noch ein einfaches Beispiel, welches auch die Reihenvertauschung sowie die Behandlung verschwindender z-Spalten zeigt.

	4	16	—3	7	3	1	2	ε	0	ε^2
1)	2	15	—3	2	—1	1	0	0	0	0
3)	0	7	—1	0	—1	0	0	ε	0	0
2)	2	—6	1	4	4	0	2	0	0	0
4)	2	—36	5	5	9	0	2	0	$-30\,\varepsilon$	0
5)	—2	36	—5	—4	—8	0	—2	0	$30\,\varepsilon$	ε^2
					1	—2	0	$-15\,\varepsilon$	$90\,\varepsilon$	ε^2
				1	—2	—1	—1	$3\,\varepsilon$	0	$-2\,\varepsilon^2$
			1	—3	2	0	—1	—7	30	ε
		1	—10	23	—14	0	0	—1	4	$\varepsilon/6$
	1	—6	13	—12	4	0	0	0	—1	—1
1	—7	19	—25	16	—4					

$$p(\lambda) = \lambda^5 - 7\lambda^4 + 19\lambda^3 - 25\lambda^2 + 16\lambda - 4 = (\lambda - 1)^3 (\lambda - 2)^2 .$$

Das Polynom zerfällt überdies in

$$p_1(\lambda) = \begin{vmatrix} -2+\lambda & 0 \\ -1 & -1+\lambda \end{vmatrix} = \lambda^2 - 3\lambda + 2 ,$$

$$p_2(\lambda) = \begin{vmatrix} -7+\lambda & 30 \\ -1 & 4+\lambda \end{vmatrix} = \lambda^2 - 3\lambda + 2 ,$$

$$p_3(\lambda) = \lambda - 1 .$$

Die eigentliche Rechenpraxis zeigt das folgende mit der Tischrechenmaschine durchgeführte Beispiel aus § 21.1. Die aus einer Aufgabe der Schwingungstechnik stammende Matrix

$$\boldsymbol{A} = \begin{pmatrix} 16{,}059 & 2{,}268 & 0{,}244 & -0{,}396 \\ 5{,}061 & 0{,}855 & 0{,}080 & -0{,}133 \\ 9{,}072 & 1{,}344 & 0{,}147 & -0{,}231 \\ 11{,}928 & 1{,}428 & 0{,}168 & -0{,}273 \end{pmatrix}$$

mit den exakten Polynomkoeffizienten a_i und den damit auf 9 Stellen nach dem Komma berechneten Eigenwerten λ_i

$$a_3 = -16{,}788$$
$$a_2 = 2{,}711\,934$$
$$a_1 = -0{,}032\,586\,373$$
$$a_0 = 0{,}000\,045\,638\,649$$
$$\lambda_1 = 16{,}624\,993\,981$$
$$\lambda_2 = 0{,}150\,067\,690$$
$$\lambda_3 = 0{,}011\,322\,723$$
$$\lambda_4 = 0{,}001\,615\,596$$

bietet den direkten Verfahren zur Berechnung der a_i bereits beträchtliche Schwierigkeiten. Das KRYLOV-Verfahren versagt selbst bei Verwenden der nach Gl. (7a) und (7b) errechneten Werte für a_3 und a_4, während die 9stellig geführte HESSENBERG-Rechnung die Koeffizienten bis auf wenige Einheiten der letzten Stelle genau wiedergibt. Tab. 22.1 zeigt die mit fester Anzahl *geltender* Stellen (Gleitkomma) geführte Rechnung.

Tabelle 22.1. *Beispiel zum Verfahren von Hessenberg*

	42,120	5,895	0,639	−1,033	1	26,061	2,336 055 825	−0,005 271 370
1)	16,059	2,268	0,244	−0,396	1	0	0	0
4)	5,061	0,855	0,080	−0,133	0	5,061	1,135 045 120	−0,005 271 370
3)	9,072	1,344	0,147	−0,231	0	9,072	1,201 010 705	0
2)	11,928	1,428	0,168	−0,273	0	11,928	0	0
				1	−16,059	−8,968 428	−2,867 328 944	0,011 955 467 16
			1	−16,059	−1	−0,460 669 014	−0,152 801 327	0,000 631 079 507
		1	−16,519 669 014	−1,570 544 304	0	−1	−0,262 974 822	0,001 132 019 88
	1	−16,782 643 836	2,620 911 387	−0,000 478 825	0	0	−1	−0,005 356 164
1	−16,788 000 000	2,711 933 999	−0,032 586 370	0,000 045 638 648				
1	−16,788	2,711 934	−0,032 586 372	0,000 045 638 649	Exakt			

22.4. Bestimmung der Eigenvektoren

Hat man durch Auflösung der in der beschriebenen Weise aufgestellten charakteristischen Gleichung nach einem der bekannten numerischen Verfahren zur Auflösung algebraischer Gleichungen alle oder die interessierenden Eigenwerte λ_i als Wurzeln der Gleichung ermittelt, so bleibt noch die Berechnung der zugehörigen Eigenvektoren $\boldsymbol{x}_i$. Dies geschieht im Falle des HESSENBERG-Verfahrens am einfachsten über die entsprechenden transformierten Vektoren $\boldsymbol{y}_i$ zur Matrix $-\boldsymbol{P}$, also durch Auflösen der Gleichungssysteme

$$\boxed{(\boldsymbol{P} + \lambda_i \boldsymbol{I})\, \boldsymbol{y}_i = \boldsymbol{o}} \,. \qquad (12)$$

Zufolge des Baues von $\boldsymbol{P}$ ist dies nämlich ein gestaffeltes System mit dem Koeffizientenschema

$$
\begin{array}{cccccc}
p_{11}+\lambda_i & p_{12} & p_{13} & \cdots & p_{1,n-1} & p_{1n} \\
-1 & p_2+\lambda_i & p_{23} & \cdots & p_{2,n-1} & p_{2n} \\
 & -1 & p_{33}+\lambda_i & \cdots & p_{3,n-1} & p_{3n} \\
\cdots & \cdots & \cdots & \cdots & \cdots & \cdots \\
0 & 0 & 0 & \cdots & -1 & p_{nn}+\lambda_i \\
\hline
y_{1i} & y_{2i} & y_{3i} & \cdots & y_{n-1,i} & 1
\end{array}
\qquad \boldsymbol{y}_i: \quad \leftarrow
$$

Setzen wir die letzte Komponente des nur bis auf einen Faktor bestimmbaren Eigenvektors gleich 1, so ergeben sich der Reihe nach die übrigen Komponenten $y_{n-1,i}, y_{n-2,i}, \ldots, y_{2i}, y_{1i}$ aus der n-ten, der $(n-1)$-ten, ... 3. und 2. Gleichung, und zwar eindeutig, da diese Gleichungen zufolge der Elemente -1 linear unabhängig sind, ihre aus den $n-1$ ersten Spalten gebildete Determinante also nicht verschwindet. Die erste Gleichung ist wegen $\det(\boldsymbol{P}+\lambda_i \boldsymbol{I}) = 0$ von den $n-1$ letzten linear abhängig, muß also von selbst erfüllt werden, was zur Kontrolle dient. Aus einem Eigenvektor $\boldsymbol{y}_i$ von $\boldsymbol{P}$ erhält man den zugehörigen Eigenvektor $\boldsymbol{x}_i$ von $\boldsymbol{A}$ durch die Transformation

$$\boxed{\boldsymbol{x}_i = \boldsymbol{Z}\,\boldsymbol{y}_i} \,. \tag{13}$$

Solange die Matrix $\boldsymbol{P}$ den durch die Elemente -1 unterhalb der Hauptdiagonalen gekennzeichneten Aufbau zeigt, gibt es zu einem bestimmten Eigenwert λ_i, auch wenn er mehrfach ist, nur einen einzigen linear unabhängigen Eigenvektor. Sollen zu einem mehrfachen Eigenwert auch mehrere Eigenvektoren existieren, so muß sich die Matrix $\boldsymbol{P}$ dahingehend abändern, daß eines oder mehrere der -1-Elemente in Null übergehen. Das Verfahren weicht dann in der oben beschriebenen Weise vom Regelfall ab.

22.5. Andere Form des Hessenberg-Verfahrens. Automatenrechnung

An Stelle der Nebendiagonalelemente der Fastdreiecksmatrix lassen sich auch die Diagonalelemente der Transformationsmatrix zu 1 machen, was für Automatenrechnung vorteilhaft ist. Wir bezeichnen die neuen Matrizen mit

$$\boldsymbol{T} = \begin{pmatrix} 1 & 0 & 0 & \cdots & 0 \\ 0 & 1 & 0 & \cdots & 0 \\ 0 & t_{32} & 1 & \cdots & 0 \\ \cdots & \cdots & \cdots & \cdots & \cdots \\ 0 & t_{n2} & t_{n3} & \cdots & 1 \end{pmatrix}, \quad \boldsymbol{B} = \begin{pmatrix} b_{11} & b_{12} & \cdots & \cdots & b_{1n} \\ b_2 & b_{22} & \cdots & \cdots & b_{2n} \\ 0 & b_3 & \cdots & \cdots & b_{3n} \\ \cdots & \cdots & \cdots & \cdots & \cdots \\ 0 & 0 & \cdots & b_n & b_{nn} \end{pmatrix} \tag{14}$$

und schreiben für die Transformation wie früher

$$\boldsymbol{T}^{-1}\boldsymbol{A}\,\boldsymbol{T} = \boldsymbol{B}\,. \tag{15}$$

Alte und neue Matrizen hängen dann wie folgt zusammen:

$$\boldsymbol{Z} = \boldsymbol{T}\,\boldsymbol{D}\,, \tag{16}$$

$$-\boldsymbol{P} = \boldsymbol{D}^{-1}\boldsymbol{B}\,\boldsymbol{D} \tag{17}$$

mit einer Diagonalmatrix $\boldsymbol{D}$, deren Elemente aus den Produkten der Subdiagonalelemente $b_{i,\,i-1} = b_i$ von $\boldsymbol{B}$ gebildet werden nach

$$\boldsymbol{D} = \begin{pmatrix} 1 & & & & 0 \\ & b_2 & & & \\ & & b_2 b_3 & & \\ & & & \ddots & \\ 0 & & & & b_2 b_3 \ldots b_n \end{pmatrix}. \tag{18}$$

Die Umrechnung (17) von $\boldsymbol{B}$ auf $\boldsymbol{P}$ ist unabhängig von der Transformationsmatrix $\boldsymbol{T}$. Sie läßt sich daher auch bei den Verfahren von GIVENS und HOUSEHOLDER anwenden, um dann von $\boldsymbol{P}$ aus den rekursiven Aufbau des Polynoms $p(\lambda)$ in der in 22.3 beschriebenen Weise vornehmen zu können. Dabei treten dank der Fastdreiecksform von $\boldsymbol{B}$ und $\boldsymbol{P}$ trotz der Kehrmatrix $\boldsymbol{D}^{-1}$ in (17) keine Divisionen auf. Die Matrix $\boldsymbol{B}$ multipliziert sich elementweise mit Faktoren, die — etwa für $n = 4$ — folgendes Schema bilden:

$$\begin{bmatrix} 1 & b_2 & b_2 b_3 & b_2 b_3 b_4 \\ :b_2 & 1 & b_3 & b_3 b_4 \\ & :b_3 & 1 & b_4 \\ & & :b_4 & 1 \end{bmatrix}$$

Die Faktoren $:b_i$ in den Subdiagonalelementen aber werden praktisch nicht benötigt, indem man diese Elemente zu 1 macht.

Die Matrix $\boldsymbol{T}$ läßt sich nun als Produkt von $n-2$ Elementartransformationen $\boldsymbol{T}_k$ aufbauen nach

$$\boldsymbol{T} = \boldsymbol{T}_2\,\boldsymbol{T}_3 \ldots \boldsymbol{T}_{n-1}\,, \tag{19}$$

wo sich das einzelne $\boldsymbol{T}_k$ von der Einheitsmatrix nur in der Spalte k unterscheidet, die gleich der k-ten Spalte von $\boldsymbol{T}$ ist. Die Kehrmatrix $\boldsymbol{T}_k^{-1}$ aber hat den gleichen einfachen Bau wie $\boldsymbol{T}_k$, nur mit den negativ genommenen Transformationselementen $-t_{ik} = -t_i$ für $i > k$. Beispielsweise ist für $n = 5$ und $k = 2$:

$$\boldsymbol{T}_2 = \begin{pmatrix} 1 & & & & \\ & 1 & & & \\ & t_3 & 1 & & \\ & t_4 & & 1 & \\ & t_5 & & & 1 \end{pmatrix}, \qquad \boldsymbol{T}_2^{-1} = \begin{pmatrix} 1 & & & & \\ & 1 & & & \\ & -t_3 & 1 & & \\ & -t_4 & & 1 & \\ & -t_5 & & & 1 \end{pmatrix}.$$

Mit diesen Elementartransformationen führt WILKINSON[1] das Verfahren schrittweise durch, wobei jeder Schritt aus zwei Teilen besteht. In den $k-1$ ersten Spalten von $\boldsymbol{A}$ seien die Elemente unterhalb der Nebendiagonalen schon zu Null gemacht worden. Der k-te Schritt beginnt dann mit der Anullierung der Elemente a_{ik} in der Spalte k für $i \geqq k+2$ durch einen Eliminationsprozeß, also eine Zeilenkombination, die sich in der Form

$$\boldsymbol{A} := \boldsymbol{T}_{k+1}^{-1} \boldsymbol{A} \tag{20}$$

oder ausführlich

$$a_{ij} := a_{ij} - t_i \, a_{k+1,j} \tag{20a}$$

$(j = k, k+1, \ldots, n;\ i = k+2, \ldots, n)$ schreibt. Aus der Forderung $a_{ik} := 0$ ergeben sich dabei die Eliminationsfaktoren t_i zu

$$t_i = a_{ik}/a_{k+1,k} \,. \tag{21}$$

In der zweiten Schritthälfte hat man die vollzogene Elimination zur Ähnlichkeitstransformation zu vervollständigen nach

$$\boldsymbol{A} := \boldsymbol{A}\,\boldsymbol{T}_{k+1}\,, \tag{22}$$

wobei sich nur die Spalte $k+1$ ändert in

$$a_{i,k+1} := a_{i,k+1} + a_{i,k+2}\, t_{k+2} + \cdots + a_{i,n}\, t_n \tag{22a}$$

für $i = k+2, \ldots, n$, was man auch in der komprimierten Form der „Schleife" schreibt

$$a_{i,k+1} := a_{i,k+1} + a_{i,j}\, t_j \quad (j = k+2, \ldots, n)\,. \tag{22b}$$

Zur Dämpfung von Rundungsfehlern macht man vor Ausführen jeder Elimination das betragsgrößte der Elemente a_{ik} in $i = k+1, \ldots, n$ durch Zeilenvertauschung zum Subdiagonalelement $a_{k+1,k}$. Anschließende gleichnamige Spaltenvertauschung vervollständigt dies wieder zur Ähnlichkeitstransformation. Damit werden alle $|t_i| \leqq 1$.

Am Ende des Schrittes $k = n-2$ hat $\boldsymbol{A}$ die Form $\boldsymbol{B}$ angenommen. Zur leichteren Berechnung des Polynoms $p(\lambda)$ wird man $\boldsymbol{B}$ umrechnen auf $\boldsymbol{P}$, was wieder mit $\boldsymbol{A}$ bezeichnet, d. h. im Rechenautomaten auf den Plätzen von $\boldsymbol{A}$ gespeichert wird. Auf den Plätzen der Nullelemente von $\boldsymbol{A}$ aber lassen sich nun die Polynomkoeffizienten f_{ik} speichern, die daher entsprechend zu bezeichnen sind, nämlich mit $f_{ik} = a_{i+1,k}$, wobei wir der Matrix $\boldsymbol{A}$ noch eine Spalte 0 und eine Zeile $n+1$ hinzugefügt haben. Die endgültigen Polynomkoeffizienten sind dann $a_k = f_{nk} = a_{n+1,k}$, die man ausdrucken läßt. Dieses Vorgehen wird durch das nachstehende ALGOL-Programm realisiert.

[1] WILKINSON, J. H: Stability of the reduction of a matrix to almost triangular and triangular forms by elementary similitary transformations. J. Assoc. Comp. Machin. Bd. 6 (1959), S. 336–359.

```
begin comment Verfahren von Hessenberg, Berechnung der Polynom-
                    koeffizienten;
      integer n; lies (n);
begin array a [1 : n + 1, 0: n], t [3: n];
real x, y; integer i, j, k, s;
      lies (a);
      for i: = 1 step 1 until n + 1 do a_{i0}: = 0;
      for k: = 1 step 1 until n do a_{n+1,k}: = 0;
A1: for k: = 1 step 1 until n - 2 do begin
A2: x: = 0;
      for j: = k + 1 step 1 until n do begin if x < abs(a_{jk}) then begin
         x: = abs(a_{jk}); s: = j end then, Auswahl größtes Element
      end j;
      for j: = k step 1 until n do begin
         y: = a_{k+1,j}; a_{k+1,j}: = a_{sj}; a_{sj}: = y end Zeilentausch;
      for j: = 1 step 1 until n do begin
         y: = a_{j,k+1}; a_{j,k+1}: = a_{js}; a_{js}: = y end Spaltentausch;
      if  a_{k+1,k} = 0 then goto A5;
A3: Elimination der Spalte k:
      for i: = k + 2 step 1 until n do begin t_i: = a_{ik}/a_{k+1,k}; a_{ik}: = 0;
         for j: = k + 1 step 1 until n do a_{ij}: = a_{ij} - t_i * a_{k+1,j}
         end i Elimination;
A4: Ergänzen zur Ähnlichkeitstransformation:
      for i: = 1 step 1 until n do begin
         for j: = k + 2 step 1 until n do a_{i,k+1}: = a_{i,k+1} + a_{ij} * t_j
         end i Transformation;
A5: end k Gesamttransformation;
B:  Umrechnung auf Subdiagonalen 1:
      for k: = 2 step 1 until n do begin
         for j: = k step 1 until n do begin
            for i: = 1 step 1 until k - 1 do a_{ij}: = a_{ij} * a_{k,k-1}
            end j;
         a_{k,k-1}: = 1 end k;
C:  Aufbau der Polynomkoeffizienten:
      a_{10}: = 1; a_{n+1,n}: = 1;
      for i: = 2 step 1 until n + 1 do begin
         for j: = 1 step 1 until i - 1 do a_{i0}: = a_{i0} - a_{j,i-1} * a_{j0}
         end i Berechnen von a_0 = a_{n+1,0};
         Drucke (a_{n+1,0});
```

```
        for k: = 1 step 1 until n — 1 do begin
            for i: = k + 2 step 1 until n + 1 do begin a_ik: = a_i-1,k-1;
                for j: = k + 1 step 1 until i — 1 do
                    a_ik: = a_ik — a_j,i-1 * a_jk end i Berechnen von a_k;
            Drucke (a_n+1,k)
        end k; Drucke (a_n+1,n)
end
end
```

22.6. Verfahren von Givens

GIVENS[1] greift den Gedanken ebener Drehungen des JACOBI-Verfahrens auf, wandelt ihn aber dahingehend ab, daß die Matrix $\boldsymbol{A}$ durch eine jetzt endliche Anzahl von Elementartransformationen JACOBIscher Art auf Fastdreiecksform, im symmetrischen Falle auf symmetrische Tridiagonalform überführt wird. Das gelingt durch die Forderung, das links neben dem Platz k, i stehende Elemente $a_{k,i-1}$ in Null zu verwandeln. Durchlaufen dann die Indexpaare der Elementartransformationen die Folge

$$\left.\begin{matrix} 2,3 & 2,4 & \dots & 2,n \\ & 3,4 & \dots & 3,n \\ & & \dots\dots & \\ & & & n-1,n \end{matrix}\right\}, \tag{23}$$

so bleiben die einmal erzeugten Nullelemente — im Gegensatz zum JACOBI-Verfahren — erhalten, und das Ziel ist in $\frac{1}{2}(n-1)(n-2)$ Schritten erreicht. Wählen wir wie in § 21.8 als wirksamen Bestandteil der Elementartransformation die Untermatrix

$$\begin{pmatrix} c & s \\ s & -c \end{pmatrix} \tag{24}$$

mit den Abkürzungen $c = \cos\varphi$, $s = \sin\varphi$, so folgt aus der Forderung

$$b_{k,i-1} = s\, a_{i,i-1} - c\, a_{k,i-1} = 0$$

jetzt für den Drehwinkel:

$$t = \tan\varphi = \frac{a_{k,i-1}}{a_{i,i-1}}, \tag{25}$$

woraus sich

$$c = \frac{1}{r}, \quad s = t \cdot c \quad \text{mit} \quad r = \sqrt{1 + t^2} \tag{26}$$

[1] GIVENS, J. W.: Numerical computation of the characteristic values of a real symmetric matrix. Oak Ridge National Laboratory, ORNL-1574. 1954.

errechnen lassen. Wird der Nenner in (25) betragsmäßig kleiner als der Zähler, so geht man zweckmäßig auf den Cotangens über. Dies und die leicht herleitbaren übrigen Transformationsformeln sind im folgenden in Form eines ALGOL-Programm-Ausschnittes für den Fall nichtsymmetrischer Matrix $\boldsymbol{A}$ niedergelegt, den man sich an die Stelle des Teiles A 1 bis A 5 der HESSENBERG-Programms von S. 331 gesetzt zu denken hat unter sinngemäßer Abwandlung auch des ersten Programmteiles. Die Teile B und C lassen sich unverändert übernehmen.
GIVENS-Transformation auf Fastdreiecksform:

```
A1:  for i: = 2 step 1 until n − 1 do begin
       for k: = i + 1 step 1 until n do begin
       if a[k, i−1] = 0 then goto A3;
       if abs(a[i, i−1]) ≧ abs(a[k, i−1]) then begin
         t: = a[k, i−1]/a[i, i−1]; r: = sqrt (1 + t * t); c: = 1/r; s: = t * c
         end then
       else begin
         t: = a[i, i−1]/a[k, i−1]; r: = sqrt (1 + t * t);
         if t ≥ 0 then s: = 1/r else s: = − 1/r; c: = t * s
         end else, Berechnung von c und s;
A2:      a[i, i−1]: = c * a[i, i−1] + s * a[k, i−1]; a[k, i−1]: = 0;
       for j: = i step 1 until n do begin
         x: = c * a[i j] + s * a[k j]; a[k j]: = s * a[i j] − c * a[k j]; a[i j]: = x
         end j Zeilentransformation;
       for j: = 1 step 1 until n do begin
         x: = c * a[j i] + s * a[j k]; a[j k]: = s * a[j i] − c * a[j k]; a[j i]: = x
         end j Spaltentransformation
A3:    end k
     end i Gesamttransformation.
```

22.7. Verfahren von Householder

HOUSEHOLDER[1,2] wandelt das Vorgehen von GIVENS dahingehend ab, daß bei der einzelnen Orthogonaltransformation, für die wir jetzt

$$\boldsymbol{A} := \boldsymbol{V}_k' \, \boldsymbol{A} \, \boldsymbol{V}_k \tag{27}$$

schreiben wollen, die unterhalb der Nebendiagonale gelegenen Elemente a_{ik} $(i > k+1)$ in der k-ten Spalte alle auf einmal zu Null gemacht werden, womit sowohl Operationen als auch Speicherplatz im Automaten eingespart werden. Das gelingt durch eine Transformationsmatrix der

[1] HOUSEHOLDER, A. S., u. F. L. BAUER: On certain methods for expanding the characteristic polynomial. Numer. Math. Bd. 1 (1959), S. 29—37.

[2] WILKINSON, J. H.: Householder's method for the solution of the algebraic eigenproblem. Comp. Journ. Bd. 3 (1960), S. 23—27.

Form[1]

$$\boxed{\boldsymbol{V}_k = \boldsymbol{I} - 2\,\boldsymbol{v}_k\,\boldsymbol{v}_k'} \tag{28}$$

mit auf

$$\boldsymbol{v}_k'\,\boldsymbol{v}_k = 1$$

normierten Vektoren $\boldsymbol{v}_k$, deren k erste Elemente Null sind:

$$\boldsymbol{v}_1 = \begin{pmatrix} 0 \\ * \\ * \\ \vdots \\ * \end{pmatrix}, \quad \boldsymbol{v}_2 = \begin{pmatrix} 0 \\ 0 \\ * \\ \vdots \\ * \end{pmatrix}, \ldots, \quad \boldsymbol{v}_{n-2} = \begin{pmatrix} 0 \\ 0 \\ \vdots \\ * \\ * \end{pmatrix}.$$

Die Transformationsmatrizen $\boldsymbol{V}_k$ haben damit als k erste Zeilen und Spalten die der Einheitsmatrix. Sie sind orthogonal und symmetrisch zugleich, $\boldsymbol{V}_k' = \boldsymbol{V}_k$. Mit ihnen erfolgt die Transformation von $\boldsymbol{A}$ auf $\boldsymbol{B}$ stufenweise nach

$$\left.\begin{aligned} \boldsymbol{A}_1 &= \boldsymbol{V}_1\,\boldsymbol{A}\,\boldsymbol{V}_1 \\ \boldsymbol{A}_2 &= \boldsymbol{V}_2\,\boldsymbol{A}_1\,\boldsymbol{V}_2 \\ &\cdots\cdots\cdots\cdots \\ \boldsymbol{B} &= \boldsymbol{A}_{n-2} = \boldsymbol{V}_{n-2}\,\boldsymbol{A}_{n-3}\,\boldsymbol{V}_{n-2} = \boldsymbol{V}'\,\boldsymbol{A}\,\boldsymbol{V} \end{aligned}\right\} \tag{29}$$

mit der Gesamttransformationsmatrix

$$\boldsymbol{V} = \boldsymbol{V}_1\,\boldsymbol{V}_2 \ldots \boldsymbol{V}_{n-2}\,. \tag{30}$$

Im Automaten verläuft die Rechnung dabei wieder so, daß bei jeder Teiltransformation die sich ändernden Elemente a_{ik} überschrieben werden. Die frei werdenden Speicherplätze der zu Null gemachten Elemente dienen zur — wenigstens teilweisen — Aufnahme der Komponenten der $\boldsymbol{v}_i$, die bei nachträglichem Berechnen der Eigenvektoren gebraucht werden.

Jede Teiltransformation verläuft im wesentlichen gleichartig. Es genügt also die Betrachtung des ersten Schrittes mit $\boldsymbol{V}_1$ bzw. $\boldsymbol{v}_1$, wofür wir jetzt einfachheitshalber $\boldsymbol{v}$ schreiben wollen:

$$\boldsymbol{v}_1 = \boldsymbol{v} = \begin{pmatrix} 0 \\ v_2 \\ \vdots \\ v_n \end{pmatrix}$$

Rechtsmultiplikation einer beliebigen Matrix mit $\boldsymbol{V}_1$ läßt wegen der Bauart von $\boldsymbol{V}_1$ die erste Spalte dieser Matrix unverändert. Sollen also in der ersten Spalte von $\boldsymbol{A}_1 = \boldsymbol{V}_1\,\boldsymbol{A}\,\boldsymbol{V}_1$ die gewünschten Nullen stehen,

[1] Auch die Elementartransformation bei JACOBI und GIVENS läßt sich in dieser Form schreiben mit Vektoren $\boldsymbol{v}_j$, deren i-te bzw. k-te Kompcnente $-\sin\varphi/2$ bzw. $\cos\varphi/2$ sind bei übrigen Komponenten Null.

so muß das schon in $\boldsymbol{V}_1 \boldsymbol{A}$ der Fall sein. Aus dieser Forderung ergeben sich[1] die Komponenten v_i des Vektors $\boldsymbol{v}_1 = \boldsymbol{v}$ zu

$$v_2^2 = \frac{1}{2}\left[1 \pm \frac{a_{21}}{S_1}\right] \tag{31}$$

$$v_i = \pm \frac{a_{i1}}{2\, v_2 S_1} \qquad i = 3, 4, \ldots, n \tag{32}$$

mit der Quadratsumme

$$S_1^2 = a_{21}^2 + a_{31}^2 + \cdots + a_{n1}^2 \,. \tag{33}$$

Da in (32) durch v_2, das man positiv nimmt, dividiert wird, so wählt man mit Rücksicht auf numerisch möglichst stabilen Verlauf der Rechnung von den zwei möglichen v_2-Werten den betragsmäßig größten, nimmt also in beiden Gln. (31), (32) das $+$Zeichen, wenn a_{21} positiv, andernfalls das $-$Zeichen, in Formeln ausgedrückt:

$$v_2^2 = \frac{1}{2}\left[1 + \frac{|a_{21}|}{S_1}\right], \tag{31a}$$

$$v_i = \frac{a_{i1}\,\operatorname{sgn} a_{21}}{2\, v_2\, S_1} \,. \tag{32a}$$

Die erste Spalte der Matrix $\boldsymbol{A}_1$ hat dann schon die endgültige Form der ersten Spalte von $\boldsymbol{B}$, und zwar sind die beiden nicht annullierten Elemente

$$b_{11} = a_{11}\,, \quad b_{21} = -\, S_1 \operatorname{sgn} a_{21}\,. \tag{34}$$

Beim zweiten Schritt sind alle Indizes in den Gleichungen (31) bis (33) sinngemäß um eins zu erhöhen, beim dritten wiederum usf.

Mit Gl. (28) für $\boldsymbol{V}_1$ läßt sich $\boldsymbol{A}_1 = \boldsymbol{V}_1 \boldsymbol{A} \boldsymbol{V}_1$ durch den Vektor $\boldsymbol{v}_1 = \boldsymbol{v}$ unter Verwenden zweier Hilfsvektoren $\boldsymbol{p}$, $\boldsymbol{q}$ und eines skalaren Faktors K ausdrücken. Für den Fall allgemeiner nichtsymmetrischer reeller Matrix $\boldsymbol{A}$ erhält man nach leichter Rechnung

$$\boldsymbol{A}_1 = \boldsymbol{A} - 2\,\boldsymbol{q}\,\boldsymbol{v}' - 2\,\boldsymbol{v}\,\boldsymbol{q}^{*\prime}\,, \tag{35}$$

in Komponentenform:

$$a_{ik}^{(1)} = a_{ik} - 2\, q_i\, v_k - 2\, v_i\, q_k^* \tag{35a}$$

mit den Größen

$$\boldsymbol{p} = \boldsymbol{A}\,\boldsymbol{v}\,, \qquad \boldsymbol{p}^* = \boldsymbol{A}'\,\boldsymbol{v} \tag{36}$$

$$\boldsymbol{q} = \boldsymbol{p} - K\,\boldsymbol{v}\,, \quad \boldsymbol{q}^* = \boldsymbol{p}^* - K\,\boldsymbol{v} \tag{37}$$

$$K = \boldsymbol{v}'\,\boldsymbol{A}\,\boldsymbol{v} = \boldsymbol{v}'\,\boldsymbol{p} = \boldsymbol{v}'\,\boldsymbol{p}^* \tag{38}$$

[1] Näher ausgeführt in der in Anm. 2, S. 333, zitierten Arbeit von WILKINSON.

Für symmetrische Matrix $\boldsymbol{A} = \boldsymbol{A}'$ fallen die Vektoren $\boldsymbol{p}$ und $\boldsymbol{p}^*$, also auch $\boldsymbol{q}$ und $\boldsymbol{q}^*$ zusammen. Zugleich wird $\boldsymbol{B}$ tridiagonal.

Für den rekursiven Aufbau des charakteristischen Polynoms $p(\lambda)$ verfährt man entweder durch Transformation (17), (18) auf die Form $\boldsymbol{P}$ mit Subdiagonalelementen 1, vgl. 22.5. Oder man bildet aus der Endmatrix $\boldsymbol{B}$ neue Zwischenkoeffizienten c_{ik} nach

$$\left.\begin{array}{llll} c_{11} = b_{11} & c_{12} = -b_{12}\,b_{21} & c_{13} = b_{13}\,b_{32}\,b_{21} & c_{14} = -b_{14}\,b_{43}\,b_{32}\,b_{21} \ldots \\ & c_{22} = b_{22} & c_{23} = -b_{23}\,b_{32} & c_{24} = b_{24}\,b_{43}\,b_{32} \quad \ldots \\ & & c_{33} = b_{33} & c_{34} = -b_{34}\,b_{43} \quad \ldots \\ & & & c_{44} = b_{44} \quad \ldots \end{array}\right\} \tag{39}$$

oder rekursiv von $c_{ii} = b_{ii}$ aus nach

$$\boxed{c_{i,k+1} = -c_{ik}\,b_{i,k+1}\,b_{k+1,k} : b_{i,k}}\,. \tag{40}$$

Mit ihnen lassen sich dann die Koeffizienten f_{ik} der Polynome $f_i(\lambda)$ in ganz ähnlicher Weise wie beim HESSENBERG-Verfahren aufbauen, wobei jetzt nur Vorzeichenwechsel zu beachten sind:

$$\left.\begin{array}{l} f_1(\lambda) = c_{11} - \lambda \\ f_2(\lambda) = c_{12} + (c_{22} - \lambda)\,f_1(\lambda) \\ f_3(\lambda) = c_{13} + c_{23}\,f_1(\lambda) + (c_{33} - \lambda)\,f_2(\lambda) \\ f_4(\lambda) = c_{14} + c_{24}\,f_1(\lambda) + c_{34}\,f_2(\lambda) + (c_{44} - \lambda)\,f_3(\lambda) \\ \ldots\ldots\ldots\ldots\ldots\ldots \end{array}\right\}, \tag{41}$$

Bei symmetrischer Matrix vereinfacht sich die Rechnung beträchtlich zu

$$\left.\begin{array}{l} f_1(\lambda) = b_{11} - \lambda \\ f_2(\lambda) = -b_{12}^2 + (b_{22} - \lambda)\,f_1(\lambda) \\ f_3(\lambda) = -b_{23}^2 f_1(\lambda) + (b_{33} - \lambda)\,f_2(\lambda) \\ f_4(\lambda) = -b_{34}^2 f_2(\lambda) + (b_{44} - \lambda)\,f_3(\lambda) \\ \ldots\ldots\ldots\ldots\ldots\ldots \end{array}\right\}. \tag{41a}$$

Die Matrix $\boldsymbol{C} = (c_{ik})$ der Umrechnungskoeffizienten ist hier also

$$\boldsymbol{C} = \begin{pmatrix} b_{11} & -b_{12}^2 & 0 & 0 & \ldots \\ 0 & b_{22} & -b_{23}^2 & 0 & \ldots \\ 0 & 0 & b_{33} & -b_{34}^2 & \ldots \\ \ldots & \ldots & \ldots & \ldots & \ldots \end{pmatrix}. \tag{40a}$$

Hat man durch Auflösen der charakteristischen Gleichung alle oder die interessierenden Eigenwerte λ_i ermittelt, so lassen sich die zugehörigen Eigenvektoren $\boldsymbol{x}_i$ wieder mit Hilfe der entsprechenden Eigenvektoren $\boldsymbol{y}_i$ von $\boldsymbol{B}$, deren Berechnung keine Mühe macht, durch Rücktransformieren gewinnen. Diese Rücktransformation wird hier wieder stufenweise durchgeführt. Bezeichnen wir den interessierenden Eigenvektor $\boldsymbol{x}_i$

Tabelle 22.2. *Verfahren von Householder*

				$S, v_2^2, v_i v_2$	$\boldsymbol{v}$	$\boldsymbol{p}$	$\boldsymbol{p}^*$	$2\boldsymbol{q}$	$2\boldsymbol{q}^*$
16,059	2,268	0,244	—0,396	15,8174615	0	1,744843613	12,849985659	3,489687226	25,699971318
5,061	0,855	0,080	—0,133	0,659981423	0,812392407	0,661106599	1,831793358	—0,968923452	1,372450066
9,072	1,344	0,147	—0,231	0,286771680	0,352996505	1,036532999	0,194854884	1,077533269	—0,605822961
11,928	1,428	0,168	—0,273	0,377051653	0,464125033	1,092693636	—0,316296517	0,876446095	—1,941534211
				$-2K =$	—2,820233954	2	2		
16,059	—0,566995405	—0,987847394	—2,015651200	0	0	0,513275107	0	1,026550214	0
—15,8174615	0,527178043	0,914192566	1,893989280	0,080567858	0	—0,493147081	—0,062322444	—0,986294162	—0,124644888
0	—0,015849923	—0,019512090	—0,045755373	0,598363810	0,773539792	0,013903986	—0,103688264	—0,020336192	—0,255520692
0	0,078993415	0,139795193	0,221334057	—0,490229088	—0,633747731	—0,032132812	—0,175663558	—0,024821945	—0,311883437
				$-2K =$	—0,0622387688	2	2		
16,059	—0,566995405	—1,781924833	—1,365077331						
—15,8174615	0,527178043	1,677130347	1,268927593						
0	0,080567858	0,193874187	0,182610860						
0	0	—0,002939704	0,007947785						

				1
			—1	16,059
		1	—16,586178043	— 0,50247580
	—1	16,780052230	— 2,578033184	0,0034934376
1	—16,788000015	2,711934253	— 0,032586374	0,000045638578
Exakt: 1	—16,788	2,711934000	— 0,032586372	0,000045638649

$\boldsymbol{C}$

16,059	—8,96842799	2,27084757	0,00511398512
	0,527178043	—0,135122800	—0,000300539986
		0,193874187	0,000536821876
			0,007947785

bzw. $\boldsymbol{y}_i$ einfach mit $\boldsymbol{x}$ bzw. $\boldsymbol{y}$, die Zwischenstufen mit $\boldsymbol{y}_r$, so rechnet man nach

$$\begin{aligned} \boldsymbol{V}_{n-2}\,\boldsymbol{y} &= \boldsymbol{y}_{n-2} \\ \boldsymbol{V}_{n-3}\,\boldsymbol{y}_{n-2} &= \boldsymbol{y}_{n-3} \\ &\cdots\cdots\cdots \\ \boldsymbol{V}_1\,\boldsymbol{y}_2 &= \boldsymbol{y}_1 \equiv \boldsymbol{x}\,. \end{aligned} \tag{42}$$

Dabei braucht man aber die $\boldsymbol{V}_i$ nicht explizit zu bilden, man operiert vielmehr mit den Vektoren $\boldsymbol{v}_i$:

$$\boldsymbol{y}_r = \boldsymbol{V}_r\,\boldsymbol{y}_{r+1} = (\boldsymbol{I} - 2\,\boldsymbol{v}_r\,\boldsymbol{v}_r')\,\boldsymbol{y}_{r+1}\,,$$

$$\boxed{\boldsymbol{y}_r = \boldsymbol{y}_{r+1} - 2(\boldsymbol{v}_r'\boldsymbol{y}_{r+1})\,\boldsymbol{v}_r} \qquad r = n-2,\, n-3,\, \ldots,\, 1 \tag{43}$$

Die Rechnung beginnt mit $\boldsymbol{y}_{n-1} \equiv \boldsymbol{y}$ und endet mit $\boldsymbol{y}_1 \equiv \boldsymbol{x}$.

Wir verwenden das gleiche Beispiel wie in § 22.3, das an die Stabilität der Rechnung schon größere Anforderungen stellt. Die auf das Rechnen mit der Tischmaschine abgestellte Anordnung der Tab. 22.2 läßt natürlich die dem Verfahren eigentümlichen maschinentechnischen Vorteile nicht erkennen. Die Transformationen selbst verlaufen (im Gegensatz zur HESSENBERG-Rechnung) in Festkomma-Rechnung. Erst bei der rekursiven Polynomberechnung, insbesondere der Bildung der Produkte c_{ik} geht man auf Gleitkomma über.

§ 23. Iterative Behandlung linearer Gleichungssysteme

23.1. Das Gauß-Seidelsche Iterationsverfahren

Ein gegenüber der Elimination ganz verschiedenes Vorgehen zur Auflösung linearer Gleichungssysteme, bei dem die Lösung iterativ gewonnen wird, ist 1874 von SEIDEL angegeben[1], jedoch schon von GAUSS in verschiedenen Varianten verwendet worden[2]. Das Verfahren ist brauchbar, wenn die Hauptdiagonalelemente a_{ii} der Koeffizientenmatrix $\boldsymbol{A} = (a_{ik})$ gegenüber den übrigen Gliedern a_{ik} einer Zeile dem Betrage nach genügend stark überwiegen, was in Gleichungssystemen der Anwendungen des öfteren vorkommt. Hier löst man das System

$$\boldsymbol{A}\,\boldsymbol{x} = \boldsymbol{a} \tag{1}$$

mit der nichtsingulären Matrix $\boldsymbol{A}$ und den rechten Seiten $\boldsymbol{a} = (a_i)$ nach den Diagonalgliedern auf:

$$\left.\begin{aligned} a_{11}\,x_1 &= a_1 \qquad\qquad\quad - a_{12}\,x_2 - a_{13}\,x_3 - a_{14}\,x_4 - \cdots \\ a_{22}\,x_2 &= a_2 - a_{21}\,x_1 \qquad\qquad - a_{23}\,x_3 - a_{24}\,x_4 - \cdots \\ a_{33}\,x_3 &= a_3 - a_{31}\,x_1 - a_{32}\,x_2 \qquad\qquad - a_{34}\,x_4 - \cdots \\ &\cdots\cdots\cdots\cdots\cdots\cdots \end{aligned}\right\}. \tag{2}$$

Bei überwiegenden Hauptdiagonalelementen a_{ii} lassen sich nun die rechts stehenden Glieder $a_{ik}\,x_k$ $(i \neq k)$ als relativ kleine *Korrekturen* auf-

[1] SEIDEL, PH. L.: Münch. Akad. Abhandl. 1874, S. 81—108.

[2] DEDEKIND, R.: GAUSS in seiner Vorlesung über die Methode der kleinsten Quadrate. Festschrift zur Feier des 150jährigen Bestehens der Kgl. Ges. d. Wiss. Göttingen. Berlin 1901. — GAUSS selbst beschreibt es in einem Briefe vom 26. Dezember 1832 an seinen Schüler GERLING (Werke IX, S. 278).

fassen, und man erhält einen ersten Näherungssatz x_i^1 der Unbekannten aus

$$\left.\begin{array}{l} a_{11}\,x_1^1 = a_1 \\ a_{22}\,x_2^1 = a_2 - a_{21}\,x_1^1 \\ a_{33}\,x_3^1 = a_3 - a_{31}\,x_1^1 - a_{32}\,x_2^1 \\ \dots\dots\dots\dots\dots\dots \end{array}\right\}. \tag{3a}$$

Nach Vorliegen aller x_i^1 errechnet man einen verbesserten Wertesatz x_i^2 aus

$$\left.\begin{array}{lllll} a_{11}\,x_1^2 = a_1 & & - a_{12}\,x_2^1 & - a_{13}\,x_3^1 & - a_{14}\,x_4^1 - \dots \\ a_{22}\,x_2^2 = a_2 & - a_{21}\,x_1^2 & & - a_{23}\,x_3^1 & - a_{24}\,x_4^1 - \dots \\ a_{33}\,x_3^2 = a_3 & - a_{31}\,x_1^2 & - a_{32}\,x_2^2 & & - a_{34}\,x_4^1 - \dots \\ \dots\dots\dots & & & & \end{array}\right\}. \tag{3b}$$

Allgemein lautet die Iterationsvorschrift

$$\boxed{\begin{array}{lllll} a_{11}\,x_1^{\nu+1} = a_1 & & - a_{12}\,x_2^{\nu} & - a_{13}\,x_3^{\nu} & - a_{14}\,x_4^{\nu} - \dots \\ a_{22}\,x_2^{\nu+1} = a_2 & - a_{21}\,x_1^{\nu+1} & & - a_{23}\,x_3^{\nu} & - a_{24}\,x_4^{\nu} - \dots \\ a_{33}\,x_3^{\nu+1} = a_3 & - a_{31}\,x_1^{\nu+1} & - a_{32}\,x_2^{\nu+1} & & - a_{34}\,x_4^{\nu} - \dots \\ \dots\dots\dots & & & & \end{array}} \tag{3}$$

oder kurz

$$\boxed{\boldsymbol{A}_1\,\boldsymbol{x}^{\nu+1} = \boldsymbol{a} - \boldsymbol{A}_2\,\boldsymbol{x}^{\nu}}\,, \tag{3'}$$

wo wir die Matrix $\boldsymbol{A}$ zerlegt haben in die untere Dreiecksmatrix $\boldsymbol{A}_1$ einschließlich der Diagonalelemente a_{ii} und die restliche $\boldsymbol{A}_2$ der Elemente oberhalb der Hauptdiagonalen, $\boldsymbol{A} = \boldsymbol{A}_1 + \boldsymbol{A}_2$.

Man benutzt also in jeder Gleichung, beginnend mit der ersten und in der angegebenen Reihenfolge fortschreitend, für die Unbekannten die jeweils neuesten Werte, nämlich, soweit schon bekannt, die der neuen Iterationsstufe $\nu + 1$, im übrigen die der alten Stufe ν. Man nennt dieses GAUSS-SEIDELsche Vorgehen auch *Iteration in Einzelschritten* gegenüber der (weniger vorteilhaften) in *Gesamtschritten*, bei der rechts durchweg die Näherungen x_i^ν der alten Stufe eingesetzt werden, wo also $\boldsymbol{A}_1 = \mathrm{Diag}(a_{ii})$ gesetzt wird. Als Ausgangsnäherung haben wir hier $\boldsymbol{x}^0 = \boldsymbol{o}$ gewählt; man hätte statt dessen auch irgend einen anderen Wertesatz, insbesondere natürlich, falls schon bekannt, eine Näherung benutzen können.

Die praktische Rechnung und ihre Anordnung ist denkbar einfach, vgl. das folgende Schema. Unter dem Koeffizientenschema nebst rechten Seiten, in dem man die Diagonalelemente etwa durch Umrahmen hervorhebt, bauen sich die Reihen der Näherungswerte x_i^ν der einzelnen Iterationsstufen ν auf. Der Wert $x_i^{\nu+1}$ ergibt sich aus der i-ten Gleichung, kenntlich an dem über x_i stehenden Diagonalelement a_{ii}. Die rechten Seiten schreibt man zweckmäßig mit umgekehrtem Vorzeichen als $-a_i$ nieder, so daß sie bei der skalaren Produktbildung den Faktor 1 erhalten. Im übrigen wird das skalare Produkt der $a_{ik}\,x_k$ gebildet mit Ausnahme von $a_{ii}\,x_i$, wobei für $k < i$ (links von x_i) die Werte $x_k^{\nu+1}$ der neuen Zeile, für

$k > i$ (rechts von x_i) die Werte x_k^ν der alten Zeile zu nehmen sind. Das Ganze ist abschließend durch das Diagonalelement a_{ii} zu dividieren und im Vorzeichen umzukehren. Natürlich erfolgt die Produktbildung mit Hilfe der Rechenmaschine durch selbsttätiges Auflaufenlassen aller Einzelprodukte zum Gesamtwert und anschließende Division durch a_{ii}.

Rechenschema zur Iteration nach GAUSS-SEIDEL.

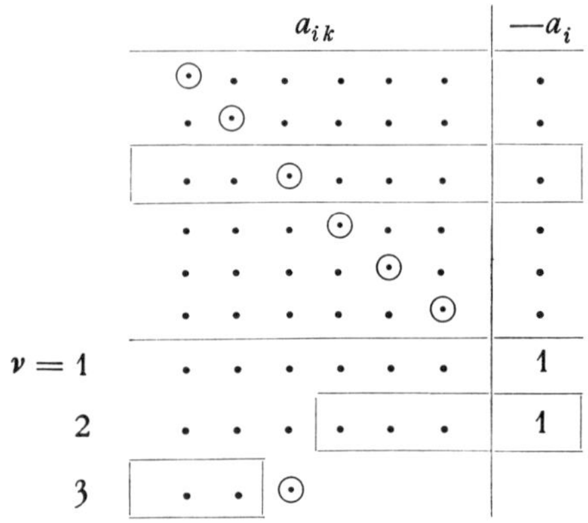

	a_{ik}						$-a_i$
	⊙	·	·	·	·	·	·
	·	⊙	·	·	·	·	·
	·	·	⊙	·	·	·	·
	·	·	·	⊙	·	·	·
	·	·	·	·	⊙	·	·
	·	·	·	·	·	⊙	·
$\nu = 1$	·	·	·	·	·	·	1
2	·	·	·	·	·	·	1
3	·	·	⊙				

Beispiel:

$$
\begin{aligned}
24\,x_1 - 2\,x_2 + 2\,x_3 + x_4 &= 54\\
-x_1 + 21\,x_2 + 2\,x_3 - x_4 &= -61\\
x_1 + 2\,x_2 + 28\,x_3 - 2\,x_4 &= 28\\
x_2 - 2\,x_3 + 20\,x_4 &= -45
\end{aligned}
$$

Die Zahlenrechnung der SEIDELschen Iteration verläuft nach folgendem Schema:

x_1	x_2	x_3	x_4	$-a_i$
24	—2	2	1	—54
—1	21	2	—1	61
1	2	28	—2	—28
0	1	—2	20	45
2,250	—2,797 6	1,119 5	—1,998 2	1
2,006 83	—3,010 97	1,000 67	—1,999 38	1
1,999 004	—3,000 082	1,000 086	—1,999 987	1
1,999 985	—3,000 008	1,000 002	—1,999 999	1
1,999 999	—3,000 000	1,000 000	—2,000 000	1
2,000 000	—3,000 000	1,000 000	—2,000 000	1

Die Konvergenz ist infolge der überwiegenden Diagonalelemente befriedigend. — Das Verfahren ist seiner sehr einfachen Rechenvorschrift wegen besonders auch für Anwendung von Rechenautomaten geeignet. Auf die Frage der Konvergenz kommen wir im übernächsten Abschnitt zurück.

23.2. Iteration mit Elimination

Mitunter sind außer den Diagonalelementen auch noch die ihnen unmittelbar benachbarten Koeffizienten $a_{i,\,i\pm 1}$ von mit ihnen vergleichbarer Größenordnung, während erst die weiter von der Diagonalen entfernt stehenden a_{ik} genügend stark zurückgehen, also ihren Einfluß auf das Ergebnis nur schwach geltend machen. In diesem Falle empfiehlt sich eine Kombination von Iteration und Elimination[1]. Durch eine Elimination werden zunächst lediglich die störenden Elemente $a_{i,i-1}$ unterhalb der Diagonalen zu Null gemacht, womit die Elimination hier besonders einfach verläuft, indem die Matrix $\boldsymbol{C}$ der Eliminationskoeffizienten c_{ik} nur eine einzige der Diagonalen $c_{ii} = 1$ benachbarte Reihe von Elemente $c_{i,i-1}$ aufweist. Von der Gesamtmatrix $\boldsymbol{A}$ — sie sei etwa fünfreihig:

$$\boldsymbol{A} = \begin{pmatrix} a_{11} & a_{12} & a_{13} & a_{14} & a_{15} \\ a_{21} & a_{22} & a_{23} & a_{24} & a_{25} \\ a_{31} & a_{32} & a_{33} & a_{34} & a_{35} \\ a_{41} & a_{42} & a_{43} & a_{44} & a_{45} \\ a_{51} & a_{52} & a_{53} & a_{54} & a_{55} \end{pmatrix} \tag{4}$$

wird also lediglich der oberhalb der Treppenlinie gelegene Teil $\boldsymbol{A}_1$ der Elimination unterworfen, womit $\boldsymbol{A}_1$ in die obere Dreiecksmatrix $\boldsymbol{B}_1 = (b_{ik})$ übergeht, während der unterhalb der Treppenlinie liegende Teil $\boldsymbol{A}_2$ mit seinen nur schwachen Koeffizienten a_{ik} zunächst unberücksichtigt bleibt. Als Iterationsvorschrift verwenden wir dann

$$\boldsymbol{A}_1 \boldsymbol{x}^{\nu+1} = \boldsymbol{a} - \boldsymbol{A}_2 \boldsymbol{x}^{\nu} = \boldsymbol{a}^{\nu}\,, \tag{5}$$

wo die rechten Seiten $\boldsymbol{a}^{\nu}$ mit vorliegender Näherung $\boldsymbol{x}^{\nu}$ bekannt sind. Wenden wir nun hierauf die Elimination (Dreieck-Zerlegung)

$$\boldsymbol{A}_1 = \boldsymbol{C}_1 \boldsymbol{B}_1 \tag{6}$$

an, durch welche $\boldsymbol{A}_1$ in die obere Dreiecksmatrix $\boldsymbol{B}_1$ übergeht, so verwandeln sich die rechten Seiten $\boldsymbol{a}^{\nu}$ in $\boldsymbol{b}^{\nu}$ gemäß

$$\boldsymbol{a}^{\nu} = \boldsymbol{C}_1 \boldsymbol{b}^{\nu}\,. \tag{7}$$

Aufzulösen ist dann das gestaffelte Gleichungssystem

$$\boldsymbol{B}_1 \boldsymbol{x}^{\nu+1} = \boldsymbol{b}^{\nu}\,, \tag{8}$$

dessen rechte Seite $\boldsymbol{b}^{\nu}$ jeweils aus $\boldsymbol{a}^{\nu} = \boldsymbol{a} - \boldsymbol{A}_2 \boldsymbol{x}^{\nu}$ durch den — besonders einfachen — Eliminationsprozeß hervorgeht. Die Berechnung der Unbekannten $x_i^{\nu+1}$ erfolgt aus dem gestaffelten System (8) wie üblich von unten nach oben aufsteigend (also nicht wie bei der SEIDEL-Iteration von oben nach unten). Auch hier handelt es sich um eine Iteration in Einzelschritten, indem im gestaffelten System jeweils alle schon bekannten Werte $x_i^{\nu+1}$ der neuen Stufe $\nu + 1$ benutzt werden.

[1] Ein ähnliches, besonderes für Automatenrechnung geeignetes Verfahren gibt S. FALK: Eine Variante zur Gauß-Seidelschen Iteration. Elektron. Datenverarbeitung 1963, S. 230—234.

Für die praktische Rechnung arbeitet man bequemer mit Korrekturen $\mathfrak{z}^\nu$ nach der Vorschrift

vor Elimination	nach Elimination		
$\mathfrak{A}_1 \mathfrak{x}^0 = \mathfrak{a}$	$\mathfrak{B}_1 \mathfrak{x}^0 = \mathfrak{b}$	$\to \mathfrak{x}^0$	
$\mathfrak{A}_1 \mathfrak{z}^1 = -\mathfrak{A}_2 \mathfrak{x}^0 = -\mathfrak{a}^0$	$\mathfrak{B}_1 \mathfrak{z}^1 = -\mathfrak{b}^0$	$\to \mathfrak{z}^1$	
$\mathfrak{A}_1 \mathfrak{z}^2 = -\mathfrak{A}_2 \mathfrak{z}^1 = -\mathfrak{a}^1$	$\mathfrak{B}_1 \mathfrak{z}^2 = -\mathfrak{b}^1$	$\to \mathfrak{z}^2$	(9)
$\mathfrak{A}_1 \mathfrak{z}^3 = -\mathfrak{A}_2 \mathfrak{z}^2 = -\mathfrak{a}^2$	$\mathfrak{B}_1 \mathfrak{z}^3 = -\mathfrak{b}^2$	$\to \mathfrak{z}^3$	
. . . .	. . . .	. . .	

Dann erhält man die Lösung $\mathfrak{x}$ in der Form

$$\boxed{\mathfrak{x} = \mathfrak{x}^0 + \mathfrak{z}^1 + \mathfrak{z}^2 + \cdots}, \tag{10}$$

wobei die Korrekturen $\mathfrak{z}^\nu$ zunehmend kleiner werden, bis sie im Rahmen der mitgeführten Stellenzahl ganz zu Null geworden sind, womit die Rechnung endet.

Das vollständige Rechenschema einschließlich Proben hat, etwa für $n = 5$ und bis $\nu = 2$, folgendes Aussehen:

σ_1	σ_2	σ_3	σ_4	σ_5	$-\sigma$	a_i^0	a_i^1
σ_1''	σ_2''	σ_3''	—	—	—	σ^0	σ^1
σ_1'	σ_2'	σ_3'	σ_4'	σ_5'	$-\sigma'$	—	—
a_{11}	a_{12}	a_{13}	a_{14}	a_{15}	$-a_1$	0	0
a_{21}	a_{22}	a_{23}	a_{24}	a_{25}	$-a_2$	0	0
a_{31}	a_{32}	a_{33}	a_{34}	a_{35}	$-a_3$	a_3^0	a_3^1
a_{41}	a_{42}	a_{43}	a_{44}	a_{45}	$-a_4$	a_4^0	a_4^1
a_{51}	a_{52}	a_{53}	a_{54}	a_{55}	$-a_5$	a_5^0	a_5^1
b_{11}	b_{12}	b_{13}	b_{14}	b_{15}	$-b_1$	0	0
$-c_{21}$	b_{22}	b_{23}	b_{24}	b_{25}	$-b_2$	0	0
0	$-c_{32}$	b_{33}	b_{34}	b_{35}	$-b_3$	b_3^0	b_3^1
0	0	$-c_{43}$	b_{44}	b_{45}	$-b_4$	b_4^0	b_4^1
0	0	0	$-c_{54}$	b_{55}	$-b_5$	b_5^0	b_5^1
$-\tau_1$	$-\tau_2$	$-\tau_3$	$-\tau_4$	-1	0	0	0
x_1^0	x_2^0	x_3^0	x_4^0	x_5^0	1	0	
z_1^1	z_2^1	z_3^1	z_4^1	z_5^1		1	0
z_1^2	z_2^2	z_3^2	z_4^2	z_5^2			1
x_1	x_2	x_3	x_4	x_5	1	0	

Die Summenzeile σ_k' bezieht sich auf die Teilmatrix $\boldsymbol{A}_1$ und kontrolliert die Elimination. Die Zeile σ_k'' bezieht sich auf $\boldsymbol{A}_2$ und kontrolliert jeweils die Spalten a_i^ν und b_i^ν. Endkontrolle der x_i^0 und z_i^ν wieder mittels σ_k'. Schlußkontrolle der fertigen x_i mittels Gesamtsummen σ_k der Gesamtmatrix $\boldsymbol{A}$ ($\sigma_k = \sigma_k' + \sigma_k''$).

Das Verfahren ist ohne weiteres dahingehend abzuändern, daß in die Hauptmatrix $\boldsymbol{A}_1$ weniger oder mehr der Elemente a_{ik} einbezogen werden, je nachdem diese Elemente mehr oder weniger klein sind, so daß sie als Korrekturen oder aber als zu eliminierende Elemente behandelt werden müssen; vgl. dazu das folgende

Beispiel: In E. Bodewig [2], S. 131, findet sich das folgende, dort mittels gewöhnlicher Iteration behandelte Zahlenbeispiel, das für die Anwendung von Iteration mit Elimination bezeichnend ist:
Matrix nebst rechten Seiten:

15,032 874	0,291 456	—1,754 343	0,032 160	5,067 107
0,034 376	—8,852 656	—0,817 307	1,267 660	7,755 243
0,198 822	3,893 840	—22,225 977	0,341 238	49,588 894
0,079 720	—0,986 150	—0,016 570	—5,313 570	5,283 290

Indem wir hier die 2. und 3. Zeile und Spalte vertauschen, rücken die noch störenden Glieder mittlerer Größe an die Hauptdiagonale heran, so daß unser Vorgehen erfolgversprechend ist. Damit verläuft die Rechnung nach Tab. 23.1. Man erkennt das starke Zurückgehen der Korrekturen. Bereits nach drei Schritten sind die Lösungen auf 7 Dezimalen genau, während die bei der gewöhnlichen Seidelschen Iteration nach 5 Schritten erst 5, bei der in Gesamtschritten sogar nach 6 Schritten erst 3 bis 4 Dezimalen auskorrigiert sind. — Da man mit Korrekturen arbeitet, ist zu beachten, daß schon die erste Näherung $\boldsymbol{x}^0$ mit voller gewünschter Stellenzahl zu rechnen ist.

23.3. Konvergenz und Fehlerabschätzung

Die beiden in 23.1 und 2 beschriebenen Iterationsverfahren — wie übrigens auch noch weitere — lassen sich unter der gleichen Iterationsvorschrift zusammenfassen. Wir dividieren zunächst jede der Gleichungen durch ihr Diagonalelement a_{ii} und schreiben die Iterationsvorschrift in der Form

$$\boldsymbol{x}^{\nu+1} = -\boldsymbol{A}_1 \boldsymbol{x}^{\nu+1} - \boldsymbol{A}_2 \boldsymbol{x}^\nu + \boldsymbol{a}\,. \tag{11}$$

Im Falle der Seidelschen Iteration in Einzelschritten ist $\boldsymbol{A}_1$ die unterhalb, $\boldsymbol{A}_2$ die oberhalb der Diagonalen gelegene Dreiecksmatrix, jeweils bezogen auf das Diagonalelement 1. Beide Matrizen fassen wir noch zusammen zu

$$\boldsymbol{A}_0 = \boldsymbol{A}_1 + \boldsymbol{A}_2\,, \tag{12}$$

so daß die auf $a_{ii} = 1$ gebrachte Gesamtmatrix $\boldsymbol{I} + \boldsymbol{A}_0$ lautet. Im Falle der Iteration mit Elimination nach 23.2 enthält $\boldsymbol{A}_1$ die oberhalb

Tabelle 23.1. *Beispiel zur Iteration mit Elimination*

—0,312 918	0,016 570	—	—		—0,062 1408	—0,000 0175	
15,032 874	21,288 941	6,236 422	3,672 512	57,560 320	—	—	$\overline{a}_i^{(2)}$
15,032 874	—1,754 343	0,291 456	—0,032 160	—5,067 107	0	0	0
—0,198 822	22,225 977	—3,893 840	—0,341 238	49,588 894	—0,014 4209	—0,000 0218	0,198 822
—0,034 376	0,817 307	8,852 656	—1,267 660	7,755 243	— 2 4934	— 38	0,034 367
—0,079 720	0,016 570	0,986 150	5,313 570	5,283 290	— 45 2266	81	0,096 290
15,032 874	—1,754 343	0,291 456	—0,032 160	—5,067 107	0	0	0
0	22,225 977	—3,893 840	—0,341 238	49,588 894	—14 4209	— 218	0,198 8220
0	—0,036 7726	8,995 843	—1,255 112	5,931 730	— 1 9631	— 30	0,027 065
0	0	—0,109 6228	5,451 159	4,633 037	—45 0114	84	0,093 323
—1	—1,036 7726	—1,109 6228	—1	0	0	0	
0,072 5318	—2,380 4667	— 0,777 9673	—0,849 9178	1	0		
1096	1 0157	1 3703	8 2572		1	0	
1	10	1	—15			1	0
x_i = 0,072 6415	—2,379 4500	—0,776 5969	—0,841 6621	1	0		
α_i = 0,00133	0,01015	0,00540	0,01712				1

der Treppe gelegenen Elemente mit Ausnahme der zu 1 normierten Diagonalelemente, $\boldsymbol{A}_2$ die Elemente unterhalb der Treppe.

Durch Subtraktion der Gleichung für die exakte Lösung $\boldsymbol{x}$

$$\boldsymbol{x} = -\boldsymbol{A}_1 \boldsymbol{x} - \boldsymbol{A}_2 \boldsymbol{x} + \boldsymbol{a}$$

von (11) erhalten wir für den Fehlervektor $\boldsymbol{y}^\nu = \boldsymbol{x}^\nu - \boldsymbol{x}$ das System

$$-\boldsymbol{y}^{\nu+1} = \boldsymbol{A}_1 \boldsymbol{y}^{\nu+1} + \boldsymbol{A}_2 \boldsymbol{y}^\nu . \tag{13}$$

Das läßt sich für den Fall nichtsingulärer Matrix $\boldsymbol{I} + \boldsymbol{A}_1$ auflösen nach

$$\boldsymbol{y}^{\nu+1} = -(\boldsymbol{I} + \boldsymbol{A}_1)^{-1} \boldsymbol{A}_2 \boldsymbol{y}^\nu = \boldsymbol{L}\, \boldsymbol{y}^\nu \tag{14}$$

mit der sogenanten Iterationsmatrix $\boldsymbol{L} = -(\boldsymbol{I} + \boldsymbol{A}_1)^{-1} \boldsymbol{A}_2$. Maßgebend für die Konvergenz des Verfahrens ist nun der Maximalbetrag λ_L der Eigenwerte λ_i von $\boldsymbol{L}$, und zwar ist notwendige und hinreichende Konvergenzbedingung

$$\lambda_L = \operatorname*{Max}_i |\lambda_i| < 1 . \tag{15}$$

Es ist nach (14)

$$\boldsymbol{y}^\nu = \boldsymbol{L}^\nu \boldsymbol{y}^0$$

mit einem Ausgangsfehler $\boldsymbol{y}^0$. Entwickelt man diesen nämlich nach den — als vollständig vorhanden angenommenen — Eigenvektoren $\boldsymbol{z}_i$ von $\boldsymbol{L}$, so wird

$$\boldsymbol{y}^\nu = c_1 \lambda_1^\nu \boldsymbol{z}_1 + c_2 \lambda_2^\nu \boldsymbol{z}_2 + \cdots + c_n \lambda_n^\nu \boldsymbol{z}_n ,$$

woraus im Falle (15) $\boldsymbol{y}^\nu \to \boldsymbol{o}$ für $\nu \to \infty$ ersichtlich wird.

Nun ist die Konvergenzbedingung (15) praktisch wertlos, da die Eigenwerte der Iterationsmatrix $\boldsymbol{L}$ nicht bekannt und nur unter beträchtlichem Aufwand ermittelbar sind. Es kommt also darauf an, wenigstens hinreichende, aber einfach zu handhabende Konvergenzkriterien und ebensolche Fehlerabschätzungen anzugeben. Das gelingt auf einfache Weise mit Hilfe der in § 16.3 eingeführten Normbetrachtungen. Von zahlreichen bekannt gewordenen Abschätzungen bringen wir hier eine von W. Dück[1]. Es sei $\|\boldsymbol{x}\|$ eine beliebige Vektornorm und $\|\boldsymbol{A}\|$ eine dazu passende Matrixnorm, vgl. § 16.3. Dann folgt aus (13) durch Übergang zu den Normen unter Beachten der Rechenregeln für Normen:

$$\|\boldsymbol{y}^{\nu+1}\| \leqq \|\boldsymbol{A}_1\|\, \|\boldsymbol{y}^{\nu+1}\| + \|\boldsymbol{A}_2\|\, \|\boldsymbol{y}^\nu\|$$

oder

$$(1 - \|\boldsymbol{A}_1\|)\, \|\boldsymbol{y}^{\nu+1}\| \leqq \|\boldsymbol{A}_2\|\, \|\boldsymbol{y}^\nu\| .$$

[1] Dück, W.: Eine Fehlerabschätzung zum Einzelschrittverfahren bei linearen Gleichungssystemen. Numer. Math. Bd. 1 (1959), S. 73—77. Einen Vergleich mit anderen Abschätzungen findet man in H. Feldmann: Ein hinreichendes Konvergenzkriterium usw. Z. angew. Math. Mech. Bd. 41 (1961), S. 515—516.

Unter der Voraussetzung $||\boldsymbol{A}_1|| < 1$ dürfen wir hier dividieren und erhalten für die Norm zweier aufeinander folgender Fehlervektoren die Ungleichung

$$||\boldsymbol{y}^{\nu+1}|| \leqq \frac{||\boldsymbol{A}_2||}{1 - ||\boldsymbol{A}_1||} ||\boldsymbol{y}^{\nu}|| \,. \tag{16}$$

Hinreichende Konvergenzbedingung für das Verfahren ist somit

$$\varrho_1 = \frac{||\boldsymbol{A}_2||}{1 - ||\boldsymbol{A}_1||} < 1 \,. \tag{17}$$

Die uns vorschwebende Fehlerabschätzung ist von der Form

$$||\boldsymbol{y}^{\nu}|| = ||\boldsymbol{x}^{\nu} - \boldsymbol{x}|| \leqq \varrho \, ||\boldsymbol{x}^{\nu} - \boldsymbol{x}^{\nu-1}|| \tag{18}$$

mit einem Abschätzungsfaktor ϱ, den DÜCK auf folgende Weise ermittelt. Aus (13) erhält man durch leichtes Umformen unter Ersetzen von ν durch $\nu - 1$:

$$-\boldsymbol{y}^{\nu} = (\boldsymbol{A}_1 + \boldsymbol{A}_2)\,\boldsymbol{y}^{\nu} + \boldsymbol{A}_2\,(\boldsymbol{y}^{\nu-1} - \boldsymbol{y}^{\nu}) = \boldsymbol{A}_0\,\boldsymbol{y}^{\nu} + \boldsymbol{A}_2\,(\boldsymbol{x}^{\nu-1} - \boldsymbol{x}^{\nu}) \,.$$

Übergang auf die Normen ergibt die Ungleichung

$$||\boldsymbol{y}^{\nu}|| \leqq ||\boldsymbol{A}_0||\,||\boldsymbol{y}^{\nu}|| + ||\boldsymbol{A}_2||\,||\boldsymbol{x}^{\nu} - \boldsymbol{x}^{\nu-1}||$$

oder unter der neuen Voraussetzung $||\boldsymbol{A}_0|| < 1$ die gewünschte Abschätzung

$$||\boldsymbol{y}^{\nu}|| = ||\boldsymbol{x}^{\nu} - \boldsymbol{x}|| \leqq \frac{||\boldsymbol{A}_2||}{1 - ||\boldsymbol{A}_0||} ||\boldsymbol{x}^{\nu} - \boldsymbol{x}^{\nu-1}|| \tag{19}$$

mit dem Abschätzungsfaktor

$$\varrho = \frac{||\boldsymbol{A}_2||}{1 - ||\boldsymbol{A}_0||} \,. \tag{20}$$

Als Vektornorm verwendet man für Fehlerbetrachtungen üblicherweise den größten Komponentenbetrag

$$||\boldsymbol{x}|| = \operatorname*{Max}_i |x_i| \tag{21}$$

und als dazu passende Matrixnorm die Zeilennorm

$$||\boldsymbol{A}|| = Z(\boldsymbol{A}) = \operatorname*{Max}_i \sum_k |a_{ik}| \,. \tag{22}$$

Für das Beispiel aus 23.1 erhalten wir

$$||\boldsymbol{A}_1|| = \operatorname{Max}\left\{0,\ \frac{1}{21},\ \frac{3}{28},\ \frac{3}{20}\right\} = \frac{3}{20} = 0{,}150$$

$$||\boldsymbol{A}_2|| = \operatorname{Max}\left\{\frac{5}{24},\ \frac{3}{21},\ \frac{2}{28},\ 0\right\} = \frac{5}{24} = 0{,}208$$

$$||\boldsymbol{A}_0|| = \operatorname{Max}\left\{\frac{5}{24},\ \frac{4}{21},\ \frac{5}{28},\ \frac{3}{20}\right\} = \frac{5}{24} = 0{,}208 \,.$$

Damit:

$$\varrho_1 = \frac{0{,}208}{0{,}850} = 0{,}245 < 1\,, \qquad \varrho = \frac{0{,}208}{0{,}792} = 0{,}263\,.$$

Für das Beispiel aus 23.2 einer Iteration mit Elimination:

$$\begin{aligned} \|A_1\| &= \text{Max}\,\{0{,}1382;\, 0{,}1906;\, 0{,}2355;\, 0{,}1856\} = 0{,}2355 \\ \|A_2\| &= \text{Max}\,\{\;\;0\;\;;\, 0{,}0089;\, 0{,}0039;\, 0{,}0181\} = 0{,}0182 \\ \|A_0\| &= \text{Max}\,\{0{,}1382;\, 0{,}1995;\, 0{,}2394;\, 0{,}2037\} = 0{,}2394\,. \end{aligned}$$

Damit

$$\varrho_1 = \frac{0{,}0181}{0{,}7645} = 0{,}0237\,, \qquad \varrho = \frac{0{,}0181}{0{,}7606} = 0{,}0238\,.$$

Fehlerabschätzungen für den letzten Schritt:

$$\|y\| \le 0{,}0238 \cdot 15 \cdot 10^{-7} = 0{,}36 \cdot 10^{-7}\,.$$

23.4. Relaxation nach Gauss-Southwell

In neuerer Zeit ist durch SOUTHWELL unter dem Namen *Relaxation*[1] eine Abart der SEIDELschen Iteration bekannt geworden, die sich indessen bereits in der unter S. 338, Anm. 2 zitierten Erinnerungsschrift von DEDEKIND über „GAUSS in seiner Vorlesung über die Methode der kleinsten Quadrate“, S. 53—56, in allen Einzelheiten nebst Proben und unter Anwendung eines oft wirksamen Kunstgriffes zur Konvergenzbeschleunigung beschrieben findet.

Relaxation bedeutet Nachlassen, Erschlaffen und meint ein sukzessives und systematisches *Verkleinern von Resten*

$$A\,x_\nu - a = x_\nu\,, \tag{23}$$

die sich bei Einsetzen einer Näherung x_ν in das Gleichungssystem (1) ergeben, durch Anbringen geeigneter *Korrekturen*

$$z_\nu = x_\nu - x_{\nu-1}\,, \tag{24}$$

wofür sich aus Gl. (23) die Beziehung

$$A\,z_\nu = r_\nu - r_{\nu-1} \tag{25}$$

ergibt. Darin ist also z_ν so zu bestimmen, daß der neue Rest r_ν kleiner wird als der alte $r_{\nu-1}$. Überwiegen nun wieder die Hauptdiagonalelemente a_{ii} der Matrix A, so läßt sich hier komponentenweise vorgehen derart, daß man nur eine einzige Komponente $z_k^\nu \neq 0$ wählt und alle übrigen $z_i^\nu = 0$

[1] SOUTHWELL, R. V.: Relaxation methods in engineering science. Oxford University Press 1940.

setzt. Dann vereinfacht sich Gl. (25) zu

$$\left.\begin{aligned} a_{1k} z_k^{\nu} &= r_1^{\nu} - r_1^{\nu-1} \\ a_{2k} z_k^{\nu} &= r_2^{\nu} - r_2^{\nu-1} \\ &\cdots\cdots\cdots\cdots \\ a_{nk} z_k^{\nu} &= r_n^{\nu} - r_n^{\nu-1} \end{aligned}\right\}. \tag{26}$$

Macht man nun

$$\boxed{z_k^{\nu} \approx -\frac{r_k^{\nu-1}}{a_{kk}}}, \tag{27}$$

so wird die Restkomponente r_k nahezu Null, während sich alle übrigen Restkomponenten nur schwach ändern. Man wählt dabei k so, daß diese Korrektur z_k^{ν} dem Betrage nach möglichst groß wird. Sodann geht man zur nächsten ergiebigsten Komponente, d. h. derjenigen größter Korrektur über usf., bis sämtliche Reste r_i^{ν} im Rahmen der behandelten Stellenzahl nahezu Null geworden sind.

Korrigiert wird nun jeweils eine einzige Dezimale, d. h. man wählt die Korrekturen als einstellige Zahlen, womit die ganze Rechnung bequem im Kopf ausführbar ist. Ist dies für alle Unbekannten x_i geschehen, d. h. sind die verbleibenden Reste so klein geworden, daß in dieser Dezimalen eine weitere Restverkleinerung nicht mehr möglich ist (sind die Quotienten (27) unter die Einheit gesunken), so geht man zur nächsten Dezimale einfach dadurch über, daß man die verbleibenden kleinen Reste mit 10 multipliziert, worauf die Rechnung von neuem beginnt, bis auch in dieser Dezimale die Korrekturen kleiner als 1 werden. Durch Auswahl der jeweils ergiebigsten Korrektur wird das Verfahren in der günstigsten Weise gesteuert. Zugleich liegt hierin ein eigenartiger psychologischer Anreiz: der Rechnung wird die Eintönigkeit des mechanischen Ablaufes genommen, sie erledigt sich „spielend" und zugleich mühelos, „halb im Schlafe", wie sich Gauss in dem oben erwähnten Briefe an Gerling ausdrückt.

Da man ausschließlich mit Korrekturen und nicht mit den Unbekannten selbst arbeitet, so entfällt hier die bei der Gauss-Seidelschen Iteration so willkommene selbsttätige Kontrolle durch fortgesetztes Einsetzen der Näherungswerte. Ein Rechenfehler macht sich gar nicht bemerkbar und läßt die ganze nachfolgende Rechnung ungültig werden. Daher ist hier der Einbau laufender Proben von größter Wichtigkeit, die Gauss in der Weise gewinnt, daß er eine zusätzliche, im folgenden mit Nr. 0 bezeichnete Gleichung mit behandelt, die er als die negative Summe der gegebenen Gleichungen gewinnt. Dabei ist die Gesamtspaltensumme der Koeffizienten für jede Unbekannte x_k wie auch die der rechten Seiten gleich Null. Dann aber ist auch die Summe der Reste auf jeder

Stufe ν gleich Null:

$$r_1^\nu + r_2^\nu + \cdots + r_n^\nu + r_0^\nu = 0\,. \tag{28}$$

Da es sich bei den Resten in der Regel um höchstens zweistellige Zahlen handelt, so ist auch diese Probe leicht im Kopfe durchführbar.

Das Endergebnis erhält man durch Addition sämtlicher Korrekturen zur Ausgangsnäherung $\boldsymbol{x}_0$

$$\boxed{\boldsymbol{x} = \boldsymbol{x}_0 + \boldsymbol{z}_1 + \boldsymbol{z}_2 + \ldots}\,, \tag{29}$$

wobei man die Ausgangsnäherung am einfachsten zu Null wählt. Der erste Restvektor $\boldsymbol{r}_0$ wird dann gleich den negativen rechten Seiten:

$$\boldsymbol{r}_0 = -\boldsymbol{a} \quad \text{für} \quad \boldsymbol{x}_0 = \boldsymbol{o}\,. \tag{30}$$

Beispiel:

$$\begin{array}{r}
12\,x_1 - 2\,x_2 + 3\,x_3 - 18 = 0\\
-x_1 + 8\,x_2 - 2\,x_3 + 32 = 0\\
-x_1 + 3\,x_2 + 12\,x_3 - 6 = 0\\
\hline
-10\,x_1 - 9\,x_2 - 13\,x_3 - 8 = 0
\end{array}$$

Mit der Ausgangsnäherung $\boldsymbol{x}_0 = 0$ erhält man die Reste —18, 32, —6; —8. Der größte Quotient ist hier $32:8 = 4$, als erste Korrektur wählen wir also $z_2 = -4$, wodurch die Reste in die neuen Werte —10, 0, —18; 28 übergehen, deren Summe wieder Null ist. Als nächste Korrektur wählen wir $+18:12 \approx 2 = z_3$. Die neuen Reste sind —4, —4, 6; 2, womit die erste Dezimale bereits auskorrigiert ist. Die mit 10 multiplizierten letzten Reste, also —40, —40, 60; 20 bilden die Ausgangswerte zur Behandlung der nächsten Dezimale. Die weitere Rechnung ist aus Tab. 23.2 ersichtlich.

Im Zusammenhang mit der oben angegebenen Summenprobe hat GAUSS noch einen bemerkenswerten Kunstgriff zur Konvergenzbeschleunigung benutzt, der in vielen Fällen, namentlich bei gewissen Matrizen der Ausgleichsrechnung sowie bei Differenzenmatrizen erfolgreich ist. GAUSS führt durch die Substitutionen

$$x_i = \bar{x}_i - \bar{x}_0 \qquad (i = 1, 2, \ldots, n) \tag{31}$$

eine zusätzliche $(n+1)$-te Unbekannte $\bar{x}_0$ ein und erhält so ein Gleichungssystem mit einer zusätzlichen Spalte für $\bar{x}_0$, deren Koeffizienten a_{i0} gleich den negativen Zeilensummen der übrigen a_{ik} sind. Zusammen mit der negativen Summe der n Gleichungen als $(n+1)$-te Gleichung erhält man ein System mit der $(n+1)$-reihigen singulären Matrix $\bar{\boldsymbol{A}}$, die aus $\boldsymbol{A}$ durch Rändern mit den negativen Zeilen- und Spaltensummen hervorgeht. Die Lösungen $\bar{x}_i$ des neuen verträglichen Systems sind damit nicht eindeutig; das sind allein die Differenzen Gl. (31).

Für die Konvergenz des Verfahrens, das im wesentlichen mit der SEIDEL-Iteration identisch ist, kommt es nun, wie wir wissen, auf die Eigenwerte der Aufgabe

$$(\boldsymbol{A}_1 \lambda + \boldsymbol{A}_2)\,\boldsymbol{x} = \boldsymbol{o} \tag{32}$$

Tabelle 23.2. *Auflösung eines linearen Gleichungssystems durch Relaxation nach Gauß-Southwell*

				Reste			
1)	12	—2	3				
2)	—1	8	—2				
3)	—1	3	12				
0)	—10	—9	—13	s_1	s_2	s_3	s_0
	0	0	0	—18	32	— 6	— 8
		—4		—10	0	—18	28
			2	— 4	— 4	6	2
	0,0	—4,0	2,0	—40	—40	60	20
			—5	—55	—30	0	85
	5	4		5	—35	— 5	35
				— 3	—3	7	— 1
	0,50	—3,60	1,50	—30	—30	70	—10
			—6	—48	—18	— 2	68
	4			0	—22	— 6	28
		3		— 6	2	3	1
	0,540	—3,570	1,440	—60	20	30	10
	5			0	15	25	—40
			—2	— 6	19	1	—14
		—2		— 2	3	— 5	4
	0,5450	—3,5720	1,4380	—20	30	—50	40
			4	— 8	22	— 2	—12
		—3		— 2	— 2	—11	15
			1	1	— 4	1	2
	0,5450 0	—3,5723 0	1,4385 0	10	—40	10	20
		5		0	0	25	—25
			—2	— 6	4	1	1
	0,5450 00	—3,5722 50	1,4384 80	—60	40	10	10
	5			0	35	5	—40
		—4		8	3	— 7	— 4
	—1			— 4	4	— 6	6
	0,5450 040	—3,5722 540	1,4384 800	—40	40	—60	60
			5	—25	30	0	— 5
		—4		—17	— 2	—12	31
	1			— 5	— 3	—13	21
			1	— 2	— 5	— 1	8
	0,5450 0410	—3,5722 5440	1,4384 8060	—20	—50	—10	80
		6		—32	— 2	8	26
	3			4	— 5	5	— 4
	0,5450 0413	—3,5722 5434	1,4384 8060	4	— 5	5	— 4

an, also auf die Eigenwerte der Iterationsmatrix $\boldsymbol{L} = -\boldsymbol{A}_1^{-1}\boldsymbol{A}_2$, wo hier $\boldsymbol{A}_1$ die nichtsinguläre untere Dreiecksmatrix von $\boldsymbol{A}$ einschließlich der Diagonalelemente, $\boldsymbol{A}_2$ der singuläre Rest ist. Indem wir $\boldsymbol{A}$ in $\bar{\boldsymbol{A}} = \bar{\boldsymbol{A}}_1 + \bar{\boldsymbol{A}}_2$ abändern, die Iterationsmatrix also in $\bar{\boldsymbol{L}} = -\bar{\boldsymbol{A}}_1^{-1}\bar{\boldsymbol{A}}_2$, ändern sich die Eigenwerte von Gl. (32) in $\bar{\lambda}_i$ mit Ausnahme des einen Wertes $\lambda_n = \bar{\lambda}_n = 0$ und unter Hinzutreten eines neuen Wertes $\bar{\lambda}_0 = 1$ mit dem Eigenvektor $\bar{\boldsymbol{x}}_0 = \boldsymbol{e} = (1, 1, \ldots, 1)'$. Die Substitution (31) führt somit genau dann auf eine Konvergenzbeschleunigung, wenn der dominante Eigenwert sich verkleinert:

$$|\bar{\lambda}_1| < |\lambda_1| \,. \tag{33}$$

Der zusätzliche Eigenwert $\bar{\lambda}_0 = 1$ stört die Konvergenz nicht, da der zugehörige Eigenvektor $\bar{\boldsymbol{x}}_0 = \boldsymbol{e}$ bei Entwicklung eines Fehlervektors $\boldsymbol{z}_0$ lediglich ein konstantes Abwandern infolge der freien Zusatzunbekannten $\bar{x}_0$ berücksichtigt, die auf die endgültigen Werte x_i ohne Einfluß ist. Eine nähere Bedingung dafür, für welche Matrix die Bedingung (33) erfüllt ist, scheint z. Zt. nicht bekannt zu sein[1].

Zur Erläuterung diene das in der DEDEKINDschen Schrift angeführte Beispiel:

$$\begin{aligned}
3x_1 - x_2 - x_3 &= 1531 \\
-x_1 + 4x_2 - x_3 - x_4 &= -3681 \\
-x_1 - x_2 + 3x_3 - x_4 &= 2868 \\
- x_2 - x_3 + 2x_4 &= 0\,.
\end{aligned}$$

Durch die Substitution (31) geht das System in das folgende über:

$$\begin{aligned}
2x_0 - \bar{x}_1 - \bar{x}_2 &= -718 \\
-x_0 + 3\bar{x}_1 - \bar{x}_2 - \bar{x}_3 &= 1531 \\
-x_0 - \bar{x}_1 + 4\bar{x}_2 - \bar{x}_3 - \bar{x}_4 &= -3681 \\
- \bar{x}_1 - \bar{x}_2 + 3\bar{x}_3 - \bar{x}_4 &= 2868 \\
- \bar{x}_2 - \bar{x}_3 + 2\bar{x}_4 &= 0\,.
\end{aligned}$$

Das Überwiegen der Hauptdiagonalglieder ist hier offenbar nur recht schwach, auch die Angabe (17) aus 23.3 läßt keine ausreichende Konvergenz erwarten. Eine unmittelbare Behandlung des Ausgangssystems ist in der Tat sehr langwierig. Das erweiterte Gleichungssystem zeigt demgegenüber eine überraschend gute Konvergenz, vgl. Tab. 23.3, wo die Zahlenrechnung durchgeführt ist. Die Ergebnisse sind:

$$\begin{array}{llll}
x_0 = -740 & & & \\
\bar{x}_1 = 171 & & x_1 = & 911 \\
\bar{x}_2 = -934 & & x_2 = & -194 \\
\bar{x}_3 = 655 & & x_3 = & 1395 \\
\bar{x}_4 = -140 & & x_4 = & 600\,.
\end{array}$$

[1] Vgl. aber G. E. FORSYTHE u. T. S. MOTZKIN: An Extension of GAUSS' Transformation for Improving the Condition of Systems of Linear Equations. Math. Tables a. other Aids to Comp. VI, Nr. 37 (1952), S. 9—17.

Die dominanten Eigenwerte der alten und abgeänderten Iterationsmatrix sind

$$\lambda_1 = 0{,}7336\,, \quad \bar{\lambda}_1 = -0{,}09837\,.$$

Hiermit erklärt sich die auffallend gute Wirkung der GAUSS-Transformation im vorliegenden Falle.

Tabelle 23.3

Beispiel zur Relaxation mit Konvergenzbeschleunigung nach Gauß

$\bar{x}_0$	$\bar{x}_1$	$\bar{x}_2$	$\bar{x}_3$	$\bar{x}_4$					
2	—1	—1	0	0					
—1	3	—1	—1	0					
—1	—1	4	—1	—1					
0	—1	—1	3	—1			Reste		
0	0	—1	—1	2	718	—1531	3681	—2868	0
		—920			1638	—611	1	—1948	920
—820					—2	209	821	—1948	920
			650		—2	—441	171	2	270
	150				—152	9	21	—148	270
				—140	—152	9	161	—8	—10
80					8	—71	81	—8	—10
	24				—16	1	57	—32	—10
		—14			—2	15	1	—18	4
			6		—2	9	—5	0	—2
	—3				1	0	—2	3	—2
			—1		1	1	—1	0	—1
—740	171	—934	655	—140					

23.5. Iterative Nachbehandlung. Schlecht konditionierte Systeme

Bei der Auflösung umfangreicher Gleichungssysteme nach einem Eliminationsverfahren — etwa dem GAUSSschen Algorithmus — sind die Ergebnisse infolge Aufhäufung der unvermeidlichen Rundungsfehler mehr oder weniger fehlerhaft. Sie sind es erst recht im Falle schlecht konditionierter Koeffizientenmatrix mit kleiner Determinante (vgl. § 16.5), wo zu den normalen Rundungsfehlern ein dann unvermeidlicher Stellenverlust durch Tilgung, durch Differenzbildung fast gleicher Zahlen hinzutritt, der die numerische Durchführbarkeit der Aufgabe schließlich überhaupt in Frage stellen kann. Bei nicht allzu schlechter Kondition aber lassen sich die fehlerbehafteten Lösungen $\boldsymbol{x}_0$ durch eine nachträgliche Korrekturrechnung aufbessern. Sie geht aus von dem Restvektor $\boldsymbol{r}$, den man bei der ohnehin vorzunehmenden Einsetzprobe in der Form

$$\boldsymbol{r} := \boldsymbol{a} - \boldsymbol{A}\,\boldsymbol{x}_0 \tag{34}$$

anstelle der Nullen erhält. Mit einem Ansatz

$$\boldsymbol{x} := \boldsymbol{x}_0 + \boldsymbol{z} \tag{35}$$

für die verbesserte Lösung $\boldsymbol{x}$ folgt nämlich aus (34) zusammen mit der Forderung $\boldsymbol{A}\,\boldsymbol{x} = \boldsymbol{a}$ für den Korrekturvektor $\boldsymbol{z}$ das Gleichungssystem

$$\boldsymbol{A}\,\boldsymbol{z} = \boldsymbol{r}\,, \tag{36}$$

das sich vom Ausgangssystem (1) nur durch die neuen rechten Seiten $\boldsymbol{r}$ anstelle von $\boldsymbol{a}$ unterscheidet. Da nun der Eliminationsprozeß bezüglich der Matrix $\boldsymbol{A}$ schon zur Berechnung der Näherung $\boldsymbol{x}_0$ durchgeführt worden ist (Dreieckszerlegung), so erfordert die Berechnung von $\boldsymbol{z}$ lediglich ein Ausdehnen der Elimination auf die Spalte $\boldsymbol{r}$ der neuen rechten Seiten und anschließendes Aufrechnen der Unbekannten $\boldsymbol{z}$, ein Prozeß, der sich auch bei automatischer Rechnung leicht dem Hauptprogramm anfügen läßt. Von der Güte der so erhaltenen verbesserten Lösung $\boldsymbol{x}$ überzeugt man sich durch erneute Einsetzprobe: die jetzt noch verbleibenden Reste werden sich gegenüber den alten fühlbar reduziert haben. Gegebenenfalls wiederholt man den Vorgang so lange, bis die Korrekturen $\boldsymbol{z}$ im Rahmen der geforderten Stellenzahl keine Verbesserung mehr herbeiführen.

Aus dem Auftreten kleiner Reste $\boldsymbol{r}$ kann — was zunächst überrascht — keineswegs mit Sicherheit auf ausreichende Genauigkeit der Lösung $\boldsymbol{x}_0$ geschlossen werden. Die formale Auflösung von (36)

$$\boldsymbol{z} = \boldsymbol{A}^{-1}\,\boldsymbol{r} \tag{37}$$

läßt erkennen, daß im Falle großer Elemente der Kehrmatrix auch ein kleiner Restvektor $\boldsymbol{r}$ zu großen Korrekturen $\boldsymbol{z}$ führen kann. Dieser Fall aber liegt gerade bei schlecht konditionierter Matrix vor. Dann ist überhaupt besondere Vorsicht am Platze. Insbesondere müssen die Reste $\boldsymbol{r}$ mit ausreichender Genauigkeit bestimmt werden, soll die Korrekturrechnung erfolgreich verlaufen. Da sich die Reste aber stets durch Differenzbildung fast gleicher Zahlen ergeben derart, daß sich fast die gesamte angestrebte Stellenzahl tilgt, so hat ihre Berechnung mit erhöhter (z. B. doppelter) Stellenzahl zu erfolgen, was übrigens bei Handrechnung mit Tischmaschine von selbst geschieht. — Im Falle symmetrischer und positiv definiter Matrix bewährt sich bei schlechter Kondition auch stets die CHOLESKYsche Abart der GAUSS-Elimination (vgl. § 6.3), wo durch das Bilden der Quadratwurzel aus den Diagonalelementen b_{ii} der Stellenverlust bei kleinen b_{ii} gemildert wird. Auch hier aber müssen dann die Skalarprodukte mit doppelter Stellenzahl gebildet und erst nach Ziehen der Wurzel bzw. Division durch das Diagonalelement aufgerundet werden, was wieder auf der Tischmaschine von selbst geschieht, bei Automatenrechnung aber in der Regel einer besonderen Programmierung bedarf. — Von der Wirksamkeit des Korrekturverfahrens in Verbindung mit der CHOLESKY-Methode mag das folgende Zahlenbeispiel mit der sehr kleinen Konditionszahl $K_H = D/V = 1{,}4 \cdot 10^{-11}$ eine Vorstellung geben, wo eine zweifache Korrektur die exakten Lösungen auf 10 Dezimalen bei 8stelliger Rechnung herbeiführt, Tab. 23.4.

23.6. Iterative Berechnung der Kehrmatrix nach G. Schulz

Für den Fall, daß eine hinreichend gute Näherung $\boldsymbol{X}_0$ der Kehrmatrix $\boldsymbol{X} = \boldsymbol{A}^{-1}$ einer Matrix $\boldsymbol{A}$ bekannt ist, hat G. SCHULZ[1] ein wirkungsvolles Iterationsverfahren zur Berechnung der Kehrmatrix $\boldsymbol{X}$ angegeben. Es benutzt die Restmatrix

$$\boldsymbol{R}_0 = \boldsymbol{I} - \boldsymbol{A}\,\boldsymbol{X}_0\,, \tag{38}$$

die man mit der Näherung $\boldsymbol{X}_0$ anstelle der Nullmatrix $\boldsymbol{I} - \boldsymbol{A}\,\boldsymbol{X} = \boldsymbol{O}$ erhält. Macht man für $\boldsymbol{X}$ den Korrekturansatz $\boldsymbol{X} = \boldsymbol{X}_0 + \boldsymbol{Z}$, also $\boldsymbol{X}_0 = \boldsymbol{X} - \boldsymbol{Z}$, so folgt aus (38) das System $\boldsymbol{A}\,\boldsymbol{Z} = \boldsymbol{R}_0$ und daraus für die Korrekturmatrix $\boldsymbol{Z} = \boldsymbol{A}^{-1}\,\boldsymbol{R}_0 = \boldsymbol{X}\,\boldsymbol{R}_0$. G. SCHULZ ersetzt hierin nun die unbekannte Kehrmatrix $\boldsymbol{X}$ durch die Näherung $\boldsymbol{X}_0$ und erhält so eine angenäherte Korrekturmatrix

$$\boldsymbol{Z}_1 = \boldsymbol{X}_0\,\boldsymbol{R}_0 \tag{39}$$

und daraus eine verbesserte Näherung

$$\boldsymbol{X}_1 = \boldsymbol{X}_0 + \boldsymbol{Z}_1\,. \tag{40}$$

Indem man das Verfahren fortführt, arbeitet man also nach der Iterationsvorschrift

$$\boxed{\begin{array}{lll} \boldsymbol{R}_0 = \boldsymbol{I} - \boldsymbol{A}\,\boldsymbol{X}_0\,; & \boldsymbol{Z}_1 = \boldsymbol{X}_0\,\boldsymbol{R}_0\,; & \boldsymbol{X}_1 = \boldsymbol{X}_0 + \boldsymbol{Z}_1\,; \\ \boldsymbol{R}_1 = \boldsymbol{I} - \boldsymbol{A}\,\boldsymbol{X}_1\,; & \boldsymbol{Z}_2 = \boldsymbol{X}_1\,\boldsymbol{R}_1\,; & \boldsymbol{X}_2 = \boldsymbol{X}_1 + \boldsymbol{Z}_2\,; \\ \dots\dots & \dots\dots & \dots\dots \end{array}} \tag{41}$$

oder kompakter geschrieben:

$$\boxed{\boldsymbol{X}_{n+1} = \boldsymbol{X}_n + \boldsymbol{X}_n\,(\boldsymbol{I} - \boldsymbol{A}\,\boldsymbol{X}_n)} \tag{42}$$

$$n = 0, 1, 2, \dots$$

Das Verfahren besitzt die schätzenswerte Eigenschaft quadratischer Konvergenz. Aus

$$\boldsymbol{X}_1 = \boldsymbol{X}_0 + \boldsymbol{Z}_1 = \boldsymbol{X}_0\,(\boldsymbol{I} + \boldsymbol{R}_0)$$

$$\boldsymbol{A}\,\boldsymbol{X}_1 = \boldsymbol{A}\,\boldsymbol{X}_0\,(\boldsymbol{I} + \boldsymbol{R}_0) = (\boldsymbol{I} - \boldsymbol{R}_0)\,(\boldsymbol{I} + \boldsymbol{R}_0) = \boldsymbol{I} - \boldsymbol{R}_0^2$$

folgt nämlich wegen $\boldsymbol{A}\,\boldsymbol{X}_1 = \boldsymbol{I} - \boldsymbol{R}_1$ die Beziehung

$$\boldsymbol{R}_1 = \boldsymbol{R}_0^2 \tag{43 a}$$

[1] SCHULZ, G.: Iterative Berechnung der reziproken Matrix. Z. angew. Math. Mech. Bd. 13 (1933), S. 57—59.

Tabelle 23.4. *Iterative Nachbehandlung bei schlecht konditioniertem Gleichungssystem*

				$\boldsymbol{a}$	$\boldsymbol{r}_0 \cdot 10^6$	$\boldsymbol{r}_1 \cdot 10^9$
	0,1568	0,5587 2	1,3448 96	0,4870 592	0,0003 1872	0,0530 9440
$\boldsymbol{A}$	0,5587 2	1,9919 36	4,7975 168	1,7368 4736	0,0001 26976	0,1892 9152
	1,3448 96	4,7975 168	11,5616 2048	4,1841 51296	−0,0022 260224	0,4559 23712
	0,3959 7980	1,4109 8107	3,3963 7527	1,2300 1022	0,0008 048895	0,1340 8361
$\boldsymbol{R}$		0,0326 8670	0,1620 1047	0,0405 7380	−0,0308 59888	0,0031 2312
			0,0028 4832	0,0005 6965	0,0140 06723	0,0068 3798
$\boldsymbol{x}_0$	0,4999 5194	0,2500 2533	0,1999 9508	−1		
$10^6 \cdot \boldsymbol{z}_1$	48,0382	−25,3182	4,9176 3		−1	
$\boldsymbol{x}_1$	0,4999 999782	0,2500 000118	0,1999 999976			
$10^9 \cdot \boldsymbol{z}_2$	21,8064	−11,8035	2,4007 1			−1
$\boldsymbol{x}_2$	0,5000 000000	0,2500 000000	0,2000 000000			

oder allgemein

$$\boldsymbol{R}_n = \boldsymbol{R}_{n-1}^2 = \boldsymbol{R}_0^{2^n}. \tag{43 b}$$

Die Restmatrix quadriert sich also mit jedem Schritt. Ist nun $\boldsymbol{R}_0$ „hinreichend klein", so ist Konvergenz des Verfahrens zu erwarten. In der Tat konvergiert die Fehlermatrix

$$\boldsymbol{Y}_n = \boldsymbol{X} - \boldsymbol{X}_n = \boldsymbol{X}(\boldsymbol{I} - \boldsymbol{A}\boldsymbol{X}_n) = \boldsymbol{X}\boldsymbol{R}_n = \boldsymbol{X}\boldsymbol{R}_0^{2^n} \tag{44}$$

mit $n \to \infty$ genau dann gegen Null, wenn der maximale Eigenwertbetrag von $\boldsymbol{R}_0$ kleiner als 1 ist. Dieser im allgemeinen natürlich unbekannte Wert aber läßt sich durch eine Norm von $\boldsymbol{R}_0$ abschätzen, und man hat somit als hinreichende Konvergenzbedingung des Iterationsverfahrens

$$\|\boldsymbol{R}_0\| < 1. \tag{45}$$

Mit Hilfe von Normen gibt W. DÜCK[1] auch eine einfache *Fehlerabschätzung*. Aus

$$\boldsymbol{X}_{n+1} = \boldsymbol{X}_n + \boldsymbol{X}_n(\boldsymbol{I} - \boldsymbol{A}\boldsymbol{X}_n) = \boldsymbol{X}_n + \boldsymbol{X}_n\boldsymbol{R}_n$$

erhält man mit $\boldsymbol{I} - \boldsymbol{A}\boldsymbol{X}_n = \boldsymbol{R}_n$ für den Fehler

$$\begin{aligned}
\boldsymbol{X} - \boldsymbol{X}_{n+1} &= (\boldsymbol{X} - \boldsymbol{X}_n) - \boldsymbol{X}_n + \boldsymbol{X}_n\boldsymbol{A}\boldsymbol{X}_n \\
&= (\boldsymbol{X} - \boldsymbol{X}_{n+1}) + (\boldsymbol{X}_{n+1} - \boldsymbol{X}_n) - (\boldsymbol{X} - \boldsymbol{X}_{n+1})\boldsymbol{A}\boldsymbol{X}_n \\
&\qquad - (\boldsymbol{X}_{n+1} - \boldsymbol{X}_n)\boldsymbol{A}\boldsymbol{X}_n \\
&= (\boldsymbol{X} - \boldsymbol{X}_{n+1})\boldsymbol{R}_n + (\boldsymbol{X}_{n+1} - \boldsymbol{X}_n)\boldsymbol{R}_n.
\end{aligned}$$

Übergang auf Normen ergibt

$$\|\boldsymbol{X} - \boldsymbol{X}_{n+1}\| \leqq \|\boldsymbol{X} - \boldsymbol{X}_{n+1}\|\,\|\boldsymbol{R}_n\| + \|\boldsymbol{X}_{n+1} - \boldsymbol{X}_n\|\,\|\boldsymbol{R}_n\|,$$

$$\|\boldsymbol{X} - \boldsymbol{X}_{n+1}\|(1 - \|\boldsymbol{R}_n\|) \leqq \|\boldsymbol{X}_{n+1} - \boldsymbol{X}_n\|\,\|\boldsymbol{R}_n\| = \|\boldsymbol{Z}_{n+1}\|\,\|\boldsymbol{R}_n\|.$$

Unter der Voraussetzung $\|\boldsymbol{R}_n\| < 1$ folgt dann die Abschätzung

$$\boxed{\|\boldsymbol{X} - \boldsymbol{X}_{n+1}\| \leqq \frac{\|\boldsymbol{R}_n\|}{1 - \|\boldsymbol{R}_n\|}\,\|\boldsymbol{Z}_{n+1}\|}\,. \tag{46}$$

Als Matrixnorm empfiehlt sich die Zeilennorm, vgl. § 16.3; doch ist auch jede andere Matrixnorm verwendbar.

Man bildet also in jedem Iterationsschritt die beiden Normen $\|\boldsymbol{R}_n\|$ und $\|\boldsymbol{Z}_{n+1}\|$ und damit die rechts in (46) stehende Schranke und setzt die Iteration solange fort, bis diese Schranke eine vorgegebene Größe ε unterschritten hat. Ist nicht schon für die Ausgangsnäherung die Bedingung $\|\boldsymbol{R}_0\| < 1$ erfüllt, so kann man einige wenige Schritte durchführen. Ist auch dann noch $\|\boldsymbol{R}_n\| < 1$ nicht erfüllt, so ist das Verfahren als unbrauchbar abzubrechen. Die Ausgangsnäherung $\boldsymbol{X}_0$ war dann zu grob.

[1] DÜCK, W.: Z. angew. Math. Mech. Bd. 40 (1960), S. 192—194.

VII. Kapitel

Anwendungen

§ 24. Matrizen in der Elektrotechnik

Die Anwendung der Matrizenrechnung auf Aufgaben der Elektrotechnik, insbesondere auf Netzwerksberechnungen ist naturgemäß jüngeren Datums. Entscheidende Anregungen dazu gingen von Veröffentlichungen des Amerikaners Gabriel Kron aus[1], denen dann Arbeiten vieler anderer Autoren folgten, Arbeiten, die wesentlich zur Klärung des Sachverhaltes und zur Praxis der Rechenverfahren beigetragen haben[2]. Neuerdings wird diese Entwicklung bei zunehmendem Umfang der Aufgaben aufs stärkste durch den Einsatz digitaler Rechenanlagen gefördert. Netzberechnungen von den heute üblichen Ausmaßen würden sich ohne diese beiden Hilfsmittel der Matrizenrechnung und des Digitalautomaten praktisch kaum durchführen lassen. Hier bringen wir nur eine Einführung in die Grundgedanken und verweisen für alle Einzelheiten auf Lehrbücher[3,4].

Die der Netzberechnung zugrunde liegenden, in Matrizengleichungen formulierbaren linearen Beziehungen sind nur zum Teil Aussagen physikalischer Art, wie der im Ohmschen Gesetz ausgedrückte lineare Zusammenhang zwischen Spannung und Strom. Zum andern Teil aber sind sie mathematischer, genauer gesagt *topologischer* Natur. Die Art und Weise, in der die Zweige eines Netzwerkes durch Knoten miteinander verbunden sind und sich zu Maschen = Umläufen zusammenfügen, geht wesentlich ein in die beiden Kirchhoffschen Gleichungen über Knoten und Maschen. In der Matrizendarstellung tritt die Trennung zwischen physikalischen und topologischen Aussagen besonders klar zutage.

---

[1] General Electric Review Bd. 38 (1935). — Tensor analysis of networks. New York 1939.

[2] Es seien hier nur einige wenige für die Entwicklung grundlegende Arbeiten genannt: Quade, W.: Matrizenrechnung und elektrische Netze. Arch. Elektrot. Bd. 34 (1940), S. 545—567. — Zimmermann, F.: Öster. Ing. Arch. Bd. 3 (1949), S. 140—180; Bd. 4 (1950), S. 243—251. E. T. Z. A Bd. 74 (1953), S. 45—50. — Edelmann, H.: Arch. Elektrot. Bd. 44 (1959), S. 419—440; Bd. 45 (1960), S. 347—356, 479—500. Dort weiteres Schrifttum.

[3] Promberger, M.: Anwendung von Matrizen und Tensoren in der theoretischen Elektrotechnik. Berlin 1960. 211 S.

[4] Edelmann, H.: Berechnung elektrischer Verbundnetze. Mathematische Grundlagen und technische Anwendungen. Berlin 1963. 282 S.

Wir beginnen mit den für die Netzwerksuntersuchungen grundlegenden topologischen Betrachtungen. Sie finden sich in gleicher oder ähnlicher Form bei vielen anderen Fragen, wie etwa bei Verkehrs- und Nachrichtenproblemen. In diesem Sinne mag namentlich der folgende erste Abschnitt verstanden sein.

24.1. Topologie des ungerichteten Netzes

Das topologische Bild eines elektrischen Netzes besteht aus einer Sammlung von *Knoten* und von — die Knoten verbindenden — *Strecken* oder *Zweigen*. Ein solches Gebilde wird ein *Graph* oder *Streckenkomplex* genannt und ist Gegenstand einer ausgedehnten mathematischen Theorie[1]. Jeder Zweig wird begrenzt durch zwei Knoten, in jeden Knoten münden mehrere Zweige, mindestens einer. Die Zweige können mit einer Richtung versehen sein (Stromrichtung, Richtung eines Verkehrs- oder Nachrichtenflusses), man spricht dann von einem *gerichteten* Graph. Wir sehen zunächst von — später wieder einzuführenden — Richtungen ab, betrachten also den Graphen als *ungerichtet*, um die topologischen Grundzüge in ihrer einfachsten Form hervortreten zu lassen. Zugleich gibt uns dies Gelegenheit zu einer reizvollen Erweiterung algebraischer Betrachtungen.

Dem Graphen läßt sich nun auf eindeutige Weise eine Matrix zuordnen, womit sich der Zugang zu einer algebraischen Behandlung der topologischen Fragen eröffnet. Der Graph (das Netz) bestehe aus k Knoten und aus n Zweigen. Die beiden Zahlen sind unabhängig voneinander, abgesehen von der Einschränkung $k - 1 \leqq n$. Die Knoten seien in beliebiger Reihenfolge durchnumeriert mit $i = 1$ bis k, desgleichen die Zweige mit $j = 1$ bis n. Dem entspricht eine Matrix aus k Zeilen und n Spalten, wo die Zeilen den Knoten, die Spalten den Zweigen zugeordnet sind. Matrixelemente sind die Zahlen 0 und 1. Auf dem Platz i, j steht eine 1, wenn Knoten i und Zweig j *inzidieren* (inzident = einfallend, zugehörig), andernfalls steht dort eine 0. Die 1-Elemente der i-ten Zeile zeigen an, welche Zweige in den Knoten i münden. Die 1-Elemente der j-ten Spalte geben die beiden Endpunkte des Zweiges j an.

In jeder Zeile steht somit mindestens ein 1-Element, in jeder Spalte aber genau zwei. Damit aber ist *eine* der Zeilen überflüssig, und zwar eine beliebige. Sie ist durch die übrigen $k - 1$ Zeilen eindeutig festgelegt, sie enthält 1-Elemente genau in den Spalten, wo in den übrigen Zeilen nur *eine* 1 vorkommt. Die k Zeilen der sogenannten *Knoten-Inzidenzmatrix* oder *Knotenmatrix* $\boldsymbol{K}_0$ sind in diesem Sinne linear abhängig, wäh-

[1] Grundlegend ist D. König: Theorie der endlichen und unendlichen Graphen. New York: Chelsea Publ. 1950. Für Anwendungen auf elektrische Netze vgl. S. Seshu u. M. B. Reed: Linear graphs and electrical networks. Reading, Mass. USA 1961.

rend je $k-1$ Zeilen unabhängig sind. Die durch Streichen einer beliebigen Zeile aus $\boldsymbol{K}_0$ entstandene Matrix, die wir mit $\boldsymbol{K}$ bezeichnen, ist *zeilenregulär* in einem sogleich zu erläuternden Sinne. Der zur gestrichenen Zeile gehörige Knoten heiße *Bezugsknoten*.

Um den Begriff der Abhängigkeit im gewohnten algebraischen Sinne fassen zu können, brauchen wir eine Algebra besonderer Art. In ihr dürfen nur die beiden Zahlen 0 und 1 vorkommen, und auch negative Zahlen darf es nicht geben. Eine solche Algebra aber bietet sich in den Resten, die bei Division der ganzen Zahlen durch zwei auftreten. Jede gerade Zahl läßt bei Division durch zwei den Rest 0, jede ungerade den Rest 1. Das gilt einschließlich der 0 und der negativen ganzen Zahlen. Ein solches Zahlensystem wird *Restklassenkörper* genannt, und zwar Restklassenkörper *modulo* 2. Man schreibt z. B. $6 = 0 \bmod 2$, $5 = 1 \bmod 2$, $-1 = 1 \bmod 2$. Die Rechenregeln in diesem in sich abgeschlossenen Zahlensystem sind bezüglich der beiden Verknüpfungen Addition und Multiplikation:

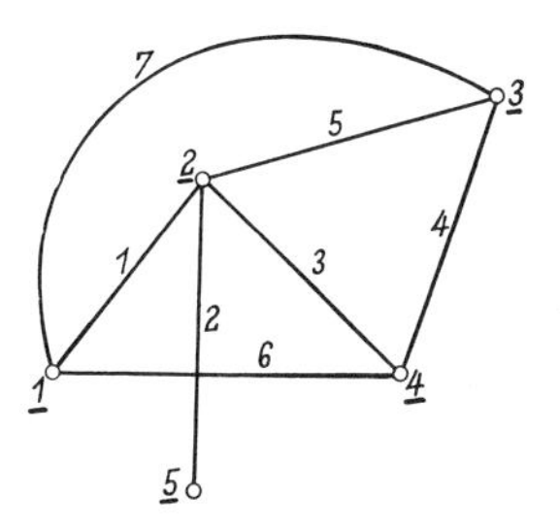

Abb. 24.1. Beispiel eines ungerichteten Netzes

Addition	Multiplikation
$0+0=0$	$0\cdot 0=0$
$0+1=1$	$0\cdot 1=0$
$1+1=0$	$1\cdot 1=1$

wozu in beiden Fällen noch das kommutative Gesetz tritt. In dieser Algebra ist dann eine beliebige Zeile der Inzidenzmatrix $\boldsymbol{K}_0$ gleich der Summe der $k-1$ übrigen Zeilen, und die Summe *aller* Zeilen von $\boldsymbol{K}_0$ ergibt die Nullzeile. Die reduzierte Matrix $\boldsymbol{K}$ hingegen ist *zeilenregulär* Sie enthält wenigstens eine $(k-1)$-reihige Determinante $D = 1 \bmod 2$.

Wir erläutern das ganze am Beispiel des Netzes Abb. 24.1. Nach — beliebiger — Numerierung von Knoten und Zweigen und nach Wahl des Knotens Nr. 5 als Bezugsknoten besteht eine eindeutige Zuordnung zwischen Netz (Graph) und Knotenmatrix $\boldsymbol{K}$:

$$\boldsymbol{K} = \begin{pmatrix} 1 & 0 & 0 & 0 & 0 & 1 & 1 \\ 1 & 1 & 1 & 0 & 1 & 0 & 0 \\ 0 & 0 & 0 & 1 & 1 & 0 & 1 \\ 0 & 0 & 1 & 1 & 0 & 1 & 0 \end{pmatrix}.$$

Die um die 5. Zeile ergänzte Matrix ist

$$\boldsymbol{K}_0 = \begin{pmatrix} 1 & 0 & 0 & 0 & 0 & 1 & 1 \\ 1 & 1 & 1 & 0 & 1 & 0 & 0 \\ 0 & 0 & 0 & 1 & 1 & 0 & 1 \\ 0 & 0 & 1 & 1 & 0 & 1 & 0 \\ 0 & 1 & 0 & 0 & 0 & 0 & 0 \end{pmatrix}.$$

Die Knotenmatrix eines Netzes wird ergänzt durch eine zweite Inzidenzmatrix, die sich auf die Umläufe = Maschen des Netzes bezieht. Wir nennen sie *Umlauf-Inzidenzmatrix* oder *Umlaufmatrix* und bezeichnen sie mit $\boldsymbol{C}$ (circuit). Ihre n Spalten entsprechen wieder den Netzzweigen in der gleichen Numerierung wie bei $\boldsymbol{K}$, ihre r Zeilen aber bezeichnen Umläufe. Aus allen im Netz möglichen Umläufen lassen sich nämlich — im allgemeinen auf verschiedene Weise — eine ganz bestimmte Anzahl r *unabhängiger* Umläufe auswählen, denen man die r Zeilen der Matrix $\boldsymbol{C}$ nach frei wählbarer Numerierung zuordnet. Solche r unabhängigen Umläufe kann man auf die folgende Weise aussondern. Man wählt aus dem Netz eine zusammenhängende Menge von Zweigen derart, daß alle Knoten erfaßt werden, ohne daß ein Umlauf gebildet wird. Dann ist jeder Knoten von jedem anderen aus auf genau einem Wege erreichbar. Diese Zweige bilden dann, wie man sagt, einen (vollständigen) *Baum*, bestehend aus genau $k - 1$ Zweigen, den *Baumzweigen*. Die restlichen

$$r = n - k + 1 \tag{1}$$

Zweige werden *freie* oder *unabhängige Zweige* des Baumes genannt. Indem man nun zum Baum jeweils *einen* der freien Zweige hinzunimmt, entsteht jeweils ein Umlauf. Man erhält auf diese Weise nach Auswahl eines Baumes genau r Umläufe, und diese sind, wie sich zeigen wird, unabhängig. Die Umläufe seien numeriert mit $\varrho = 1$ bis r.

Dann bildet man die Umlaufmatrix $\boldsymbol{C}$ wie folgt. In der ϱ-ten Zeile steht auf dem zum Zweig j gehörigen Platz ϱ, j eine 1 oder 0, je nachdem dieser Zweig im Umlauf ϱ vorkommt oder nicht. In jedem Umlauf erscheint nur ein einziger *freier* Zweig, und in jedem ein anderer. Bei entsprechender Numerierung der Zweige und Umläufe hat dann die Umlaufmatrix die Form

$$\boldsymbol{C} = (\boldsymbol{C}_1, \boldsymbol{I}) \tag{2}$$

mit der r-reihigen Einheitsmatrix $\boldsymbol{I}$. Damit aber erweisen sich die r Zeilen von $\boldsymbol{C}$ als linear unabhängig, auch die Matrix $\boldsymbol{C}$ ist *zeilenregulär*. Die Umläufe selbst heißen unabhängig.

Für das Beispiel der Abb. 24.1 wählen wir etwa als Baum die Zweige 1, 2, 3 und 4, Abb. 24.2. Die den freien Zweigen 5, 6 und 7 zugeordneten Umläufe numerieren wir mit 1, 2 und 3, Abb. 24.3. Unsere Umlaufmatrix lautet dann:

$$\boldsymbol{C} = \left(\begin{array}{cccc|ccc} 0 & 0 & 1 & 1 & 1 & 0 & 0 \\ 1 & 0 & 1 & 0 & 0 & 1 & 0 \\ 1 & 0 & 1 & 1 & 0 & 0 & 1 \end{array}\right) = (\boldsymbol{C}_1, \boldsymbol{I})$$

Dem Zweig Nr. 2 ist, wie es sein muß, kein Umlauf zugeordnet, die zweite Spalte ist leer. Jeder andere Zweig aber kommt wenigstens einmal vor, ist also an wenigstens einem der drei Umläufe beteiligt.

Jede auf diese Weise ausgewählte Umlaufmatrix des Netzes steht nun mit seiner Knotenmatrix in bemerkenswertem Zusammenhang. Es gilt nämlich, wie wir gleich zeigen werden,

$$\boxed{\boldsymbol{K}\,\boldsymbol{C}' = \boldsymbol{O}} \mod 2\,. \tag{3}$$

Die r Zeilen von $\boldsymbol{C}$ sind zu den $k-1$ Zeilen von $\boldsymbol{K}$ *orthogonal* im Sinne unserer modulo 2-Algebra. Das läßt sich so einsehen. Die dem Knoten i entsprechende Zeile $\boldsymbol{k}^i$ von $\boldsymbol{K}$ zählt mit 1 alle in den Knoten mündenden Zweige. Liegt nun der Knoten überhaupt im Umlauf ϱ, so sind wenigstens zwei, immer aber eine gerade Anzahl von Zweigen an Umlauf und Knoten beteiligt. Es tritt in jedem Skalarprodukt $\boldsymbol{k}^i\,\boldsymbol{c}^{\varrho\prime}$ also stets eine gerade Anzahl von Summanden $1\cdot 1 = 1$ auf, so daß sich wegen $1+1=0$ mod 2 insgesamt 0 ergibt. Wegen der Orthogonalität der beiden Unterräume, aufgespannt von den $k-1$ unabhängigen Zeilen von $\boldsymbol{K}$

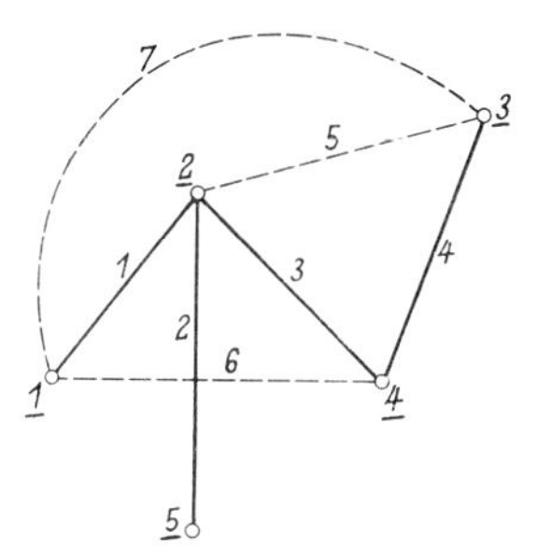

Abb. 24.2. Auswahl eines Baumes

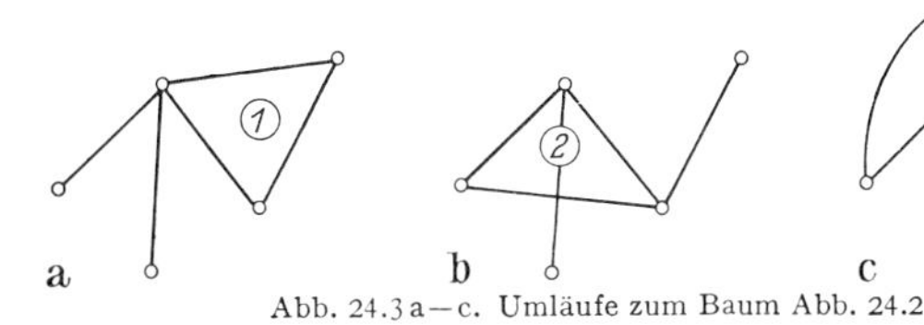

Abb. 24.3 a—c. Umläufe zum Baum Abb. 24.2

einerseits und den r unabhängigen Zeilen von $\boldsymbol{C}$ anderseits sind die insgesamt n Zeilen von $\boldsymbol{K}$ und $\boldsymbol{C}$ zusammen linear unabhängig, die Gesamtmatrix

$$\boldsymbol{A} = \begin{pmatrix} \boldsymbol{K} \\ \boldsymbol{C} \end{pmatrix} \tag{4}$$

ist also nichtsingulär, det $\boldsymbol{A} = 1$ mod 2. — Für unser Beispiel prüft man die Gültigkeit von (3) leicht nach:

$$\left.\begin{array}{l} \boldsymbol{K} = \begin{array}{ccccccc} 1 & 0 & 0 & 0 & 0 & 1 & 1 \\ 1 & 1 & 1 & 0 & 1 & 0 & 0 \\ 0 & 0 & 0 & 1 & 1 & 0 & 1 \\ 0 & 0 & 1 & 1 & 0 & 1 & 0 \end{array} \\ \hline \boldsymbol{C} = \begin{array}{ccccccc} 0 & 0 & 1 & 1 & 1 & 0 & 0 \\ 1 & 0 & 1 & 0 & 0 & 1 & 0 \\ 1 & 0 & 1 & 1 & 0 & 0 & 1 \end{array} \end{array}\right\} \boldsymbol{A}$$

Mit Hilfe von (3) lassen sich auch rein algebraisch r linear unabhängige Umläufe in Gestalt von r linear unabhängigen Lösungen des Gleichungssystems $\boldsymbol{K}\,\boldsymbol{c}' = \boldsymbol{o}$ mod 2 finden, wenn wir mit $\boldsymbol{c}$ eine beliebige Zeile von $\boldsymbol{C}$ bezeichnen. In jedem Falle aber ist (3) zu Kontrollzwecken nützlich.

24.2. Das gerichtete Netz

In elektrischen Netzen wird jedem Zweig eine — frei wählbare — *Richtung* beigelegt, auf welche Ströme und Spannungen bezogen werden. Die Inzidenzmatrizen ändern sich dann dahingehend ab, daß außer Elementen 0 und 1 auch Elemente -1 auftreten, und zwar:

Knotenmatrix $\boldsymbol{K}_0$ *und* $\boldsymbol{K}$:

Das Element auf dem Platz i, j wird

$+1$, wenn Zweig j auf Knoten i hin gerichtet ist,
-1, wenn Zweig j vom Knoten i weg gerichtet ist,
0, wenn Zweig j am Knoten i nicht beteiligt ist.

Umlaufmatrix $\boldsymbol{C}$:

Nach Wahl einer Umlaufrichtung für den ϱ-ten Umlauf wird das Element auf dem Platz ϱ, j

$+1$, wenn Zweigrichtung mit Umlaufrichtung übereinstimmt,
-1, wenn Zweigrichtung der Umlaufrichtung entgegen läuft,
0, wenn Zweig j im Umlauf ϱ nicht vorkommt.

Für unser Beispiel Abb. 24.1, für das wir Richtungen nach Abb. 24.4 wählen, wird die Knotenmatrix

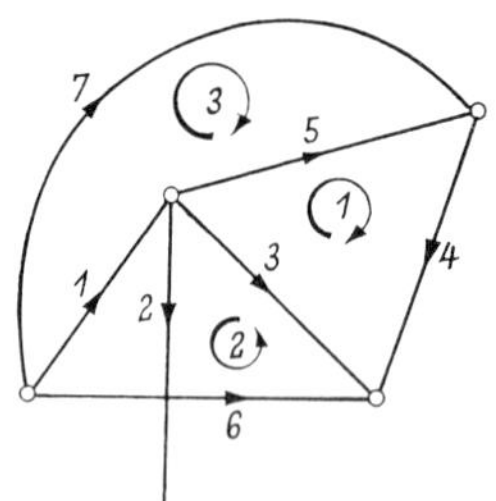

Abb. 24.4. Gerichtetes Netz

$$\boldsymbol{K} = \begin{pmatrix} -1 & 0 & 0 & 0 & 0 & -1 & -1 \\ 1 & -1 & -1 & 0 & -1 & 0 & 0 \\ 0 & 0 & 0 & -1 & 1 & 0 & 1 \\ 0 & 0 & 1 & 1 & 0 & 1 & 0 \end{pmatrix}.$$

Die 5. aus $\boldsymbol{K}_0$ gestrichene Zeile ist

$$\boldsymbol{k}^5 = (0 \quad 1 \quad 0 \quad 0 \quad 0 \quad 0 \quad 0)\,.$$

Anstelle der mod 2-Algebra haben wir jetzt wieder mit gewöhnlichen Zahlen zu rechnen. Die Summe aller Zeilen von $\boldsymbol{K}_0$ ergibt die Nullzeile. Die Matrix $\boldsymbol{K}$ ist — im gewöhnlichen Sinne — zeilenregulär.

Wählt man jede Umlaufrichtung so, daß sie mit der Zweigrichtung des den Umlauf bestimmenden freien Zweiges übereinstimmt, und numeriert man die Zweige wieder so, daß erst alle Baumzweige, dann die freien Zweige in der Reihenfolge der Umlaufnummern erscheinen, so hat die Umlaufmatrix wieder die Form (2). Der Zusammenhang zwischen Knoten- und Umlaufmatrix ist wieder durch (3) gegeben, jetzt im Sinne gewöhnlicher Algebra. — Für unser Beispiel ist

$$\boldsymbol{C} = \begin{pmatrix} 0 & 0 & -1 & 1 & 1 & 0 & 0 \\ -1 & 0 & -1 & 0 & 0 & 1 & 0 \\ -1 & 0 & -1 & 1 & 0 & 0 & 1 \end{pmatrix}.$$

24.3. Die Netzberechnung

Unter dem Einfluß elektromotorischer Kräfte (EMKen) e_j, die in den Netzzweigen j ihren Sitz haben sollen, kommt bei gegebenen Zweigimpedanzen z_j im Netz ein Stromfluß zustande. Gesucht sind bei der Netzberechnung diese Zweigströme i_j, die wir, ebenso wie die EMKen e_j, zu je einer n-reihigen Spaltenmatrix zusammenfassen:

$$\boldsymbol{i} = \begin{pmatrix} i_1 \\ i_2 \\ \vdots \\ i_n \end{pmatrix}, \qquad \boldsymbol{e} = \begin{pmatrix} e_1 \\ e_2 \\ \vdots \\ e_n \end{pmatrix}. \tag{5}$$

Wir sprechen auch kurz von Stromvektor und EMK-Vektor, ohne hier Verwechslung mit den sonst darunter verstandenen Größen befürchten zu müssen (die Komponenten i_j, e_j selbst sind im Falle von Wechselstromnetzen Vektoren = Drehzeiger, also komplexe Zahlen). Die Zweigimpedanzen aber reihen wir in Form einer Diagonalmatrix, der n-reihigen *Zweig-Impedanzmatrix* auf:

$$\boldsymbol{Z} = \mathrm{Diag}(z_j)\,. \tag{6a}$$

Denn dann erhalten wir in dem Produkt

$$\boldsymbol{Z}\,\boldsymbol{i} = (z_j\, i_j) \tag{7a}$$

gerade den Vektor der Spannungsabfälle in den n Zweigen. Treten aber außer den stets vorhandenen Zweigimpedanzen noch induktive Kopplungen zwischen den verschiedenen Netzzweigen auf, so tritt an die Stelle der Diagonalmatrix (6a) eine *volle* Zweig-Impedanzmatrix

$$\boldsymbol{Z} = (z_{jl}) \tag{6}$$

mit

$$z_{jj} = z_j = R_j + i\,X_j$$

und

$$z_{jl} = -\,z_{lj} = i\,\omega\,L_{jl}\,.$$

Jetzt lautet der Vektor der Spannungsabfälle

$$\boldsymbol{Z}\,\boldsymbol{i} = \left(\sum_{l=1}^{n} z_{jl}\, i_l\right). \tag{7}$$

Indem wir noch einen Vektor $\boldsymbol{u}$ von Zweigspannungen u_j, das sind die Knoten-Potentialdifferenzen, einführen:

$$\boldsymbol{u} = \begin{pmatrix} u_1 \\ u_2 \\ \vdots \\ u_n \end{pmatrix}, \tag{8}$$

formulieren wir das *Ohmsche Gesetz* in Matrixschreibweise

$$\boxed{\boldsymbol{u} = \boldsymbol{e} - \boldsymbol{Z}\,\boldsymbol{i}}\,. \tag{9}$$

Ist die Impedanzmatrix $\boldsymbol{Z}$ nichtsingulär — auf die Bedingung dafür sei hier nicht weiter eingegangen[1] —, so existiert die Kehrmatrix als *Zweig-Admittanzmatrix*

$$\boldsymbol{Y} = (y_{jl}) = \boldsymbol{Z}^{-1}\,, \tag{10}$$

die sich im Falle fehlender Kopplungen vereinfacht zu

$$\boldsymbol{Y} = \mathrm{Diag}(1/z_j)\,. \tag{10a}$$

Mit ihr läßt sich das OHMsche Gesetz auch in der nach $\boldsymbol{i}$ aufgelösten Form schreiben

$$\boxed{\boldsymbol{i} = \boldsymbol{Y}\,(\boldsymbol{e} - \boldsymbol{u})}\,, \tag{11}$$

worin freilich der Spannungsvektor $\boldsymbol{u}$ einstweilen unbekannt ist.

Bis zu diesem Punkt haben wir die Netzzweige ohne jede Berücksichtigung ihrer Verknüpfungen zum Netz lediglich in Form von Matrizen zusammengefaßt. Auch das OHMsche Gesetz, Gl. (9) und (11) bezieht sich auf den einzelnen Zweig. Die Topologie des Netzes kommt nun in Gestalt der beiden KIRCHHOFFschen Gleichungsgruppen, der *Knotengleichungen* einerseits und der *Umlauf*- oder *Maschengleichungen* anderseits ins Spiel. In Matrixform lauten sie unter Verwendung der beiden Inzidenzmatrizen $\boldsymbol{K}$ und $\boldsymbol{C}$

$$\boldsymbol{K}\,\boldsymbol{i} = \boldsymbol{o} \quad \text{Knotengleichungen} \tag{12}$$

$$\boldsymbol{C}\,\boldsymbol{u} = \boldsymbol{o} \quad \text{Maschengleichungen} \tag{13}$$

Für unser Beispiel der Abb. 24.1 bis 4:

$$\begin{aligned}
&\text{Knoten 1:} && -i_1 - i_6 - i_7 = 0\\
&\text{Knoten 2:} && i_1 - i_2 - i_3 - i_5 = 0\\
&\text{Knoten 3:} && -i_4 + i_5 + i_7 = 0\\
&\text{Knoten 4:} && i_3 + i_4 + i_6 = 0\\
&\text{Knoten 5:} && i_2 = 0\\
&\text{Umlauf 1:} && -u_3 + u_4 + u_5 = 0\\
&\text{Umlauf 2:} && -u_1 - u_3 + u_6 = 0\\
&\text{Umlauf 3:} && -u_1 - u_3 + u_4 + u_7 = 0\,.
\end{aligned}$$

Jede von ihnen stellt eine Bindung zwischen den jeweils n Unbekannten i_j und u_j dar. Bei den Strömen sind es $k - 1$ Bindungen, da eine der

[1] Vgl. H. EDELMANN: Arch. Elektrot. Bd. 44 (1959), S. 17 ff.

k Knotengleichungen von den $k-1$ übrigen linear abhängig ist. Bei den Zweigspannungen sind es r Bindungen. Für die Ströme sind somit noch $n-k+1=r$ Gleichungen frei, für die Spannungen sind es $n-r=$ $=k-1$. Für die Weiterbehandlung unserer Aufgabe erweist es sich nun als zweckmäßig, anstelle der noch fehlenden Gleichungen neue unabhängige Unbekannte einzuführen, nämlich entweder r neue Stromgrößen oder $k-1$ neue Spannungsgrößen. Damit reduziert sich der Umfang der zu lösenden Gleichungssysteme auf r bzw. $k-1$. Nach ihrer Auflösung lassen sich dann aus den neuen Unbekannten die ursprünglichen, nämlich im wesentlichen die n gesuchten Zweigströme i_j leicht ermitteln. Je nach dem einzuschlagenden Weg unterscheidet man zwischen *Umlaufverfahren* und *Knotenpunktsverfahren*, die wir im folgenden getrennt vorführen.

A. Das Umlaufverfahren

Für die nach Auswahl eines Baumes festliegenden r unabhängigen Umläufe des Netzes, repräsentiert durch die Umlaufmatrix $\boldsymbol{C}$, führt man als neue Unbekannte r sogenannte *Umlaufströme* i_ϱ^0 ein, die wir zum Umlaufstromvektor

$$\boldsymbol{i}_0 = \begin{pmatrix} i_1^0 \\ i_2^0 \\ \vdots \\ i_r^0 \end{pmatrix} \tag{14}$$

zusammenfassen. Das sind r unabhängige, zunächst frei wählbare Stromgrößen, aus denen sich die eigentlichen Zweigströme i_j durch Überlagern in eindeutiger Weise zusammensetzen. Mit den Umlaufströmen liegen die Zweigströme fest gemäß

$$\boxed{\boldsymbol{i} = \boldsymbol{C}' \, \boldsymbol{i}_0} \; . \tag{15}$$

Die Gültigkeit dieser Beziehung machen wir uns am einfachsten an unserem Beispiel klar, wo den drei unabhängigen Umläufen drei Umlaufströme i_1^0, i_2^0, i_3^0 entsprechen. Aus ihnen bauen sich, wie man aus Abb. 24.4 auch leicht unmittelbar abliest, gemäß Gl. (15) die Zweigströme wie folgt auf:

$$\begin{aligned}
i_1 &= \qquad\;\; -i_2^0 - i_3^0 \\
i_2 &= \; 0 \\
i_3 &= -i_1^0 - i_2^0 - i_3^0 \\
i_4 &= \;\;\, i_1^0 \qquad\; + i_3^0 \\
i_5 &= \;\;\, i_1^0 \\
i_6 &= \qquad\quad\; i_2^0 \\
i_7 &= \qquad\qquad\quad\; i_3^0
\end{aligned}$$

Die $r = 3$ letzten in den *freien* Baumzweigen 5, 6 und 7 fließenden Zweigströme sind, wie es nach unseren Verabredungen sein muß, gleich den Umlaufströmen selbst.

Das Gleichungssystem für die r neuen Unbekannten $\boldsymbol{i}_0$ erhalten wir nun, indem wir in die KIRCHHOFFschen Umlaufgleichungen (13) für $\boldsymbol{u}$ das OHMsche Gesetz (9) einführen unter Ersetzen der Zweigströme $\boldsymbol{i}$ durch die Umlaufströme $\boldsymbol{i}_0$ gemäß (15):

$$\boldsymbol{C}\,\boldsymbol{u} = \boldsymbol{C}\,(\boldsymbol{e} - \boldsymbol{Z}\,\boldsymbol{i}) = \boldsymbol{C}\,\boldsymbol{e} - \boldsymbol{C}\,\boldsymbol{Z}\,\boldsymbol{C}'\,\boldsymbol{i}_0 = \boldsymbol{o}\,,$$

also

$$\boldsymbol{C}\,\boldsymbol{Z}\,\boldsymbol{C}'\,\boldsymbol{i}_0 = \boldsymbol{C}\,\boldsymbol{e}\,,$$

kurz

$$\boxed{\boldsymbol{Z}_0\,\boldsymbol{i}_0 = \boldsymbol{e}_0} \tag{16}$$

mit der r-reihigen *Umlauf-Impedanzmatrix*

$$\boxed{\boldsymbol{Z}_0 = \boldsymbol{C}\,\boldsymbol{Z}\,\boldsymbol{C}'} \tag{17}$$

und der *Umlauf-EMK*

$$\boxed{\boldsymbol{e}_0 = \boldsymbol{C}\,\boldsymbol{e}}\,. \tag{18}$$

Im Falle nichtsingulärer Netzimpedanz $\boldsymbol{Z}$ ist wegen zeilenregulärer Matrix $\boldsymbol{C}$ auch die Umlaufimpedanz $\boldsymbol{Z}_0$ nichtsingulär. Dann ist das Gleichungssystem (16) eindeutig auflösbar nach den unbekannten Umlaufströmen $\boldsymbol{i}_0$. Hat man sie ermittelt, so errechnen sich die Zweigströme $\boldsymbol{i}$ aus (15), womit die Aufgabe der Netzberechnung gelöst ist. — Das Umlaufverfahren wird dann vorteilhaft sein, wenn die Anzahl r der Umläufe kleiner oder gleich der halben Anzahl n der Zweige ist, also wenn $r \leqq k - 1$.

Einsetzen von (15) in die Knotengleichungen (12) ergibt

$$\boldsymbol{K}\,\boldsymbol{C}'\,\boldsymbol{i}_0 = \boldsymbol{o}\,.$$

Da diese Beziehung aber nun für alle im Netz überhaupt möglichen Ströme gelten muß, keineswegs nur für durch gegebene Spannungen $\boldsymbol{e}$ verursachte, und da dafür die Umlaufströme frei wählbar sind, so folgt hieraus die früher auf ganz anderem Wege gewonnene Beziehung

$$\boxed{\boldsymbol{K}\,\boldsymbol{C}' = \boldsymbol{O}} \tag{19}$$

zwischen Knoten- und Umlaufmatrix.

Unsere Gleichungen stehen übrigens im Einklang mit der aus Gründen der Energieerhaltung zu fordernden *Invarianz der Leistung* gegenüber der Koordinatentransformation

$$\boldsymbol{i} = \boldsymbol{C}'\,\boldsymbol{i}_0\,,\quad \boldsymbol{e}_0 = \boldsymbol{C}\,\boldsymbol{e}\,.$$

Die im gesamten Netz umgesetzte Leistung in Form der komplexen Leistungszahl $S = N + i N_B$ mit Wirkleistung N und Blindleistung N_B

ist gleich dem Skalarprodukt

$$S = \boldsymbol{i}^* \boldsymbol{e} = \sum_j \overline{i_j} e_j$$

mit dem konjugiert transponierten Stromvektor $\boldsymbol{i}^*$. Unter Beachtung der KIRCHHOFFschen Maschengleichungen in der Form

$$\boldsymbol{C} \boldsymbol{u} = \boldsymbol{C} \boldsymbol{e} - \boldsymbol{C} \boldsymbol{Z} \boldsymbol{i} = \boldsymbol{o} \tag{13a}$$

ergibt sich bei Übergang auf die Umlaufgrößen:

$$\boldsymbol{i}^* \boldsymbol{e} = \boldsymbol{i}_0^* \boldsymbol{C} \boldsymbol{e} = \boldsymbol{i}_0^* \boldsymbol{C} \boldsymbol{Z} \boldsymbol{i} = \boldsymbol{i}_0^* \boldsymbol{C} \boldsymbol{Z} \boldsymbol{C}' \boldsymbol{i}_0 = \boldsymbol{i}_0^* \boldsymbol{Z}_0 \boldsymbol{i}_0 = \boldsymbol{i}_0^* \boldsymbol{e}_0 .$$

Hat man allgemein eine Transformation der Ströme $\boldsymbol{i}$ auf neue Stromgrößen $\tilde{\boldsymbol{i}}$ nach

$$\boldsymbol{i} = \boldsymbol{T} \tilde{\boldsymbol{i}} , \tag{20}$$

so fordert die Invarianz der Leistung für die Spannungen die kontragrediente Transformation

$$\tilde{\boldsymbol{e}} = \boldsymbol{T}^* \boldsymbol{e} . \tag{21}$$

Denn genau dann wird

$$\boldsymbol{i}^* \boldsymbol{e} = \tilde{\boldsymbol{i}}^* \tilde{\boldsymbol{e}} . \tag{22}$$

Die Impedanz transformiert sich dabei auf

$$\tilde{\boldsymbol{Z}} = \boldsymbol{T}^* \boldsymbol{Z} \boldsymbol{T} . \tag{23}$$

B. Knotenpunktsverfahren

Hier führt man als neue Unbekannte die *Knotenpunktspotentiale* v_i ein, zusammengefaßt zu

$$\boldsymbol{v} = \begin{pmatrix} v_1 \\ v_2 \\ \vdots \\ v_{k-1} \end{pmatrix} , \tag{24}$$

wobei wir das Potential des (in $\boldsymbol{K}$ gestrichenen) Bezugsknotens $v_k = 0$ setzen. Sie legen die Zweigspannungen u_j als Potentialdifferenzen fest gemäß

$$\boxed{\boldsymbol{u} = \boldsymbol{K}' \boldsymbol{v}} . \tag{25}$$

Für unser Beispiel erhalten wir so

$$\begin{aligned}
u_1 &= -v_1 + v_2 \\
u_2 &= -v_2 \\
u_3 &= -v_2 + v_4 \\
u_4 &= -v_3 + v_4 \\
u_5 &= -v_2 + v_3 \\
u_6 &= -v_1 + v_4 \\
u_7 &= -v_1 + v_3
\end{aligned}$$

Das Gleichungssystem für die $k - 1$ neuen Unbekannten $\boldsymbol{v}$ ergibt sich nun aus den KIRCHHOFFschen Knotengleichungen (12), indem wir für $\boldsymbol{i}$ das OHMsche Gesetz in der Form (11) einführen unter Ersetzen der Zweigspannungen $\boldsymbol{u}$ durch die Knotenpotentiale $\boldsymbol{v}$ nach (25):

$$\boldsymbol{K}\,\boldsymbol{i} = \boldsymbol{K}\,\boldsymbol{Y}\,(\boldsymbol{e} - \boldsymbol{u}) = \boldsymbol{K}\,\boldsymbol{Y}\,\boldsymbol{e} - \boldsymbol{K}\,\boldsymbol{Y}\,\boldsymbol{K}'\,\boldsymbol{v} = \boldsymbol{o}\,,$$

also

$$\boldsymbol{K}\,\boldsymbol{Y}\,\boldsymbol{K}'\,\boldsymbol{v} = \boldsymbol{K}\,\boldsymbol{Y}\,\boldsymbol{e}$$

oder kürzer

$$\boxed{\boldsymbol{Y}_{+}\boldsymbol{v} = \boldsymbol{K}\,\boldsymbol{Y}\,\boldsymbol{e}} \tag{26}$$

mit der *Knoten-Admittanzmatrix*

$$\boxed{\boldsymbol{Y}_{+} = \boldsymbol{K}\,\boldsymbol{Y}\,\boldsymbol{K}'}\,. \tag{27}$$

Ist die Zweigimpedanz $\boldsymbol{Z}$ und somit auch $\boldsymbol{Y} = \boldsymbol{Z}^{-1}$ nichtsingulär, so ist es wegen zeilenregulärem $\boldsymbol{K}$ auch $\boldsymbol{Y}_{+}$, so daß System (26) eindeutig nach den Unbekannten $\boldsymbol{v}$ auflösbar ist. Mit $\boldsymbol{v}$ erhält man aus (25) die Zweigspannungen $\boldsymbol{u}$ und mit ihnen dann aus (11) die Zweigströme $\boldsymbol{i}$. — Das Knotenpunktsverfahren empfiehlt sich, wenn die Anzahl $k - 1$ der unabhängigen Knoten kleiner ist als r, die Anzahl der unabhängigen Umläufe, und wenn überdies das Netz keine induktiven Kopplungen zwischen den Zweigen enthält, so daß die Admittanzmatrix $\boldsymbol{Y}$ als Diagonalmatrix (10a) vorliegt.

§ 25. Anwendungen in der Statik

25.1. Allgemeiner Überblick

Für kaum ein anderes Grundgebiet der Technik ist das Gesetz der Linearität derart beherrschend wie für die Statik. Sie muß daher für ein Anwenden des Matrizenkalküls in besonderem Maße prädestiniert erscheinen. Die Entwicklung in dieser Richtung ist jedoch erst verhältnismäßig spät in Gang gekommen, vorwiegend unter dem Einfluß der Flugzeugstatik, wo der außerordentliche Umfang der Rechnungen zu neuen und leistungsfähigen Rechenmethoden zwingt. Hier hat sich die Matrizenrechnung — in engster Verbindung mit dem Einsatz elektronischer Rechenanlagen — als geradezu ideales Hilfsmittel erwiesen und praktisch bewährt. In diesem Zusammenhang sind namentlich Arbeiten von LANGEFORS[1] und ARGYRIS[2] — unter vielen anderen — hervorzuheben,

[1] LANGEFORS, B.: Analysis of elastic structures by matrix transformation etc. J. aeron. Sci. Bd. 19 (1952), S. 451—58.

[2] ARGYRIS, J. H.: Energy theorems and structural analysis. Part I, General theory. Aircr. Eng. Bd. 26 (1954), S. 347—56, 383—87, 394; Bd. 27 (1955), S. 42—58, 80—94, 125—134, 145—158. Die Matrizentheorie der Statik. Ing. Arch. Bd. 25 (1957), S. 174—194. — ARGYRIS, J. H., u. S. KELSEY: Structural analysis by matrix force method etc. Jahrb. wiss. Ges. Luftfahrt 1956, S. 78—98. In diesen Arbeiten auch weiteres Schrifttum.

die die Entwicklung entscheidend vorangetrieben haben. Im folgenden können wir nur die Grundgedanken dieser Vorgehensweisen vorführen[1], die — bei aller Neuheit — doch durchaus auf den Methoden der klassischen Statik basieren, die sie hauptsächlich in organisatorischer Hinsicht abwandeln.

Es handelt sich um die Berechnung hochgradig statisch unbestimmter Systeme. Die Anwendung der Matrizenrechnung auf diese Aufgabe erschöpft sich nun keineswegs in der Auflösung der hier anfallenden linearen Gleichungssysteme zur Berechnung der statisch Unbestimmten, wenn auch allein der wachsende Umfang dieser Gleichungssysteme die Verwendung des Matrizenkalküls in Verbindung mit elektronischen Rechenanlagen nahelegt. Die Gleichungssysteme und ihre numerische Auflösung bilden vielmehr nur das Endglied einer Kette linearer Rechnungen, also von Matrizenoperationen, die das Aufstellen dieser Gleichungen selbst schematisieren und so der automatischen Behandlung zugänglich machen. Der Grundgedanke — in weitgehender Analogie zur Behandlung elektrischer Netze, von wo auch wesentliche Impulse ausgegangen sind — besteht darin, vom Gesamtbauwerk (structure) auf dessen einfache Bauelemente bekannter elastischer Eigenschaften (Stäbe, Balkenabschnitte, Schubbleche oder auch komplexere Gebilde) zurückzugehen, deren leicht übersehbares oder ein für alle Mal bekanntes elastisches Verhalten zu formulieren und die Elemente dann wieder — unter Wahrung kinematischer und dynamischer Verträglichkeitsbedingungen — zum Gesamtbauwerk zusammenzufügen. Dies geschieht formal mit Hilfe gewissen Strukturmatrizen — entsprechend den Verknüpfungsmatrizen elektrischer Netze —, die, unabhängig von den elastischen Eigenschaften der Bauelemente, die statische Struktur des Bauwerks wiedergeben. Die eigentlich statischen Überlegungen beschränken sich auf das Aufstellen der jeweiligen Strukturmatrix. Alles andere verläuft dann automatisch nach dem Matrizenkalkül.

Linearität herrscht in der Statik in dreierlei Hinsicht, was sich in drei grundlegenden Matrizenbeziehungen ausdrückt. Die Beanspruchungen (Spannungen) in den Bauelementen (Stabkräfte, Biegemomente, Querkräfte, Schubflüsse u. dgl.) hängen streng linear von den am Bauwerk einwirkenden Lasten ab, sofern das System starr ist oder — gemäß der üblichen Annahme — seine Verformungen klein sind gegenüber den Abmessungen des Systems. Die Verschiebungen einzelner Systempunkte (z. B. der Lastangriffsstellen) hängen wiederum linear ab von den Verformungen der Bauelemente, sofern wieder diese Verformungen klein sind. Die Lastverschiebungen und die Verschiebungen der übrigen System-

[1] Eine ausgezeichnete Einführung gilt das Buch von E. C. Pestel u. F. A. Leckie: Matrix methods in elastomechanics. New York: Mc Graw-Hill. 1963. 435 S.

punkte hängen schließlich linear ab von den Lasten, sofern zwischen Spannungen und Verformungen in den Elementen ein linearer Zusammenhang besteht, m. a. W. solange das HOOKEsche Gesetz gilt. Die beiden ersten Linearitäten sind unabhängig vom Elastizitätsgesetz, die letzte ist an die Linearität des Elastizitätsgesetzes gebunden. Nur in diesen letzten Teil der Betrachtungen gehen die Querschnittsgrößen und die Elastizitätseigenschaften der Bauelemente ein, nur dieser Teil wird also von der Dimensionierung der Bauteile einerseits und vom zugrundegelegten Elastizitätsgesetz andererseits betroffen, von hier aus freilich auf die Gesamtrechnung zurückwirkend. Bei einem — der klassischen Statik fast durchweg zugrundegelegten — linearen Elastizitätsgesetz bleibt die ganze Rechnung linear. Sie führt insbesondere auf lineare Gleichungssysteme zur Berechnung der statisch Unbestimmten. Ist aber das Elastizitätsgesetz nicht mehr linear, wird die Proportionalitäts- oder gar die Fließgrenze überschritten — bei der äußersten Materialausnutzung des modernen Leichtbaus heute nicht mehr selten —, so sind die linearen Betrachtungen, d. h. aber Anwendung des Matrizenkalküls nur noch teilweise durchführbar. Insbesondere wird das Gleichungssystem zur Ermittlung der statisch Unbestimmten nichtlinear.

25.2. Spannungen und Verformungen der Elemente

Wir beginnen mit dem letzten Zusammenhang zwischen Beanspruchungen, kurz Spannungen (stresses) genannt, und Verformungen in den Bauelementen und legen dabei zunächst den Regelfall linearen Elastizitätsgesetzes zugrunde; auf nichtlineare Elastizität kommen wir später kurz zurück. Das Bauwerk denken wir uns aus s Bauelementen zusammengesetzt. Jedes dieser Elemente erfährt eine gewisse Beanspruchung, die entweder durch eine einzelne Spannungsgröße s_i (z. B. die Stabkraft S_i im Fachwerkstab, das Torsionsmoment M_T in einer auf Torsion beanspruchten Welle, der Schubfluß q_i in einem Schubblech) oder aber durch eine Gruppe von Beanspruchungsgrößen s_{ij}, zusammengefaßt zu einem Spaltenvektor $\boldsymbol{s}_i$, (z. B. Anfangs- und Endbiegemoment M_{i1}, M_{i2} in einem Balkenabschnitt bei linearem Momentenverlauf oder die drei Werte am Anfang, Mitte und Ende bei quadratischem Momentenverlauf) eindeutig festgelegt wird. Die Beanspruchung ruft eine bestimmte Verformung hervor. Einer einzelnen Spannungsgröße s_i entspricht eine einzelne Verformung v_i (z. B. Stabverlängerung Δl beim Zugstab, Verdrillwinkel φ beim Torsionsstab), der Beanspruchungsgruppe $\boldsymbol{s}_i = (s_{ij})$ eine aus gleich viel Einzelverformungen v_{ij} bestehende Verformungsgruppe $\boldsymbol{v}_i = (v_{ij})$. Die Verformungsgruppe ist nach — noch mehr oder weniger willkürlicher — Wahl der Spannungsgruppe eindeutig festgelegt durch die Forderung

$$2\,\mathsf{A}_i = \boldsymbol{s}_i' \boldsymbol{v}_i = \sum_j s_{ij} v_{ij} \tag{1}$$

für die im i-ten Bauelement gespeicherten Formänderungsenergie A_i. Die s Spannungen $\boldsymbol{s}_i$, bestehend aus Einzelspannungen oder Spannungsgruppen, und die ihnen entsprechenden Verformungen $\boldsymbol{v}_i$, bestehend aus Einzelverformungen oder Verformungsgruppen, werden zu je einem Spaltenvektor

$$\boldsymbol{s} = \begin{pmatrix} \boldsymbol{s}_1 \\ \boldsymbol{s}_2 \\ \vdots \\ \boldsymbol{s}_s \end{pmatrix}, \qquad \boldsymbol{v} = \begin{pmatrix} \boldsymbol{v}_1 \\ \boldsymbol{v}_2 \\ \vdots \\ \boldsymbol{v}_s \end{pmatrix} \tag{2}$$

zusammengefaßt, deren s Komponenten Skalare oder selbst wieder Vektoren (Spalten) sein können.

Im Falle linearen Elastizitätsgesetzes hängen die Spannungen $\boldsymbol{s}_i$ und Verformungen $\boldsymbol{v}_i$ des i-ten Elementes zusammen nach

$$\boxed{\boldsymbol{v}_i = \boldsymbol{f}_i^0 \boldsymbol{s}_i} \tag{3}$$

mit einer Element-Federung (flexibility) $\boldsymbol{f}_i^0$, die im Falle einzelner Größen s_i, v_i ein Skalar f_i^0, im Falle von Gruppen $\boldsymbol{s}_i$, $\boldsymbol{v}_i$ eine quadratisch symmetrische Matrix ist. Der vollständige Zusammenhang zwischen Spannungsvektor $\boldsymbol{s}$ und Verformungsvektor $\boldsymbol{v}$ der Elemente erscheint dann in der Form

$$\boxed{\boldsymbol{v} = \boldsymbol{F}_0 \, \boldsymbol{s}} \tag{4}$$

mit der quadratisch symmetrischen *Ausgangs-Federungsmatrix* (primary flexibility matrix)

$$\boldsymbol{F}_0 = \begin{pmatrix} \boldsymbol{f}_1^0 & & & 0 \\ & \boldsymbol{f}_2^0 & & \\ & & \ddots & \\ 0 & & & \boldsymbol{f}_s^0 \end{pmatrix}, \tag{5}$$

also einer Matrix von der Form einer Diagonalmatrix, deren Elemente aber selbst wieder quadratische Untermatrizen sein können.

25.3. Die Element-Federungen

Die Ausdrücke $\boldsymbol{f}_i^0$ lassen sich — im Falle von Skalaren f_i^0 — unmittelbar anschreiben oder sie ergeben sich aus der Formänderungsenergie (1) zusammen mit Gl. (3). Wir unterdrücken im folgenden den Elementindex i, der bei allen Längen $l_i = l$, Querschnitten $F_i = F$, Trägheitsmomenten $I_i = I$ hinzuzudenken ist. Für den Zug- oder Torsionsstab läßt sich unmittelbar angeben:

$$\text{Zug:} \qquad s_i = S\,, \qquad f_i^0 = \frac{l}{E\,F} \tag{6}$$

$$\text{Torsion:} \qquad s_i = M_T\,, \qquad f_i^0 = \frac{l}{G\,I_p}\,. \tag{7}$$

Für ein rechteckig begrenztes Schubblech der Fläche $F = a \cdot b$ und Dicke t, beansprucht durch konstanten Schubfluß q, ergibt sich aus Schubspannung $\tau = q/t$ und Schubwinkel $\gamma = \tau/G$ für die im Flächenelement $dx \cdot dy$ gespeicherte Formänderungsenergie $d\mathsf{A}$

$$2\,d\mathsf{A} = \tau\,\gamma\,dx\,dy \cdot t = \frac{q^2}{tG}\,dx\,dy\,,$$

insgesamt bei konstanter Blechdicke t also

$$2\,\mathsf{A}_i = \frac{q^2 F}{tG} = q^2 f_i^0\,.$$

Daraus folgt für das

$$\text{Schubblech:}\quad s_i = q\,,\qquad f_i^0 = \frac{F}{G\,t} = \frac{a\,b}{G\,t}\,. \tag{8}$$

Im Falle von Spannungs- und Verformungsgruppen $\boldsymbol{s}_i$, $\boldsymbol{v}_i$ erhalten wir für die Formänderungsenergie A_i aus (1) mit (3) den Ausdruck

$$2\,\mathsf{A}_i = \boldsymbol{s}_i'\,\boldsymbol{v}_i = \boldsymbol{s}_i'\,\boldsymbol{f}_i^0\,\boldsymbol{s}_i\,. \tag{9}$$

Das ist eine quadratische Form in den Spannungsgrößen s_{ij} mit Koeffizienten f_{jk} als den Elementen der gesuchten Matrix $\boldsymbol{f}_i^0 = (f_{jk})$. Wir erläutern das Vorgehen am Beispiel eines durch linear veränderliche Stabkraft $S = S(x)$ beanspruchten Stabes der Länge l und Dehnsteifigkeit EF, wie er als Begrenzung von Schubblechen im modernen Leichtbau vorkommt. Der Stabkraftverlauf, Abb. 25.1, ist durch die Endwerte S_1, S_2 eindeutig festgelegt zu

$$S(x) = \left(1 - \frac{x}{l}\right) S_1 + \frac{x}{l}\,S_2 = L_1(x)\,S_1 + L_2(x)\,S_2 \tag{10}$$

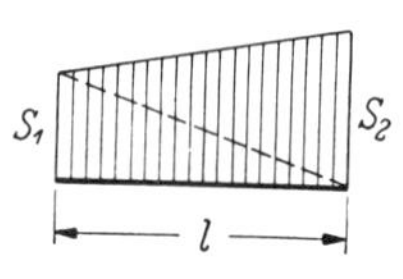

Abb. 25.1. Linear veränderliche Stabkraft $S(x)$.

mit den beiden linearen Funktionen $L_1(x) = 1 - x/l$ und $L_2(x) = x/l$, den linearen LAGRANGE-Polynomen. Aus dem bekannten Ausdruck der Formänderungsenergie

$$2\,\mathsf{A} = \int_0^l \frac{S(x)^2}{E\,F}\,dx$$

ergibt sich durch Einsetzen von (10) für $S(x)$

$$2\,\mathsf{A} = f_{11}\,S_1^2 + 2\,f_{12}\,S_1\,S_2 + f_{22}\,S_2^2$$

mit den Integralen

$$f_{jk} = \int_0^l \frac{L_j(x)\,L_k(x)}{E\,F}\,dx \tag{11}$$

als den gesuchten Elementen der Federungsmatrix f_i^0 für den i-ten Stab.

Für konstanten Stabquerschnitt F erhält man so mit den oben angegebenen Linearpolynomen $L_j(x)$ die quadratische Matrix

$$\boldsymbol{f}_i^0 = \frac{l}{6\,E\,F}\begin{pmatrix} 2 & 1 \\ 1 & 2 \end{pmatrix}. \tag{12}$$

Auf ganz gleiche Weise folgt für den Fall eines durch linearen Biegemomentenverlauf $M(x) = L_1(x)\,M_1 + L_2(x)\,M_2$ beanspruchten Biegestabes — bei der üblichen Vernachlässigung von Schubverformungen — die Federungsmatrix

$$\boldsymbol{f}_i^0 = \frac{l}{6\,E\,I}\begin{pmatrix} 2 & 1 \\ 1 & 2 \end{pmatrix}, \tag{13}$$

die aus dem mit Nenner EI geschriebenen Ausdruck (11) für konstante Biegesteifigkeit EI hervorgeht.

Bei parabelförmigem Biegemomentenverlauf $M(x)$ läßt sich dieser durch die drei Werte M_1, M_2, M_3 an Anfang, Mitte und Ende des Balkenabschnittes festlegen, wieder in der Form

$$M(x) = L_1(x)\,M_1 + L_2(x)\,M_2 + L_3(x)\,M_3 \tag{14}$$

mit jetzt quadratischen LAGRANGE-Polynomen. Die nunmehr dreireihige Matrix $\boldsymbol{f}_i^0$ mit Elementen f_{jk}, berechnet nach einer mit dem Nenner EI geschriebenen Gl. (11), lautet im Falle konstanter Biegesteifigkeit EI:

$$\boldsymbol{f}_i^0 = \frac{l}{30\,E\,I}\begin{pmatrix} 4 & 2 & -1 \\ 2 & 16 & 2 \\ -1 & 2 & 4 \end{pmatrix}. \tag{15}$$

Zeigt aber das Biegemoment über einen Balkenabschnitt kubischen Verlauf infolge linear veränderlicher Lastdichte $q(x)$, so wählt man als Spannungsgrößen zweckmäßig die beiden Biegemomente M_i und ihre Ableitungen, die Querkräfte Q_i $(i = 1{,}2)$ am Balkenanfang und -ende. Der Ansatz

$$M(x) = L_1(x)\,M_1 + L_2(x)\,M_2 + L_3(x)\,Q_1 + L_4(x)\,Q_2 \tag{16}$$

mit jetzt hermiteschen Interpolationspolynomen $L_i(x)$ führt dann in gleicher Weise wie oben auf die vierreihige Federungsmatrix

$$\boldsymbol{f}_i^0 = \frac{l}{420\,E\,I}\left(\begin{array}{cc|cc} 156 & 54 & 22\,l & -13\,l \\ 54 & 156 & 13\,l & -22\,l \\ \hline 22\,l & 13\,l & 4\,l^2 & -3\,l^2 \\ -13\,l & -22\,l & -3\,l^2 & 4\,l^2 \end{array}\right). \tag{17}$$

Damit sind die Flexibilitäten für die am häufigsten vorkommenden Bauelemente ein für allemal zusammengestellt.

25.4. Die Strukturmatrix

Die Spannungen $\boldsymbol{s}$ der Elemente hängen linear von den Lasten ab; Verdopplung aller Lasten bewirkt ein Verdoppeln aller Beanspruchungen. Ist nun das System statisch unbestimmt, wie wir annehmen, so lassen sich bekanntlich die Beanspruchungen (Stabkräfte, Biegemomente usw.) nicht mehr mit rein statischen Hilfsmitteln aus den Lasten bestimmen, sondern man muß die elastischen Verformungen berücksichtigen. Durch Lösen aller überzähligen Bindungen denkt man sich das System in ein statisch bestimmtes, das sogenannte *Hauptsystem* überführt, wo anstelle der gelösten Bindungen unbekannte äußere Kräfte X_i, die *statisch Unbestimmten* angebracht worden sind, die nun so zu bestimmen sind, daß sie keine Verschiebungen erfahren, wie es das wirkliche System fordert. Nunmehr lassen sich die Beanspruchungen $\boldsymbol{s}$ linear durch die Lasten und die zusätzlichen — noch unbekannten — Kräfte X_i ausdrücken, in Matrixform:

$$\boxed{\boldsymbol{s} = \boldsymbol{s}_0 + \boldsymbol{C}_1 \boldsymbol{x}} \tag{18}$$

mit der Spalte $\boldsymbol{x}$ der n statisch Unbestimmten:

$$\boldsymbol{x} = \begin{pmatrix} X_1 \\ X_2 \\ \vdots \\ X_n \end{pmatrix}. \tag{19}$$

Die Spalte $\boldsymbol{s}_0$ gibt die Beanspruchungen des statisch bestimmten Hauptsystems allein unter den Lasten bei $X_i = 0$ für alle i. Die k-te Spalte $\boldsymbol{c}_k^1$ der Matrix $\boldsymbol{C}_1$ aber ergibt sich als Beanspruchung $\boldsymbol{s}$ am Hauptsystem unter der einzigen Last $X_k = 1$ bei $X_i = 0$ für $i \neq k$ und bei fehlenden äußeren Lasten. Diese Spalten $\boldsymbol{s}_0$ und $\boldsymbol{c}_k^1$ sind also in der üblichen Weise auf rein statischem Wege am statisch bestimmten Hauptsystem ermittelbar (CREMONA-Pläne am Fachwerk, Biegemomentenlinien an Balken und Rahmen usw.). Die Matrix $\boldsymbol{C}_1$ ist somit allein vom statischen Aufbau des Systems, von seiner Struktur her bestimmt, weshalb wir sie *Strukturmatrix* nennen. Die Spalte $\boldsymbol{s}_0$ ist außerdem noch von der Belastung des Systems abhängig. Allein in der Aufstellung der Spalten $\boldsymbol{s}_0$ und $\boldsymbol{c}_k^1$ stecken die zur Lösung der Aufgabe erforderlichen statischen Überlegungen. Die Federungsmatrix $\boldsymbol{F}_0$ besteht ja lediglich im Aneinanderreihen der für jedes vorkommende Bauelement ein für allemal festliegenden Elementfederungen $\boldsymbol{f}_i^0$. Alles weitere läuft dann, wie wir sehen werden, rein schematisch unter Verwendung des Matrizenkalküls ab.

Für den Fall linearer Elastizität sind wir schon jetzt in der Lage, die Gleichungen zur Ermittlung der statisch Unbestimmten aufzustellen, und zwar mit Hilfe des bekannten Satzes von CASTIGLIANO, wonach die statisch Unbestimmten die Formänderungsenergie A zum Minimum machen. Aus $2\,\mathsf{A} = \boldsymbol{s}'\,\boldsymbol{v} = \boldsymbol{s}'\,\boldsymbol{F}_0\,\boldsymbol{s}$ erhalten wir durch Einsetzen von (18)

$$\begin{aligned} 2\,\mathsf{A} &= (\boldsymbol{s}_0' + \boldsymbol{x}\,\boldsymbol{C}_1')\,\boldsymbol{F}_0\,(\boldsymbol{s}_0 + \boldsymbol{C}_1\,\boldsymbol{x}) \\ &= \boldsymbol{s}_0'\,\boldsymbol{F}_0\,\boldsymbol{s}_0 + 2\,\boldsymbol{x}'\,\boldsymbol{C}_1'\,\boldsymbol{F}_0\,\boldsymbol{s}_0 + \boldsymbol{x}'\,\boldsymbol{C}_1'\,\boldsymbol{F}_0\,\boldsymbol{C}_1\,\boldsymbol{x} \\ &= 2\,\mathsf{A}_0 + 2\,\boldsymbol{x}'\,\boldsymbol{f}_{10} + \boldsymbol{x}'\,\boldsymbol{F}_{11}\,\boldsymbol{x}\,. \end{aligned}$$

Damit führt die Forderung $\partial\,\mathsf{A}/\partial\boldsymbol{x} = \boldsymbol{o}$ auf das lineare Gleichungssystem

$$\boxed{\boldsymbol{F}_{11}\,\boldsymbol{x} + \boldsymbol{f}_{10} = \boldsymbol{o}} \tag{20}$$

zur Ermittlung der statisch Unbestimmten $\boldsymbol{x} = (X_i)$ mit den Abkürzungen

$$\boldsymbol{F}_{11} = \boldsymbol{C}_1'\,\boldsymbol{F}_0\,\boldsymbol{C}_1\,, \tag{21 a}$$

$$\boldsymbol{f}_{10} = \boldsymbol{C}_1'\,\boldsymbol{F}_0\,\boldsymbol{s}_0\,. \tag{21 b}$$

Die symmetrische nn-Matrix $\boldsymbol{F}_{11}$ ist eine Federungsmatrix, der Ausdruck $\boldsymbol{F}_{11}\,\boldsymbol{x}$ gibt die Verschiebungen der Angriffspunkte der X_i unter alleiniger Wirkung der X_i am Hauptsystem wieder. Die Freiglieder $\boldsymbol{f}_{10}$ in (20) sind die Verschiebungen dieser Schnittstellen infolge Lasten ohne die X_i. Gl. (20) fordert das sich Tilgen dieser beiden Verschiebungen.

Sind die statisch Unbestimmten $\boldsymbol{x}$ durch Auflösen des Gleichungssystems (20) ermittelt, so erhält man mit ihnen die Beanspruchungen $\boldsymbol{s} = (\boldsymbol{s}_i)$ der Bauteile aus (18) und damit auch deren Verformungen $\boldsymbol{v} = (\boldsymbol{v}_i)$ nach $\boldsymbol{v} = \boldsymbol{F}_0\,\boldsymbol{s}$, womit die Aufgabe vollständig gelöst ist.

25.5. Verformungen und Verschiebungen

Sind die Verformungen $\boldsymbol{v}$ der Bauelemente auf diese Weise ermittelt worden, so lassen sich aus ihnen die Verschiebungen $\boldsymbol{r} = (r_j)$ beliebiger Systempunkte herleiten, die mit den Verformungen auf rein geometrische Weise zusammenhängen, und zwar in linearer Form, sofern sie klein sind gegenüber den Systemabmessungen gemäß der üblichen Annahme (Theorie 1. Ordnung). Die Ermittlung des Zusammenhanges auf geometrischem Wege (Verschiebungsplan) ist oft mühsam. Angenehmer arbeitet man auch hier auf rein statischem Wege mit Hilfe von Arbeitsausdrücken (Prinzip der virtuellen Verschiebungen oder besser der virtuellen Kräfte). Dazu denken wir uns bei gegebenem Verformungssystem $\boldsymbol{v}$ in Richtung jeder zu errechnenden Verschiebungskomponente r_j eine Kraft $\tilde{P}_j$, die nur in Gedanken besteht (virtuelle Kraft, dummy force), die also keineswegs die zugehörige Verschiebung verursacht. Machen diese gedachten Kräfte $\tilde{P}_j$ die Verschiebungen r_j mit, so leisten sie eine Arbeit $\sum \tilde{P}_i\,r_i =$

$\tilde{\boldsymbol{p}}' \boldsymbol{r}$ mit den Spalten

$$\boldsymbol{r} = \begin{pmatrix} r_1 \\ r_2 \\ \vdots \\ r_N \end{pmatrix}, \qquad \tilde{\boldsymbol{p}} = \begin{pmatrix} \tilde{P}_1 \\ \tilde{P}_2 \\ \vdots \\ \tilde{P}_N \end{pmatrix}. \tag{22}$$

Den gedachten Kräften entsprechen in den Bauteilen gedachte Beanspruchungen $\tilde{\boldsymbol{s}}$, die bei unbestimmtem System noch bis zu gewissem Grade willkürlich wählbar sind, jedoch so, daß sie mit den Kräften $\tilde{\boldsymbol{p}}$ ein Gleichgewichtssystem bilden. Am einfachsten wählt man dazu Beanspruchungen am statisch bestimmten Hauptsystem, die auf rein statischem Wege aus den Kräften $\boldsymbol{p}$ ermittelbar sind und mit ihnen linear zusammenhängen nach

$$\boldsymbol{s} = \boldsymbol{C}_0 \tilde{\boldsymbol{p}}. \tag{23}$$

Die k-te Spalte $\boldsymbol{c}_k^0$ der insgesamt N Spalten dieser zweiten Struktur-Matrix $\boldsymbol{C}_0$ ergeben sich wieder rein statisch als die Beanspruchungen am statisch bestimmten Hauptsystem unter der alleinigen Last $\tilde{P}_k = 1$ bei $P_i = 0$ für $i \neq k$, also in genau entsprechender Weise wie die Spalten der ersten Strukturmatrix $\boldsymbol{C}_1$. Die Gleichgewichtsbedingung zwischen $\tilde{\boldsymbol{s}}$ und $\tilde{\boldsymbol{p}}$ formuliert sich dann in Gestalt der Arbeitsgleichung

$$\tilde{\boldsymbol{s}}' \boldsymbol{v} = \tilde{\boldsymbol{p}}' \boldsymbol{r}, \tag{24}$$

was mit (23) übergeht in

$$\tilde{\boldsymbol{p}}' \boldsymbol{C}_0' \boldsymbol{v} = \tilde{\boldsymbol{p}}' \boldsymbol{r}.$$

Da dies für beliebige Lasten $\boldsymbol{p}$ zu gelten hat, so folgt daraus die Verschiebungsgleichung

$$\boxed{\boldsymbol{r} = \boldsymbol{C}_0' \boldsymbol{v}} \tag{25}$$

als der gesuchte lineare Zusammenhang zwischen errechneten Verformungen $\boldsymbol{v}$ und Systempunktverschiebungen $\boldsymbol{r}$. Auch dieser Zusammenhang wird durch eine aus statischen Überlegungen gewonnene Strukturmatrix wiedergegeben.

Gl. (25) gilt, worauf ARGYRIS mit Nachdruck hinweist, unabhängig von der Art des Elastizitätsgesetzes, ob linear oder nichtlinear, da dies in die Herleitung der Gleichung gar nicht eingeht. Für den Fall linearer Elastizität $\boldsymbol{v} = \boldsymbol{F}_0 \boldsymbol{s}$ aber erhalten wir aus (25) unter Benutzen von (18) das Gleichungssystem

$$\boxed{\boldsymbol{F}_{01} \boldsymbol{x} + \boldsymbol{f}_{00} = \boldsymbol{r}} \tag{26}$$

mit den Abkürzungen

$$\boldsymbol{F}_{01} = \boldsymbol{C}_0' \boldsymbol{F}_0 \boldsymbol{C}_1 \tag{28a}$$

$$\boldsymbol{f}_{00} = \boldsymbol{C}_0' \boldsymbol{F}_0 \boldsymbol{s}_0 \tag{28b}$$

Besteht nun die Belastung unseres Systems tatsächlich aus den bisher nur gedachten Kräften $\boldsymbol{p}$ und sind weitere Lasten nicht vorhanden, so tritt an die Stelle von (18)

$$\boldsymbol{s} = \boldsymbol{C}_0 \boldsymbol{p} + \boldsymbol{C}_1 \boldsymbol{x} . \tag{18a}$$

Dann erhalten wir bei linearer Elastizität auf gleichem Wege wie oben anstelle der Gln. (20) und (26)

$$\boxed{\begin{aligned} \boldsymbol{F}_{11} \boldsymbol{x} + \boldsymbol{F}_{10} \boldsymbol{p} &= \boldsymbol{o} \\ \boldsymbol{F}_{01} \boldsymbol{x} + \boldsymbol{F}_{00} \boldsymbol{p} &= \boldsymbol{r} \end{aligned}} \qquad \begin{aligned} &(20\text{a}) \\ &(26\text{a}) \end{aligned}$$

wo zu den Federungsmatrizen (21a) und (28a) noch hinzutreten

$$\boldsymbol{F}_{01} = \boldsymbol{C}_0' \boldsymbol{F}_0 \boldsymbol{C}_1 = \boldsymbol{F}_{10}' , \tag{29a}$$

$$\boldsymbol{F}_{00} = \boldsymbol{C}_0' \boldsymbol{F}_0 \boldsymbol{C}_0 . \tag{29b}$$

Indem man (20a) formal auflöst nach

$$\boldsymbol{x} = - \boldsymbol{F}_{11}^{-1} \boldsymbol{F}_{10} \boldsymbol{p}$$

und dies in (26a) einsetzt, erhält man als endgültigen linearen Zusammenhang zwischen Lasten und Lastverschiebungen

$$\boxed{\boldsymbol{r} = \boldsymbol{F} \boldsymbol{p}} \tag{30}$$

mit der *System-Federungsmatrix*

$$\boxed{\boldsymbol{F} = \boldsymbol{F}_{00} - \boldsymbol{F}_{01} \boldsymbol{F}_{11}^{-1} \boldsymbol{F}_{10}} . \tag{31}$$

Gl. (30) wird insbesondere wichtig bei dynamisch beanspruchtem System, wo die Kräfte $P_j = - m_j \ddot{r}_j$ Trägheitskräfte sind, in Matrixform

$$\boldsymbol{p} = - \boldsymbol{M} \ddot{\boldsymbol{r}}$$

mit $\boldsymbol{M} = \text{Diag}\,(m_j)$. Damit geht (30) über in das System der Schwingungs-Differentialgleichungen

$$\boxed{\boldsymbol{F} \boldsymbol{M} \ddot{\boldsymbol{r}} + \boldsymbol{r} = \boldsymbol{o}} . \tag{32}$$

25.6. Nichtlineare Elastizität

Das Gleichungssystem (20) zur Berechnung der statisch Unbestimmten, in 25.4 aus dem CASTIGLIANO-Satz entwickelt, ergibt sich — allgemeiner — aus der Forderung verschwindender gegenseitiger Verschiebungen an den Schnittstellen als den Angriffspunkten der X_i mit Hilfe des Prinzips der virtuellen Kräfte ähnlich wie bei der Herleitung von Gl. (25) in der Form

$$\boxed{\boldsymbol{r}_X = \boldsymbol{C}_1' \boldsymbol{v} = \boldsymbol{o}} . \tag{33}$$

Diese Gleichung aber ist unabhängig vom Elastizitätsgesetz. Im Falle linearer Elastizität $\boldsymbol{v} = \boldsymbol{F}_0\, \boldsymbol{s}$ führt (33) zusammen mit (18) natürlich wieder auf das lineare Gleichungssystem (20). Darüber hinaus aber ist nun auch der nichtlineare Fall angreifbar, der dann auf ein allgemeines nichtlineares Gleichungssystem für die Unbestimmten $\boldsymbol{x} = (X_i)$ führt. Dazu benutzen wir einen Ansatz von DENKE[1] der Form

$$\boldsymbol{v} = \boldsymbol{F}_0 \big(\boldsymbol{I} + \boldsymbol{\Phi}(\boldsymbol{s})\big)\, \boldsymbol{s} \tag{34}$$

mit einer Matrix $\boldsymbol{\Phi}(\boldsymbol{s}) = (\varphi_{ik})$, deren Elemente $\varphi_{ik}(s_k)$ nichtlineare Funktionen der Spannungsgrößen s_k sind. Dem linearen Elastizitätsverhalten wird hier ein nichtlinearer Anteil überlagert. Indessen müssen wir uns nun auf den Fall reiner Diagonalmatrizen

$$\boldsymbol{F}_0 = \mathrm{Diag}\,(f_i^0)\,, \qquad \boldsymbol{\Phi}(\boldsymbol{s}) = \mathrm{Diag}\,\big(\varphi_i\,(s_i)\big) \tag{35}$$

beschränken, da lineare Überlagerungen, die den Kopplungen zwischen Verformungs- und Spannungskomponenten in den Matrizen $\boldsymbol{f}_i^0$ zugrunde liegen, hier ausscheiden. Unter dieser Beschränkung verfahren wir dann weiter wie folgt. Einsetzen von (34) in (33) zusammen mit $\boldsymbol{s} = \boldsymbol{s}_0 + \boldsymbol{C}_1 \boldsymbol{x}$ ergibt

$$\boldsymbol{C}_1' \boldsymbol{F}_0 \big(\boldsymbol{I} + \boldsymbol{\Phi}\,(\boldsymbol{s})\big)\,(\boldsymbol{s}_0 + \boldsymbol{C}_1\, \boldsymbol{x}) = \boldsymbol{o}$$

und daraus

$$\big(\boldsymbol{C}_1' \boldsymbol{F}_0\, \boldsymbol{C}_1 + \boldsymbol{C}_1' \boldsymbol{F}_0\, \boldsymbol{\Phi}(\boldsymbol{s})\, \boldsymbol{C}_1\big)\, \boldsymbol{x} = -\, \boldsymbol{C}_1' \boldsymbol{F}_0 \big(\boldsymbol{I} + \boldsymbol{\Phi}\,(\boldsymbol{s})\big)\, \boldsymbol{s}_0$$

oder kurz

$$\boxed{\big(\boldsymbol{F}_{11} + \boldsymbol{\Psi}(\boldsymbol{s})\big)\, \boldsymbol{x} = -\big(\boldsymbol{f}_{10} + \boldsymbol{\psi}(\boldsymbol{s})\big)} \tag{36}$$

mit den früheren Kürzungen $\boldsymbol{F}_{11}$, $\boldsymbol{f}_{10}$ und den nichtlinearen Zusatztermen

$$\boldsymbol{\Psi}(\boldsymbol{s}) = \boldsymbol{C}_1' \boldsymbol{F}_0\, \boldsymbol{\Phi}\,(\boldsymbol{s})\, \boldsymbol{C}_1\,, \tag{37a}$$

$$\boldsymbol{\psi}(\boldsymbol{s}) = \boldsymbol{C}_1' \boldsymbol{F}_0\, \boldsymbol{\Phi}\,(\boldsymbol{s})\, \boldsymbol{s}_0\,. \tag{37b}$$

Dieses Gleichungssystem läßt sich nun iterativ behandeln nach der Vorschrift

$$\big(\boldsymbol{F}_{11} + \boldsymbol{\Psi}(\boldsymbol{s}_{(\nu)})\big)\, \boldsymbol{x}_{(\nu+1)} = -\,\big(\boldsymbol{f}_{10} + \boldsymbol{\psi}(\boldsymbol{s}_{(\nu)})\big)\,. \tag{36a}$$

Als Ausgangsnäherung $\boldsymbol{x}_{(1)}$ verwendet man die Lösung des linearen Systems (18), berechnet damit $\boldsymbol{s}_{(1)}$ und die zugehörigen nichtlinearen Terme (37), um die die Koeffizientenmatrix und rechte Seite des damit wieder linearen Gleichungssystems (36a) abgeändert werden. Ist der nichtlineare Anteil $\boldsymbol{\Phi}(\boldsymbol{s})$ klein, so ist rasche Konvergenz des Vorgehens zu erwarten.

[1] DENKE, P. H.: The matrix solution of certain nonlinear problems in structural analysis. J. aeronaut. Sci. 23 (1956), S. 231—236. Das weitere Vorgehen dort — Entwicklung des nichtlinearen Systems für $\boldsymbol{s}$ anstatt $\boldsymbol{x}$ — ist unvorteilhaft.

25.7. Ein Beispiel

Abb. 25.2 zeigt einen zweifach statisch unbestimmt gelagerten Rahmen mit seitlicher Dreieckslast, Höchstwert $q_0 = 3$ t/m. Die Biegesteifigkeit EI sei über den ganzen Rahmen konstant. Längsdehnungen sind zu vernachlässigen ($EF = \infty$). Gesucht sind die Auflagerkräfte, die Schnittgrößen sowie die Horizontalverschiebung r_C des linken Eckpunktes C. Als statisch Unbestimmte wählen wir Einspannmoment $M_A = X_1$ und Horizontalkomponente $B_x = X_2$. Abb. 25.3 zeigt das statisch bestimmte Hauptsystem unter Belastung q, den Einheitskräften $X_1 = 1$, $X_2 = 1$ und $P_C = 1$. Als Beanspruchungsgrößen sind für den Rahmenteil (1) Biegemomente M_{11}, M_{12} und Querkräfte Q_{11}, Q_{12}, für die beiden anderen Rahmenteile (2) und (3) die Biegemomente M_{21}, M_{22} und M_{31}, M_{32}, jeweils für Anfang 1 und Ende 2 des Rahmenabschnittes, zu wählen. Diese Größen sind als die Spalten $\boldsymbol{s}_0$, $\boldsymbol{c}_1^1$ $\boldsymbol{c}_2^1$ und $\boldsymbol{c}_1^0$ aus den Bildern der Abb. 25.3 abzulesen wie folgt:

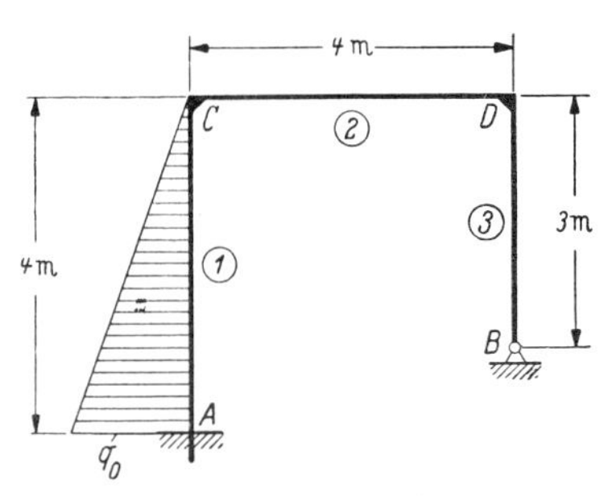

Abb. 25.2. Ein Beispiel

	$\boldsymbol{s}_0$	$\boldsymbol{C}_1$		$\boldsymbol{C}_0$
		$\boldsymbol{c}_1^1$	$\boldsymbol{c}_2^1$	$\boldsymbol{c}_1^0$
M_{11}	0	—1	0	0
M_{12}	8	—1	—4	4
Q_{11}	6	0	—1	1
Q_{12}	0	0	—1	1
M_{21}	8	—1	—4	4
M_{22}	0	0	—3	0
M_{31}	0	0	—3	0
M_{32}	0	0	0	0

Die Einheiten sind m und t. — Aus der Ausgangs-Federungsmatrix $\boldsymbol{F}_0$ ziehen wir einen Faktor $420\ EI/l_0 = 105\ EI$ mit Bezugslänge $l_0 = 4$ m heraus, um einfache Zahlen zu bekommen. Die Berechnung der Federungen $\boldsymbol{F}_{ik}$ verläuft in Tab. 25.1, deren letzte Spalte die Summenprobe enthält. Der Tabelle entnimmt man die Koeffizienten des Gleichungssystems zur Berechnung der X_i (nach Kürzen eines gemeinsamen Faktors 70 bzw. 7.)

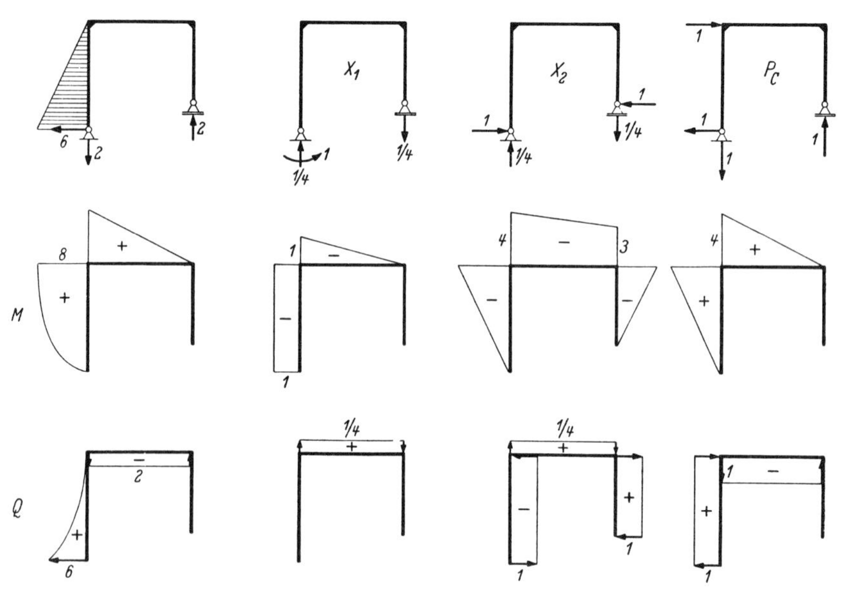

Abb. 25.3. Biegemomente und Querkräfte am statisch bestimmten Hauptsystem

Tabelle 25.1. *Durchführung der Matrizenrechnung für das Rahmenbeispiel*

								$\mathbf{s}_0$	$\mathbf{c}_1^1$	$\mathbf{c}_2^1$	$\mathbf{c}_1^0$	Probe
								0	−1	0	0	−1
								8	−1	−4	4	7
								6	0	−1	1	6
								0	0	−1	1	0
								8	−1	−4	4	7
								0	0	−3	0	−3
								0	0	−3	0	−3
				$105\,E\,I\,\boldsymbol{F}_0$				0	0	0	0	0
156	54	88	−52					960	−210	−252	252	750
54	156	52	−88					1560	−210	−588	588	1350
88	52	64	−48					800	−140	−224	224	660
−52	−88	−48	64					−992	140	336	−336	−852
				140	70			1120	−140	−770	560	770
				70	140			560	−70	−700	280	70
						105	52,5	0	0	−315	0	−315
						52,5	105	0	0	−157,5	0	−157,5
−1	−1	0	0	−1	0	0	0	−3640	560	1610	−1400	−2870
0	−4	−1	−1	−4	−3	−3	0	−12208	1610	8365	−5320	−7553
0	4	1	1	4	0	0	0	10528	−1400	−5320	4480	8288

X_1	X_2	1
8	23	—52
230	1195	—1744
22028	1992	4270

$$X_1 = \frac{22028}{4270} = 5{,}1588 \text{ mt}$$

$$X_2 = \frac{1992}{4270} = 0{,}4665 \text{ t}$$

$$105\, EI\, r_C = -1400\, X_1 - 5320\, X_2 + 10528 = \frac{3517920}{4270}$$

$$EI\, r_C = \frac{33504}{4270} = 7{,}8464 \text{ m}^3\text{t}$$

Bei einer Biegesteifigkeit von $EI = 1000$ m²t wird $r_C = 0{,}785$ cm.

Berechnung der Auflager:
Die Einflußzahlen sind wieder den Bildern von Abb. 25.3 zu entnehmen.

	Faktoren 1	X_1	X_2	Endwerte
M_A	0	1	0	5,159 mt
A_x	6	0	—1	5,533 t
$-A_y$	2	—1/4	—1/4	0,594 t
B_x	0	0	1	0,467 t
B_y	2	—1/4	—1/4	0,594 t

§ 26. Übertragungsmatrizen zur Behandlung elastomechanischer Aufgaben

26.1. Prinzip

Die Behandlung von Biegeschwingung, Knickung und Biegung mehrfeldriger Balken und Rahmen stückweise konstanter Querschnittsdaten unter beliebigen Rand- und Zwischenbedingungen, aber auch von anderen allgemeineren Aufgaben der Elastomechanik, ist in neuerer Zeit von verschiedener Seite her mit Hilfe von Matrizen durchgeführt worden[1–6], und zwar unter Einsatz digitaler Rechenautomaten, wofür sich der Matrizenkalkül in besonderem Maße eignet. Ausführliche Behandlung mit vollständigen Schrifttum findet man in neueren Lehrbüchern[7,8,9].

---

[1] FALK, S.: Abh. Braunschw. Wiss. Ges. Bd. 7 (1955), S. 74—92. Ing.-Arch. Bd. 24 (1956), S. 85—91; S. 216—32; Bd. 26 (1958), S. 61—80.

[2] FUHRKE, H.: Ing.-Arch. Bd. 23 (1955), S. 329—348; Bd. 24 (1956), S. 27—42.

[3] MARGUERRE, K.: J. Math. Phys. Bd. 35 (1956), S. 28—43.

[4] PESTEL, E.: Abh. Braunschw. Wiss. Ges. Bd. 6 (1954), S. 227—242. — PESTEL, E., u. G. SCHUMPICH: Schiffstechnik Bd. 4 (1957), S. 55—61.

[5] SCHNELL, W.: Z. angew. Math. Mech. Bd. 35 (1955), S. 269—284.

[6] UNGER, H.: Intern. Kolloquium Probl. Rechentechnik, Dresden 1955, S. 141—149

[7] KLOTTER, K.: Technische Schwingungslehre. 2. Aufl. Bd. 2, S. 411—462. Berlin/Göttingen/Heidelberg: 1960.

[8] KERSTEN, R.: Das Reduktionsverfahren der Baustatik. Berlin/Göttingen/Heidelberg: 1962. 242 S.

[9] PESTEL, E., u. F. A. LECKIE: Matrix methods of elastomechanics. New York: McGraw-Hill 1963. 435 S.

Den drei zuerst genannten Aufgaben liegt jeweils eine lineare Differentialgleichung 4. Ordnung zugrunde, die sich im Falle abschnittsweise konstanter Querschnitte abschnittsweise in geschlossener Form lösen läßt. Dabei treten in jedem Abschnitt = *Feld* vier Intergationskonstanten auf. Das Anpassen dieser Konstanten an die Übergangsbedingungen der Feldgrenzen sowie an die dem Balken von außen auferlegten Randbedingungen läßt sich besonders übersichtlich und schematisch mit Hilfe der Matrizenrechnung bewerkstelligen. Dazu wählt man die Lösungsfunktionen so, daß die Konstanten unmittelbar gleich den mechanisch bedeutungsvollen Größen — Durchbiegung, Neigung, Biegemoment und Querkraft —, den *Zustandsgrößen* am Feldanfang werden, die man zu einem *Zustandsvektor* zusammenfaßt. Zwischen dem Zustandsvektor am Feldanfang und dem am Feldende besteht dann — entsprechend dem linearen Charakter der Differentialgleichung — eine durch eine Matrix darstellbare lineare Beziehung. Sofern man die vier am Feldanfang herrschenden Zustandsgrößen als Eingangsgrößen, die am Feldende als Ausgangsgrößen betrachtet, kann man von der sie verknüpfenden Matrix als einer *Übertragungsmatrix* sprechen. Sie bezieht sich hier auf das betreffende Balkenfeld und wird daher auch *Feldmatrix* genannt. Daneben lassen sich für unstetige Übergänge an den Feldgrenzen (Punktmassen, Federn u. dgl.) als Übertragungsmatrizen auch *Punktmatrizen* einführen, die die Verknüpfung des Zustandsvektors unmittelbar vor und hinter der Feldgrenze vermitteln. Der Hintereinanderschaltung einzelner Felder zum Gesamtbalken entspricht dann, wie wir sehen werden, eine Multiplikation der einzelnen Feldmatrizen — gegebenenfalls unter Zwischenfügen von Punktmatrizen — zu einer gesamten Übertragungsmatrix, die Balkenanfang und -ende verknüpft. An den Balkenenden sind durch die Randbedingungen des Systems je zwei der Zustandsgrößen gegeben. Indem man nun, beginnend am einen Balkenende, die Rechnung mit den beiden dortselbst verbleibenden unbekannten Zustandsgrößen durch alle Balkenabschnitte bis zum anderen Balkenende durchzieht, was auf die fortgesetzte Multiplikation zweier Vektoren mit den Übertragungsmatrizen hinausläuft, erhält man an eben diesem Balkenende aus den zwei restlichen Randbedingungen zwei Bedingungsgleichungen zur Berechnung der beiden Unbekannten.

Treten auch noch innere Randbedingungen auf, wie etwa Zwischenstützen oder Gerbergelenke, so läßt sich durch die zusätzliche Bedingung ($w = 0$ bzw. $M = 0$) eine der beiden mitgeführten Unbekannten durch die andere ausdrücken. An ihre Stelle tritt dann eine neue zweite Unbekannte in Gestalt der Lagerkraft bei Zwischenstütze bzw. der Winkeländerung beim Gelenk auf. Durch eine solche Konstantenreduktion bleibt auch im Falle statisch unbestimmter Aufgaben beliebig hohen Grades die Anzahl der Unbekannten immer gleich zwei.

Im Falle der Eigenwertaufgabe — Biegeschwingung und Knickung — wo die Differentialgleichung und damit auch jede Übertragungsmatrix den noch zu bestimmenden Eigenwert λ als Parameter enthält, kann man die Rechnung mit fest gewählten Parameterwerten durchführen, die man so abändert, daß die zunächst verletzten Randbedingungen am Balkenende — z. B. $w = 0$ und $M = 0$ beim Auflager — erfüllt werden. Dieses oftmals nach HOLZER-TOLLE benannte *Restgrößenverfahren* ist insbesondere für den Einsatz von Rechenautomaten geeignet, da der gleiche Rechnungsgang lediglich mit abgeändertem Parameterwert wiederholt wird, was programmiertechnisch günstig ist. Die Restgröße — bei Biegeschwingung am einfachsten eine zweireihige Determinante, die für den Eigenwert verschwindet — wird über dem Parameter aufgetragen. Die Nulldurchgänge dieser Kurve geben die gesuchten Eigenwerte an.

26.2. Biegeschwingungen

Die Differentialgleichung der Biegeschwingung eines Balkens der Länge l, der Biegesteifigkeit EI und der Masse μ je Längeneinheit bei einer noch zu bestimmenden Kreisfrequenz ω,

$$w^{IV} = \left(\frac{\lambda}{l}\right)^4 w \tag{1}$$

mit

$$\lambda^4 = \frac{\omega^2 \mu}{EI} l^4 \tag{2}$$

hat die allgemeine Lösung

$$w = A \operatorname{Cof} \lambda \frac{x}{l} + B \operatorname{Sin} \lambda \frac{x}{l} + C \cos \lambda \frac{x}{l} + D \sin \lambda \frac{x}{l}.$$

Hierin lassen sich — nach dem Vorbilde von RAYLEIGH — die Konstanten A, B, C, D durch die vier Anfangswerte w_0, w_0', w_0'', w_0''' ausdrücken:

$$w(x) = w_0 C\left(\lambda \frac{x}{l}\right) + w_0' l \frac{1}{\lambda} S\left(\lambda \frac{x}{l}\right) + w_0'' l^2 \frac{1}{\lambda^2} c\left(\lambda \frac{x}{l}\right) + w_0''' l^3 \frac{1}{\lambda^3} s\left(\lambda \frac{x}{l}\right) \tag{3}$$

mit den vier von RAYLEIGH eingeführten Funktionen bzw. ihren Werten am Balkenende $x = l$:

$$\left.\begin{aligned}
C\left(\lambda \frac{x}{l}\right) &= \frac{1}{2}\left(\operatorname{Cof} \lambda \frac{x}{l} + \cos \lambda \frac{x}{l}\right) \quad \text{bzw.} \quad C = \frac{1}{2}\left(\operatorname{Cof} \lambda + \cos \lambda\right)\\
S\left(\lambda \frac{x}{l}\right) &= \frac{1}{2}\left(\operatorname{Sin} \lambda \frac{x}{l} + \sin \lambda \frac{x}{l}\right) \quad \text{bzw.} \quad S = \frac{1}{2}\left(\operatorname{Sin} \lambda + \sin \lambda\right)\\
c\left(\lambda \frac{x}{l}\right) &= \frac{1}{2}\left(\operatorname{Cof} \lambda \frac{x}{l} - \cos \lambda \frac{x}{l}\right) \quad \text{bzw.} \quad c = \frac{1}{2}\left(\operatorname{Cof} \lambda - \cos \lambda\right)\\
s\left(\lambda \frac{x}{l}\right) &= \frac{1}{2}\left(\operatorname{Sin} \lambda \frac{x}{l} - \sin \lambda \frac{x}{l}\right) \quad \text{bzw.} \quad s = \frac{1}{2}\left(\operatorname{Sin} \lambda - \sin \lambda\right)
\end{aligned}\right\}. \tag{4}$$

Faßt man nun w mit den mit w dimensionsgleich gemachten Ableitungen zum Zustandsvektor

$$z_0 = \begin{pmatrix} w_0 \\ w_0' \, l \\ w_0'' \, l^2 \\ w_0''' \, l^3 \end{pmatrix}$$

zusammen und ebenso die entsprechenden am Balkenende $x = l$ genommenen Werte zu z_1, so erhält man durch Differenzieren von Gl. (3) und Einsetzen von $x = l$ zwischen z_0 und z_1 die lineare Beziehung

$$z_1 = \boldsymbol{F} z_0 \tag{5}$$

mit der Feldmatrix der RAYLEIGH-Funktionen

$$\boldsymbol{F} = \begin{pmatrix} C & S/\lambda & c/\lambda^2 & s/\lambda^3 \\ s\,\lambda & C & S/\lambda & c/\lambda^2 \\ c\,\lambda^2 & s\,\lambda & C & S/\lambda \\ S\,\lambda^3 & c\,\lambda^2 & s\,\lambda & C \end{pmatrix}, \tag{6}$$

deren zweite Zeile die Ableitungen der ersten, die dritte wieder die Ableitungen der zweiten und schließlich die vierte die der dritten enthält. Die Matrix ist symmetrisch zur Nebendiagonale (= die von rechts oben nach links unten verlaufende Diagonale). Ihre Determinante ist gleich 1 und ihre Kehrmatrix bis auf schachbrettartig abgeänderte Vorzeichen gleich $\boldsymbol{F}$ selbst, was bedeutet, daß die umgekehrte Beziehung $z_0 = \boldsymbol{F}^{-1} z_1$ bis auf geänderte Vorzeichen in w' und w''' die gleiche Form Gl. (5) hat, wie es sein muß.

Hat man nun einen aus mehreren Abschnitten = Feldern der Längen l_i, der jeweils konstanten Biegesteifigkeit EI_i und Massenbelegung μ_i bestehenden Balken nach Art von Abb. 26.1, so gilt für jeden Abschnitt eine Beziehung der Form Gl. (5). Zur Vermeidung von Unstetigkeiten an den Übergangsstellen infolge unstetiger Querschnittsänderung gehen wir von den unstetigen Ableitungen w'', w''' auf die stetigen Schnittgrößen

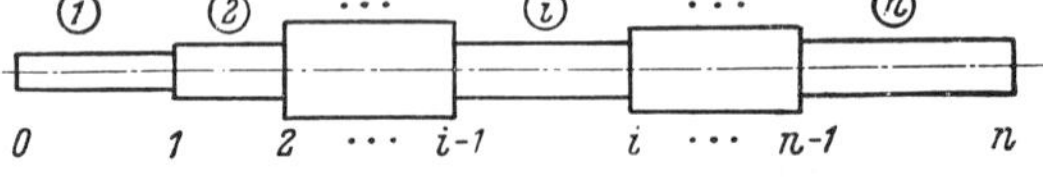

Abb. 26.1. Schema eines Balkens aus Abschnitten konstanter Biegesteifigkeit. Bezeichnung der Felder und Feldgrenzen

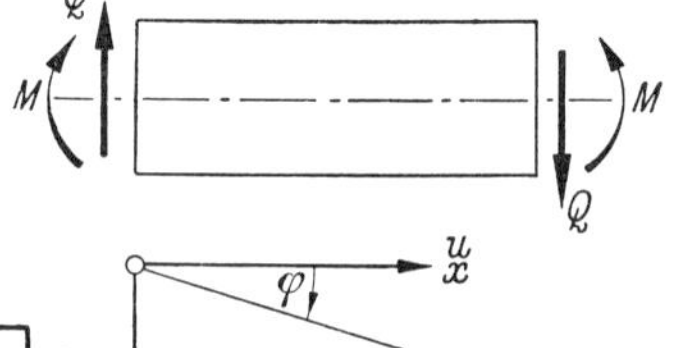

Abb. 26.2. Vorzeichen der Zustandsgrößen w, φ, M, Q bei Balkenbiegung

$$-E\,I\,w'' = M\,, \qquad -E\,I\,w''' = Q\,,$$

also auf Biegemoment und Querkraft über. Die Vorzeichen sind dabei nach Abb. 26.2 so gewählt, daß die Schnittgrößen M, Q am positiven

Schnittufer (äußere Normale in positiver Achsenrichtung) in positiver Achsenrichtung gezählt werden. Seine übrigen Komponenten werden unter Verwendung einer festen Bezugslänge l_0 und einer Bezugssteifigkeit $E\,I_0$ mit w dimensionsgleich gemacht, wir wählen also

$$\left.\begin{aligned} &w_i \\ &\bar{\varphi}_i = w_i'\, l_0 \\ &\bar{M}_i = M_i\, l_0^2/E\,I_0 \\ &\bar{Q}_i = Q_i\, l_0^3/E\,I_0 \end{aligned}\right\} \tag{7}$$

als Komponenten des Zustandsvektors

$$\mathfrak{z}_i = \begin{pmatrix} w_i \\ \bar{\varphi}_i \\ \bar{M}_i \\ \bar{Q}_i \end{pmatrix}. \tag{8}$$

Mit den auf die Bezugsgrößen l_0 und $E\,I_0$ sowie eine Bezugsmassenbelegung μ_0 bezogenen Verhältniszahlen

$$\beta_i = l_i/l_0\,, \quad \alpha_i = E\,I_i/E\,I_0\,, \quad \varrho_i = \mu_i/\mu_0 \tag{9}$$

ergibt sich dann für die Zustandsgrößen am Anfang $i - 1$ und Ende i des i-ten Feldes die Beziehung

$$\boxed{\mathfrak{z}_i = \boldsymbol{F}_i\, \mathfrak{z}_{i-1}} \tag{10}$$

mit der gegenüber Gl. (6) wie folgt abzuändernden Feldmatrix

$$\boldsymbol{F}_i = \begin{pmatrix} C & \frac{\beta}{\lambda} S & -\frac{1}{\alpha}\left(\frac{\beta}{\lambda}\right)^2 c & -\frac{1}{\alpha}\left(\frac{\beta}{\lambda}\right)^3 s \\ \frac{\lambda}{\beta} s & C & -\frac{1}{\alpha}\frac{\beta}{\lambda} S & -\frac{1}{\alpha}\left(\frac{\beta}{\lambda}\right)^2 c \\ -\alpha\left(\frac{\lambda}{\beta}\right)^2 c & -\alpha\frac{\lambda}{\beta} s & C & \frac{\beta}{\lambda} S \\ -\alpha\left(\frac{\lambda}{\beta}\right)^3 S & -\alpha\left(\frac{\lambda}{\beta}\right)^2 c & \frac{\lambda}{\beta} s & C \end{pmatrix}_i \tag{6a}$$

von den gleichen Eigenschaften wie Gl. (6). Der zum Schluß angehängte Index i bezieht sich auf sämtliche in den Elementen auftretenden Größen und Funktionszeichen, letztere in der Bedeutung

$C_i = \frac{1}{2}(\mathfrak{Cof}\,\lambda_i + \cos\lambda_i)$ usw. mit

$$\lambda_i^4 = \frac{\mu_i\,\omega^2\,l_i^4}{E\,I_i} = \frac{\varrho_i\,\beta_i^4}{\alpha_i}\bar{\lambda}^4 \tag{11}$$

und mit
$$\bar{\lambda}^4 = \frac{\mu_0\,\omega^2\,l_0^4}{E\,I_0}. \tag{12}$$

Indem man nun alle diese Gln. (10) für $i = 1, 2, \ldots, n$ aneinanderhängt, multiplizieren sich die einzelnen Feldmatrizen $\boldsymbol{F}_i$ zur gesamten Übertragungsmatrix

$$\boldsymbol{A} = \boldsymbol{F}_n \boldsymbol{F}_{n-1} \ldots \boldsymbol{F}_2 \boldsymbol{F}_1 , \tag{13}$$

und zwischen den beiden Zustandsvektoren $\boldsymbol{z}_0$ am Balkenanfang 0 und $\boldsymbol{z}_n$ am Balkenende n erhält man die unmittelbare Linearbeziehung

$$\boxed{\boldsymbol{z}_n = \boldsymbol{A}\,\boldsymbol{z}_0} \,. \tag{14}$$

Nun sind je zwei der Zustandsgrößen in $\boldsymbol{z}_0$ und $\boldsymbol{z}_n$ aus den am Balkenanfang und -ende gegebenen Randbedingungen bekannt, z. B. beim eingespannt — gelagerten Balken nach Abb. 26.3

$$w_0 = \varphi_0 = 0 ,$$
$$w_n = M_n = 0 ,$$

und die Gl. (14) lauten hierfür ausführlich, wenn wir für die Komponenten des Zustandsvektors hinfort wieder einfach w, φ, M, Q schreiben:

$$\begin{pmatrix} a_{11} & a_{12} & a_{13} & a_{14} \\ a_{21} & a_{22} & a_{23} & a_{24} \\ a_{31} & a_{32} & a_{33} & a_{34} \\ a_{41} & a_{42} & a_{43} & a_{44} \end{pmatrix} \begin{pmatrix} 0 \\ 0 \\ M_0 \\ Q_0 \end{pmatrix} = \begin{pmatrix} 0 \\ \varphi_n \\ 0 \\ Q_n \end{pmatrix} .$$

Abb. 26.3. Beispiel für Randbedingungen

Faßt man hier die beiden unbestimmten Zustandsgrößen M_0 und Q_0 am Balkenanfang als Unbekannte auf, so erhält man für sie aus den Randbedingungen am Balkenende zwei homogen lineare Gleichungen, in unserem Beispiel

$$a_{13} M_0 + a_{14} Q_0 = 0 ,$$
$$a_{33} M_0 + a_{34} Q_0 = 0 ,$$

die nur dann nichttriviale Lösungen aufweisen, wenn die Determinantenbedingung

$$\varDelta = \varDelta(\bar{\lambda}) = \begin{vmatrix} a_{13} & a_{14} \\ a_{33} & a_{34} \end{vmatrix} = 0$$

erfüllt ist. Der Wert dieser Determinante aber ist eine Funktion des Parameters $\bar{\lambda}$, also der Frequenz ω, indem ja sämtliche Elemente der Feldmatrizen $\boldsymbol{F}_i$ und somit auch die Elemente a_{ik} der Gesamt-Übertragungsmatrix $\boldsymbol{A}$ von dem Parameter $\bar{\lambda}$ abhängen. Der formelmäßige Ausdruck dieser Funktion $\varDelta = \varDelta(\bar{\lambda})$ ist freilich im allgemeinen so unübersichtlich, daß man zur Lösung der transzendenten *Frequenzgleichung*

$$\boxed{\varDelta(\bar{\lambda}) = 0} \tag{15}$$

die Rechnung für eine Anzahl angenommener Parameterwerte in der Nähe des vermuteten Eigenwertes zahlenmäßig durchführen und den gesuchten Eigenwert $\bar{\lambda}_e$ als Nullstelle des Funktionsverlaufes $\Delta(\bar{\lambda})$ durch Interpolation ermitteln wird.

Für die praktische Rechnung ist es wesentlich, daß nicht etwa die explizite Bildung der Produktmatrix Gl. (13) erforderlich ist. Vielmehr vollzieht sich die Berechnung der für die betreffende Anfangsbedingung interessierenden Elemente a_{ik} — in unserem Beispiel der Einspannung also der Elemente a_{i3} und a_{i4} — durch fortgesetzte Multiplikation der Feldmatrizen an zwei speziellen Vektoren. Dazu denkt man sich den Zustandsvektor am Balkenanfang folgendermaßen geschrieben:

$$\boldsymbol{z}_0 = \begin{pmatrix} 1 \\ 0 \\ 0 \\ 0 \end{pmatrix} w_0 + \begin{pmatrix} 0 \\ 1 \\ 0 \\ 0 \end{pmatrix} \varphi_0 + \begin{pmatrix} 0 \\ 0 \\ 1 \\ 0 \end{pmatrix} M_0 + \begin{pmatrix} 0 \\ 0 \\ 0 \\ 1 \end{pmatrix} Q_0 ,$$

worin je zwei Zustandsgrößen durch die Anfangsbedingungen gegeben sind, während zwei restliche als Unbekannte verbleiben, im Beispiel der Abb. 26.3 also

$$\boldsymbol{z}_0 = \begin{pmatrix} 0 \\ 0 \\ 1 \\ 0 \end{pmatrix} M_0 + \begin{pmatrix} 0 \\ 0 \\ 0 \\ 1 \end{pmatrix} Q_0 .$$

Man führt dann die Rechnung für die zwei Spalten dieser Unbekannten nach nebenstehendem Schema durch, wobei die Unbekannten als Faktoren hinzuzudenken sind, und erhält so der Reihe nach die Zustandsvektoren $\boldsymbol{z}_1 = \boldsymbol{F}_1 \boldsymbol{z}_0$, $\boldsymbol{z}_2 = \boldsymbol{F}_2 \boldsymbol{z}_1, \ldots,$ $\boldsymbol{z}_n = \boldsymbol{F}_n \boldsymbol{z}_{n-1}$. Dabei ist jede der Spalten mit der zugehörigen Unbekannten — im Beispiel mit M_0 und Q_0 — multipliziert zu denken. Am Schluß erscheinen die Koeffizienten a_{i3} und a_{i4}, aus denen die Bedingung am Balkenende formuliert werden kann. Für das freie Lager der Abb. 26.3 liest man den Determinantenwert

$$\Delta(\bar{\lambda}) = \begin{vmatrix} a_{13} & a_{14} \\ a_{33} & a_{34} \end{vmatrix} = a_{13}\, a_{34} - a_{33}\, a_{34}$$

fast unmittelbar ab.

	M_0	Q_0	
	0	0	
	0	0	$\boldsymbol{z}_0$
	1	0	
	0	1	
	*	*	
$\boldsymbol{F}_1$	*	*	$\boldsymbol{z}_1$
	*	*	
	*	*	
	*	*	
$\boldsymbol{F}_2$	*	*	$\boldsymbol{z}_2$
	*	*	
	*	*	
.....	.....	.....	
	a_{13}	a_{14}	$= 0$
$\boldsymbol{F}_n$	*	*	
	a_{33}	a_{34}	$= 0$
	*	*	

Beispiel: Zur Ermittlung der niedrigsten Eigenfrequenz der abgesetzten Welle von den Abmessungen der Abb. 26.4 vergleichen wir mit einer glatten Welle gleicher Länge $l = 2\,l_0$, mittlerer Steifigkeit $\overline{EI} = 2\,EI_0$ und mittlerer Masse $\bar{\mu} = 1{,}5\,\mu_0$, wofür der Eigenwert mit $\lambda = \pi$ bekannt ist. Mit $\alpha = 2$, $\beta = 2$ und $\varrho = 1{,}5$ errechnet sich nach Gl. (11) ein Eigenwert von

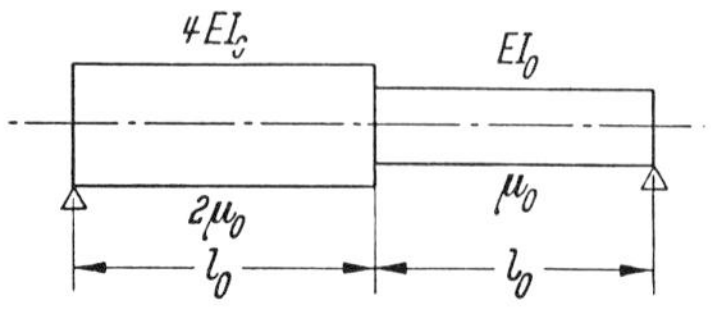

Abb. 26.4. Beispiel einer abgesetzten Welle

$$\lambda^4 \approx 8, \quad \lambda \approx 1{,}7\,.$$

Für drei äquidistante Werte $\bar{\lambda}$ in der Nähe von 1,7 ergeben sich folgende Determinantenwerte Δ nebst ersten und zweiten Differenzen für quadratische Interpolation:

$\bar{\lambda}$	Δ	$\delta\Delta$	$\delta^2\Delta$
1,60	0,1861 517	—0,4663 010	
1,65	—0,2801 493	—0,5024 919	—0,0360 909
1,70	—0,7826 412	—0,4844 465	—0,0180 455

Aus einer quadratischen Interpolationsformel

$$\Delta = \Delta_1 + \overline{\delta\Delta_1} \cdot t + \delta^2\Delta_1\, t^2/2 = 0$$

mit dem Mittelwert $\overline{\delta\Delta_1}$ aus den beiden ersten Differenzen, also

$$-0{,}2801\,493 - 0{,}4844\,465\,t - 0{,}0180\,455\,t^2 = 0$$

ergibt sich durch Auflösen nach dem linearen Gliede und Iteration

$$\begin{aligned} t &= -0{,}578\,287 - 0{,}037\,250\,t^2 \\ &= -0{,}578\,287 \\ &\quad\; \underline{-0{,}013\,024} \\ &= -0{,}591\,311 \end{aligned}$$

und damit

$$\bar{\lambda} = 1{,}65 + 0{,}05\,t = \underline{1{,}62043}$$

26.3. Zwischenbedingungen

Ihre große Bedeutung für technische Eigenwertaufgaben verdanken die Übertragungsmatrizen vor allem der Leichtigkeit, mit der sich Zwischenbedingungen beliebiger Art in die Rechnung einbauen lassen. Derartige Bedingungen, wie sie bei technischen Aufgaben in Gestalt starrer oder elastischer Zwischenstützen, in Gestalt von Gelenken (Gerbergelenke) oder dergleichen oft genug auftreten, bieten den klassischen Eigenwertmethoden erhebliche Schwierigkeiten. Einer solchen Bedingung, etwa $w_i = 0$ im Falle der Stütze, $M_i = 0$ im Falle des Gelenkes an der Stelle i, entspricht ein Sprung in einer zugeordneten Zustandsgröße, nämlich ein Querkraftsprung ΔQ_i für die Stütze, ein Winkelsprung $\Delta\varphi_i$ beim Gelenk. Diese Sprunggröße ΔQ_i bzw. $\Delta\varphi_i$ tritt an der Stelle i der Zwischenbedingung als neue Unbekannte zu den beiden von der Anfangsstelle her mitgeführten beiden Anfangsunbekannten (etwa φ_0, Q_0 beim Lager, M_0, Q_0 bei Einspannung) hinzu. Aus der Bedingungsgleichung aber ($w_i = 0$ bei der Stütze, $M_i = 0$ beim Gelenk) läßt sich nun eine der beiden Anfangsunbekannten eliminieren, so daß wiederum nur zwei Unbekannte durch die weitere Rechnung mitlaufen. Wir machen uns die Verhältnisse am Beispiel der Zwischenstütze klar.

Die beiden Anfangs-Unbekannten seien mit A und B bezeichnet. Am Schluß des i-ten Feldes, an der Stelle i unmittelbar vor der Zwischenstütze seien die Komponenten der mit A und B zu multiplizierenden Zustandsvektoren a_j und b_j ($j = 1, 2, 3, 4$), so daß wir nachstehendes Schema nebst den zugehörigen Gleichungen haben:

A	B		
a_1	b_1	w_i	$z_1^i = w_i = a_1 A + b_1 B$
a_2	b_2	φ_i	$z_2^i = \varphi_i = a_2 A + b_2 B$
a_3	b_3	M_i	$z_3^i = M_i = a_3 A + b_3 B$
a_4	b_4	Q_i	$z_4^i = Q_i = a_4 A + b_4 B$

Aus der Stützbedingung

$$w_i = a_1 A + b_1 B = 0$$

läßt sich eine der beiden Unbekannten A, B durch die andere ausdrücken. Als zu eliminierende wählen wir nun diejenige, welche hier mit dem betragsmäßig größten Faktor auftritt. Wir bezeichnen sie grundsätzlich mit B, nehmen also $|b_1| \geqq |a_1|$ an und setzen

$$B = -\alpha A \quad \text{mit} \quad \alpha = a_1/b_1 .$$

Damit wird aus den drei übrigen Komponenten z_j^i des Vektors $\mathfrak{z}_i$

$$z_j^i = (a_j - \alpha\, b_j)\, A = a_j' A\,, \quad j = 2, 3, 4$$

mit den neuen Koeffizienten von A:

$$a_j' = a_j - \alpha\, b_j = \frac{a_j b_1 - a_1 b_j}{b_1}\,,$$

wobei die numerische Rechnung wahlweise nach der ersten oder zweiten Form dieser Gleichung durchführbar ist. Für die Querkraft hat man an der Stelle i' unmittelbar *hinter* der Stütze den Wert

$$Q_i' = a_4' A + 1 \cdot \Delta Q_i$$

zu setzen, während *vor* der Stütze $Q_i = a_4' A$ gilt. Indem ΔQ_i als neuer unbekannter Parameter zu A tritt, hat der Ausgangsvektor z_i' vor dem neuen Feld $i+1$ das Aussehen

A	ΔQ_i	
0	0	$w_i = 0$
a_2'	0	φ_i
a_3'	0	M_i
a_4'	1	Q_i'

Folgt auf die Stütze nach dem Feld $i+1$ beispielsweise ein Gelenk mit $M_{i+1} = 0$, so wird als neue Unbekannte der Winkelsprung $\Delta\varphi_{i+1}$ eingeführt. Dafür läßt sich wieder eine der beiden alten Unbekannten A oder ΔQ_i aus der Momentenbedingung $M_{i+1} = 0$ beseitigen, und zwar wieder diejenige, bei der der betragsmäßig größte Koeffizient steht, der mit b_3 bezeichnet wird, während die Koeffizienten a_j der anderen Unbekannten in $a_j' = a_j - \alpha\, b_j$ umgerechnet werden, diesmal mit $\alpha = a_3/b_3$.

Für das Beispiel der Abb. 26.5, das wir den bisherigen Erörterungen zugrundelegten, führen wir das gesamte Rechenschema nochmals an. Die Vektorkomponenten haben wir dabei einfachheitshalber durchweg mit a_i, b_i bezeichnet, wobei b_i die zu eliminierenden Koeffizienten seien.

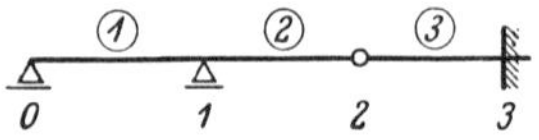

Abb. 26.5. Balken mit Zwischenstütze und Zwischengelenk

Wir nehmen an, daß an der Stütze $i = 1$ die Größe Q_0, am Gelenk $i = 2$ die verbliebene Größe φ_0 eliminiert wird. Die zuletzt mitgeführten Unbekannten sind also ΔQ_1 und $\Delta\varphi_2$. Aus ihren Koeffizienten a_i, b_i formuliert sich dann aus der End-Randbedingung $w_3 = \varphi_3 = 0$ der Einspannstelle die Determinantenbedingung

$$\Delta(\lambda) = \begin{vmatrix} a_1 & b_1 \\ a_2 & b_2 \end{vmatrix} = 0\,, \tag{16}$$

die für richtig gewählten Parameter λ erfüllt sein müßte.
Ist (16) erfüllt, so lassen sich die vier Unbekannten φ_0, Q_0, ΔQ_1 und $\Delta\varphi_2$ aus den vier Bedingungen $w_1 = 0$, $M_2 = 0$, $w_3 = 0$ und $\varphi_3 = 0$ der Reihe nach berechnen, wenn eine von ihnen willkürlich angenommen, z. B. gleich 1 gesetzt wird. Damit sind dann auch die in der letzten Spalte aufgeführten Zustandsvektoren vollständig berechenbar.

	φ_0	Q_0			$\mathfrak{z}_i$
	0	0			0
	1	0			φ_0
	0	0			0
	0	1			Q_0
$\boldsymbol{F}_1$	a_1	$\boldsymbol{b}_1$			$w_1 = 0$
	a_2	b_2			φ_1
	a_3	b_3			M_1
	a_4	b_4	ΔQ_1		Q_1
	0		0		0
	a_2'		0		φ_1
	a_3'		0		M_1
	a_4'		1		Q_1'
$\boldsymbol{F}_2$	b_1		a_1		w_2
	b_2		a_2		φ_2
	$\boldsymbol{b}_3$		a_3		$M_2 = 0$
	b_4		a_4	$\Delta\varphi_2$	Q_2
			a_1'	0	w_2
			a_2'	1	φ_2'
			0	0	0
			a_4'	0	Q_2
$\boldsymbol{F}_3$			a_1	b_1	$w_3 = 0$
			a_2	b_2	$\varphi_3 = 0$
			a_3	b_3	M_3
			a_4	b_4	Q_3

26.4 Federn und Einzelmassen

Zwischenbedingungen treten auch in Gestalt von Einzelfedern und Einzelmassen auf, und zwar sowohl als Stützfedern c_i und Punktmassen m_i als auch als Drehfedern C_i und Drehmassen Θ_i, Abb. 26.6. Ihnen entsprechen wiederum Sprünge in Querkraft oder Biegemoment:

$$\left.\begin{array}{lll} \text{Stützfeder} & \Delta Q_i = Q_i' - Q_i = c_i\, w_i \\ \text{Punktmasse} & \Delta Q_i = \qquad\qquad - m_i\, \omega^2\, w_i \\ \text{Drehfeder} & \Delta M_i = M_i' - M_i = - C_i\, \varphi_i \\ \text{Drehmasse} & \Delta M_i = \qquad\qquad \Theta_i\, \omega^2\, \varphi_i \end{array}\right\} \tag{17}$$

Mit den auf einheitliche Längendimension gebrachten Zustandsgrößen (7) lauten diese Beziehungen

$$\left.\begin{aligned} \Delta \bar{Q}_i &= \bar{c}_i \bar{w}_i\,, & \Delta \bar{Q}_i &= -\bar{m}_i \bar{\lambda}^4 \bar{w}_i \\ \Delta \bar{M}_i &= -\bar{C}_i \bar{\varphi}_i\,, & \Delta \bar{M}_i &= \bar{\Theta}_i \bar{\lambda}^4 \bar{\varphi}_i \end{aligned}\right\} \tag{17a}$$

mit den nunmehr dimensionslosen Konstanten

$$\left.\begin{aligned} \bar{c}_i &= c_i\, l_0^3/E\, I_0\,, & \bar{m}_i &= m_i/\mu_0\, l_0 \\ \bar{C}_i &= C_i\, l_0/E\, I_0\,, & \bar{\Theta}_i &= \Theta_i/\mu_0\, l_0^3 \end{aligned}\right\} \tag{18}$$

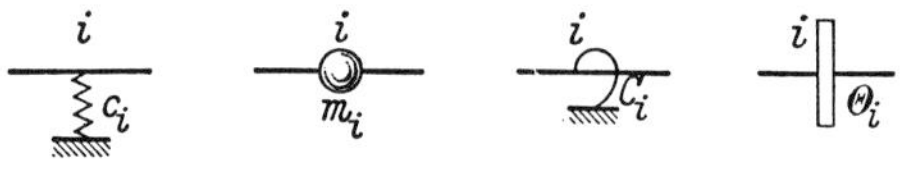

Abb. 26.6. Stützfeder c_i, Einzelmasse m_i, Drehfeder C_i, Drehmasse Θ_i

und $\bar{\lambda}^4$ nach (12). Wir schreiben alle weiteren Beziehungen in den gewöhnlichen Größen, also in der Form (17). Die Gleichungen für Feder und Masse fassen wir einfachheitshalber noch zusammen in

$$\boxed{\begin{aligned} \Delta Q_i &= k_i\, w_i & \text{mit}\quad k_i &= c_i - m_i\, \omega^2 \\ \Delta M_i &= -K_i\, \varphi_i & \text{mit}\quad K_i &= C_i - \Theta_i\, \omega^2 \end{aligned}} \tag{19}$$

mit den dynamischen Federkonstanten k_i, K_i, die sich im Falle fehlender Massen zu c_i bzw. C_i, im Falle fehlender Federn zu $-m_i\,\omega^2$ bzw. $-\Theta_i\,\omega^2$ spezialisieren.

Die Gleichungen (19) lassen sich nun auf zwei verschiedene Weisen in die Rechnung einbauen, entweder in der Form von *Kraftbedingungen* oder in der Form von *Verformungsbedingungen*. Diese verschiedene Art der Behandlung dynamischer Zwischenbedingungen erweist sich für die Durchführbarkeit der numerischen Rechnung von ausschlaggebender Bedeutung.

A. Behandlung als Kraftbedingungen

Die erste Behandlungsart rechnet die Kraftgrößen Q_i, M_i *vor* der Sprungstelle i in die abgeänderten Größen Q_i', M_i' *hinter* ihr unmittelbar nach (19) um zu

$$\boxed{\begin{aligned} Q_i' &= Q_i + k_i\, w_i \\ M_i' &= M_i - K_i\, \varphi_i \end{aligned}}\,, \tag{19a}$$

was auf Multiplikation des Vektors $\boldsymbol{z}_i$ mit einer *Punktmatrix* $\boldsymbol{P}_i$ hinausläuft:

$$\boldsymbol{z}_i' = \boldsymbol{P}_i\, \boldsymbol{z}_i$$

mit der Punktmatrix

$$\boldsymbol{P}_i = \begin{pmatrix} 1 & 0 & 0 & 0 \\ 0 & 1 & 0 & 0 \\ 0 & -K_i & 1 & 0 \\ k_i & 0 & 0 & 1 \end{pmatrix}, \tag{20}$$

in der natürlich auch eine der beiden Federkonstanten k_i, K_i Null sein kann. Rechenschema und Koeffizientenbeziehungen sind demnach an der Sprungstelle i:

					A	B	
	*	*	*	*	a_1	b_1	
	*	*	*	*	a_2	b_2	
$\boldsymbol{F}_i$	*	*	*	*	a_3	b_3	$\boldsymbol{z}_i$
	*	*	*	*	a_4	b_4	
	1	0	0	0	a_1	b_1	
	0	1	0	0	a_2	b_2	
$\boldsymbol{P}_i$	0	$-K_i$	1	0	a_3'	b_3'	$\boldsymbol{z}_i'$
	k_i	0	0	1	a_4'	b_4'	

$$\left.\begin{aligned} a_4' &= a_4 + k_i\, a_1 \\ b_4' &= b_4 + k_i\, b_1 \end{aligned}\right\}$$

$$\left.\begin{aligned} a_3' &= a_3 - K_i\, a_2 \\ b_3' &= b_3 - K_i\, b_2 \end{aligned}\right\}$$

Diese zweifache Matrizenmultiplikation läßt sich nach einem Vorschlag von FALK auch in einem Arbeitsgang durchführen unter Verwenden einer sogenannten *Leitmatrix* $\boldsymbol{L}_i$, bestehend aus den 4 Spalten der Feldmatrix $\boldsymbol{F}_i$ und zwei Zusatzspalten, welche die wirksamen Elemente k_i, $-K_i$ von $\boldsymbol{P}_i$ enthalten:

$$\boldsymbol{L}_i = \left(\begin{array}{cccc:cc} * & * & * & * & 0 & 0 \\ * & * & * & * & 0 & 0 \\ \hdashline * & * & * & * & 0 & -K_i \\ * & * & * & * & k_i & 0 \end{array}\right), \tag{21}$$

Damit vereinigen sich die beiden Gleichungen $\boldsymbol{z}_i = \boldsymbol{F}_i\, \boldsymbol{z}_{i-1}$ und $\boldsymbol{z}_i' = \boldsymbol{P}_i\, \boldsymbol{z}_i$ zu

$$\boldsymbol{z}_i' = \boldsymbol{L}_i\, \boldsymbol{z}_{i-1}\,,$$

wobei aber nun abweichend vom üblichen die Produktbildung so verstanden werden soll, daß die erste bis vierte Spalte von $\boldsymbol{L}_i$ wie gewöhnlich skalar mit den vier Komponenten von $\boldsymbol{z}_{i-1}$, die beiden folgenden Spalten von $\boldsymbol{L}_i$ aber mit den beiden ersten Komponenten w_i und φ_i des *neuen* Vektors $\boldsymbol{z}_i$ multipliziert werden. Die Produktbildung erfolgt also *überlappend*. Dies ist dadurch möglich, daß die Zusatzspalten von $\boldsymbol{L}_i$ wegen der Nullen in den beiden ersten Zeilen erst in Aktion treten, nachdem die neuen Werte w_i und φ_i bereits vorliegen, nämlich bei Berechnung von M_i' und Q_i'. Die entsprechenden Werte M_i, Q_i *vor* der Sprungstelle werden nicht gebildet. — Bei Federn und Punktmassen am Balkenanfang sind schon die Anfangsvektoren für w_0 und φ_0, sofern sie als freie Anfangswerte auftreten, abzuändern in

w_0	φ_0
1	0
0	1
0	$-K_0$
k_0	0

Das hier beschriebene Vorgehen versagt, wenn die Federkonstanten k oder K sehr groß werden, sei es, daß es sich um sehr starre Stützfederung handelt, wie sie praktisch oft vorkommt, oder aber um die Berechnung hoher Frequenzen, bei denen die dynamischen Federkonstanten $-m_i\,\omega^2$ bzw. $\Theta_i\,\omega^2$ groß werden. Für den Grenzfall $k \to \infty$ bestehen die beiden Teilspalten des folgenden Vektors z_{i+1} aus zwei einander proportionalen Vektoren, und das gleiche gilt dann für alle folgenden Vektoren, womit die Enddeterminante Null wird in Form einer Differenz gleich großer Zahlen. Zur Behebung dieses Versagens sind verschiedene Wege vorgeschlagen worden: FUHRKE führt sogenannte Determinantenmatrizen ein, auf die wir in § 26.5 zurückkommen; PESTEL und Mitarbeiter[1] verwenden eine andere „Restgröße" anstelle von $\Delta(\lambda)$. MARGUERRE und UHRIG[2] verwenden — in Abwandlung eines Vorschlages von FALK — stufenweise Elimination von Zwischengrößen und stellen damit den Zusammenhang mit einer GAUSSschen Elimination her. Auf recht einfache Weise löst sich die Schwierigkeit folgendermaßen.

B. Behandlung als Verformungsbedingungen

Im Falle großer — statischer oder dynamischer — Federkonstanten k bzw. K behandeln wir die Stelle i (deren Index wir in den folgenden Formeln besserer Übersicht wegen unterdrücken) wie eine Stütze bzw. Drehstütze, die nur nicht mehr starr, sondern schwach nachgiebig ist. Die Verformungsbedingung $w = 0$ bzw. $\varphi = 0$ für starre Stütze ist abzuwandeln in

$$w = \gamma\,\Delta Q \qquad \text{mit } \gamma = 1/k \tag{22a}$$

$$\varphi = -\Gamma\,\Delta M \qquad \text{mit } \Gamma = 1/K \tag{22b}$$

[1] PESTEL, E., u. O. MAHRENHOLZ: Zum numerischen Problem der Eigenwertbestimmung mit Übertragungsmatrizen. Ing.-Arch. 28 (1959), S. 255—262.

[2] MARGUERRE, K., u. R. UHRIG: Berechnung vielgliedriger Schwingerketten I: Das Übertragungsverfahren und seine Grenzen. Z. angew. Math. Mech. Bd. 44 (1964), S. 1—21.

unter Einführen der Sprunggröße ΔQ bzw. ΔM als neuer Unbekannter wie unter § 26.3. Aus einer dieser Bedingungen läßt sich nun wieder eine der beiden mitgeführten Unbekannten A, B eliminieren, und zwar B, wenn wir damit diejenige bezeichnen, die in der Bedingung mit dem betragsgrößten Faktor b_j auftritt ($j = 1$ bzw. 2). Aus

$$w = a_1 A + b_1 B = \gamma \Delta Q \quad \text{bzw.} \quad \varphi = a_2 A + b_2 B = -\Gamma \Delta M$$

folgt

$$B = -\alpha_1 A + (\gamma/b_1) \Delta Q \quad \text{bzw.} \quad B = -\alpha_2 A - (\Gamma/b_2) \Delta M\,,$$

womit die übrigen Vektorkomponenten $z_j = a_j A + b_j B$ übergehen in

$$\text{mit} \quad \boxed{\begin{aligned} z_j &= a_j' A + \gamma \beta_j \Delta Q \\ a_j' &= a_j - \alpha_1 b_j \\ \alpha_1 &= a_1/b_1, \ \beta_j = b_j/b_1 \end{aligned}} \qquad \begin{aligned} &(23\text{a}) \\ &(24\text{a}) \\ &(25\text{a}) \end{aligned}$$

bzw.

$$\text{mit} \quad \boxed{\begin{aligned} z_j &= a_j' A - \Gamma \beta_j \Delta M \\ a_j' &= a_j - \alpha_2 b_j \\ \alpha_2 &= a_2/b_2, \ \beta_j = b_j/b_2 \end{aligned}} \qquad \begin{aligned} &(23\text{b}) \\ &(24\text{b}) \\ &(25\text{b}) \end{aligned}$$

Die Vektorkomponenten haben nach Umrechnung auf die neue Unbekannte somit folgendes Aussehen:

A	ΔQ		A	ΔM	
0	γ	w_i	a_1'	$-\Gamma \beta_1$	w_i
a_2'	$\gamma \beta_2$	φ_i	0	$-\Gamma$	φ_i
a_3'	$\gamma \beta_3$	M_i	a_3'	$1 - \Gamma \beta_3$	M_i'
a_4'	$1 + \gamma \beta_4$	Q_i'	a_4'	$-\Gamma \beta_4$	Q_i
für Stützfeder und Punktmasse			für Drehfeder und Drehmasse		

(26)

Mit nach A) oder B) berücksichtigten Punktmassen m_i, also dynamischen Federzahlen $k_i = -m_i \omega^2$ läßt sich die ganze Aufgabe auch näherungsweise vereinfacht behandeln, indem jedes Feld durch einen masselosen Stab der Länge l_i und Steifigkeit EI_i, die kontinuierliche Massenbelegung aber durch Punktmassen an den Feldgrenzen ersetzt wird, am einfachsten so, daß man die Feldmasse $\mu_i l_i$ je zur Hälfte auf die

Feldgrenzen aufteilt. Zur Erzielung ausreichender Näherung erfordert ein solches Vorgehen eine recht feine Stabunterteilung, was aber bei Einsatz von Rechenautomaten keine Schwierigkeit macht. Die Feldmatrix der masselosen Stäbe vereinfacht sich gegenüber (6) beträchtlich zu

$$\boldsymbol{F}_i = \begin{pmatrix} 1 & \beta & -\beta^2/2\,\alpha & -\beta^3/6\,\alpha \\ 0 & 1 & -\beta/\alpha & -\beta^2/2\,\alpha \\ 0 & 0 & 1 & \beta \\ 0 & 0 & 0 & 1 \end{pmatrix}_i . \tag{6a}$$

In ihr tritt der Parameter λ gar nicht mehr auf; er erscheint lediglich in der Federzahl $k_i = -m_i\,\omega^2$ (dimensionslos: $\bar{k}_i = -\bar{m}_i\,\lambda^4$) bzw. ihrem Kehrwert γ_i.

26.5. Determinantenmatrizen

Einen ganz anderen und bemerkenswerten Weg zur Vermeidung der infolge großer Federzahlen auftretenden numerischen Schwierigkeiten geht FUHRKE, indem er von den Matrixelementen und Vektorkomponenten von vorn herein auf zweireihige Determinanten übergeht, deren Zahlenwert als Elemente neuer Matrizen und Vektoren dienen. — Der Gesamt-Übertragungsmatrix

$$\boldsymbol{A} = \begin{pmatrix} a_{11} \dots a_{14} \\ \dots\dots \\ a_{41} \dots a_{44} \end{pmatrix}$$

sind insgesamt 6 mal 6 zweireihige Determinanten zugeordnet, von denen jede einer bestimmten Randbedingung entspricht. Diese 36 Determinantenwerte lassen sich nun wieder zu einer sechsreihigen Matrix, einer *Determinantenmatrix* oder *Δ-Matrix* zusammenfassen[1], indem man den in den Determinanten auftretenden Zeilen- und Spaltenkombinationen je eine Nummer in lexikographischer Reihenfolge zuordnet nach folgender Vereinbarung:

Reihenkombination:	12	13	14	23	24	34	(27)
Nummer:	1	2	3	4	5	6	

[1] Es handelt sich um die sogenannte zweite „abgeleitete" Matrix von KRONECKER, deren Eigenschaften eingehend untersucht worden sind; vgl. GRÖBNER, Matrizenrechnung [8] sowie GANTMACHER, Matrizenrechnung [7], Bd. 1, S. 18; dort „assoziierte Matrizen" genannt.

Auf diese Weise wird z. B. die aus der 1. und 3. Zeile und der 3. und 4. Spalte von $\boldsymbol{A} = (a_{ik})$ gebildete Determinante gekennzeichnet durch

$$\Delta = |13, 34| = \begin{vmatrix} a_{13} & a_{14} \\ a_{33} & a_{34} \end{vmatrix} = A_{26}\,.$$

Der erste Index p der Größe A_{pq} kennzeichnet also die Zeilenkombination, hier also 1, 3, der zweite q die Spaltenkombination, hier 3, 4. Alle diese zweireihigen Determinanten werden zur sechsreihigen Δ-Matrix $\boldsymbol{A}^{\Delta} = (A_{pq})$ zusammengefaßt.

Die Gesamt-Übertragungsmatrix $\boldsymbol{A}$ ergibt sich beim mehrfeldrigen Balken als Produkt mehrerer Feld- und Punktmatrizen (bzw. mehrerer Leitmatrizen). Es läßt sich nun zeigen (vgl. etwa die unter Anm. 2 auf S. 381 zitierte erste Arbeit FUHRKE), daß

$$\text{mit} \quad \boxed{\boldsymbol{A} = \boldsymbol{B}\,\boldsymbol{C}} \quad \text{auch} \quad \boxed{\boldsymbol{A}^{\Delta} = \boldsymbol{B}^{\Delta}\,\boldsymbol{C}^{\Delta}} \tag{28}$$

gilt: Die Δ-Matrix $\boldsymbol{A}^{\Delta}$ eines Matrizenproduktes $\boldsymbol{A} = \boldsymbol{B}\,\boldsymbol{C}$ ist gleich dem Produkt $\boldsymbol{B}^{\Delta}\,\boldsymbol{C}^{\Delta}$ der Δ-Matrizen der Faktoren $\boldsymbol{B}$, $\boldsymbol{C}$. Damit aber läßt sich die ganze Rechnung von vornherein an Stelle mit Matrizen mit den zugeordneten Δ-Matrizen durchführen, indem man ein für allemal zu den Feld- und Punktmatrizen die betreffenden Δ-Matrizen aufstellt und mit ihnen so wie sonst mit den Matrizen operiert. Man arbeitet dabei hier nur an einem einzigen Vektor anstatt bisher an zweien. Es wird sich weiterhin zeigen, daß man die ursprünglich sechsreihigen Δ-Matrizen auf fünfreihige reduzieren kann. Damit reduziert sich die Anzahl der je Feld erforderlichen Multiplikationen von früher 2 mal 16 = 32 auf 25, wobei freilich die Berechnung der jetzt 25 Elemente jeder Δ-Matrix gegenüber 16 der Originalmatrix zu berücksichtigen ist. Als wesentlicher Vorteil ist jedoch anzusehen, daß auch das Einarbeiten von Zwischenbedingungen (Stützen, Gelenke, Federstützen und Punktmassen) durch Multiplikation mit einer entsprechenden Δ-Matrix bewerkstelligt wird. Dadurch wird der ganze Rechnungsgang von höchst willkommener Einheitlichkeit, was namentlich beim Einsatz von Rechenautomaten wesentlich ins Gewicht fällt. Als Nachteil steht dem gegenüber, daß die Berechnung der Zustandsvektoren, also der Schwingungsform auf diesem Wege nicht gelingt. Nach Ermittlung eines Eigenwertes $\bar{\lambda}_e$ hätte man dazu die Rechnung auf altem Wege nochmals durchzuführen.

Jeder Spalte q der Δ-Matrix $\boldsymbol{A}^{\Delta}$ entspricht eine bestimmte Randbedingung am linken Balkenrand, jeder Zeile p eine solche am rechten. Dabei sind allerdings nur jeweils 4 der insgesamt 6 Kombinationen p bzw. q auch mechanisch sinnvoll, nämlich die folgenden:

Linker Balkenrand			Rechter Balkenrand		
Lager	Unbekannte Zustandsgröße	Spalte q	Lager	Verschwindende Zustandsgröße	Zeile p
	1,2	1		3,4	6
	1,3	2		2,4	5
	2,4	5		1,3	2
	3,4	6		1,2	1

Jedem Element p, q für $p, q = 1, 2, 5, 6$ der Δ-Matrix $\boldsymbol{A}^{\Delta}$ entspricht somit eine bestimmte Lagerung an den Balkenenden, wobei sich wiederum Symmetrie zur Nebendiagonale zeigt. Auf der Nebendiagonale selbst stehen die symmetrischen Lagerungsfälle:

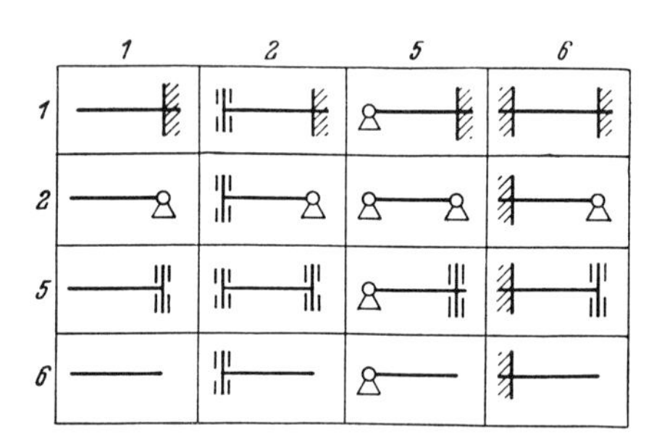

Für die Elemente der hier fortgelassenen beiden Mittelzeilen und Mittelspalten $p, q = 3$ und 4 läßt sich nun zeigen, daß sie auf Grund des Maxwellschen Vertauschungssatzes einander paarweise gleich sind bis auf eine 1 in den Hauptdiagonalelementen, die hier zuzufügen ist. Das mittlere Doppelkreuz der Δ-Matrix hat also die Form

$$
\begin{array}{cccccc}
 & & A_{13} = A_{14} & & & \\
 & & A_{23} = A_{24} & & & \\
A_{31} & A_{32} & A + 1 \quad A & & A_{35} & A_{36} \\
\| & \| & & & \| & \| \\
A_{41} & A_{42} & A \quad A + 1 & & A_{45} & A_{46} \\
 & & A_{53} = A_{54} & & & \\
 & & A_{63} = A_{64} & & &
\end{array}
$$

Diese Eigenschaft bleibt auch bei Multiplikation beliebig vieler Δ-Matrizen erhalten. Damit aber kann man die mittleren Reihen zu je einer einzigen zusammenfassen, indem man die 3. und 4. Spalte addiert und die vierte Zeile ganz fortläßt, da bei Multiplikation zweier Δ-Matrizen die Gleichheit der Reihen auf diese Weise gerade berücksichtigt wird. Man gelangt so nach dem Vorschlag von FUHRKE zu einer auf fünf Reihen *reduzierten Δ-Matrix* mit dem Mittelkreuz

$$\begin{matrix} & & 2\,A_{13} & & \\ & & 2\,A_{23} & & \\ A_{31} & A_{32} & 2\,A+1 & A_{54} & A_{63} \\ & & 2\,A_{53} & & \\ & & 2\,A_{63} & & \end{matrix}$$

Die Nebensymmetrie ist hier freilich verloren gegangen.

Im folgenden wollen wir alle Δ-Matrizen in der reduzierten Form verstehen, ohne dies jedesmal ausdrücklich zu kennzeichnen. Die Numerierung p, q eines Elementes (einer Zeile oder Spalte) soll dabei aber mit den Zahlen der ursprünglichen Δ-Matrix erfolgen, insbesondere mit den Zahlen 1, 2, 5, 6, welche den oben angegebenen Randbedingungen zugeordnet sind. Dabei bezieht sich p stets auf den rechten Rand (Balkenende), q stets auf den linken (Balkenanfang). Z. B. bedeutet $p = 2$ freies Lager rechts, $q = 6$ Einspannstelle links. Wir führen ferner den Einheitsvektor $\boldsymbol{e}_p$ ein, der auf dem Platz Nr. p eine 1 und sonst Nullen enthält, wobei wieder die Plätze 3 und 4 zusammenfallen, die ohnehin stets mit 0 besetzt sind. Z. B. ist

$$\boldsymbol{e}_5 = \begin{pmatrix} 0 \\ 0 \\ 0 \\ 1 \\ 0 \end{pmatrix}.$$

Für einen Balken mit den Endlagern (p, q) hat man das Element A_{pq} der Δ-Matrix $\boldsymbol{A}^{\Delta}$ der Gesamt-Übertragungsmatrix $\boldsymbol{A}$ zu bilden, welches als die Frequenzdeterminante für den gesuchten Eigenwert $\bar{\lambda}_e$ des Parameters $\bar{\lambda}$ den Wert Null annehmen muß. Nun besteht $\boldsymbol{A}$ bei einem über mehrere Abschnitte sich erstreckenden Balken aus einem Produkt von Feld- und Punktmatrizen, allgemein von Übertragungsmatrizen $\boldsymbol{U}_i$, wobei, wie wir sehen werden, auch innere Randbedingungen durch gewisse Stützmatrizen erfaßt werden, wenn wir mit Δ-Matrizen arbeiten. Der Produktkette

$$\boldsymbol{A} = \boldsymbol{U}_n\,\boldsymbol{U}_{n-1}\,\ldots\,\boldsymbol{U}_2\,\boldsymbol{U}_1$$

entspricht die der Δ-Matrizen

$$\boldsymbol{A}^{\Delta} = \boldsymbol{U}_n^{\Delta}\,\boldsymbol{U}_{n-1}^{\Delta} \ldots \boldsymbol{U}_2^{\Delta}\,\boldsymbol{U}_1^{\Delta}\,.$$

Das Element A_{pq} aber erhält man hier bekanntlich so, daß man von $\boldsymbol{U}_1^{\Delta}$ nur die Spalte Nr. q und von $\boldsymbol{U}_n^{\Delta}$ nur die Zeile Nr. p verwendet, d. h. aber, daß man fortgesetzt an einem Vektor multipliziert und vom Ergebnisvektor die Komponente Nr. p nimmt. Die Spalte q von $\boldsymbol{U}_1^{\Delta}$ aber erhält man durch Multiplikation von $\boldsymbol{U}_1^{\Delta}$ mit dem q-ten Einheitsvektor $\boldsymbol{e}_q$ entsprechend der linken Lagerung q. Somit vollzieht sich die Rechnung durch sukzessives Bilden folgender Vektoren

$$\left.\begin{aligned} \boldsymbol{u}_1 &= \boldsymbol{U}_1^{\Delta}\,\boldsymbol{e}_q \\ \boldsymbol{u}_2 &= \boldsymbol{U}_2^{\Delta}\,\boldsymbol{u}_1 \\ &\cdots\cdots\cdots \\ \boldsymbol{u}_n &= \boldsymbol{U}_n^{\Delta}\,\boldsymbol{u}_{n-1} \end{aligned}\right\} \tag{29}$$

wo dann vom letzten Vektor die Komponente Nr. p das gesuchte Element A_{qp} ist, das für den Eigenwert $\bar{\lambda} = \bar{\lambda}_e$ verschwindet.

Bemerkenswerterweise lassen sich nun beim Arbeiten mit Δ-Matrizen auch innere Randbedingungen durch gewisse Δ-Matrizen, die wir *Stützmatrizen* nennen und mit $\boldsymbol{S}^{\Delta}$ bezeichnen wollen, berücksichtigen. Man gelangt dazu durch Grenzübergang von Feder-Punktmatrizen, wie wir am Beispiel einer Federstütze zeigen wollen. Sie wird, wie wir wissen, durch die Punktmatrix

$$\boldsymbol{P} = \begin{pmatrix} 1 & 0 & 0 & 0 \\ 0 & 1 & 0 & 0 \\ 0 & 0 & 1 & 0 \\ c & 0 & 0 & 1 \end{pmatrix}$$

berücksichtigt. Aus der Federstütze wird eine feste Stütze (Lager) durch Grenzübergang $c \to \infty$. Bei Bildung der Schlußdeterminante Δ aus der Gesamtmatrix $\boldsymbol{A}$, von der $\boldsymbol{P}$ ein Faktor ist, zeigt sich indessen, daß sich gewisse mit $\boldsymbol{c}$ wachsende Glieder gegenseitig tilgen, womit die numerische Rechnung immer unsicherer und schließlich praktisch undurchführbar wird. Dies wird vermieden beim Arbeiten mit Δ-Matrizen, wo ausschließlich mit den Determinanten selbst gerechnet wird. Der Punktmatrix $\boldsymbol{P}$ ist, wie leicht nachzurechnen, die reduzierte $\boldsymbol{P}^{\Delta}$-Matrix

$$\boldsymbol{P}^{\Delta} = \begin{pmatrix} 1 & 0 & 0 & 0 & 0 \\ 0 & 1 & 0 & 0 & 0 \\ 0 & 0 & 1 & 0 & 0 \\ -c & 0 & 0 & 1 & 0 \\ 0 & -c & 0 & 0 & 1 \end{pmatrix}$$

zugeordnet, in der wir den Grenzübergang $c \to \infty$ vornehmen können. Da es bei A_{pq} auf einen Zahlenfaktor nicht ankommt — es interessiert ja nur der Wert $A_{pq} = 0$ — so können wir durch $-c$ dividieren und erhalten dann als Stützmatrix für die Lagerbedingung $w = 0$

$$S_w^{\Delta} = \begin{pmatrix} 0 & 0 & 0 & 0 & 0 \\ 0 & 0 & 0 & 0 & 0 \\ 0 & 0 & 0 & 0 & 0 \\ 1 & 0 & 0 & 0 & 0 \\ 0 & 1 & 0 & 0 & 0 \end{pmatrix}.$$

Multiplikation dieser Matrix mit einem Vektor $\boldsymbol{u}$ ergibt offenbar

$$S_w^{\Delta} \begin{pmatrix} u_1 \\ u_2 \\ u_{3,4} \\ u_5 \\ u_6 \end{pmatrix} = \begin{pmatrix} 0 \\ 0 \\ 0 \\ u_1 \\ u_2 \end{pmatrix}.$$

Sie bewirkt also ein Versetzen der Komponenten 1, 2 auf die Plätze 5, 6. Das aber bedeutet, daß Endbedingungen 1 bzw. 2 in Anfangsbedingungen 5 bzw. 6 verwandelt werden, also

$$\begin{array}{lcl} & w = 0 \to w = 0 & \\ p = 1 & \varphi = 0 \to M = 0 & q = 5 \\ p = 2 & M = 0 \to \varphi = 0 & q = 6\,. \end{array}$$

Die Verwandlung $p \to q$ wird durch je ein Element $S_{qp} = 1$ bewirkt. Außer der Bedingung $w = 0$ (Lager) lassen sich noch drei weitere Innenbedingungen angeben, nämlich $M = 0$ (Gelenk), $Q = 0$ (Schlaufe) und $\varphi = 0$ (Schiebelager), denen Stützmatrizen mit je zwei Elementen $S_{qp} = 1$ entsprechen. Sie lassen sich gleichfalls durch Grenzübergang herleiten, aber — vereinfacht — auch durch analoge Betrachtungen wie oben. Wir stellen zusammen:

Innere Randbedingung			p	$\to q$	Stützmatrix	S_{qp}
Lager	——▽——	$w = 0$	1 2	5 6	S_w^{Δ}	$S_{51} = S_{62} = 1$
Gelenk	——○——	$M = 0$	2 6	1 5	S_M^{Δ}	$S_{12} = S_{56} = 1$
Schlaufe		$Q = 0$	5 6	1 2	S_Q^{Δ}	$S_{15} = S_{26} = 1$
Schiebelager		$\varphi = 0$	1 5	2 6	S_{φ}^{Δ}	$S_{21} = S_{65} = 1$

Die vier Stützmatrizen lauten ausführlich:

$$\boldsymbol{S}_w^\Delta = \begin{pmatrix} 0 & 0 & 0 & 0 & 0 \\ 0 & 0 & 0 & 0 & 0 \\ 0 & 0 & 0 & 0 & 0 \\ 1 & 0 & 0 & 0 & 0 \\ 0 & 1 & 0 & 0 & 0 \end{pmatrix}, \quad \boldsymbol{S}_M^\Delta = \begin{pmatrix} 0 & 1 & 0 & 0 & 0 \\ 0 & 0 & 0 & 0 & 0 \\ 0 & 0 & 0 & 0 & 0 \\ 0 & 0 & 0 & 0 & 1 \\ 0 & 0 & 0 & 0 & 0 \end{pmatrix},$$
$$\boldsymbol{S}_Q^\Delta = \begin{pmatrix} 0 & 0 & 0 & 1 & 0 \\ 0 & 0 & 0 & 0 & 1 \\ 0 & 0 & 0 & 0 & 0 \\ 0 & 0 & 0 & 0 & 0 \\ 0 & 0 & 0 & 0 & 0 \end{pmatrix}, \quad \boldsymbol{S}_\varphi^\Delta = \begin{pmatrix} 0 & 0 & 0 & 0 & 0 \\ 1 & 0 & 0 & 0 & 0 \\ 0 & 0 & 0 & 0 & 0 \\ 0 & 0 & 0 & 0 & 0 \\ 0 & 0 & 0 & 1 & 0 \end{pmatrix}. \tag{30}$$

Zum Schluß seien noch die (reduzierten) Δ-Matrizen der Feldmatrix (6a) und der allgemeinen Punktmatrix (20) angeschrieben. Die letzte läßt sich leicht angeben zu

$$\boldsymbol{S}_i^\Delta = \begin{pmatrix} 1 & 0 & 0 & 0 & 0 \\ -K_i & 1 & 0 & 0 & 0 \\ 0 & 0 & 0 & 0 & 0 \\ -k_i & 0 & 0 & 1 & 0 \\ k_i K_i & -k_i & 0 & -K_i & 1 \end{pmatrix}. \tag{31}$$

Zur Darstellung von $\boldsymbol{F}^\Delta$ zur Feldmatrix (6a) der RAYLEIGH-Funktionen empfehlen sich die Abkürzungen

$$\left.\begin{aligned} A &= \frac{1}{2}(\operatorname{Cof}\lambda \sin\lambda + \operatorname{Sin}\lambda\cos\lambda), \quad C^* = \operatorname{Cof}\lambda\cos\lambda \\ B &= \frac{1}{2}(\operatorname{Cof}\lambda \sin\lambda - \operatorname{Sin}\lambda\cos\lambda), \quad S^* = \operatorname{Sin}\lambda\sin\lambda \end{aligned}\right\}. \tag{32}$$

Mit ihnen und der weiteren Kürzung $\lambda/\beta = \nu$ erhält man

$$\boldsymbol{F}^\Delta = \begin{pmatrix} \frac{1}{2}(1+C^*) & -A/\alpha\nu & -S^*/\alpha\nu^2 & -B/\alpha\nu^3 & \frac{1}{2}(1-C^*)/\alpha^2\nu^4 \\ \alpha\nu B & C^* & 2A/\nu & S^*/\nu^2 & -B/\alpha\nu^3 \\ \frac{1}{2}\alpha\nu^2 S^* & -\nu B & C^* & A/\nu & -\frac{1}{2}S^*/\alpha\nu^2 \\ \alpha\nu^3 A & -\nu^2 S^* & -2\nu B & C^* & -A/\alpha\nu \\ \frac{1}{2}(1-C^*)\alpha^2\nu^4 & \alpha\nu^3 A & \alpha\nu^2 S^* & \alpha\nu B & \frac{1}{2}(1+C^*) \end{pmatrix}. \tag{33}$$

Wesentliche Vereinfachungen ergeben sich daraus, daß von den Δ-Matrizen vielfach nur einige wenige Elemente benötigt werden, was wir am Beispiel eines Balkens mit zwei Stützen, Gelenk und Einspannung, Abb. 26.7 erläutern. Hier werden aus den drei Feldmatrizen anstatt 75 nur 8 Elemente benötigt, wie nachstehendes Rechenschema zeigt, in dem die benötigten Elemente durch Kreuze, die nicht benötigten durch Punkte angedeutet sind. Bei durchweg gleichen Feldabmessungen reduziert sich die Anzahl sogar auf nur 4 Elemente. Nach ihrer Ermittlung sind nur noch 6 Multiplikationen erforderlich.

						0
						0
						0
						1
						0
	·	·	·	+	·	+
	·	·	·	+	·	+
$\boldsymbol{F}_1^{\Delta}$	·	·	·	·	·	·
	·	·	·	·	·	·
	·	·	·	·	·	·
	0	0	0	0	0	0
	0	0	0	0	0	0
$\boldsymbol{S}_1^{\Delta}$	0	0	0	0	0	0
	1	0	0	0	0	+
	0	1	0	0	0	+
	·	·	·	·	·	·
	·	·	·	+	+	+
$\boldsymbol{F}_2^{\Delta}$	·	·	·	·	·	·
	·	·	·	·	·	·
	·	·	·	+	+	+
	0	1	0	0	0	+
	0	0	0	0	0	0
$\boldsymbol{S}_2^{\Delta}$	0	0	0	0	0	0
	0	0	0	0	1	+
	0	0	0	0	0	0
	+	·	·	+	·	+
	·	·	·	·	·	·
$\boldsymbol{F}_3^{\Delta}$	·	·	·	·	·	·
	·	·	·	·	·	·
	·	·	·	·	·	·

Der Frequenzparameter der niedrigsten Eigenfrequenz wird etwas unterhalb des Wertes 1,875 des einseitig eingespannten Balkens der Länge l liegen (Einspannung loser, Masse größer). Aus anderer Rechnung ist hier ein Wert von $\lambda \approx 1{,}70$ bekannt. Durchführung der Rechnung mit

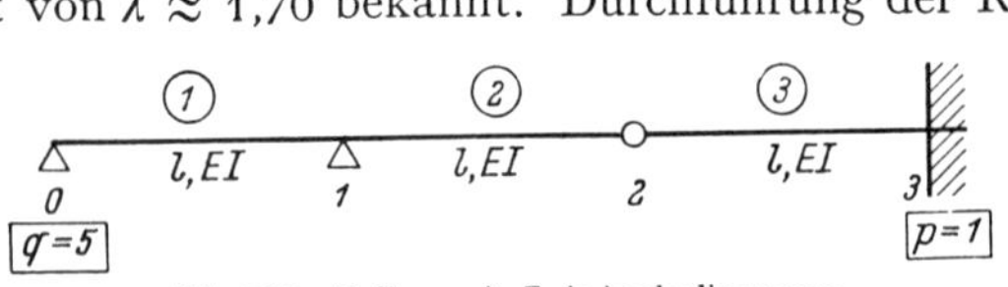

Abb. 26.7. Balken mit Zwischenbedingungen

den drei Werten 1,69, 1,70 und 1,71 ergibt folgende Werte für den Determinantenausdruck $A_{15} = A$, aus denen man durch quadratische Interpolation

$$\lambda = 1{,}7015\,025$$

erhält.

λ	$A_{15} = A$	δA	$\delta^2 A$
1,69	0,0232 339		
		—0,0201 827	
1,70	0,0030 512		—0,0002 159
		—0,0203 986	
1,71	—0,0173 474		
		—0,0202 907	—0,0001 080

$$A = 0{,}0030\,512 - 0{,}0202\,907\,t - 0{,}0001\,080\,t^2 = 0$$

$$\begin{aligned} t &= 0{,}15037 - 0{,}00532\,t^2 \\ &= 0{,}15037 \\ &\;\;\, -0{,}00012 \\ &= 0{,}15025 \\ \lambda &= 1{,}70 + 0{,}01\,t = 1{,}7015\,025\,. \end{aligned}$$

Die zur Rechnung benutzten Elemente der Δ-Matrizen $\boldsymbol{F}^{\Delta}$ sind:

λ	F_{11}	F_{15}	F_{25}	F_{65}
1,69	0,3333 908	0,3204 386	0,9099 493	—2,6139 157
1,70	0,3177 935	0,3201 319	0,9078 131	—2,6737 736
1,71	0,3019 340	0,3198 199	0,9056 398	—2,7345 753

26.6. Aufgaben der Balkenbiegung

Übertragungsmatrizen lassen sich nach FALK auch zur Behandlung statisch bestimmter und unbestimmter Balkenaufgaben heranziehen. Der wesentliche Vorteil dieser Methode gegenüber den sonst üblichen besteht darin, daß die Rechnung so geführt werden kann, daß ganz unabhängig vom Grade der statischen Unbestimmtheit immer nur zwei Unbekannte auftreten, die aus den beiden Randbedingungen am Balkenende zu ermitteln sind. Daran ändert sich praktisch auch nichts, wenn man nicht die eine der beiden Anfangsunbekannten bei Auftreten einer Zwischenbedingung eliminiert und sie durch die hier hinzutretende unbekannte Sprunggröße ersetzt, sondern wenn man diese Sprunggrößen als zusätzliche Unbekannte behandelt, um erst zum Schluß alle Unbekannten aus einem — jetzt inhomogenen — Gleichungssystem zu ermitteln. Da dieses System fastgestaffelt ist, so macht seine Elimination nicht mehr Arbeit als die Zwischenelimination. Auch hier nimmt der Arbeitsbedarf nur linear mit der Zahl der Unbekannten zu. Als Unbestimmte treten wieder nicht allein Kraftgrößen (Lager, Momente), sondern auch Verformungen (Winkeländerung am Gelenk) auf.

Mit einer Belastung $q(x)$ eines Feldes der Länge l und Steifigkeit EI folgt durch Lösen der — jetzt inhomogenen — Differentialgleichung $EI\,w^{IV} = q(x)$ als Zusammenhang zwischen den Zustandsgrößen am Feldanfang und Ende:

$$\left.\begin{aligned} w_1 &= w_0 + w_0'\,l - \frac{l^2}{2EI} M_0 - \frac{l^3}{6EI} Q_0 + w^* \\ w_1' &= \phantom{w_0 +{}} w_0' - \frac{l}{EI} M_0 - \frac{l^2}{2EI} Q_0 + w^{*\prime} \\ M_1 &= \phantom{w_0 + w_0'\,l - \frac{l^2}{2EI}{}} M_0 + l\; Q_0 + M^* \\ Q_1 &= \phantom{w_0 + w_0'\,l - \frac{l^2}{2EI} M_0 + l\;{}} Q_0 + Q^* \end{aligned}\right\}. \tag{34}$$

Die vier ersten Glieder geben hier den Einfluß der Anfangsbedingungen, also der vier Zustandsgrößen am Feldanfang wieder (Integrationskonstanten), das letzte, durch einen Stern gekennzeichnete Glied berücksichtigt den Einfluß der Belastung $q(x)$, und zwar ist

$$\left.\begin{aligned} Q^*(x) &= -\int_0^x q(\xi)\,d\xi\,, & M^*(x) &= \int_0^x Q^*(\xi)\,d\xi\,, \\ w^{*\prime}(x) &= -\frac{1}{EI}\int_0^x M^*(\xi)\,d\xi\,, & w^*(x) &= \int_0^x w^{*\prime}(\xi)\,d\xi\,. \end{aligned}\right\} \tag{35}$$

Für die praktische Rechnung empfiehlt sich wieder Einführen von Bezugsgrößen und Rechnen mit dimensionseinheitlichen Zustandsgrößen. Da wir uns hier außer für Durchsenkung und Neigung auch unmittelbar für die Biegemomente und Querkräfte interessieren, so beziehen wir außer auf eine Länge l_0 auf eine Kraft P_*, z. B. $P_* = 1\,t$. Die Zustandsgrößen wählen wir dimensionslos. Um für w und w' nicht zu kleine Zahlenwerte zu haben, multiplizieren wir diese Werte mit 100, was einem Rechnen in cm entspricht, während alle übrigen Längenmaße in m gemessen werden sollen. Wir wählen somit als Zustandsgrößen

$$\left.\begin{array}{ll}\bar{w} = 100\, w/l_0 & \bar{M} = M/P_* \, l_0 \\ \bar{\varphi} = 100\, w' & \bar{Q} = Q/P_* \end{array}\right\}, \tag{36}$$

die wir jetzt — entsprechend dem inhomogenen Charakter der Aufgabe — zum fünfreihigen Vektor

$$\mathfrak{z} = \begin{pmatrix} \bar{w} \\ \bar{\varphi} \\ \bar{M} \\ \bar{Q} \\ 1 \end{pmatrix} \tag{37}$$

zusammenfassen. Bezogene Größen für Längen, Steifigkeit und Federkonstanten sind jetzt

$$\beta_i = l_i/l_0\,,\ \alpha_i = E\, I_i/100\, P_*\, l_0^2\,,\ \gamma_i = c_i\, l_0/100\, P_*\,,\ \Gamma_i = C_i/100\, P_*\, l_0 \tag{38}$$

Auch die *Lasten* setzen wir in bezogener Form an:

$$\bar{P}_j = P_j/P_*\,,\quad \bar{M}_j = M_j/P_*\, l_0\,,\quad \bar{q}_j = q_j\, l_0/P_*\,. \tag{39}$$

Die Belastungsglieder des Zustandsvektors werden dann für die wichtigsten Belastungsfälle:

	 Einzellast P_j	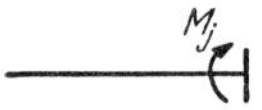 Einzelmoment M_j	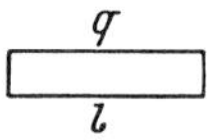 Streckenlast q, Länge l	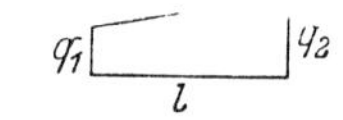 Trapezlast q_1, q_2, Länge l
$\bar{w}^*$	0	0	$\bar{q}\,\beta^4/24\,\alpha$	$(4\,\bar{q}_1 + \bar{q}_2)\,\beta^4/120\,\alpha$
$\bar{\varphi}^*$	0	0	$\bar{q}\,\beta^3/6\,\alpha$	$(3\,\bar{q}_1 + \bar{q}_2)\,\beta^3/24\,\alpha$
$\bar{M}^*$	0	$\bar{M}_j$	$-\bar{q}\,\beta^2/2$	$-(2\,\bar{q}_1 + \bar{q}_2)\,\beta^2/6$
$\bar{Q}^*$	$-\bar{P}_j$	0	$-\bar{q}\,\beta$	$-(\bar{q}_1 + \bar{q}_2)\,\beta/2$

Bei Einzellasten P_j und Einzelmomenten M_j ist dabei die Feldgrenze unmittelbar *hinter* die Laststelle zu legen.

Damit werden Feldmatrix und — bei Federungen — Leitmatrix

$$\boldsymbol{F}_i = \begin{pmatrix} 1 & \beta & -\beta^2/2\,\alpha & -\beta^3/6\,\alpha & \bar{w}^* \\ 0 & 1 & -\beta/\alpha & -\beta^2/2\,\alpha & \bar{\varphi}^* \\ 0 & 0 & 1 & \beta & \bar{M}^* \\ 0 & 0 & 0 & 1 & \bar{Q}^* \\ 0 & 0 & 0 & 0 & 1 \end{pmatrix}_i, \tag{40}$$

$$\boldsymbol{L}_i = \begin{pmatrix} 1 & \beta & -\beta^2/2\,\alpha & -\beta^3/6\,\alpha & \overline{w}^* & 0 & 0 \\ 0 & 1 & -\beta/\alpha & -\beta^2/2\,\alpha & \overline{\varphi}^* & 0 & 0 \\ 0 & 0 & 1 & \beta & \overline{M}^* & 0 & -K \\ 0 & 0 & 0 & 1 & \overline{Q}^* & k & 0 \\ 0 & 0 & 0 & 0 & 1 & 0 & 0 \end{pmatrix}_i , \tag{41}$$

womit der Zusammenhang zwischen den beiden Zustandsvektoren am Feldangang und Ende sich ausdrückt durch

$$\boxed{\boldsymbol{z}_i = \boldsymbol{F}_i \boldsymbol{z}_{i-1}} \quad \text{bzw.} \quad \boxed{\boldsymbol{z}_i = \boldsymbol{L}_i \boldsymbol{z}_{i-1}} . \tag{42}$$

Der Anfangsvektor am Balkenanfang wird wieder zerlegt in

$$\boldsymbol{z}_0 = \begin{pmatrix} 1 \\ 0 \\ 0 \\ 0 \\ 0 \end{pmatrix} \overline{w}_0 + \begin{pmatrix} 0 \\ 1 \\ 0 \\ 0 \\ 0 \end{pmatrix} \overline{\varphi}_0 + \begin{pmatrix} 0 \\ 0 \\ 1 \\ 0 \\ 0 \end{pmatrix} \overline{M}_0 + \begin{pmatrix} 0 \\ 0 \\ 0 \\ 1 \\ 0 \end{pmatrix} \overline{Q}_0 + \begin{pmatrix} 0 \\ 0 \\ \overline{M}_0^* \\ \overline{Q}_0^* \\ 1 \end{pmatrix} \cdot 1 . \tag{43}$$

Hierin sind zwei der vier Zustandsgrößen aus den Anfangsbedingungen am linken Balkenrand gegeben; entweder sind sie Null, so daß sie in Gl. (43) einfach fortfallen; oder sie sind von Null verschieden, z. B. eine Anfangslagerverschiebung, womit sie zum letzten inhomogenen Vektoranteil hinzutreten. Die Rechnung wird dann mit den drei Spalten der beiden Anfangs-Unbekannten und der Lastspalte 1 durchgeführt, wie an den beiden folgenden Beispielen erläutert werden mag.

1. Beispiel, Abb. 26.8. Rechnung auf S. 408.

$$l = 2\,\text{m} \qquad l_0 = l\,, \quad \beta = 1$$

$$P_0 = 1\,\text{t} \qquad P_* = 1\,\text{t} \qquad \overline{P}_0 = P_0/P_* = 1$$

$$q = 1\,\text{t/m} \qquad \overline{q} = q\,l_0/P_* = 2$$

$$EI = \frac{200}{3}\,\text{tm}^2 \qquad \alpha = EI/100\,P_*\,l_0^2 = 1/6$$

$$c_0 = 50\,\text{t/m} \qquad \gamma_0 = c_0\,l_0/100\,P_* = 1$$

Nach Ermittlung der Unbekannten sind die Zustandsgrößen — letzte Spalte — berechenbar. In Abb. 26.9 sind sie — nach Umrechnung von

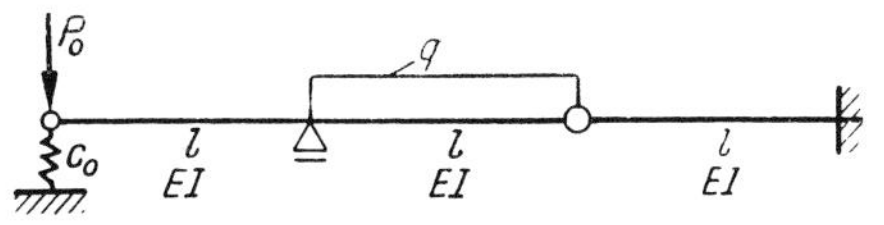

Abb. 26.8. Erstes Beispiel zur Balkenbiegung

						$\bar{w}_0$	$\bar{\varphi}_0$	$\Delta\bar{Q}_1$	$\Delta\bar{\varphi}_2$	1	z_i
						1	0			0	1/2
						0	1			0	—1
$\gamma_0 = 1$						0	0			0	0
						1	0			—1	—1/2
						0	0			1	1
	1	1	—3	—1	0	0	1	0		1	0
		1	—6	—3	0	—3	1	0		3	1/2
F_1			1	1	0	1	0	0		—1	—1/2
				1	0	1	0	1		—1	—1/2,3/2
					1	0	0	0		1	1
	1	1	—3	—1	1/2	—7	2	—1	0	17/2	1
		1	—6	—3	2	—12	1	—3	1	14	1,—3/2
F_2			1	1	—1	2	0	1	0	—3	0
				1	—2	1	0	1	0	—3	—1/2
					1	0	0	0	0	1	1
F_3	1	1	—3	—1	0	—26	3	—8	1	69/2	0
		1	—6	—3	0	—27	1	—12	1	41	0
			1	1	0	3	0	2	0	—6	—1/2
				1	0	1	0	1	0	—3	—1/2
					1	0	0	0	0	1	1
Endgleichungen:						0	1	0	0	1	$0 = w_1$
						2	0	1	0	—3	$0 = M_2$
						—26	3	—8	1	69/2	$0 = w_3$
						—27	1	—12	1	41	$0 = \varphi_3$
Elimination:						2	0	1	0	—3	0
						0	1	0	0	1	0
						13	—3	5	1	—15/2	0
						27/2	—1	—3/10	0,7	1,75	0
Unbekannte:						1/2	—1	2	—5/2	1	

								$\bar{\varphi}_0$	$\bar{Q}_0$	$\Delta\bar{Q}_1$	$\Delta\bar{\varphi}_2$	1	z_i
								0	0			0	0
								1	0			0	1,4
								0	0			1	1
								0	1			0	—0,6
								0	0			1	1
	1	1	—3	—1	1	0	0	1	—1	0		—2	0
		1	—6	—3	4	0	0	1	—3	0		—2	1,2
L_1			1	1	—2	0	0	0	1	0		—1	—1,6
				1	—4	0	0	0	1	1		—4	—4,6 | + 1,6
					1	0	0	0	0	0		1	1
	1	1	—3/2	—1/2	0	0	0	2	—6	—1/2	0	—1/2	2,8
		1	—3	—3/2	0	0	0	1	—7,5	—3/2	1	7	3,6 | —1,3
L_2			1	1	0	0	0	0	2	1	0	—5	0
				1	0	1/2	0	1	—2	3/4	0	—17/4	1,6 | 3,0
					1	0	0	0	0	0	0	1	1
	1	1	—3	—1	3/2	0	0	2	—35/2	—23/4	1	109/4	0
		1	—6	—3	6	0	0	—2	—27/2	—39/4	1	223/4	—4,3
L_3			1	1	—3	0	0	1	0	7/4	0	—49/4	0
				1	—6	0	0	1	—2	3/4	0	—41/4	—3,0
					1	0	0	0	0	0	0	1	1
Endgleichungen:								1	—1	0	0	—2	$w_1 = 0$
								0	2	1	0	—5	$M_2 = 0$
								8	—70	—23	4	109	$w_3 = 0$
								4	0	7	0	—49	$M_3 = 0$
Elimination:								1	—1	0	0	—2	
								0	2	1	0	—5	
								—8	31	8	4	—30	
								—4	—2	—5/8	—5/2	—49/4	
Unbekannte:								1,4	—0,6	6,2	—4,9	1	

den bezogenen auf die wirklichen Werte — in üblicher Weise über der Balkenlänge aufgetragen.

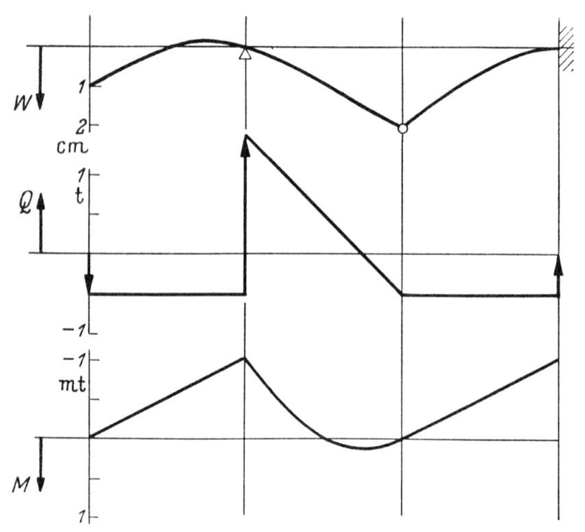

Abb. 26.9. Verlauf von Querkraft, Biegemoment und Durchbiegung zum 1. Beispiel

2. Beispiel, Abb. 26.10. Rechnung auf S. 409.

$$l_i = l_0 = 10\text{ m}, \quad \beta_i = 1$$

$$P_* = 1\text{ t}$$

$$M_0 = 10\text{ mt}, \quad \bar{M}_0 = 1 \quad EI \doteq 10000/6\text{ tm}^2 \quad c_2 = 5\text{ t/m}$$

$$q_1 = 0{,}4\text{ t/m}, \quad \bar{q}_1 = 4 \quad \alpha_1 = 1/6 \quad \gamma_2 = 1/2$$

$$q_3 = 0{,}6\text{ t/m}, \quad \bar{q}_3 = 6 \quad \alpha_2 = 1/3$$

Wieder sind die Zustandsgrößen — umgerechnet auf die dimensionsrichtigen Werte — in Abb. 26.11 über der Balkenlänge aufgetragen.

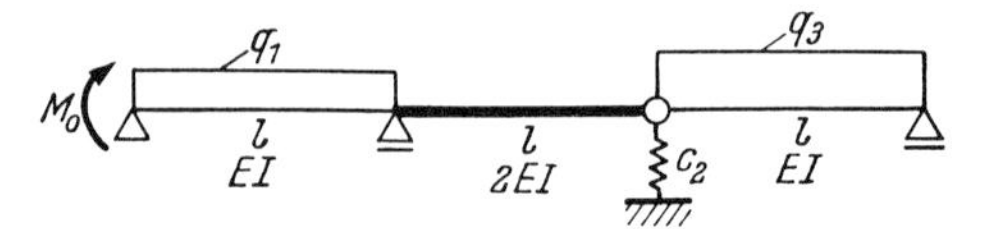

Abb. 26.10. Zweites Beispiel zur Balkenbiegung

§ 27. Matrizen in der Schwingungstechnik[1]

27.1. Ungedämpfte Schwingungssysteme endlicher Freiheitsgrade

Die Bewegung eines Schwingungssystems von n Freiheitsgraden ohne Dämpfung und Kreiselwirkungen wird durch den Energiesatz

$$T + U = \text{konst}. \tag{1}$$

[1] Vgl. hierzu K. Klotter: Technische Schwingungslehre. 2. Aufl. Bd. 2. Berlin/Göttingen/Heidelberg: Springer 1960. Ferner K. Marguerre: Abriß der Schwingungslehre. StahlbauHandbuch 1961, S. 386—423.

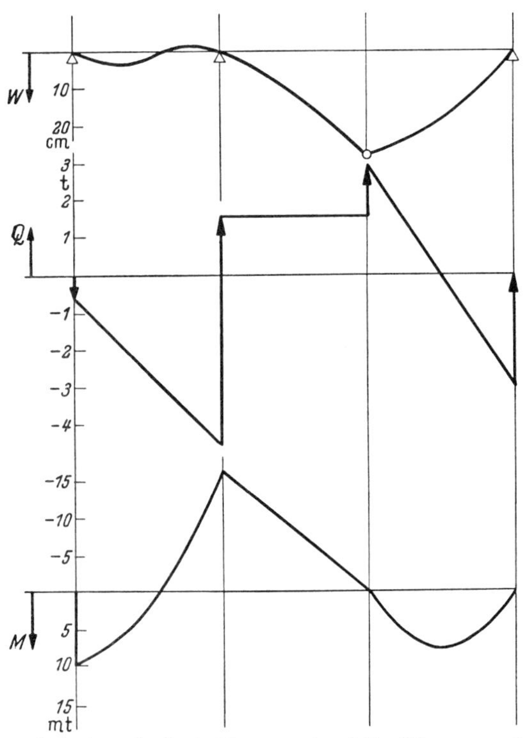

Abb. 26.11. Verlauf von Querkraft, Biegemoment und Durchbiegung zum 2. Beispiel

beschrieben, wo potentielle Energie U und kinetische T quadratische Formen in den Systemkoordinaten y_i bzw. den Geschwindigkeiten $\dot{y}_i$ sind:

$$\left.\begin{aligned} U &= \frac{1}{2}\sum c_{ik}\, y_i\, y_k = \frac{1}{2}\,\boldsymbol{y}'\,\boldsymbol{C}\,\boldsymbol{y} \\ T &= \sum \frac{1}{2}\, a_{ik}\, \dot{y}_i\, \dot{y}_k = \frac{1}{2}\,\dot{\boldsymbol{y}}'\,\boldsymbol{A}\,\dot{\boldsymbol{y}}\,. \end{aligned}\right\} \tag{2}$$

Die Form T ist entsprechend ihrer physikalischen Natur eigentlich positiv definit, d. h. T ist positiv und Null nur für den Fall vollständiger Ruhe $\dot{\boldsymbol{y}} = \boldsymbol{o}$, während U — bei geeigneter Wahl des Nullpunktes $\boldsymbol{y} = \boldsymbol{o}$ — positiv definit oder auch semidefinit ist, dies nämlich wenn Rückstellkräfte für gewisse Auslenkungen y_i fehlen. Für kleine Auslenkungen und Geschwindigkeiten kann man in der Regel die Feder- und Massenbeiwerte c_{ik} bzw. a_{ik} als konstant, unabhängig von den Auslenkungen y_i annehmen (Theorie der kleinen Schwingungen, lineares Verhalten). Dann folgt durch Differenzieren von Gl. (1) nach der Zeit, wie in § 12.3 beschrieben, das System der Bewegungsgleichungen

$$\boxed{\boldsymbol{A}\,\ddot{\boldsymbol{y}} + \boldsymbol{C}\,\boldsymbol{y} = \boldsymbol{o}}\,. \tag{3}$$

Das System ist im allgemeinen sowohl hinsichtlich der Massen a_{ik} als auch der Federn c_{ik} gekoppelt, Massen- und Federmatrix $\boldsymbol{A}$ und $\boldsymbol{C}$ sind also im allgemeinen nicht diagonal. Es hat die äußere Form der Schwingungsgleichung $a\,\ddot{y} + c\,y = 0$ eines aus Masse a und Feder c bestehenden einfachen Schwingers.

Mit dem Ansatz

$$\boldsymbol{y} = \boldsymbol{x} \sin \omega t$$

mit einem Amplitudenvektor $\boldsymbol{x}$ und — noch unbekannter — Kreisfrequenz ω geht Gl. (3) über in das homogene Gleichungssystem

$$\boxed{(\boldsymbol{C} - \lambda \boldsymbol{A})\,\boldsymbol{x} = \boldsymbol{o}} \tag{4}$$

mit $\lambda = \omega^2$, also in die allgemeine Eigenwertaufgabe reell symmetrischer Matrizen $\boldsymbol{A}$, $\boldsymbol{C}$, von denen $\boldsymbol{A}$ positiv definit und $\boldsymbol{C}$ definit oder semidefinit ist. Die Eigenwerte $\lambda_i = \omega_i^2$ als Wurzeln der Frequenzgleichung

$$\boxed{\det(\boldsymbol{C} - \lambda \boldsymbol{A}) = 0} \tag{5}$$

sind dann, wie wir wissen (vgl. § 15.5), wegen positiv definitem $\boldsymbol{A}$ sämtlich reell, und sie sind wegen positiv (semi) definitem $\boldsymbol{C}$ überdies nicht negativ, d. h. positiv oder allenfalls Null:

$$\boxed{\lambda_i \geqq 0}\,, \tag{6}$$

womit die Eigenfrequenzen $\omega_i = +\sqrt{\lambda_i}$ reell werden, wie zu vermuten. Es existieren ferner, wie gleichfalls in § 15.5 gezeigt wurde, genau n reelle linear unabhängige Eigenvektoren $\boldsymbol{x}_i$ als Amplitudenvektoren, denen die Eigenschwingungsformen

$$\boldsymbol{y}_i = \boldsymbol{x}_i\,(A_i \cos \omega_i t + B_i \sin \omega_i t)$$

entsprechen. Sie überlagern sich zur allgemeinen Lösung von Gl. (3)

$$\boxed{\begin{aligned} \boldsymbol{y} = \boldsymbol{x}_1\,(A_1 \cos \omega_1 t + B_1 \sin \omega_1 t) + \boldsymbol{x}_2\,(A_2 \cos \omega_2 t + B_2 \sin \omega_2 t) \\ + \cdots + \boldsymbol{x}_n\,(A_n \cos \omega_n t + B_n \sin \omega_n t)\,, \end{aligned}} \tag{7}$$

wobei sich die $2n$ Integrationskonstanten A_i, B_i nach Festliegen der Eigenvektoren $\boldsymbol{x}_i$ aus den $2n$ Anfangsbedingungen $y_i(0)$, $\dot{y}_i(0)$ bestimmen lassen. In der Regel interessiert man sich freilich allein für die Eigenfrequenzen ω_i und die Amplitudenformen $\boldsymbol{x}_i$.

Es ist bemerkenswert, daß auch im Falle mehrfacher Wurzeln λ_i in der allgemeinen Lösung (7) kein Glied auftritt, in dem die Zeit t außerhalb der trigonometrischen Funktionen vorkommt, also kein Glied etwa der Form $t \cos \omega t$ oder $t \sin \omega t$. Lediglich im Falle einer Wurzel $\lambda_i = 0$, also bei singulärer Federmatrix $\boldsymbol{C}$ entartet die zugehörige Schwingung in eine gleichförmige Bewegung $A_i + B_i t$. Die Bewegung verläuft daher für nichtsinguläres $\boldsymbol{C}$ immer *stabil*, ein Aufschaukeln der freien ungedämpften Schwingungen kann nicht stattfinden, und auch im Falle singulärer Federmatrix hat man kein Aufschaukeln im eigentlichen Sinne, sondern lediglich ein Abwandern wegen fehlender Federfesselung gewisser Koordinaten.

Das System der Eigenvektoren $\boldsymbol{x}_i$ stellt, wie wir wissen, ein ausgezeichnetes Koordinatensystem, das der sogenannten *Hauptachsen* dar, in welchem auch die Schwingungsgleichungen in besonders einfacher Form erscheinen. Dazu wählen wir die $\boldsymbol{x}_i$ bezüglich $\boldsymbol{A}$ orthonormiert nach

$$\boldsymbol{x}_i' \boldsymbol{A} \boldsymbol{x}_k = \delta_{ik}, \tag{8a}$$

zusammengefaßt mit der Matrix $\boldsymbol{X} = (\boldsymbol{x}_i)$ zu

$$\boldsymbol{X}' \boldsymbol{A} \boldsymbol{X} = \boldsymbol{I}. \tag{8}$$

Dann folgt aus den Eigenwertgleichungen $\boldsymbol{C} \boldsymbol{x}_i = \lambda_i \boldsymbol{A} \boldsymbol{x}_i$, die wir zu $\boldsymbol{C} \boldsymbol{X} = \boldsymbol{A} \boldsymbol{X} \Lambda$ zusammenfassen, durch Linksmultiplikation mit $\boldsymbol{X}'$:

$$\boldsymbol{X}' \boldsymbol{C} \boldsymbol{X} = \boldsymbol{\Lambda} = \mathrm{Diag}(\lambda_i). \tag{9}$$

Gehen wir also durch die Transformation

$$\boldsymbol{y} = \boldsymbol{X} \boldsymbol{z} \tag{10}$$

auf die neuen, dem System eigentümlichen Hauptkoordinaten $\boldsymbol{z}$ über, so geht das System der gekoppelten Bewegungsgleichungen (3) über in

$$\boxed{\ddot{\boldsymbol{z}} + \boldsymbol{\Lambda} \boldsymbol{z} = \boldsymbol{o}}, \tag{11}$$

ausführlich

$$\boxed{\begin{array}{l} \ddot{z}_1 + \lambda_1 z_1 = 0 \\ \ddot{z}_2 + \lambda_2 z_2 = 0 \\ \cdots\cdots \\ \ddot{z}_n + \lambda_n z_n = 0 \end{array}}\,. \tag{11a}$$

Hier erscheinen die Bewegungsgleichungen entkoppelt, und ihre Lösungen sind unmittelbar anzuschreiben als

$$\left.\begin{array}{l} z_1 = A_1 \cos \omega_1 t + B_1 \sin \omega_1 t \\ z_2 = A_2 \cos \omega_2 t + B_2 \sin \omega_2 t \\ \cdots\cdots\cdots\cdots \\ z_n = A_n \cos \omega_n t + B_n \sin \omega_n t \end{array}\right\}, \tag{12}$$

woraus mit der Transformation (10) die Lösung (7) in der Form

$$\boxed{\boldsymbol{y} = z_1 \boldsymbol{x}_1 + z_2 \boldsymbol{x}_2 + \cdots + z_n \boldsymbol{x}_n} \tag{7a}$$

unmittelbar folgt. Praktisch ist freilich die Hauptachsentransformation ohne Bedeutung, da ihre Durchführung die Kenntnis der Eigenvektoren $\boldsymbol{x}_i$ voraussetzt.

Die Möglichkeit der *Entkopplung* durch Übergang auf die Hauptkoordinaten mag noch zu der Bemerkung Anlaß geben, daß die Art der Kopplung der Bewegungsgleichungen eines Schwingungssystems keine dem *System* eigentümliche und damit für das Schwingungsverhalten irgendwie kennzeichnende Eigenschaft des Schwingungsproblems darstellt, sondern lediglich eine Eigenschaft der gerade gewählten System-*Koordinaten*[1]. Die in der Schwingungstechnik öfter angegebene Unterscheidung einer Federungs- oder Beschleunigungskopplung oder auch (bei vorhandener Dämpfung) einer Geschwindigkeitskopplung stellt also ein ziemlich äußerliches und von der Wahl der Systemkoordinaten abhängiges Merkmal dar. Eine im Wesen der Sache begründete Einteilung der Schwingungsprobleme bietet sich von anderer Seite her mit den Hilfsmitteln der Elementarteilertheorie; vgl. hierzu Anm. 1 auf S. 415.

Für den Übergang von der allgemeinen auf die spezielle Eigenwertaufgabe vgl. die Ausführungen von § 12.3.

27.2. Schwingungssysteme mit Dämpfung. Stabilität

Enthält das Schwingungssystem von n Freiheitsgraden auch Dämpfungsglieder, so tritt zur Trägheitsmatrix $\boldsymbol{A}$ und Federungsmatrix $\boldsymbol{C}$ noch eine gleichfalls reell symmetrische Dämpfungsmatrix $\boldsymbol{B}$ hinzu, das System der Bewegungsgleichungen lautet:

$$\boxed{\boldsymbol{A}\ddot{\boldsymbol{y}} + \boldsymbol{B}\dot{\boldsymbol{y}} + \boldsymbol{C}\boldsymbol{y} = \boldsymbol{o}}\,. \tag{13}$$

Im Falle echter Dämpfung — Energieverzehr — ist auch die Dämpfungsmatrix $\boldsymbol{B}$ positiv definit oder wenigstens semidefinit. Mit dem üblichen Exponentialansatz

$$\boldsymbol{y} = \boldsymbol{x}\, e^{\lambda t}$$

führt die Differentialgleichung (13) auf das zugehörige homogen lineare Gleichungssystem

$$\boxed{(\boldsymbol{A}\lambda^2 + \boldsymbol{B}\lambda + \boldsymbol{C})\,\boldsymbol{x} = \boldsymbol{o}}\,, \tag{14}$$

also ein verallgemeinertes Eigenwertproblem mit in λ quadratischer Polynommatrix. Die zugehörige charakteristische Gleichung — Bedingung für nichttriviale Lösungen $\boldsymbol{x}$ — ist

$$\boxed{\det(\boldsymbol{A}\lambda^2 + \boldsymbol{B}\lambda + \boldsymbol{C}) = 0}\,. \tag{15}$$

[1] KLOTTER, K.: Kopplung mechanischer Schwingungen. Ing.-Arch. Bd. 5 (1934), S. 157. — QUADE, W.: Über die Schwingungsvorgänge in gekoppelten Systemen, Ing.-Arch. Bd. 6 (1935), S. 15—34.

Ihre $2n$ Wurzeln λ_i — die Eigenwerte — führen auf $2n$ linear unabhängige Eigenlösungen $\boldsymbol{x}_i$, womit der allgemeine Bewegungsverlauf des Systems festliegt.

Eine eingehende Diskussion des Bewegungscharakters der Schwingungen ist auf Grund der Elementarteilertheorie möglich. Dies ist für den Fall $n = 2$ erschöpfend in einer Arbeit von QUADE durchgeführt worden[1], auf die hier verwiesen sei. Bei einer größeren Anzahl von Freiheitsgraden aber dürften die entsprechenden Untersuchungen recht verwickelt werden. Auf sehr viel einfachere Weise kommt FALK zu Aussagen über das Schwingungsverhalten[2], die namentlich die wichtige Frage der Stabilität beantworten, wenn sie naturgemäß auch die Einzelheiten des Bewegungsverlaufes offenlassen. Wir geben im Folgenden die Grundzüge dieser Betrachtungen wieder.

FALK verallgemeinert die Aufgabe gleich auf den Fall hermitescher Matrizen, setzt also

$$\boldsymbol{A}, \boldsymbol{B}, \boldsymbol{C} \text{ hermitesch}, \ \boldsymbol{A} \text{ positiv definit}$$

voraus. Durch Linksmultiplikation der Eigenwertgleichung (14) mit dem konjugiert transponierten Vektor $\boldsymbol{x}^*$ entsteht die gewöhnliche quadratische Gleichung

$$\boxed{A\lambda^2 + B\lambda + C = 0} \tag{16}$$

mit den Koeffizienten

$$\left.\begin{aligned} A &= \boldsymbol{x}^* \boldsymbol{A} \boldsymbol{x} > 0\,, \\ B &= \boldsymbol{x}^* \boldsymbol{B} \boldsymbol{x}\,, \\ C &= \boldsymbol{x}^* \boldsymbol{C} \boldsymbol{x}\,, \end{aligned}\right\} \tag{17}$$

die als hermitesche Formen reell sind und von denen A wegen positiv definiter Matrix $\boldsymbol{A}$ positiv ist. Das erlaubt Division durch A:

$$\boxed{\lambda^2 + b\lambda + c = 0}\,, \tag{18}$$

wo die Koeffizienten b, c die RAYLEIGH-Quotienten der Matrizenpaare $\boldsymbol{A}, \boldsymbol{B}$ und $\boldsymbol{A}, \boldsymbol{C}$ sind:

$$b = \frac{B}{A} = \frac{\boldsymbol{x}^* \boldsymbol{B} \boldsymbol{x}}{\boldsymbol{x}^* \boldsymbol{A} \boldsymbol{x}}, \qquad c = \frac{C}{A} = \frac{\boldsymbol{x}^* \boldsymbol{C} \boldsymbol{x}}{\boldsymbol{x}^* \boldsymbol{A} \boldsymbol{x}}. \tag{19}$$

Für jeden — reellen oder komplexen — Eigenvektor $\boldsymbol{x}_i$ als Lösung von (14) ergeben sich so eindeutige Zahlen b_i, c_i, und eine der beiden Wurzeln $\lambda_{1,2}^{(i)}$

[1] QUADE, W.: Klassifikation der Schwingungsvorgänge in gekoppelten Stromkreisen. Leipzig 1933. Vgl. auch dieses Buch, 1. u. 2. Aufl.

[2] FALK, S.: Klassifikation gedämpfter Schwingungssysteme und Eingrenzung ihrer Eigenwerte. Ing.-Arch. 29 (1960), S. 436—44.

der quadratischen Gleichung (18) ist der zugehörige Eigenwert λ_i des Problems. Aus der allgemeinen Lösungsformel

$$\lambda = -\frac{b}{2} \pm \frac{1}{2}\sqrt{b^2 - 4c} \tag{20}$$

aber läßt sich bei gegebenem b_i, c_i leicht der Charakter der Wurzel und somit der des zugehörigen Bewegungsverlaufes entnehmen. Anschaulich läßt sich dies in einem b–c-Diagramm darstellen, Abb. 27.1. Die Parabel

$$4c = b^2$$

stellt die Grenze zwischen reellen und komplexen λ-Werten dar. Komplexe Wurzeln und damit ein oszillierender Bewegungsverlauf ergeben sich für Punkte b_i, c_i oberhalb dieser Grenzparabel. Negative Realteile und somit abklingende, also *stabile Bewegungen* stellen sich nach (20) ein für $b > 0$ und $c > 0$, d. h. aber falls alle drei Matrizen

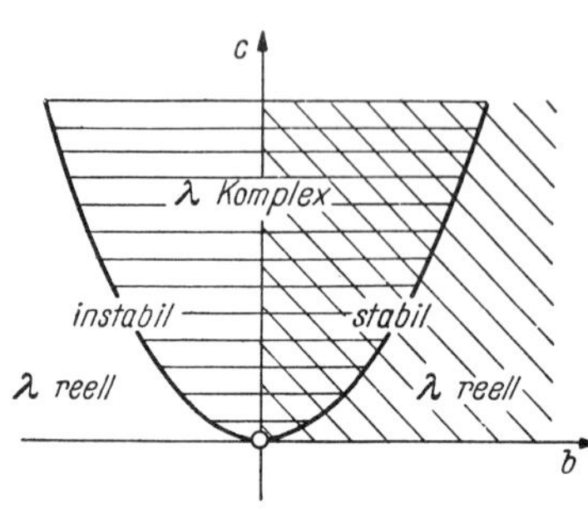

Abb. 27.1. λ-Bereiche in der b–c-Ebene

$$\boldsymbol{A}, \boldsymbol{B} \text{ und } \boldsymbol{C} \text{ positiv definit}$$

sind. Für $b < 0$ und $c > 0$ erhält man positiven Realteil, also anfachenden, d. h. *instabilen Bewegungsablauf*, also mit Sicherheit für den Fall

$$\boldsymbol{A} \text{ und } \boldsymbol{C} \text{ positiv definit, } \boldsymbol{B} \text{ negativ definit}\,.$$

Für den Bereich $c < 0$ (indefinites oder negativ definites $\boldsymbol{C}$) lassen sich einfache Aussagen nicht mehr machen, vgl. jedoch die Originalarbeit.

Nun ist die genaue Lage der Punkte b_i, c_i ohne Kenntnis der Eigenvektoren $\boldsymbol{x}_i$ natürlich unbekannt. Wohl aber lassen sich auf verhältnismäßig einfache Weise Grenzen für b und c in Gestalt der — reellen — *Wertebereiche* der Matrizenpaare $\boldsymbol{A}, \boldsymbol{B}$ und $\boldsymbol{A}, \boldsymbol{C}$ gewinnen, z. B. durch iterative Bestimmung des größten und kleinsten Eigenwertes λ_{AB} bzw. λ_{AC} dieser Matrizenpaare. Auf diese Weise erhält man einen rechteckigen Wertebereich des Problems (14) in der b–c-Ebene, Abb. 27.2. Je nachdem dieser Wertebereich ganz in einem der oben gekennzeichneten Gebiete der Ebene liegt — z. B. im rechten oberen Quadranten und oberhalb der Grenzparabel —, sind bestimmte Aussagen über den Charakter des Bewegungsablaufes möglich.

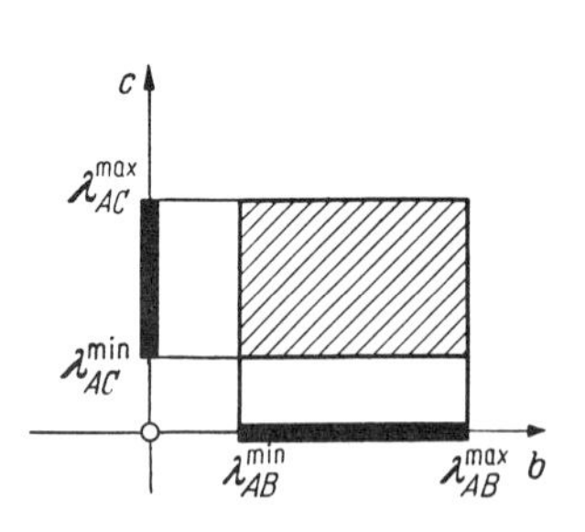

Abb. 27.2. Wertebereich für b_i, c_i der Eigenwertaufgabe (14).

27.3. Ein Matrizenverfahren zur Behandlung von Biegeschwingungen[1]

Zur angenäherten Behandlung von Biegeschwingungen mehrfeldriger Balken und Rahmen geben wir hier und in den folgenden Abschnitten ein Verfahren, das die Aufgabe elementweise angreift und daher auch für verwickelte Systeme anwendbar ist. Elastische und dynamische Eigenschaften des einzelnen Balkenfeldes werden durch eine vierreihige Steifigkeitsmatrix $\boldsymbol{C}_\varrho$ und eine ebensolche Massenmatrix $\boldsymbol{M}_\varrho$ dargestellt. Diese für alle Felder gleichartigen Feldmatrizen lassen sich dann auf einfache Weise zu je einer Gesamtmatrix $\boldsymbol{C}$ und $\boldsymbol{M}$ zusammenfügen mit Hilfe gewisser Verknüpfungsmatrizen, welche den geometrischen und dynamischen Aufbau des Systems berücksichtigen. Die kontinuierliche Aufgabe ist damit durch die diskrete Matrix-Eigenwertaufgabe der Form

$$\boldsymbol{C}\,\boldsymbol{y} = \lambda\,\boldsymbol{M}\,\boldsymbol{y} \tag{21}$$

angenähert.

Als diskrete Koordinaten verwenden wir Durchsenkungen w_j und Verdrehungen φ_j an je ein und derselben Balkenstelle j. Mit ihnen läßt sich die Verformung $w(x)$ im Feldinnern, zwischen zwei Stellen j, auf einfache und verhältnismäßig genaue Weise durch ein kubisches Interpolationspolynom $\hat{w}(x)$ annähern, wobei die vier Verformungen w_j, φ_j an den beiden Feldgrenzen als „Stützwerte" dienen. Die Koordinaten w_j, φ_j führen wir unter der gemeinsamen Bezeichnung y_i mit durchlaufendem Index $i = 1, 2, \ldots, n$ als Komponenten eines Vektors $\boldsymbol{y}$. Unter diesen *Systemkoordinaten* y_i werden etwaige infolge Lagerbedingungen verschwindende Verformungen (z. B. $w_j = 0$ an einer Stütze) nicht mit aufgeführt.

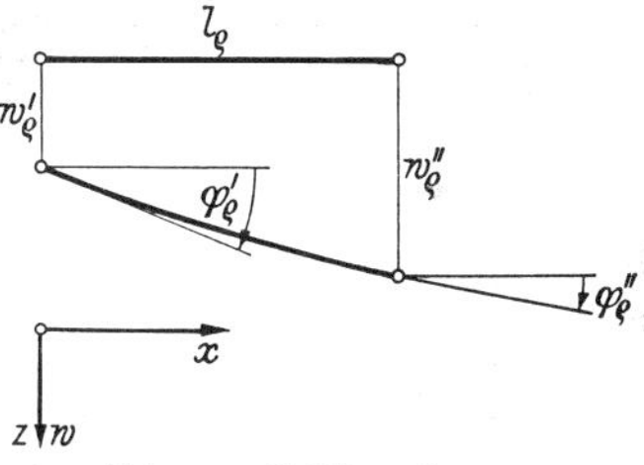

Abb. 27.3. Feldkoordinaten

Für das einzelne Feld der Nummer ϱ ($\varrho = 1, 2, \ldots, r$) verwenden wir neue Koordinaten, nämlich w'_ϱ, φ'_ϱ für den Feldanfang und w''_ϱ, φ''_ϱ für das Feldende, die nach Wahl eines kartesischen $x\,y\,z$-Systems für das einzelne Feld im Vorzeichen festliegen, Abb. 27.3. Auch für sie führen wir die gemeinsame Bezeichnung v^j_ϱ ein ($j = 1, 2, 3, 4$) sowie den Feldvektor $\boldsymbol{v}_\varrho$. Es ist also

$$v^1_\varrho = w'_\varrho\,, \quad v^2_\varrho = \varphi'_\varrho\,, \quad v^3_\varrho = w''_\varrho\,, \quad v^4_\varrho = \varphi''_\varrho\,.$$

Die Feldkoordinaten v^j_ϱ hängen nun mit den Systemkoordinaten y_i in bestimmter, im konkreten Fall leicht übersehbarer Weise zusammen. Man kann diesen Zusammenhang formal mit Hilfe je einer Verknüpfungs- oder Inzidenzmatrix $\boldsymbol{K}_\varrho$ darstellen. Beschränken wir uns auf rechtwink-

[1] Ing.-Arch. Bd. 2 (1963), S. 201–213.

lige Rahmen, so sind die Elemente 0, 1 oder -1, welche anzeigen, ob eine Systemkoordinate y_i in das betreffende Feld ϱ „einfällt" oder nicht, und mit welchem Vorzeichen. Die Matrix $\boldsymbol{K}_\varrho$ hat 4 Zeilen entsprechend den vier Feldkoordinaten v_ϱ^j und n Spalten für die n Systemkoordinaten y_i, und in jeder Spalte steht höchstens ein von Null verschiedenes Element. Besteht eine Zeile ganz aus Nullen, wenn nämlich die betreffende Größe v_ϱ^j infolge Lagerbedingung verschwindet, so läßt man sie einfachheitshalber ganz weg und streicht zugleich auch die entsprechende Zeile und Spalte in den Feldmatrizen $\boldsymbol{C}_\varrho$ und $\boldsymbol{M}_\varrho$. Der Zusammenhang zwischen Feldvektor $\boldsymbol{v}_\varrho$ und Systemvektor $\boldsymbol{y}$ lautet damit

$$\boldsymbol{v}_\varrho = \boldsymbol{K}_\varrho \boldsymbol{y} . \tag{22}$$

Die r Feld-Inzidenzmatrizen $\boldsymbol{K}_\varrho$ fassen wir schließlich zwecks späterer Verwendung zur Gesamt-Inzidenzmatrix $\boldsymbol{K}$ zusammen durch Übereinanderreihen der Feldstreifen $\boldsymbol{K}_\varrho$:

$$\boldsymbol{K} = \begin{pmatrix} \boldsymbol{K}_1 \\ \boldsymbol{K}_2 \\ \vdots \\ \boldsymbol{K}_r \end{pmatrix} . \tag{23}$$

Wir erläutern das Ganze am Beispiel eines Rahmens Abb. 27.4.

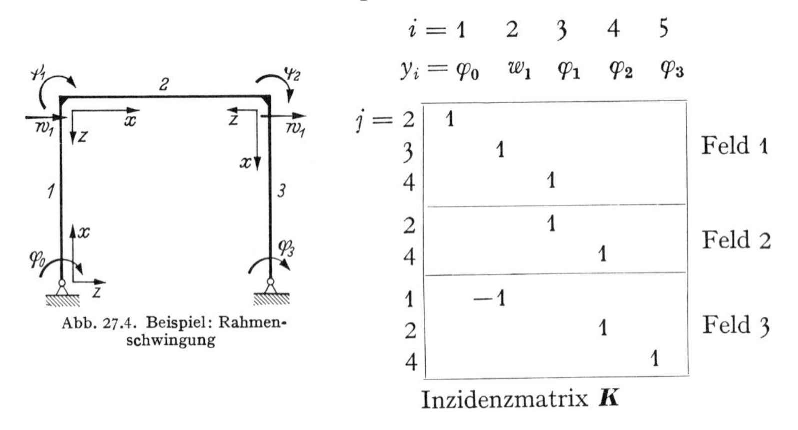

Abb. 27.4. Beispiel: Rahmenschwingung

	$i = 1$	2	3	4	5	
	$y_i = \varphi_0$	w_1	φ_1	φ_2	φ_3	
$j = 2$	1					Feld 1
3		1				
4			1			
2			1			Feld 2
4				1		
1		-1				Feld 3
2				1		
4					1	

Inzidenzmatrix $\boldsymbol{K}$

27.4. Biegeschwingungen: Aufbau der Steifigkeitsmatrix

Zur Angabe des elastischen Verhaltens verwenden wir Steifigkeits-Einflußzahlen c_{ik} als Elemente der Steifigkeitsmatrix $\boldsymbol{C}$. Das sind Kräfte oder Momente K_i, hervorgerufen durch eine einzelne Einheitsverschiebung oder Verdrehung $y_k = 1$ bei $y_l = 0$ für $l \neq k$. Diese sogenannte Deformationsmethode ist hier der in der Statik gebräuchlichen Kraftmethode — Arbeiten mit den Nachgiebigkeiten f_{ik} = Verschiebungen unter einer Einheitskraft — eindeutig vorzuziehen. wenn es uns auf einen möglichst einfachen elementweisen Aufbau der Einflußmatrizen ankommt. Denn eine Einheitsverformung wirkt sich in Zwangskräften außer in der Verformungsstelle k selbst nur in den unmittelbar benachbarten Systempunkten i aus, während sich eine Einheitslast als Deformation über das ganze System — unter Eingehen aller Lagerbedingungen — ausbreitet.

Für das isolierte Feld ϱ berechnen sich die Steifigkeiten als Zwangskräfte unter Einheitsverformungen $\boldsymbol{v}_\varrho = \boldsymbol{e}_k$ auf rein statischem Wege. Für den wichtigsten Fall konstanter Querschnitte ergibt sich so die Feldmatrix[1]

$$\boldsymbol{C}_\varrho = \frac{EI_\varrho}{l_\varrho^3}\begin{pmatrix} 12 & 6\,l_\varrho & -12 & 6\,l_\varrho \\ 6\,l_\varrho & 4\,l_\varrho^2 & -6\,l_\varrho & 2\,l_\varrho^2 \\ -12 & -6\,l_\varrho & 12 & -6\,l_\varrho \\ 6\,l_\varrho & 2\,l_\varrho^2 & -6\,l_\varrho & 4\,l_\varrho^2 \end{pmatrix} \tag{24}$$

mit der Feldlänge l_ϱ und der Biegesteifigkeit $E\,I_\varrho$. Die Matrix ist singulär vom Range 2, da das freie Feld zweifach ungefesselt ist.

Die Feldsteifigkeit $\boldsymbol{C}_\varrho$ ist die Matrix der potentiellen Energie (Formänderungsarbeit) A_ϱ gemäß

$$2\,A_\varrho = \boldsymbol{v}_\varrho'\,\boldsymbol{C}_\varrho\,\boldsymbol{v}_\varrho\,. \tag{25}$$

Diese Feldenergien addieren sich zur Gesamtenergie A, wobei nur zu berücksichtigen ist, daß sich im allgemeinen eine Systemkoordinate y_i auf mehrere Feldkoordinaten v_ϱ^j bezieht (in der i-ten Spalte der Inzidenzmatrix $\boldsymbol{K}$ treten mehrere 1-Elemente auf). Außer der Summation der Ausdrücke (25) hat man also die Feldkoordinaten noch in Systemkoordinaten umzurechnen nach Gl. (22). Das ergibt für die Gesamtenergie A

$$2\,A = \sum_{\varrho=1}^{r} \boldsymbol{y}'\,\boldsymbol{K}_\varrho'\,\boldsymbol{C}_\varrho\,\boldsymbol{K}_\varrho\,\boldsymbol{y} = \boldsymbol{y}'\left(\sum_{\varrho=1}^{r} \boldsymbol{K}_\varrho'\,\boldsymbol{C}_\varrho\,\boldsymbol{K}_\varrho\right)\boldsymbol{y}\,.$$

Hier aber läßt sich die innere Summe dadurch bilden, daß man die Feldsteifigkeit $\boldsymbol{C}_\varrho$ nach Art einer Diagonalmatrix zu einer Hilfsmatrix

$$\boldsymbol{C}^0 = \mathrm{Diag}(\boldsymbol{C}_\varrho) \tag{26}$$

aneinanderreiht und diese von rechts und links her mit der Gesamtmatrix $\boldsymbol{K}$ bzw. $\boldsymbol{K}'$ multipliziert. So erhält man auf einfache Weise die System-Steifigkeitsmatrix

$$\boxed{\boldsymbol{C} = \boldsymbol{K}'\,\boldsymbol{C}^0\,\boldsymbol{K}}\,. \tag{27}$$

Im Falle von Federstützen und Drehfederstützen mit Federkonstanten c_i bzw. C_i treten Energieausdrücke der Form $c_i\,w_i^2$ bzw. $C_i\,\varphi_i^2$ hinzu, was einer bloßen Addition der Federkonstanten c_i bzw. C_i zum betreffenden Diagonalelement der Gesamt-Steifigkeit $\boldsymbol{C}$ entspricht.

[1] Für veränderliche Querschnitte vgl. die auf S. 417, Anm. 1, zitierte Arbeit.

27.5. Biegeschwingungen: Aufbau der Massenmatrix

In ganz entsprechender Weise verfährt man bei der Massenmatrix, die sich am einfachsten aus der kinetischen Energie herleitet. Deren zeitlicher Maximalwert beträgt bei Sinusschwingung

$$T = \frac{1}{2}\,\omega^2 \int \mu(x)\, w^2(x)\, dx$$

mit einer (im allgemeinen veränderlichen) Massenbelegung $\mu(x)$. Wir ersetzen nun innerhalb jedes Feldes die unbekannte Verformungsfunktion $w(x)$ feldweise durch ein kubisches Interpolationspolynom

$$\hat{w}(x) = \sum_{j=1}^{4} H_j(x)\, v_\varrho^j$$

mit den folgenden hermiteschen Interpolationspolynomen

$$\left.\begin{aligned} H_1(x) &= 1 - 3\,z^2 + 2\,z^3 \\ H_2(x) &= (z - 2\,z^2 + z^3)\,l \\ H_3(x) &= 3\,z^2 - 2\,z^3 \\ H_4(x) &= (-z^2 + z^3)\,l \end{aligned}\right\}\ \text{mit } z = x/l\,. \tag{28}$$

Damit ergibt sich für die Feldenergie wiederum eine in den Feldkoordinaten quadratische Form mit den Matrixelementen

$$m_{ik}^{\varrho} = \int_0^l \mu(x)\, H_i(x)\, H_k(x)\, dx\,. \tag{29}$$

Für den wichtigsten Fall konstanten Querschnittes erhält man so die Feldmatrix

$$\boldsymbol{M}_\varrho = \frac{\mu_\varrho l_\varrho}{420}\begin{pmatrix} 156 & 22\,l_\varrho & 54 & -13\,l_\varrho \\ 22\,l_\varrho & 4\,l_\varrho^2 & 13\,l_\varrho & -3\,l_\varrho^2 \\ 54 & 13\,l_\varrho & 156 & -22\,l_\varrho \\ -13\,l_\varrho & -3\,l_\varrho^2 & -22\,l_\varrho & 4\,l_\varrho^2 \end{pmatrix}. \tag{30}$$

Durch Summation der Feldenergien zur Gesamtenergie unter Umrechnung der Feldkoordinaten auf Systemkoordinaten y_i entsteht auf die gleiche Weise wie bei den Steifigkeiten die System-Massenmatrix

$$\boxed{\boldsymbol{M} = \boldsymbol{K}'\,\boldsymbol{M}^0\,\boldsymbol{K}} \tag{31}$$

mit der Hilfsmatrix

$$\boldsymbol{M}^0 = \mathrm{Diag}(\boldsymbol{M}_\varrho)\,. \tag{32}$$

Wieder sind hier etwaige Einzelmassen m_i und Drehträgheiten Θ_i den betreffenden Diagonalelementen von $\boldsymbol{M}$ hinzuzuschlagen.

Für die Zahlenrechnung empfiehlt sich das Arbeiten mit bezogenen dimensionslosen Größen unter Verwendung je einer passend gewählten

Länge, Steifigkeit und Massenbelegung

$$l_0,\ E\,I_0,\ \mu_0$$

als Bezugsgrößen. Bezogene Größen sind dann

Längen $\qquad \bar{l}_\varrho = l_\varrho / l_0\,,$

Steifigkeiten $\qquad \alpha_\varrho = E\,I_\varrho / E\,I_0\,,$

Massen $\qquad \bar{\mu}_\varrho = \mu_\varrho/\mu_0,\ \bar{m}_i = m_i/\mu_0\,l_0,\ \bar{\Theta}_i = \Theta_i/\mu_0\,l_0^3\,,$

Federkonstanten $\qquad \bar{c}_i = c_i\,l_0^3/E\,I_0\,,\ \bar{C}_i = C_i\,l_0/E\,I_0\,.$

Verwenden wir noch anstelle von Winkeln φ und Momenten M die mit w_i bzw. K_i dimensionsgleichen Größen

$$\bar{\varphi} = l_0\,\varphi\,,\ \bar{M} = M/l_0\,,$$

so tritt anstelle von ω^2 der dimensionslose Eigenwertparameter

$$\lambda = \frac{\mu_0\,l_0^4\,\omega^2}{E\,I_0}\,.$$

In allen Formeln sind die Größen $l,\ \mu,\ m,\ c,\ \varphi$ usw. durch die überstrichenen Größen, die Steifigkeit $E\,I_\varrho$ durch α_ϱ zu ersetzen.

27.6. Beispiele zu Biegeschwingungen

1. Beispiel: Biegeschwingung einer abgesetzten Welle Abb. 27.5. Bezugslänge $l_0 = 2\,l$, damit Feldlängen $\bar{l}_1 = \bar{l}_2 = 1/2$. $\alpha_1 = 4,\ \bar{\mu}_1 = 2,\ \alpha_2 = \bar{\mu}_2 = 1$
Für die Steifigkeiten ergeben sich damit die beiden Feldmatrizen

$$\boldsymbol{C}_1 = 32\begin{pmatrix} * & * & * & * \\ * & 1 & -3 & 0{,}5 \\ * & -3 & 12 & -3 \\ * & 0{,}5 & -3 & 1 \end{pmatrix}\ (\text{Spalten: } -,\ \varphi_0,\ w_1,\ \varphi_1),\qquad \boldsymbol{C}_2 = 8\begin{pmatrix} 12 & 3 & * & 3 \\ 3 & 1 & * & 0{,}5 \\ * & * & * & * \\ 3 & 0{,}5 & * & 1 \end{pmatrix}\ (\text{Spalten: } w_1,\ \varphi_1,\ -,\ \varphi_2),$$

die sich hier in dem angedeuteten gemeinsamen Teil einfach übereinanderschieben zur Gesamtmatrix

$$\boldsymbol{C} = 4\begin{pmatrix} 8 & -24 & 4 & 0 \\ -24 & 120 & -18 & 6 \\ 4 & -18 & 10 & 1 \\ 0 & 6 & 1 & 2 \end{pmatrix} = 4\,\boldsymbol{C}^0\,.\qquad (\text{Spalten: } \varphi_0,\ w_1,\ \varphi_1,\ \varphi_2)$$

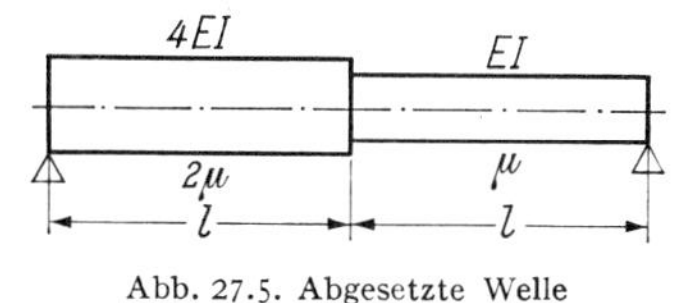

Abb. 27.5. Abgesetzte Welle

Auf gleiche Weise erhält man die Massenmatrix

$$\boldsymbol{M} = \frac{1}{1680}\begin{pmatrix} 4 & 26 & -3 & 0 \\ 26 & 936 & -22 & -13 \\ -3 & -22 & 6 & -1{,}5 \\ 0 & -13 & -1{,}5 & 2 \end{pmatrix} = \frac{1}{1680}\boldsymbol{M}^0\,.$$

Durch Abspalten der Zahlenfaktoren formen wir um auf

$$\boldsymbol{C}^0\,\boldsymbol{y} = \lambda^0\,\boldsymbol{M}^0\,\boldsymbol{y} \quad \text{mit} \quad \lambda^0 = \lambda/6720\,.$$

In Tab. 27.1 ist die Iteration nach dem in § 21.5 beschriebenen Verfahren (gebrochene Iteration) für die beiden ersten Eigenwerte durchgeführt. Bei der Elimination (Dreieckszerlegung von $\boldsymbol{C}^0$) haben wir zwecks Beibehaltung ganzer Zahlen die 3. und 4. Zeile mit den Faktoren 4 und 29 multipliziert. Beim KOCH-Verfahren zur Berechnung von λ_2 und $\boldsymbol{y}_2$ lauten die Hilfsvektoren in der jetzigen Bezeichnung

$$\boldsymbol{w}_1 = \boldsymbol{M}\,\boldsymbol{y}_1\,, \quad k_1 = \boldsymbol{w}_1'\,\boldsymbol{y}_1\,, \quad \boldsymbol{w}_1^0 = \boldsymbol{w}_1/k_1\,, \quad \hat{\boldsymbol{w}}_1 = \hat{\boldsymbol{M}}\,\boldsymbol{y}_1\,.$$

Man erkennt, wie die Reinigungskoeffizienten $c_{1\,\nu} = \boldsymbol{z}'\,\boldsymbol{w}_{1\,\nu}^0$ schon nach dem ersten Schritt auf einen nur noch durch Rundungsfehler bedingten Wert nahezu Null zurückgehen.

Ergebnis: $\lambda_1 = 111{,}0245 \qquad \lambda_2 = 3071{,}86\,.$

$$\boldsymbol{y}_1 = \begin{pmatrix} 0{,}662710 \\ 0{,}265995 \\ 0{,}306268 \\ -1 \end{pmatrix} \qquad \boldsymbol{y}_2 = \begin{pmatrix} 0{,}506834 \\ -0{,}004487 \\ -0{,}612314 \\ 1 \end{pmatrix}$$

Die Winkel erscheinen in $\boldsymbol{y}_i$ mit der Gesamtlänge $l_0 = 2\,l$ multipliziert.

2. Beispiel: Stockwerkrahmen Abb. 27.6.

Wir wählen die überall gleichen Feldwerte l, μ, $E\,I$ als Bezugsgrößen, womit alle bezogenen Größen zu 1 werden. Längsdehnung der Stäbe wird vernachlässigt ($E\,F = \infty$). Bei Beschränkung auf antimetrische Schwingungsformen unter Ausnutzen der Symmetrie sind 4 Koordinaten φ_1, w_1, φ_2, w_2 erforderlich, die wir in dieser Reihenfolge als y_1 bis y_4 führen. Nach Wahl der Feldkoordinaten gemäß Abb. 27.6 lautet die Inzidenzmatrix:

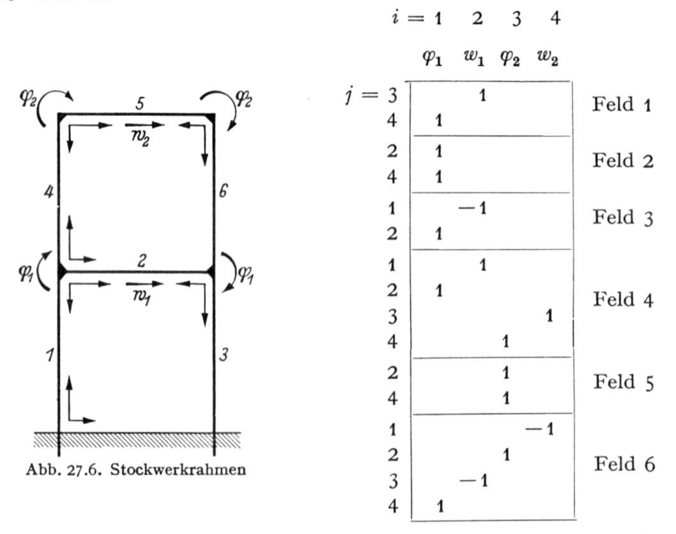

Abb. 27.6. Stockwerkrahmen

	$i = 1$	2	3	4	
	φ_1	w_1	φ_2	w_2	
$j = 3$		1			Feld 1
4	1				
2	1				Feld 2
4	1				
1		−1			Feld 3
2	1				
1		1			Feld 4
2	1				
3				1	
4			1		
2			1		Feld 5
4			1		
1				−1	Feld 6
2			1		
3		−1			
4	1				

Die Masse 1 jeder der beiden Querriegel ist den Diagonalelementen für w_1 und w_2 der Massenmatrix $\boldsymbol{M}$ zuzuschlagen. Man erhält so die Systemmatrizen

$$\boldsymbol{C} = 4\begin{pmatrix} 7 & 0 & 1 & -3 \\ 0 & 12 & 3 & -6 \\ 1 & 3 & 5 & -3 \\ -3 & -6 & -3 & 6 \end{pmatrix}, \quad \boldsymbol{M} = \frac{1}{420}\begin{pmatrix} 18 & 0 & -6 & 26 \\ 0 & 1044 & -26 & 108 \\ -6 & -26 & 10 & -44 \\ 26 & 108 & -44 & 732 \end{pmatrix}.$$

Tabelle 27.1. *Durchführung der Iteration für λ_1 und λ_2 der Biegeschwingung Beispiel 1*

	C^0				M^0					
	8	−24	4	0	4	26	−3	0	−8,64791	
	−24	120	−18	6	26	936	−22	−13	−272,4639	$-M^0 y_1 = -w_1$
4 ·	4	−18	10	1	−3	−22	6	−1,5	4,50241	
29 ·	0	6	1	2	0	−13	−1,5	2	5,91734	
	8	−24	4	0	4	26	−3	0	−8,64791	
	3	48	−6	6	38	1014	−31	−13	−298,4076	$-\hat{M} y_1 = \hat{w}_1$
	−2	0,5	29	7	−1	367	14,5	−12,5	−113,8983	
	0	−3,625	−1,75	24	−136	−4695	43,5	127	1452,6524	
	40,5416	16,0781	18,0104	−59,8646	1	0,25	0	−1		$1/\Lambda_1^0 = 50,6308$
	40,5395	16,2654	18,7107	−61,1230	0,67722	0,26857	0,30085	−1		60,8009
	40,1301	16,1070	18,5451	−60,5529	0,66324	0,26611	0,30612	−1	−1	60,5407
	40,1126	16,1002	18,5378	−60,5281	0,662727	0,265999	0,306263	−1		60,52766
	40,1120	16,09992	18,5375	−60,5272	0,662711	0,265995	0,306268	−1		60,52716
				$y_1 =$	0,662710	0,265995	0,306268	−1	$82,7435 = k_1$	
				$w_1^0 =$	0,1045147	3,29287	−0,0544141	−0,0715143	$\lambda_1 = 6720:60,52716$	
									$= \underline{111,0245}$	
	1,74363	−0,02195	−2,05795	3,10345	1	0	−1	1	−0,0874145	
	1,18446	−0,011403	−1,42413	2,28959	0,56184	−0,007073	−0,66312	1	0,0000012	
	1,13217	−0,010123	−1,35563	1,20704	0,51732	−0,0049804	−0,62200	1	0,0000010	$1/\Lambda_2^0 = 2,1948$
	1,111601	−0,009876	−1,342682	2,191435	0,508903	−0,0045867	−0,614230	1	0,0000071	2,18904
	1,109319	−0,0098280	−1,340131	2,188364	0,507248	−0,0045067	−0,612695	1	0,0000002	2,18789
			. . . . .			. . . . .			. . . . .	. . . . .
	1,108751	−0,0098164	−1,339497	2,187600	0,506835	−0,0044873	−0,612314	1	0,0000002	2,187599
				$y_2 =$	0,506834	−0,0044873	−0,612314	1		
		$z_{\nu+1}$				z_ν			$c_{1\nu}$	
									$\lambda_2 = 6720:2,18760$	
									$= \underline{3071,86}$	

Auf gleiche Weise wie für Beispiel 1 findet man iterativ die Eigenlösungen

$$\lambda_1 = 2{,}24825 \qquad \lambda_2 = 24{,}365$$

$$\boldsymbol{y}_1 = \begin{pmatrix} 0{,}40798 \\ 0{,}52592 \\ 0{,}18726 \\ 1{,}0 \end{pmatrix} \qquad \boldsymbol{y}_2 = \begin{pmatrix} 0{,}30796 \\ -1{,}12136 \\ 1{,}19754 \\ 1{,}0 \end{pmatrix}$$

Aus den Vektoren lassen sich entsprechend der Bedeutung der Komponenten die zugehörigen Schwingungsformen des Systems leicht entnehmen.

27.7. Singuläre Steifigkeitsmatrix

Für den Fall fehlender oder extrem weicher Federfesselung gewisser Bewegungsformen des Systems wird die Steifigkeitsmatrix $\boldsymbol{C}$ singulär (positiv semidefinit) oder fastsingulär. Sind p der n Freiheitsgrade ungefesselt, so tritt der p-fache Eigenwert $\lambda_0 = 0$ auf. Die Matrix $\boldsymbol{C}$ ist singulär vom Rangabfall p, es gibt p linear unabhängige Lösungen $\boldsymbol{y}_i^0$ des homogenen Systems

$$\boldsymbol{C}\,\boldsymbol{y}_i^0 = \boldsymbol{o} \qquad (i = 1, 2, \ldots, p) \tag{33}$$

als Bewegungsformen des undeformierten Schwingungssystems, die für den Schwingungsvorgang ohne Bedeutung sind. Wegen singulärem $\boldsymbol{C}$ ist aber eine iterative Behandlung der Aufgabe

$$\boldsymbol{C}\,\boldsymbol{y} = \lambda\,\boldsymbol{M}\,\boldsymbol{y} \tag{21}$$

mit Konvergenz gegen den kleinsten von Null verschiedenen Eigenwert $\lambda_1 \neq 0$ in der soeben vorgeführten Form nicht mehr möglich. Dazu bedarf es besonderer Maßnahmen mit dem Ziel einer Reduktion des Problems auf die für den Schwingungsvorgang maßgeblichen $n - p$ Freiheitsgrade, was auf folgende Weise gelingt.

Den homogenen Lösungen $\boldsymbol{y}_i^0$ ordnet man wieder die Vektoren

$$\boldsymbol{w}_i^0 = \boldsymbol{M}\,\boldsymbol{y}_i^0 \tag{34}$$

zu und faßt beide zusammen zu je einem Vektorsystem

$$\boldsymbol{Y}_0 = (\boldsymbol{y}_1^0, \ldots, \boldsymbol{y}_p^0)\,, \qquad \boldsymbol{W}_0 = (\boldsymbol{w}_1^0, \ldots, \boldsymbol{w}_p^0) = \boldsymbol{M}\,\boldsymbol{Y}_0\,. \tag{35}$$

Die Lösungen $\boldsymbol{y}_i^0$ seien nun insbesondere so ausgewählt, daß sie die Orthonormierungsbedingungen

$$\boldsymbol{y}_i^{0\prime}\,\boldsymbol{M}\,\boldsymbol{y}_k^0 = \boldsymbol{w}_i^{0\prime}\,\boldsymbol{y}_k^0 = \delta_{ik} \tag{36}$$

erfüllen, zusammengefaßt geschrieben:

$$\boldsymbol{Y}_0'\,\boldsymbol{M}\,\boldsymbol{Y}_0 = \boldsymbol{W}_0'\,\boldsymbol{Y}_0 = \boldsymbol{I}\,. \tag{36a}$$

Das wird zwar nicht für beliebige Lösungen $\boldsymbol{y}_i^0$ von (33) zutreffen, läßt sich aber durch entsprechende Umrechnungen, auf die wir noch zurück kommen, stets erreichen. Damit bildet man nun zunächst die abgewandelte Massenmatrix

$$\boxed{\boldsymbol{M}^{(1)} = \boldsymbol{M} - \boldsymbol{W}_0 \boldsymbol{W}_0'}\,, \tag{37}$$

die singulär vom gleichen Rang wie $\boldsymbol{C}$ geworden ist und in (21) an die Stelle von $\boldsymbol{M}$ treten kann. Denn wegen (35) und (36a) gilt

$$\boldsymbol{M}^{(1)} \boldsymbol{Y}_0 = \boldsymbol{M} \boldsymbol{Y}_0 - \boldsymbol{W}_0 = \boldsymbol{O}\,.$$

Die Lösungen $\boldsymbol{y}_i^0$ von (33) sind also auch Lösungen von $\boldsymbol{M}^{(1)} \boldsymbol{y} = \boldsymbol{o}$. Wegen der automatisch erfüllten Orthogonalität dieser Lösungen zu den übrigen, zu $\lambda_k \neq 0$ gehörigen Eigenvektoren $\boldsymbol{y}_k$ in der Form

$$\boldsymbol{y}_i^{0\prime} \boldsymbol{M} \boldsymbol{y}_k = 0 \quad \text{oder} \quad \boldsymbol{W}_0' \boldsymbol{y}_k = \boldsymbol{o}$$

gilt auch

$$\boldsymbol{M}^{(1)} \boldsymbol{y}_k = \boldsymbol{M} \boldsymbol{y}_k\,,$$

womit man insgesamt anstelle von (21)

$$\boldsymbol{C} \boldsymbol{y} = \lambda \boldsymbol{M}^{(1)} \boldsymbol{y} \tag{21a}$$

schreiben kann.

Zu reduzierten Matrizen $\boldsymbol{C}^0$ und $\boldsymbol{M}^0$ der Reihenzahl $n - p$ gelangt man nun einfach dadurch, daß man in $\boldsymbol{C}$ und $\boldsymbol{M}^{(1)}$ die p gleichen, aber sonst beliebigen Zeilen und Spalten streicht, die nur so ausgewählt sein müssen, daß die reduzierten Matrizen nichtsingulär sind. Das läßt sich folgendermaßen einsehen. Wir nehmen etwa an, es seien die p letzten und denken uns dazu die Matrix

$$\boldsymbol{Y} = (\boldsymbol{e}_1, \ldots, \boldsymbol{e}_{n-p}, \boldsymbol{Y}_0)\,,$$

deren $n - p$ erste Spalten die der Einheitsmatrix sind, während die p letzten von der Matrix $\boldsymbol{Y}_0$ der homogenen Lösungen gebildet werden. Damit transformieren wir (in Gedanken) auf neue Koordinaten $\boldsymbol{z}$ nach

$$\boldsymbol{y} = \boldsymbol{Y} \boldsymbol{z}\,.$$

Gl. (21a) geht dann über in

$$\boldsymbol{C} \boldsymbol{Y} \boldsymbol{z} = \lambda \boldsymbol{M}^{(1)} \boldsymbol{Y} \boldsymbol{z}$$

mit Matrizen $\boldsymbol{C} \boldsymbol{Y}$ und $\boldsymbol{M}^{(1)} \boldsymbol{Y}$, deren $n - p$ erste Spalten mit denen von $\boldsymbol{C}$ und $\boldsymbol{M}^{(1)}$ übereinstimmen, während die p letzten zu Null geworden sind. Multiplizieren wir zur Wiederherstellung der Symmetrie von links her mit $\boldsymbol{Y}'$, so erhalten wir

$$\boldsymbol{C}^0 \boldsymbol{z} = \lambda \boldsymbol{M}^0 \boldsymbol{z}$$

mit den Matrizen

$$\boldsymbol{C}^0 = \boldsymbol{Y}' \boldsymbol{C} \boldsymbol{Y} \quad \text{und} \quad \boldsymbol{M}^0 = \boldsymbol{Y}' \boldsymbol{M}^{(1)} \boldsymbol{Y},$$

die aus $\boldsymbol{C}$ und $\boldsymbol{M}^{(1)}$ dadurch hervorgehen, daß die p letzten Zeilen und Spalten durch Nullen ersetzt werden. Damit aber sind die p letzten

Komponenten des Vektors $\boldsymbol{z}$ bedeutungslos, und indem wir sie gleich Null setzen, wird $\boldsymbol{y} = \boldsymbol{z}$. Das Ganze aber läuft dann darauf hinaus, daß die zu Null gewordenen Zeilen und Spalten überhaupt gestrichen werden, und in dem Sinne ist dann die neue Gleichung

$$\boldsymbol{C}^0 \boldsymbol{y} = \lambda \boldsymbol{M}^0 \boldsymbol{y} \tag{38}$$

u lesen.

Die eigentlich zu leistende Rechenarbeit zur Reduktion der Matrizen besteht — außer der schematisch ablaufenden Rangverminderung (Deflation) der Massenmatrix nach (37) — in der Herstellung der biorthonormierten Vektorsysteme $\boldsymbol{Y}_0$ und $\boldsymbol{W}_0$, wovon übrigens nur $\boldsymbol{W}_0$ benötigt wird. Die Lösungen des homogenen Systems (33) fallen ja in nicht orthonormierter Form

$$\boldsymbol{X}_0 = (\boldsymbol{x}_1^0, \ldots, \boldsymbol{x}_p^0)\,, \quad \boldsymbol{M}\,\boldsymbol{X}_0 = \boldsymbol{V}_0 = (\boldsymbol{v}_1^0, \ldots, \boldsymbol{v}_p^0)$$

an. Ein Ansatz

$$\boldsymbol{X}_0 = \boldsymbol{Y}_0 \boldsymbol{R}\,, \quad \boldsymbol{V}_0 = \boldsymbol{W}_0 \boldsymbol{R} \tag{39}$$

mit noch zu bestimmender Transformationsmatrix $\boldsymbol{R}$ führt unter Berücksichtigung der Orthonormierungsforderung (36a) auf

$$\boldsymbol{N} = \boldsymbol{X}_0' \boldsymbol{V}_0 = \boldsymbol{R}' \boldsymbol{Y}_0' \boldsymbol{W}_0 \boldsymbol{R} = \boldsymbol{R}' \boldsymbol{R}\,. \tag{40}$$

Das aber läßt sich realisieren durch eine CHOLESKY-Zerlegung (vgl. § 6.3) der p-reihigen symmetrischen Matrix $\boldsymbol{N} = \boldsymbol{X}_0' \boldsymbol{V}_0 = \boldsymbol{X}_0' \boldsymbol{M}\,\boldsymbol{X}_0$ in die obere Dreiecksmatrix $\boldsymbol{R}$ und ihre Transponierte $\boldsymbol{R}'$, wo dann die zweite der Gleichungen (39) die Berechnungsvorschrift für $\boldsymbol{W}_0$ enthält; vgl. dazu das Vorgehen von § 9.3, welches hier nur im Sinne der symmetrischen CHOLESKY-Zerlegung abzuwandeln ist, damit der Zusammenhang $\boldsymbol{V}_0 = \boldsymbol{M}\,\boldsymbol{X}_0$ und $\boldsymbol{W}_0 = \boldsymbol{M}\,\boldsymbol{Y}_0$ gewahrt bleibt. Da die Anzahl der p freien Koordinaten in der Regel klein sein wird, so läßt sich diese Vorbehandlung der Aufgabe auch noch mit Handrechnung durchführen, wenn für die Hauptrechnung Automateneinsatz vorgesehen wird.

§ 28. Systeme linearer Differentialgleichungen

28.1. Homogene Systeme erster Ordnung mit konstanten Koeffizienten

Schon die Behandlung von Schwingungssystemen endlicher Freiheitsgrade führte uns auf Systeme linearer Differentialgleichungen mit konstanten Koeffizienten, freilich auf solche diagonalähnlicher Koeffizientenmatrizen, wo die Lösungsverhältnisse besonders einfach sind. Wir erweitern nun unsere Betrachtung auf Differentialgleichungssysteme allgemeiner Matrix, auch solche nichtkonstanter Koeffizienten. Wir beginnen mit dem einfachsten Fall homogener Systeme erster Ordnung der Form

$$\left.\begin{array}{l} \dot{x}_1 = a_{11}\,x_1 + \cdots + a_{1n}\,x_n \\ \dots\dots\dots\dots\dots \\ \dot{x}_n = a_{n1}\,x_1 + \cdots + a_{nn}\,x_n \end{array}\right\}$$

mit den Variablen $x_i = x_i(t)$, kurz

$$\boxed{\dot{\boldsymbol{x}} = \boldsymbol{A}\,\boldsymbol{x}} \tag{1}$$

mit quadratischer Koeffizientenmatrix $\boldsymbol{A} = (a_{ik})$. Hat man, was wir zunächst voraussetzen wollen, *konstante Koeffizienten* a_{ik}, so führt ähnlich wie bei einer einzelnen homogenen Differentialgleichung n-ter Ordnung ein *Exponentialansatz* zum Ziel. Er lautet hier

$$\boxed{\boldsymbol{x} = \boldsymbol{c}\,e^{\lambda t}}\,, \tag{2}$$

ausführlich

$$\left.\begin{array}{l} x_1 = c_1\,e^{\lambda t} \\ x_2 = c_2\,e^{\lambda t} \\ \dots\dots \\ x_n = c_n\,e^{\lambda t} \end{array}\right\}. \tag{2'}$$

Der Ansatz unterscheidet sich von dem bei einer einzelnen Differentialgleichung durch das Hinzutreten der Konstanten c_i, also eines Vektors $\boldsymbol{c}$, den wir in Anlehnung an die Sprache der Schwingungstechnik den *Amplitudenvektor* nennen wollen und der hier außer dem noch zu bestimmenden Zahlenwert des Parameters λ als wesentlicher Bestandteil zur Lösung gehört. Durch Einsetzen von Ansatz (2) in die Differentialgleichung (1) ergibt sich wegen $\dot{\boldsymbol{x}} = \lambda\,\boldsymbol{x}$ für den Vektor $\boldsymbol{x}$ das homogene Gleichungssystem

$$\boxed{(\boldsymbol{A} - \lambda\,\boldsymbol{I})\,\boldsymbol{x} = \boldsymbol{o}} \tag{3}$$

mit der Bedingung für nichttriviale Lösungen $\boldsymbol{x}$

$$\boxed{\det\,(\boldsymbol{A} - \lambda\,\boldsymbol{I}) = 0}\,. \tag{4}$$

Das Differentialgleichungssystem (1) führt somit auf das *Eigenwertproblem* der Koeffizientenmatrix. Die charakteristische Gleichung der Matrix wird zur charakteristischen Gleichung des Differentialgleichungssystems; ihre n Wurzeln, die Eigenwerte λ_i der Matrix, sind genau jene Werte des Parameters λ, für die der Ansatz Gl. (2) eine Lösung herbeiführt. Die zugehörigen *Eigenvektoren* $\boldsymbol{x}_i$ aber sind, da ein gemeinsamer Faktor der Komponenten, wie etwa auch $e^{\lambda_i t}$, wegen der Homogenität des Gleichungssystems nicht ins Gewicht fällt, als die *Amplitudenvektoren* anzusehen, für die wir hinfort $\boldsymbol{x}_i$ anstatt $\boldsymbol{c}$ schreiben werden. Denken wir uns diese Eigenvektoren $\boldsymbol{x}_i$ noch irgendwie normiert, so tritt in der Lösung zu jedem $\boldsymbol{x}_i$ noch ein freier Faktor A_i hinzu. Durch Überlagern all dieser Einzellösungen

$$A_i \boldsymbol{x}_i e^{\lambda_i t}$$

erhalten wir dann die Lösung von (1) in der Form

$$\boxed{\boldsymbol{x} = A_1 \boldsymbol{x}_1 e^{\lambda_1 t} + A_2 \boldsymbol{x}_2 e^{\lambda_2 t} + \cdots + A_n \boldsymbol{x}_n e^{\lambda_n t}}\,. \tag{5}$$

Dies ist mit n freien Integrationskonstanten A_i nun genau dann die *allgemeine Lösung* der Aufgabe, wenn die n Eigenvektoren $\boldsymbol{x}_i$ der Matrix $\boldsymbol{A}$ linear unabhängig gewählt sind. Denn genau dann läßt sie sich stets n beliebigen Anfangsbedingungen $\boldsymbol{x}(0) = \boldsymbol{x}_0 = (x_i^0)$ anpassen gemäß

$$A_1 \boldsymbol{x}_1 + A_2 \boldsymbol{x}_2 + \cdots A_n \boldsymbol{x}_n = \boldsymbol{x}_0 \tag{6}$$

oder mit der nichtsingulären Matrix $\boldsymbol{X}$ der Eigenvektoren $\boldsymbol{x}_i$ und dem Vektor $\boldsymbol{a} = (A_1, A_2, \ldots, A_n)'$ kürzer

$$\boldsymbol{X} \boldsymbol{a} = \boldsymbol{x}_0\,. \tag{6'}$$

Dieses lineare Gleichungssystem für die gesuchten Integrationskonstanten A_i ist ja für beliebige Anfangsbedingungen $\boldsymbol{x}_0$ als rechte Seiten dann und nur dann eindeutig lösbar, wenn $\boldsymbol{X}$ nichtsingulär ist, die Matrix $\boldsymbol{A}$ also n linear unabhängige Eigenvektoren $\boldsymbol{x}_i$ besitzt, d. h. wenn $\boldsymbol{A}$ diagonalähnlich ist.

Während bei einer einzelnen Differentialgleichung n-ter Ordnung im Falle von Mehrfachwurzeln λ der charakteristischen Gleichung in der allgemeinen Lösung außer $e^{\lambda t}$ auch Glieder der Form $t\,e^{\lambda t}$, $t^2 e^{\lambda t}, \ldots,$ $t^{p-1} e^{\lambda t}$ bei p-facher Wurzel λ auftreten, ist dies beim Differentialgleichungssystem (1) nicht der Fall, solange die Koeffizientenmatrix $\boldsymbol{A}$ diagonalähnlich ist, solange also die charakteristische Matrix $\boldsymbol{A} - \lambda \boldsymbol{I}$ ausschließlich lineare Elementarteiler besitzt. Die lineare Unabhängigkeit der Lösungen wird auch bei teilweise gleichen Exponentialfunktionen allein durch die lineare Unabhängigkeit der Amplitudenvektoren $\boldsymbol{x}_i$ gewahrt. Das wird erst anders, wenn bei Mehrfachwurzeln auch nichtlineare Elementarteiler auftreten, worauf wir im nächsten Abschnitt zurückkommen.

Beispiel:

$$\begin{aligned} \dot{x}_1 &= -2\,x_1 + 2\,x_2 - 3\,x_3 \\ \dot{x}_2 &= 2\,x_1 + \,x_2 - 6\,x_3 \\ \dot{x}_3 &= -x_1 - 2\,x_2 \end{aligned}$$

Die Matrix $\boldsymbol{A} = \begin{pmatrix} -2 & 2 & -3 \\ 2 & 1 & -6 \\ -1 & -2 & 0 \end{pmatrix}$ hat die Eigenwerte $\lambda_1 = \lambda_2 = -3$, $\lambda_3 = 5$

und die drei zugehörigen unabhängigen Eigenvektoren

$$\boldsymbol{x}_1 = \begin{pmatrix} -2 \\ 1 \\ 0 \end{pmatrix}, \quad \boldsymbol{x}_2 = \begin{pmatrix} 3 \\ 0 \\ 1 \end{pmatrix}, \quad \boldsymbol{x}_3 = \begin{pmatrix} 1 \\ 2 \\ -1 \end{pmatrix}.$$

Damit lautet die allgemeine Lösung

$$\boldsymbol{x} = \begin{pmatrix} -2 \\ 1 \\ 0 \end{pmatrix} A\, e^{-3t} + \begin{pmatrix} 3 \\ 0 \\ 1 \end{pmatrix} B\, e^{-3t} + \begin{pmatrix} 1 \\ 2 \\ -1 \end{pmatrix} C\, e^{5t}$$

oder

$$\begin{aligned} x_1 &= (-2\,A + 3\,B)\, e^{-3t} + C\, e^{5t} \\ x_2 &= A\, e^{-3t} + 2\,C\, e^{5t} \\ x_3 &= B\, e^{-3t} - C\, e^{5t} \quad . \end{aligned}$$

Für die Anfangsbedingungen

$$x_1(0) = 8\,, \quad x_2(0) = 0\,, \quad x_3(0) = 0$$

beispielsweise ergeben sich die drei Integrationskonstanten aus dem Gleichungssystem

$$\begin{aligned} -2\,A + 3\,B + C &= 8 \\ A + 2\,C &= 0 \\ B - C &= 0 \end{aligned}$$

zu $A = -2$, $B = C = 1$, also die den Anfangsbedingungen angepaßte Sonderlösung zu

$$\begin{aligned} x_1 &= 7\, e^{-3t} + e^{5t} \\ x_2 &= -2\, e^{-3t} + 2\, e^{5t} \\ x_3 &= e^{-3t} - e^{5t} \end{aligned}$$

Eine Lösung des Systems (1), in der die Anfangsbedingung $\boldsymbol{x}_0$ unmittelbar eingeht, erhalten wir in der Form

$$\boxed{\boldsymbol{x} = e^{\boldsymbol{A}t}\, \boldsymbol{x}_0} \tag{7}$$

ganz analog zur Lösung $x = x_0\, e^{at}$ der einzelnen Differentialgleichung $\dot{x} = a\, x$. Denn offenbar erfüllt Gl. (7) die Differentialgleichung $\dot{\boldsymbol{x}} = \boldsymbol{A}\,\boldsymbol{x}$ und die Anfangsbedingung $\boldsymbol{x}(0) = \boldsymbol{x}_0$, indem die Matrix $e^{\boldsymbol{A}t}$ mit $t = 0$ in die Einheitsmatrix $\boldsymbol{I}$ übergeht. Diese Matrix $\boldsymbol{B} = e^{\boldsymbol{A}t}$ läßt sich entweder in Reihenform

$$\boldsymbol{B} = e^{\boldsymbol{A}t} = \boldsymbol{I} + \boldsymbol{A}\, t + \frac{1}{2\,!}\boldsymbol{A}^2 t^2 + \cdots \tag{8}$$

darstellen und so mit jeder gewünschten Genauigkeit durch Bilden der Matrizenpotenzen $\boldsymbol{A}^n\, t^n = (\boldsymbol{A}\, t)^n$ für bestimmte t-Werte zahlenmäßig annähern. Dabei ist Kenntnis der Eigenwerte λ_i gar nicht erforderlich. Dieser Weg ist u. U. bei Einsatz von Rechenautomaten empfehlenswert.

Der normale Lösungsgang aber wird die Darstellung der Matrizenfunktion $\boldsymbol{B}$ durch das der Matrix $\boldsymbol{A}$ zugeordnete *Ersatzpolynom* $\varphi(\boldsymbol{A})$ sein, in das die Eigenwerte λ_i von $\boldsymbol{A}$ eingehen, wie in § 20.2 ausführlich beschrieben. Ist $\boldsymbol{A}$ diagonalähnlich, wobei das zugehörige Minimalpolynom $m(\lambda)$ lauter einfache Nullstellen λ_σ hat, die auch Mehrfachwurzeln der charakteristischen Gleichung sein können, so wird

$$\boldsymbol{B} = e^{\boldsymbol{A}t} = \varphi(\boldsymbol{A}) = \sum_{\sigma=1}^{s} \frac{e^{\lambda_\sigma t}}{m_\sigma(\lambda_\sigma)} m_\sigma(\boldsymbol{A}) \tag{9}$$

mit

$$m_\sigma(\lambda) = \frac{m(\lambda)}{\lambda - \lambda_\sigma} .$$

Nun wird wegen $m(\boldsymbol{A}) = \boldsymbol{O}$

$$m(\boldsymbol{A})\,\boldsymbol{x}_0 = (\boldsymbol{A} - \lambda_\sigma \boldsymbol{I})\, m_\sigma(\boldsymbol{A})\,\boldsymbol{x}_0 = \boldsymbol{o} ,$$

d. h. es ist

$$m_\sigma(\boldsymbol{A})\,\boldsymbol{x}_0 = \boldsymbol{x}_\sigma \tag{10}$$

gleich einem zu λ_σ gehörigen Eigenvektor bei beliebigem Anfangsvektor $\boldsymbol{x}_0$. Damit aber geht Gl. (7) mit Gln. (9) und (10) über in

$$\boldsymbol{x} = e^{\boldsymbol{A}t}\boldsymbol{x}_0 = \sum_{\sigma=1}^{s} \frac{e^{\lambda_\sigma t}}{m_\sigma(\lambda_\sigma)} \boldsymbol{x}_\sigma , \tag{11}$$

und das ist genau die der Anfangsbedingung $\boldsymbol{x}(0) = \boldsymbol{x}_0$ angepaßte Lösung, die man aus Gl. (5) durch Anpassung der Integrationskonstanten A_i an die Anfangsbedingung gewinnen würde. — Wir erläutern das Gesagte am oben angeführten Beispiel. Dafür ist

$$m(\lambda) = (\lambda + 3)(\lambda - 5)$$

$$\lambda_1 = -3 \quad m_1(\lambda) = \lambda - 5 , \quad m_1(\lambda_1) = m_1 = -8$$

$$\lambda_2 = 5 \quad m_2(\lambda) = \lambda + 3 , \quad m_2(\lambda_2) = m_2 = 8$$

$$m_1(\boldsymbol{A}) = \boldsymbol{A} - 5\,\boldsymbol{I} = \begin{pmatrix} -7 & 2 & -3 \\ 2 & -4 & -6 \\ -1 & -2 & -5 \end{pmatrix},$$

$$m_2(\boldsymbol{A}) = \boldsymbol{A} + 3\,\boldsymbol{I} = \begin{pmatrix} 1 & 2 & -3 \\ 2 & 4 & -6 \\ -1 & -2 & 3 \end{pmatrix}.$$

Mit der oben gewählten Anfangsbedingung $\boldsymbol{x}_0 = \begin{pmatrix} 8 \\ 0 \\ 0 \end{pmatrix} = 8 \begin{pmatrix} 1 \\ 0 \\ 0 \end{pmatrix}$ wird

$$\frac{1}{m_1} m_1(\boldsymbol{A})\,\boldsymbol{x}_0 = \begin{pmatrix} 7 \\ -2 \\ 1 \end{pmatrix}, \quad \frac{1}{m_2} m_2(\boldsymbol{A})\,\boldsymbol{x}_0 = \begin{pmatrix} 1 \\ 2 \\ -1 \end{pmatrix}$$

und somit

$$\boldsymbol{x} = \begin{pmatrix} 7 \\ -2 \\ 1 \end{pmatrix} e^{-3t} + \begin{pmatrix} 1 \\ 2 \\ -1 \end{pmatrix} e^{5t},$$

was mit der oben angegebenen Sonderlösung übereinstimmt.

28.2. Verhalten bei nichtlinearen Elementarteilern

Besitzt die Matrix $\boldsymbol{A}$ bei mehrfachen Eigenwerten nicht mehr die volle Anzahl linear unabhängiger Eigenvektoren, so ist ein Anpassen der Lösung (5) an beliebige Anfangsbedingungen $\boldsymbol{x}_0$ nicht mehr möglich. Um in diesem Falle nichtdiagonalähnlicher Matrix, also nichtlinearer Elementarteiler die allgemeine Lösung von Gl. (1) zu finden, machen wir ähnlich wie bei Mehrfachwurzeln λ_i einer einzelnen Differentialgleichung n-ter Ordnung einen *Produktansatz* der Form

$$\boxed{\boldsymbol{x} = \boldsymbol{c}(t)\, e^{\lambda t}} \tag{12}$$

mit einem Amplitudenvektor $\boldsymbol{c}(t)$, dessen Elemente Polynome noch zu bestimmenden Grades in t sind. Mit

$$\dot{\boldsymbol{x}} = \lambda\, \boldsymbol{c}(t)\, e^{\lambda t} + \dot{\boldsymbol{c}}(t)\, e^{\lambda t}$$

folgt dann durch Einsetzen in die Differentialgleichung

$$(\boldsymbol{A} - \lambda \boldsymbol{I})\, \boldsymbol{c}(t) = \dot{\boldsymbol{c}}(t) \tag{13}$$

in Verallgemeinerung von Gl. (3). Für den Polynomvektor $\boldsymbol{c}(t)$ setzen wir an

$$\boxed{\boldsymbol{c}(t) = \boldsymbol{x}^1\, P(t) + \boldsymbol{x}^2\, \dot{P}(t) + \cdots \boldsymbol{x}^e\, P^{(e-1)}(t)} \tag{14}$$

mit einem Polynom $P(t)$ vom Grade $e-1$ bei noch zu bestimmendem e, das wir in der Form

$$\boxed{P(t) = A + B\,t + C\,\frac{t^2}{2!} + \cdots + E\,\frac{t^{e-1}}{(e-1)!}} \tag{15}$$

schreiben, womit sich

$$\boldsymbol{x}(0) = \boldsymbol{c}(0) = A\,\boldsymbol{x}^1 + B\,\boldsymbol{x}^2 + \cdots + E\,\boldsymbol{x}^e \tag{16}$$

ergibt mit noch zu bestimmenden — linear unabhängigen — Vektoren $\boldsymbol{x}^\tau$. Damit wird

$$\dot{\boldsymbol{c}}(t) = \boldsymbol{x}^1\, \dot{P}(t) + \boldsymbol{x}^2\, \ddot{P}(t) + \cdots + \boldsymbol{x}^{e-1}\, P^{(e-1)}(t)\,, \tag{17}$$

während das letzte Glied wegen $P^{(e)}(t) = 0$ entfällt. Indem wir Gl. (14) und Gl. (17) einsetzen in Gl. (13), folgen aus einem Koeffizientenvergleich hinsichtlich der Ableitungen $P^{(\nu)}(t)$ für die Vektoren $\boldsymbol{x}^\tau$ die Forderungen

$$\boxed{\begin{aligned} (\boldsymbol{A} - \lambda \boldsymbol{I})\, \boldsymbol{x}^1 &= \boldsymbol{o} \\ (\boldsymbol{A} - \lambda \boldsymbol{I})\, \boldsymbol{x}^2 &= \boldsymbol{x}^1 \\ \cdots\cdots & \cdots\cdots \\ (\boldsymbol{A} - \lambda \boldsymbol{I})\, \boldsymbol{x}^e &= \boldsymbol{x}^{e-1} \end{aligned}} \;. \tag{18}$$

Dies aber sind gerade die Definitionsgleichungen der in § 19.4, Gl. (17) eingeführten *Hauptvektoren* $\boldsymbol{x}^\tau$ der Stufe τ, wobei der Vektor 1. Stufe $\boldsymbol{x}^1$ gleich dem Eigenvektor ist.

Zu einem p-fachen Eigenwert λ gibt es, wie wir wissen, d linear unabhängige Eigenvektoren, wenn die charakteristische Matrix $\boldsymbol{A} - \lambda \boldsymbol{I}$ den Rangabfall d besitzt, wobei uns hier der Fall $d < p$ interessiert (Fall nichtlinearer Elementarteiler). Hierbei lassen sich dann, wie in § 19.4 und 5 gezeigt wurde, d Eigenvektoren $\boldsymbol{x}_1^1, \boldsymbol{x}_2^1, \ldots, \boldsymbol{x}_d^1$ derart auswählen, daß von jedem aus eine *Hauptvektorkette* bestimmter Länge $e_\varkappa$ nach der Vorschrift Gl. (18) gebildet werden kann, wobei freilich auch $e_\varkappa = 1$ auftreten kann. Hat die Matrix $\boldsymbol{A}$ insgesamt k linear unabhängige Eigenvektoren $\boldsymbol{x}_\varkappa = \boldsymbol{x}_\varkappa^1$, die wir durchnumerieren nach $\varkappa = 1, 2, \ldots, k$ und denen k — möglicherweise gleiche — Eigenwerte $\lambda_\varkappa$ entsprechen, so stellen die zugehörigen Hauptvektor-Kettenlängen $e_\varkappa$, das sind aber gerade die Ordnungen der Elementarbestandteile in der JORDAN-Form $\boldsymbol{J}$ der Matrix $\boldsymbol{A}$, die *wesentlichen Vielfachheiten* der Eigenwerte $\lambda_\varkappa$ dar, die für unsere Aufgabe allein ins Gewicht fallen. Es sind die zur *Charakteristik* der Matrix zusammengefaßten Zahlen, in der also die runden Klammern, die die wirklichen Vielfachheiten kennzeichnen, hier ohne Bedeutung sind. Zu jedem Eigenvektor $\boldsymbol{x}_\varkappa^1$ als Anfangsglied einer Hauptvektorkette gehört dann eine Lösung der Differentialgleichung von der Form

$$\boxed{\boldsymbol{x}_\varkappa(t) = \boldsymbol{c}_\varkappa(t)\, e^{\lambda_\varkappa t}} \qquad (\varkappa = 1, 2, \ldots, k)\,, \tag{12a}$$

wo jedes $\boldsymbol{c}_\varkappa(t)$ nach Gl. (14) durch die Hauptvektorkette festgelegt wird mit einem Polynom $P_\varkappa(t)$ vom Grade $e_\varkappa - 1$. Aus den Einzellösungen Gl. (12a) baut sich dann die allgemeine Lösung auf nach

$$\boxed{\boldsymbol{x}(t) = \boldsymbol{c}_1(t)\, e^{\lambda_1 t} + \boldsymbol{c}_2(t)\, e^{\lambda_2 t} + \cdots + \boldsymbol{c}_k(t)\, e^{\lambda_k t}}\;. \tag{19}$$

Die in ihr auftretenden n Integrationskonstanten $A_\varkappa, B_\varkappa, \ldots$ ($\varkappa = 1, 2, \ldots, k$) lassen sich zu beliebiger Anfangsbedingung $\boldsymbol{x}(0) = \boldsymbol{x}_0$ aus einem Gleichungssystem eindeutig bestimmen, dessen Koeffizientenmatrix aus den n unabhängigen Eigen- und Hauptvektoren $\boldsymbol{x}_\varkappa^\tau$ besteht.

Hat beispielsweise die Matrix $\boldsymbol{A}$ bei $n = 9$ die Charakteristik [(2, 1, 1) (3, 2)], besitzt sie also zwei verschiedene Eigenwerte $\lambda_1 = a$ und $\lambda_2 = b$ von den Vielfachheiten 4 bzw. 5, so lautet Punktschema und System der Hauptvektoren:

$$
\begin{array}{llll}
\lambda_1 = a: & \varkappa = 1 & \cdot\ \cdot & \boldsymbol{x}_1^1\,\boldsymbol{x}_1^2 \\
 & 2 & \cdot & \boldsymbol{x}_2^1 \\
 & 3 & \cdot & \boldsymbol{x}_3^1 \\
\lambda_2 = b: & 4 & \cdot\ \cdot\ \cdot & \boldsymbol{x}_4^1\,\boldsymbol{x}_4^2\,\boldsymbol{x}_4^3 \\
 & 5 & \cdot\ \cdot & \boldsymbol{x}_5^1\,\boldsymbol{x}_5^2 .
\end{array}
$$

Die allgemeine Lösung des Differentialgleichungssystems ist somit

$$
\begin{aligned}
\boldsymbol{x}(t) = {} & [(A_1 + B_1\,t)\,\boldsymbol{x}_1^1 + B_1\,\boldsymbol{x}_1^2]\,e^{a t} + A_2\,\boldsymbol{x}_2^1\,e^{a t} + A_3\,\boldsymbol{x}_3^1\,e^{a t} \\
& + \left[\left(A_4 + B_4\,t + C_4\,\frac{t^2}{2}\right)\boldsymbol{x}_4^1 + (B_4 + C_4\,t)\,\boldsymbol{x}_4^2 + C_4\,\boldsymbol{x}_4^3\right] e^{b t} \\
& + [(A_5 + B_5\,t)\,\boldsymbol{x}_5^1 + B_5\,\boldsymbol{x}_5^2]\,e^{b t} .
\end{aligned}
$$

Beispiel:

$$
\begin{aligned}
\dot{x}_1 &= 24\,x_1 + 18\,x_2 - 27\,x_3 + 8\,x_4 \\
\dot{x}_2 &= -19\,x_1 - 14\,x_2 + 24\,x_3 - 6\,x_4 \\
\dot{x}_3 &= 10\,x_1 + 8\,x_2 - 10\,x_3 + 4\,x_4 \\
\dot{x}_4 &= 19\,x_1 + 16\,x_2 - 24\,x_3 + 8\,x_4 .
\end{aligned}
$$

Die Matrix hat den vierfachen Eigenwert $\lambda = 2$ und die Charakteristik [(3 1)]. Dafür vollzieht sich der Aufbau der Hauptvektoren nach folgendem Schema:

Berechnung der Eigen- und Hauptvektoren:

	$\boldsymbol{A} - \lambda\,\boldsymbol{I}$						$\bar{\boldsymbol{x}}_1^1$	$\bar{\boldsymbol{x}}_1^2$
	22	18	—27	8			2	5
	—19	—16	24	—6			1	0
	10	8	—12	4			2	4
	19	16	—24	6	$\boldsymbol{y}_1$	$\boldsymbol{y}_2$	—1	0
	22	18	—27	8	4	0	2	5
	—19	—10	15	20	2	1	60	95
	10	—4	0	0	—5	0	0	0
	19	10	0	0	0	1	0	0
$\tilde{\boldsymbol{x}}_1^1$	0	3	2	0				
$\tilde{\boldsymbol{x}}_2^1$	—2	2	0	1				
$\tilde{\boldsymbol{x}}_1^2$	5	—6	0	0	←		—1	
$\tilde{\boldsymbol{x}}_1^3$	8	—9,5	0	0	←			—1

Die Rechnung erfolgt nach dem divisionsfreien Algorithmus, § 6.5. Trennung der Vektoren:

$\boldsymbol{y}_1$	$\boldsymbol{y}_2$					
4	0					
2	1					
—5	0					
0	1					
—4	3	0	3	2	0	$\tilde{\boldsymbol{x}}_1^1$
—4	3	—2	2	0	1	$\tilde{\boldsymbol{x}}_2^1$
8	—6	5	—6	0	0	$\tilde{\boldsymbol{x}}_1^2$
13	—9,5	8	—9,5	0	0	$\tilde{\boldsymbol{x}}_1^3$
—4	3	0	3	2	0	* $\boldsymbol{x}_2^1$
—1	0	—2	—1	—2	1	$\to \boldsymbol{x}_1^2$
2	0	5	0	4	0	$\to \boldsymbol{x}_1^3$
13/4	1/4	8	1/4	13/2	0	* $\boldsymbol{x}_1^3$

Abstieg zu niederen Stufen:

$\boldsymbol{A} - \lambda \boldsymbol{I}$				$\boldsymbol{x}_1^3$	$\boldsymbol{x}_1^2$	$\boldsymbol{x}_1^1$
22	18	—27	8	8	5	2
—19	—16	24	—6	1/4	0	1
10	8	—12	4	13/2	4	2
19	16	—24	6	0	0	—1

Lösung:

$$\boldsymbol{x}(t) = \left[\left(A_1 + B_1 t + C_1 \frac{t^2}{2}\right) \boldsymbol{x}_1^1 + (B_1 + C_1 t)\, \boldsymbol{x}_1^2 + C_1 \boldsymbol{x}_1^3 + A_2 \boldsymbol{x}_2^1\right] e^2$$

oder geordnet nach den Konstanten und für $C_1/2$ jetzt C_1 gesetzt:

$$\boldsymbol{x}(t) = \left[\begin{pmatrix} 2 \\ 1 \\ 2 \\ -1 \end{pmatrix} A_1 + \begin{pmatrix} 0 \\ 3 \\ 2 \\ 0 \end{pmatrix} A_2 + \begin{pmatrix} 5 + 2t \\ t \\ 4 + 2t \\ -t \end{pmatrix} B_1 + \begin{pmatrix} 16 + 10t + 2t^2 \\ 1/2 \quad + t^2 \\ 13 + 8t + 2t^2 \\ - t^2 \end{pmatrix} C_1\right] e^{2t},$$

ausführlich

$$\begin{aligned}
x_1 &= [2\,A_1 \qquad\quad + (5 + 2\,t)\,B_1 + (16 + 10\,t + 2\,t^2)\,C_1]\,e^{2t}\\
x_2 &= [\ \ A_1 + 3\,A_2 + \qquad t\,B_1 + (1/2 \qquad\quad + t^2)\,C_1]\,e^{2t}\\
x_3 &= [2\,A_1 + 2\,A_2 + (4 + 2\,t)\,B_1 + (13 \ + 8\,t + 2\,t^2)\,C_1]\,e^{2t}\\
x_4 &= [-A_1 \qquad\quad - \qquad t\,B_1 \qquad\qquad\quad - \ t^2\,C_1]\,e^{2t}\,.
\end{aligned}$$

28.3. Systeme höherer Ordnung

Alle bisherigen Betrachtungen lassen sich auch zur Lösung von Differentialgleichungssystemen höherer Ordnung im Falle homogener Gleichungen mit konstanten Koeffizienten heranziehen, da sich Gleichungen höherer Ordnung auf Systeme erster Ordnung zurückführen lassen, indem man die Ableitungen als neue Variable einführt. Wir erläutern das Vorgehen an einem Beispiel aus dem bekannten Dynamikbuch von ROUTH[1], in dem Gleichungssysteme mit konstanten Koeffizienten ausführlich behandelt werden. Mit der Abkürzung $D = d/dt$, also $\dot{x} = D\,x$ lautet das Beispiel

$$\begin{aligned}
(D-1)^2(D+1)\,x_1 - (D-1)(D-2)\,x_2 + (D-1)\,x_3 &= 0\\
3\,(D-1)^2\,x_1 - (D-1)(D-3)\,x_2 + 2\,(D-1)\,x_3 &= 0\\
(D-1)^2\,x_1 + (D-1)\,x_2 + (D-1)\,x_3 &= 0\,.
\end{aligned}$$

Allgemein können wir Systeme dieser Art in Matrizenform

$$\boxed{\boldsymbol{F}(D)\,\boldsymbol{x} = \boldsymbol{o}} \tag{20}$$

schreiben. Der übliche Exponentialansatz

$$\boldsymbol{x} = \boldsymbol{c}\,e^{\lambda t}$$

führt dann auf das homogene Gleichungssystem für den Amplitudenvektor

$$\boxed{\boldsymbol{F}(\lambda)\,\boldsymbol{c} = \boldsymbol{o}} \tag{21}$$

mit der Polynommatrix $\boldsymbol{F}(\lambda)$ in λ, in unserm Beispiel:

$$\boldsymbol{F}(\lambda) = \begin{pmatrix} (\lambda-1)^2\,(\lambda+1) & -(\lambda-1)(\lambda-2) & (\lambda-1)\\ 3\,(\lambda-1)^2 & -(\lambda-1)(\lambda-3) & 2\,(\lambda-1)\\ (\lambda-1)^2 & (\lambda-1) & (\lambda-1) \end{pmatrix}.$$

---

[1] ROUTH, E. J.: Advanced rigid dynamics. 6. Aufl. London 1905. — Deutsche Ausgabe: Die Dynamik starrer Körper. Bd. 1, 2. Leipzig 1898. Insbesondere Bd. 2, S. 236—241.

Die charakteristische Gleichung

$$\boxed{\det \boldsymbol{F}(\lambda) = 0} \tag{22}$$

lautet in unserem Falle

$$\det \boldsymbol{F}(\lambda) = -(\lambda - 1)^6 = 0\,,$$

hat also die sechsfache Wurzel $\lambda = 1$. Das Problem ist somit 6. Ordnung, und die allgemeine Lösung verlangt 6 freie Konstanten.

Um die Lösung auf dem im vorigen Abschnitt beschriebenen Wege herbeizuführen, verwandeln wir das System 3. Ordnung in ein solches erster Ordnung durch Einführen der neuen Variablen

$$\begin{array}{lll} z_1 = x_1 & z_4 = x_2 & z_6 = x_3 \\ z_2 = \dot{x}_1 & z_5 = \dot{x}_2 & \\ z_3 = \ddot{x}_1 & & \end{array}$$

Damit und dem ausführlich geschriebenen Ausgangssystem

$$\begin{aligned} \dddot{x}_1 - \ddot{x}_1 - \dot{x}_1 + x_1 - \ddot{x}_2 + 3\,\dot{x}_2 - 2\,x_2 + \dot{x}_3 - x_3 &= 0 \\ 3\,\ddot{x}_1 - 6\,\dot{x}_1 + 3\,x_1 - \ddot{x}_2 + 4\,\dot{x}_2 - 3\,x_2 + 2\,\dot{x}_3 - 2\,x_3 &= 0 \\ \ddot{x}_1 - 2\,\dot{x}_1 + x_1 \qquad + \dot{x}_2 - x_2 + \dot{x}_3 - x_3 &= 0 \end{aligned}$$

erhalten wir das System 1. Ordnung in der Form

$$\boldsymbol{B}\,\dot{\boldsymbol{z}} + \boldsymbol{C}\,\boldsymbol{z} = \boldsymbol{o}$$

mit den Koeffizientenschemata $\boldsymbol{B}$, $\boldsymbol{C}$ der folgenden Tabelle, in der die Umrechnung in die Normalform

$$\dot{\boldsymbol{z}} = \boldsymbol{A}\,\boldsymbol{z}$$

durchgeführt wird, wobei sich die Matrix $\boldsymbol{A}$ als Lösung des Gleichungssystems $\boldsymbol{B}\,\boldsymbol{A} + \boldsymbol{C} = \boldsymbol{O}$ ergibt zu

$$\boldsymbol{A} = \begin{pmatrix} 0 & 1 & 0 & 0 & 0 & 0 \\ 0 & 0 & 1 & 0 & 0 & 0 \\ 1 & -3 & 3 & 0 & 0 & 0 \\ 0 & 0 & 0 & 0 & 1 & 0 \\ 1 & -2 & 1 & -1 & 2 & 0 \\ -1 & 2 & -1 & 1 & -1 & 1 \end{pmatrix}.$$

Diese Matrix $\boldsymbol{A}$ mit dem 6fachen Eigenwert $\lambda = 1$ wird nun wie im vorigen Abschnitt behandelt. Sie erweist sich dabei von der Charakteristik [(3 2 1)]. Die Berechnung der Eigen- und Hauptvektoren verläuft wieder in den beiden folgenden Schemata.

	$\dot z_1$	$\dot z_2$	$\dot z_3$	$\dot z_4$	$\dot z_5$	$\dot z_6$	z_1	z_2	z_3	z_4	z_5	z_6	
	1							−1					
		1							−1				
			1		−1	1	1	−1	−1	−2	3	−1	
$\boldsymbol{B}$				1							−1		$\boldsymbol{C}$
					−1	2	3	−6	3	−3	4	−2	
						1	1	−2	1	−1	+1	−1	
	0	0	1	0	1	−1	1						
	1	0	−3	0	−2	2		1					
$\boldsymbol{A}'$	0	1	3	0	1	−1			1				
	0	0	0	0	−1	1				1			
	0	0	0	1	2	−1					1		
	0	0	0	0	0	1						1	

	$\boldsymbol{A}-\lambda\boldsymbol{I}$									$\bar z_1^1$	$\bar z_2^1$	$\bar z_1^2$
	−1	1	0	0	0	0				1	0	2
	0	−1	1	0	0	0				1	0	1
	1	−3	2	0	0	0				1	0	0
	0	0	0	−1	1	0				0	−1	1
	1	−2	1	−1	1	0				0	−1	0
	−1	2	−1	1	−1	0		$\boldsymbol{Y}$		0	1	0
	−1	1	0	0	0	0	1	1	−1	1	0	2
	0	−1	1	0	0	0	−2	−1	1	1	0	1
	1	−2	0	0	0	0	1	0	0	0	0	0
	0	0	0	−1	1	0	0	−1	1	0	−1	1
	1	−1	0	−1	0	0	0	1	0	0	0	0
	−1	1	0	1	0	0	0	0	1	0	0	0
$\tilde z_1^1$	1	1	1	0	0	0						
$\tilde z_2^1$	0	0	0	1	1	0						
$\tilde z_3^1$	0	0	0	0	0	1						
$\tilde z_1^2$	−2	−1	0	0	0	0				−1		
$\tilde z_2^2$	0	0	0	1	0	0					−1	
$\tilde z_1^3$	−3	−1	0	−1	0	0						−1

1	1	−1							
−2	−1	1							
1	0	0							
0	−1	1							
0	1	0							
0	0	1							
0	0	0	1	1	1	0	0	0	
0	0	1	0	0	0	1	1	0	
0	0	1	0	0	0	0	0	1	
0	−1	1	−2	−1	0	0	0	0	
0	−1	1	0	0	0	1	0	0	
−1	−1	1	−3	−1	0	−1	0	0	
0	0	0	1	1	1	0	0	0	$\to z_1^2$
0	0	[1]	0	0	0	1	1	0	$*z_3^1$
0	0	−1	0	0	0	−1	−1	1	$\to z_2^2$
0	[−1]	−1	−2	−1	0	−1	−1	0	$*z_2^2$
0	−1	−1	2	1	0	1	0	0	$\to z_1^3$
[−1]	−1	−1	−1	0	0	−1	0	0	$*z_1^3$

Abstieg:

$A-\lambda I$						z_1^3	z_1^2	z_1^1	z_2^2	z_2^1	z_3^1
−1	1	0	0	0	0	1	−1	1	2	−1	0
0	−1	1	0	0	0	0	0	1	1	−1	0
1	−3	2	0	0	0	0	1	1	0	−1	0
0	0	0	−1	1	0	1	−1	1	1	0	1
1	−2	1	−1	1	0	0	0	1	1	0	1
−1	2	−1	1	−1	0	0	0	−1	0	0	0

Lösung:

$$z(t) = [A_1 z_1^1 + B_1 (z_1^2 + z_1^1 t) + C_1 (z_1^3 + z_1^2 t + z_1^1 t^2/2) + A_2 z_2^1 + B_2 (z_2^2 + z_2^1 t) + A_3 z_3^1]\, e^t$$

Daraus die Komponenten $z_1 = x_1$, $z_4 = x_2$, $z_6 = x_3$:

$$\boldsymbol{x}(t) = \left[A_1 \begin{pmatrix} 1 \\ 1 \\ -1 \end{pmatrix} + B_1 \begin{pmatrix} -1+t \\ -1+t \\ -t \end{pmatrix} + C_1 \begin{pmatrix} 1-t+t^2/2 \\ 1-t+t^2/2 \\ -t^2/2 \end{pmatrix} \right.$$

$$\left. + A_2 \begin{pmatrix} 1 \\ 0 \\ 0 \end{pmatrix} + B_2 \begin{pmatrix} 2-t \\ 1 \\ 0 \end{pmatrix} + A_3 \begin{pmatrix} 0 \\ 1 \\ 0 \end{pmatrix} \right] e^t .$$

Die Integrationskonstanten ergeben sich aus 6 Anfangsbedingungen x_1, $\dot{x}_1$, $\ddot{x}_1$; x_2, $\dot{x}_2$; x_3 bzw. den entsprechenden Werten z_1, z_2, z_3, z_4, z_5, z_6, also dem Vektor $\boldsymbol{z}(0) = \boldsymbol{z}_0$, d. h. aber aus einem Gleichungssystem mit der nichtsingulären Matrix der Eigen- und Hauptvektoren $\boldsymbol{z}_\varkappa^\tau$.

28.4. Inhomogene Systeme

Für ein inhomogenes System erster Ordnung kann man ähnlich wie bei der einzelnen Differentialgleichung die Lösung nach der Methode der *Variation der Konstanten* gewinnen. Im Falle konstanter Koeffizienten, also einer Gleichung der Form

$$\boxed{\dot{\boldsymbol{x}} = \boldsymbol{A}\,\boldsymbol{x} + \boldsymbol{r}(t)} \tag{23}$$

mit gegebenem Vektor $\boldsymbol{r}(t)$ der Störfunktionen $r_i(t)$ geht man aus von der Lösung

$$\boldsymbol{z} = e^{\boldsymbol{A}t}\,\boldsymbol{z}_0$$

der homogenen Gleichung und erhält dann eine Lösung des inhomogenen Systems in der Form

$$\boldsymbol{x} = e^{\boldsymbol{A}t}\,\boldsymbol{y}(t) \tag{24}$$

mit noch zu bestimmendem $\boldsymbol{y}(t)$. Mit

$$\dot{\boldsymbol{x}} = \boldsymbol{A}\,\boldsymbol{x} + e^{\boldsymbol{A}t}\,\dot{\boldsymbol{y}}(t)$$

folgt durch Einsetzen in Gl. (23)

$$e^{\boldsymbol{A}t}\,\dot{\boldsymbol{y}}(t) = \boldsymbol{r}(t)$$

und daraus wegen nichtsingulärem $e^{\boldsymbol{A}t}$

$$\dot{\boldsymbol{y}} = e^{-\boldsymbol{A}t}\,\boldsymbol{r}(t) .$$

Integration ergibt unter Berücksichtigung der Anfangsbedingung $\boldsymbol{x}(0) = \boldsymbol{x}_0$:

$$\boldsymbol{y}(t) = \int_0^t e^{-\boldsymbol{A}t}\,\boldsymbol{r}(t)\,dt + \boldsymbol{x}_0$$

und somit als Lösung

$$\boxed{\boldsymbol{x}(t) = e^{\boldsymbol{A}t}\boldsymbol{x}_0 + e^{\boldsymbol{A}t}\int_0^t e^{-\boldsymbol{A}t}\boldsymbol{x}(t)\,dt}\,, \tag{25}$$

was genau der Auflösungsformel für die einzelne lineare Differentialgleichung erster Ordnung entspricht.

In der Regel wird man jedoch — wie bei einzelnen Differentialgleichungen — die Lösung des inhomogenen Systems durch Ansatz einer der Störfunktion $\boldsymbol{r}(t)$ angepaßten *Sonderlösung* $\boldsymbol{x}_1(t)$ zu gewinnen suchen. Die allgemeine Lösung ist dann

$$\boxed{\boldsymbol{x}(t) = \boldsymbol{z}(t) + \boldsymbol{x}_1(t)} \tag{26}$$

mit der allgemeinen Lösung $\boldsymbol{z}(t)$ des homogenen Systems, deren Aufbau in den beiden ersten Abschnitten gezeigt wurde. Dieser Lösungsgang sei an einfachen Beispielen erläutert.

a) Potenz: Für die Störfunktion

$$\boxed{\boldsymbol{r}(t) = \boldsymbol{r}_0\, t^m}\,, \qquad m = 0, 1, 2, \ldots \tag{27}$$

führt der Polynomansatz

$$\boxed{\boldsymbol{x}_1(t) = \boldsymbol{a}_0 + \boldsymbol{a}_1\, t + \cdots + \boldsymbol{a}_m\, t^m} \tag{28}$$

nach leichter Rechnung durch Koeffizientenvergleich auf die Bedingungen

$$\boxed{\begin{array}{ll} \boldsymbol{A}\,\boldsymbol{a}_0 & = \boldsymbol{a}_1 \\ \boldsymbol{A}\,\boldsymbol{a}_1 & = 2\,\boldsymbol{a}_2 \\ \cdots & \cdots \\ \boldsymbol{A}\,\boldsymbol{a}_{m-1} & = m\,\boldsymbol{a}_m \\ \boldsymbol{A}\,\boldsymbol{a}_m & = -\boldsymbol{r}_0 \end{array}} \tag{29}$$

Ist $\boldsymbol{A}$ nichtsingulär, so lassen sich hieraus der Reihe nach die Vektoren $\boldsymbol{a}_m, \boldsymbol{a}_{m-1}, \ldots, \boldsymbol{a}_0$ für beliebigen Vektor $\boldsymbol{r}_0$ bestimmen. Ist aber $\boldsymbol{A}$ singulär, etwa vom Rangabfall 1, so führt der um eine t-Potenz erweiterte Polynomansatz

$$\boldsymbol{x}_1(t) = \boldsymbol{a}_0 + \boldsymbol{a}_1\, t + \cdots + \boldsymbol{a}_{m+1}\, t^{m+1} \tag{28a}$$

zum Ziele, wobei sich die $\boldsymbol{a}_i$ aus Systemen ähnlich wie (29) ermitteln lassen.

b) Exponentialfunktion: Im Falle:

$$\boxed{\boldsymbol{r}(t) = \boldsymbol{r}_0\, e^{\alpha t}} \tag{30}$$

führt der Ansatz

$$\boxed{\boldsymbol{x}_1(t) = \boldsymbol{a}\, e^{\alpha t}} \tag{31}$$

auf

$$\boxed{(\boldsymbol{A} - \alpha\, \boldsymbol{I})\, \boldsymbol{a} = -\, \boldsymbol{r}_0} \tag{32}$$

und dies ist für beliebiges $\boldsymbol{r}_0$ lösbar, solange α nicht mit einem der Eigenwerte λ_i von $\boldsymbol{A}$ übereinstimmt, $\alpha \neq \lambda_i$. Ist aber $\alpha = \lambda_i$, so ist Gl. (32) im allgemeinen nicht lösbar. Aus dem abgewandelten Ansatz

$$\boldsymbol{x}_1 = (\boldsymbol{a}\, t + \boldsymbol{b})\, e^{\alpha t}\,, \quad \alpha = \lambda_i \tag{31a}$$

folgt dann die Forderung

$$(\boldsymbol{A} - \lambda_i\, \boldsymbol{I})\, \boldsymbol{a} = \boldsymbol{o} \tag{32a}$$

$$(\boldsymbol{A} - \lambda_i\, \boldsymbol{I})\, \boldsymbol{b} = \boldsymbol{a} - \boldsymbol{x}_0\,. \tag{32b}$$

setzt man $\boldsymbol{a} = c\, \boldsymbol{c}_i$ mit beliebigem Eigenvektor $\boldsymbol{c}_i$ zu λ_i, so erhält man den Faktor c aus der Lösbarkeitsbedingung des inhomogenen Systems (32b), welches dann einen Vektor $\boldsymbol{b}$ ergibt.

c) Kreisfunktionen: Für die Störfunktion

$$\boxed{\boldsymbol{r}(t) = \boldsymbol{r}_0 \cos \omega\, t + \boldsymbol{s}_0 \sin \omega\, t} \tag{33}$$

führt der Ansatz

$$\boxed{\boldsymbol{x}_1(t) = \boldsymbol{a} \cos \omega\, t + \boldsymbol{b} \sin \omega\, t} \tag{34}$$

auf das Gleichungssystem für $\boldsymbol{a}, \boldsymbol{b}$:

$$\begin{pmatrix} \boldsymbol{A} & -\omega\, \boldsymbol{I} \\ \omega\, \boldsymbol{I} & \boldsymbol{A} \end{pmatrix} \begin{pmatrix} \boldsymbol{a} \\ \boldsymbol{b} \end{pmatrix} = - \begin{pmatrix} \boldsymbol{r}_0 \\ \boldsymbol{s}_0 \end{pmatrix}, \tag{35}$$

und dies ist für beliebiges $\boldsymbol{r}_0$, $\boldsymbol{s}_0$ lösbar, sofern die hier auftretende Matrix, die mit der komplexen Matrix $\boldsymbol{B} = \boldsymbol{A} + i\, \omega\, \boldsymbol{I}$ gleichbedeutend ist, nichtsingulär ist. Hierzu ein Beispiel:

$$\dot{x}_1 = x_1 + 3\, x_2$$

$$\dot{x}_2 = x_1 - x_2 + 8 \sin 2\, t\,.$$

Mit $\boldsymbol{A} = \begin{pmatrix} 1 & 3 \\ 1 & -1 \end{pmatrix}$, den Eigenwerten $\lambda_1 = 2$, $\lambda_2 = -2$ und den Eigenvektoren

$$\boldsymbol{x}_1 = \begin{pmatrix} 3 \\ 1 \end{pmatrix}, \quad \boldsymbol{x}_2 = \begin{pmatrix} 1 \\ -1 \end{pmatrix}$$

ist die allgemeine Lösung des homogenen Systems

$$\boldsymbol{z} = A \begin{pmatrix} 3 \\ 1 \end{pmatrix} e^{2t} + B \begin{pmatrix} 1 \\ -1 \end{pmatrix} e^{-2t}.$$

Das Gleichungssystem (35) mit der Matrix

$$\begin{pmatrix} 1 & 3 & -2 & 0 \\ 1 & -1 & 0 & -2 \\ 2 & 0 & 1 & 3 \\ 0 & 2 & 1 & -1 \end{pmatrix}$$

liefert

$$\boldsymbol{a} = \begin{pmatrix} 0 \\ -2 \end{pmatrix}, \quad \boldsymbol{b} = \begin{pmatrix} -3 \\ 1 \end{pmatrix}$$

und somit die allgemeine Lösung

$$\begin{aligned} x_1 &= 3\,A\,e^{2t} + B\,e^{-2t} \qquad\qquad\quad - 3 \sin 2t \\ x_2 &= \quad A\,e^{2t} - B\,e^{-2t} - 2\cos 2t + \sin 2t\,. \end{aligned}$$

28.5. Nichtkonstante Koeffizienten

Sind die Koeffizienten der Differentialgleichung, also die Elemente der Matrix $\boldsymbol{A}$ nicht mehr konstant, sondern Funktionen der unabhängigen Veränderlichen, $a_{ik} = a_{ik}(t)$, so ist eine Lösung in geschlossener Form nur in Sonderfällen angebbar. Im allgemeinen ist man auf Reihenentwicklung angewiesen, wenn man nicht numerische oder grafische Näherungsmethoden heranziehen will. Wir geben hier zwei Lösungen in Reihenform an. Zunächst betrachten wir das homogene System, das in der Form

$$\boxed{\dot{\boldsymbol{x}}(t) = \boldsymbol{A}(t)\,\boldsymbol{x}(t)} \tag{36}$$

vorliegen möge mit der Matrix $\boldsymbol{A}(t)$, deren Elemente $a_{ik}(t)$ stetige und beliebig oft differenzierbare Funktionen von t sein mögen. Sie seien ferner in Potenzreihen nach t entwickelbar, so daß $\boldsymbol{A}(t)$ sich als Potenzreihe

$$\boldsymbol{A}(t) = \boldsymbol{A}_0 + \boldsymbol{A}_1\,t + \boldsymbol{A}_2\,t^2 + \dots \tag{37}$$

mit konstanten Matrizen $\boldsymbol{A}_\nu$ schreiben läßt, die für einen gewissen t-Bereich konvergieren. Dann führt der *Reihenansatz*

$$\boxed{\boldsymbol{x}(t) = \boldsymbol{a}_0 + \boldsymbol{a}_1 t + \boldsymbol{a}_2 t^2 + \dots} \tag{38}$$

auf die Gleichungen

$$\left.\begin{aligned} \boldsymbol{A}_0 \boldsymbol{a}_0 &= \boldsymbol{a}_1 \\ \boldsymbol{A}_0 \boldsymbol{a}_1 + \boldsymbol{A}_1 \boldsymbol{a}_0 &= 2\,\boldsymbol{a}_2 \\ \boldsymbol{A}_0 \boldsymbol{a}_2 + \boldsymbol{A}_1 \boldsymbol{a}_1 + \boldsymbol{A}_2 \boldsymbol{a}_0 &= 3\,\boldsymbol{a}_3 \\ \dots\dots\dots\dots & \end{aligned}\right\}, \tag{39}$$

woraus sich die Vektoren $\boldsymbol{a}_\nu$ der Reihe nach mit der Anfangsbedingung $\boldsymbol{x}(0) = \boldsymbol{x}_0 = \boldsymbol{a}_0$ bestimmen lassen. Auf Konvergenzfragen sei hier nicht eingegangen. Im Falle der Konvergenz gibt Gl. (38) durch Mitnahme genügend vieler Glieder der Reihe eine Näherung für bestimmtes t.

Eine andere Reihenentwicklung ergibt sich auf dem Wege der sogenannten *Picard-Iteration*[1]. Dazu schreiben wir Gl. (36) in integrierter Form

$$\boldsymbol{x}(t) = \boldsymbol{x}_0 + \int_0^t \boldsymbol{A}(\tau)\, \boldsymbol{x}(\tau)\, d\tau \tag{40}$$

und verwenden diese Beziehung in Form der Iterationsvorschrift

$$\boldsymbol{x}_{\nu+1}(t) = \boldsymbol{x}_0 + \int_0^t \boldsymbol{A}(\tau)\, \boldsymbol{x}_\nu(\tau)\, d\tau\,, \tag{41}$$

wo $\boldsymbol{x}_\nu(t)$ eine ν-te Näherung bedeutet. Wählt man nun als Ausgangsnäherung $\boldsymbol{x}_0(t) = \boldsymbol{x}_0 = \boldsymbol{x}(0) = \text{konst.}$, so erhält man als 1. Näherung

$$\boldsymbol{x}_1(t) = \boldsymbol{x}_0 + \int_0^t \boldsymbol{A}(\tau)\, d\tau\, \boldsymbol{x}_0\,.$$

Dies in Gl. (41) rechter Hand eingesetzt liefert die 2. Näherung:

$$\boldsymbol{x}_2(t) = \boldsymbol{x}_0 + \int_0^t \boldsymbol{A}(\tau)\, d\tau\, \boldsymbol{x}_0 + \int_0^t \boldsymbol{A}(\tau_1) \int_0^{\tau_1} \boldsymbol{A}(\tau_2)\, d\tau_2\, d\tau_1\,.$$

In dieser Weise fortfahrend baut sich die Lösung auf in der Form

$$\boxed{\boldsymbol{x}(t) = \Omega_0^t(\boldsymbol{A})\, \boldsymbol{x}_0} \tag{42}$$

mit der unendlichen Matrizenreihe, dem sogenannten *Matrizanten* der Matrix $\boldsymbol{A}$:

$$\begin{aligned} \Omega_0^t(\boldsymbol{A}) = \boldsymbol{I} &+ \int_0^t \boldsymbol{A}(\tau_1)\, d\tau_1 + \int_0^t \boldsymbol{A}(\tau_1) \int_0^{\tau_1} \boldsymbol{A}(\tau_2)\, d\tau_2\, d\tau_1 + \\ &+ \int_0^t \boldsymbol{A}(\tau_1) \int_0^{\tau_1} \boldsymbol{A}(\tau_2) \int_0^{\tau_2} \boldsymbol{A}(\tau_3)\, d\tau_3\, d\tau_2\, d\tau_1 + \dots \end{aligned} \tag{43}$$

[1] Vgl. auch Praktische Mathematik [*15*], S. 451 ff.

oder etwas übersichtlicher

$$\boxed{\Omega_0^t(\boldsymbol{A}) = \boldsymbol{I} + \boldsymbol{A}^{(1)} + \boldsymbol{A}^{(2)} + \boldsymbol{A}^{(3)} + \ldots} \tag{43a}$$

mit *iterierten Matrizen* $\boldsymbol{A}^{(\nu)}$, die sich nach folgender Vorschrift aufbauen:

$$\begin{array}{|ll|}
\hline
\boldsymbol{A}^{(1)}(t) = \int\limits_0^t \boldsymbol{A}(\tau)\, d\tau\,, & \boldsymbol{B}^{(1)}(t) = \boldsymbol{A}(t)\, \boldsymbol{A}^{(1)}(t) \\
\boldsymbol{A}^{(2)}(t) = \int\limits_0^t \boldsymbol{B}^{(1)}(\tau)\, d\tau\,, & \boldsymbol{B}^{(2)}(t) = \boldsymbol{A}(t)\, \boldsymbol{A}^{(2)}(t) \\
\boldsymbol{A}^{(3)}(t) = \int\limits_0^t \boldsymbol{B}^{(2)}(\tau)\, d\tau\,, & \boldsymbol{B}^{(3)}(t) = \boldsymbol{A}(t)\, \boldsymbol{A}^{(3)}(t) \\
\ldots\ldots\ldots\ldots & \ldots\ldots\ldots\ldots \\
\hline
\end{array} \tag{43b}$$

Von der Reihe (43) kann nun gezeigt werden,[1] daß sie für jede Matrix $\boldsymbol{A}$ elementweise und gleichmäßig in t konvergiert, wenn $a_{ik}(t)$ stetige Funktionen von t sind. Durch gliedweises Differenzieren von Gl. (43a) folgt mit

$$\frac{d}{dt} \boldsymbol{A}^{(\nu)}(t) = \boldsymbol{B}^{(\nu-1)}(t) = \boldsymbol{A}(t)\, \boldsymbol{A}^{(\nu-1)}(t)$$

und Gl. (43b) die Beziehung

$$\frac{d}{dt} \Omega_0^t(\boldsymbol{A}) = \boldsymbol{A}(t)\, \Omega_0^t(\boldsymbol{A})\,, \tag{44}$$

und da, wie man weiter zeigen kann, auch diese Reihe elementweise und gleichmäßig in t für jede Matrix $\boldsymbol{A}$ konvergiert, so ist die gliedweise Differentiation erlaubt, und Gl. (42) stellt somit die Lösung der Differentialgleichung (36) mit der Anfangsbedingung $\boldsymbol{x}(0) = \boldsymbol{x}_0$ dar.

Im Falle konstanter Koeffizienten, $\boldsymbol{A} =$ konst., geht $\Omega_0^t(\boldsymbol{A})$, wie leicht zu übersehen, in die Exponentialreihe

$$\Omega_0^t(\boldsymbol{A}) = \boldsymbol{I} + \boldsymbol{A}\, t + \boldsymbol{A}^2 \frac{t^2}{2!} + \cdots = e^{\boldsymbol{A} t}$$

über, die Lösung Gl. (42) also in Gl. (7). Allgemein aber läßt sich $\Omega_0^t(\boldsymbol{A})$ als die in § 26 benutzte *Übertragungsmatrix* ansehen, welche den Zusammenhang zwischen der Lösung $\boldsymbol{x}_0$ an der Stelle $t = 0$ und $\boldsymbol{x}(t)$ an beliebiger Stelle t vermittelt.

Nun ist das Bilden der iterierten Matrizen $\boldsymbol{A}^{(\nu)}$ nach der Vorschrift Gl. (43b) in der Regel recht mühsam. Ihre praktische Verwendung

[1] SCHMEIDLER, W.: Determinanten und Matrizen [*12*], S. 137.

empfiehlt sich daher nur dann, wenn man in Gl. (43a) mit wenigen Reihengliedern auskommt. Das läßt sich gegebenenfalls durch genügend feine *Unterteilung* des Gesamtintervalls $0 \ldots t$ in Teilintervalle

$$0 \ldots t_1 \ldots t_2 \ldots \quad \ldots t_{n-1} \ldots t_n = t$$

erreichen. Man erhält dann Näherungslösungen an den Zwischenstellen nach

$$\left.\begin{array}{l} \boldsymbol{x}_1 = \boldsymbol{x}(t_1) = \Omega_0^{t_1}(\boldsymbol{A})\,\boldsymbol{x}_0 \\ \boldsymbol{x}_2 = \boldsymbol{x}(t_2) = \Omega_{t_1}^{t_2}(\boldsymbol{A})\,\boldsymbol{x}_1 \\ \ldots\ldots\ldots\ldots\ldots \\ \boldsymbol{x}_n = \boldsymbol{x}(t) = \Omega_{t_{n-1}}^{t_n}(\boldsymbol{A})\,\boldsymbol{x}_{n-1} \end{array}\right\}, \tag{45}$$

woraus wir für den Gesamtmatrizanten die Produktdarstellung

$$\Omega_0^t(\boldsymbol{A}) = \Omega_{t_{n-1}}^t(\boldsymbol{A}) \ldots \Omega_{t_1}^{t_2}(\boldsymbol{A})\,\Omega_0^{t_1}(\boldsymbol{A}) \tag{46}$$

gewinnen, was mit der Produktbildung von Übertragungsmatrizen identisch ist.

Auch die *inhomogene Gleichung*

$$\boxed{\dot{\boldsymbol{x}} = \boldsymbol{A}(t)\,\boldsymbol{x} + \boldsymbol{r}(t)} \tag{47}$$

ist mit Hilfe des Matrizanten lösbar, indem man für die Lösung den Ansatz der Variation der Konstanten macht:

$$\boldsymbol{x}(t) = \Omega_0^t(\boldsymbol{A})\,\boldsymbol{y}(t)\,.$$

Hieraus ergibt sich mit

$$\dot{\boldsymbol{x}}(t) = \boldsymbol{A}\,\boldsymbol{x} + \Omega_0^t(\boldsymbol{A})\,\dot{\boldsymbol{y}}(t)$$

für die gesuchte Funktion $\boldsymbol{y}(t)$ die Beziehung

$$\Omega_0^t(\boldsymbol{A})\,\dot{\boldsymbol{y}}(t) = \boldsymbol{r}(t)\,. \tag{48}$$

Nun läßt sich zeigen[1], daß die Matrix $\Omega_0^t(\boldsymbol{A})$ nichtsingulär ist, daß sie nämlich die Determinante

$$\det \Omega_0^t(\boldsymbol{A}) = e^{\int_0^t \mathrm{sp}\,\boldsymbol{A}\,d\tau} \neq 0$$

besitzt mit der Spur $\mathrm{sp}\,\boldsymbol{A} = a_{11}(t) + a_{22}(t) + \cdots a_{nn}(t)$ der Matrix $\boldsymbol{A}$. Der Matrizant ist also invertierbar, und somit Gl. (48) auflösbar nach $\mathrm{y}(t)$:

$$\dot{\boldsymbol{y}}(t) = [\Omega_0^t(\boldsymbol{A})]^{-1}\,\boldsymbol{r}(t)\,,$$

[1] SCHMEIDLER, W.: Determinanten und Matrizen [*12*], S. 139—140.

woraus durch Integration unter Berücksichtigung der Anfangsbedingung folgt

$$\boldsymbol{y}(t) = \int_0^t [\Omega_0^\tau(\boldsymbol{A})]^{-1} \boldsymbol{r}(\tau)\, d\tau + \boldsymbol{x}_0 \tag{49}$$

und somit als allgemeine Lösung von Gl. (47)

$$\boxed{\boldsymbol{x}(t) = \Omega_0^t(\boldsymbol{A})\, \boldsymbol{x}_0 + \Omega_0^t(\boldsymbol{A}) \int_0^t [\Omega_0^\tau(\boldsymbol{A})]^{-1} \boldsymbol{r}(\tau)\, d\tau}\,. \tag{50}$$

Für Anwendungsbeispiele der Matrizantenmethode, insbesondere auf Behandlung von Eigenwertaufgaben, sei ausdrücklich verwiesen auf zwei Arbeiten von HELLMAN[1].

[1] HELLMAN, O.: Z. angew. Math. Mech. Bd. 35 (1955), S. 300—315; Bd. 37 1957), S. 139—144.

Namen- und Sachverzeichnis